当代杰出青年科学文库

水生植物与水体生态修复

吴振斌 等 著

科学出版社

北 京

内 容 简 介

本书是一部介绍水生植物的生态功能、水生植物与主要生态因子的作用关系、水生植物应用于水体生态修复的有关理论和典型工程实践案例的著作,是中国科学院水生生物研究所部分科研人员近几十年来相关的理论研究和工程实践的总结。

全书共分为 8 章。第 1 章介绍水生植物的特点、生活型、功能;第 2 章介绍影响水生植物生活的各类生态因子,以及各类主要生态因子对于水生植物的作用;第 3 章介绍水生植物的各种生态功能和水生植物对藻类的化感作用及其作用机理;第 4 章阐述氮、磷、有机污染物和重金属对水生植物的影响;第 5 章论述水生植被恢复重建的主要理论依据;第 6 章系统阐述水生植被恢复/重建的一般步骤,及其针对不同目的采用的实施技术以及恢复重建的管理措施;第 7 章介绍重建湖泊水生植被的实例;第 8 章以武汉东湖为例,系统介绍了湖泊富营养化与水生植物群落演替的关系。

本书适合水生态、水污染修复、生态工程、水生植物生理生态等领域的科研工作者和大专院校的学生阅读,对于从事水生植物方面的理论研究者和水体生态修复的工程实践者,具有很好的参考和借鉴价值。

图书在版编目(CIP)数据

水生植物与水体生态修复/吴振斌等著. —北京:科学出版社,2011
(当代杰出青年科学文库)
ISBN 978-7-03-030921-1

Ⅰ. 水… Ⅱ. 吴… Ⅲ.①水生植物-植物生态学②水环境:生态环境-环境治理-研究 Ⅳ.①Q948.8②X143

中国版本图书馆 CIP 数据核字(2011)第 075227 号

责任编辑:韩学哲 王 玥/责任校对:何艳萍
责任印制:徐晓晨/封面设计:陈 敬

科 学 出 版 社 出版
北京东黄城根北街 16 号
邮政编码:100717
http://www.sciencep.com

北京凌奇印刷有限责任公司 印刷
科学出版社发行 各地新华书店经销

＊

2011 年 5 月第 一 版 开本:B5(720×1000)
2020 年 6 月第五次印刷 印张:27
字数:527 000
定价:158.00 元
(如有印装质量问题,我社负责调换)

Macrophyte and Aquatic Ecological Restoration

by

Wu Zhenbin *et al*.

Science Press

Beijing

《水生植物与水体生态修复》

作者名单

吴振斌	马剑敏	贺　锋	成水平	梁　威
李　今	倪乐意	周巧红	邱东茹	吴　娟
左进城	张　萌	徐　栋	肖恩荣	刘碧云
梁　震	夏世斌	宋慧婷	吴晓辉	高云霓
魏　华	张世羊	肖惠萍	张　征	赵　强
曹　特	过龙根	吴灵琼	蔡林林	柴培宏
王　静	朱俊英	张甬元	刘保元等	

序　一

　　随着我国社会经济和城市化进程的迅猛发展，水体富营养化和水生态系统退化现象日趋严重，水污染已成为制约社会经济可持续发展的瓶颈和重大环境问题之一。

　　水污染和水体富营养化的后果之一是水生植物种类数量和群落结构的显著变化。过去几十年来，我国许多浅水湖泊的大型水生植物减少以致消失，从草型湖泊转变为藻型湖泊。在水生生态系统中，水生植物及其群落构成的生境，能够增加空间生态位，有效增加周围生物的多样性，在改善水质、维持水体生态系统平衡稳定等诸多方面具有重要作用。水生植被恢复重建技术已被许多实例证明是污染水体修复的关键技术之一。中国科学院水生生物研究所是我国专门从事内陆水体生物学综合研究的科研机构，也是国内较早开展水生植物及其恢复重建研究的科研单位之一，在水生植物及生态修复等领域积累了较为丰富的工作积淀和经验。

　　《水生植物与水体生态修复》一书是中国科学院水生生物研究所部分科研人员二十多年来在水生植物生态学调研和水生植被恢复重建等方面研究的科研成果及工程应用的总结。该书分别从影响水生植物的各类生态因子、水生植物对藻类的化感作用及其作用机理、水生植被恢复重建的主要理论依据、水生植被恢复/重建的技术及管理措施、水生植被重建工作实践进行了介绍和专题论述，并以武汉东湖等为例对湖泊富营养化与水生植物群落演替的关系进行初步探讨。

　　该书的出版将为水生植物生态学、湖泊学和水体生态修复等研究提供部分科研资料，也为我国许多地方正在实施的水体污染治理工作提供若干借鉴和参考，可供与水生植物相关的科研人员、工程技术人员和高等院校有关专业师生阅读参考。

刘鸿亮

中国工程院院士

2011 年 1 月

序　二

　　中国湖泊的富营养化和生态系统退化问题日趋严重，太湖、滇池、巢湖、东湖等诸多湖泊都出现了不同程度的富营养化现象，水生植被消亡、蓝藻水华频发，已经成为制约区域经济社会可持续发展的重要限制因素。

　　水生植物是湖泊食物链的基础，在维持水生态系统的平衡、控制藻类、净化水质等方面起着举足轻重的作用。水生植被的恢复重建已成为富营养化水体生态修复的关键手段之一和研究热点。

　　中国科学院水生生物研究所是我国唯一专门从事内陆水体生物学综合研究的科研机构，也是国内最早开展水生植被恢复重建等研究的科研单位之一。在承担国家"七五"科技攻关项目"综合生物塘技术及黄州城区污水综合生物塘处理研究"和"八五"科技攻关项目"东湖污染综合治理技术研究"期间，已比较系统地研究了水生植被对水生态环境的影响以及水生植被重建等技术。在承担国家"十五"重大科技专项"受污染城市水体修复技术与工程示范"过程中，在富营养化严重的汉阳月湖、莲花湖等湖泊成功重建了以沉水植物为主的水生植被。

　　该书概括了中国科学院水生生物研究所部分科研人员在水生植被恢复重建等领域的主要研究成果。本书共分为8章，分别就水生植物概述、主要生态因子对水生植物的影响、水生植物的生态功能、主要水体污染物对水生植物的影响、重建水生植被的主要理论依据、水质改善与水生植被重建和管理、重建湖泊水生植被的实践、湖泊富营养化与水生植物群落演替——以武汉东湖为例等方面进行了总结，对于推动我国受污染水体的生态修复技术研究，乃至水生态系统的恢复和重建具有重要的借鉴和示范价值。

　　该书的出版为我国受污染水体生态修复的研究和利用提供了理论和实践依据，适宜作为环保管理部门、科研人员、工程技术人员以及高校相关专业师生的参考书。

刘建康

中国科学院院士

2010 年 5 月

前　言

从 20 世纪 90 年代开始，随着社会经济的迅速发展，我国湖泊的水环境问题日益严重。水污染事件的频频发生、渔业产量和品质的下降以及对人居环境和人民身心健康的影响，逐渐成为人们关注的焦点。许多相应的法规逐渐建立，社会经济行为开始受到制约。

中国是世界上 13 个最缺水的国家之一，人均淡水占有量仅为世界均量的 1/4。而严重的水污染则进一步降低了水体质量和使用功能，加剧了水资源短缺。因此，水环境问题已成为攸关民生、攸关社会经济协调发展的重大课题。而对水污染的控制、治理和对水环境的生态修复和维护必然是创建文明和谐社会不可或缺的组成部分。

传统污水处理的手段已不能解决目前大规模水体污染的问题，许多物理方法（如疏浚底泥、机械过滤、引水稀释等）和化学方法（如絮凝、吸附、投加杀藻剂等）无法实现湖泊水体的真正好转。如何实现湖泊水体稳定改善，再现昔日草茂水清的美景，重建健康湖泊生态系统，已成为近年来的热门研究课题。

大型水生植物具有拦截外源营养、吸收富营养化湖泊中的氮、磷元素等多种功能，植物的根茎能抑制底泥中营养物的释放，而植物的移除可以带走水体中过多的营养负荷。一些植物对藻类（包括形成水华的微囊藻）有抑制作用。水生植被的重建及其恢复，已成为富营养化水体生态修复中的关键和核心，正成为人们关注的热点。

武汉东湖水生植被研究历时半个多世纪，是我国湖泊水生植被研究最为持久和深入的实例之一。从最初的水生植被的分类学到 20 世纪 80 年代后水生植物群落学研究，并在个体生态学研究基础上融入了植物形态学、植物生理学、环境科学以及水生态工程学的理念和特色，开展了诸多水生植物的胁迫生理生态和恢复生理生态的国内开创性研究。

五里湖水生植被重建、武汉东湖（水果湖、汤林湖和后湖）水生植被的恢复试验研究、滇池水生植被恢复规划研究等，武汉汉阳湖泊群水生植被恢复重建的工程等，均取得了一定成效。水生植物种类很多，如太湖中水生维管束植物种类就超过八十种，包括挺水植物、浮叶植物和沉水植物等类型。而水生植物修复技术应用和大规模的重建实践，兴起于近十几年，研究和应用的种类较少，许多植物种类的特性尚未深入探讨。

目前，国内外在水生植物对水污染的响应和重建的研究及工程方面，已有若干理论和工程实践的经验总结。本书试图对水生植物在水污染胁迫下的生理生态响应作出诠释，对中国科学院水生生物研究所部分科研人员多年来在水生植物恢复重建的工程实践中采用的一些技术、方法和经验进行较系统的总结。

本书共分为 8 章。第 1 章介绍水生植被的特点、生活型、功能，同时简单介绍了世界和中国水生植物主要类群及分布规律；第 2 章介绍影响水生植物生活的各类生态因子（包括生物因子和非生物因子），以及各类主要生态因子对水生植物的影响；第 3 章着重介绍水生植物的主要生态功能，包括水生植物对藻类的化感作用及其作用机理；第 4 章阐述氮、磷、主要有机污染物和重金属对水生植物的影响；第 5 章论述水生植被恢复重建的主要理论依据；第 6 章系统阐述了水生植被恢复/重建的一般步骤，及其针对不同目标所采用的技术以及恢复重建的管理措施；第 7 章介绍恢复/重建水生植被过程中先锋植物的选择原则、先锋群落存在的主要问题和应对方法，并以武汉的东湖、月湖、莲花湖等湖泊的水生植被重建工程实践为例，阐述植被重建工作及相关经验；第 8 章以武汉东湖为例，系统介绍了湖泊富营养化与水生植物群落演替的关系。

中国科学院水生生物研究所早在"七五"期间就开始了水生植被恢复重建方面的研究和工程实践。承担的国家"七五"科技攻关项目"综合生物塘技术及黄州城区污水综合生物塘处理研究"，在传统的氧化塘技术基础上，引入了水生植物等更多的生态层次，使系统结构更趋合理，净化效果很理想，占地面积也大幅缩小。在实施承担的国家"八五"科技攻关项目"东湖污染综合治理技术研究"期间，调查了东湖水生态系统和水生植被现状，研究了水生植被对水生态环境的影响以及水生植被重建技术等，较系统地阐明了湖泊污染治理和生态系统恢复的技术途径。在国家"十五"重大科技专项"受污染城市水体修复技术与工程示范"实施过程中，针对汉阳不同污染程度的城市湖泊进行了水体污染控制、水生植被恢复与重建、湖泊健康生态系统构建等系统研究和工程示范，并取得了明显效果。

本书各章节的作者分别是：第 1 章李今、吴振斌等；第 2 章吴娟、魏华、左进城、吴振斌等，其中第 2.1，2.2，2.3，2.4 节吴娟，第 2.5 节魏华，第 2.6 节左进城等；第 3 章周巧红、梁震、肖恩荣、李今、刘碧云、吴晓辉、高云霓、王静、朱俊英、蔡林林、吴振斌等，第 3.1，3.2 节周巧红、蔡林林，第 3.3，3.4 节梁震，第 3.5 节肖恩荣，第 3.6 节刘碧云、吴晓辉、高云霓、王静、朱俊英，第 3.7 节李今等；第 4 章马剑敏、肖惠萍、张征、赵强、吴振斌等，第 4.1，4.3 节马剑敏，第 4.2 节肖惠萍、张征、赵强等；第 5 章成水平、吴灵琼、倪乐意、马剑敏、李今、梁威、张世羊、吴振斌等，第 5.1 节成水平、吴灵琼、马剑敏、李今，第 5.2 节倪乐意、成水平、马剑敏、李今，第 5.3 节梁威、张世羊、成水平等；第 6 章梁威、左进城、马剑敏、张征、吴娟、徐栋、夏世斌、李今、高云霓、吴晓辉、柴培宏、吴振斌等，第 6.1 节马剑敏，第 6.2 节徐栋、夏世斌、李今、梁威、高云霓、吴晓辉，第 6.3 节张征、梁威、柴培宏，第 6.4 节吴娟、梁威，第 6.5 节张征，第 6.6，6.7 节左进城等；第 7 章贺锋、马剑敏、吴振斌等；第 8 章张萌、邱东茹、倪乐意、曹特、宋慧婷、过龙根、吴振斌等，第 8.1 节张萌、宋慧婷，第 8.2 节张萌、邱东茹、倪乐意、曹特、过龙根，第 8.3 节张萌、邱东茹、倪乐意、曹特、过龙根，第 8.4 节张萌、邱东茹、倪乐意、曹特、过龙根等。书中图表由王莹、叶艳婷等制作，照片由吴娟、惠阳、左进城、肖惠萍、贺锋、杨立华、曹特、张晓良、李敏、刘冰等提供，参考文献由王荣、王燕燕、马丽娜等整理。

　　水生植物的研究领域很广，许多前辈、同行和青年学者都致力于此。本书基于相关学科组的一些工作积累和相关资料的收集，难免有疏漏和不足之处，希望能得到广大读者的建议和指正，并在此对所引用资料的作者表示感谢。

著　者

2010 年 5 月

目　　录

序一

序二

前言

第1章　水生植物概述 ··· 1

1.1　水生植物的概念 ··· 1

1.2　水生植物的主要类群及分布 ··· 10

1.3　水生植物的功能 ··· 27

第2章　主要生态因子对水生植物的影响 ······························· 28

2.1　光照强度 ·· 28

2.2　温度 ·· 35

2.3　pH ·· 37

2.4　底泥 ·· 40

2.5　水位和水流 ··· 53

2.6　动物牧食 ·· 63

第3章　水生植物的生态功能 ··· 66

3.1　初级生产功能 ·· 66

3.2　水生植物的生物多样性维护功能 ······································ 68

3.3　底质环境稳定功能 ·· 83

3.4　营养固定和缓冲功能 ··· 88

3.5　水生植物的清水功能 ··· 94

3.6　水生植物对藻类的化感作用 ·· 107

3.7　其他生态作用 ··· 116

第4章　主要水体污染物对水生植物的影响 ··························· 121

4.1　高氮磷营养盐的胁迫作用 ·· 121

4.2　有机污染物对水生植物的影响 ·· 163

4.3　重金属污染 ·· 185

第5章　重建水生植被的主要理论依据 ·································· 188

5.1　多稳态理论 ·· 188

5.2　营养盐浓度限制理论 ··· 197

5.3　生物操纵理论 ··· 202

第6章 水质改善与水生植被重建和管理·················· 213

6.1 水生植被恢复/重建的主要环境障碍、应对措施和一般步骤·········· 213

6.2 外源污染消减技术 ································· 216

6.3 内源负荷消减技术 ································· 223

6.4 改善底泥技术 ··································· 253

6.5 调控养殖结构技术 ································· 255

6.6 植物种植策略与技术 ······························ 257

6.7 水生植物群落的调控与管理 ························· 262

第7章 重建湖泊水生植被的实践······················ 284

7.1 先锋植物的选择及种植技术 ························· 284

7.2 植被恢复/重建初期的主要问题及应对方法·············· 286

7.3 水生植被恢复示范及工程应用实例 ··················· 288

第8章 湖泊富营养化与水生植物群落演替——以武汉东湖为例········ 324

8.1 东湖概况 ····································· 324

8.2 东湖水生植物群落的演替 ·························· 338

8.3 东湖水生植物衰退和群落演替与湖泊富营养化等因素的关系 ····· 351

8.4 水生植物衰退的影响 ····························· 355

参考文献·· 357

附武汉东湖水生维管束植物名录······················· 413

第1章 水生植物概述

1.1 水生植物的概念

1.1.1 水生植物的涵义

水生植物并非分类学概念，它是生态学范畴的类群界定。植物分类主要是应用细胞学、化学以及形态学和解剖学等各方面的资料，比较分析植物相同点，判断植物的亲缘程度。例如，根据植物有无根、茎、叶的分化；有无维管束（苔藓例外）；雌雄生殖器官由多个细胞构成，有无颈卵器；合子是否形成胚等形态特征，将植物界的植物分为高等植物和低等植物，再根据有无维管束，配子体占优势还是孢子体占优势，是否产生种子，种子是否被果实或子房包被，是否具导管等特点，高等植物又分为苔藓植物门、蕨类植物门、裸子植物门、被子植物门，依此类推，各大门的植物又可以细分为不同的纲、目、科、属、种（李扬汉，1978）。在植物生态学的研究中，根据特定生境中植物群落的特征（如群落外貌、结构、种类组成、层片结构、盖度、优势种、建群种等），将生长于不同生境下的植物群落进行分类，或者说植被分类。《中国植被》（吴征镒，1980）介绍了我国的植被分类系统，该系统以群落本身的综合特征作为分类依据，其中包括群落本身的特征以及它们对一定生态条件的联系。将我国植被分为三个等级，即植被型、群系和群丛，其中高级类型侧重于外貌、结构和生态地理等特征；中级以下类型则侧重于优势种和种类组成。这种分类依据属于群落生态学原则，在该系统中，以水分这一生态因素将植物群落生态型分为水生植物、沼生植物、湿生植物、中生植物和旱生植物。按照上述分类原则，水生植物这一概念属于生态学植物群落的分类概念，它包含的植物种类隶属于从低等到高等各植物类群的不同门、科、属。刁正俗（1990）在《中国水生杂草》一书中所统计的水生植物，既包括大型藻类群体，如绿藻门的水网藻科水网藻属的水网、双星藻科水绵属的普通水绵和单一水绵，以及轮藻门轮藻科等部分低等植物；也包括高等植物，如苔藓植物门前苔科各类植物，种类众多的蕨类植物门的水韭科、木贼科、水蕨科、苹科、槐叶苹科、满江红科，种子植物门被子植物亚门双子叶植物纲木兰亚纲中的三白草科、毛茛科、金鱼藻科、睡莲科以及变形花被亚纲中的茜草科、菊科、龙胆科等，还有单子叶植物纲的几乎所有科、属。

从上述植被分类系统可知，湿生植物、沼生植物和水生植物分属于不同的植物群落型（或植被型），这些都是生态学范畴的概念。在实际生态学研究工作中，由于真正的水陆系统总是有过渡地带，因而在不同的植物生态型所包含的植物类群会有交叉，如在李扬汉（1978）主编的《植物学》中，将沼生植被视为湿生植物群落，其中所归纳的一些常见沼泽植物如蓼属、香蒲属、灯心草属、雨久花属、泽泻属、水龙属等属中，很多种类在一些生境中又被视作水生植物。在《中国水生维管束植物图谱》（中国科学院武汉植物研究所，1983）中，以上这些属中均有水生植物种类。目前，学术上对于水生植物还没有一个统一的定义，实践中，有很多沼生植物被用于水生态修复工程，如香蒲等。因而，人们常常将湿生植物、沼生植物和水生植物等相关概念不加严格区分开来讨论，水生植物的生态范畴也没有统一标准。孙儒泳等（2002）在《基础生态学》中按照生长环境的潮湿状态的不同，将陆生植物分为：湿生植物、中生植物、旱生植物，且水稻（*Oryza sativa*）、灯心草（*Juncus effusus*）被界定为陆生植物，而刁正俗（1990）在《中国水生杂草》中，却将灯心草作为水生杂草收录，尽管如此，不同学者在使用水生植物这一概念时，都当作是生态学概念，水生植物这一说法往往涵盖了湿生植物和沼泽植物。

1.1.2　水生植物定义的发展

水生植物属于生态学范畴。王德华（1994）在《水生植物的定义与适应》一文中，介绍了水生植物这一概念的发展。起初，这一说法简单地指生活在水中或水分充足的环境中的植物群落，主要是一些草本植物群落，然而，随着应用生态学实践的发展，尤其是湿地生态学的发展，一些具有陆生特征的植物在水生态系统中得到应用和发展，因而人们所理解的水生植物的范围也有所扩展，一些学者从不同角度给水生植物下了定义。

Den Hartog 和 Segal（1964）认为："水生植物是在所有的营养部分沉水或为水支持（浮叶）的情况下，能够完成繁殖循环的植物；或者在正常情况下沉水，但当其营养部分由于出水而逐渐死亡时，可以诱导有性生殖的植物。"该定义基本上用性状特征来描述水生植物，基本上忽略了水域沿岸带的具有两栖特性的植物，因而很多通常被看作是水生植物的类群被排除在外。典型的例子，如植株下部沉水，但叶与花序挺出水面的基质根生植物，尤其是沼生植物与水生植物交错的那部分挺水植物，如香蒲属、蓼属等植物被排除在外。

Cook 等（1974）在其专著《世界水生植物》中定义的水生植物仅是水生维管束植物，指所有蕨类植物各亚门（蕨及其近缘类型）和种子植物各亚门（产生种子的植物）中那些光合作用部分永久地或一年中至少有数月沉没于水中或浮在水面的植物。后来 Best（1988）给出了如下定义："水生植物是大型的草本植物，它们是沿岸带或沼泽植被的一部分。"该定义比较适合生态学研究的需要，由于 Cook 等给出了较为详细的科属名录，较 Best 的相对实用。李伟（1997）认为 Den Hartog 等的水生植物是真水生态系统中的成员，是狭义水生植物；而 Best 和 Cook 的水生植物的定义包括湿地—真水生态系统（通常认为的水生态系统）广义的成员，因而，将 Best 和 Cook 的所指称为广义水生植物。Best 关于水生植物的定义，范围相对较广，包括了一部分沼生植物，而 Cook 等的定义仅指水生维管束植物，未将低等非维管束植物类群中大型藻类（轮藻）等沉水植物类群和非维管束的苔藓类的一些植物包含在内。刁正俗（1990）在《中国水生杂草》收录了苔藓植物门的钱苔科浮苔属植物，该类植物主要以浮水生活为主，为真水域水生植物。

《高级水生生物学》（刘建康，1999）中对大型水生植物的定义为：水生植物是指依附于水环境、至少部分生殖周期发生在水中或水表面的植物类群；是指除了小型水生植物以外所有水生植物类群，主要包括两大类：水生维管束植物和高等藻类。该定义只是从生埋特征上做了阐述，却未能对水生植物所包含的范围进行具体的种类界定。

王德华（1994）在《水生植物的定义与适应》一文中还介绍了在湿地与湿地生态学的研究实践中不同机构在不同时期对于水生植物的定义，美国《FICWD：鉴别和描述管理湿地联合手册》（1989）中的定义是：生长在水中或至少是由于水分充足而周期性缺氧的基质上的任何大型植物（包括水生植物或水生大型藻类），尤其是在湿地和其他水生生境中的植物。

何池全（2005）在《湿地植物生态过程理论及其应用》中将湿地植物定义为生长于湿地中的高等植物和低等植物个体的总称。它们包括湿生植物、沼生植物和水生植物。依据湿地、沼生植物的生态学分类原则，认为沼生、湿生植物是水生和陆生植物之间的过渡类型。这些分类群兼有陆生植物和水生植物的特点，尤其是挺水植物类群。这里，湿地植物是依据湿地概念所限定的植物类群，虽有一些水生植物类群，但并不能包含所有的水生植物类群，因而，在涵义上不能等同于人们通常所理解的水生植物。

在《中国植被》（吴征镒，1980）中，为了植物群落生态学研究的方便，人们根据植物群落的特征将植物进行分类，并根据一定的原则制订了分类系统。该系统给出了相对统一的标准，为生态学实践提供了方便。书中描述的沼泽植被和水生植被都是生长在多水生境中的植被类型。沼泽植被是分布在土壤过度潮湿、积水或有浅薄水层并常有泥炭的生境中的植被类型，以草本为主，少数木本的，均着根于泥土。而水生植被则是分布在水域环境中的植被类型，概为草本，有扎根于水底淤泥的，也有漂浮水面或悬沉水中的。沼泽地带是水陆过渡区，生长在该区域的水生植被中的挺水植物类群，很多也是沼生植物类群。

在应用生态学领域，有很多沼生、湿生植物应用于水生态系统的生态治理。陈静等（2006）等报道的滇池草海生态修复工程的植物种类中就有禾本科芦苇

（*Phragmites communis*），这些类群更常见于水边沿岸带或沼泽地。更多时候，人们所使用的水生植物概念既包括生长在真水域环境中的各类水生植物，还包括沼生植物和湿生植物等具有水生特性的植物类群。从植物分类学角度，水生植物包含了从低等到高等不同分类级别的植物，如低等植物类群中的大型藻类，绿藻门的水网藻科水网藻属、双星藻科水绵属和双星藻属；轮藻门的轮藻科各属；还有红藻门红藻纲的大部分科属，如石花菜科石花菜属和江蓠科江蓠属；褐藻门典型代表海带科海带属。高等植物各个类群均有水生植物类，刁正俗（1990）在《中国水生杂草》中收录的水生植物既有非维管束植物苔藓植物门，又有低等维管束植物蕨类植物门和高等维管束植物被子植物门等不同类群的植物，其中，维管束植物占了绝大部分，尤以单子叶亚纲的植物种类最多。

综上所述，出于研究目的的不同，不同学者给出的水生植物定义不同，对水生植物，尤其是广义水生植物的范围划分存在一定的差异。本书结合水生植物恢复工作实践的需要，所涉及的水生植物主要是大型水生维管束植物。

1.1.3　水生植物生活型

《中国植被》中的植被分类系统，将沼生植被和水生植被视为两个不同的植被型，本节重点讨论水生植被，其中有一部分过渡性的沼生植物类群也包含在内。

水生植物，生活于水环境中，形成了一系列对于水环境的典型适应性特征，主要体现在形态结构及其功能上。从形态上来看，由于水体的浮力，水生植物的根系明显退化，多为须根系，其固着、支持作用远不如陆生植物；水生植物的茎，由于生长于水环境，水分易得，不具有陆生植物防止水分蒸发的角质层，其输导组织的维管束都表现出不同程度的退化；在形态上，除了直立茎，还有匍匐茎、根状茎、球茎等；而水生植物的叶，具有挺水、浮水和沉水三种基本形态（张卫明和陈维培，1989；赵文，2005）。在生理功能上，由于水中含有很多植物生长所需的营养盐，部分或全部沉没于水中生活的植物体，其各营养器官几乎都可以直接从水体环境吸收水分和溶解于其中的营养盐，或从水底淤泥中吸取营养物质，例如，低等植物中的大型藻类（轮藻）叶状植物体和只有茎、叶分化的苔藓类植物的茎、叶均能直接从水中吸收营养。这是对于水环境有利一面的适应。与陆生环境相比，水环境具有光照弱、通气不充分的显著特点，在适应这种环境的过程中，水生植物形成了一套与陆生植物不同的通气组织，包括疏导组织退化，根、茎、叶形成一套通气组织，典型的如莲（荷花）（*Nelumbo nucifera*），从叶片的气孔到叶柄、茎及地下茎形成完整的通气组织，这是一类开放型的通气组织。拥有这种通气组织的一般是挺水植物、浮叶植物；另一类是封闭式的通气组织，该通气系统不与大气接触，而是将光合作用释放的氧气储存起来供呼吸作用需要，将呼吸作用释放的二氧化碳给光合作用，拥有这种通气组织的一般是沉水植物，如金鱼藻（*Ceratophyllum demersum*）（孙儒泳等，2002）。对于弱光的适应，水生植物沉没于水中的沉水叶，有的细裂呈线状，如金鱼藻；有的大而薄，以增加吸光表面积，如水车前（*Ottelia alismoides*）；叶绿体除了分布在叶肉细胞里，某些类群茎的表皮细胞内也有分布，还有的种类叶绿体能随着原生质的流动而流向迎光面，以有效利用水中弱光（曲仲湘等，1983；张卫明和陈维培，1989；赵文，2005）；对于很多沉水植物如黑藻（*Hydrilla verticillata*）等，为了适应深水层光质的变化，体内形成不同种类的色素（如褐色素增加），以增强对水中弱光的吸收（颜素珠，1963；张卫明和陈维培，1989）。

　　生活型，是指植物长期生存在一定的环境下形成的一种形态学上的适应类型，也是各种植物对其生态条件的综合作用在外貌上的具体反映（李扬汉，1978）。水生植物生活型代表了水生植物对水环境的不同适应程度，按水生植物对水环境生活适应方式（生活型 life form）的不同，又可以将水生植物分为不同生活型类群。

　　关于水生植物的生活型分类，不同学者作了不同的划分。如《高级水生生物学》从更宽泛的角度将水生植物归为湿生植物、挺水植物、浮叶植物、沉水植物四类，其中的湿生植物是指不经常或偶然的水生植物；Wetzel（1983）将水生植物分为四类生活型：挺水植物、浮叶植物、漂浮植物、沉水植物；在赵文主编的《水生生物学》中也是将水生植物分为四种生活型，并对不同生活型的植物作了检索分类；而《中国植被》以及曲仲湘等（1983）主编的《植物生态学》中将浮叶和漂浮两种生活型同归为浮水植物，分为三种生活型。而本书将浮叶和漂浮两种类型分开，分为四种生活型来分别阐述水生植物各类生活型及其所具有的基本特征。

　　挺水植物（emergent macrophyte）：根生泥中，下部或基部在水中，茎、叶等光合作用部分暴露在空气中（Wetzel，1983）。茎秆一般直立，其维管束发育相对良好，能有效行使疏导作用（张卫明和陈维培，1989）。该类群有些植物挺水叶、浮水叶、沉水叶均有，如莲（李坊贞等，1993），该类群的植物处于水陆过渡地带，因而叶表现出具有同陆生植物相似的结构，具有表皮毛、角质层、气孔。赵玲（1995）对芦竹（*Arundo donax*）、水龙（*Ludwigia adscendens*）、喜旱莲子草（*Alternanthera philoxeroides*）、慈姑（*Sagittaria trifolia* var. *sinensis*）4 种挺水植物叶的表皮细胞进行了显微观察，发现这四种挺水植物叶与陆生植物叶的表皮细胞结构比较相似，均有气孔、气孔器，有的表皮还长有表皮毛。常见的挺水植物类群有禾本科的芦苇属、菰属等及香蒲科、泽泻科、睡莲科莲属、木贼科、雨久花科、莎草科莎草属和荸荠属、灯心草科等（赵文，2005；刁正俗，1990；邹秀文，2005）。

　　浮叶植物（floating-leaved macrophyte）：植株扎根基底，光合作用部分仅叶漂浮于水面或仅其部分叶漂浮于水面（Wetzel，1983）。叶有浮水叶和沉水叶之分，浮水叶具有背腹两面结构，上表皮有气孔（张卫明和陈维培，1989），叶内气室发达，如水皮莲（*Nymphoides cristatum*）、荇菜（*Nymphoides peltatum*）、芡实（*Euryale ferox*）等，在叶的背面具内薄壁组织构成的气囊，以增加叶片浮力；沉入水中的叶为沉水叶，在形态上一般细长，行吸收水体营养功能（赵文，2005）；该类群植物常有细长而柔软的叶柄，这种形态特点，不但可以减少水流引起的机械阻力，而且可以随水位的升降自动卷曲或伸长，使叶片始终保持浮于水面（官少飞和张天火，1989）。习见类群有睡莲科（睡莲属、萍蓬草属、芡实属等）、菱科菱属、荇菜科等（赵文，2005；刁正俗，1990）。

　　漂浮植物（free floating macrophyte）：与浮叶植物相比，整个植物体浮悬水面，根沉水中，但不接触基底（Wetzel，1983）。漂浮植物与之漂浮状态相适应的典型特征，在于叶柄中有似葫芦形的储气结构，也有人称之为气囊，以增加浮力，如水鳖（*Hydrocharis dubia*）（张卫明和陈维培，1989）。叶片也有浮水叶和沉水叶之分（赵文，2005）。常见的类群中蕨类植物占绝大多数如萍科、满江红科、槐叶萍科、苹科、水蕨科等，还有部分水鳖科的植物，以及苔藓植物门钱苔科叉钱苔等（赵文，2005；刁正俗，1990）。

　　沉水植物（submerged macrophyte）：大部分生活周期内营养体全部沉没水中，有性繁殖部分可沉水、浮水或挺立于水面（Wetzel，1983），植株扎根基底。主要包括眼子菜科、金鱼藻科、水鳖科的黑藻和苦草、茨藻科、水马齿科、水鼓科、小二仙草科的狐尾藻属及毛茛科的梅花藻属、轮藻科等（赵文，2005；刁正俗，1990）。由于完全沉水，该类群植物其适应水环境的特性显得更为典型，叶面上的气孔已丧失功能或没有气孔（张卫明和陈维培，1989）；通气组织特别发达；叶绿体大而多，主要分布于植物体表面（曲仲湘等，1983）；同时，该类群植物含有除了叶绿素等陆生植物具有的光合色素外，往往还含有褐色素等色素以充分利用水体弱光（颜素珠，1983；张卫明和陈维培，1989）。以轮藻为代表的低等藻类植物体无根、茎、叶分化，呈叶状植物体；以金鱼藻、黑藻等为代表的高等类群，有茎、叶分化，茎幼嫩且细，缺乏木质素和纤维组织，柔软而有弹性，茎表皮细胞具有叶绿素，茎内气室发达，以利于气体交换，叶片薄，多呈带状或丝状（姜汉侨等，2004；赵文，2005）。

　　在同一水体中，各生活型的水生植物分布呈一定规律，自沿岸带向深水区各呈连续分布态，依次为挺水植物—浮叶植物—漂浮植物—沉水植物（刘建康，1999）。从挺水植物、浮叶和漂浮植物到沉水植物，水这一生态因子的作用依次增强。对挺水植物而言，它们分布于水陆过渡地带，气生茎和挺水叶的形态及生理结构与陆生植物表现出很多相似的生态适应特征；对浮叶和漂浮植物来说，从它们的生理结构来看，部分结构浮出水面，克服了水环境的不利因素，然而其营养体也不能离开水环境而生活；沉水植物是典型的水生植物，其生活完全依赖于水体环境。

1.1.4　水生植物的繁殖

Heywood（1976）在《植物分类学》中定义的植物繁育系统（breeding system）是指控制居群或分类群中异体授精或自体授精相对频率的各种生理和形态机制。并依据这一定义将植物繁育系统进行了归类（表 1.1）。

表 1.1　植物的繁育系统

Tab. 1.1　Breeding system of plants

1 有性的（两性生殖）

（1）自体繁殖（自体授精），如闭花授精

（2）异体繁殖（异体授精）

a）阻止自花授粉的花部结构特征

b）时相阻隔特征，如异熟现象

c）雌雄同株

d）雌花两性花异株或雄花两性花异株

e）花粉管不同的生长率

f）遗传上的自交不亲和

g）花柱异常性

h）雌雄异株

2 无性的（无融合繁殖）

（1）营养繁殖（有或无有性生殖）

（2）无融合结籽（偶发、兼性、专性）

　　资料来源：Heywood, 1976。

　　Cited from：Heywood, 1976.

在繁殖方式上，郭友好等（1998）通过比较，总结出水生植物中几乎包括了所有被子植物繁育系统类型。对于水生植物而言，虽然各方证据显示其在繁殖方式上表现了强大的无性繁殖系统，但这不是说有性繁殖不重要，甚至有时候有性繁殖表现出对环境更强的适应性。

　　1. 有性繁殖

Sculthorpe（1967）在 "*The Biology of Aquatic Vascular Plants*" 中论述："水生被子植物在有性繁殖阶段与其陆生祖先表现出紧密的联系。"该论述暗示了水生植物表现出的有性繁殖和陆生植物在内容上是相同的，通过开花、传粉、授精、结实、产生种子的过程来完成。大多数水生植物类群能产生花，根据其特点一般称之为气生花，有两性花和单性花之分，传粉方式除了风媒、虫媒以外，还有一种独特的方式即水媒。如颜素珠（1983）在《中国水生高等植物图说》收录的苦草（*Vallisneria spiralis*）、黑藻、金鱼藻、软骨草（*Lagarosiphon alternifolia*）等是以水为传粉媒介。其中，苦草是水媒传粉的典型，该种植物雌雄异株，雌花成熟时花序柄强烈伸长，直至将花挺到水面，花于水面开放；而雄花成熟后冲破雄性佛焰苞，脱离花序，浮到水面，随着水的漂流，使它有机会靠近雌花，使花粉有可能到达雌花的柱头；受粉后的雌花由于花序柄螺旋状卷曲，逐渐将幼果拉入水中成熟。金鱼藻及轮叶狐尾藻（*Myriophyllum verticillatum*）是雌雄同株，雄花在植株的上部，雌花在植株的下部，雄花成熟后将花粉散落于水中，借着花粉粒富含淀粉的重量，使花粉下沉而落到柱头上，进行授粉。典型的例子还有篦齿眼子菜（*Potamogeton pectinatus*）（陈开宁等，2003）等。

2. 无性营养繁殖

相对陆生植物，水生植物类群表现出广泛、快速而有效的无性繁育系统，通常有性繁殖还不到 25%（赵文，2005）。其无性繁殖方式包括营养体繁殖、出芽繁殖等。营养体是指植物的根、茎、叶，依据营养器官的不同其繁殖系统可以划分成不同类型。

1）常见的营养体繁殖方式

（1）断体繁殖：这是一种最普遍的繁殖方式，表现为植株根、茎、叶等某些部位折断后的残片可发育成新植株，最典型的如金鱼藻、黑藻、大茨藻（*Najas marina*）等沉水植物植株折断后，许多断体都可成为一新的植株（刁正俗，1990）；凤眼莲（*Eichhornia crassipes*）等漂浮植物在以匍匐茎繁殖的同时，其折断的枝条或匍匐茎也可长成新植株（赵文，2005；张卫明和陈维培，1989）。莕菜、金银莲花（*Nymphoides indica*）等，具有细长的节间，各节带着 1 或 2 枚叶片及残存的伞形花序，节间断裂后，就可再繁殖成一新植株（颜素珠，1983）。

（2）茎繁殖：绝大部分水生植物的克隆器官是由茎及其变态衍生物形成，根据茎的形态不同，茎繁殖的具体形式包括压条，纤匍枝、匍匐茎、根状茎、块茎、变态茎繁殖等。其中，压条繁殖，如卵叶丁香蓼（肖克炎和于丹，2008）；纤匍枝繁殖的，如王建波等（1993）报道的长喙毛茛泽泻属；匍匐茎繁殖的，如凤眼莲、慈姑属等；根状茎繁殖的，如泽泻属、莲属、独叶草（*Kingdonia uniflora*）（雷永吉等，2000）等；另外，稻、苦草和芦苇还能由根状茎分蘖产生新植株（颜素珠，1983；刁正俗，1990）；块茎繁殖，如水鳖、凤眼莲、大藻等；变态茎繁殖包括：①鳞茎繁殖，如黑藻属（郭友好等，1998）、水仙属等；②球茎繁殖，如莎草科的木贼状荸荠（*Heleocharis equisetina*），还有矮慈姑（*Sagittaria pygmaea*）（罗晓铮等，2000）、利川慈姑（*Sagittaria lichuanensis*）（郭友好等，1998）等泽泻科植物。

（3）根繁殖：水生植物的根有匍匐根、主根和块根之分，其繁殖形式，主要是根出条的形式。

2）出芽繁殖

在植物体的根、茎、叶等营养器官上往往特化出某些结构或器官进行繁殖，如出芽繁殖，即母体产生芽体，芽体断离母体后，即成新株。出芽生殖，也是一种无性繁殖方式，亲代通过细胞分裂产生子代，在母体的一定部位长出芽体，但是子代（芽体）并不立即脱离母体，而与母体相连，继续接受母体提供的养分，直到个体可独立生活才脱离母体。例如，无根萍（*Wolffia arrhiza*）、浮萍（*Lemna minor*）、紫萍（*Spirodela polyrrhiza*）、满江红（*Azolla imbricata*）等主要是叶状体出芽产生新的叶状体（颜素珠，1983）；眼子菜属的一些种和黑藻等可通过根茎顶芽繁殖新个体（刁正俗，1990）。还有，泽苔草属在环境适合时可以长出与花序相似的枝，枝上有一轮轮的苞片，苞腋产生繁殖芽，芽体落地就能形成新的植株（颜素珠，1983）。

3）冬芽繁殖

水生植物还具有一种特殊的繁殖结构即冬芽（颜素珠，1983；张卫明和陈维培，1989；赵文，2005）。所谓冬芽，人们把它看作是处于幼态而未充分伸展的枝（赵文，2005）。也有人认为这是植物躲避不利环境因素的一种休眠体。冬芽形成后离开母体，沉没于水底度过不良环境，等条件适宜时就萌发成新的植株。例如，金色藻属（*Chrysochromulina*）、苦草、无根萍、黑藻，常在秋末由于水温等环境条件的变化，就产生冬芽，入冬前沉入水底越冬，到春天冬芽再萌发为新的植株（颜素珠，1983；赵文，2005）。

4）假胚生

假胚生（也有人说假胎生）是一类特殊的繁殖方式，典型的如海滩上的红树林植物繁殖方式。

由于植物细胞具有全能性，许多植物表现出了强大而高效的无性繁殖系统。不同植物在不同的环境条件下会呈现出不同的繁殖方式以适应不利的环境。水生植物类群中同一种植物也会表现出不同的营养繁殖方式。例如，泽泻科矮慈姑营养体既可以匍匐茎繁殖，也可以球茎繁殖；金鱼藻既能以鳞茎又能以断枝进行克隆繁殖（罗晓铮等，2000）。繁殖方式还是影响水生植物生存竞争、分布以及群落结构动态变化的关键因素。陈开宁等（2003）等通过野外观察和室内试验，较详细地介绍了篦齿眼子菜的繁殖策略，其具有广泛而高效的无性繁殖系统，可以通过断株、根状茎、地上块茎、地上茎节以及叶腋基部进行繁殖；篦齿眼子菜有性繁殖中具有水表和水下气泡两种传粉方式；种子发生量较大，但种子发芽率低，不到6%；种子繁殖对种群恢复贡献不大，其主要作用在于远程传播和保持持久的种子库。

1.2　水生植物的主要类群及分布

关于世界水生植物的种类，介绍比较多的是 Cook 等（1974）编著，王徽勤等翻译的《世界水生植物》一书。在此书中有维管植物 87 科 407 属 5800 多种被认为是水生植物；蕨类植物门中有水生植物 11 属，隶属于 9 个科，其中满江红科（Azollaceae）、苹科（Marsileaceae）和槐叶苹科（Salviniaceae）3 个科全为水生；在现存的种子植物中，裸子植物门没有水生种类，而且据已知的化石证明过去也没有；木兰纲（被子植物门）中的水生植物有 78 科 396 属。

水生植物的分布区多呈连续分布态，这主要是由于一般的水体均在较大范围内相互沟通。然而由于地理环境变迁，水体也有呈间断分布的，导致水生植物也有间断分布特征，而且间断分布对于水生植物的分区尤为重要。为揭示植被地域分布的规律性，常进行植被区划（vegetation regionalization），即主要根据植被特征进行的地域划分。植被区划和植被分类不同。植被区划单位在地域上常常是连续的、不重复的，而植被类型在地域上通常是分散的，某一植被区划单位内的植被类型可以重复出现。对于具有明显地带性分布的陆生植物，通过植被区划可以很好地揭示其分布规律；而水生植物，由于水域环境（江河、湖泊、池塘等）的非连续性，对其进行植被区划并不能很好地揭示其分布特征。为了掌握水生植物的生态适应及其地理分布规律，目前，国内主要是依据《中国植被》所划分的被子植物植物区系的 15 个地理分布区类型，在对各区域水生植物类群进行统计的基础上，再对各区域水生植被科、属、种的分布区类型进行分析，根据这种方式也能较好地揭示水生植物的分布特征。

关于植物群落的分布特征，首先，其内部有着垂直结构、水平结构等空间结构特征，同时，受历史原因影响，以及各类生态因子、气候环境的综合作用，导致世界上不同的地理区域分布着不同的植物群落，而且随着气候、环境等各种因素的影响，植物群落的分布也呈现一定的特征。尤其是陆生植物，受地理因素、生态条件、气候、土壤等因素的影响明显，因而，在分布规律上表现出明显的水平地带性和垂直地带性等规律特征。而对于水生植物，虽然地球上的水系依据盐度的不同分为淡水（河流、湖泊、池沼、水库等）和海水，然而水体环境相对比较稳定，如昼夜或四季温差均比较小、光照分层现象明显等，普遍地，各地水域的气候条件和其他生态条件也很近似，所以水生植物许多是广布种，乃至广布世界的种。相对于陆生植物，水生植物习惯上往往被看作为非地带性植物或隐域植物，其分布往往表现为不固定在某一个地带性植被中，是跨地带的，可以出现在两个或以上的的植被带。由于受气候因素影响小，主要受水生态因子的影响，这一类群的植被一般呈斑点或条状嵌入在受气候等因素决定的地带性植被中，只有少部分水生植物类群呈现了地区特有的属性（颜素珠，1983）。

目前，关于陆生植物的分布规律，已有详细的描述。水生植被是隐域植物，相对而言，不如陆生植物那样受气候影响，特征明显；但水生植物还是具有一定的地带性特征，何景彪（1989）从区系、地理分布和植被类型等方面寻找证据，初步论证了水生植被地理分布的水平地带性和垂直地带性。

1.2.1　世界水生植物

关于世界水生植物的分布状况，目前，还没有比较详细的研究报道。本节主要根据 Cook 的专著《世界水生植物》，参照相关文献，将世界各地理区域的水生植物的主要类群进行统计（主要对亚洲、非洲、欧洲、美洲、大洋洲等的水生植物科、属、种进行统计，见表1.2～表1.8）。

表 1.2　广泛性分布的水生植物类群
Tab. 1.2　The wide distribution groups of aquatic plants

类群（Group）	科名（Family）	属数目（Genus number）	种数目（Species number）
蕨类植物	满江红科（Azollaceae）*	1*	6*
	木贼科（Equisetaceae）	1	2
	水韭科（Isoetaceae）*	1*	60*
	藤蕨科（Lomariopsidaceae）	1	2
	苹科（Marsileaceae）	2	71
	凤尾蕨科（Pteridaceae）	1	4
	槐叶苹科（Salviniaceae）*	1*	10*
	小计：7 科	8	155
种子植物	爵床科（Acanthaceae）	2	42
	泽泻科（Alismataceae）*	10（2*）	94（29*）
	苋科（Amaranthaceae）	2	7
	石蒜科（Amaryllidaceae）	1	10
	伞形科（Apiaceae）*	11（3*）	55（18*）
	天南星科（Araceae）	7	23
	水蕹科（Aponogetonaceae）	1	43
	菊科（Asteraceae）*	5（3*）	252（243*）
	十字花科（Brassicaceae）*	2	7
	花蔺科（Butomaceae）	1	1
	莼菜科（Cabombaceae）*	2（1*）	8（7*）
	水马齿科（Callitrichaceae）*	1*	17*

类群（Group）	科名（Family）	属数目（Genus number）	种数目（Species number）
	美人蕉科（Cannaceae）	1	1
	金鱼藻科（Ceratophyllaceae）*	1*	6*
	鸭跖草科（Comme linaceae）	1	2
	旋花科（Convolvulaceae）	1	2
	景天科（Crassulaceae）*	1*	10*
	莎草科（Cyperaceae）*	27（11*）	882（699*）
	茅膏菜科（Droseraceae）	1	1
	沟繁缕科（Elatinaceae）*	2（1*）	22（12*）
	谷精草科（Eriocaulaceae）*	4（1*）	1045（300*）
	大戟科（Euphorbiaceae）	2	61
	豆科（Leguminosae）	3	143
	小二仙草科（Haloragaceae）*	3（1*）	67（60*）
	杉叶藻科（Hippuridaceae）	1	2
	水鳖科（Hydrocharitaceae）*	14（1*）	71（1*）
	田基麻科（Hydrophyllaceae）	1	11
种子植物	鸢尾科（Iridaceae）	1	300
	水麦冬科（Juncaginaceae）	1	1
	唇形科（Lamiaceae）	3	40
	浮萍科（Lemnaceae）*	4（3*）	34（25*）
	狸藻科（Lentibulariaceae）*	2（1*）	45（30*）
	黄花绒叶草科（Limnocharitaceae）	3	8
	半边莲科（Lobeliaceae）*	6（1*）	19（11*）
	千屈菜科（Lythraceae）	5（1*）	67（6*）
	苳叶科（Marantaceae）	2	7
	炭泥藓草科（Mayacaceae）	1	10
	野牡丹科（Melastomataceae）	2	6
	龙胆科（Gentianaceae）*	4（1*）	38（20*）
	茨藻科（Najadaceae）*	1*	40*
	莲科（Nelumbonaceae）	1	1
	睡莲科（Nymphaeaceae）*	4（1*）	50（40*）
	柳叶菜科（Onagraceae）*	2（1*）	17（15*）
	田葱科（Philydraceae）	1	1

续表

类群（Group）	科名（Family）	属数目（Genus number）	种数目（Species number）
	车前草科（Plantaginaceae）	1	3
	禾本科（Poaceae）*	42（2*）	520（9*）
	川苔草科（Podostemaceae）	8	49
	花葱科（Polemoniaceae）	1	4
	蓼科（Polygonaceae）*	2（1*）	11（10*）
	雨久花科（Pontederiaceae）	4	25
	马齿苋科（Portulaceae）	1	15
	眼子菜科（Potamogetonaceae）*	2（1*）	42（40*）
	报春花科（Primulaceae）*	3（2*）	23（21*）
	毛茛科（Ranunculaceae）*	2*	45*
种子植物	茜草科（Rubiaceae）	1	15
	川蔓藻科（Ruppiaceae）	1	2
	三白草科（Saururaceae）	1	2
	玄参科（Scrophulariaceae）	15	201
	黑三棱科（Sparganiaceae）	1	14
	密穗桔梗科（Sphenocleaceae）	1	2
	四粉草科（Tetrachondraceae）	1	2
	菱科（Trapaceae）	1	20
	香蒲科（Typhaceae）*	1*	8*
	角果藻科（Zannichelliaceae）*	2（1*）	9（6*）
	大叶藻科（Zosteraceae）*	2（1*）	17（12*）
	灯心草科（Juncaceae）*	1*	85*
	小计：66 科	245	4683
合计	73	253	4838

带"*"的数字表示世界性分布的科及属、种的数目。广泛分布指跨洲，但不是世界性分布的科、属、种的数目。

The number labelled with "*" is the number of the cosmopolitan family, genus and species. Widely distributed group is just designated to those distributed in two or more different continents but not the cosmopolitan.

表 1.3　亚洲水生植物类群

Tab. 1. 3　The groups of aquatic plants distributed in Asia

类群（Group）	科名（Family）	属数目（Genus number）	种数目（Species number）
蕨类植物	木贼科（Equisetaceae）	1	2
	藤蕨科（Lomariopsidaceae）	1#	2#
	苹科（Marsileaceae）	2	71
	水龙骨科（Polypodiaceae）#	1#	15#
	凤尾蕨科（Pteridaceae）	1	4
	小计：5 科	6	94
种子植物	爵床科（Acanthaceae）	2	42
	泽泻科（Alismataceae）	5	14
	苋科（Amaranthaceae）	2	7
	石蒜科（Amaryllidaceae）	1	10
	伞形科（Apiaceae）	6	25
	天南星科（Araceae）	9 (2#)	71 (51#)
	水蕹科（Aponogetonaceae）	1	43
	凤仙花科（Balsaminaceae）#	1#	1#
	十字花科（Brassicaceae）	1	1
	花蔺科（Butomaceae）	1	1
	莼菜科（Cabombaceae）	1	1
	美人蕉科（Cannaceae）	1	1
	鸭跖草科（Commelinaceae）	1	2
	旋花科（Convolvulaceae）	1	2
	莎草科（Cyperaceae）	10	158
	茅膏菜科（Droseraceae）	1	1
	沟繁缕科（Elatinaceae）	1	10
	豆科（Leguminosae）	3	143
	小二仙草科（Haloragaceae）	2	7
	杉叶藻科（Hippuridaceae）	1	2
	水鳖科（Hydrocharitaceae）	9	43
	田基麻科（Hydrophyllaceae）	1	11
	鸢尾科（Iridaceae）	1	300
	唇形科（Lamiaceae）	4	65
	狸藻科（Lentibulariceae）	1	15
	黄花绒叶草科（Limnocharitaceae）	2	3
	苳叶科（Marantaceae）	1	4
	龙胆科（Gentianaceae）	3	18
	莲科（Nelumbonaceae）	1	1

续表

类群（Group）	科名（Family）	属数目（Genus number）	种数目（Species number）
种子植物	睡莲科（Nymphaeaceae）	3（1#）	10（1#）
	田葱科（Philydraceae）	1	1
	禾本科（Poaceae）	36（5#）	237（7#）
	川苔草科（Podostemaceae）	13（3#）	70（8#）
	蓼科（Polygonaceae）	1	1
	千屈菜科（Lythraceae）	3	61
	雨久花科（Pontederiaceae）	3	18
	马齿苋科（Portulaceae）	1	15
	眼子菜科（Potamogetonaceae）	1	2
	报春花科（Primulaceae）	1	1
	川蔓藻科（Ruppiaceae）	2（1#）	3（1#）
	三白草科（Saururaceae）	2	3
	玄参科（Scrophulariaceae）	12（#）	165（1#）
	黑三棱科（Sparganiaceae）	1	14
	密穗桔梗科（Sphenocleaceae）	1	2
	菱科（Trapaceae）	1	20
	茶菱科（Trapellaceae）#	1#	1#
	大叶藻科（Zosteraceae）	1	5
	小计：47 科	158	1631
合计	52	164	1725

"#" 表示仅在该洲分布的科、属、种。

"#" means family, genus, species only exist in this continent.

表 1.4　欧洲水生植物类群

Tab. 1.4　The groups of aquatic plants distributed in Europe

类群（Group）	科名（Family）	属数目（Genus number）	种数目（Species number）
蕨类植物	乌毛蕨科（Blechnaceae）#	1#	1#
	木贼科（Equisetaceae）	1	2
	苹科（Marsileaceae）	2	71
	凤尾蕨科（Pteridaceae）	1	4
	小计：4 科	5	78
种子植物	爵床科（Acanthaceae）	2	42
	泽泻科（Alismataceae）	5	14
	苋科（Amaranthaceae）	1	6
	石蒜科（Amaryllidaceae）	1	10

续表

类群（Group）	科名（Family）	属数目（Genus number）	种数目（Species number）
	伞形科（Apiaceae）	9（2#）	28（2#）
	天南星科（Araceae）	2	3
	水蕹科（Aponogetonaceae）	1	43
	十字花科（Brassicaceae）	1	1
	花蔺科（Butomaceae）	1	1
	山竹子科（Clusiaceae）#	1	1
	莎草科（Cyperaceae）	1	19
	豆科（Leguminosae）	3	143
	小二仙草科（Haloragaceae）	1	1
	杉叶藻科（Hippuridaceae）	1	2
	水鳖科（Hydrocharitaceae）	9	51
	鸢尾科（Iridaceae）	1	300
	唇形科 Lamiaceae	3（1#）	40（25#）
	半边莲科（Lobeliaceae）	1	1
种子植物	千屈菜科（Lythraceae）	3	61
	龙胆科（Gentianaceae）	1	1
	睡莲科（Nymphaeaceae）	1	7
	车前草科（Plantaginaceae）	1	3
	禾本科（Poaceae）	23	194
	蓼科（Polygonaceae）	1	1
	雨久花科（Pontederiaceae）	4	22
	马齿苋科（Portulaceae）	1	15
	眼子菜科（Potamogetonaceae）	1	2
	报春花科（Primulaceae）	1	1
	玄参科（Scrophulariaceae）	7	133
	黑三棱科（Sparganiaceae）	1	14
	菱科（Trapaceae）	1	20
	角果藻科（Zannichelliaceae）	1	3
	大叶藻科（Zosteraceae）	1	5
	小计：33 科	92	1188
合计	37	97	1266

"#" 表示仅在该洲分布的科、属、种。

"#" means family, genus, species only exist in this continent.

表 1.5　南美洲水生植物类群

Tab. 1.5　The groups of aquatic plants distributed in South America

类群（Group）	科名（Family）	属数目（Genus number）	种数目（Species number）
蕨类植物	苹科（Marsileaceae）	3（1#）	72（1#）
	凤尾蕨科（Pteridaceae）	1	4
	小计：2 科	4	76
种子植物	爵床科（Acanthaceae）	2	42
	泽泻科（Alismataceae）	3	50
	苋科（Amaranthaceae）	1	6
	石蒜科（Amaryllidaceae）	1	10
	伞形科（Apiaceae）	7（4#）	14（6#）
	天南星科（Araceae）	9	18
	菊科（Asteraceae）	3（1#）	11（2#）
	美人蕉科（Cannaceae）	1	1
	鸭跖草科（Comme linaceae）	1	2
	旋花科（Convolvulaceae）	1	2
	莎草科（Cyperaceae）	13（2#）	136（3#）
	沟繁缕科（Elatinaceae）	1	10
	谷精草科（Eriocaulaceae）	4	476
	大戟科（Euphorbiaceae）	2	61
	豆科（Leguminosae）	4	150
	小二仙草科（Haloragaceae）	1	4
	水鳖科（Hydrocharitaceae）	6（1#）	30（1#）
	田基麻科（Hydrophyllaceae）	1	11
	鸢尾科（Iridaceae）	1	1
	水麦冬科（Juncaginaceae）	1	1
	浮萍科（Lemnaceae）	1	9
	狸藻科（Lentibulariaceae）	1	15
	黄花绒线草科（Limnocharitaceae）	2	7
	半边莲科（Lobeliaceae）	3	6
	千屈菜科（Lythraceae）	4	67
	竹芋科（Marantaceae）	2	7
	炭泥藓草科（Mayacaceae）	1	10
	野牡丹科（Melastomataceae）	2	6

类群 (Group)	科名 (Family)	属数目 (Genus number)	种数目 (Species number)
种子植物	莲科 (Nelumbonaceae)	1	1
	睡莲科 (Nymphaeaceae)	1	2
	柳叶菜科 (Onagraceae)	1	2
	车前草科 (Plantaginaceae)	1	3
	禾本科 (Poaceae)	24 (2#)	224 (2#)
	川苔草科 (Podostemaceae)	18 (11#)	155 (102#)
	花葱科 (Polemoniaceae)	1	4
	蓼科 (Polygonaceae)	1	1
	雨久花科 (Pontederiaceae)	5	24
	马齿苋科 (Portulaceae)	1	15
	眼子菜科 (Potamogetonaceae)	1	2
	偏穗草科 (Rapateaceae)#	1	1
	茜草科 (Rubiaceae)	2	16
	玄参科 (Scrophulariaceae)	7	134
	密穗桔梗科 (Sphenocleaceae)	1	2
	四粉草科 (Tetrachondraceae)	1	2
	圭亚那草科 (Thurniaceae)#	1#	2#
	黄眼草科 (Xyridaceae)#	1#	4#
	大叶藻科 (Zosteraceae)	2	6
	小计：47 科	150	1763
合计	49	154	1839

"#" 表示仅在该洲分布的科、属、种。

"#" means family, genus, species only exist in this continent.

表 1.6　北美洲水生植物类群
Tab. 1.6　The groups of aquatic plants distributed in North America

类群 (Group)	科名 (Family)	属数目 (Genus number)	种数目 (Species number)
蕨类植物	木贼科 (Equisetaceae)	1	2
	苹科 (Marsileaceae)	2	71
	凤尾蕨科 (Pteridaceae)	1	4
	小计：3 科	4	77
种子植物	爵床科 (Acanthaceae)	2	42
	泽泻科 (Alismataceae)	3	50
	苋科 (Amaranthaceae)	1	6
	石蒜科 (Amaryllidaceae)	1	10

类群（Group）	科名（Family）	属数目（Genus number）	种数目（Species number）
	伞形科（Apiaceae）	11（4#）	54（16#）
	天南星科（Araceae）	7（2#）	15（4#）
	菊科（Asteraceae）	7（5#）	14（5#）
	十字花科（Brassicaceae）	1	1
	花蔺科（Butomaceae）	1	1
	莼菜科（Cabombaceae）	1	1
	美人蕉科（Cannaceae）	1	1
	鸭跖草科（Commelinaceae）	1	2
	旋花科（Convolvulaceae）	1	2
	莎草科（Cyperaceae）	14（2#）	138（2#）
	沟繁缕科（Elatinaceae）	1	10
	谷精草科（Eriocaulaceae）	2	66
	大戟科（Euphorbiaceae）	1	60
	豆科（Leguminosae）	3	143
	小二仙草科（Haloragaceae）	2	6
种子植物	杉叶藻科（Hippuridaceae）	1	2
	水鳖科（Hydrocharitaceae）	7	41
	田基麻科（Hydrophyllaceae）	1	11
	鸢尾科（Iridaceae）	1	300
	水麦冬科（Juncaginaceae）	1	1
	唇形科（Lamiaceae）	2	19
	浮萍科（Lemnaceae）	1	19
	狸藻科（Lentibulariaceae）	1	15
	黄花绒线草科（Limnocharitaceae）	2	7
	半边莲科（Lobeliaceae）	4#	17（14#）
	千屈菜科（Lythraceae）	6（2#）	69（2#）
	苳叶科（Marantaceae）	2	7
	炭泥藓草科（Mayacaceae）	1	10
	野牡丹科（Melastomataceae）	2	6
	龙胆科（Gentianaceae）	2	2
	睡莲科（Nymphaeaceae）	1	7
	柳叶菜科（Onagraceae）	1	2

续表

类群（Group）	科名（Family）	属数目（Genus number）	种数目（Species number）
种子植物	车前草科（Plantaginaceae）	1	3
	禾本科（Poaceae）	31（3#）	253（9#）
	川苔草科（Podostemaceae）	4	41
	花葱科（Polemoniaceae）	1	4
	蓼科（Polygonaceae）	1	1
	雨久花科（Pontederiaceae）	6（1#）	26（2#）
	马齿苋科（Portulaceae）	1	15
	眼子菜科（Potamogetonaceae）	1	2
	报春花科（Primulaceae）	1	1
	毛茛科（Ranunculaceae）	1	10
	茜草科（Rubiaceae）	1	15
	川蔓藻科（Ruppiaceae）	1	2
	三白草科（Saururaceae）	1	2
	玄参科（Scrophulariaceae）	9（1#）	147（1#）
	黑三棱科（Sparganiaceae）	1	14
	密穗桔梗科（Sphenocleaceae）	1	2
	菱科（Trapaceae）	1	20
	大叶藻科（Zosteraceae）	1	5
	小计：54 科	161	1720
合计	57	165	1797

"#" 表示仅在该洲分布的科、属、种。

"#" means the family, genus, species only exist in this continent.

表 1.7　非洲水生植物类群
Tab. 1.7　The groups of aquatic plants distributed in Africa

类群（Group）	科名（Family）	属数目（Genus number）	种数目（Species number）
蕨类植物	藤蕨科（Lomariopsidaceae）	1	2
	苹科（Marsileaceae）	2	71
	凤尾蕨科（Pteridaceae）	1	4
	小计：3 科	4	77
种子植物	爵床科（Acanthaceae）	2	42
	泽泻科（Alismataceae）	5	12
	苋科（Amaranthaceae）	2（1#）	7（1#）

续表

类群（Group）	科名（Family）	属数目（Genus number）	种数目（Species number）
	石蒜科（Amaryllidaceae）	1	10
	伞形科（Apiaceae）	3	7
	天南星科（Araceae）	6（2#）	10（4#）
	水蕹科（Aponogetonaceae）	1	43
	菊科（Asteraceae）	3（2#）	3（2#）
	十字花科（Brassicaceae）	1	1
	莼菜科（Cabombaceae）	1	1
	美人蕉科（Cannaceae）	1	1
	鸭跖草科（Commelinaceae）	1	2
	旋花科（Convolvulaceae）	1	2
	莎草科（Cyperaceae）	11（3#）	117（11#）
	茅膏菜科（Droseraceae）	1	1
	沟繁缕科（Elatinaceae）	1	10
	谷精草科（Eriocaulaceae）	3（1#）	690（10#）
	大戟科（Euphorbiaceae）	2（1#）	61（1#）
种子植物	豆科（Leguminosae）	3	143
	小二仙草科（Haloragaceae）	1	4
	水鳖科（Hydrocharitaceae）	8（1#）	50（1#）
	田基麻科（Hydrophyllaceae）	1	11
	仙茅科（Hypoxidaceae）#	1	1
	唇形科（Lamiaceae）	1	3
	浮萍科（Lemnaceae）	1	9
	狸藻科（Lentibulariaceae）	1	15
	黄花绒线草科（Limnocharitaceae）	1	1
	半边莲科（Lobeliaceae）	2	2
	千屈菜科（Lythraceae）	3（1#）	61（4#）
	苳叶科（Marantaceae）	1	1
	龙胆科（Gentianaceae）	2	2
	酢浆草科（Oxalidaceae）#	1#	2#
	禾本科（Poaceae）	34（7#）	239（7#）
	川苔草科（Podostemaceae）	20（13#）	88（23#）
	蓼科（Polygonaceae）	1	14

类群（Group）	科名（Family）	属数目（Genus number）	种数目（Species number）
	雨久花科（Pontederiaceae）	4（2#）	19（2#）
	马齿苋科（Portulaceae）	1	15
	眼子菜科（Potamogetonaceae）	1	2
	报春花科（Primulaceae）	1	2
	茜草科（Rubiaceae）	1	158
种子植物	玄参科（Scrophulariaceae）	11	157
	密穗桔梗科（Sphenocleaceae）	1	2
	菱科（Trapaceae）	1	20
	角果藻科（Zannichelliaceae）	2	4
	灯心草科（Juncaceae）	1	1
	小计：45 科	152	2046
合计	48	156	2123

"#"表示仅在该洲分布的科、属、种。

"#" means the family, genus, species only exist in this continent.

表 1.8　大洋洲水生植物类群
Tab. 1.8　The groups of aquatic plants distributed in Oceania

类群（Group）	科名（Family）	属数目（Genus number）	种数目（Species number）
蕨类植物	苹科（Marsileaceae）	2	71
	凤尾蕨科（Pteridaceae）	1	4
	小计：2 科	3	75
	爵床科（Acanthaceae）	2	42
	泽泻科（Alismataceae）	5	58
	苋科（Amaranthaceae）	1	6
	石蒜科（Amaryllidaceae）	1	10
	伞形科（Apiaceae）	3	19
	天南星科（Araceae）	3	5
种子植物	水蕹科（Aponogetonaceae）	1	43
	菊科（Asteraceae）	1	5
	莼菜科（Cabombaceae）	1	1
	美人蕉科（Cannaceae）	1	1
	鸭跖草科（Commelinaceae）	1	2
	旋花科（Convolvulaceae）	1	2
	莎草科（Cyperaceae）	8	139

续表

类群 (Group)	科名 (Family)	属数目 (Genus number)	种数目 (Species number)
	茅膏菜科 (Droseraceae)	1	1
	沟繁缕科 (Elatinaceae)	1	10
	豆科 (Leguminosae)	3	143
	小二仙草科 (Haloragaceae)	2	5
	水马齿科 (Hydrostachyaceae#)	2#	7#
	水鳖科 (Hydrocharitaceae)	8	48
	田基麻科 (Hydrophyllaceae)	1	11
	水麦冬科 (Juncaginaceae)	2	2
	唇形科 (Lamiaceae)	2	26
	狸藻科 (Lentibulariaceae)	2 (1#)	18 (3#)
	黄花绒线草科 (Limnocharitaceae)	1	1
	半边莲科 (Lobeliaceae)	2 (1#)	6 (2#)
	千屈菜科 (Lythraceae)	3	61
	龙胆科 (Gentianaceae)	1	16
种子植物	莲科 (Nelumbonaceae)	1	1
	睡莲科 (Nymphaeaceae)	1	1
	田葱科 (Philydraceae)	1	1
	禾本科 (Poaceae)	26 (1#)	229 (1#)
	川苔草科 (Podostemaceae)	2	2
	蓼科 (Polygonaceae)	1	1
	雨久花科 (Pontederiaceae)	3	13
	马齿苋科 (Portulaceae)	2 (1#)	15 (1#)
	波喜荡草科 (Posidoniaceae)#	1	5
	眼子菜科 (Potamogetonaceae)	1	2
	玄参科 (Scrophulariaceae)	11	154
	黑三棱科 (Sparganiaceae)	1	14
	密穗桔梗科 (Sphenocleaceae)	1	2
	四粉草科 (Tetrachondraceae)	1	2
	菱科 (Trapaceae)	1	20
	角果藻科 (Zannichellaceae)	1	5
	大叶藻科 (Zosteraceae)	2	6
	小计: 44 科	117	1161
合计	46	120	1236

(1) 各洲分布的水生植物不包括世界性分布的水生植物类群。

(2) "#" 表示仅在该洲分布的科、属、种。

(1) The water plants distributed in every different continent exclude the cosmopolitans.

(2) "#" means the family, genus, species only exist in this continent.

全世界水生植物共有 86 科 407 属 5763 种。仅 14 个科 88 属 376 种分布相对
狭窄，只分布在某一个洲，所占科、属、种的比例分别为 16%、22%、7%；73
个科广泛分布（蕨类植物 7 科 8 属 155 种；被子植物 66 科 245 属 4683 种），计
有 253 属 4838 种，无论在科、属、种水平均占较高的比例，分别为 86%、
81%、83%；其中，世界性分布的计有 32 科 161 属 1120 种，三种水平所占的比
例分别为 37%、40%、19%。以上数据显示，水生植物的大多数类群呈广泛性
分布，呈世界性分布的类群虽然在种水平上不具绝对优势，却在科、属水平上呈
现了普遍性的特点，而相对狭域分布的类群只占少数。满江红科、槐叶苹科、水
韭科等科中的所有水生植物均呈世界性分布，体现了水生植物世界性分布的特
征。表 1.2 显示了不同类型水生植物的分布状况。

亚洲水生植物计有 52 科 164 属 1725 种，其中，蕨类植物有 5 科 6 属 94 种，
被子植物 47 科 158 属 1631 种。蕨类植物中的水龙骨科（Polypodiaceae）和被子
植物中的凤仙花科（Balsaminaceae）、茶菱科（Trapellaceae）3 科是亚洲特有的
科。亚洲特有 17 属 88 种。

欧洲水生植物计有 37 科 97 属 1266 种，其中，蕨类植物有 4 科 5 属 78 种，
被子植物 33 科 92 属 1188 种。蕨类植物中的乌毛蕨科（Blechnaceae）和被子植
物中的山竹子科（Clusiaceae）2 个科是欧洲特有的科。欧洲特有 4 属 28 种。

南美洲水生植物计有 49 科 154 属 1839 种，其中，蕨类植物有 2 科 4 属 76
种，被子植物 47 科 150 属 1763 种。偏穗草科（Rapateaceae）、圭亚那草科
（Thurniaceae）、黄眼草科（Xyridaceae）3 科是南美洲特有的科。南美洲特有 4
属 123 种。

北美洲水生植物计有 57 科 165 属 1797 种，其中，蕨类植物有 3 科 4 属 77
种，被子植物 54 科 161 属 1720 种。在科水平上没有特有科。特有 24 属 55 种。

非洲水生植物计有 48 科 156 属 2123 种，其中，蕨类植物有 3 科 4 属 77 种，
被子植物 45 科 152 属 2046 种。被子植物中的酢浆草科、仙茅科（Hypoxidace-
ae）2 科是非洲特有的科。非洲特有 35 属 68 种。

大洋洲水生植物计有 46 科 120 属 1236 种，其中，蕨类植物有 2 科 3 属 75
种，被子植物 44 科 117 属 1161 种。被子植物中的水马齿科 Hydrostachyaceae
和波喜荡草科（Posidoniaceae）2 科是大洋洲特有的科。大洋洲特有 6 属 14 种。

1.2.2　中国水生植物

我国水系众多，湖泊、池塘、水库、溪河、沼泽遍及南北，其中的水生植物
形成一个非常庞大的类群。在 1983 年出版的《中国水生维管束植物图谱》中收
录的水生植物，中国水生维管束植物计有 61 科 145 属 317 种，15 个变种，2 个
变型。收编的范围除了沉水植物、漂浮植物、浮叶植物、挺水植物外，还包括沼

生（湿生）植物类群等。1990 年出版的刁正俗编著的《中国水生杂草》中，载有水生杂草（包括水网、水绵、轮藻、苔藓、蕨类、双子叶植物和单子叶植物）61 科 155 属 437 种和变种。

　　在国内，水生植物的分布已有不少研究，主要是针对不同地区、不同水域进行的植被调查分析。研究的方法，首先是植物类群统计，再对各区域水生植被的分布区类型进行分析。例如，赵冕等（1999）对滇池水生植物所做的研究，张茹春（2007）对北京怀沙河、怀九河水生植物区系所做的研究等。从中我们可以详细地了解不同地区水生植物的类群，及其区系特征。于丹（1994a）对东北地区的水生植被进行了详细地研究，在《东北水生植物地理学的研究》中，详细论述了东北地区的水生植物的水平和垂直分布规律，并按种讨论了分布区类型。

　　我国按地理区可分为东北、华北、华中、华东、西南、西北、华南七个区，除陕西、山西、甘肃、宁夏这四个省（自治区）比较干旱，研究相对较少外，其他许多省区关于水生植物的类群种类统计有过详细的收录。目前国内关于水生植物的科属种类还没有比较系统的统计。本节在近十几年来的众多研究者的工作基础上，参考刁正俗编著的《中国水生杂草》，统计出其中除低等藻类和苔藓类植物以外的 42 科水生维管植物类群及其在不同地区的分布状况（表 1.9）。

表 1.9　中国常见水生植物类群分布
Tab. 1. 9　The distribution of universal aquatic plants in China

科 Family ＼ 地区 Area	东北 Northeast	华北 North China	华中 Central China	华东 East China	西南 Southwest	西北 Northwest	华南 South China
1. 木贼科	—	+	—	—	—	—	—
2. 水蕨科	—	—	+	+	—	—	—
3. 苹(蘋)科	—	+	—	+	—	—	+
4. 槐叶苹科	+	+	+	+	—	—	—
5. 满江红科	—	+	—	+	+	—	—
6. 三白草科	—	—	—	—	—	—	+
7. 毛茛科	—	+	—	—	+	+	—
8. 金鱼藻科	+	+	+	+	+	+	+
9. 睡莲科	+	+	—	+	+	—	+
10. 伞形科	+	+	+	+	+	—	+
11. 沟繁缕科	—	—	—	+	—	—	—
12. 蓼科	+	+	+	+	+	+	+
13. 苋科	—	—	+	+	+	—	+

续表

地区（Area） 科（Family）	东北 (Northeast)	华北 (North China)	华中 (Central China)	华东 (East China)	西南 (Southwest)	西北 (Northwest)	华南 (South China)
14. 十字花科	－	＋	－	－	－	－	－
15. 豆科	－	－	－	＋	－	－	－
16. 千屈菜科	＋	＋	－	＋	＋	＋	＋
17. 柳叶菜科	＋	＋	＋	＋	－	＋	＋
18. 小二仙草科	＋	＋	＋	＋	＋	＋	＋
19. 杉叶藻科	－	＋	－	－	－	－	－
20. 菱科	＋	＋	＋	＋	＋	＋	－
21. 水马齿科	－	＋	＋	－	－	－	－
22. 菊科	＋	＋	＋	＋	－	＋	＋
23. 龙胆科	＋	＋	－	＋	－	＋	＋
24. 桔梗科	－	－	＋	＋	－	－	－
25. 玄参科	＋	－	－	－	－	－	－
26. 狸藻科	＋	＋	＋	＋	＋	－	＋
27. 胡麻科	－	－	－	－	－	－	－
28. 水鳖科	＋	＋	＋	＋	＋	－	＋
29. 泽泻科	＋	＋	＋	＋	＋	＋	＋
30. 水麦冬科	－	＋	－	－	－	－	－
31. 眼子菜科	＋	＋	＋	＋	＋	＋	＋
32. 茨藻科	＋	＋	＋	＋	＋	＋	－
33. 鸭跖草科	－	－	－	－	－	－	－
34. 谷精草科	－	－	＋	－	－	－	－
35. 雨久花科	＋	＋	＋	＋	＋	－	＋
36. 天南星科	＋	＋	－	＋	＋	－	＋
37. 浮萍科	＋	＋	＋	＋	＋	＋	＋
38. 黑三棱科	＋	＋	＋	－	－	－	－
39. 香蒲科	＋	＋	－	－	－	＋	－
40. 灯心草科	－	＋	－	＋	－	－	－
41. 莎草科	＋	＋	＋	＋	＋	＋	＋
42. 禾本科	＋	＋	＋	＋	＋	＋	＋

"＋"表示该区存在此科，"－"表示该区不存在此科。

"＋" means this family exists in this area, "－" means this family doesn't exist in this area.

由表 1.9 可见，眼子菜科、禾本科、金鱼藻科、小二仙草科、蓼科、莎草科、泽泻科、浮萍科是分布最广泛的科；其次是茨藻科、水鳖科、睡莲科、千屈菜科、伞形科、狸藻科、菊科和雨久花科；而水马齿科、水麦冬科、三白草科、谷精草科、十字花科、豆科、沟繁缕科、木贼科、鸭跖草科和杉叶藻科是分布狭窄的科。

水生植被一般为隐域性植被，其地理分布与气候的关系没有陆生植物显著，而世界分布种较普遍，如满江红科、槐叶蘋科、水韭科等所有种属均呈世界性分布；然而，还是有一部分水生植物呈现了气候性，地区特有性，例如，乌拉草（*Carex meyeriana*）、貉藻（*Aldrovanda vesiculosa*）、浮叶慈姑（*Sagittaria natans*）、弓角菱（*Trapa arcuata*）等主要分布于中国东北地区，还有由于水体盐度等的不同而呈现一定的区域特性的水生植物如红树林，只能生长于海滩等（颜素珠，1983）。

1.3　水生植物的功能

水生植被在整个水体生态系统的建构、平衡、维持、恢复等过程中起着举足轻重的作用。首先，作为初级生产者，为各类水生动物直接或间接提供食物基础，进而形成复杂的食物链，为最终形成复杂的生态系统提供了必要条件；其次，调节生态系统的物质循环，维持生态系统的良性循环，如通过其矿质营养代谢实现并调节生态系统的物质循环；可有效增加空间生态位，形成更多样化的小生境；能影响并稳定水体理化指标，如通过光合作用放氧提高水体中溶氧浓度和氧化还原电位；通过呼吸作用利用二氧化碳改变水的 pH 和无机碳的形态和含量等；再次，大型水生植物通过与浮游植物竞争营养物质和生长空间，以及形成的遮光效应和分泌克藻物质，可以很好地抑制藻类的过量繁殖，减少或避免水华的暴发，维持较高的生物多样性和健康的水环境；还具有各种物理、化学效应，如固化底泥、提高其氧化性、附着和吸收有害物质（如各类有毒物质和重金属等），通过吸附、滤过作用，降低生物性和非生物性悬浮物，增加透明度，净化水质；水体中植物的生存，可以减少水动力，减低水体扰动所带来的底泥营养盐向水体释放；最后，还具有一定的景观美化效应等。本章主要探讨水生植物与水体生态修复，关于水生植物的功能将在本书后面章节中有详细的论述。

第2章 主要生态因子对水生植物的影响

2.1 光 照 强 度

　　光照是植物生长发育必不可少的条件。植物通过光合色素吸收光能，将无机碳和水转变为有机物，用于自身的合成和代谢，同时放出氧气。在通常情况下，植物对光照强度的要求，是通过光补偿点和光饱和点表示的。光补偿点是光合作用所产生的碳水化合物和呼吸作用所消耗的碳水化合物达到动态平衡时的光照强度。在一定的光强范围内，植物的光合强度随光强的上升而增加，而当光照上升某一数值后，光合强度不再继续增加，此时的光照强度就是光饱和点。一般来说，光补偿点高的植物其光饱和点往往也高。草本植物的光补偿点与光饱和点均高于木本植物；C_4植物的光饱和点高于C_3植物。光补偿点和光饱和点是植物需光特性的两个主要指标。当环境条件不适宜，植物往往降低光饱和点和光饱和时的光合速率，并提高光补偿点（李合生，2002）。除此之外，根据花芽分化时对日照长短需求的不同，可将植物分为长日照植物、短日照植物和日中性植物三种类型。植物生长发育对昼夜长度要求产生生理反应的现象称为植物的光周期现象。只有当日照时长超过临界日长，或暗期短于某一时数时，才能完成植株的花芽分化并形成花芽，否则不会形成花芽，而只停留在营养生长阶段。

2.1.1 水生植物的光合作用特征

　　大多数水生植物在进行光合作用时吸收 300～700 nm 波长的光能，在深水与离水表面 1/4 处，以可见光与紫外光为主，以及红光与橙光（600～700 nm）。由于生活环境的特殊性，与陆生植物相比，水生植物对光能的吸收利用方式和适应能力有着明显的不同。由于太阳光线到达水面时有一部分被水面反射，当水面由于波浪运动而被扰动时，反射量更大；加之进入水体的光线有一部分在水中散射，被水分子、溶解的有机物及无机物和悬浮颗粒吸收，真正能被水体中植物吸收的光能要比在陆地上少得多（李伟和钟扬，1992）。因为水体环境中光照特征和可利用性的不同，水生植物的光合作用特征与陆生植物相比就存在很大差异。不同生活型水生植物因为暴露在水体外的程度不同，能接受到的光照条件也不同，因此在讨论水生植物光合作用特征时要分别对四种生活型进行叙述。

　　1. 挺水植物

因光合作用器官暴露于空气中并接受到太阳的直接照射，挺水植物和其他三种生活型水生植物相比具备最好的光合作用条件。实际上，像芦苇（*Phragmites communis*）和窄叶香蒲（*Typha angustifolia*）等挺水植物，一般进化出基本呈竖直排列的线形叶，减少了相互遮盖，在形态上非常适合于最大限度地吸收可利用的光线。也正因为如此，挺水植物是水生植物中生产力和生物量最高的生活型。

与一般陆生植物一样，除了光照强度，光周期同样也会影响到挺水植物的光合作用和生长情况。有研究表明，当光周期从 8h 上升到 16h 时，东方香蒲（*Typha orientalis*）的生物量干重显著增加；同时，生物量的分布情况也受到光周期的影响，当光周期较长和温度较高时（最高达 30℃），生物量中叶的比例增加（Sale and Orr，1987）。裴海霞等（2006）对德国鸢尾（*Iris germanica*）的研究表明，光周期对植株花芽分化、生物量和光合作用均会产生影响，短日照加速了植株花芽分化的进程，而长日照促进了花芽数目的增加；长日照植株单位叶面积的光合作用能力较强，生物量较高。

2. 根生浮叶与漂浮植物

根生浮叶植物根部扎生于底质中，根状茎发达，常具有发达的通气组织，通过具有一定韧性的茎干将根部与叶片连接起来，其茎干长度通常大于水深，有利于植物调节其生活深度，获得足够的空气和光照。根生浮叶植物的叶片上表面暴露于空气中，而下表面则与水面接触。其叶型一般呈卵形、圆形或椭圆型等，能最大限度地保护叶片免受风浪的撕裂，同时部分浮叶植物叶片的革质质地也能保护其免受外界的伤害。叶片上表面有较多呼吸孔，能帮助空气进出植株体内的储气组织，而这些储气组织则有助于植株体平稳地飘浮于水面（Nash and Stroupe，1999）。占据水面的浮叶植物正是因为有独特的构造，才使其对水面风浪有较强的适应和调节能力，才使它们能够较好地适应这样一种多变的水体环境（孔杨勇和夏宜平，2007）。

与根生浮叶植物不同，漂浮植物的根没有固定于某种基质，故可以自由漂移占据更多的生活空间和资源，其利用光照的方式和效率也与其他生活型不同。例如，凤眼莲（*Eichhornia crassipes*）的入侵能力较根生浮叶植物要强得多，能快速地繁殖和占据大片水域，从而在竞争中取得胜利。

3. 沉水植物

大型沉水植物对水下经常变化的光照环境具有很大的可塑性与适应性。为了适应水体中迅速衰减的光照条件，沉水植物在形态学及生理机制上发生很大变化以最大限度地吸收光辐射。从形态上看，沉水植物的叶片通常仅几层细胞厚（2或 3 层），很多种类的叶片分裂纤细，以增大单位生物量的叶面积，从而有利于利用有限的光照。大多数沉水植物叶片的表皮细胞中含有叶绿体，这是与陆生植物最显著的区别，因为陆生植物的叶绿体一般仅局限于叶肉细胞，除了在保卫细胞中外，很少在表皮细胞中出现。从生理上看，所有的沉水植物都是阴生植物，光饱和点及光补偿点比陆生阳生植物低很多，叶片的光合作用在日照很少时即达到饱和。有研究表明，许多沉水植物的光补偿点范围为全日照的 0.5%～3%（Van et al., 1976），如狐尾藻属（Myriophyllum sp.）植物的沉水叶的光补偿点和光饱和点分别为全日照的 2% 和 15%，其光合作用特征是对阴生环境的适应（Sulvucci and Bowes, 1982）。较低的光补偿点对沉水植物实现碳源的净获得具有十分重要的意义，因为辐射光强必须在光补偿点以上，植物才能生长。日出后辐射呈指数上升，但在最初的 1～2h 内，沉水植被所处环境中的辐射光强低于其中一些种的光补偿点。当有充足的光照时，溶解无机碳（dissolved inorganic carbon，DIC）由于光合作用的消耗成为一个重要的限制因素。而低光补偿点的植物在一天中的较长时间内即可达到净光合生产，并能有效地利用有限的无机碳源，成为种间光照竞争中的优势种，如轮叶黑藻（Hydrilla verticillata）由于需要较少的光，其光补偿点也较低（Van et al., 1976），因此在受到光限制时，它能够比其他的大型水生植物更具竞争优势。

沉水植物光合色素含量差异不仅与光合作用能力有明显的相关性，而且也反映出不同水层的光质所产生的影响。富营养水体中，浮游藻类大量繁生，以及固体悬浮物的散射作用，致使不同水层的光质差异很大。水体表层以红光为主，越往深层，蓝光等短波光线逐渐占主导地位。不同的光合色素，对可见光（波长 380～760 nm）不同波长范围的光照利用能力不同。苦草和大茨藻分布于较深的水层，其叶绿素 a 的含量相对于其他几种色素成分必须要高一些，才能使其对红光的利用能力增强。同时，叶绿素 b 和类胡萝卜素也有一定的补偿作用。Barko 和 Filbin（1983）的研究结果表明，沉水植物光合色素含量和光照有明显的相关性，菹草（Potamogeton crispus）、金鱼藻和穗花狐尾藻（Myriophyllum spicatum）植株上部接近水体表层，故其类胡萝卜素成分含量较高，在光照较强时，保护植物避免光氧化致死。

不同种类沉水植物对光照的适应性是不同的。苏文华等（2004）研究了穗花狐尾藻、金鱼藻、苦草、菹草和黑藻光合作用对光照的响应，比较了它们的光合能力及光合特征，发现 5 种沉水植物中，苦草对光的需求最低，适于在低光照条件的水下生长，不耐强光；而穗花狐尾藻和金鱼藻植株的下部可形成没有叶片的茎（非光合茎），这些茎不进行光合作用或光合作用很弱，其暗呼吸也只是光合部分的一半左右，因此对光的需求最高，在上层有较强的竞争能力；菹草和黑藻对光的需求介于中间，最大光合产量出现在中层，可在水体中层形成优势。陈刚等（2004）的研究表明，金鱼藻在 25℃时的光饱和点的光照度为 11 250 lx。金鱼藻的光补偿点随着水体温度的降低而下降，但高于一般大型水生植物（32～320 lx），因此若水质较好，冬季水面下的光照高于金鱼藻的光补偿点，只要冬季水温高于金鱼藻的最低耐受范围，金鱼藻就能安全越冬。

　　光作为影响植物生长发育和分布的重要环境因素，除了通过光强因素影响光合作用外，光周期也是影响植物生长和发育的重要因素，特别是对很多植物的开花有重要的影响。王炜等（2007）的研究结果显示，在自然条件下日照时间和光强可能都是限制穗花狐尾藻生长的因素，8h 短日照不利于穗花狐尾藻生长，而延长日照时间到 16h 则促进其生长，但过长的日照时间却不利于其生长，24h 全日照条件下穗花狐尾藻的分枝形成和茎延伸生长明显受到抑制。水体中的光照强度较低，因而延长日照时间可以在一定程度上补偿光强不足对生长的影响，这种现象也存在于一些陆生植物中。另外，光对植物的生长发育有重要的调节作用，光形态建成是植物发育的重要组成部分，光周期调节植物的花器官形成和开花是光形态建成的表现形式之一。除了对植物有性繁殖的作用外，光周期对沉水植物的生长、色素含量和组成以及无性繁殖也很重要。Spencer 和 Anderson（1987）的研究表明，10h 或 12h 的光周期有利于眼子菜科两种沉水植物小节眼子菜（*Potamogeton nodosus*）和篦齿眼子菜（*Potamogeton pectinatus*）的无性繁殖体（vegetative propagule）的形成和萌发，当光周期较短时，小节眼子菜叶片中叶绿素和类胡萝卜素含量降低。

　　光照除了对沉水植物成熟个体的生理过程和功能产生影响外，与繁殖也关系密切。季高华等（2006）的研究发现，光照水平是影响苦草种子发芽和生长的重要因素，苦草种子对光照强度变化的响应不同，不同光照强度下种子的萌发率和生物量明显不同。光照只有在一定范围内，才能使苦草种子的发芽和生长达到最佳状态。光照对沉水植物营养繁殖也有很大影响。有光条件下的苦草块茎苗伸长生长比无光条件下缓慢，块茎苗初期的伸长生长主要依赖于基部的根茎生长。块茎苗在有光条件下生物量积累比无光组的大，这主要是因为幼苗生物量的积累来自自养和异养两个部分。但无光条件下植株拔高较快，这是水生植物自身适应弱光环境的自我调节机制，这种适应机制可以使沉水植物发芽后迅速达到水下有效光合层，从而使其异养生长迅速转为自养光合生长（陈开宁等，2006）。Dijk 和 Vierssen（1991）的研究也发现，篦齿眼子菜地下块茎（tuber）的单位面积数量与光照呈显著相关性，因为繁殖体与地上部分竞争光合能量，较好的光照条件有利于繁殖体的形成和生长。

2.1.2　影响光照的因素

　　光在水体中的传输主要受悬浮物、浮游植物和有色可溶性有机物的影响，这些物质对光的吸收和散射引起光照的衰减。悬浮颗粒物因产生源广泛，如风浪、船只、水流等水动力条件及水体修复过程所造成的底泥再悬浮、藻类及其残体、陆源水土流失等，成为水环境中普遍存在的对水生生物影响深刻的限制性因素。

水体悬浮颗粒物主要包括藻类等微型生物残体、泥沙等无机颗粒物，前者主要出现在藻型富营养化湖泊中；后者出现在一些通江湖泊及河流中。它本身不仅是一种污染物，也会向水中释放氮、磷等多种污染物，因而会影响水体透明度，严重降低水体内部太阳光辐射总量及有效光能。因此，水中颗粒物既会对水体初级生产力产生影响，也会改变水生生态系统的结构和功能。我国东部平原地区的水网通常都具有能耗小和输沙能力强的造床动力学特性（王随继，2003），再加上其他各种因素，致使该区水中颗粒物含量高、悬浮时间长，如太湖水中悬浮颗粒物浓度为 258 mg/L 以上的时间每年多达 125 天（朱广伟等，2005）。

悬浮物和浮游植物是影响水生植物光照环境的重要因子。水体悬浮物通过物理作用降低了进入水体的光量，有色颗粒物吸收了不同波长的光线，而浮游藻类通过形成覆盖层（mat）和"水华"（bloom）阻挡阳光进入水体，或者吸收红、蓝区波长的光，从而改变了水体的光照强度和波长，影响水生植物的光合作用。除改变水体光照环境外，悬浮物还会附着在沉水植物体表，使植物与水体的气体和营养交换发生变迁。

徐瑶等（2007）在水体浊度对水生植物生长影响的实验中发现，水体浊度对苦草生物量的积累有明显影响，植株的光合作用能力在实验期间均显著下降，用悬浮泥沙水体培养苦草一个月以后，在对照和悬浮泥沙水体中的植株的饱和光强均下降为 176 μmol/（$m^2 \cdot s$），随着悬浮泥沙水体浊度的升高，植株的最大光合电子传递速率（ETR_{max}）呈显著升高趋势，表明在苦草植株衰老的过程中，悬浮泥沙水体中植株的光合作用能力比对照的降低程度小，水体浊度越高，植株接受的光照强度越低，植株光合作用能力降低的程度越小。Korschgen 等（1997）认为，当浊度小于 20 mg/L 时，水体 1% 光照深度一般为 1～1.5 m，浅于这样的水深才能为水生植物提供良好的生长和繁殖环境。

水生植物的分布与真光层深度有很大关系。真光层深度是指水柱中支持净初级生产力的部分，其底部为临界深度，即水柱的日净初级生产力为零值的深度，也就是光合作用和呼吸作用达到均衡的补偿深度，也称光补偿深度。按经验来看，光补偿深度一般是水体透明度的 1.5 倍，或光照强度约为表面光强 1% 处的水深。只有在实际水深≤光补偿深度的水域，沉水植物才能生长；而在那些实际水深大于光补偿深度的水域，沉水植物则无法生长。光补偿深度，研究者认为要恢复滇池草海沉水植物多样性，必须将水体透明度提高到一定程度，使水体底层有足够强度的光照，使沉水植物的光补偿深度增加。在实际水深为 200 cm 左右的水域要有稀疏的沉水植物种群生长，水体的透明度必须达到 67 cm 左右；要形成拥有一定生物量的沉水植物群落，水体的透明度则须达到 79 cm 左右。Korschgen 等（1997）发现美洲苦草（*Vallisneria americana*）冬季地下茎的数量、总生物量和个体生物量与水体 1% 光照（占水面自然光照的 1%）深度有明显的相关性，因此水体的光补偿深度在控制沉水植物分布和丰度上起着很重要作用。

2.1.3　水生植物对光照的适应机制

许多野外调查结果显示，水生植物对不同光照条件和光照的周期性变化的适应能力不同。Kuster 等（2004）发现，轮藻植物 Lamprothamnium papulosum 的光合作用效率能随着日照的周期变化作相应的调整，随着正午阳光的增强，植物光合系统 II 的光化学量子产率（quantum yield of photosystem II photochemistry）很快降低，而下午时又会上升。这种对应光照变化而作出的调整是通过改变叶片中的光合色素比例结构而实现的。

光照不足无疑会限制光合作用的快速进行，但是光照过量也会造成胁迫，引起光合作用的光抑制（photoinhibition），特别是在低温、干旱或其他不良环境因素同时存在，或者当弱光条件下生长的植物突然遭受强光照时，会引起光合结构不可逆的破坏。光抑制的最显著特征就是光合作用效率的降低，常常表现为光系统 II（PS II）潜在的（或最大的）光化学效率或光合碳同化的量子效率的降低（许大全，2003）。Kuster 等（2004）对三种轮藻门植物的研究发现，光照强度从 35 $\mu mol/$（$m^2 \cdot s$）递增到 380 $\mu mol/$（$m^2 \cdot s$）对轮藻植物的生长有明显促进作用，但继续增加的光照水平却对生长不利。苏文华等（2004）也发现 5 种沉水植物的光合作用都表现出强光抑制现象，但不同种类在高光强下光合速率下降的程度差异较大。在强光照和低 CO_2 水平时，为了防止高光强对光合器官的破坏，沉水植物会发生光呼吸作用。光呼吸是沉水植物应对强光照的适应机制。因为核酮糖-1,5-二磷酸羧化酶加氧酶（RuBisCO）有羧化和加氧双重的功能，当 O_2 增加、温度升高，再加上高光时，就利于 RuBisCO 发挥加氧作用，从而发生光呼吸。和陆生植物相比，大多数沉水植物的光呼吸活性较低（Frost-Christensen and Sand-Jensen，1992）。

2.1.4　光照和其他生态因子的交互作用

1. 光照与营养源的交互作用

水体中营养源包括植物生长所需的无机碳源、氮磷以及其他必须营养元素。金送笛等（1994）的研究表明，水中有效碳，尤其是游离 CO_2 缺乏时，菹草的光补偿点提高、光饱和点下降，加剧了因季节温度升高菹草的光补偿点上升与因自阴作用而光饥饿的矛盾，更加剧了日照度的增强与菹草光饱和点下降的矛盾，因而加剧了不良光照对菹草光合作用的抑制。有效碳的减少也使氮、磷营养盐的吸收速率显著降低，25℃、最适光照、强光照下，菹草进行正常氮代谢所需的 HCO_3^- 的临界浓度分别为 0.18 mmol/L 和 0.25 mmol/L；进行正常磷代谢所需的 HCO_3^- 的临界浓度分别为 0.32mmol/L 与 0.40 mmol/L，不良光照和高 pH 下缺乏有效碳源使菹草的氮、磷代谢受阻而导致夏季菹草衰败死亡。

　　光照对水生植物的营养吸收有很重要的影响。Nelson 等（1981）的研究表明，大藻（*Pistia stratiotes*）在适宜光照条件下的硝态氮吸收率高于无光照条件下的吸收率。水体中高于4.0 mg/L浓度的氨氮对轮叶黑藻的光合作用和呼吸作用有较强的胁迫作用，表现为光合作用的产氧量与呼吸作用的耗氧量下降，而此浓度的氨氮处理对穗花狐尾藻却没有明显的胁迫作用（许秋瑾等，2006）。当水体总氮浓度低于 4 mg/L 时，轮叶黑藻的净光合速率和暗呼吸速率随水中氮浓度的升高而增大；当水体总氮浓度低于 3 mg/L 时，狐尾藻的净光合速率和暗呼吸速率随水中氮浓度的升高而增大，说明水体中适当的氮增加可以促进黑藻和狐尾藻的生长。然而，当水体氮浓度继续升高时黑藻和狐尾藻的净光合速率降低，而暗呼吸速率则迅速升高。这表明水体氮浓度过高会抑制黑藻和狐尾藻的光合作用，增加代谢负荷。关于氮浓度过高抑制光合作用的原因可能有两个方面（曹翠玲等，1999）：一是光合部位氮素含量增加，导致氮同化作用加强；氮同化加强后，就与光合碳同化竞争光合作用光反应产生的同化产物，即 ATP 和 NADPH（还原型辅酶Ⅱ），竞争结果是 CO_2 同化速率降低。二是氮同化亦需要碳架；氮同化加强后，呼吸作用向光合碳同化提供碳架的能力变弱，CO_2 同化速率降低。除氮浓度的影响外，许多学者研究表明硝态氮和铵态氮的比例对植物的影响也很大。例如，金相灿等（2007）的研究结果表明，水中氮素形态对沉水植物的光合作用也有较大影响。随着水中氨氮比例的增加，黑藻和狐尾藻的净光合速率降低而暗呼吸速率和光合补偿点增加，说明氨氮比例的增加抑制了其光合作用，氨氮对黑藻和狐尾藻产生了一定的毒害作用，可能是因为氨氮的增加促使光合磷酸化解偶联和降低细胞内碳水化合物所引起（Gerendas，1997）。

　　磷营养对水生植物叶片的光合、呼吸及光呼吸速率都有影响。一般来说，净光合速率和呼吸速率随磷营养水平的变化趋势基本相同，呈先升高后降低的趋势。陈国祥等（2002）研究发现，0.5 mmol/L 磷浓度时，叶净光合速率达到最高，光呼吸速率最低，说明此浓度范围为睡莲生长的最适磷浓度。过低或过高的磷水平都会抑制叶的光合和呼吸速率。0.12～3 mmol/L 的磷浓度内光呼吸的变化不太明显，无磷处理的光呼吸速率最高，说明低磷促进光呼吸。

　　2. 光照强度与温度的交互作用

　　光照与温度往往会对植物生长造成交互作用，在夏季温度较高时，凤眼莲的光合活性（photosynthetic activity）为 58.3 mg CO_2/（gDW·h），而当非生长期温度较低时，此值仅为 31.2 mg CO_2/（gDW·h）（Urbanc-Ber and Gaber，1989）。有研究表明，菹草的光补偿点随温度的上升而上升。当达到篦齿眼子菜的最适生长温度30℃时，其最大净光合作用速率是 1.51 mg C/（gDW·h），而当温度为 25℃时，净光合作用速率为 1.46～1.51 mg C/（gDW·h），当温度只有 10℃时，净光合速率仅为最适温度时的 63 %（Madsen and Adams，1989）。在菹草自然生活的环境中，温度低于 30℃时，升温有利于菹草的光合作用，高pH（pH＞10.0）下碳源缺乏对菹草的光合作用影响较大。高 pH 与强光照射的协同作用严重影响菹草的光合作用。水温与氮、磷营养盐不足并非是夏季自然水体中菹草死亡的主要原因，而不良光照（水表层光抑制，中、下层光饥饿）和高pH 下缺乏光合碳源的协同作用便可能导致菹草夏季死亡（金送笛等，1991）。

3. 光照强度与动物牧食的交互作用

一种植物对干扰环境的抵抗能力往往关系到其繁衍扩展的前景如何。动物的牧食是除了理化环境之外对水生植物的又一大影响因素。种类不同，水生植物在遭受牧食后重新萌发恢复如初的能力也不同，在同等水平的牧食强度下，那些萌发较快的植物种类无疑会抢占更多的生活空间，从而比那些恢复较慢的物种扩展繁衍得更为成功。有研究表明，空心莲子草（*Alternanthera philoxeroides*）之所以能有效地侵占生活领地，成为有名的入侵种，与它被物理破坏后的迅速恢复生长能力有关（Wilson，2006）。

2.2　温　　度

一般来说每种水生植物都有其适宜生长的温度范围，低于或高于其适宜温度，水生植物会生长不良，甚至死亡。例如，菹草生长适宜温度为 15～25℃，20℃附近光合产氧量最高，篦齿眼子菜在水温 10～25℃内有较高光合产氧量，最高出现在 25℃，30℃时光合产氧量大大减少（陈书琴等，2008），漂浮植物紫萍（*Spirodela polyrrhiza*）的最适生长温度为 26～28℃，较低的温度（10～12℃）对它的光合作用、营养吸收和抗氧化系统均会产生胁迫作用（Song et al.，2006）。Li 等（1995）的研究表明，低温（2℃）会降低凤眼莲的超氧化物歧化酶（superoxide dismutase）活性，而且随着低温时间的延长，这种抑制作用会加剧。

2.2.1　温度影响水生植物生长的机制

1. 温度对水生植物光合作用和代谢活动的影响

温度对水生植物生长的影响机制与一般陆生植物有共通之处，涉及很多植物生理学特征和功能。导致水温变化的季节变迁会影响到水生植物光合作用和其他生命活动。温度不同，植物的光补偿点和饱和点也不同。陈开宁等（2002）对篦齿眼子菜的研究结果表明，篦齿眼子菜 1～3 月的净光合产氧量最大，为 1.82～1.83 mg O_2/（g·h），光补偿点为 358 lx，6 月最低，为 0.63 mg O_2/（g·h），光补偿点为 1256 lx，植物体内叶绿素 a 和叶绿素 b 平均含量也会产生变化，从而适应不同季节生长。低温对植物能量代谢的影响已有一些报道，水稻幼苗经低温处理后，细胞氧化磷酸化受到影响，ATP 水平显著下降（杨孝育和刘存德，1988），同样现象在棉花（*Gossypium hirsutum*）和番茄（*Lycopersicon esculentum*）等植物中也曾观察到（Sochanowicx and Kaniuga，1979）。李学宝等（1995）的研究也表明，受到低温胁迫时，凤眼莲和水花生根系活力和过氧化物酶、过氧化氢酶、细胞色素氧化酶、淀粉酶等酶活性均明显下降，细胞呼吸链电子传递和氧化磷酸化过程受阻，能量代谢水平也随之下降，根系对外界的物质吸收减慢。由于植物体能量代谢水平的下降，各种代谢活动减慢，又进一步削弱了植物的抗寒性，加剧植物受冷害的程度。

2. 温度对水生植物越冬和繁殖的影响

温度对水生植物有性生殖（sexual germination）和营养繁殖（vegetative germination）都有影响。种子的萌发是一个复杂的生理生化过程，是在一系列酶的参与下进行的，温度的升高可以显著增加酶的活性，启动许多生理生化过程，但有研究表明，恒定的高温并不能提高篦齿眼子菜种子的萌发率，而较高的变温可以显著提高其种子的发芽率，这可能是由于变温处理改变了种皮对气体的通透性，有利于种子呼吸作用的加强（陈开宁等，2005）。穗花狐尾藻与轮叶黑藻种子的产生和萌发受到温度的调控，15℃以上的温度对穗花狐尾藻种子的萌发是必要的，低于此温度会抑制萌发（Hartleb *et al.*，1993）。而轮叶黑藻种子的最适萌发温度是 23～28℃（Lal and Gopal，1993）。篦齿眼子菜在自然状态下，发芽率仅为 5.3%，而较高的温度的变温处理能显著提高其种子的发芽率（陈开宁等，2005）。在适宜光照条件下花蔺（*Butomus umbellatus*）种子的最适萌发温度为 20～30℃（Hroudova and Zákravský，2003）。

多数水体水生植被恢复或重建是通过整株移植或利用其他营养体进行的，主要依据是水生植物具有广泛而高效的无性繁殖系统。在自然条件下，水生植物无性繁殖体的形成、越冬和萌发均受到一些环境因素的影响，温度是其中研究最多的一个因子。菹草因其分布广泛，无性繁殖系统发达，而且生长旺季为冬春季节，国内外对其无性繁殖萌发的研究较多。菹草开花和石芽（turion）生成几乎是同时进行的，当水温高于 20℃、光周期长于 12 h 后，石芽开始形成，菹草石芽数量很多，能达到每年每平米 9600 个（Hidenobu，1989）。菹草的石芽分为褐色的冬眠型（non-dormant turion）和绿色的非冬眠型（dormant turion），其中绿色非冬眠型石芽的萌发只受温度的影响，5℃处理 1 周接着 30℃处理 2 周就可以打破其休眠期，促使其顺利萌发；而冬眠型石芽却需要光照处理才能萌发（Sastroutomo，1980）。Rogers 等（1980）的研究也发现，在 15～25℃的温度区间内，随温度的降低菹草石芽的萌发率明显升高，他们还认为野外菹草石芽只能在水温低于 25℃的秋季方可萌发，但简永兴等（2001）却发现夏季梁子湖水深小于 4.5 m 的水域，其水温高于 25℃，但石芽具有相当高的萌发率，而且7～10月梁子湖随水深增大水温降低，但此期内石芽萌发率却随水深的增大而减小，他们认为水深增大造成的光线减弱固然是萌发率降低的原因之一，但水深增大造成的温度改变也起到了不可忽视的阻碍作用，因实验证明无光条件下的石芽亦有相当高的萌发率。

3. 温度对水生植物生长竞争的影响

不同植物的种间竞争很多时候体现在对光照的竞争，在萌发和生长初期更早占据生活空间意味着能在竞争中获得更多的光照，除此之外，温度对植物的休眠和萌发关系密切，对其种间竞争的影响也不容忽视。Van den Berg 等（1998）研究了光照和温度对轮藻（*Chara aspera*）和篦齿眼子菜无性繁殖体萌发和早期生长的影响，发现篦齿眼子菜在 16℃和 10℃条件下的萌发时间分别为 4 天和 9 天，而轮藻的萌发时间分别为 15 天和 27 天，说明在繁殖体萌发阶段篦齿眼子菜比轮藻能更早占领生活空间和光照资源，从而在竞争中取胜。

2.2.2　温度和其他生态因子对水生植物的交互作用

温度和光照对篦齿眼子菜的早期生长、光合作用和暗呼吸作用均存在交互作用（Spencer，1986；Madsen and Adams，1989）。Chen 等（1994）研究发现，CO_2 和温度对轮叶黑藻的光合作用和生长状况也存在交互作用，较高的 CO_2 浓度增强了黑藻的生长，但是这种增强作用依赖于温度的变化，在较高浓度 CO_2（700 mg/L）时，15℃使黑藻生物量比在较低 CO_2 浓度（350 mg/L）下增加了 27％，25℃增加了 46％，32℃却只增加了 7％。

2.3　pH

影响水生植物光合作用的外界因素除光照、温度外，pH 是极其重要的因子，和其他任何植物一样，水生植物的光合作用有最适 pH 范围。水体中的无机碳源除游离 CO_2 外，还以 HCO_3^-、CO_3^{2-} 等形式存在，很多水生植物的光合作用主要利用游离 CO_2 作为碳源，也能低效利用 HCO_3^-。因此，水体中游离 CO_2 和 HCO_3^- 的含量直接影响着植物的光合速率。而水体中无机碳源的存在形式主要受水体 pH 的影响，在偏酸性或中性的水中，CO_2 主要以 H_2CO_3 或游离 CO_2 形式存在；在偏碱性水中，pH 较高，水体中的 CO_2 主要以 HCO_3^- 和 CO_3^{2-} 形式存在（刘健康，2002）。因此水体 pH 的高低是影响水生植物分布的重要因素之一。

除了对无机碳源的影响外，水体 pH 环境还影响水体中有毒物质如非离子氨浓度（陈刚等，2004）。在水中氨态氮浓度相同的前提下，非离子氨浓度增高的胁迫会直接导致光合速率下降，而非离子氨比例取决于 pH 和温度。

2.3.1　水生植物利用无机碳源的能力

水生维管束植物从陆生植物进化而来（Sculthorpe，1967；Cook，1996），为了适应水生生活，水生植物在漫长的进化过程中已演化出许多生理生化特性，使其具有从周围水中获得无机碳并用于光合作用的能力，从而适应了水生环境。水生植物与其陆生植物祖先有着形态和生理上的差异。例如，减少气孔数量和叶片厚度、水下授粉（underwater pollinate）等，其中一个很重要的不同是一些水生植物利用 HCO_3^- 或 CO_3^{2-} 的能力。在空气和水体环境条件下，CO_2 的生物有效性有很大差异，CO_2 在水中的溶解度仅为空气中溶解度的万分之一。同时在叶片表面区域的水体中由于 CO_2 的大量消耗以及水的黏性而产生了扩散阻力层，它阻止了后续 CO_2 穿过该层进入叶片，成为水生植物碳固定的限制步骤（Maberly and Spence，1983），这在植物生长旺盛的水域及静水区域表现得最为突出。碳源的缺乏还会和其他生态限制因子产生交互作用，共同对水生植物的生理生态功能产生影响。在芦苇的自然消亡过程中，过量的氮供应、根区的厌氧环境、外部扰动和高水位都会使碳源不足的影响加剧，因为过量氮供应会消耗植株体内存储的碳水化合物，而根部的还原环境也会使碳水化合物的利用率下降，降低植物对胁迫环境（如外部干扰和高水位）的适应能力。

某些沉水植物在水体低无机碳条件下会产生各种形态和生理适应机制，如长出浮水和挺水叶片吸收空气中的 CO_2、从沉积物中吸取 CO_2、CAM 途径、C_4 途径以及吸收 HCO_3^- 作为无机碳源等，这些都是解决无机碳源不足的有效途径（Madsen and Sand-Jensen，1991；Casati et al.，2000）。因为大多数淡水水体的 pH 高于 7，HCO_3^- 在溶解的无机碳中占优势（Madsen，1993）。当 pH 为 7.0～8.5 时，HCO_3^-/CO_2 从 4 增大到 140（Sand-Jensen，1983）。大量研究表明利用 HCO_3^- 作为无机碳源是沉水植物对水生无机碳源环境一种最常见的适应方式（Vadstrup and Madsen，1995）。在高 pH 条件下，如果一个植物种类能够高效利用 HCO_3^-，就能够在种间竞争中表现出明显的优势（Jones et al.，2000）。

不同生活型和同一生活型的不同水生植物种类对有机碳源的利用能力是不同的。无机碳源是沉水植物生长的重要限制因子，在硬度较低的水体中更是如此，很多研究表明，水的碱度（alkalinity）超过一定浓度后沉水植物生长的可能性较低（Madsen et al.，1991；Jones and Jongen 1996）。因此，在较高的 pH 和较低的 CO_2 条件下利用 HCO_3^- 的能力往往决定了不同植物种间的竞争结果。对浮叶眼子菜（Potamogeton natans）而言，其沉水叶（submersed leaf）对游离 CO_2 的吸收利用能力要高于漂浮叶（floating leaf）。与另一种倾向于利用 HCO_3^- 的毛茛属植物 Ranunculus fluitans 不同，浮叶眼子菜的净光合作用速率与介质中游离 CO_2 浓度呈明显的正相关（Bodner，1994）。轮藻与篦齿眼子菜对 HCO_3^- 的利用方式和程度也不同，当 HCO_3^- 浓度较高 （3 mmol） 时，篦齿眼子菜的生物量比轮藻高 3 倍，而当 HCO_3^- 浓度较低 （0.5 mmol） 时，轮藻生物量是篦齿眼子菜的 2 倍，说明轮藻利用 HCO_3^- 的能力比篦齿眼子菜强 （Van den Berg et al., 2002）。Maberly 和 Madsen （2002） 认为更好利用 HCO_3^- 的生理特点说明水生植物更能适应水下的生活，是其环境适应性的表现。肖月娥等 （2007） 的研究发现，菹草和马来眼子菜对 HCO_3^- 吸收速率的差异是造成它们生活史和时间生态位差异的一个重要原因。同时，马来眼子菜碳酸酐酶活性明显高于菹草，表明在相同无机碳条件下，前者催化 HCO_3^- 与 CO_2 之间的转化效率更高，这可能是造成两者无机碳吸收速率差异的原因。

对植物利用无机碳源机理的研究表明，植物中的碳酸酐酶 （CA） 对利用 HCO_3^- 起到了很大作用 （Sültemeyer et al., 1993），溶于水中的 CO_2 和 HCO_3^- 均可通过扩散或某种机制进入细胞内。但是，由于 HCO_3^- 不能透过叶绿体膜，只能以 CO_2 的形式进入叶绿体的间质。在 RuBP 羧化酶的催化下，进入叶绿体间质的 CO_2 被合成为有机化合物，一时尚不能被同化的 CO_2 在碳酸酐酶的作用下形成 HCO_3^-，形成一种暂存形式。当间质中的 CO_2 浓度下降时，HCO_3^- 又可以在碳酸酐酶的作用下再变成 CO_2 （白宝璋等，1995）。利用眼子菜科植物为材料的研究时发现，HCO_3^- 不仅是无机碳的运输形式，而且在运输 HCO_3^- 的过程中植物的叶片发生 "极化"。其基本过程是：HCO_3^- 进入叶片下表面，而 OH^- （作为 HCO_3^- 积累的废物） 则进入叶片的上表面。已经发现，穿过叶片的阳离子极性运动和阴离子的净运动相偶联。目前，已有几种假说解释 HCO_3^- 在水生被子植物中的积累运输过程 （Lucas et al., 1985）。其中 Prins 等 （1982） 提出的模型为大多数人所接受。这个模型的最突出的特征是，HCO_3^- 根本没有穿过质膜；其大致过程是：在叶片下表面，K^+ 与 HCO_3^- 同时扩散进入叶片的质外体空间，并发生 $HCO_3^- \longrightarrow CO_2 + OH^-$；由于此过程不断进行，$CO_2$ 分压升高，于是 CO_2 跨过质膜进入细胞质，再进一步进入叶绿体；而 OH^- 与被质子泵 （由 ATP 酶开启） 泵到膜外的 H^+ 结合。当 H^+ 被泵到膜外时，K^+ 作为 H^+ 的对应离子进入膜内，并与细胞质内 OH^- 一起到达叶片的上表面。但是，Prins 等还认为，与 HCO_3^- 一样，K^+ 也可以不进入细胞质，而是沿着质外体空间一直到达叶片的上表面，从而起到电荷平衡的作用。但是 HCO_3^- 吸收的具体机制，如 HCO_3^- 是在细胞内还是在细胞外被转化为 CO_2 还不是很清楚。

2.3.2　水生植物生长的 pH 范围以及同光合作用的关系

不同植物对水体 pH 耐受性差异较大。Stanley 和 Naylor （1972） 指出狐尾藻具有较低的 CO_2 补偿点，苦草、狐尾藻对 HCO_3^- 形式的碳源有很强的利用能力，比较能耐受高 pH 条件 （任南等，1996）。因此，狐尾藻、苦草一方面由于它们可利用较低水平的 CO_2，另一方面，在高 pH 水体中对 HCO_3^- 的利用能力大大加强，所以具有较强的耐受水体高 pH 的能力。李恒等（1987）在对云贵高原湖泊中植物研究时发现，pH 高达 9.2 的水体中，仍有苦草和狐尾藻生长。金鱼藻光合作用最适的 pH 是 7.0～8.0，过低或过高时都会导致金鱼藻光合作用速率下降（陈刚等，2004），伊乐藻的光合作用最适 pH 为 6～7，当 pH 大于 7 和小于 6 时光合作用都下降（Jones *et al.*，2000）。

水体 pH 不同，直接影响到水体中无机碳源的存在形式。由于沉水植物代谢途径不同，分别属于 C_3 和 C_4 等代谢类型，光合作用对不同形式的无机碳源的利用能力也存在差异。例如，高 pH 水体中，CO_2 含量大大降低，故而抑制了其光合作用，因此菹草喜中性偏酸环境，碱性条件下缺乏 CO_2 和 HCO_3^- 将限制其生长（苏胜齐，2001）。不良光照和高 pH 下缺乏有效碳源将使菹草氮磷代谢受阻而导致其衰败死亡（金送笛等，1994）。

由于光合作用释放 O_2 和消耗 CO_2，水生植物对水环境中的 DO、pH、Eh 等也有显著的影响。王传海等（2007）研究发现，苦草对水体中 pH 有显著的影响，在晴天条件下，对照的水中 pH 基本处于相对平稳的状态，处理的水中 pH 呈明显的以下午 3 点为最高值的单峰曲线，日平均值也明显高于对照。处理的水中 pH 中午最高值达到 9.25。这主要是由于水生植物的光合作用消耗水中的 CO_2，导致水体 pH 升高，而随着光合作用的减弱，呼吸作用释放 CO_2 使水体 pH 再次下降。

2.4 底　　泥

长期的生态调查研究资料显示，富营养化湖泊沉水植物的衰退，底泥理化性质的变化起着重要作用（Barko *et al.*，1991；Irfanullah and Moss，2004）。国外涉及底质影响的研究主要集中在底泥的氧化还原环境、营养状况、底泥结构类型对沉水植物生长的影响。早期的研究表明底泥的物理特性对水生植物的影响相对于底泥的化学性质要大（Sculthorpe，1967）。底泥的物理结构与沉水植物的扎根能力和扎根深度密切相关（Denny and Twigg，1980）。低密度底泥上沉水植物易衰退，这和营养物质向植物组织传输迁移困难和单位体积底泥中营养含量低有关（Barko and Smart，1986）。底泥中的磷酸盐含量对水生植物的生长很重要。研究显示有黑藻生长的底泥中的间隙水中的硝态氮、氨氮和磷酸盐是无黑藻生长的对照组底泥间隙水中的 90%、88% 和 47%（David and William，1996）。一般条件下，沉水植物组织中所含的氮、磷浓度并不高，大概每克干重含磷 3 mg、氮 13 mg，但生长在肥沃底泥和富营养化水体中的沉水植物有过量吸收和储存营养物质的特性（Wetzel，1983）。虽然沉水植物吸收过量营养盐会导致植物大面积衰亡没有相关明确报道，但是沉水植物富集过量氮磷后，研究者发现其生物量、生长速率明显下降。亦有研究表明底泥营养盐丰富能导致植物分枝多、根系少、植株矮（Susanne et al.，2004）。此外肥沃底泥上水生植物生物量减少和高有机质含量有关（倪乐意，2001）。李文朝（1996）研究认为，底质条件是否符合沉水植物生长，不仅取决于底质本身特性，很大程度上受制于湖水温度和水深。他在研究太湖五里湖底泥时发现，当水温低于 30℃且水深小于 1.5 m时，底质条件是完全适合沉水植物生长的；但在夏季高温、高水位期，沉水植物因水底光照不足和严重缺氧发生烂根，这是湖泊内多次实验种植沉水植物无法度过夏季的主要原因。

2.4.1　富营养化湖泊的底泥类型与营养特征

　　湖泊在富营养化过程中积累了大量的氮磷营养盐和有机污染物，这些物质在水体和底泥中有着复杂的迁移转化机制，底泥既可以是营养物质的源也可以是汇；除了无机营养的增加，底泥有机污染物的积累也会引起一系列物理、化学和生物性质的变化，对生长其上的水生植物造成复杂而深刻的影响。

　　1. 底泥的质地与营养盐的生物有效性

　　在讨论底泥类型时，底泥的质地是一个重要的指标。简单来说，质地是指底泥的粗细情况，是底泥重要的物理性质之一，影响到底泥其他理化性质，如氧化还原状况、营养的生物可利用性、与水体营养物质的交换等，从而也与水生植物生长关系密切。Barko 和 Smart（1978）的研究发现，生长在粉质黏土（silty clay）上的水葱（Scirpus validus）和油莎草（Cyperus esculentus）生物量明显高于生长在黏土和砂上的植物生物量，这种差异主要是由不同质地底泥中营养含量和保持力（retention）不同而造成的。而且，底泥的质地和其他生态因子会发生一定的交互作用，如 Chambers 和 Kalff（1985）就发现三种不同质地的底泥会对穗花狐尾藻的地上部分生物量产生显著影响。底泥的质地也会影响植物的生物形态，如生长在淤泥底质（muddy sediment）上的篦齿眼子菜总生物量、地下茎长度和根冠比（root/shoot）均大于生长在沙质底泥（sandy sediment）上的（Idestam-Almquist and Kautsky，1995）。

　　底泥中营养盐的生物有效性与很多因素有关。其中营养盐的有机态要通过一系列复杂的化学、生物过程分解成无机态，才能为植物根系所吸收利用，而影响这些分解过程的因素（如促进有机物分解的各种酶）都可能是营养盐生物有效性的影响因子。陈宜宜等（1997）分析了西湖底泥中酶的活性与有机质分解和养分释放的关系。结果表明，蛋白酶的活性与有机氮的分解和氮的释放相关性较好；磷酸酶活性与有机磷的分解有一定的关系，但磷的形态转化可能是制约磷释放的因素之一；纤维素酶的活性与有机碳的分解没有必然的联系，这可能与西湖底泥有机碳的组成中低含量的纤维素有关。

　2. 底泥营养元素的释放和吸附

　1) 底泥中营养盐的释放过程

　　营养盐在湖泊沉积物—水界面上的沉积—释放作用是影响其上覆水中磷的浓度、迁移、转化和生物可利用性的重要因素（汤鸿霄，2000），沉积物的组成及氨氮和溶解性反应磷（SRP）的浓度断面是定量湖泊或海底沉积物释放过程的依据（Boer and Bles，1991）。

　　就湖泊生态系统中磷的传输动力学而言，间隙水是一个非常重要的介质。在淡水湖泊生态系统中沉积物的表面通常含有95%～99%的水，其中只有一小部分与其他组分结合成水合物，大部分是以自由移动的介质——间隙水形态存在。沉积物与水体的物质交换主要通过扩散来实现，交换的强度主要取决于沉积物间隙水中营养物质的浓度梯度（Syers et al.，1973）。绝大多数湖泊中湖水和间隙水营养盐之间存在很大的浓度梯度。据报道，间隙水中磷浓度比上覆水高5～20倍（Boström and Pettersson，1982）。这种浓度梯度为营养盐的扩散提供驱动力，导致了营养盐从沉积物中的释放，形成通过沉积物—水界面向上覆水的扩散通量（Riber，1984）。

　　营养盐释放首先进入底泥的间隙水中，这一步骤通常被认为是营养物释放速率的决定步骤；然后扩散到水—土界面，进而向上覆水混合扩散，成为湖泊磷负荷的一部分（Lerman，1997）。

　2) 环境因子对营养盐释放的影响

　　底泥中营养成分的释放，一般包括生物释放、化学释放和物理释放三个过程。

　　沉积物中磷的释放受多种环境因子的影响。底泥和上覆水的理化条件，如pH、温度、溶解氧、光照和微生物等都可能改变磷在底泥中的赋存状态，从而促进或抑制底泥中磷的释放（Gomez and Durillon，1999）。其中，pH和氧化还原电位被认为是影响底泥磷吸附和释放最重要的因素。

　　pH对于底泥磷释放的影响主要体现在改变磷的赋存形态：偏酸性时，磷主要以 $H_2PO_4^-$ 形态存在，此时沉积物对磷的吸附沉淀作用较大，不利于沉积物内源磷的释放；在碱性环境下，过量的 OH^- 与 PO_4^{3-} 发生配体交换反应而造成 Fe-P、Al-P 的释放（Amirbahman et al.，2003）。随pH增高，磷酸根离子从沉积物中解吸速率加快，使更多的内源磷释放进入上覆水体（Istvanovics，1988）。李大鹏等（2008）发现，底泥再悬浮会促进上覆水中的磷向底泥迁移，而这种促进作用随着pH的增加逐渐减弱。在底泥再悬浮条件下，pH对不同形态磷的数量分布有明显影响：BD-P、NH_4 Cl-P 含量随着 pH 升高而增加，而 Al-P、NaOH-P和Ca-P含量则在不同pH条件下均有所增加，pH较低时，Al-P、Ca-P

增加量较大。他们推测，当 pH<8 时，底泥再悬浮促进了易释放态磷向难释放态磷转化；而当 pH>8 时，碳酸氢钠可提取磷（Olsen-P）含量减少。$Fe(OH)_3$ 对底泥中的无机磷有着很强的束缚性。一般来说，底泥的氧化还原电位越低，底泥中磷元素越容易释放。当氧化还原电位降低时，在铁还原菌的作用下 Fe^{3+} 逐渐变成 Fe^{2+}，Fe^{3+} 和 $Fe(OH)_3$ 吸附的磷同时释放出来（孙远军等，2008）。

底泥的氧化还原环境对底泥营养盐的释放存在显著影响。当底泥处于好氧状态，氧化还原电位高，沉积物中的铁和锰以 Fe^{3+} 和 Mn^{2+} 的形式存在，容易与磷结合，以沉淀物的形式稳定沉积在底泥中。当底泥出现厌氧状态，氧化还原电位下降，Fe^{3+} 被还原成 Fe^{2+}，与磷酸根的反应产物由难溶的磷酸铁沉淀变成溶解性的磷酸亚铁，使磷酸根脱离底泥进入间隙水，进而向上覆水扩散。

富营养湖泊的缺氧环境会极大地改变底泥—水体界面的化学、微生物过程，与内源营养元素的释放关系密切。一般研究认为，湖泊底泥氧化还原电位的降低与内源磷的释放有显著相关性（Boström et al.，1988；Nürnberg，1988），Lake 等（2007）研究发现，湖泊表层 10 cm 的底泥中三价铁的还原常常伴随着底泥磷向水体释放。典型的底泥磷释放模型包括下层滞水层中 $Fe(OH)_3$ 的还原性溶解或者表层底泥发生的厌氧条件。水体和好氧性底泥中，$Fe(OH)_3$ 与无机磷酸根有很强的吸附能力，当三价铁在铁还原细菌的作用下被还原成二价铁时，二价铁和磷酸根离子释放到底泥间隙水中，增加了磷的生物可利用性。另外，在磷含量丰富的氧化性底泥中，细菌可以存储大量多磷酸盐，当呈厌氧状态时，细菌还可以通过水解酶裂解多磷酸盐分子结构使内源磷释放到水体中。Hupfer 等（2004）用 ^{31}P 作示踪剂研究发现，多磷酸盐占到内源磷释放总量的 1.5%～11.4%。除此之外，有机磷在内源磷的释放过程中也有很重要的作用。一般认为有机磷大部分为磷脂，主要是单酯（mono-ester）和二酯（di-ester）磷化合物（Ahlgren et al.，2005），目前对这些化合物的分子结构和化学行为所知不多。

在其他条件相同的前提下，温度对沉积物释磷作用的影响体现在：当温度升高，微生物活性增强，有机物质分解加速，加快溶氧的消耗，引起氧化还原电位降低，使 Fe^{3+} 还原为 Fe^{2+}，导致沉积物中磷的释放随温度升高而增强（Holdren and Armstrong，1980）。但是，林建伟等（2005）的研究发现，溶解氧是影响底泥氮、磷释放的重要因素，厌氧状态会加速底泥氮、磷的释放，曝气复氧可以有效地控制底泥总磷的释放；上覆水总磷浓度较高时底泥会发生吸磷现象，而温度则影响较小。而且曝气复氧可以控制比较封闭水体底泥氨氮的释放；曝气条件下温度对底泥氨氮和总氮的释放影响较大，即温度越高，抑制氨氮和总氮的释放效果越好，且低温会导致底泥氨氮和总氮的大量释放；曝气条件下搅动导致底泥释放更多的氨氮和总氮。

吴群河等（2005）发现底泥释放氨态氮与反硝化作用达到平衡的时间受通氧

条件影响明显；总无机氮质量浓度在孔隙水、水土界面处和上覆水中的变化各异；在有机质含量高的底泥中，有机质是影响总无机氮释放的最大因子，而在有机质含量低的条件下，溶解氧是影响总无机氮释放的最大因子。

除了直接的吸附-释放过程外，底泥再悬浮对上覆水中营养盐含量也有显著的影响。底泥再悬浮过程中，上覆水中无机矿物颗粒如黏土、铁铝氧化物、碳酸钙等显著增加（Evans，1994；薛传东等，2003；范成新等，2000），又会使上覆水中的可溶活性磷（SRP）被迅速吸附，重新进入底泥，进而形成某种形态磷。这不仅导致底泥中不同形态磷的数量分布发生改变，而且通过这一途径形成的形态磷的性质不同于底泥静止状态下形成的形态磷。研究发现，不同形态磷的生物有效性显著不同（Stone and English，1993；Reddy et al.，1996；Zhou et al.，2005）。由此可见，底泥再悬浮后，生物活性磷（bioactive phosphorus，BAP）的形成量将受到影响。李大鹏等（2008）的研究结果表明，底泥再悬浮后，生物有效磷含量显著降低，平均下降了 61.59%，而未悬浮底泥中生物有效磷含量却有所增加，说明底泥再悬浮促进了生物有效磷向难被生物利用态磷的转化。

3. 富营养底泥中的有机物

在底泥系统中，有机污染物是以三种形式存在的：溶解于间隙水、吸附于固相颗粒表面、存在于底泥颗粒内部。其中溶解于间隙水相及由于吸附平衡而附着于固相颗粒表面的污染物的量占释放总量的绝大部分（Meharg et al.，1998）。

有机物的释放包括解吸扩散和降解两个过程，一开始，沉积物体系中固液相之间尚未达到平衡，沉积物中的可溶性有机物解吸进入毛管水中，进而由毛管水中扩散到重力水中，再由重力水中通过扩散作用进入上覆水体。当固液相之间的可溶性有机物浓度达到平衡后，这时有机物的释放以微生物降解作用为主，即首先通过微生物将非可溶性有机物降解为可溶性有机物，再通过解吸、扩散作用进入上覆水体。影响有机污染物在沉积物上吸附/解吸的因素非常复杂，研究表明，有机污染物自身的理化性质、沉积物的结构和物理化学性质以及温度、水力扰动、pH 等外界因素都将影响底泥有机物向上覆水体的释放（陈文松等，2007）。环境温度对于底泥间隙水中有机污染物浓度影响很大：一是体现在污染物浓度增加的速率；二是体现在平衡浓度的大小，较高的环境温度对应更高的间隙水相污染物浓度，但是温度对到达释放平衡所需的时间影响很小（李剑超等，2004）。

底泥中的有机物矿化作用是碳和营养元素的自然循环过程中的重要过程。自然条件下底泥的氧化还原条件决定了有机质是通过好氧途径还是厌氧途径进行降解，溶解氧通过改变底泥中氧化还原环境进而影响有机物的降解过程。在一定的氧化还原条件下，有机质的结构组成、底栖生物和水解酶的活性都对底泥有机质的降解速率产生影响。底泥—上覆水界面是生物地球化学反应（biogeochemical process）很活跃的场所，微生物种类和活性较高，营养元素和其他物质的循环再生速率较高。在海岸水体环境中，上覆水中的溶解氧可以向底泥中渗透数厘米，使底栖生物得以生存。但是当底部水体呈厌氧状态时，泥—水界面也会变成缺氧环境。由于溶解氧对有机质降解作用的影响，相应会影响到泥—水界面的状态。周启星和朱荫湄（1999）对西湖底泥中有机质完全降解及转化为 CO_2 和 CH_4 的速率进行了模拟研究，发现在水体供氧条件（5.0～8.6 mg/L）下，底泥有机质完全降解的速率最为缓慢，当湖水供氧水平进一步上升为 8.6～12.0 mg/L 时，CO_2 释放速率增加，最大值可达 8.7 mg C/（kg·周），而当供氧水平下降为 8.6～0 mg/L 时，CH_4 释放速率加快，最大值可达 4.6 mg C/（kg·周）。

在富营养底泥有机质的矿化过程中，乙酸是重要的中间产物。有关于海洋底质有机质分解的研究发现，有机质含量过高时，乙酸氧化速率比硫酸盐（底泥中硫酸根离子是重要的电子接受体）的还原速率还要快（Shaw and McIntosh，1990）。其他一些早期的研究表明，底泥有机质分解过程中，甲烷、丙酸、乙醇、丁酸、琥珀酸、乳酸、己酸等也是重要的中间产物，但是 Krumböck 和 Conrad（1991）的研究发现，当底泥中加入葡萄糖后，厌氧分解产物中乙酸所占的比例最大。

4. 富营养底泥的氧化还原状况

在有机质分解矿化过程中，有许多物质作为其电子接受体被还原，如氧就是重要的电子接受体，但是其消耗速度很快，通常只在底泥上层几厘米中存在（Revsbech et al.，1986）。大约有 50% 的有机质的分解是在厌氧条件下发生的（Canfield et al.，1993）。

因为底泥中物质的多样性，其复杂的物理、化学和生物性质很容易受到环境条件如溶解氧含量、温度等的影响。因为生活环境的差异，沉水植物受底泥氧化还原状况的影响较其他生活型明显。厌氧性底泥对沉水植物的影响往往通过复杂的物理、化学和生物过程来实现。植物根部缺氧环境会使根系乙醇脱氢酶活性显著增加，表明厌氧呼吸速率提高（DeLaune et al.，1984）。

Goodman 等（1995）和 Bondgaard 等（2001）发现，有机污染物在底质中的大量积累，会消耗过多的溶解氧而导致植物根系呼吸缺氧，根系、茎叶的生长受到明显抑制；而且厌氧条件下有机物的分解会释放多种有毒物质，对沉水植物的生长造成不利影响。Holmer 等（2005）还发现，不论光照条件好坏，底泥还原条件下产生的硫化物会降低大叶藻（Zostera marina）的生长速率 75% 左右，并且硫化物可在植物体内氧化成单质硫积累在植物组织中。

1）厌氧性底泥中的氨氮

当富营养湖泊底泥呈厌氧状态时，会积累大量污染物，并释放到水体中，从而加剧富营养化过程。氨氮常常是这些污染物的一种。研究表明，厌氧条件下，

NH_3-N、TN 的释放量大于好氧条件，这是因为好氧条件下，硝化细菌能够进行硝化作用，将水体中大部分氨氮转化为硝态氮，降低了上覆水体氨氮的浓度；而在厌氧条件下，硝化作用消失，反硝化作用发生，结果，底泥释放的氨氮得不到硝化减少。另外，厌氧条件还将可能产生氨化作用，使氨氮进一步增加，因此，为控制底泥向上覆水体释放氨氮和总氮，维持水体较高的溶解氧水平是必要的。另外，沉积物有机质含量已被认为对界面氮的行为有很大影响，研究表明，大量易降解有机质有助于氮的释放。因为大量有机质降解过程需要消耗氧，使沉积物处于缺氧或厌氧状态，此时有机质中的氮多经生物作用转化成 NH_4^+，从而增大 NH_4^+ 的释放（Thamdrup and Dalsgaard，2000）。

2）厌氧性底泥中的硫化氢和铁

在氧的有效性很低的底泥中，其他化合物如硝态氮、三价铁和硫酸盐在有机质的分解矿化过程中也发挥着电子受体的作用。但因为硝态氮和铁的含量少，底泥中的反硝化和三价铁的还原一般在有机质分解过程中作用不大（Kristensen et al.，2000）。在一些关于热带海洋底质研究中，硫酸盐还原是重要的生物地球化学过程（Holmer，1999），和有机质矿化和营养物质的循环关系密切。有研究表明，底泥中有超过一半的有机物通过硫酸盐的还原而被矿化（Jorgensen，1982），这种矿化过程为水生植物生长提供必须的无机营养盐，同时也会使底泥中累积大量有毒化合物，如硫化物就是常见的植物毒素。

硫是水体环境中重要的生源物质，其存在形式、含量和分布与水生生物的活动和环境因素密切相关。底泥中硫化物含量的高低是衡量底泥环境优劣的一个重要指标，一般与有机质含量呈正相关。水体沉积物中的硫化物主要是指铁和锰的硫化物及有机硫化物，包括铁的单硫化物和二硫化物。根据其活性，它们大体上可以分为三大类：活动性最大的部分即可以溶于冷盐酸的硫化物，黄铁矿（不能溶于冷盐酸中），以及有机硫化物（也不溶于冷盐酸中）。

底泥中的硫化物主要是通过硫酸盐的异化还原过程而形成的。硫酸盐的异化还原是硫酸根离子被微生物还原成硫化氢的过程。众所周知，在天然水体中，当水体溶解氧丰富时，水体或底泥中的有机物首先被分子态的氧所氧化。当溶解氧被耗尽后，富营养底泥一方面因为位于水体补偿深度以下而造成溶解氧的生产和补充速率极低；另一方面因积聚了大量有机质而造成溶解氧的消耗量增大，有机物将进一步被 NO_3^-、NO_2^-、SO_4^{2-} 所氧化。但由于水体中 NO_3^-、NO_2^- 浓度远较 SO_4^{2-} 浓度低，所以缺氧水体中一个重要氧化还原体系为有机物与 SO_4^{2-} 的反应。因此富营养底泥中硫酸盐在硫酸还原菌的作用下被有机物还原为硫化物。硫化物形成与环境条件有很大关系，当夏季水温较高时，硫化物形成的速率较高，这主要是因为较高水温可促使底泥中氧的消耗和硫酸盐还原菌的生长。同时底泥有机物含量、pH 等理化性质对硫化物的影响也很大。由于硫化氢是一种弱酸，当水体底质呈现酸性时硫化氢的浓度较高，毒性强，如当 pH 为 5 时，99％的硫化物均以硫化氢的形式存在，而当 pH 为 7 时，硫化物约占 50％。

酸挥发性硫化物（acid volatile sulfides，AVS）是指能被 1 mol/L 酸度的冷盐酸所提取的硫化物。在水体沉积物中，酸挥发性硫化物的含量随沉积物深度而变化。研究表明，在沉积物表层 20 cm 的范围内，AVS 随深度的增加而升高，之后开始降低（Nriagu and Soon，1985）。导致这一变化的因素包括生物及非生物两方面的影响。在研究生物因素对 AVS 的影响时，人们发现海洋中大量的端足类动物（marine amphipod）提高了沉积的有机物质转化为无机物质的反应速率，为沉积物表面氧化层之下的硫酸盐还原者提供了营养物质，从而有利于 AVS 的形成（Nedwell，1989）。此外，Nedwell 和 Abram（1978）的研究揭示了硫酸盐还原细菌与 AVS 随深度变化的相关关系。非生物方面的影响主要是沉积物的地球化学性质，特别是沉积物的分层。在天然水体沉积物中，有机物质被不同的氧化者所氧化而形成了不同的氧化-还原层，不同区域的化学条件对硫化物有着很大的影响（Freohlich et al.，1979；Berner，1981），从而使 AVS 的含量随深度而变化。

底泥中硫化物的存在与重金属的化学行为密切相关。沉积物中金属的生物有效性是建立沉积物质量基准必须考虑的关键因素。沉积物中金属的生物有效性和毒性与沉积物—间隙水系统中有毒金属的化学活动性有关，而与其总量无关，底栖生物对沉积物的间隙水化学浓度表现出强烈的相关性。近年的研究表明，沉积物中酸性可挥发性硫化物的含量对沉积物中重金属在水与沉积物间的分配行为有决定性影响。重金属的生物有效性与其在间隙水中溶解态浓度直接相关，而这一浓度受控于重金属与沉积物固相的吸附与结合。沉积物中的有机物、铁锰水合氧化物及酸挥发性硫化物等是主要的重金属结合相。在含 AVS 的沉积物中，Cu、Pb、Zn、Cd 及 Ni 等重金属由于生成了溶解度很低的金属硫化物，生物有效性明显降低。当水环境条件变化时，如风暴、生物扰动及底泥疏浚等活动会使沉积物的还原性条件变为氧化性的条件，由于氧化还原条件的变化，与沉积物结合的重金属有可能释放到水体中，从而对水环境产生影响。方涛等（2002）研究发现，在还原型沉积物中，AVS 是主要的重金属结合相；而在氧化型沉积物中，AVS 的含量很低，当其含量低到不足以约束所有的重金属时，其他的重金属结合相将成为控制重金属活性的主要因素，他还发现无论是何种类型的沉积物，AVS 的存在都能提高沉积物对重金属的吸附容量，从而降低水中重金属的浓度，AVS 的含量对吸附容量的影响较为显著。

硫酸盐还原在底泥营养盐的转化和生物利用上具有很重要的作用。有研究表明，底泥中硫酸盐的还原速率与生活在其上的水生植物根系生物量呈显著的正相关，说明底泥中厌氧细菌的活性与植物的根系分泌物关系密切，植物对底泥有机物的反馈成为细菌的碳源，完全够硫还原菌生长代谢之用（Holmer and Bondgaard，2001）。

　　3）厌氧性底泥中的重金属

　　许多研究表明，重金属从沉积物中释放的机制主要为：溶解作用、离子交换作用、解吸作用（金相灿，1992）。从热力学角度考虑，重金属在底泥和水体之间存在分配平衡。一旦底泥的浓度过高或水体的浓度较低，则重金属将从底泥向上覆水体释放，污染水环境。沉积物中重金属的释放受多种因素的制约，重金属在沉积物的赋存形态、环境的 pH、氧化还原条件、微生物的活动和水力条件等都是重金属从沉积物释放的影响因素。重金属的化学活性和生物有效性与其形态密切相关，不少学者对沉积物中重金属的存在形态提出了自己的分类方法（Gibbs，1977；Tessier *et al.*，1979），其中 Tessier 等提出的分类法得到了最广泛的应用，即把重金属存在形态分为：阳离子可交换态、碳酸盐结合态、水合铁锰氧化物结合态、硫化物及有机物结合态和矿物碎屑残留态。研究表明，沉积物中重金属的释放能力由强到弱的排序与上述赋存形态的排序一致（黄廷林，1995；陈静生，1987）。在一般情况下，沉积物中重金属的释放量随着反应体系 pH 的升高而降低，其原因既有 H^+ 的竞争吸附作用，也有金属在低 pH 条件下，致使金属难溶盐类以及络合物的溶解等（金相灿，1992）。文湘华和 Herbert（1996）对乐安江沉积物的释放特性的研究表明，pH 的降低会促进重金属由沉积物向上覆水体的释放。Calmano 等（1993）对 Hamburg 港沉积物的释放试验和魏俊峰等（2003）对广州城市水体沉积物的研究都得出类似的结论。

　　方涛等（2002）研究发现，存在于水体中的重金属可以不断地与沉积物结合，从而使水体中的重金属浓度维持在很低的水平上。当水环境条件保持不变时，重金属一旦与沉积物结合，就很难再释放出来。但当水环境条件发生变化时，与沉积物固相结合的重金属就可能释放出来，从而对水环境产生不良影响。

2.4.2　底泥与水生植物的关系

1. 底泥有机物与植物的关系

　　关于底泥中有机质对沉水植物的影响机理目前还不是十分清楚。Barko 等（1988）研究发现，在贫营养底质中加入少量有机质可以刺激植物生长，而在质地较好的无机底质中加入有机质却能明显地抑制沉水植物的生长。Cizkova 等（1992）的研究表明，对于水生植物，在泥质肥沃底质中增加有机质不影响其生长，而加入过量有机质及过量氮却会引起生长的衰退。这说明有机质可能并不抑制植物生长，而是通过加剧其他条件对植物的胁迫而影响其生长（楚建周等，2006）。邱东茹等（1997）也发现底泥中有机质过高对微齿眼子菜根系发育不利。Van-Wijck 等在 1992 年时用来自 9 个不同地点、有机质含量不同（有机质含量

8～66 mg C/g）的底泥对篦齿眼子菜进行培养，发现底泥有机质的提高有利于
植物生物量增加，但当有机质超过 26 mg C/g 以后却对植物生长有害，他认为是
有机质矿化过程中释放的氮素促进了植物的生长，但是当有机质过量时，底泥的
厌氧环境就对植物产生了胁迫作用（如过量的铁和硫化物），使生物量下降。

2. 底泥营养源与植物的关系

除了还原环境对沉水植物的胁迫外，底质中营养水平也和植物生长关系密
切。在原本贫营养的底质中投加适量的营养物质能有效加快沉水植物的生长，但
在富营养化湖泊中，底质中营养盐的过量积累也会对植物的光合作用和新陈代谢
作用造成负面影响（Peralta *et al.*，2003；Udy and Dennison，1997）。营养过剩
造成植物生产力下降的主要原因是组织中大量矿质营养的积累会影响细胞个体的
长大，导致生长速率的下降（Marschner，1986），而且营养供应的过量也会减
少植物体内碳水化合物的积累，从而减弱植物对逆境的抵抗能力（Koncalova *et
al.*，1992）。另外，Xie 等（2005）对苦草的研究发现，与水体中营养浓度相比，
植物的生长更容易受到底质状况的影响，但组织中营养元素的增加在两种情况下
都是相似的。底质营养状况的差异对不同种沉水植物生长影响也不同。例如，在
高营养条件下，轮叶黑藻比美洲苦草（*Vallisneria americana*）更具有竞争力
（Van *et al.*，1999）。

底泥营养元素含量特别是氮的含量往往成为水生植物，如轮叶黑藻和穗花狐
尾藻的生长限制因子（Barko *et al.*，1991）。

除了对水生植物生理生态过程产生影响外，底泥对植物种族的延续也关系密
切。叶春等（2008）对苦草、马来眼子菜和微齿眼子菜三种沉水植物的研究发
现，底泥种子库在沉水植物恢复中具有重要作用，而且种子库的规模要比幼苗库
大得多。

底泥营养源在水生植物生长和生理作用上起到很重要的作用。底泥和水体营
养源对水生植物生长的贡献率与植物生物形态、生活特征以及营养浓度的差异有
关。对于像五刺金鱼藻这种假根植物来说，因其根系不能有效地从底泥中吸收营
养物质，主要通过茎叶的吸收来满足生长所需，底泥的营养状况并不是很重要；
而对于像苦草、轮叶黑藻和穗花狐尾藻这种根系较为发达的沉水植物而言，底泥
的营养状况与其生长状况关系密切，如果水体呈贫营养状态，底泥更成为其重要
的营养来源。当水体中的磷含量只有 0.015 mg P/L 时，底泥是穗花狐尾藻和轮
叶黑藻主要甚至全部的磷营养来源（Bole and Allan，1978）。一般来说，相对于
水，底泥中的营养元素含量要高得多（Xie *et al.*，2005），如果水中营养元素缺
乏，则底泥将是水生植物主要的氮磷来源（Barko *et al.*，1991；Rattray *et al.*，
1991）。Silvertown 和 Charlesworth（2001）的研究认为底泥营养含量的增加有
利于水生植物根系和地上部分的分枝，Wang 和 Yu（2007）的研究也表明，底

泥中营养含量的增加会使苦草的生物学形态发生变化，使叶长、分枝数和匍匐枝的长度增加，而在贫营养底泥上生长的苦草根冠比却比富营养底泥的要高，根系的生物量超过总生物量的 10% 以上，这是苦草通过提高根系生长来增加对底泥营养元素的吸收，是对环境条件的一种适应机制。但是对于没有真正根系的水生植物而言，底泥中的营养状况对植物的影响是不同的，如 Smith 等（2002）的研究表明，底泥中氮含量较低（0.04 mg NH_3-N /g）时比较高（0.55 mgNH_3-N/g）时更有利于提高穗状狐尾藻分枝数量和生物量。楚建周等（2006）的研究却表明，营养水平较高的底质对黑藻早期的生长和光合作用有利，但在高温季节会严重降低黑藻的根系活力和叶绿素含量，影响黑藻后期生长，而营养水平较低的底质上生长的黑藻生物量积累较低。

营养源也会对不同植物种类之间的竞争作用产生影响。当两种漂浮植物凤眼莲（*Eichhornia crassipes*）和大藻生长在同一介质中时，较高 N、P 浓度有利于增强凤眼莲的竞争能力，占据更多的生活空间，从而最终取代大藻成为优势物种（Agami and Reddy，1990）。

底泥营养与水生植物的关系是相互的，植物不仅可以从底泥中吸收营养物质以满足生长所需，而且可以通过代谢物的分泌和物质交换改变底泥的营养物含量。Barko 等（1988）的研究指出，由于植物根系的吸收作用，种植了轮叶黑藻的底泥中可交换态氮（exchangeable nitrogen）和可提取性磷（extractable phosphorus）含量分别下降了 90% 和 30% 以上，但因为可交换态钾是地上部分从水体中获得然后通过根系与底泥交换的，其含量比没有轮叶黑藻生长的底泥上升了 30%。

3. 底泥氧化还原状态与水生植物的关系

1）植物根系光合释氧

一些水生植物有发达的气孔组织，可以从茎叶运输氧气到根部组织的维管系统，从而能够支持地下组织的有氧呼吸和代谢（Carpenter *et al.*，1983；Caffrey and Kemp，1991）。从水生植物根部释放的氧增加了底泥中氧的有效性。Pedersen 等（1998）研究发现从丝粉藻（*Cymodocea rotundata*）根部释放的氧占到底泥氧消耗总量的 10%。植物根系释氧对植物生长有四个方面的作用：从植物光合器官运输到地下组织的氧可用于植物能量代谢的氧化磷酸化（oxidative phosphorylation）；从根系释放的氧在根际形成了一个氧化性区域，从而能够有效地氧化积累的有机毒性物质，减少对植物的毒害；增加植物根系氧气分压，阻止有毒物质进入根系组织；从茎叶运输到根系的氧气可以为根系有氧呼吸提供氧源（Erskine and Koch，2000）。

水生植物通过转移光合作用产氧向根际释放，再经过植物的根部表面组织扩散，在根系周围形成好氧区，使富营养条件下厌氧性的底泥氧化还原电位升高，从而改变底泥一系列的理化性质（Flessa，1994），在植物根须周围就会有大量好氧微生物降解有机物，在根须较少达到的地方将形成兼性区和厌氧区，发生兼性微生物和厌氧微生物降解有机物的作用。研究认为，挺水植物的通气组织发达，叶片进行光合作用所释放的氧，部分可从气腔进入根部，供给根部呼吸的需要，多余的氧再传到根外（腊塞尔，1979）。有人发现芦苇在光合作用产氧过程中，还同时向根区及水体供氧，使芦苇床内水体溶解氧的变化曲线出现明显的高峰值（李科德和胡正嘉，1995）。Polprasert 和 Khatiwada（1998）认为凤眼莲通过绿叶光合作用产生的氧气被输送到茎、根及水体中，供微生物呼吸用。

这种释氧作用与影响光合作用的因素，如光照强度、碳源等，密切相关。Carpenter 等（1983）的研究表明，轮叶狐尾藻根系向生长基质释放氧气，使根际的氧化还原电位显著高于非根际区域。由于根系的释氧来源于植物的光合作用，所以这种氧化作用的强度明显与光照条件有关。Kemp 和 Murray（1986）研究发现穿叶眼子菜根系的释氧量与地上部光合产氧量成正比。

2）厌氧性底泥对水生植物的毒害

厌氧性底泥主要通过过量的有机物、还原性铁和硫化物对水生植物生理代谢和生长造成影响。Van Wijck 等（1992）在研究自然条件下厌氧性底泥对篦齿眼子菜的影响时发现，随着底泥有机质的增加（达到 26 mg C /g），篦齿眼子菜的生物量增加，其原因是一定程度的还原环境有利于提高底泥中氮素的生物可利用性，但是有机质高于 26 mg C /g 后的底泥显然对其生长是有害的，此时营养状况的改善作用并不能抵消严重厌氧底泥对植物生长的毒害作用。

底泥的氧化还原状况对沉水植物无性繁殖体的萌发也有显著影响。Brenchley 和 Probert（1998）和 Moore 等（1993）的研究发现，厌氧沉积物较好氧沉积物更有利于卡氏大叶藻（*Zostera capricorni*）和大叶藻种子的萌发，而由文辉和宋永昌（1995）却认为不同沉水植物种子萌发的最适基质不同。陈小峰等（2006）的研究结果表明，在光照和缺乏基质的条件下，菹草石芽的萌发率和出苗率提高，基质的存在促进了根的生长，而光对根的生长并未起到促进作用，在无光条件下，菹草幼苗节间长度明显大于有光处理。

很多研究表明，厌氧性底泥对水生植物的毒害作用除了直接的根系缺氧外，最重要的机制是底泥中的三价铁和硫酸根离子在厌氧反应中成为主要的电子受体而还原成二价铁和硫化物，由于底泥中复杂的物理化学变化，二价铁和硫化物的生物可利用性大大增加，成为植物生长的制约因素（Van Wijck *et al.*，1992）。有研究指出，在铁含量很少而硫酸盐含量丰富的底泥中，随着底泥厌氧程度的增加，硫酸盐还原速率增加，硫化铁的形成使二价铁的生物可利用性下降；当铁被消耗完后，底泥中会积累相当浓度的二价硫离子，而且磷酸盐的活性和生物可利用性也会相应增加（Smolders and Roelofs，2003）。因此，底泥中因铁的缺乏而导致的硫化物的积累可能成为水生植物生长的限制因子。另外，锰的积累和还原也是重要的限制因子之一。在沉水植物生长的表层底泥往往是厌氧性的，从而在间隙水中积累了大量的硫化物，会对沉水植物的生理代谢活动产生负面影响。Erskine 和 Koch（2000）在短期的胁迫实验中发现硫化物对龟裂泰来藻（*Thalassia testudinum*）碳代谢平衡和能量代谢产生了胁迫的效应，使根系 ATP 和能量代谢系数（energy charge，EC）明显下降，同时叶增长速率和生物量也呈下降趋势。Goodman 等（1995）也发现较低浓度的硫化物处理（0.4～0.8 mmol）也会使 *Z. marina* 光合产氧速率明显下降。底泥中硫化物的积累和毒性是造成很多沉水植物消亡的重要因素（Borum *et al.*，2005），特别是在高温、水体氧含量低的情况下，硫化物的浓度可以达到很高的水平，成为沉水植物存在的限制因子。

厌氧性底泥中硝化作用受到抑制，常常累积高浓度的氨氮，对水生植物造成毒害。植物吸收、转化氮素亦是一个耗能的生理过程。从植物吸收、转化 NH_4^+ 与 NO_3^- 耗能来看，直接吸收、利用 NH_4^+，可以减少能量消耗，因为每还原一个 NO_3^-，大约要消耗 15 个 ATP 分子（Salac and Chaillou，1984）。因此，理论上供 NH_4^+ 的植株要比供 NO_3^- 的植株获得更高的生物量。然而实际上供 NO_3^- 的大多数植株常具有更大的生产量和产量。石正强（1997）研究指出，氮素（NH_4^+-N，NO_3-N）供应可明显提高植物根和叶线粒体总的氧化活性，供 NH_4^+-N 提高得更高些。粒体内抗氰呼吸途径具有较高活性（Gerard and Dizengremel，1988），供 NH_4^+ 植物根部氧化活性提高是由于细胞色素途径氧化活性提高而造成的；叶片氧化活性提高主要是由于抗氰呼吸性能提高，及抗氰呼吸占总呼吸百分比增大而造成的。供 NO_3^--N 植物的根、叶片线粒体中，抗氰呼吸不变且占总呼吸的百分比保持不变。因此，不同形态氮素供应对植物线粒体呼吸途径的活性有不同影响，这与 NH_4^+ 和 NO_3^- 在植物体内的同化位置和同化途径有关：NH_4^+ 在根部同化，而 NO_3^- 主要在植物叶片中同化。供 NH_4^+ 的植物在根部线粒体内有较高的细胞色素途径氧化活性为其同化供给所需能量；在叶片中光合产生的能量参与了 NH_4^+ 的同化，线粒体呼吸代谢则为氮的同化提供碳架，以合成含氮化合物，而呼吸产生的 NADH 则参与了耗散能量较多的抗氰呼吸途径。因此，供 NO_3^- 植株常具更大的生物量。

很多研究表明，相对于硝态氮来说，氨态氮更容易成为生长限制因子。有人对光叶眼子菜（*Potamogeton lucens*）在高浓度氨氮条件的生长状况做了研究，结果表明，当介质中的氨态氮高达 10～15 mg /L 时，光叶眼子菜分枝受到影响，当氨态氮达到 40 mg /L 时严重影响了植物生长（Litav and Lehrer，1978）；Cao 等（2009）的研究发现，超过 1mg/L 的氨态氮浓度会造成菹草生理代谢的胁迫，使植物体内游离氨基酸（free amino acid，FAA）积累，可溶性糖和蛋白质含量下降，当光照条件较差时，这种胁迫作用还会更加严重，但在短期内不至于使植物死亡。

2.5　水位和水流

在水生生境中，水文因子（包括水位和水流）常常是影响水生植物生存的重要因子。水位通过改变净光能合成和影响植物萌发所需的其他环境因子如光照、温度和氧气条件（Moore and Keddy，1987；Smits et al.，1990；Barrat-Segretain et al.，1999；Nishihiro et al.，2001，2004），从而影响水生植物的有性繁殖（Baskin and Baskin，1998）。水位通过改变底泥特性、水体透明度、风浪的作用而间接影响水生植物（Scheffer，1998），影响水生植物覆盖度，改变水生植物生产力和寿命（Santos and Esteves，2002）。在流动水体中，水生植物还会受水体波动作用以及水流等多因素的影响（Roberts and Ludwig，1991）。单向性的水流所产生的机械应力对水生植被的结构与分布都有重要的影响（Ostendorp，1989；Stark and Dienst，1989）。本节就国内外相关研究进行介绍。

2.5.1　水位

水位是决定水生植物分布、生物量和物种结构的主导因素（Wilcox et al.，2002）。水位决定了各类水生植物的分布格局。在自然生境中，经过长期的生境适应，各种生活型植物对水深的耐受性以及沿着水深梯度的分布有差异。挺水植物在湖泊的分布面积与水位呈负相关。沉水植物和漂浮植物的分布也不是随机的，它们的出现和丰度与环境条件紧密相关，冬季的干旱和水深都是主要的决定因子（Sabbatini et al.，1998）。挺水植被发育最好的地带在平均水位和最低水位之间。浮叶植物和沉水植物可以生长在比挺水种类所承受的最大深度更深的水域。浮叶植物的最大适应水深一般为 3 m 左右，沉水植物则可达到 10 m 左右的深度。水深的空间分布差异也是决定植物分布的重要因素，相比于沿岸带，水深很高的中心带，通常只有少量植物或无植物。

在自然生境中，水位很少保持不变，面对这种动态条件，植物通常会产生形态可塑性以及改变地下生物量和地上生物量的分配样式确保生存。水位直接地影响挺水植物群落的生物量（Wetzel，1983），也会通过减小光照强度间接地影响沉水植物群落生物量（Chambers and Kalff，1985；Duarte and Kalff，1990）。

对于整个群落而言，水位变动产生的影响也是很显著的。水位是一个动态因子，水位的变动能显著影响物种多样性，并且水位变动被认为是一个环境干扰因子，水位的高低、变动的幅度和频率、发生的时间、持续的时长都会对植物产生不同的影响（van der Valk and Davis，1978；Hill et al.，1998；Bonis and Grillas，2002）。如低水位条件下，光能到达底泥和萌发的种子，能促进光合有效辐射到达新的区域，能够促进植物种子库的显露和萌发，给适应浅水生活的物种种群建立创造了机会，阻止优势种控制整个群落，有利于新的外来物种入侵空白生境，从而增加物种多样性（Wisheu and Keddy，1991；Baldwin and Mendels-sohn，1998；Nicol *et al.*，2003）；而高水位如淹水、洪水都会抑制植物的生长。大幅度的水位变动会使不耐淹物种消失。但是这种干扰对植物群落而言是有利的，如果没有水文条件的变动或其他干扰，在一个群落里的很多物种会变得很不寻常（van der Valk and Davis，1978），而且随着时间的变迁，单一的同物种组合会主导整个群落（Leck and Simpson，1995）。

各种生活型植物的物种多样性对水位波动的反应有所差异。Van Geest 等（2005）分析得出无论是小幅度还是大幅度的水位波动，浮叶植物和挺水植物的物种丰度都会下降，然而沉水植物物种只是在小幅度波动下减少。另外，在水位会经历下降的湖泊，沉水植物丰度更高，在浮叶植物和挺水植物中未发现这种现象。

下面分别就水位对不同生活型的水生植物的影响进行阐述。

1. 挺水植物

挺水植物的根和地下部分通常生长在淹水的土壤里，而茎和光合作用以及繁殖器官暴露于水面之上。挺水植物对水位梯度的变化具有一定的可塑性，主要包括生长形态、繁殖和生物量分配的变化。形态方面，主要包括叶柄、茎长、茎数量、茎直径、匍匐茎直径的变化，以及异形叶的产生（Lieffers and Shay，1981；Stevenson and Lee，1987；Squires and van der Valk，1992；Coops *et al.*，1996；Weisner and Strand，1996；Blanch *et al.*，1999）。例如，芦苇（*Phragmites australis*）幼苗在淹没状态下其节间距会增长（Maucham *et al.*，2001）。繁殖的变化主要包括花期、花序长度、花瓣宽度以及繁殖器官干重等的改变，如芦苇在水位下降后其种子有很高的萌发率（Maucham *et al.*，2001）。生物量分配的变化主要是指地上生物量和地下生物量的比值变化，光合组织在整个植株比例的变化，这种可塑性是挺水植物对水深变化的一种适应。而水深的高低对植物又会有显著不同的影响。

深水对挺水植物的影响主要包括：①影响挺水植物茎的平均长度和水上部分的生物量，从而改变茎的净光合作用，导致植物净光合部分的比例变化。②影响根和根状茎的功能，如呼吸、营养和能量的吸收和储藏、气体交换，以及匍匐茎的繁殖等。由此可见深水限制光资源获取和植物体内部氧气的运输，而根部氧气浓度过低会制约营养吸收（Koch *et al.*，1990），导致生长速率降低（Vretare and Weisner，2001）。挺水植物的根状茎在深水中扎入底质的长度比在浅水中更小，在风浪的作用下更容易被连根拔起。但是，深水胁迫下，挺水植物也能表现出特定的适应机理如运输氧气到地下部分，在生物量分配上的可塑性也有利于挺水植物在经历较大的水位变化时提高其成活率。因此许多挺水植物能够忍耐水淹并且在高水位消退后恢复正常的生理功能。可见，高水位通常对植物产生胁迫。

而相反的是，低水位通常是有利的。水位下降，更多表层的底泥暴露到阳光中，这会促进底泥中种子库的萌发（Cronk and Fennessy，2001），从而产生新个体。相反，在深水条件下，由于种子库萌发的减少，缺氧等条件，挺水植物的分布面积会缩小（Froend and Mccomb，1994）。由此可见挺水植物在湖泊的分布面积与水位呈负相关。但是，水位变动对挺水植物的影响并不会立即见效，而是存在时滞（Mitsch and Gosselink，2000）。水生植物对水位变动反应的时滞包括种子萌发并长出完整的根系的时间，一旦水位上升，储存在根茎的能量消耗完以后，这种反应就会显现出来（Mitsch and Gosselink，2000）。挺水植物对水位变化的反应时间与其地下结构的存在密切相关，挺水植物有发达的根系，这使得它们能够抵抗波浪和水位的变化，所以挺水植物并不受一年度的水位下降的影响，只有多年的水位下降情况下，挺水植物才不断向下坡方向移动。

2. 根生浮叶和漂浮植物

水位变动对浮叶植物的影响主要表现在形态可塑性、生物量及其分配两方面。水位影响叶面积，在高水位条件下，浮叶植物会产生更长更薄的叶柄而避免植物叶片被淹，因此生长在深水中的浮叶植物，支撑叶片的叶柄和茎相对比较脆弱。当叶片达水面时叶柄的伸长就会变得非常缓慢（Arber，1920）。虽然每片叶子只能伸长一或两次，最终将丧失伸长的能力，但是就整个植物而言，其幼叶比老叶生长和伸长得更快，因而能保证叶片数目的持续而快速增加的能力（Cooling *et al.*，2001）。

水位变动是浮叶植物生物量的主要控制因素，Paillisson 和 Marion（2006）研究水位变动（0.1~0.5m）对白睡莲（*Nymphaea alba*）的影响发现，一年度的水位变化对年平均地上生物量有影响，在多年的水位下降下这种影响更为显著，平均地上生物量从 143 gDW/m^2 增长到 198 gDW/m^2。而季节性的水位波动对叶面积和叶片/叶柄等生物量分配比例并没有显著影响。在一年度高水位期间，龙骨瓣荇菜（*Nymphoides Cristata*）生物量剧烈下降，而在水位下降期间，生物量出现大幅度地增长。在水位迅速变动的洪水下，如果叶片不能延长至水面，植物生物量将会急剧下降。菱的生物量并不受特大洪水的影响因为其茎有比较强的伸长能力（Kunii 1988；Nohara and Tsuchiya，1990），其海绵似的叶柄能够很好地浮在水面（Sculthorpe，1967；Kaul，1975）。另外如果洪水发生的时间，植物块茎的储存能量足够，或者洪水持续时间比较短，足以让叶片能够在水下缺氧条件下生存，浮叶植物能够利用储存的有机物合成生物量（Mukhopadhyay *et al.*，2008）。

　　水位变动是沿岸带浮叶植物维持时空异质性的重要影响因素（Nohara and Tsuchiya，1990），因为水深改变浮叶植物群落的覆盖度和物种分布，如荇菜（*Nymphoides peltatum*）、菱（*Trapa bispinosa*）、莲（*Nelumbo nucifera*）的分布范围局限于沿岸带（Nohara and Tsuchiya，1990）。但不同的物种对特定的水深耐受性差别很大。荇菜的分布限于 1.5 m 水深范围内。莲能够改变叶柄的长度来适应不同的水深，但是对于大幅度的水位上升，如 1 m，莲的分布面积会缩小。在 1.8 m 和 3 m 水深下，菱茎的伸长速率是 10 cm/d，茎的总长度最大超过 6 m（Kunii，1988）。菱属不同种的茎伸长速率和数量有很大差别，取决于其生长环境的水位情况。菱和荇菜的分布与水深的关系还有待进一步研究。通常情况下，浮叶植物的生态分布深度比生理分布区域更浅（Nohara and Tsuhara，1990；Mukhopadhyay *et al.*，2008）。

　　对于迅速的水位变动如洪水、风浪，各物种的抗干扰能力有显著差异。荇菜属由于其特殊的生长型，形成密集的盖度、发达的根系，在一定范围内的水位变动下，其仍能固定在底泥中，而且幼叶能通过叶柄的伸长维持在表面（Brock *et al.*，1987），即使遭到风浪等波动作用的损伤后，能够通过产生新的叶片迅速恢复生长。睡莲群落能够生存在长期水淹的区域，即使在某些年份会出现干涸，在雨季又会重新布满。菱在风浪的作用下会被冲走因为其附着能力很弱。莲因为其茎延伸至底部对深水比较敏感（Nohara，1991；Mukhopadhyay *et al.*，2008）。

　　然而，有关水位变动对浮叶植物的花和果实的影响却很少见有报道，水位的升高导致花以及芽苞被水淹，无法形成种子，水位降低并不会影响花和果实的产生。Nagasaki（2008）研究发现黄睡莲（*Nymphaea mexicana*）的花和花苞的总数量与水位的升高程度有显著的正相关性，沉没的花的数量与水位的升高有显著相关性，其相关性可表示为 $Y = -1.057 + 0.302x$，$r^2 = 0.6873$（$n = 16$，$F = 30.377$，$P < 0.0001$）。结果表明超过 10 cm/d 的急剧的水位上涨会导致花和花苞的淹没，然而植物果实的月沉降速率与花的月沉降速率并没发现有显著相关性。

　　与浮叶植物不同的是，漂浮植物的根系或地下茎并没有固着在泥土里，植物的叶柄或者茎、叶片的海棉组织较为发达，储存有大量的空气，能够使植株浮于水面上。关于漂浮植物对于水位变动而产生的形态可塑性和生物量变化未见有报道。

3. 沉水植物

　　浅水湖泊水位的变动可引起沉水植物的兴衰和空间分布的变化（Wallsten *et al.*，1989；Kowalczewski and Ozimek 1993；Harwell and Havens 2003）。在瑞典的 Takern 湖和 Krankesjon 湖，因湖泊水位变动引起沉水植被兴衰的现象在 20 世纪就发生了几次（Blindow *et al.*，1998）。例如，浅水清澈的湖泊通常具有很高的生物量，而那些浊度大、滩涂多的湖泊仅有少量甚至没有沉水植物。由此可见，沉水植物生物量与水深存在相关性，Havens 等（2004）研究发现沉水植物量与水深存在负相关，log biomass＝－1.69 log depth ＋ 0.62（r^2＝0.22，P＝0.03，n＝21）。水深是一个很复杂的因素，湖泊水位升高可使底部获得的光照减少，水深也影响风浪对底泥的再悬浮作用，从而影响沉水植物。Havens 等（2003）在对 Okeechobee 湖三年的调查研究中，发现沉水植物总生物量（total biomass）、轮藻生物量（*Chara* biomass）与水深（depth）、总悬浮固体量、不挥发的悬浮固体量（TSS）、透明度等之间存在多元回归模型，lg total biomass＝－1.04 lg depth －1.69 lg TSS＋ 0.18（R^2＝0.18，p＜0.01，n＝482）；lg *chara* biomass＝－0.71 lg depth －1.48 lg TSS －0.52（R^2＝0.18，p＜0.01，n＝482）。Havens 等（2004）的研究也证实了这一点。

水位变动对沉水植物的影响主要有以下几方面：

（1）水位波动产生的拉力、拖曳对沉水植物的物理影响。水位波动对沉水植物的直接负面影响包括对植物的损伤和倒根、降低冬眠石芽和幼苗的存活率以及冲走和埋藏植物的种子。风浪所引起的水位波动通过不断地对有机碎屑及底泥的颗粒大小进行筛分、迁移和再沉积，从而间接影响沉水植物的扎根、营养吸收和分布（Doyle，2001）。如 Stewart 等 1997 年研究发现沉水植物的受损程度与浪高呈正相关，并且叶片高度分裂的种类，如狐尾藻（*Myriophyllum verticilla-tum*）比带状叶片种类（如苦草）受到的损坏大。0.15 m 的浪高（大约相当于1.4 m/s 流速）使美洲苦草的生物量只有对照组的一半，并且叶片更短、分株也更少（Doyle and Swart，2001）。Havens 等（2004）认为 Okeechobee 湖 2001 年恢复起来的轮藻正是由于不具备发达的根系，难以抵抗较强的风浪才被后继种轮叶黑藻（*Hydrilla verticillata*）和眼子菜所替代。在水位波动干扰下，根系不发达的植物必然增加根系以加强固定。与挺水植物相比，沉水植物没有发达的支持组织，资源可以快速周转（Strand and Weisner，2001），水位波动对其总生物量不会产生大的影响，但与其生物量分配关系密切，这是由于资源往返运输而积累在茎里造成单位长度的茎干物质较多，比茎长较小。

（2）水位升高，光照减少，从而影响沉水植物光合作用。光的生物有效性影响沉水植物生物量分布和入侵的最大深度（Chambers and Prepas，1988）。水位可以通过影响物种的生长型（Chamber and Kalff，1985）。例如，在深水里，篦齿眼子菜可以从原来的毛刷型（brush-shape）变为聚合型（converge），从而影响群落的结构特征，也对植物群落的组分产生影响（Schwarz and Hawes，1997）。这种现象是与弱光照下光合效率的差异相适应的（Titus and Adams，1979），有时是植物进化的结果（Chambers and Prepas，1988；Schwarz and Hawes，1997）。在各种水体中，光照削弱程度被认为是制约沉水植物生长的关键因素之一（Spence，1982）。冬芽数目和大小均下降（Korsehgen et al.，1997）。例如，高水位导致光照衰减，苦草合成单位干物种需要更多叶面积获得光资源，苦草株高变高，叶更长更薄。光照的削减还能够降低植株的活力，如在高水位条件下，苦草冬芽数目和大小均下降（Korsehgen, et al.，1997）。

（3）水位波动导致底泥再悬浮。水位波动引起的沉积物的再悬浮是湖泊生态系统的重要过程之一。有些沉水植物叶表面不光滑，容易黏附悬浮物质和附生藻类（epiphyte alga），降低光合作用所需光的传输，阻碍气体交换和叶片对营养的吸收（Korschgen et al.，1997），而附生藻类还可能与叶片竞争吸收营养。因此，在浅水湖泊中，由于风浪等因素引起水位波动导致沉积物再悬浮，沉降到植物表面势必会对沉水植物的生长产生胁迫。例如，在美国威斯康星州的 Rice 湖，就曾因降低水位后风浪引起底泥再悬浮，沉水植被受弱光胁迫而消失长达 10 年之久（Engel and Nichols，1994）。而位于荷兰的浅水湖泊 Breukelevee 湖，因风浪使沉积物很易发生悬浮，湖水透明度很低，导致水生植物难以生长；但是，在建起围栏后，波浪的影响大大降低，沉积物再悬浮作用下降，湖水透明度提高，水生植物生长良好（Scheffer，1998）。另外，水位波动产生的冲刷作用会减少已有悬浮物质和藻类对叶片的吸附，增加光合产物，从而延长叶的寿命。Weisner 等（1997）研究发现围栏内的狐尾藻因受到风浪冲刷的作用减少，其叶片表面的附着藻类生物量是开放区植物叶片附着藻类的 5 倍，围栏内的狐尾藻生物量显著比开放区的低。因此较小的水位波动有助于水生植物的生长，其原因之一是可以帮助去掉附着在植物叶片和根茎上的附着生物及黏泥，改善叶片的光合作用；原因之二是适度的波动可以增强植物叶片与水体间的碳交换而强化光合作用。

总的来说，在湖泊中，水位升高会引起光照衰减，底泥的再悬浮以及物理伤害，这些都会对沉水植物产生胁迫，严重时甚至引起沉水植被的整体衰退，尤其是持续的高水位会对沉水植物产生灾难性的影响。如洪水导致湖水混浊度大，透明度低，沉水植物接受的光辐射低于光补偿点，不能进行有效的光合作用，导致代谢紊乱；加上水流造成的物理损伤、病害、被取食等原因，沉水植物地上部分死亡，仅存在少量有活力的地下茎（无性繁殖体），不能完成有性生殖过程。导致沉水植物大面积死亡，恢复也很困难。崔心红等（2000）发现鄱阳湖竹叶眼子菜（Potamogeton malaianus）、苦草和薹草（Carex tristachya）3 个种在特大洪水前后生物量和密度发生显著变化，水生植物地上部分比地下部分变动大，竹叶眼子菜和苦草在洪水过后地上部分全部死亡，地下部分生物量和无性繁殖体的数量也大为减少。可见特大洪水影响水生植物的更新与恢复，同时导致湖泊初级生产力的下降。1998 年长江中下游地区的特大洪灾导致一些湖泊中沉水植物大面积死亡。Havens 等（2003）对美国佛罗里达州的 Okeechobee 湖进行的长期跟踪发现，20 世纪 90 年代多年持续的高水位使该湖的沉水植物几乎殆尽。

2.5.2　水位和光照的关系

水中的光照强度随水深的增加呈指数下降，关于水下光照强度的变化规律可以用比尔定律 $I_t = I_0 e^{-\alpha t}$ 来表达，即随着水深的增加，水下光照强度急剧下降，直至水体底层照度为零，光照强度呈负指数衰减。式中，I_0 为水面下 1 cm 处光照强度（lx），t 为水面下深度（cm），I_t 为深度 t 处的光照强度，α 为光衰竭系数。光衰竭系数（α）是反映水位与水下光强关系的重要参数（任久长等，1997）。除水位外，水中的光照强度还受湖泊中物化和生物等多种因素的制约，其中水生植被和风力的影响具有季节性，水中的溶解物质、悬浮的土壤和碎屑颗粒以及浮游生物吸收和散射光线，所以悬浮物质的影响则是永久的，但其影响程度的大小受气象条件的制约，风浪也会在一定的时间段内对其产生重要影响。在浅水湖泊中，因风浪、鱼类等因素的作用，底泥再悬浮使大量沉积物进入水中，增加了水中悬浮物的浓度，从而降低了湖水的透明度、改变了水下的光照条件。

2.5.3　水位和底泥氧化还原状况的关系

在土壤科学中，Eh 值用来描述水淹土壤的氧化或还原强度（Patrick et al.，1996）。氧化还原电位能指示生物化学过程中对氧化还原条件敏感的组分类型如 NO_3^-，游离状态的 Fe、Mn、SO_4^{2-}，特定值的氧化还原电位能指示组分的减少，如 NO_3^-（$200 \sim 300$ mV）、Mn^{4+}（$100 \sim 200$ mV）、Fe^{3+}（$-100 \sim 100$ mV）、SO_4^{2-}（$-200 \sim -100$ mV）和 CO_2（Eh < -200 mV，甲烷生成）（Reddy et al.，2000）。季节性的水位波动影响缺氧的程度和持续时间，因此影响对氧化还原条件敏感的组分浓度，如 NO_3-N，Fe^{2+}，Mn^{2+} 和 CH_4，从而影响底泥氧化还原状况（Thompson et al.，2009）。很多研究表明 Eh 与水深呈强烈的负相关，底泥氧化还原电位在高水位季节比较低，如在洪水期其为 -256 到 $+138$ mV，在低水位期间相对较高，在枯水期为 $+203 \sim +729$ mV。Rabenhorst 等（2007）的研究也表明极湿或洪水状态的土壤中 Eh 为 $-400 \sim +400$ mV，排水良好的高原土壤 Eh 值通常在 $+400$ mV 以上。因为在低水位条件下水体处于有氧条件，而在高水位条件下则是厌氧条件。所以底泥 Eh 反映了底泥经历洪水或极湿状态的时间，低 Eh 值与其处于洪水或极湿环境的持续时间相联系，高 Eh 与低水位或干涸状态相联系。因此氧化还原电位可被用作指示水文周期动态情况（Gambrell and Patrick，1978）。

但是在各种湿地生境，水深与氧化还原状况的相关程度有差别，有研究表明，在三个湿地中，季节性水位波动导致明显不同的氧化还原趋势。在以降雨为主要水来源的 Martins Fork 湖，氧化还原状况与水位的相关性最显著。而以地面水为主要来源的湿地，氧化还原状况与水深的相关性比较弱。对以降雨为主要水来源的湿地，Eh 值季节性波动，而且与水深呈负相关，枯水期呈现高 Eh，在丰水期 Eh 减小（Thompson *et al.*，2009）。

另外底泥本身自上而下的组成也不一样，底泥最表层为污染层，为近二三十年人类活动的产物；中间为过渡层，含大量沉水植物根系及茎叶残骸，结构疏松；底层为正常湖泊沉积层，一般保持湖区周围土壤母质的岩相特征，多为黏质夹粉质黏土，质地密实。因此，对于水位的变化，底泥各层的氧化还原变化是不一致的。如在夏季，在 $0 \sim 10$ cm 的泥炭层需氧和厌氧条件的改变与降水量的变化是一致的，因此，强烈的降水量引起氧化还原电位的显著变化；关于土壤剖面的剩下的部分（$30 \sim 100$ cm），尽管其还原条件保持不变，但是其氧化还原电位也与水位存在显著的负相关关系。在夏季，氧化还原值（Eh>330 mV）指示需氧 N 矿化的适合条件，在洪水期间，Eh 值可能处于不稳定的状态当中，与反硝化作用和各种 Fe^{3+} 化合物的还原分解（Eh$=+200 \sim -200$ mV）相关。Fe^{3+} 化合物的还原分解也是可溶性 NH_4 和 P 在土壤溶液能够积累的主要机制（Niedermeier and Robinson，2007）。对于湖泊沉积层氧化还原电位的研究，可借鉴对古水深的研究，王学军等（2008），发现 Th/U 的大小与古水深具有密切关系，即 Th/U 小时趋向于还原环境时，沉积时期水体相对较深；Th/U 大时则趋向于氧化环境，沉积时期水体浅。

植物也影响底泥氧化还原状况，高密度的大型水生植被根部在同化作用下释放氧气或者在呼吸作用下吸收氧气，改变水土界面处的氧化还原环境。在沼泽地，底泥 Eh 与地下水位变化呈正相关，这种差异也可能是由于湿地植物的存在能把 O_2 从大气运输到土壤中（Yu and Faulkner，2006）。不同物种的根或根际充氧能力有显著差别，Wigand 1979 年观察到扎根深的沉水植物种根际 Eh 显著地高于根浅的和无根种，因此植物根区氧化还原电位很不同。生物生长发育和死亡分解过程沉积的残渣，也会影响底泥的氧化还原状况。如东太湖与梅梁湾由于上层沉积物富含大量的动植物残体及有机碎屑，厌氧分解过程导致间隙水酸度增加（张路等，2004）。因此在有植被区和无植被区、非植物生长季和植物生长季，其溶解氧有显著变化。由于湖滨带水体 Eh 空间变化趋势与溶解氧变化同步，底泥 Eh 也表现出明显的时空变化。

水位波动对底泥氧化还原作用有显著的影响。在风浪等引起的水位波动作用下，湖水上下对流混合作用非常强烈，水体复氧能力较强，而水中溶解氧的改变能显著影响浅水湖泊水-沉积物界面反应，尤其对于浅水湖泊，由于水浅，温度等理化性质分层不明显，风浪作用对底泥物质释放的影响很大。浅水湖泊，如滇池，在冬季风浪较大时水—土界面处于氧化状态（倪乐意，2001）。

2.5.4　流速对水生植物的影响

在流动水体中的水生植物的分布与结构受多种因素的影响，包括深度，水位的变化，波动作用，以及水流（Roberts and Ludwig，1991）。在流动水体中，水流对水生植物个体、种群及群落结构都有重要影响。

1. 在个体以及种群水平上的影响

1）新陈代谢

水体流动能增加水环境中氧气、二氧化碳以及营养物的供给与交换。在流动水体中，水生植物同化作用率、呼吸速率都会增加（Gessner and Pannier，1958；Owens and Maris，1964）。Westlake（1967）的研究表明在很低的流速范围内（0～0.01m/s），沉水植物光合作用率与流速呈正比例关系；但当流速超过这一范围时，或水体处于静置状态时，沉水植物的光合作用又受到明显抑制。Madsen（1993）研究不同水流条件对 8 种沉水植物的生长影响，结果表明：当水体流速从 0.01 m/s 增加到 0.086 m/s 时，这些沉水植物的净光合作用率均呈现显著下降趋势。因此，水体流动对水生植物的新陈代谢既有正面的影响，也有负面的影响。

2）生长

水流运动会对水生植物产生拉伸、搅动、拖拽作用，这会直接影响其生长。野外条件下，沉水植物受到的作用力采用如下公式表达：

$$F = kv^{mBn}$$

式中，F 为水流对沉水植物的作用力（N）；v 为水体流速（m/s）；B 为每株沉水植物生物量净重（kg）；k、m 和 n 均为根据不同沉水植物类型及不同生长阶段等因素所确定的计算参数（Dawson and Robinson，1984；Robinson and Rushforth，1991）。

对大多数沉水植物种来说，均会在靠近底部形成遮盖物以保护基部，用尽量减小暴露于水流的表面积等方式改变其形态以减少水流产生的拽力（Sand-Jensen，2003；Sand-Jensen and Mebus，1996）。例如，水菜花（*Ottelia cordata*）生长在静水中有典型的浮水叶，而在流水中浮水叶的消失可以减少水流的冲刷作用。马来眼子菜群落在流水中，其茎叶均较生于静水者为长，而且根系粗壮发达，固着能力更强。这些形态的改变能帮助其更好地适应流水生境。

然而，相比于沉水植物，挺水植物却是通过其茎的分布特征来克服或减小这种拉力。挺水植物大多数物种比较刚硬，这在流水中对减少拉拽是一种优势（Szczepanski，1970；Jaffe，1980；Graneli，1987）。挺水植物具有结构稳固的生长型，如薄刀片样的叶形，能够减少对茎的拉拽，这些特性能增强挺水植物忍耐快速水流的能力（Dawson and Robinson，1984）。在快速水流中，挺水植物的茎聚集成丛以减少水流对挺水植物的拉力，Asaeda 等 (2005) 的研究表明，菰 (*Zizania latifolia*)、香蒲 (*Typha orientalis*) 等在快速的水流中其茎单个成簇或分株集群生长，而在缓慢或静止水体中随机分布。水生植物在水流所产生的拉拽力下改变其形态，这也是植物减少水流所产生的物理伤害的一种适应 (Sand-Jensen，2003)。

3) 繁殖传播

在河流中有很多水生植物，但是能在激流生境中生长的只有极少数种类，而且往往只有很稀疏的盖度 (Hynes, 1970)。在流水和静水中同样的物种会出现不同的生长形态，在流水中的物种通常具有以下特征：较小的叶、更短的叶柄、较短的节、少量的浮叶、缺少或只有少量花 (Gessner, 1955)。例如，苦草在静水或近乎静水中才开花，在流水中不开花，水菜花群落却能生于急流中，且能繁茂生长开花结实 (刁正俗，1990)。由于在激流态中花的缺乏，生长于河流中的植物有性繁殖的概率很小，这极有可能是河流中的多种或多类被子植物没有进化的一个重要原因。大型水生植物侵入空旷的生境，有性繁殖是其中的主要过程，因此，在流水中水生植物的入侵过程变得很难 (Asaeda *et al.*，2005)。

通常，水生植物以水为主要媒介，随波逐流，广布各地。其中漂浮植物最明显，其他生活型主要通过种子、果实、植株、断体、根茎、珠芽、石芽、冬芽等繁殖体漂浮水面随水流传播。水生植物种子有一系列特性使其能够适应漂浮于水面，如蓼科、苋科和被叶连在一起，降低了种子的比重；有些种子为海绵质的中果皮环抱，如柳叶菜科的丁香蓼均可轻浮水面。水流大，生根于泥中的浮叶植物，也能整株被冲走，如菱扎根很浅，附着能力很弱，过大的水流或强烈的风浪都会将其冲走 (刁正俗，1990)。水生植物的这种特性使得其很容易随水流漂流入江河，生根繁殖，可见水流有利于水生植物的传播繁殖。

2. 对水生植物群落结构与分布的影响

水体流速的改变对沉水植物群落结构与分布有很明显的影响。Chambers 等 (1991) 的研究发现在 0.01～1 m/s 的流速内，水生植物生物量与河底流速呈反相关。Nilsson (1987) 发现在表层流速为 0.3 m/s 时，水生植物物种多样性达到峰值，而且，在同一河流中，流速大的区域的物种组成与流速相对慢的区域物种组成显著不同。其原因是快速的水流也会减少植物对光的吸收利用，快速的水流能显著增加底泥沉积物的再悬浮，这更加减少固着生长的沉水植物的可利用光照；另外，过大的水流不利于沉水植物的固着，能显著影响水生植物在特定生境中的入侵或生存 (Biggs, 1996)。Butcher (1993) 的研究表明：较高的水体流速会从生理特性上限制某一区域沉水植物拓殖、生长的能力。Madsen 等 (2001) 与 Biggs (1996) 将水流对生长期沉水植物的影响进行了概括，低流速 ($v < 0.1$ m/s)，生物量较高，物种多样性丰富；中流速 (0.1 m/s $< v < 0.9$ m/s)

生物量较低，物种多样性较低；高流速（$v > 0.9$ m/s），沉水植物衰减，水生附着物、苔藓类植物增加。

可见，不同流速对沉水植物产生不同的影响。与沉水植物不同的是，对于水深和水流状态的响应，挺水植物物种呈现出明显的带状分布，这与不同种的植物特性有关。对于漂浮植物群落而言，常受风力和水流影响，移动位置，亦可流入其他群落，或自其他群落流出，所以其组成不稳定（刁正俗，1990）。对于在生长期流速变化很小的河流，在 $0 \sim 0.90$ m/s，增加流速能显著减少生物量以及物种多样性，但是有利于坚韧茎（茎可伸展，或韧性很强，或两者兼有）的植物生长。然而，对于在生长季节规律性地发生洪水或急流的河流，水流如何影响水生植物知道得还很少，尽管对这方面的研究已经展开。

2.6 动 物 牧 食

2.6.1 水鸟牧食

很多水鸟会取食水生植物，明显地影响水生植物的生物量（Lauridsen et al., 1993；van Donk et al., 1994；Søndergaard et al., 1996）。水鸟的种类与密度、水草的种类与密度、牧食时间等决定着水鸟对沉水植物影响的大小（Wass and Mitchell, 1998）。自然情况下，水鸟对沉水植物的破坏较小，但当食草性水鸟密度很高，或水草密度很低，或牧食期正是水草繁殖期时，水鸟的牧食会显著减少沉水植物的生物量（Marklund et al., 2002）。例如，在 $7 \sim 9$ 月时，每公顷 5 只草食性水鸟（灰雁除外，它们只栖息在湖中）对沉水植物群落基本未造成影响。有些水鸟，如水鸭（Fulica atra），会扯起沉水植物的植株，破坏沉水植物群落，因此数量较多的此类水鸟可能阻碍沉水植物的恢复（Lauridsen et al., 1993）。水鸟牧食沉水植物通常具有季节性，这主要是因为候鸟在迁徙的中转站或过冬会大量进食（Jonzén et al., 2002）。Perrow 等（1997）认为在春季与夏季水鸟对水草的影响较小，而在秋季影响较大，这主要是因为秋季水草接近衰退，大批候鸟的牧食会使水草生物量显著减少。

2.6.2 鱼类牧食

Marklund 等（2002）认为多数温带鱼类不是专性的草食性鱼类，因此，在自然湖里，鱼对沉水植物的影响不大。但大多数的研究认为湖泊中的鱼类会对沉水植物的恢复带来不利影响。

草鲤（Ctenopharyngodon idella）、鲤鱼（Cyprinus carpio）和鲫鱼（Carassius auratus）食草量巨大，能明显减少沉水植物生物量。石斑鱼（Rutilus rutilus）、赤睛鱼（Scardinius erythrophtalmus）等常见的温带鲤科鱼类也取食沉

水植物，它们使 Polis 的一个富营养化湖泊中加拿大伊乐藻（*Elodea canadensis*）的生物量降低了 30% 以上（Prejs，1984）；而在荷兰的 Zwemlust 湖，赤睛鱼使湖泊中沉水植物生物量降低了 40%（Van Donk *et al.*，1994）；即使在没有赤睛鱼的情况下，以河鲈（*Perca fluviatilis*）和拟鲤（*Rutilus rutilus*）为主的鱼群使篦齿眼子菜的生物量大量减少。Körner 和 Dugdale（2003）的室内研究发现，在不投放或不连续投放浮游动物时，每千克的拟鲤每天可消耗 1.4 g 的干水草，当连续投放浮游动物时，植物消耗不明显（Körner and Dugdale，2003）。水下摄像发现幼小的拟鲤和河鲈不以沉水植物为食，但在浮游动物生物量少时，它们采摘植物叶子以捕获底栖无脊椎动物，会阻碍沉水植物幼苗的生长，从而也阻碍了沉水植物的恢复（Körner and Dugdale，2003）。

　　鱼对水草的牧食有选择性，因此对不同水草的牧食压力有所差别，这会导致植物群落结构发生改变。例如，赤睛鱼喜食伊乐藻，其次是 *P. berchtholdii*，而基本不牧食金鱼藻，而且赤睛鱼只在植物生长期牧食植物，尤其喜欢幼嫩枝叶，这将阻碍植物的生长（Van Donke and Otte，1996）。赤睛鱼使 Zwemlust 湖中的植物组成发生了明显变化，五刺金鱼藻逐渐替代伊乐藻成了优势种（Van Donke and Otte，1996）。

　　在我国淡水湖泊，鲤鱼、鲫鱼、草鱼与团头鲂等是常见的养殖鱼类。其中，鲤鱼、鲫鱼是杂食性鱼类，而草鱼是专性草食鱼类，团头鲂也较喜欢食用水草。因此在湖泊中恢复沉水植物时，要注意对湖泊中草食性鱼类的控制。

2.6.3　螺的牧食

　　螺是水体中常见的一种大型无脊椎动物，常附着于水生植物上，能广泛取食多种水生植物（Pip and Stewart，1976）。螺直接取食植物枝叶，能抑制植物生长。李宽意等（2007）的研究表明：椭圆萝卜螺的牧食能降低马来眼子菜、苦草、轮叶黑藻与伊乐藻的相对生长率及群落生物量，且植物的生长率及群落的生物量与螺密度间有显著的负相关关系。螺类取食水生植物的部位对植物的影响很大（Brönmark，1985）。如果螺类取食了幼芽或幼叶，植物将受到严重影响，光合作用能力下降，生物量增长缓慢。

　　螺类对水生植物的牧食具有选择性，能改变沉水植物的群落结构。螺类通常最喜爱眼子菜科的植物与一些绿藻，而最不喜欢食用五刺金鱼藻（Sheldon，1987）。实验表明，椭圆萝卜螺抑制刺苦草的生长，但能促进金鱼藻的生长（徐新伟等，2002）。白秀玲等（2007）的实验表明环棱螺对轮叶黑藻的促进作用要明显大于对伊乐藻的。Pinowska（2002）的研究表明在刚毛藻、五刺金鱼藻与加拿大伊乐藻共同培养时，*Lymnaea*（Galba）*turricula* 对刚毛藻的牧食强度最大，达到 45 mg/（gFW·d）；对加拿大伊乐藻的牧食强度次之，为 7 mg/（gFW·d）；

而对五刺金鱼藻的牧食强度最低，为 2 mg/（gFW·d）。10 天后，螺的牧食降低了刚毛藻、五刺金鱼藻的生物量，但对五刺金鱼藻的影响不明显。椭圆萝卜螺对马来眼子菜、苦草与轮叶黑藻的平均牧食率为 7.87mg/（g·d），其中对苦草的牧食率最高，达到 13.63 mg/（g·d），马来眼子菜次之 [9.66mg/（g·d）]，轮叶黑藻最低 [0.131mg/（g·d）]（李宽意等，2006）。李宽意等（2007）的研究表明椭圆萝卜螺的牧食强度加大后，群落中马来眼子菜与苦草的综合优势比迅速下降，而轮叶黑藻与伊乐藻则稳步上升。

　　螺也会刮食植物表层的附着物或附着藻类。通常富营养化水体中，沉水植物的老枝条与叶片都有较厚的附着物，而只有幼芽或幼叶上的附着物较少，光合作用较旺盛。如果螺类刮食了枝叶上的附着物，则会提高枝叶的吸收光与营养的能力，从而提高植物的光合作用，促进植物生长；如果螺类仅取食部分老叶，则对植物的影响不大。

　　螺的生命活动能增加水体营养盐循环，促进水生植物的营养吸收（Bronmark，1985；Underwood et al.，1992）。螺类的生命活动能提高水体中营养盐的浓度，椭圆萝卜螺能显著提高磷酸盐的含量（李宽意等，2007）。Pinowska（2002）的研究表明 Lymnaea（Galba）turricula 平均释放 24.2 μg PO_4-P /（gFW·d）和 48.9 μg NH_4-N /（gFW·d）。环棱螺通过新陈代谢，提高了水体中营养盐的浓度，一定程度上能够促进伊乐藻和轮叶黑藻的生长（白秀玲等，2007）。

第3章 水生植物的生态功能

3.1 初级生产功能

水生植物是水生态系统的重要组成部分和主要的初级生产者，是水生态系统中生物的食物和能量的供给者，对生态系统的物质循环和能量流动起调控作用。合理开发利用浅水湖泊丰富的水生植物资源，不仅能产生经济效益，而且能实现生态系统的物质与能量输出，延缓湖泊沼泽化进程。

3.1.1 水生植物的生产力水平

水生植物的生产力水平取决于其光合速率，其中光强和二氧化碳是否充足对生产力水平影响极大。水生植物的初级生产力水平较高，但是不同生活型水生植物生产力水平差异明显：挺水植物在光、水和二氧化碳三者充足的情况下，具有较陆生植物更高的生产力，可达到 40 000～75 000 gDW/（$m^2 \cdot a^2$）；沉水植物的初级生产力受到水下的光强减弱和二氧化碳扩散缓慢的限制，它与藻类在初级生产力水平上相当，为 100～700 gDW/（$m^2 \cdot a^2$）；浮叶植物处于居间位置（Wetzel，1983）。房岩等（2004）研究长春南湖水生生态系统大型水生植物初级生产的组成，也发现在大型水生植物的生产力中，挺水植物的贡献最大，浮叶植物其次，漂浮植物最小。如果以全湖水面全年计，三者的净生产力分别为1.24kJ/（$m^2 \cdot d$）、0.70kJ/（$m^2 \cdot d$）、0.0074kJ/（$m^2 \cdot d$），分别占大型水生植物净生产力的63.7%、35.9%、0.4%。除了生活型差异外，不同种之间的生产力水平也具有差异。以沉水植物为例，陈洪达（1990a）对常见的11种沉水植物生产力进行测定，植物净产量较高的是水车前（*Ottelia alismoides*）、马来眼子菜、微齿眼子菜（*Potamogeton maackianus*）和菹草；1 h光合率较高的是水车前、菹草、黑藻（*Hydrilla verticillata*）和马来眼子菜；生产力最低的是黄花狸藻（*Utricularia aurea*）和大茨藻（*Najas marina*）。

光照、水温、pH 和营养物水平等都对水生植物的初级生产力具有重要影响。苏文华等（2004）比较5种沉水植物的光合特征，发现不同光照强度下，沉水植物的光合速率高低排列各不相同。其中苦草对光的需求最低，适于在低光照条件的水下生长，不耐强光；狐尾藻和金鱼藻对光的需求最高，在上层有较强的竞争能力；菹草和黑藻对光的需求介于中间，最大光合产量出现在中层，可在水体中层形成优势。该研究结果可为沉水植物恢复重建时物种选择和配置提供理论依据。还有学者研究特殊生境下水生植物的初级生产力。如通过对盐碱池塘水生植物的研究，发现水体含盐量和碱度对大型植物的初级生产力具有重要影响（赵文等，2001）。有学者尝试通过添加天然植物生长调节剂来提高水生植物的初级生产力水平。许秋瑾等（2005）选择壳聚糖作为生长调节剂，以 7 种常见沉水植物为例，用适宜质量浓度的壳聚糖预处理上述沉水植物顶枝，结果表明能提高植物光合作用系统的总产氧量和净产氧量。可望在湖泊生态恢复，特别是湖泊沉水植物恢复中得到应用，在一定程度上促进沉水植物恢复的效果和效率。

　　水生高等植物共同构成湖泊水生植被，具有显著的环境生态功能和初级生产功能，是湖泊生态系统结构和功能的重要组成部分，是良性湖泊生态系统的必要组成部分。水生高等植物发育良好有利于提高湖泊生态系统的生物多样性，而生态系统的多样性有助于提高生态系统的稳定性，进而使湖泊可以忍受较高的外源污染负荷，保持较低的营养水平，并能抑制蓝藻水华。我国许多湖泊在 20 世纪80 年代以前，水质普遍较好，水生植物的生长情况良好，当时的调查结果显示水生植物的生物量大，后来随着人为干扰，水质恶化，水生植被遭到毁灭性破坏（王兴民等，2007）。[以东太湖为例，谷孝鸿等（2005）结合 1960 年、1981 年、1996 年和 2002 年对东太湖水生植被的调查发现：随着对东太湖的不断改造和对资源的不断利用，60 年代东太湖人工种植沼泽植被菰群丛，80 年代初环湖水陆交错带被围垦而芦苇群丛消失，微齿眼子菜替代竹叶眼子菜而占据东太湖40% 的水面。近十年来，东太湖网围养蟹迅速发展，占全湖总植被面积 25.6%的沼生植物——菰群丛及占 40% 的微齿眼子菜群丛被清除，伊乐藻（*Elodea nuttallii*）和金鱼藻分布面积达 90% 的湖区。]当然，对于水生植物过量生长的湖泊，如果不加以适当开发利用，也会影响渔业捕捞、航运，加速湖泊的变浅和消亡，危害湖泊生态系统（章宗涉，1998）。如内蒙古自治区第二大淡水湖——乌梁素海，因河套灌区农田排水给它带入了丰富的氮、磷营养盐，大型水生植物非常丰富，沉水植物共 4 科 4 属 8 种，生产力干重为 $0.75 \sim 0.96$ kg/m^2，生物量干重约为 9 万 t/年，140 km^2 的水面下几乎被各种沉水植物所充塞，乌梁素海成为以大型水生植物过量生长为主要特征的富营养化湖泊（尚士友等，1997）。王兴民等（2007）通过研究认为维持湖泊生态系统良性循环，水生植物的生物量至少要大于 1000 g/m^2，水生植物的覆盖度要大于 30%。

　　不同初级生产力水平的水生植物演替受到湖泊富营养化过程控制。寡营养湖泊的初级生产力低，主要受到营养供给的限制。随着湖泊营养水平的增加，沉水植物得益于其根可从底泥中获得营养，生物量也逐步增加，其表面的附着植物相应增加。它们构成湖泊的主要初级生产者。当湖泊达到中—富营养水平时，挺水植物的生物量开始迅速增加。当湖泊处于富营养化水平时，浮游植物因可从水体获得充足的营养而急剧增加，其生产力一般只受到自身遮光作用和温度的限制。

沉水植物因大量浮游植物和附着植物的遮光作用而快速衰退，附着藻类的生物量也随之下降，挺水植物和浮游植物构成湖泊的主要初级生产者（Wetzel，1983）。吴爱平等（2005）对长江中游江汉湖群不同营养水平湖泊中大型水生植物的氮和磷含量的研究表明，在不同生活型水生植物中，沉水植物主要分布在中营养到中-富营养湖泊中，在富营养湖泊均无分布，浮叶和挺水植物在不同营养类型湖泊的沿岸带均有分布。

3.1.2　水生植物的天然饵料功能

水生植物及其周丛生物作为生产者提供了饵料基础，支持了捕食和碎屑食物链，其分布区就有复杂的生物区系组成和食物网结构。宋碧玉等（2000）认为沉水植物的消失可使系统中食物链变短、食物网简化、各主要生物群落的物种多样性下降。

水生植物可直接作为一些鱼类和其他水生动物的天然饵料。水生植物及其周丛生物主要为草食和杂食性鱼类（草鱼、鳊鱼、鲤鱼、鲫鱼等）提供了饲料基础，同时，水草分布区也有河蟹、青虾等名贵水产种类生活。例如，鳖场采用鳖与水生植物混养养殖方式，套养用的水生植物有凤眼莲、水浮莲、浮萍等（王鸣等，2007）。草鱼成鱼以高等水生植物为主要食料，通常草鱼最喜食苦草、轮叶黑藻、眼子菜、浮萍（*Lemna minor*）以及细竹蒿草（*Murdannia simplex*）。另外，在饲养日本沼虾的过程中在放苗前要在池中适当栽种水生植物，如喜旱莲子草（*Alternanthera philoxeroides*）、水蕹（*Aponogeton natans*）和凤眼莲（*Eichhornia crassipes*）等。水生植物既能为这些水生动物提供栖息遮荫场所，又可提供植物性饵料。在仔蟹养殖阶段，仔蟹培育池也必须种植水草。主要原因是为仔蟹提供栖息、蜕壳的环境，并为仔蟹提供新鲜可口的植物性饵料。

对于底栖动物而言，沉水植物通过提供生境和间接提供食物增加底栖动物产量。通常螺类的现存量随水草的增加而增加。水草为小型螺类提供了生长和繁殖的场所。水草上生长着大量的着生藻类，是小型螺类的主要食物（陈其羽等，1975）。在湖北望天湖的研究结果表明，湖泊中大部分水生昆虫如蜻蜓幼虫和毛翅幼虫等的密度也是随着水草的增多而增大（陈其羽等，1982）。内蒙古乌梁素海沉水植物的粗蛋白含量均高于15%，尚士友等（1997）采用水草收割机大规模收获沉水植物，每年可为乌梁素海湖周牧区和农区提供5万余吨优质草粉饲料。

3.2　水生植物的生物多样性维护功能

水生植物及其群落构成的生境，能够为水生动物提供饵料，有效增加空间生态位，为水生动物提供产卵基质、孵化、育幼以及避难场所，是水体生物多样性赖以维持的基础（刘建康，1999）。水生植物的存在能够有效地增加周围生物的多样性。对鱼类等水生动物而言，在湖泊中的鲤、鲫、黄颡鱼、乌鳢等经济鱼类均以沉水植物为产卵基质（胡莲等，2006），而且这些水生动物产下的受精卵具黏性，黏附在水草上孵化能提高孵化率。大多数初孵幼体都以水草为附着载体，这有利于提高成活率（苏胜齐和姚维志，2002）。水草分布区还可以给鸟类和哺乳动物等提供一个比较良好的生长、繁衍的栖息环境，如白洋淀具有沼泽和水域等生态系统，是鱼类和鸟类在华北地区中部最理想的栖息地之一。芦苇在白洋淀内形成大片密集群丛，可以为水鸟的筑巢提供掩护和支持，是众多野生濒危动植物，特别是珍稀水禽的栖息、繁殖、迁徙、越冬集聚之地，故也被称为"物种基因库"。目前，白洋淀已成为野鸭、水鸡、苍鹭、水鸥等鸟类的"天堂"，观测的鸟类达 180 种（李建国等，2004）。以下将重点阐述水生植物对微生物、浮游植物、浮游动物和底栖动物的影响。

3.2.1　水生植物对微生物的影响

水生植物群落的存在，为微生物提供了附着基质和栖息场所，其浸没在水中的茎叶为形成生物膜提供了广大的空间，根系也为微生物提供了基质。对微生物而言，水生植物尤其是根生固着植物的根部，形成氧化态的微环境，促进根区的氧化还原反应和好氧微生物的活动（Fennessy et al.，1994）；同时，根系也可以作为微生物附着的良好的界面，植物的根系还可分泌一些有机物从而促进微生物的代谢，这样就为好氧微生物群落提供了一个适宜的生长环境，而根区以外则适于厌氧微生物群落的生存（吴晓磊，1995）。这样，根区的有氧和缺氧区域分别为好氧、厌氧微生物等提供了各自适宜的小生境，丰富了水体根际微生物群落的多样性。

由于植物根系特殊的物理化学环境使得聚集在根区的微生物种群和数量与非根区相比较区别较大。根际微生物的数量比相邻的非根际土壤中的微生物数量要高，两者之间的数量关系可用"根土比"（R/S）来表示。研究表明，根土比一般都为 5～20。土壤有机质含量少的贫瘠土壤中，根土比都较大（唐世荣，2006）。乐毅全等（1990）比较凤眼莲根际异养细菌和水体表层异养细菌种类和数量，结果发现与自由水体相比较，存在于凤眼莲根际的异养细菌数目多，各大类细菌种数也比水体多，其中尤以假单胞菌的差异最为明显（弧菌例外）。张鸿等（2003）的研究表明，有植物的湿地系统，细菌数量显著高于无植物系统，且植物根部的细菌比基质处高 1 或 2 个数量级，植物的根系分泌物还可以促进某些嗜磷、氮细菌的生长，促进氮磷释放转化，从而间接提高净化率。

根际环境是一个复杂的生态系统，不同水生植物物种对根际微生物的种群密度和数量有着不同的影响。梁威等（2004）以细菌、真菌和放线菌为微生物测试指标，研究了夏、秋季芦苇、茭白和香蒲等植物根区微生物数量，并以无植物系统为对照，结果表明（表 3.1）：在夏季（6 月），茭白和香蒲系统植物根区的细菌总数是芦苇的 2 倍左右和对照的 4 倍左右；芦苇和茭白根区的真菌数量明显高于香蒲系统。在秋季（11 月），所有实验系统植物根区的细菌数量都多于对照，实验系统中的放线菌数量也相差很大，其中芦苇系统数量最高，而香蒲系统则最少。许航（1999）对喜旱莲子草和凤眼莲根际微生物进行分离鉴定，结果发现共分离出 46 个菌株，鉴定出 11 个菌属。在水体生态修复过程中，水生植物根际功能微生物更加受到关注，对它的研究将在一定程度上指导实际工程上水生植物应用的取舍。刑鹏等（2008）以氨氧化细菌（AOB）为研究对象，选取广泛使用的四种水生植物，芦苇、窄叶香蒲（$Typha\ angustifolia$）、菹草和荇菜（$Nymphoides\ peltatum$），采用最大可能数法（most probable number，MPN）比较 AOB 的数量。结果显示，水生植物根际氨氧化细菌密度显著高于无水生植物的表层底泥，而芦苇和窄叶菖蒲又明显高于菹草和荇菜，水生植物根际呈氧化环境，而氨的浓度低于无水生植物的对照区。DNA 测序结果显示，尽管不同植物根际氨氧化细菌主要种类有所区别，但基本属于亚硝化单胞菌属（$Nitrosomonas$）。此类微生物群落在水生植物根际的聚集对促进生态修复中氮元素的循环具有重要作用。

表 3.1　植物根区的微生物数量

Tab. 3.1　Total numbers of microorganisms in the rhizosphere

系统 System	细菌/($\times 10^8$CFU/g) Bacteria		真菌/($\times 10^4$CFU/g) Fungi		放线菌/($\times 10^5$CFU/g) Actinomycetes	
	6月 Jun.	11月 Nov.	6月 Jun.	11 Nov.	6月 Jun.	11月 Nov.
对照系统 Control	1.5	3.9	79.0	3.6	92.0	3.0
芦苇系统 Reed system	2.4	28.2	71.0	98.2	74.0	121.0
茭白系统 Wild rice shoots system	6.1	51.8	96.0	139.7	121.0	87.0
香蒲系统 Cattails system	5.7	32.5	10.0	66.9	42	17.0

资料来源：梁威等，2004。

Cited from Liang $et\ al.$, 2004.

　　不同水生植物对根际厌氧细菌群落也有一定的影响。Kirsten Küsel（2006）的研究结果表明，不同的水生植物上生长有不同的厌氧微生物群落。他们用选择性培养基富集培养美洲苦草（$Vallisneria\ americana$）和浅滩藻（$Halodule\ wrightii$）根部厌氧细菌。结果发现浅滩藻根部有大量的硫酸盐还原细菌，而铁还原细菌在美洲苦草中占据了重要的角色。相比美洲苦草，浅滩藻根部有较少的葡萄糖利用铁还原细菌和较多的产乙酸细菌。水生植物生长的环境也会影响微生物组成，Sorrell 等调查了新西兰 10 个湖泊和河流中 13 种沉水植物器官中的好氧性甲烷氧化菌，发现颗粒状的甲烷单氧化酶基因存在于生长在富含有机甲烷的沉积物上的植物的根和芽上面，但并不存在于甲烷浓度较低的沉积物中。

　　根分泌物种类繁多，数量各异，不仅有糖、有机酸、氨基酸等初生代谢产物，还有酮酚和胺等次生代谢产物以及一些不知名的代谢物。如上所述，根系分泌物会影响根系周围微生物的数量及群落组成，群落特征也随着根系分泌物的类型而变化。对水生植物净水的原理研究发现，植物除自身能吸收氮、磷等营养物质外，由于植物根系的特殊的物理化学环境使得聚集在根区的微生物数量比非根区多得多，根区的净水效果明显比非根区好。在植物生长过程中不断地向生长介质中分泌大量的低分子有机物能影响根际微生物代谢，微生物活动能加快根际有机磷、有机氮的分解及其他矿质元素的活化。同时水生植物的存在也有利于有机污染物的降解。如研究表明凤眼莲根分泌物对根际细菌的降酚酶活性有积极影响，从而促进了根际细菌的降酚效率（郑师章和乐毅全，1994）。乐毅全和郑师章（1990）从凤眼莲根际分离到一株假单胞菌，并研究其趋化性及凤眼莲与该菌株的相互作用，结果表明该菌株对葡萄糖、山梨糖、半乳糖、果糖等糖类，亮氨酸、L-丝氨酸、L-缬氨酸等氨基酸类，初始培养液及凤眼莲根的提取液有正趋化反应；对核糖、凤眼莲培养液及苯酚呈负趋化反应。在凤眼莲与该菌株组成的生物系统中，凤眼莲对菌株的生长有滞后效应，菌株对凤眼莲根部的过氧化物酶和多酚氧化酶的活性有增强作用。常会庆等（2008）研究水生植物分泌物对微生物的影响，加入三种植物的分泌物对接种的氮循环微生物和光合细菌进行培养，结果表明：三种水生植物粗分泌物对光合细菌都起到了促进生长的作用，但是对于氮循环微生物却有不同的作用效果：分泌物对氨化菌和反硝化菌生长有促进作用，但是对于亚硝化菌和反硝化菌表现出抑制的作用，而且不同水生植物的分泌物对微生物作用大小也有所差异。这些结果能为今后进行植物—微生物修复体系中选择何种水生植物和接种微生物才能起到最佳的修复效果提供依据。

3.2.2　水生植物对浮游植物的影响

　　大型水生植物与浮游植物都是浅水湖泊的初级生产者，其间存在复杂的相互关系，如竞争作用，表现为二者对环境因子如空间、光照、营养等生存条件的竞争。特别是沉水植物，因为在水生植物的不同种类中，沉水植物由于与藻类的生态环境完全相同，其与藻类的竞争表现得更为明显。在水质好，透明度高，有大量水生植物繁殖聚集的浅水湖泊，如长江中下游的草型湖泊中，很少有单细胞藻类的聚集现象。当然，水生植物由于其具有较大的生物量、较快的生长速率并能释放一些特有的化感抑藻物质，因此大型水生植物与浮游植物之间还存在化感作用，即表现为水生植物通过向水体释放化感物质对浮游植物生长产生影响（本内容将独立出现在本章 3.6 节）。下面主要介绍中国科学院水生生物研究所科研人员开展的大型植物对浮游植物群落影响的部分相关工作。

1992 年夏在东湖水果湖区建成了 4 个围隔。每个围隔的面积约为 800 m²。Ⅰ、Ⅱ、Ⅲ号围隔先后移栽了苦草、穗花狐尾藻（*Myriophyllum spicatum*）、黑藻和菹草，Ⅳ号未栽水草作为对照。另外在围隔外设立一个大湖对照采样点（Ⅴ）。1994 年 5 月，由于草食性鱼类侵入，围隔中已恢复的水生植物遭到破坏，因电捕效果不理想，故分别对围隔用漂白粉清塘，清塘后，水草大都死亡。6 月 24 日重新移栽水草到Ⅲ号围隔中。四个围隔发生了不同的变化，Ⅰ号围隔中是以大茨藻（*Najas marina*）为主的沉水植物，Ⅱ号围隔是以浮萍（*Lemna minor*）为主的飘浮植物，Ⅲ号围隔中是以凤眼莲为主的飘浮植物（邱东茹等，1998）。

对比不同围隔中浮游植物种类结果表明：Ⅰ号和Ⅱ号围隔清塘后，水生大型植物重新发展起来，藻类现存量一直较低。Ⅰ号围隔以隐藻（*Cryptomonas* sp.）和尖尾蓝隐藻（*Chroomonas acuta*）占优势；Ⅱ号围隔以蓝隐藻和衣藻（*Chlamydonas* sp.）占优势。Ⅲ号和Ⅳ号围隔在清塘半个月以后，分别在 6 月中旬和 6 月底先后发生了微囊藻水华。6 月下旬，Ⅲ号围隔微囊藻水华发生前，隐藻、尖尾蓝隐藻和平裂藻（*Merismopedia* sp.）均不见，硅藻种类和数量也很少，绿藻种类较多。此时，镜检可发现微囊藻的小型群体。而Ⅰ和Ⅱ号围隔均未检出微囊藻。Ⅳ号围隔中除大量微囊藻水华外，数量较多的为隐藻、尖尾蓝隐藻、微小平裂藻（*Merismopedia tenuissima*）和衣藻。此时大湖对照点（Ⅴ）数量上以小环藻和平裂藻占优势。在七月Ⅲ号和Ⅳ号围隔发生水华时，隐藻在Ⅰ号围隔以及大湖对照点（Ⅴ）占优势；Ⅱ号围隔则以脆杆藻（*Fragilaria* sp.）和隐藻占优势。湖水中出现固氮鱼腥藻（*Anabaena azotica*）和螺旋藻（*Spirulina* sp.）等大型蓝藻，也出现少量微囊藻，但一直未形成蓝藻水华。Ⅲ号围隔中又发现隐藻和平裂藻。至 9 月，Ⅲ号围隔以广缘小环藻（*Cyclotella bodanica*）占优势，Ⅳ号围隔微囊藻水华依然存在，大湖对照点则以舟形藻（*Navicula* sp.）占优势。

由于Ⅲ号围隔中水华对沉水植物生长极为不利，为了控制水华，7 月 5 日置入凤眼莲，水华依然大量增加，在岸边堆积成厚膜，部分失绿变黄。凤眼莲生长不好，将凤眼莲扩大至 1/3 的水面，并用尼龙网拦隔在远岸端，随着凤眼莲正常生长，水华渐渐减少，至 8 月中旬末消失。此时 6 月移栽的水生植物逐渐发展起来，以生物量大小计依次为水鳖、菱、金鱼藻、穗花狐尾藻和苦草。可见利用凤眼莲等水生植物不但可以吸收水体的营养物质，还可以抑制藻类增长，提高水体透明度，有利于沉水植物的恢复。Ⅳ号围隔的水华有所波动，但一直持续到 9 月上旬。

　　从表 3.2 可看出，各围隔 7 月的 P/B 系数差别不大，均低于大湖水体，Ⅰ号和Ⅱ号围隔水体浮萍逐渐增多，Ⅲ号和Ⅳ号水华正处于最盛期，都对水下有遮光作用。8～9 月Ⅱ号围隔 P/B 系数最低，因为此时全部为浮萍所覆盖，水下光照强度很低。其次为Ⅲ号围隔，此时凤眼莲生长正常而且面积逐渐扩大，造成 P/B 系数较低的原因很可能在于凤眼莲分泌到周围水体中的他感作用物质对浮游植物的光合作用或其他生理过程产生抑制。Ⅰ号围隔浮萍捞出后，大茨藻发展起来，P/B 系数有所升高。利用叶绿素 a（采用单色法测定）作为生物量计算的 P/B 系数有所不同，但 8～9 月仍然以Ⅱ号和Ⅲ号围隔的 P/B 系数较低。

表 3.2　各围隔和围隔外大湖对照点的浮游植物 P/B 系数 ［mgC/（h·m³）：mg/m³］

Tab. 3.2　The indices of productivity/biomass of phytoplankton in various enclosures and the adjacent sampling plot outside the enclosures ［mgC/（h·m³）：mg /m³］

	Ⅰ号围隔 Enclosure Ⅰ	Ⅱ号围隔 Enclosure Ⅱ	Ⅲ号围隔 Enclosure Ⅲ	Ⅳ号围隔 Enclosure Ⅳ	大湖对照（Ⅴ） Control（Ⅴ）
P/Chl a					
7 月	0.38	0.33	0.19	0.02	0.24
8 月	0.50	0.03	0.06	0.10	0.41
9 月	0.12	0.06	0.11	0.18	0.33
P/Biom.					
7 月	0.15	0.22	0.14	0.19	0.71
8 月	0.45	0.03	0.20	0.93	0.56
9 月	0.46	0.08	0.24	1.51	1.00

资料来源：邱东茹等，1998。

Cited from Qiu *et al.*, 1998.

　　试验结果表明飘浮植物和沉水植物均能明显对浮游植物产生抑制，影响其群落结构，具有大型植物的围隔浮游植物 P/B 系数也较对照围隔和大湖水体为低；凤眼莲可对微囊藻水华产生有效抑制，从而促进沉水植物的发展（邱东茹等，1998）。

　　中国科学院水生生物研究所净化与恢复生态学科组的科研人员还于 2005 年在武汉月湖进行水生植被重建期间，调查了浮游植物的动态变化过程。具体研究内容和结果如下（邓平，2007）。

　　菹草种群由月湖底泥种子库和 2004 年夏季播撒的菹草石芽发芽生长形成。调查阶段（2004.12～2005.5）前的 2004 年春夏季在月湖播撒了苦草种子并种植了伊乐藻。同时为了加强植物修复力度于 2005 年 1 月和 2 月各种植了 10 t 伊乐藻，2005 年 4 月种植约 160 kg 的黑藻冬芽，并在全湖播撒了苦草种子。

在研究期间（2004.12～2005.5），共检测出浮游植物 65 种，分属 7 门 45 属。其中种类最多的是绿藻门，有 19 属 30 种，占藻类总数的 46.15%；其次是硅藻门，有 10 属 16 种，占藻类总数的 24.62%；蓝藻门 8 属 9 种，占藻类总数的 13.85%；裸藻门 3 属 5 种，占藻类总数的 7.69%；隐藻门 2 属 2 种，占藻类总数的 3.08%；甲藻门 2 属 2 种，占藻类总数的 3.08%；金藻门 1 属 1 种，且只在 1 月于 2 号采样点出现过一次。调查期间蓝藻在月湖浮游植物生物量中所占的比例不高，除 12 月和 1 月分别占到 3.32% 和 7.45% 外，其他几个月都非常低。同样绿藻占月湖浮游植物生物量的比例也不高，12 月、2 月、4 月、5 月这四个月分别占到 6.02%、6.70%、17.42% 和 11.34%，其他两个月非常少。隐藻在月湖浮游植物生物量中占较大的比例，12 月、1 月和 3 月以隐藻为主，4 月以隐藻和硅藻为主，5 月隐藻、裸藻和硅藻三门占生物量的绝对优势。硅藻还在 2 月占生物量中的优势。就密度而言，12 月、1 月和 3 月以隐藻为主，2 月以硅藻、隐藻和绿藻为主，4 月和 5 月以硅藻、绿藻和蓝藻为主。蓝藻主要是细胞大小近 2 μm 的微小平裂藻属。绿藻也是细胞个体较小的栅藻属（*Scenedesmus*）、盘星藻属（*Pediastrum*）和纤维藻属（*Ankistrodesmus*）的种类。硅藻主要是小环藻属（*Cyclotella*）的种类。隐藻主要是啮蚀隐藻（*Crypotmonas erosa*）。裸藻主要是裸藻属（*Euglena*）和扁裸藻属（*Phacus*）的种类。甲藻数量很少，主要是飞燕角甲藻（*Cera-tium hirundinella*）和裸甲藻（*Gymnodinium aeruginosum*）。

水生植被重建后对浮游植物调查的结果显示，浮游植物生物量占优势的主要是隐藻和硅藻，在 5 月还出现了裸藻。隐藻适应营养范围比较广泛，它们的存在与湖泊的营养状态无关（Brettum，1989），而且在很多情况下其生物量可达 80% 以上（Steward and Wetzel，1986）。冬季和春季隐藻能在大月湖占据一定的优势，与隐藻自身的高繁殖能力和对光照的要求比较低有关（唐汇娟，2002）。硅藻也是大月湖冬季和春季的主要类群，其中的优势种小环藻还是富营养化水体中的优势种类之一。从 5 月的数据来看蓝藻和绿藻数量增加，但都是一些个体较小的种类，形成水华的一些优势种类并未出现。而在未恢复水生植被前的 2004 年 3 月虽然也是以隐藻占生物量和数量的绝对优势，但在 2 号采样点已出现了微囊藻群体。

调查期间无机氮和总磷的值都明显高于富营养化湖泊的标准，而且透明度也很高，水生植物的生长对浮游植物的生长不会构成营养盐和光照的限制，但浮游植物生物量和密度在这段时间均处于较低水平。以前也有在营养盐浓度较高的湖泊出现高等水生植物茂盛，而浮游植物生物量很少的报道（Timms and Moss，1984；杨清心，1998）。本调查中浮游植物主要由隐藻和硅藻组成，能形成水华的一些常见种类在菹草生长阶段并未出现，可能与植物的存在改变了浮游植物的群落结构有关。

3.2.3　水生植物对浮游动物的影响

近年来，国内外对水生高等植物在湖泊生态系统中的作用及其恢复进行了广泛的研究。水生高等植物除了能够快速吸收水体和沉积物中的营养盐，改变影响浮游动物分布的一些理化环境因子，如扰动、pH、透明度等，亦能影响作为浮游动物重要食物来源的浮游植物，同时影响到鱼类的摄食，从而为浮游动物提供庇护场所，因此从多方面影响到浮游动物的生境（陈光荣等，2007）。

密集的植物群落可以创造出比较稳定的水体环境，并提供庞大的栖息表面积，抚育出高密度的大型浮游生物，大量捕食浮游藻类，从而有效控制藻类的群体数量（李建国等，2004）。有学者研究湖泊中水生植物覆盖率与浮游动物之间的相互关系。胡春英（1999）选择地理位置及营养状况接近，但水草覆盖率明显不同的五个湖泊（扁担塘的植被覆盖率为 74.8%，桥墩湖为 79.3%，南青菱湖植物覆盖率达到 90%，北青菱湖水生植被已近绝迹，黄家湖夏秋两季沉水植物基本消亡），按季节鉴定其各自浮游动物的种类并测定它们的数量来了解浮游动物密度及多样性与水草覆盖率之间的关系。结果发现浮游动物多样性指数的变化与水草的丰度密切相关，随着湖泊水草生物量的增加，浮游动物的多样性指数也随之增加（表 3.3）。而 Basu 等（2000）曾观察到浮游动物的生物量随着水生植被的恢复而增加了 9 倍之多。亦有研究表明在浅水湖泊中，当沉水植物覆盖的面积达到 15%~20% 时，鱼类捕食对浮游动物群落结构仅有较小的影响（Lauridsen and Lodge，1996），可能因为沉水植物为浮游动物提供了较好的荫蔽场所，减弱了鱼类的捕食压力。

表 3.3　不同湖泊浮游动物多样性指数

Tab. 3.3　Diversity index of zoonplanktons in different lakes

湖 Lake		春 Spring	夏 Summer	秋 Autumn	冬 Winter	全年平均 Annual average
保安湖 Lake Baoanhu	扁担塘 Lake Biandantang	3.5841	3.7672	2.5921	3.2490	3.2981
	桥墩湖 Lake Qiaodunhu	3.7586	3.3425	3.2939	3.3667	3.4404
青菱湖 Lake Qinglinghu	南青菱湖 Lake South Qinglinghu	2.7978	3.9082	3.1306	3.0009	3.2904
	北青菱湖 Lake Nouth Qinglinghu	1.8363	3.5229	2.5599	2.9284	2.7119
黄家湖 Lake Huang Jiahu		2.7862	2.9463	2.6043	2.2477	2.6461

资料来源：胡春英，1999。

Cited from Hu，1999.

有学者开展了水生植物恢复对浮游动物影响的相关研究。水生植物恢复对浮游动物的影响主要是改变了浮游动物的结构,生物量和丰度的变化并不一致。陈光荣等(2007)调查了热带城市湖泊生态恢复中水生植被与浮游动物之间的关系。通过建立示范区,进行了鱼类调控和水生植被修复,并以未进行修复的湖泊(平湖)进行对比。结果表明,水生植被的生物量9月较3月增加了7倍多,示范区浮游动物丰度低于平湖,其中,大型浮游动物丰度高于平湖,轮虫丰度则呈缩减,浮游动物的生物量二者差别不大。随着示范区水生植被的盖度及生物量的增多,示范区内的浮游动物的丰度和生物量的优势种类趋向于大型种类,小个体轮虫呈下降趋势,其原因一方面可能是水生植被降低了浮游动物被鱼类捕食的概率;另一方面可能在清水态湖泊中,食物较少,大型浮游动物更有竞争优势。宋碧玉等(2000)利用建在武汉东湖的中型围隔来研究沉水植被的重建与消失对原生动物群落的影响。结果表明:沉水植被重建后,一些原已消失的种类重新出现,原生动物种类增加、密度降低、多样性指数增高,优势种类由固着种类取代浮游种类。沉水植被的消失引起原生动物优势种类的明显变化,周丛种类大量丧失,但密度显著增高。

中国科学院水生生物研究所的科研人员利用在极富营养型的浅水湖泊所建立的大型实验围隔系统(试验设计同3.2.2),1993~1994年每半月采集一次浮游动物,对水生植被恢复后浮游动物群落的变化作了研究。

结果表明原生动物数量和生物量与水生植物之间存在负相关关系,有水草的三个围隔中原生动物的数量和生物量远低于对照围隔Ⅳ和围隔外水体。尤以Ⅱ号围隔原生动物较少,而且没有明显的优势种,仅以急游虫(*Strombidium* sp.)和栉毛虫(*Didinium* sp.)较为常见。Ⅲ号围隔优势种类也不明显,Ⅳ号围隔以栉毛虫和矛刺虫(*Hastatella* sp.)最为常见,钟形虫(*Vorticella* sp.)有时很多。Ⅰ号围隔中弹跳虫、侠盗虫(*Strobilidium* sp.)和急游虫常见,围隔外水体原生动物以弹跳虫较常见,钟形虫、矛刺虫和栉毛虫有时很多。

种植水草的三个围隔中轮虫数量和生物量一般低于对照围隔和围隔外大湖水体,各水域都是以多肢轮虫(*Polyarthra* sp.)、异尾轮虫(*Trichocerca* sp.)和龟纹轮虫(*Anuraeopsis* sp.)等占优势,但其间的差别也是非常明显的,如在对照围隔和湖水中三肢轮虫有时很多,三个具有水草的围隔中三肢轮虫则很少。有些喜栖于水草丰茂处的兼性浮游种类,如鞍甲轮虫(*Lepadella* sp.)、镜轮虫(*Testudinella* sp.)和狭甲轮虫(*Colurella* sp.)在围隔中重新出现。其他在东湖种类和数量大为减少的轮虫,如须足轮虫(*Euchlanis* sp.)和单趾轮虫(*Monostyle* sp.)有时也在围隔中出现。

围隔内和围隔外大湖水体中桡足类以剑水蚤目的种类为主,主要种类为近邻剑水蚤(*Cyclops vicinus*)。围隔外水体中还有球状许水蚤(*Schmackeria forbesi*)和汤匙华哲水蚤(*Sinocalanus dorrii*),围隔内还有温剑水蚤(*Thermocy-*

clops sp.）和锯缘真剑水蚤（*Eucyclops serrulatus*）。Ⅱ号围隔还有少量哲水蚤
目种类，如右突新镖水蚤（*Neodiaptomus schmackeri*）。

　　四个围隔内圆形盘肠溞（*Chydorus sphaericus*）是优势种，而且其数量远大
于围隔外水体，围隔外湖水中以溞属（*Daphnia* sp.）、微型裸腹溞（*Moina mi-
crura*）和短尾秀体溞（*Diaphanosoma brachyurum*）为主，Ⅰ号围隔盘肠溞、
仙达溞（*Sida* sp.）和船卵溞（*Scapholeberis* sp.）占优势，Ⅱ号围隔除盘肠溞
外，船卵溞和网纹溞有时也较多，棘突靴尾溞（*Dunhevedia crassa*）和吻状异
尖额溞（*Disparalona rostrata*）都是习居于湖泊沿岸带和水草丛中的种类，仅
见于Ⅱ号围隔。这是因为Ⅱ号围隔水质最好，水草也较丰富。Ⅲ号中低额溞有时
较多；Ⅳ号围隔中以盘肠溞和裸腹溞（*Moina*）占优势（表 3.4）。

表 3.4　水果湖水生植被重建示范区各点的枝角类（1994 年 4～9 月）
**Tab. 3.4　The Cladocera in Demonstration Area for Aquatic Vegetation Restoration
in Lake Shuiguohu Subregion（April-September, 1994）**

种名 Species name	Ⅰ	Ⅱ	Ⅲ	Ⅳ	Ⅴ
晶莹仙达溞（*Sida crystallina*）	+	+	+	+	
短尾秀体溞（*Diaphanosoma brachyurum*）	+	+	+		+
透明溞（*Daphnia hyalina*）			+	+	+
平突船卵溞（*Scapholeberis mucronata*）	+	+	+	+	+
老年低额溞（*Simocephalus vetulus*）		+	+	+	+
一种网纹溞（*Ceriodaphnia* sp.）	+	+	+		+
微型裸腹溞（*Moina micrura*）		+	+	+	+
一种象鼻溞（*Bosmina* sp.）		+		+	+
一种泥溞（*Ilyocryptus* sp.）					+
肋形尖额溞（*Alona costata*）	+		+	+	+
点滴尖额溞（*Alona guttata*）	+	+	+		+
矩形尖额溞（*Alona rectangula*）	+	+	+	+	+
一种大尾溞（*Leydigia* sp.）	+				+
球形伪盘肠溞（*Pseudochydorus globosus*）		+		+	+
一种平直溞（*Pleuroxus* sp.）		+	+		+
钩足锐额溞（*Alonella hamulatus*）			+		
棘突靴尾溞（*Dunhevedia crassa*）		+	+		
圆形盘肠溞（*Chydorus sphaericus*）	+	+	+	+	+
长吻高亮溞（*Kurzia longirostris*）			+		+
吻状异尖额溞（*Disparalona rostrata*）		+			

　　中国科学院水生生物研究所科研人员还于 2005 年在月湖进行水生植被重建
期间调查了浮游动物群落结构的动态变化。调查结果显示，晶囊轮虫（*As-*

planchna spp.）和疣毛轮虫（*Synchaeta* spp.）在水草恢复后期出现频率较高。异尾轮虫（*Trichocerca* spp.）在水草衰亡末期明显增加，尤其是在 7 月，如检测到其他月份未出现的罗氏异尾轮虫（*T. rousseleti*）、纤巧异尾轮虫（*T. tenuior*）、双齿异尾轮虫（*T. bidens*）、二突异尾轮虫（*T. bicristata*）、纵长异尾轮虫（*T. elongata*），此外还有高蹻轮虫（*Scaridium longicaudum*）。习富营养环境的暗小异尾轮虫（*T. pusilla*）仅在水草恢复前期和衰亡期出现较多。此外在水草伊乐藻等衰亡期的 6 月、7 月出现了习富营养环境的污前翼轮虫（*Proales sordida*），而在水草恢复期的 4 月、5 月出现了喜清洁环境的镜轮虫（*Testudinella* sp.）。在水草恢复期还检测到了其他月份未出现的哈林轮虫（*Harringia eupoda*）、无柄轮虫（*Ascomorpha* sp.）和唇形叶轮虫（*Notholca labis*）。此外，水草恢复期还出现了其他月份没有的无刺大尾溞（*Leydigia acanthocercoides*）、老年低额溞、直额弯尾溞（*Camptocercus rectirostris*）和平突船卵溞。所有这些表明，水草恢复改善了水体的生态环境，带来了一些喜清洁环境的浮游动物指示种。

调查结果显示，与水草恢复后期对应的月份相比，处在水草恢复期当中的轮虫的密度和生物量明显降低，枝角类的密度和生物量则有略微增加的趋势，其中尤以蚤状溞为代表，而桡足类的密度和生物量在水草恢复前后无明显差异。在水草恢复期中的 2004 年 11 月至 2005 年 3 月，轮虫的密度和生物量一直都处在较低水平。水草恢复对小型浮游动物的影响较大，而对大型浮游甲壳动物的影响较小。分析原因如下：首先，月湖在进行水草恢复之前，进行了彻底地清鱼，因而由鱼类的捕食压力带来的浮游动物群落结构的变化较小。通常浮游食性的鱼类偏爱捕食大型浮游动物，对小型浮游动物的捕食压力较小。因此，在水生植被恢复过程中，由沉水植被为浮游动物提供了荫蔽场所而产生的效应可以忽略。其次，在水草恢复过程中的 2004 年 11 月至 2005 年 3 月间，叶绿素水平很低，以浮游藻类为主食的小型浮游动物轮虫类的繁殖因而受到了限制。水生植被恢复无疑在很大程度上抑制了浮游藻类的生长。再次，同浮游藻类一样，轮虫类的生长繁殖在一定程度上也受到了水温的影响。水草恢复期中较低的水温可能是小型浮游动物保持较低密度和生物量的另一原因。

与水草恢复后期相比，水草恢复期中枝角类密度和生物量略微增加而桡足类密度和生物量无明显变化，表明枝角类较桡足类更易受环境的影响。枝角类中蚤状溞的数量在水草恢复过程中的明显增加暗示着该种可能作为环境变化的指示生物。大型浮游动物的增加，有利于对水体浮游植物的牧食和控制，从而提高水体透明度和促进水生植被的恢复。与水草恢复期相比，水草恢复后期的轮虫密度有明显增加的趋势。枝角类的蚤状溞仅在水草恢复期的几个月份中出现。枝角类的总密度在水草恢复前期及初期的几个月均高于水草恢复后期对应的几个月。桡足类的密度在水草恢复期间较低，且与恢复后期的几个月相比无明显差异。因此推测，水生植被的恢复，改变了浮游动物的生存环境，进而在一定程度上影响了浮游动物群落的分布特征。

3.2.4　水生植物对底栖动物的影响

大量的水生植物直接改变了湖泊生态系统的空间结构，并增加了空间的异质性。按照 Simpson 的空间异质性理论，环境的理化条件越复杂，生物的区系也就越多样化。高度空间异质性不仅为大型底栖动物提供了栖息、生活、摄食和繁殖的场所，也为底栖动物提供了躲避捕食者的良好条件。通过草型湖泊和藻型湖泊中大型底栖动物结构的比较，可以很清楚地看到水生高等植物在维持湖泊生态系统中大型底栖动物多样性方面起着很重要的作用。闫云君等（2005）系统地比较了草型湖泊扁担塘和藻型湖泊后湖大型底栖动物的群落结构，结果表明：草型湖泊扁担塘的物种种类、物种多样性、密度和生物量均较藻型湖泊后湖的为高。两湖在物种组成和功能摄食群上存在极大差异，相似性系数为 0.3 左右，草型湖泊的大型底栖动物主要以刮食者数量为多，而藻型湖泊主要以收集者的为多。表3.5 是两湖大型底栖动物群落多样性指数。

表 3.5　扁担塘和后湖大型底栖动物群落多样性指数
Tab. 3.5　Biodiversities of macrozoobenthos in Lake Biandantang and Lake Houhu

多样性指数 Diversity index	扁担塘 Lake Biandantang	后湖 Lake Houhu
Shannon-Wiener 指数 Shannon-Wiener index	2.89	2.18
Margalef 指数 Margalef index	9.12	4.23
Simpson 指数 Simpson index	7.64	4.52

资料来源：闫云君等，2005。

Cited from Yan *et al.*, 2005.

中国科学院水生生物研究所科研人员利用在极富营养型的浅水湖泊所建立的大型实验围隔系统（实验设计同 3.2.2），1993～1994 年每月采集一次底栖动物。为了检验水草净化效果，用 Shannon 多样性指数（H'）、Margalef 多样性指数（D）和 Goodnight 与 Whitley 有机污染生物指数，来评价围隔内移栽水草前后生物多样性的变化（刘保元等，1997）。

从底栖动物的种类、数量和生物量结果来看，总共采集到寡毛类 9 种、蛭类6 种、软体动物 8 种、水生昆虫 15 种，均为一般浅水湖泊中常见的底栖动物（表 3.6）。以每个铁丝笼采集底栖动物的数量为单位，计算平均值（表 3.7）。

表 3.6　东湖水果湖区生态围隔和围隔外对照点中底栖动物的分布

Tab. 3.6　The zoobenthos in the enclosures and the adjacent sampling plot body outside the enclosures in Lake Shuiguohu Subregion of Lake Donghu

种类 Species	采样点 Sampling stations					种类 Species	采样点 Sampling stations				
	I	II	III	IV	V		I	II	III	IV	V
寡毛类 (Oligochaeta)						纹沼螺 (*Parafossarulus striatulus*)	+		+		+
印西头鳃虫 (*Branchiodrilus hortensis*)	+	+	+	+	+	大沼螺 (*P. eximinus*)	+	+			
尖头杆吻虫 (*Stylaria fossularis*)	+			+	+	圆背角无齿蚌 (*Anodonta woodiana pacifica*)				+	+
指鳃尾盘虫 (*Dero digitata*)	+	+	+	+	+	台湾椎实螺 (*Radix swinhoei*)				+	+
苏氏尾鳃蚓 (*Branchiura sowerbyi*)	+	+	+	+	+	尖口圆扁螺 (*Hippeutis cantori*)	+	+			
霍甫水丝蚓 (*Limnodrilus hoffmeisteri*)	+	+	+	+	+	水生昆虫 (Insecta)					
克拉伯水丝蚓 (*L. grandisetosus*)	+		+	+	+	长足摇蚊 (*Tanypus* sp.)	+	+	+		+
颤蚓 (*Tubifex tubifex*)	+	+	+	+	+	前突摇蚊 (*Procladius* sp.)			+	+	
中华河丝蚓 (*Rhyacodrilus sinicus*)	+	+	+	+	+	环足摇蚊 (*Cricotopus* sp.)	+	+	+		+
多毛管水丝蚓 (*Aulodrilus pluriseta*)	+	+	+			大红德永摇蚊 (*Tokunagayusurika akawusi*)				+	+
蛭类 (Hirudinea)						羽摇蚊 (*Tendipes plumosus*)	+	+			+
裸泽蛭 (*Helobdella nuda*)	+	+	+	+	+	异腹鳃摇蚊 (*Einfeldia* sp.)	+	+	+		
静泽蛭 (*H. stagnalis*)			+			雕翅摇蚊 (*Glyptotendipes* sp.)	+	+	+		+
绿蛙蛭 (*Batracobdella paludosa*)			+	+	+	小突摇蚊 (*Micropsectra* sp.)				+	+
淡色舌蛭 (*Glossiphonia webe*)	+	+	+	+	+	二叉摇蚊 (*Dicrotendipes* sp.)				+	+
宽身舌蛭 (*G. lata*)			+	+	+	枝角摇蚊 (*Cladopelma* sp.)				+	+
Hemiclepasis marginata	+	+		+	+	黄蜻 (*Pantata* sp.)					+
软体动物 (Mollusca)						东亚异痣蟌 (*Ischnura asiatica*)	+	+			
铜锈环棱螺 (*Bellamya aeruginosa*)	+	+	+			须蠓 (*Palpomyia* sp.)	+	+			
梨形环棱螺 (*B. purificata*)	+	+	+			蜉蝣 (*Baetis* sp.)	+				
长角涵螺 (*Alocinma longicornis*)	+	+	+			沼虾 (*Macrobrachium* sp.)	+	+	+		
						总种类数 Total species number	25	29	35	21	17

注：＋表示种类出现。

Note：＋ Indicating the presence of zoobenthos.

资料来源：刘保元等，1997。

Cited from Liu *et al.*, 1997.

表 3.7　围隔和围隔外对照点中底栖动物的数量（个/m²）

Tab. 3.7　The individual number of zoobenthos in enclosures and the adjacent sampling plot outside the enclosure（ind/m²）

动物类别 Class	年份 Year	采样点 Sampling stations				
		Ⅰ	Ⅱ	Ⅲ	Ⅳ	Ⅴ
寡毛类 Oligochaeta	1993	31	20	85	126	532
	1994	9	8	39	152	421
	1995	3	2	82	162	288
	平均 Average	15	10	69	147	414
水生昆虫 Insecta	1993	12	8	20	59	14
	1994	7	6	17	37	6
	1995	8	7	18	17	7
	平均 Average	9	7	18	38	9
软体动物 Mollusca	1993	7	13			
	1994	28	17	3		
	1995	84	45	35		
	平均 Average	40	25	19		
总平均 Average		64	42	106	185	423

资料来源：刘保元等，1997。

Cited from Liu *et al.*，1997.

从表 3.7 中可看出，寡毛类在各采样点出现的种类数比较接近（7～9 种），但个体数量（表 3.8）和生物量差别较大，尤其是 Ⅴ 点寡毛类的数量为 Ⅰ，Ⅱ 点的 20 倍以上。围隔外对照点和对照围隔寡毛类的生物量也明显高于有水草围隔。对照围隔Ⅳ水生昆虫生物量高于围隔外对照点和有水草围隔，其他点之间差别则不太明显。在Ⅳ，Ⅴ点没有采到活体软体动物。在Ⅰ，Ⅱ，Ⅲ点均采到活体软体动物，其中Ⅲ点是在 1994 年才开始重新出现活体软体动物。

分析软体动物与水生植物之间的关系发现：Ⅰ、Ⅱ号围隔于 1992 年 8 月重新移栽苦草、穗花狐尾藻及其他水生植物，水生植物恢复状况良好。1993～1995 年均采到相当数量的软体动物（主要是环棱螺、长角涵螺和纹沼螺等）。Ⅲ号围隔自 1993 年 6 月起移栽水生植物，恢复较好的植物为穗花狐尾藻，还有少量菹草和苦草。1993 年，Ⅲ号围隔中未采集到软体动物，1994 年春软体动物重新出现，而且数量逐渐增多，这是由于水草的恢复，水质得到明显改善，软体动物才得以生存。水生植物为软体动物，特别是腹足类提供优越的生活和繁殖场所，并有利于其逃避捕食；反之，螺类可以摄食藻类和碎屑，特别是水生植物上的附生藻类，在净化水质上起到一定作用，能提高水体透明度，从而有利于水草的生长。Bronmark（1985）发现软体动物（如椎实螺 *Lymnaea peregra*）存在时，金鱼藻生长更快。软体动物与沉水植物之间的这种关系类似于一种共生关系。湖北省花马湖水生植物生长好坏与腹足类的多少有密切关系，水草现存量愈高，腹足类的量也就愈多。陈洪达（1990b）曾测定了东湖附着在水生植物上的长角涵螺和纹沼螺的数量和生物量。统计表明，这两种螺类的数量和水生植物的生物量之间存在明显的相关关系。植物生物量越大，螺类数量也越多。反之，随着水生植物生物量下降，螺类数量也逐年下降。水生植物消失后，这两种螺类随之消失。一旦水生植物得到恢复，这两种螺类也随之出现。

　　我们利用两种生物多样性指数和污染生物指数，评价各围隔和东湖对照点底栖动物群落结构和水质的变化，进一步探讨水生植物的生态功能及其与底栖动物之间的关系。由表3.8可看出，水生植被恢复后的Ⅰ、Ⅱ、Ⅲ号围隔生物多样性明显增加，出现多种螺类和无齿蚌，且每点采集到的底栖动物均在30种以上。两种生物多样性指数均高于对照围隔（Ⅳ）和大湖水体（Ⅴ）。在大湖对照点（Ⅴ点）两种生物多样性指数值 D 和 H' 分别是1.09和1.52，在5个采样点中最低，这可能与附近排污口不断输入污水有关。在Ⅴ点仅采到底栖动物16种，其中寡毛类最多，占全部种类的44%。Ⅳ号围隔的底栖动物群落组成与Ⅴ点很相似。围隔中移栽水草后，水草的净化作用不但使围隔内的水质得到改善，也使得生物多样性指数升高。

表 3.8　围隔和围隔外对照点中的生物指数值

Tab. 3. 8　The indices of biological diversity in the enclosures and the adjacent sampling plot outside the enclosures

生物指数 Indices	年份 Year	采样点 Sampling stations				
		Ⅰ	Ⅱ	Ⅲ	Ⅳ	Ⅴ
污染指数 Pollution index	1993	0.64	0.38	0.72	0.82	0.93
	1994	0.25	0.26	0.57	0.76	0.96
	1995	0.21	0.28	0.68	0.97	0.96
	平均 Average	0.37	0.31	0.65	0.85	0.95
Margalef 生物多样性指数（D） Margalef index（D）	1993	1.97	1.87	1.66	1.37	1.24
	1994	1.86	2.06	2.09	1.55	1.04
	1995	1.80	1.96	2.24	1.15	0.98
	平均 Average	1.88	1.96	1.99	1.36	1.09
Shannon 生物多样性指数（H'） Shannon-Wiener index（H'）	1993	2.53	2.24	2.18	2.04	1.45
	1994	2.50	2.35	2.59	2.08	1.68
	1995	2.44	2.45	2.55	1.56	1.45
	平均 Average	2.50	2.35	2.44	1.89	1.52

资料来源：刘保元等，1997。

Cited from Liu *et al.*, 1997.

3.3　底质环境稳定功能

3.3.1　水生植物对底泥营养盐释放的抑制

1. 底泥与营养盐释放

底泥是湖泊营养盐的重要富集库。水体中的氮、磷可通过生物残体沉降、底泥吸附、沉积等过程迁移到底质中。点源污染的长期排放、非点源污染的地表径流注入以及水生生物残渣的沉积作用，使河流、湖泊等水体的底泥中富集了大量的有机质、氮、磷等营养物质。据测定（昆明市环境监测中心站，1998），1995～1996 年进入滇池草海的 TP、TN 和 COD 有 90% 以上储存于湖底（少量进入大气），真正进入水体的微乎其微。对瑞典一个湖泊的研究也表明，夏季时湖泊中 99% 的养分来自底泥（Rydin and Brunberg，1998）。这些营养物质一方面为水生生物提供了丰富的食物来源，另一方面，如果底泥中营养物质含量过高，则可能大量释放到水体中，使上覆水层处于富营养化状态，引起水生态系统退化。以磷为例，外源磷的长期输入和水生生物残渣的沉积导致河流、湖泊等水体的底泥形成一个磷库，其中的磷大量释放到水体中，形成磷的内源释放（董浩平和姚琪，2004）。

随着环境管理力度的加大和控源截污等措施的采用，外源污染负荷的输入逐渐得到控制，内源污染释放所造成的二次污染已成为富营养化的重要来源（Rydin，2000）。例如，杭州西湖 1988 年 7 月至 1989 年 6 月间底泥释放的磷占外源输入磷负荷的 41.5%（韩伟明，1993）。由于内源负荷磷的影响，西湖引水工程的效果在停机 10 天后即消失（吴根福等，1998）。更重要的是，当水体养分的外源得到有效控制后，底泥中养分的季节性再悬浮仍能使水体的富营养化持续数十年（Sas，1989）。

2. 水生植物对底泥中营养盐的直接吸收

水生植物具有直接从底泥中吸收氮、磷营养盐的作用，从而减少或抑制营养盐的释放。童昌华等（2003）通过人工模拟的研究表明，水生植物能有效抑制底泥营养盐，包括总氮、总磷、硝态氮和氨态氮的释放。挺水植物只从沉积物中吸收营养盐，沉水植物既可以从周围水体，也可以从底质中吸收营养盐，但在孔隙水中和湖泊正常的营养盐浓度条件下，以从底质吸收为主。生长活跃的水生植物（包括挺水和沉水植物）的释磷作用很小，周丛生物主要从水中获取磷（Moore et al.，1994）。

大型沉水植物通过根部吸收底泥中的氮、磷，从而具有更强的富集氮、磷的能力。沉水植物有着巨大的生物量，与环境进行着大量的物质和能量交换，形成了庞大的环境容量和很强的自净能力。当湖底有沉水植被时，近湖底交换系数减弱，底泥的释放量可大为减弱。在沉水植物分布区内，COD、BOD，总磷、氨氮的含量普遍远低于无沉水植物分布的区域（黄文成和徐廷志，1994）。童昌华等（2003）的研究显示，沉水植物狐尾藻对底泥营养盐释放的抑制作用明显优于漂浮植物（凤眼莲）。

多种沉水植物对底质中的氮、磷均有显著的去除作用。Carignan 和 Kalff（1980）的研究发现，中等营养和中度富营养化海湾中，9 种常见的本土沉水植物都从底泥吸收生长所需的磷。即使在重富营养化条件下，植物生长过程中所需的磷中 72% 由底泥摄取。实验结果表明，沉水植物本质上强烈依赖底泥来摄取磷源，并将底泥作为向开放水体输出的潜在营养盐库。吴玉树和余国莹（1991）研究菹草对富营养和重金属等污染的滇池底泥净化作用的结果表明，菹草对底泥中的氮、磷和重金属 Pb、Zn、Cu、As 有较大的吸收和富集量，并且主要污染物的吸收系数要大于凤眼莲，尤以氮、磷最为明显。植物对水体和底泥中污染物的富集量还和净化效率与生物量大小有关：当菹草保持其群体覆盖率为 50% 时，生物量最大，净化效率也最大。在常见沉水植物对滇池草海底泥总氮去除速率的研究中发现，不同物种的去除能力不尽相同，伊乐藻的去除能力最强，轮藻的去除能力最弱。随着时间的延长，底泥中总氮浓度呈指数形式递减，并且在实验的总氮浓度范围内（2.628～16.667 mg/L），每种沉水植物的脱氮速率随总氮浓度的增高而增快（宋福等，1997）。

3. 水生植物对沉积物有机磷的酶促分解反应的抑制作用

水生植物能降低水体和表层沉积物中碱性磷酸酶的催化效率，这种抑制效应对于未过滤的水尤为突出。植物种类不同，抑制效应有所差异，但对较大的颗粒抑制作用较为明显。另外，覆盖有水生植物的沉积物表面酶活性较低，原因可能在于底质中的有机磷难以矿化，使得沉积物中的磷不易释放，进而起到改善水质的作用（Nowicki and Nixon，1985）。对武昌野芷湖湾的研究结果（刘兵钦等，2004）显示，菹草生物量较大区域的沉积物明显具有较高的磷吸附指数，这意味着菹草对沉积物磷的吸附能力应是维持底质较低营养水平的重要机制。同时，不同时期菹草生物量较高的沉积物表现出较低的碱性磷酸酶活性与较快的反应速率，表明延缓沉积物有机磷的酶促分解反应是菹草维持沉积物低营养水平的另一个重要机制。

4. 影响水生植物抑制底泥中营养盐释放的因素

水生植物对底泥营养盐的吸收与 pH、光照、水温、根茎生物量比以及底泥间隙水与上覆水中营养盐浓度比有关。何俊等（2008）于 2006～2007 年对东太湖网围养殖区及航道 10 种水生植物（其中包括 6 种沉水植物、3 种浮叶植物和 1 种漂浮植物）的调查结果表明，温度、透明度和 pH 等水体物理环境因子对水生植物的季节生长和光合作用具有重要影响；水生植物具有吸收水体氮、磷营养盐和抑制藻类生长的作用，从而改善了东太湖水质，同时植物生长的季节性以及空间分布差异也影响水质时空差异。在自然条件下，菹草根部主要从底泥中吸收 NH_4^+-N、PO_4^{3-}-P，对 NO_3^--N 的吸收甚微（金送笛等，1994b）。

　　水生植物还能通过自身的生理生态结构影响营养盐在沉积物-水体间的交换过程。在 Palmones River 的入海口对水生植物影响底泥释磷过程的研究发现（Palomo et al.，2004），以石莼属中的（Ulva rotundata）为代表的某些大型藻类通过聚集并最终积累在底泥中的磷迅速对入海口的营养输入作出响应，并通过阻止底泥无机磷的释放和增加有机组分来加强磷在底泥中的积累。其中原因之一是这些藻类在底质表面形成很厚的垫状层，作为天然的物理屏障，减少了底泥中的磷向上覆水层的释放。藻状层通过深层降解抑制磷释放的同时，还可以强化难溶磷化合物的形成。由于间隙水中含有大量的钙，因此，难溶磷化合物主要以钙-磷络合物形式为主（周易勇和付永清，1999）。

　　水生植物对营养元素的摄取量还取决于其在水中的密度（Shardendu and Ambasht，1991）。对生长于太湖流域常见的三种水生植物（芦苇、苦草和茭白）的研究显示，与未种植水生植被的底泥相比，生长芦苇和苦草的底泥中磷的释放量最少，茭白对磷释放抑制作用次之（杨荣敏等，2007），这表明，水生植物能够降低湖泊底泥的可溶性磷含量，从而减少内源性磷的释放。另一项研究发现，底泥中磷的衰竭导致香蒲生物量减少；随后当可利用磷的浓度增大时，香蒲的生物量也随之增多（Gophen，2000）。

3.3.2　水生植物改变底质氧化还原电位的作用

　　大型水生植物的生长可以改变根际底泥的生物地球化学性质，例如，氧化还原电位、pH、黏土比例、有机质含量、金属离子的数量和形式以及磷的吸附能力等，由此影响磷在底泥和上覆水之间的流动过程，影响程度随物种的不同而不同（Viaroli et al.，1996；Flindt et al.，1999）。而且大型水生植物可以增强底质的稳定和固着，抑制湖泊底泥的再悬浮，改善沉积物的特性，吸收一定数量的水体污染物，从而减少营养盐向上覆水层释放（Allinson et al.，2000）。

　　水生植物对底泥性质变化的影响主要体现在水生植物可以通过自身的输导组织将氧通过根部的呼吸作用释放到沉积物中（Roane et al.，1996；王学雷等，2003），从而影响沉积物的化学特性，如使根际底泥的氧化还原电位升高，pH 降低，并改变底泥中的金属离子状况，使溶解性金属含量升高（韩沙沙和温谈茂，2004），这有利于植物对无机矿物元素的吸收利用（辛晓云和马秀东，2003），减少沉积物中矿质元素向上覆水的释放，继而提高湖水质量。根际沉积物的氧化还原电位的改变，影响底泥营养盐，尤其是磷的释放。当沉积物氧化还原电位较高时，有利于 Fe^{2+} 向 Fe^{3+} 转换，并使 Fe^{3+} 与磷酸盐络合成难溶的磷酸铁固定在沉积物中（Lopez and Navarro，1997），以至影响底泥对磷的吸附和释放能力（Jaynes and Carpenter，1986；Boon and Sorrell，1991）。Andersen 和 Olsen（1994）对丹麦 Kvie 湖的草型湖区和深水湖区（无水生植被生长）磷酸盐释放的研究发现，草型湖区底泥间隙水磷酸盐含量较高，理论上应有较高的磷酸盐分子扩散通量，但是观测值却远低于理论值。他们将原因归结于水生植被对底泥释放磷酸盐的直接吸收以及水生植被通过释氧作用使表层底泥形成氧化层，从而阻碍了磷酸盐的释放。由此，利用大型水生植物改变底泥理化性质和沉降特性，从而降低磷的释放速率是可行的。

　　不同水生植物根系的释氧能力有所差异。漂浮植物只是向水体释氧；沉水植物既能向水体释氧，也可以通过发达的通气组织由根系向底质充分释氧。当沉水植物生长茂密，形成密闭的水下森林和水下植被时，大量的沉水植被像致密的地毯覆盖在底泥上，强烈影响底质的理化环境，改变氧气的可利用性，从而改变底泥的酸碱度和氧化还原电位，影响氮素的硝化、反硝化过程和磷的释放（Carpenter et al.，1983；Sand-Jensen et al.，1989）。马井泉等（2005）认为，沉水植物通过光合作用向水体释放氧气的能力明显地高于挺水植物，而且由于生长沉水植物的湿地内的溶解氧明显高于生长挺水植物的湿地，故对营养物质的去除能力也优于挺水植物湿地。

　　随着水生植物种类的变化，沉水植物所覆盖底泥的间隙水中磷的水平也不断地变化：当根系深的苦草成为沉水植被的优势种时，间隙水中磷的含量明显比黑藻为优势种时低。这是因为苦草的根系释氧能力比黑藻更强，其根系释氧活动导致底泥中的 Fe^{2+} 和 Mn 被氧化，从而影响了底泥对磷的吸收和固定（东野脉兴等，2003）。根系通过呼吸作用释氧，还可以促进根际微生物活动，如菌根菌的生长，而菌根菌能够促进水生植物生长和对磷的吸收。水生植物根系菌的种类、数量以及受根系释氧的影响程度与水生植物的种类有关。

3.3.3　水生植物对沉积物的固化稳定作用

　　水生植物生物量少的浅水水体，其水质通常受风浪引起的沉积物再悬浮作用的控制，导致浊度增高、透明度下降、藻类过量生长。根据理论波浪模型，即使风速只有 15 km/h，任何方向的风都可能对沉积物整体表面（81%～100%）产生扰动。据报道，波浪作用对沉积物再悬浮的贡献可以达到 70% 以上（Sheng and Lick，1979）。沉积物发生再悬浮的前提条件是侵蚀作用——当水流运动产生的拖拽力和提升力大于重力和摩擦力时产生。当底质中的沉积物颗粒受到侵蚀作用发生再悬浮，颗粒重新沉降或继续呈悬浮状态取决于颗粒的沉降速率（方向向下）和紊流的能量（方向向上）。Lick（1994）在美国五大湖开展的研究表明单位浓度悬浮物粒径大小与水土界面上的剪切力大小有关。

　　大型水生植物作为湖泊生物栖息地中重要的结构组成部分，其独特的空间结构可降低水的流速与水动力扰动作用，稳定沉积物，为底栖生物提供良好的栖息地（Lillie and Budd，1992；Jones et al.，1994）。水生植物能够降低水流速率，有效衰减波动能量，从而抑制底泥中颗粒的再悬浮。对于浅水型内陆水体和海岸带，在水生植物群落生长的区域，即使细小的沉积物颗粒也容易发生聚积。由于水生植物可以促进沉积物颗粒沉降，植被生物量少的区域悬浮颗粒沉降速率慢，容易发生再悬浮，而植被密度大的区域颗粒沉降速率快。对美国 Marsh 湖的研究显示（James and Barko，1994），在研究年份（1991 年），由于水生植物生长旺盛，茂密的水生植物床几乎覆盖了整个湖泊，底泥再悬浮所需的临界风速（～20 km/h）高于基于波浪理论的预测值，因此，底泥再悬浮的发生概率更低，向下游携带的再悬浮底泥也远少于水生植物稀少的年份。Rock（1997）的研究发现，在污染的沉积物上种植一层植物，可以形成有效的保护层，防止沉积物的再悬浮和污染物的溶解扩散。由于水生植物可以稳定底质，减少波浪造成的底泥再悬浮，从而改善了水质。

　　大型水生植物能够提高水体透明度，降低再悬浮，减弱上覆水的水面复氧作用，改变间隙水和底泥的环境条件，从而改变水土界面的交换通量（Graneli and Solander，1988）。当水生植物群落构建后，大多情况下可以降低局部流速，增加沉降速率，从而降低水体浊度。根生的水生植物，如挺水与沉水植物具有消波阻浪作用，可以重新引导水流方向，从而减少风浪造成的沉积物再悬浮。与其他生活型的水生植物相比，沉水植物更能抑制风浪和水流，固持底泥，保护底质免受风浪侵蚀，促进湖水中悬浮物的沉降，减少颗粒再悬浮，提高水体透明度。Petticrew 和 Kalff（1992）研究了三种混栽水生植物床的地上结构对近底质水流和表层沉积物组成的影响。结果显示，当水深变化的影响消除后，植物表面积对降低流速的贡献占 70%。而且，每种植物表面积与表层沉积物黏土含量间存在明显的相关性。

　　在沉水植物的生长阶段，随着植株覆盖区域扩展，水流趋于向生物量少的区间流动。并且由于水流通道变窄，流动速率逐渐增加。Horppila 和 Nurminen（2003）对芬兰浅层盆地形成的湖泊（Hiidenvesi 湖）83 天的研究发现，对于三种沉水植物硬叶水毛茛（Ranunculus circinatus）、金鱼藻（Ceratophyllum demersum）和钝叶眼子菜（Potamogeton obtusifolius）形成的水生植物床，床体内 793 g/m² （干重）的底泥发生再悬浮，床体外 1701 g/m² （干重）的底泥再悬浮；床体内再悬浮底泥带入水体的磷的速率为 11.8 mg/（m²·d），床体外进入水体的磷的速率达 24.5 mg/（m²·d）。而且，由于床体内水生植物的吸收作用，使得表层沉积物磷浓度较低，导致再悬浮的固体主要从水体吸附磷。

　　沉积物颗粒的再悬浮取决于水体中沉水植物所占的比例。沉水植物生物量越大，底质环境越稳定。在大多数情况下，即使风浪大，沉水植物也能够减少沉积物的再悬浮作用。James 等（2004）的研究结果表明，沉水植物生物量大于 200 g/m^2 时就可有效降低沉积物再悬浮作用。韩祥珍等（2007）探讨了围网养殖对水生植被和沉积物再悬浮的影响。结果表明，当西凉湖微齿眼子菜群落生物量由 532 g/m^2 下降至 45 g/m^2，沉积物再悬浮现象显著增多，试验期间沉积物中 TP 的释放量增加了 336 mg/m^2。根据试验结果，他们提出 300 g/m^2 的生物量为沉水植被利用的下限，认为保持该最低生物量对维持湖泊生态系统良性循环、降低底泥再悬浮具有重要意义。

在解释水生植物对波浪摩擦力、水流摩擦力的影响和植物床的遮蔽效应时，有必要考虑植物的密度和构造特性。如果沉水植物占据了全部水体，水流速度得到有效降低，这时沉积物趋于在底层积累而不是发生再悬浮。反之，当水体高度超过沉水植物冠层的最大高度，沉水植物就不能使波浪有效衰减，沉积物也容易发生再悬浮。James 等（2004）发现，即使风速超过 30 km/h，冠层茂密的山莴苣（*Mulgedium. sibiricum*）也能显著降低湖水表面石膏岩的溶解性质。尽管没有直接监测植物床中的波浪特性，但他们观察到植物床中的波浪运动明显减少，这表明水生植物对波浪高度、长度以及持续时间具有削减效应。形成草甸的水生植物，如轮藻和苦草，在为水上娱乐活动如游船提供开放水体的同时，还可以保持沉积物的稳定性。Van Den Berg 等（1998）对荷兰 Veluwemeer 湖的研究也发现，茂密的形成草甸的轮藻床能够有效降低沉积物的再悬浮和浊度。

总体上，水生植物可以从底泥中获取氮、磷、铁、锰和其他微量营养物质，从水体中获取钙、镁、钠、钾、硫酸根和氯离子。根据底泥和水体对磷相对贡献的经验模型，沉水植物中超过 50% 的磷由底泥提供。底泥和水体都可以为沉水植物提供氮源。水生植物在沙土和富含有机质、质地粗糙的底泥中生长速度降低，而在质地纤细的无机质底泥中生长速度加快。根区微生物的固氮、分解和化学还原过程影响水生植物对营养物的生物获取。浅水湖泊中沉水植物对营养物循环的效应最为显著（Barko *et al.*，1991）。

3.4　营养固定和缓冲功能

大型水生植物介于水—泥、水—气及水—陆界面，是湖泊生态系统营养循环的核心环节，水生植物在其生长发育以及衰败、死亡过程中，通过对碳、氮、磷等营养元素吸收同化、收获输出和沉积输出等过程调节着水体的营养平衡，对湖泊生态系统的物质和能量的循环起着重要作用（Scuhhorpe，1985），是建立良好的湖泊生态系统的基础（Melzer，1999）。水生植物在湖泊生态系统营养循环中的作用如图 3.1 所示。

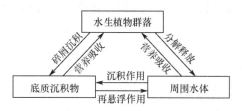

图 3.1　水生植物在湖泊生态系统营养循环中的作用示意图

（引自厉恩华，2006）

Fig. 3.1　Functions of aquatic macrophytes in nutrient cycle

in lake ecosystem（Cited from Li，2006）

3.4.1　水生植物对营养盐的吸收同化

大量的氮、磷等营养盐流入湖泊、水库等水体时，就能够引起水体富营养化，导致浮游藻类大量生长，形成水华，危及水生生态环境。但这些营养元素同时也是大型水生植物生长发育所必须的元素。作为湖泊生态系统的一个重要组成部分和主要的初级生产者之一，水生植物在其生长发育过程中可以直接从底泥和水体吸收氮、磷等营养盐，并同化为自身的结构组成物质（如蛋白质和核酸等），同化的速率与植物生长速度、水体营养物水平呈正相关（Gumbricht，1993；戴全裕等，1995；宋祥甫等，1998）。而且，在合适的环境中，水生植物往往以营养繁殖方式快速积累生物量，而氮、磷是植物生长必需的营养物质，因此，水生植物对氮、磷的固定能力也就非常强。表 3.9 列出部分大型水生植物对的氮、磷的存储量和生长率。

表 3.9　部分大型水生植物对氮、磷的存储量和生长率

Tab. 3.9　Standing stocks of nitrogen and phosphorus and growth rates

of aquatic macrophytes

植物种类 Aquatic macro- phytes species	存储量 /(g/m²) Storage	生长率 /[g/(m²·a)] Growth rate	组织中磷含量 /(g/kgDW) Tissue phosphorus content	组织中氮含量 /(g/kgDW) Tissue nitrogen content
芦苇	600～3 500	1 000～6 000	2.0～3.0	18～21
香蒲	430～2 250	800～6 100	0.5～4.0	5～24
灯心草	2 200	5 300	2.0	15
蔗草	—	—	1.0～3.0	8～27
凤眼莲	2 000～2 400	6 000～11 000	1.4～12.0	10～40
浮萍	130	600～2 600	4.0～15.0	25～50
沉水植物	500	—	3	13

资料来源：Reddy and Debusk，1987。

Cited from Reddy and Debusk，1987.

　　水生植物通常从底泥获取氮、磷和铁、锰以及其他微量营养，从开阔水域获取镁、钠、钾、硫酸盐和氯化物。根据底泥和开阔水域对水生植物磷相对贡献的经验模型预测，由底泥供应的磷超过 50％，而供给水生植物的氮既可以来自底泥，也可以来自开阔水域。其他影响水生植物从底泥获取营养的因素包括有机物生物降解过程中有毒物质的积累、根系对营养盐的吸收等。许多水生植物通过调整根部与枝干生物量之比来适应底泥营养梯度。底泥中营养释放是沿岸带营养更新的重要方式，并在很大程度上平衡因水生植物吸收造成的营养损失。生长旺盛的水生植物脱落物质的分解可以为沿岸带供应营养。根区微生物通过固氮、分解和化学还原过程影响水生植物对营养的获取。

　　对太湖地区的模拟研究表明，不同气候条件下，几种抗寒去污性能较强的水生植物体内氮、磷浓度的增加趋势与水体氮、磷浓度降低的趋势相一致。这表明水体氮、磷浓度的降低主要来自水生植物的摄取和吸收。蒋鑫焱等（2006）的研究也显示，冬季时，沉水植物中伊乐藻总氮的富集能力优于菹草，而菹草对总磷的富集能力优于伊乐藻；挺水植物中，水芹菜对总氮的富集能力优于石菖蒲，但两种挺水植物对总磷富集能力的差异不明显。初春时，微齿眼子菜和伊乐藻对总氮的富集能力均优于竹叶眼子菜，而沉水植物富集 TP 的能力大小依次为微齿眼子菜＞伊乐藻＞竹叶眼子菜；初春时，挺水植物富集总磷的能力与冬季相同。

　　水生植物在光合作用期间，从水体和底质中吸收溶解性无机磷、氨氮和硝酸根等营养盐，在呼吸时或死亡后释放碳氢化合物、有机氮和有机磷。NH_4^+ 主要在根系附生的微生物群落中发生硝化过程，而 NO_3^- 主要在底泥中发生反硝化过程。含有水生植物的小室中，光照条件下净产生 O_2 和 NO_3^-，黑暗条件下净消耗 O_2 和 NO_3^-。光照条件的硝化过程高于黑暗条件。在只含有底泥的小室中，NO_3^- 总是净消耗，而光照条件与黑暗条件的硝化过程相似。水生植物通过为附着的硝化细菌提供表面，还可能使每日水的化学性质发生变化，导致硝化过程加快，从而使富含 NH_4^+ 的淡水系统中使氮的代谢过程发生变化（Eriksson and Weisner，1999）。

3.4.2　沉水植物对营养盐的固定和缓冲作用

　　沉水植物不仅通过生物量吸收截留营养盐，还通过提高沉淀性能截留营养盐。Clarke 和 Wharton（2001）通过计算，说明沉水植物的过滤作用，比营养盐固定生物量更能有效截留营养盐。

　　大量研究表明，沉水植物可以通过叶片从水中吸收磷，也可以通过根部从底质吸收磷（Bristow，1975；Carignan，1982）。当植物表皮细胞壁角质层减少甚至完全损失，沉水植物的结构趋于简单，维管系统也急剧减少，其中原因并非在于蒸发或植物蒸腾作用，这种适应性以及相应的生理学研究显示，沉水植物叶片对营养盐的吸收活跃,并引出营养盐主要被叶片吸收的结论(Wetzel,1975)。沉水植物根、茎的生物量比、移位速率、植物不同部位的吸收能力、湖水/底泥孔隙水溶解性反应磷(DRP)比值影响对磷的吸收途径(Bristow,1975;Denny,1980;Carignan,1982)。沉水植物对营养盐循环的影响在浅水湖泊最为突出(Barko 等,1991)。

　　即使沉水植物以底泥作为单一磷源,在合适的根、茎生物量比值范围,从底泥获取的磷也可能满足植物生长需要。以底泥作为单一磷源的长期研究(Barko and Smart,1980;Huebert and Gorham,1983)表明,沉水植物根、茎生物量比值为 0.015~0.24 时,从底泥获取的磷可以满足植物生长需要。Smith(1978)对 Wingra 湖穗花狐尾藻的研究发现,植物根和茎对磷的吸收受外源磷的输入量和温度影响。每年的大多数时间以根对磷的吸收为主,只是在六月的部分时间,由于此时茎部的生物量大,茎对磷的吸收才超过根的吸收。

　　生长沉水植物的底泥与裸露的底泥相比,底泥孔隙水中的营养盐含量可以随时空发生变化。Carignan(1985)对比了长满穗花狐尾藻的底泥与没有种植水生植物底泥孔隙水中的反应性磷、NH_4^+、K 和无机碳含量,发现孔隙水中的营养盐具有随时间和空间高度变化的特征。夏季时,水生植物根系活动导致 5~38 cm 深的孔隙水中的反应性磷和 NH_4^+ 明显降低。而春秋季时趋势正好相反,可交换 NH_4^+ 是植物可利用的最大的氮库,并且在生长水生植物底泥中的周转时间相对较快。有机物矿化是底泥中 NH_4^+ 的主要来源,并且可以满足水生植物的需求。

　　尽管对沉水植物吸收磷的研究在分类学和方法学上还存在差异,Carignan(1982)的研究发现,如果磷的来源相同,沉水植物不同器官对磷的吸收行为相似。他提出了简单的非特定模型来预测根部对沉水植物吸收磷的相对贡献率。

$$P = \frac{99.8}{1 + 2.66\left(\dfrac{s}{w}\right)^{-0.83}}$$

式中,P 表示沉水植物根部对磷的吸收量。模型中只需要确定底质孔隙水(s)和上覆水(w)中溶解性反应磷的浓度。对模型外推可知,当 s/w>3.3,茎对磷的吸收量小于根的吸收量。由于大多底质呈还原性,促进了磷的溶解,而且溶解的营养物在底质富集。在植物生长季节,大多湖泊中溶解性反应磷(DRP)浓度低,s/w 一般大于 10:1,因此,根据模型计算,沉水植物获得的磷 70% 以上来自底质。

　　鉴于沉水植物衰败、死亡、腐烂时,开始明显向水中释放营养物,当植物进入衰败期后,及时组织收割是降低水体营养水平的重要手段。James 等(2002)对菹草的研究也表明,由于夏季中期美国城市湖泊(HalfMoon Lake)磷的收支在一定程度上（20%）取决于菹草的衰老分解以及大型水生植物磷的循环，大量收获衰老菹草是降低水体营养水平的重要手段。金送笛等（1994b）认为，菹草对水中氮、磷的吸收与 pH、光照、水温、根茎生物量比及底泥间隙水与上覆水中营养盐浓度比有关。在自然条件下，菹草根部主要从底泥中吸收 NH_3-N、PO_4^{3-}-P，对 NO_3^--N 吸收甚微。菹草倒伏后腐败分解释放大量营养盐，为浮游植物的增殖创造了条件。

3.4.3　挺水和浮水植物对营养盐的固定和缓冲作用

1. 挺水和浮水植物中的营养含量

挺水植物和根生浮叶植物主要从底泥中获得营养盐，这种观点基本没有异议。Smith 和 Adams（1986）的研究发现，芦苇床每年从底质中吸收的磷占总吸收量（3 g/m^2）的 73%。与沉水植物相比，挺水植物通常具有大的、多年生的碳水化合物储藏器官，而沉水植物只含有纤细的根部。挺水植物有抵御微生物攻击的支撑组织，而沉水植物纤维素含量少，死亡后更容易矿化（Twilley et al.，1986）。而且，与沉水植物相比，挺水植物水上与水下部分的峰值生物量都很大，茎增殖部位的生物量通常为 1 kg/m^2（干重）左右，而根部与根茎部的生物量更大。挺水植物的不同器官（叶、茎秆、花序、种子、根、根茎）中磷的含量不同，同时由于种间差异、位置和时空差异，难以定量描述挺水植物中磷的含量，但一般而言，挺水植物活组织中磷的浓度为干重的 0.01%～0.5%，含磷 0.1～5mg/gDW。Van der Linden（1980）根据挺水植物水上、水下生物量和氮浓度计算得知，荷兰的芦苇丛中水上部分氮的最大现存量（氮约为 22.2 g/m^2）由根茎供应，而且根茎供应的氮在五月底前都可以满足植物对氮的总需求（氮 11.6 g/m^2）。

浮水植物对矿质营养也有很强的吸收同化能力。Marion 和 Paillisson（2003）对法国一个富营养化浅水湖泊（Grand-Lieu 湖）中三种浮叶植物（白睡莲、菱和荇菜）在 3 年时间中对氮和磷现存量的贡献研究观察到，三种植物水上器官中，氮和磷的含量分别达到 2.16%～3.23% 和 0.29%～0.68%，表明植物对营养盐的富集能力强。而且，尽管三种浮叶植物体内营养盐含量和生物量的年际波动较大，覆盖区域面积的变化也较大，但在 3 年中三种植物对磷的最大月吸收量大致保持一致（7.10～8.85 t）。夏季时，三种漂浮植物对氮的最大摄取量为 40.85～54.55 t。

在一项对挺水植物和浮水植物的比较研究中，Twilley 等（1985）根据植物生长季节最大和最小现存量的差值，估算出美国水柳（*Justicia americana*）的净初级生产力为 173 gDW/m^3，用年周转率估算，欧亚萍蓬草（*Nuphar luteum*）的净初级生产力为 222 $gDW/(m^2 \cdot a)$，而用月周转率估算的净初级生产力为 234 gDW/（m^2·a）。尽管任何时候植物的水上结构只占生物量的 33%，却贡献了大约 92% 的净初级生产力。两种植物结构中营养分布随空间和季节性发生变化。欧亚萍蓬草对氮的周转率最大，约为 222 g/（m^2·a），而且浮叶植物欧亚萍蓬草对营养盐的周转率大于挺水植物美国水柳。

　　2. 挺水和浮水植物对营养盐的移位作用

　　在温带气候条件下，挺水植物根部磷的特征模式通常为：新生枝中磷的浓度最高，然后浓度随时间持续降低，直到生长期结束（Graneli et al., 1983）。磷浓度降低，部分原因在于生物量增加导致的稀释作用。该特征模式使得挺水植物水上部分磷现存量出现的峰值比生物量峰值出现的早。

　　富营养化条件下，挺水植物中磷最大现存量的典型为 0.5～10 g/m^2（Mason and Bryant, 1975; Andersen 1978; van der Linden, 1986）。秋季当枝权开始衰老但仍然存活时，枝权中磷的现存量迅速减少。多年生水生植物脱落的枝叶中常含有低浓度的磷，部分原因在于磷被转移至水面下的器官（Morris and Lajtha, 1986）。在挺水植物生长期的开始阶段，根茎部的磷浓度及现存量减少，到夏季和秋季时，磷浓度又有所增加（Ho, 1981; Gopal and Sharma, 1984）。茎与根茎中磷的季节性模式通常解释为，春季时储存的磷被转移至茎部，秋季时，磷重新移位至根茎、茎底部或其他水下器官。

　　根据资料统计，在夏季末和秋季，多年生挺水植物水上部分磷和氮最大现存量的 25%～50% 返回根茎部。单纯从理论观点考虑，富营养化湖泊中，由于底质呈还原状态，水生植物通常生长在磷含量高的底泥中，因此，没有必要通过内部循环保持植物体内的营养盐平衡。如果底质中可获取的磷含量少，则挺水植物对磷的固定效率更高。

3.4.4　水生植物衰亡后营养盐的释放

　　氮、磷在水—水生植物—沉积物之间，不断地进行着循环与转化。对于最主要的挺水植物，生物量周期通常为 1～2 a/r；在亚北极气候条件下，生物量周期甚至低于一年。因此，从定量角度而言，根茎活体中磷的释放似乎并不重要（van der Linden, 1986）。Morris 和 Lajtha（1986）发现春季通过营养盐吸收进入落叶的固定化作用，造成落叶季节三种挺水植物中（香蒲、风车草 Carex lacustri 和加拿大拂子茅 Calamagrostis canadensis）100% 的磷损失。只有当夏末时，落叶才产生营养盐净释放。他们将春季新鲜枝叶对营养盐的净富集现象解释为当水生植物对营养盐需求量少时，对营养盐具有一定的固定保持作用。

　　腐败的水生植物作为湖泊、水库等天然水体的内源，释放大量的营养。Kistritz（1978）在富营养化水库沿岸带面积为 0.5 m^2 的围隔内，研究穗花狐尾藻为优势种的植物群落腐烂分解后氮磷的释放。试验结果发现，穗花狐尾藻的死亡分解过程大约 50 天后完成。固定的氮主要为 NH_3-N 形式，最大固定速率 380 $\mu g/$（L·d）；固定的磷主要为 PO_4^{3-}-P 形式和溶解性有机磷形式，其中，PO_4^{3-}-P 的最大固定速率为 34 $\mu g/$（L·d）。水生植物只使得 3%～4% 的再生氮在围隔系统内循环，但可以促使 40%～44% 的磷在围隔内循环。

大多释放的磷保留在底质中。对于多年生水生植物，释磷量取决于植物对磷的保存程度。水生植物影响水体化学环境（如溶解氧、pH 等），这种影响反过来又影响湖泊中磷的循环。对太湖水生植物的研究表明，水生植物从湖水和沉积物中吸收和富集氮和磷（李文朝，1997a，1997b），最后又以生物体的方式沉积在湖泊底泥中，成为湖泊氮和磷的内源。根植于底泥的水生植物不仅是湖水和底泥间营养元素交换的直接媒介，还能通过改变湖水的动力学状态和减小湖水对底泥的冲刷强度，间接地促进营养元素由湖水向底泥的转移。

水生植物完全分解矿化受多种因子的影响，向水体释放出全部的氮和磷是一个长期而缓慢的过程。因此，水生植物可以调节生态系统的物质和营养循环，从而减缓水体的富营养化过程。

3.5　水生植物的清水功能

水生植物是水体生态系统的重要组成部分，在不同的营养级水平上存在维持水体清洁和自身优势稳定状态的机制。水生植物通过物理作用（过滤沉淀）、生物化学作用（吸收富集、光合作用、呼吸作用）、协同与竞争作用等提高水体透明度、吸收营养盐、富集重金属、转化和降解有机物，并形成多样化的生境，达到清水的功效（吴振斌等，2001；Scheffer，1990；Scheffer et al.，1994；Schriver et al.，1995）。

3.5.1　提高水体透明度

水体的透明度主要取决于水中浮游生物和悬浮颗粒的多少。大型水生植物群落可防风固浪（朱红钧和赵振兴，2007），减小水体流速，增强底质的稳定性（Brix，1997；Kadlec et al.，2002），防止沉积物的再悬浮（Horppila and Nurminen，2003）；遮光降低水下光照强度（白峰青等，2004），减少水体叶绿素含量；并为其他生物提供栖息和避难的场所（Kadlec R H et al.，2002），也为微生物的活动提供了巨大的物理活性表面（Brix，1997）；从而提高水体透明度（吴振斌等，2001）。

1. 减小水流速度

水生植物对水体的水流速率有重要影响（Franklin et al.，2008），其对水流的缓冲及稳定作用有利于沉积物的沉降，而提高水体透明度。与没有种植水生植物的水体相比，水生植物能改变水体的水流速度场，并产生许多完全不同的栖息条件（Franklin *et al*., 2008；Green，2005）。当水生植物生物量激增时，水流阻力增加，水体深度增加，减少了平均流速，改变了沉积物动力学（Wharton *et al*., 2006；Green，2006）。水生植物对水流的阻力不仅可改变水体的流场而直接影响水体水质交换量，而且可以改变水体的深度以及水质交换的水力损失（Wilson *et al*., 2006，Vemaat *et al*., 2000）。并且，水生植物生物量的季节性增长也能改变水体的水流速度以及速度场（Cotton *et al*., 2006；Wharton *et al*., 2006）。

Wang 等（2006）的研究表明，挺水植物较沉水植物对水流有更大的影响。挺水植物的茎和叶以及浮水植物的根可以减缓水流速度并消除湍流，以达到过滤和沉淀泥沙颗粒、有机微粒的作用（吴建强等，2007；Greenway，2003）。朱红钧和赵振兴（2007）研究了漂浮植物凤眼莲对水流的影响，发现凤眼莲对相对水流紊动强度分布影响明显，而且以不同方式和密度种植凤眼莲后，对水流影响也不等。

2. 降低水下光照强度

水体透明度与叶绿素含量密切相关，会随着叶绿素含量的减少而增加（蔡雷鸣，2006）：由于自然水体中的叶绿素主要来自浮游植物的光合作用，当浮游植物数量降低时，光合作用减弱，水体中叶绿素 a 减少，因此水体的透明度增加。

水体中的漂浮植物具有遮光效应，是可限制藻类的生长因子（Carpenter and Lodge，1986）。当漂浮植物覆盖于水面上时，会大大阻碍太阳光入射到水面和水体中。光能的减少使得浮游藻类的光合作用减弱，藻类初级生产力降低，引起水体中浮游藻类生物量的大量下降（白峰青等，2004；Carpenter and Lodge，1986；蔡雷鸣，2006）。此外，漂浮植物的快速生长能吸收大量营养，可强烈抑制浮游植物的生长，从而可使水体由浊水状态转换到清水状态（李敦海等，2007）。

3. 附着沉积物

在浅水湖泊中，当湖水处在较高营养水平时，会出现多态现象——草型清水状态或藻型浊水状态。在草型清水状态下，水生植物能减少沉积物的再悬浮（James and Barko，1990；Petticrew and Kalff 1992），这是保持草型湖泊水质清澈的主要机制之一。沉水植物（Horppila and Nurminen 2003）、浮叶植物（黄沛生等，2005）、挺水植物（Horppila and Nurminen 2001）通过沉降、吸附和过滤等作用（江亭桂等，2006；黄宜凯等，1998；Ma *et al*., 2009）均能减少沉积物的再悬浮（Carpenter and Lodge 1986；谢贻发等，2007），提高水体透明度。

生长旺盛的水生植物，根系发达，与水体接触面积大，形成了密集的过滤层。当水流通过时，可以过滤掉水体中的污染物质，在其表面进行离子交换、整合、吸附、沉淀等，不溶性胶体被根系黏附和吸附，凝集的菌胶团把悬浮性的有机物和新陈代谢的产物沉降下来，使周围水体变清（吴建强等，2007）。挺水植物香蒲的地下茎和根形成纵横交错的地下茎网，水流缓慢时非生物性和生物性悬浮颗粒被阻隔而沉降（陈桂珠等，1990）。浮水植物其发达的根系与水体接触面积很大，能形成一道密集的过滤层，当水流经过时，不溶性胶体会被根系黏附或吸附而沉降下来，特别是将其中的有机碎屑沉降下来。与此同时，附着于根系的细菌体在进入内源生长阶段后会发生凝集，部分为根系所吸附，部分凝集的菌胶团则把悬浮性的有机物和新陈代谢产物沉降下来（朱斌等，2002）。水生植的物生物量大小、季节性生长差异均可影响水体透明度的变化。夏秋季，水生植物生长旺盛，水体中颗粒物质被水生植物吸附、截留等而沉降除去，从而水体透明度升高；而在冬季，水生植物生命活动停滞，植物叶片吸收颗粒物的能力降低，透明度也随之下降（何俊等，2008）。

1）附着非生物性物质

水生植物通过吸附、过滤作用以及沉降效应，可显著降低水体中有机悬浮物量，从而减少了对光的吸收和散射，提高了水体透明度（蔡雷鸣，2006）。吴振斌等（2001）通过对武汉富营养化浅水湖泊东湖中建立的沉水植物围隔系统的实验研究发现，沉水植物的存在有效地降低了颗粒性物质的含量，具有水生植物的围隔水体颜色明显浅于对照围隔和大湖水体，水体透明度较对照围隔和大湖水体显著升高。方云英等（2008）在实验围隔系统中，研究了利用植物凤眼莲和伊乐藻分别在夏季、冬季对水体透明度的影响。发现处理围区的水体透明度达到1.7~1.8 m，是无植物围区内的对照和大湖水体透明度的 2~3 倍。凤眼莲生长速度很快，44 天后覆盖面积达到 65%，其发达的根系与水接触面积较大，形成一道密集的过滤层，不溶性胶体特别是一些有机碎屑可以被根系黏附或吸附而沉降，使水体悬浮物含量降低、透明度提高。黄沛生等（2005）发现浮叶植物菱对沉积物中氮素再悬浮有良好的抑制作用。菱生长区内的平均沉积物再悬浮速率为218.46g（dw）/（m²·d），而生长区外达到 3 倍；随着沉积物再悬浮，生长区内平均每年有 262.66 gN/m² 被带入水中，生长区外则达到 560.69 gN/m²。

水生植物对非生物性悬浮物的附着能力与沉积物的理化性状、植物体的物理性状等关系紧密。水生植物对悬浮物的吸附力大小主要取决于植物体表面的物理性状，如粗糙程度、是否分泌黏性物质、比表面积大小等（Ma *et al.*，2009）。Ma 等（2009）研究的 8 种沉水植物对悬浮颗粒物质的吸附能力依次为：菹草＞伊乐藻＞黑藻＞狐尾藻＞马来眼子菜＞草茨藻＞苦草＞金鱼藻。并认为对悬浮物吸附能力与植物生物量增加快慢以及叶/茎大小没有明显相关关系，与叶形及叶面积大小也没有明显关系。黄宜凯等（1998）通过对轮叶黑藻和亚洲苦草在静水中对悬浮固体作用的研究认为，水中泥沙浓度的降低与水生植物叶片对悬浮泥沙的吸附关系密切。轮叶黑藻叶片细小繁多，与水体接触面积大，因而吸附的泥沙量多，每克（干重）吸附沉淀的悬浮固体平均可达 0.665 g，水中泥沙浓度降低的速度较快；而亚洲苦草叶片大而呈带状，吸附的泥沙量少得多，每克（干重）吸附沉淀的悬浮固体平均仅为 0.113 g，水中泥沙浓度降低的速度也慢。另外，沉水植物对水体中悬浮颗粒物的吸附能力还与沉积物的理化性状有密切关系，如沉积物颗粒的粒径大小、带电荷状况、氧化还原电位、有机物浓度等。一般来讲，在一定范围内，颗粒物粒径越小，越容易悬浮，也相对容易被植物吸附；所带电荷与植物表面相反时容易被吸附；有机物浓度过高时，会消耗大量氧气，降低氧化还原电位，导致沉积物疏松、不易固化而容易再悬浮（Ma et al., 2009）。

2）附着生物性物质

水生植物群落的存在，也为微生物和微型生物提供了附着基质和栖息场所，有利于硝化、反硝化细菌的生存。这些生物能大大加速截留在根系周围的有机胶体或悬浮物的分解矿化。如芽孢杆菌能将有机磷、不溶解磷降解为无机的可溶的磷酸盐，从而使植物能直接吸收利用（许航，1999）；水生植物作为载体使污水中不溶性胶体、附着于根系的细菌黏附于植物叶片或根系上，有助于减少沉积物中磷的释放（Dunabin and Bowmer，1992；Kadlec et al.，2002；朱广伟等，2004）。此外，水生植物的根系还能分泌促进嗜磷、嗜氮细菌生长的物质，从而间接提高净化率。张鸿等（1999）研究表明，在种植水芹、凤眼莲的湿地中，硝化和反硝化细菌的数量均高于没有植物的湿地，水芹湿地的细菌数量多于凤眼莲湿地的细菌数量。

水生植物代谢产物和残体及溶解的有机碳给周围的菌落提供食物源；同时，大量微生物在基质表面形成灰色生物膜，增加了微生物的数量和分解代谢的面积，使植物根部的污染物（富集或沉降下来的）被微生物分解利用或经生物代谢降解过程而去除。富营养化水体，也可依靠水生植物根茎上的微生物使反硝化菌、氨化菌等加速氨氮向亚硝酸态氮和硝酸态氮的转化过程，便于水生植物的吸收与利用，减少底泥向水体中的营养盐释放。Ma 等（2009）的研究表明，沉水植物对悬浮物浓度的降低能力与其对颗粒物的吸附能力大小顺序并不一致。因为沉水植物可通过分泌克生物质和胞外酶、与水体进行物质交换以及影响微型生物的性质来改变微环境，催进悬浮物浓度的降低。

3.5.2　形成适宜生化环境

水生植物通过光合作用、呼吸作用等生化反应改变水体的生物化学性质，包括 pH、O_2 和 CO_2 浓度、氧化还原电位、电导率等；为水体中有机物的降解，植物根部硝化、反硝化区域形成，以及营养盐及重金属的吸收富集创造适宜条件（Fennessy et al.，1994）。

1. 改变水体中 O_2、CO_2 浓度和氧化还原电位

水生植物通过光合作用释放 O_2、通过呼吸作用释放 CO_2。自然水体中的溶解氧主要来自浮游植物光合作用增氧以及水体表面的大气复氧。漂浮植物的生长会阻碍光能的入射，加上水中浮游植物数量降低，水中光合作用减弱，导致浮游植物的增氧降低；漂浮植物在水体表层连成片影响表层水流和波浪运动，阻碍大气中的氧气溶解进入水体，使得水体复氧能力减弱。水生植物中碳、氮、磷是构成有机物的重要组成，死亡腐烂的水生植物有机物质中碳的氧化降解最终产生二氧化碳，同时水生生物的呼吸作用也产生二氧化碳，当光合作用减弱，产生的二氧化碳无法通过光合作用被吸收转化，会致使水中二氧化碳的含量升高（蔡雷鸣，2006）。

光合作用产生的氧气和大气中的氧气通过维管输送到植株各处，并向水中扩散，增加水体中的氧气。根系通过释放氧气，氧化分解根系周围的沉降物；同时使水体底部和基质土壤形成许多厌氧和好氧区，为微生物活动创造条件，进而形成"根际区"，加强污染物的分解。在废水处理塘中养殖凤眼莲，其叶片光合作用产生的氧气可以被细菌利用来降解有机物（Polprasert and Khatiwada，1998）。

水生植物通过光合作用，一方面由于自身的分泌物和水体中离子交换作用对一些矿质元素起到螯合沉积；另一方面通过自身输导组织和根部呼吸作用将氧释放到沉积物和水体中，从而影响根际周围的 pH，提高氧化还原电位，有利于植物对矿质元素的吸收，从而促进水体生态系统的生物地化循环（韩沙沙和温琰茂，2004）。

2. 调节水体 pH

植物的光合作用使水里的 CO_2 迅速减少，从而打破了水中原有的碳酸盐平衡。当水中的 CO_2 浓度较低时，会促使一部分 HCO_3^- 转化成 CO_3^{2-}，随着 HCO_3^- 的下降，CO_3^{2-} 浓度上升，水体的 pH 逐步升高。白天气温高、日照强，植物的光合作用强，CO_2 气体的消耗也大；夜晚随着日照的减弱，气温逐渐降低，植物的光反应也渐渐减弱，CO_2 气体的消耗也在减少，水体逐渐恢复原有的碳酸盐平衡。水中的二氧化碳是控制自然水体 pH 的最重要的缓冲体系，水中的二氧化碳浓度升高、溶解氧含量减少，会引起水体 pH 降低，使水体由中性向酸性转化。因此，在有大量繁殖的水生植物情况下，水体的 pH 呈规律性变化（蔡雷鸣，2006）。

沉水植物因其根、茎、叶完全沉没于水中，在白天光照充足时，会因其强烈的光合作用消耗水中的 CO_2，导致水中 pH 的增加（王传海等，2007）。沉水植物种类和生物量对水体 pH 均有影响。赵联芳等（2008）的研究表明，在较短的时间（12 天）内，种有植物的水的 pH 由初始的 7.5 上升至 8.6 以上。由于不种

植物的空白样中的 pH 比较稳定，保持在 6.4 以下，表明此 pH 的上升是由伊乐藻的光合作用造成的。pH 的快速上升表明移栽后的伊乐藻对环境的适应性较强，光合作用很快恢复。同时，伊乐藻生物量为 4 g/L 时的 pH 略高于 2 g/L 时的情况，表明正常生长的伊乐藻生物量的增加，能更多地消耗水中的 CO_2，从而更大程度地改变了水中的 pH。

方云英等（2008）在围隔实验研究中发现，移入凤眼莲 14 天后，水生植物生态围区上覆水 pH 从 7.9 降到 7.0，并一直维持在 6.7～7.0，直到凤眼莲收获，无植物围区内对照和大湖水体的 pH 比凤眼莲处理围区高，为 8.3～8.4。凤眼莲发达的通气组织能为根系提供充足的氧气，发达的须根为硝化细菌降解铵态氮提供了平台，根系吸收 NH_3 并释放 CO_2，使根系周围的 pH 降低。

3. 改变水体中无机碳的形态和含量

水生植物与陆生植物的主要区别是部分水生植物具有利用 HCO_3^- 作为光合作用的外部无机碳源的能力，这种能力可增加水体中可利用的无机碳源量（Maberly and Madsen，2002）。在空气和水体环境条件下，植物进行光合作用利用的无机碳源有很大差异，CO_2 在水体中的溶解度仅为空气中溶解度的万分之一。同时在叶片表面区域的水体中由于 CO_2 的大量消耗以及水的黏性而产生了扩散力层，阻止了后续 CO_2 穿过该层进入叶片，成为水生植物碳固定的限制步骤。因而也促进了部分沉水植物产生各种形态和生理适应机制。如从沉积物中吸取 CO_2，以及吸收 HCO_3^- 途径等（肖月娥等，2007）。沉水植物菹草和马来眼子菜对 HCO_3^- 的吸收速率存在差异，马来眼子菜整体的光合速率较高，在高 pH（CO_2）时，对 CO_2 的亲和力较大。

3.5.3　吸收氮、磷等营养盐

水体中的无机氮作为水生植物生长过程中不可缺少的物质被水生植物直接摄取并合成蛋白质与有机氮；水体中的无机磷在水生植物吸收及同化作用下可转化成植物的 ATP、DNA、RNA 等有机成分。水生植物可直接吸收水体中氮、磷等营养盐，并将它们暂时固定在系统内部转化为生物量（Untawale et al.，1980；Ho，1988 ；Vardanyan and Ingole，2006）。当水体中的营养负荷较高时，水生植物通常生长茂盛，因此，可利用水生植物的吸收作用来去除富营养化水体中的氮、磷营养盐（朱斌等，2002）。水生植物对氮、磷等营养盐的吸收是有限的，并且随着植物的衰亡，体内的营养盐会重新释放到水体中，因此，只有通过定期收获，从水体中移除一定量的氮、磷营养，才能真正实现对水体的净化。

1. 吸收能力及效果

水生植物在生长过程中可通过叶片、发达的根系等器官大量吸收水体和底泥中的氮、磷营养物质，使得植物体内 TN、TP 含量的增加量大于水体中 TN、TP 的去除量（朱斌等，2002）。多数学者认为通过收割植物去除氮、磷量很小，植物吸收作用不是去氮除磷的主要机制（Kim and Geary，2001；尹炜等，2006）；但也有部分学者认为它起到了主导作用，植物吸收的氮、磷可达系统氮、磷去除总量的 50% 以上（刘剑彤等，1998；蒋跃平等，2004）。

倪乐意等（1995）通过东湖围隔沉水植物恢复试验，得到每克鲜重伊乐藻对一些营养盐的日吸收速度分别为：NH_3-N：161 μg，NO_3^--N：21 μg，PO_4^{3-}-P：21 μg。王旭明（1999）利用水芹净化污水，污水中 TN、TP 浓度分别为 15.68 mg/L、4.54 mg/L，实验得到在 20℃ 的常温下，4 天内水芹对 TN、TP 的吸收率分别达到 72.98%、86.3%；对氨氮和溶解性磷的去除率甚至都达到 100%。

1）对氮的吸收

水体中的氮有多种形态：有机氮、氨氮、亚硝酸盐氮、硝酸盐氮等，真正可被水生植物直接吸收利用的氮元素主要是铵态氮和硝态氮，低浓度的亚硝酸盐也能被植物吸收，但浓度较高时对植物有害（黄蕾，2005）。

植物的直接吸收作用和微生物降解作用共同为去除水体中总氮作贡献，并且不同阶段对不同形态氮的吸收行为受到微生物降解作用的影响。黄蕾等（2005）对伊乐藻、水芹、石菖蒲三种水生植物的研究表明，该三种水生植物在试验开始后 7 天就大量吸收 NH_3-N，使水体中 NH_3-N 浓度大幅降低。此阶段，水体中的 NH_3-N 大部分是通过硝化作用和反硝化作用的连续反应而去除，这种反应过程会增加水体中 NO_3^--N 的量，从而使 TN 含量下降幅度变小。但随着 NH_3-N 浓度下降并趋于稳定值后，它转变为 NO_3^--N 的量减少，植物开始以吸收 NO_3^--N 为主，从而不断降低水体 TN 含量，导致试验后植物对 TN 的吸收率逐渐高于 NH_3-N。童昌华等（2003）研究了 5 种沉水植物等对不同形态氮吸收，结果显示：它们对 NO_3^--N 的吸收均好于对 TN、NH_3-N 的吸收。黄蕾等（2005）研究了伊乐藻、水芹和石菖蒲等三种水生植物对不同形态氮的吸收效果。发现这三种植物对 NH_3-N 吸收效果比 TN 好，对 NH_3-N 的吸收效果依次为：伊乐藻＞水芹＞石菖蒲，对总氮的吸收效果依次为：水芹＞石菖蒲＞伊乐藻。朱清顺等（2005）比较了 8 种挺水、沉水、漂浮植物对不同形态氮的去除效果，发现不同植物对各形态氮的去除效率不一致。而雷泽湘等（2006）的研究结果显示，在总氮的去除方面，沉水植物优于浮叶植物。方云英等（2008）通过围隔实验发现，移入凤眼莲 14 天后，围区内上覆水的总氮浓度从 1.7 mg/L 降到 1.0 mg/L，44 天后 TN 浓度降到 0.5 mg/L，是无植物围区内对照和大湖水体 TN 浓度的 1/4。凤眼莲收获并移入沉水植物后，由于沉水植物生长慢，无法抑制和吸收底泥释放的氮，水体总氮浓度升高，10 月底和 11 月从 0.7 mg/L 上升到 1.2 mg/L 左右，沉水植物生长恢复后，水体 TN 浓度下降并维持在 1.0 mg/L。

水生植物对水体中 N 的形态也有影响。马凯等（2003）认为，在总氮水平较低的条件下（<0.8 mg/L），沉水植物无法充分利用水环境中的氮，总氮水平维持稳定，而穗花狐尾藻等物种甚至释放氮的无机化合物以提高水中总氮水平。和金鱼藻、微齿眼子菜、苦草这三种植物相比，穗花狐尾藻则有所不同，在其分布水域中，总氮水平明显高于其他水域。这点显示出穗花狐尾藻的生命活动过程需要向水环境中释放大量的无机氮化合物，因此使水环境中总氮水平显著提高。穗花狐尾藻对水体富营养化具有一定促进作用。虽然它同样可以吸收水中的磷，但相比其他沉水植物，其对磷的降解作用相对最有限。而且其生长过程中，不断向水中释放大量的氮，营养释放作用远远大于吸收作用，其分布无疑会提高水域内营养物质含量，从而加速水体富营养化进程。

2）对磷的吸收

植物可直接吸收利用的为可溶性磷（雷泽湘等，2006；伏彩中等，2006）。王圣瑞等（2005）的研究发现黑藻对各试验组上覆水总磷浓度影响不大，对活性磷影响较大；黑藻对各磷化合物均能吸收。童昌华等（2003）的研究显示，即使在磷含量很低（<0.027 mg/L）的情况下，沉水植物金鱼藻、狐尾藻、微齿眼子菜、马来眼子菜和苦草等仍能较好地吸收并降低其浓度。雷泽湘等（2006）研究了三种沉水植物马来眼子菜、苦草、轮叶黑藻以及两种浮叶植物荇菜、菱对太湖梅梁湾富营养化湖水的净化效果，结果发现沉水植物对总磷的去除好于浮叶植物。朱清顺等（2005）研究了 8 种水生植物对水体总磷的去除效果，结果发现水浮莲去除效果最好，去除率达 98.95%，轮叶黑藻的去除效果最差，去除率为 6.23%。

2. 影响吸收能力的因素

1）水体营养盐浓度

水生植物对氮磷的吸收能力与水体营养盐浓度有关。一般，随着营养盐浓度的增加，水生植物的吸收能力也增加，但是当营养盐浓度超出一定范围，会对水生植物的生理活性造成伤害；当营养物浓度降到极限浓度后就不再继续被吸收（黄蕾等，2005）。

陈国强等（2002）研究了不同磷浓度对睡莲和菱叶片生理活性的影响，研究结果表明，随着磷营养盐水平的提高，叶内无机磷的含量也逐渐增加，而叶绿素则随磷含量的增加而降低。综合考虑磷对两种植物各指标的影响，认为菱的最适宜生长的磷浓度为 0.1 mmol/L，睡莲为 0.5 mmol/L，超过或低于该浓度，都会对其生理活性产生不利影响。该研究结果间接反映了不同植物对磷的吸收作用，为去磷植物的选择提供了参考（白锋青等，2004）。

蒋鑫焱等（2006）的研究发现，不同的氮磷营养浓度条件下，水生植物的吸收能力有差异：随着水体营养浓度的增加，植物体内总氮浓度明显增加。他们通过测定 3 种沉水植物及 2 种挺水植物吸收前后体内总氮、总磷含量发现：在中营养浓度下，总氮浓度的增长率依次为，沉水植物：伊乐藻＞微齿眼子菜＞竹叶眼子菜，挺水植物：水芹≥石菖蒲；在富营养和超富营养浓度下依次为，沉水植物：微齿眼子菜≥伊乐藻＞竹叶眼子菜，挺水植物：水芹＞石菖蒲。三种沉水植物对总磷的吸收能力均随着水体营养浓度的增加而增加；而两种挺水植物中水芹在高营养浓度下吸收磷的能力较强，石菖蒲适宜于中低营养浓度下吸收磷。

2) 水生植物种类、生物量及覆盖度

不同生活型水生植物对水体中氮磷等营养盐去除的贡献率不同，而且相同生活型不同种类的水生植物间差异也很大。

童昌华等（2003a，2004）研究了 5 种沉水植物金鱼藻、狐尾藻、微齿眼子菜、马来眼子菜、苦草和 1 种漂浮植物凤眼莲对不同形态氮及磷的吸收，结果显示这 6 种水生植物对总氮的吸收效果依次为，狐尾藻＞微齿眼子菜＞马来眼子菜＞凤眼莲＞苦草＞金鱼藻。蒋鑫焱等（2006）的研究发现沉水植物伊乐藻、菹草、微齿眼子菜、竹叶眼子菜和挺水植物石菖蒲、水芹 6 种水生植物春季对总氮的吸收能力分别为，沉水植物：微齿眼子菜≈伊乐藻＞竹叶眼子菜；挺水植物：水芹＞石菖蒲。它们对 TP 的吸收能力为，沉水植物＞挺水植物；沉水植物中：微齿眼子菜＞伊乐藻＞竹叶眼子菜；挺水植物两者间相差不大。在冬季时这几种水生植物体内富集总氮能力为，沉水植物：伊乐藻＞菹草，挺水植物：水芹＞石菖蒲；富集总磷的能力为，菹草＞伊乐藻，而挺水植物两者间的差异不明显。朱清顺等（2005）的研究表明，不同种类的水生植物在相同生态环境中的生长状况不尽相同：属于沉水植物的苦草、轮叶黑藻、伊乐藻的生长表现为植株的增长与分蘖并重；挺水植物的茭草则表现为植株的增长为主；浮水植物的喜旱莲子草、水浮莲、浮萍以快速分蘖与植株个体增大为主。因此，在利用水生植物进行受污染水体的恢复时，尽量选择快速生长的水生植物。

水生植物吸收能力的大小与其生物量和群体的覆盖度有关。栾晓丽等（2008）研究了石龙芮和酸模）这两种植物对生活污水的净化效果，发现植物系统对污染物的处理效果与生物量有关，同种植物随着生物量的增加对总氮、总磷的去除率提高，

3) 群落结构和季节性影响

不同类型水生植物的搭配与混种可形成优劣互补的群落，增强对恶劣生境的抵御能力，对水体中氮、磷的吸收能力也有强化作用。杨琼芳（2002）的研究结果表明，具有双层次群落结构的 FAMS（floating aquatic macrophytebased treatment systems）（喜旱莲子草-眼子菜）能改善敏感植物眼子菜对污水的适应环境，使眼子菜能在污水环境中存活，且发挥了 FAMS 的正常净化功能。同时，喜旱莲子草对总氮具有较强的去除率，当它与其他植物种（紫背萍、眼子菜和浮

萍）配制成双层结构 FAMS 时，其去除效果高于单层结构的喜旱莲子草 FAMS。喜旱莲子草-眼子菜、喜旱莲子草-紫背萍、喜旱莲子草-浮萍的最大去除率均高于单种喜旱莲子草的最大去除率。水鳖对水体中的总氮具有较高的去除率，它与紫背萍配置，能提高 FAMS 的去除效果。紫背萍-水鳖的最大去除率高于单层结构的紫背萍 FAMS 的去除率。

温度变化可影响水生植物对营养盐的吸收。水芹对氮磷的吸收率随着温度的升高而增加，当温度从 15℃ 增加到 20℃ 时，对总氮和总磷的吸收率分别增加了 6.3%、12.6%（王旭明，1999）。水生植物生长的季节性规律也影响其对水体氮磷营养盐的吸收。何俊等（2008）的研究显示东太湖氮、磷营养盐季节变化呈现春季积累、夏秋季消耗的特征。水生植物春季的氨氮吸收率基本都高于冬季（黄蕾等，2005）。而童昌华等（2004）的冬季试验中，氨氮的去除率只有 14%。

3. 营养盐吸收动力学

水生植物对氮、磷等营养的吸收速率可以用米氏方程来表达（Epstein，1972），根系吸收营养离子的动力学特性主要是通过吸收动力学参数来描述，包括最大吸收速率、米氏常数和吸收临界浓度等。根据米氏方程，根系吸收离子的速率随着外部溶液浓度的增加而提高，直到达到饱和水平；超出这个水平，吸收速率不再依赖于离子浓度。

不同生活型的水生植物，其氮、磷营养盐吸收的部位不同。对于挺水和浮叶根生植物，其对氮、磷的吸收是从根部转运到叶片的，其在水中的茎叶部分并不直接从水中吸收（Wetzel，1987）；漂浮植物的氮、磷营养则直接从水体中吸收；沉水植物除了通过根来吸收氮、磷营养外，还不同程度地通过其他部位来吸收（Barko and Smart，1981，Barko et al.，1991）。

刘锋等（2009）研究得到沉水植物竹叶眼子菜在高、中和低营养培养条件下的 NH_4^+-N 最大吸收速率分别为 41.1 $\mu mol/$（gDW · h）、29.1 $\mu mol/$（gDW · h）、21.1 $\mu mol/$（gDW · h），米氏常数分别为 0.356 mmol/L、0.306 mmol/L、0.122 mmol/L。在试验营养浓度范围内，浓度越高，吸收潜力越大，对离子的亲和力越低；反之，吸收潜力越小，对离子的亲和力越高。类似研究表明，芦苇、香蒲、紫萍、黄花水龙、伊乐藻、凤眼莲等对 NH_4^+-N 最大吸收速率分别 151~229 $\mu mol/$（gDW · h）、19.9~28.0 $\mu mol/$（gDW · h）、7.12 $\mu mol/$（gDW · h）、265.7 $\mu mol/$（gDW · h）、18.1 $\mu mol/$（gDW · h）、230.1 $\mu mol/$（gDW · h）（Romero et al.，1999；Dyhr-Jensen and Brix 1996；沈根祥等，2006；常会庆等，2008）。刘强等（2008）研究了 4 种水生植物对磷的吸收动力学参数，最大磷吸收速率为 36.4~75.3 g/（gDW · h），亲和力常数为 0.25~1.67 mg/L。

3.5.4　富集重金属

众多研究表明，水生植物对重金属 Ca、Fe、Mn、Mg、Zn、Cr、Pb、Cd、Co、Ni、Cu、Ag 等具有很强的吸收积累能力（黄永杰等，2006；Vardanyan and Ingole，2006），水生植物的金属富集作用是其水体净化功能的一个重要方面。如浮萍可大幅度降低废水中的铁和锌，对锰的去除效率达100%（Hammouda et al.，1995），对锌的富集系数很高，植株内的浓度比外面培养基内高2700倍（Shanti et al.，1995）。

水生植物对重金属富集能力与其耐性机制密切相关。耐性是指植物体内具有某些特定的生理机制，使植物能生存于高含量的重金属环境中而不受损害（杨居荣和黄翠，1994）。植物的金属富集是耐性机制的重要途径之一，富集的重金属在植物体内以不具生物活性的解毒形式存在，如结合到细胞壁上、离子主动运输进入液泡、与有机酸或某些蛋白质的络合等（Baker，1987）。富集过程包括：①跨根细胞质膜运输；②根皮层细胞中横向运输；③从根系的中柱薄壁细胞装载到木质部导管；④木质部长途运输；⑤从木质部卸载到叶细胞；⑥跨叶细胞的液泡膜运输（闫研等，2008）。

水生植物对重金属的富集能力是沉水植物＞漂浮植物、浮叶植物＞挺水植物，根系发达的水生植物大于根系不发达的水生植物，具有大量细根的植物强于具有少量粗根的植物。而且，不同水生植物、同种水生植物的不同器官对不同重金属的吸收富集能力有明显差异。对于沉水植物，根和叶共同去除重金属和营养盐。并且，当植物沉水性能越好，枝干的结构越简单，就越容易通过枝叶而不是根吸收重金属。对于挺水植物和漂浮植物，主要通过根吸收重金属（Denny，1987）。挺水植物通过氧气输送、缓冲、调节 pH、补充有机物等作用改变基质条件，从而间接影响对金属的储存（Dunabin and Bowmer，1992）。浮水植物中，凤眼莲具有通过根部组织富集重金属的特性（Muramoto and Oki，1983；Nor，1990）。

Vardanyan 和 Ingole（2006）对亚美尼亚塞凡湖（Sevan Lake）中36种水生植物以及印度的 Carambolim 湖中9种水生植物对14种重金属的富集能力进行了研究，发现 Ca、Fe、Al、Cr、Cu、Ba、Ti、Co、Pb 9种重金属主要积累在水生植物的根部组织，而 Mn、Zn、Mg 等则主要积累于茎部组织，Ca 主要积累于叶组织中。黄永杰（2006）也认为植物体内的重金属主要积累于根部，茎叶部分含量相对较低。但香蒲对 Pb、Cd 的吸收能力表现为茎叶＞根。

3.5.5　转化和降解有机污染物

植物能够直接吸收有机污染物，然后再经过不同的途径去除这些物质。植物也可以分泌各种酶类，通过酶的催化作用来转化或降解有机污染物。同时，植物可以将有机污染物吸附在根的表面，与根际微生物协同作用实现对有机污染物的降解。然而，不同性质的污染物被去除的过程不尽相同；疏水性有机污染物易被根表面强烈吸附，但不能向植物体内转移，只能富集在根系表面，这些物质被水环境微生物或在根系分泌物的参与下降解。亲水性强的有机污染物容易被植物体吸收，几乎不经过吸附过程就直接进入植物体内，其中有些有机污染物被植物直接降解或转化成无毒性的中间代谢物或者完全降解，其产物参与植物体的代谢过程，或储存在植物细胞中，最后矿化成 CO_2 和 H_2O；有些有机污染物在植物体内与其他有机化合物形成无毒的稳定复合物；还有某些有机污染物经木质部转运，随后通过植物的蒸腾作用从叶表挥发等。因此有机污染物在水生植物体内的转化和降解过程是极其复杂的。

1. 水生植物代谢常规有机污染物

稳定塘是治理水环境污染的常见方法，其中水生植物塘既能处理污水，又可收获具有一定经济价值的水生植物，因而受到环境污染治理工作者的普遍重视。早在 1994 吴振斌等就利用种植凤眼莲、水浮莲、浮萍、紫萍、莲、芦苇、喜旱莲子草等水生植物综合生物塘处理城镇生活污水，在三个净化阶段中对 BOD_5 的净化效率分别为 80.5%、83.8% 和 77.4%；对 COD 净化效率分别为 64.4%、73.6% 和 74.9%。邵林广（2001）利用水浮莲净化富营养化湖泊，表明水浮莲对富营养化湖泊中的有机物具有良好的去除能力，BOD_5 的去除率在 70% 以上。水生维管植物对有机污染物的净化效果明显。贺锋和吴振斌（2003）研究发现，菱白、慈姑对城市污水 BOD 的去除率可达 80% 以上。水葱可使食品厂废水中 COD 降低 70%～80%，使 BOD 降低 60%～90%。综合以上的净化效果，水生植物对生活污水中 BOD 去除均达到 60%～90%，对 COD 的去除达到了 64%～80%。其净化主要通过植物的吸收和植物体内的进一步转化和降解。

不同的水生植物其生长特性不同，对污水具有不同的净化效果。涂燕（2007）利用种植有密叶竹焦等 21 种水生植物的人工湿地对生活污水进行净化。结果表明 BOD_5 去除率最高的是夏雪黛粉叶，其次是朱顶红、广东万年青，最低的是鸢尾。COD 去除率最高的是海芋，最低的是文殊兰。陈志澄等（2006）对处理生活污水的野芋头等 19 种水生植物品种进行了筛选，结果表明这些植物对生活污水中 COD 均有一定的降解能力，其中姜花对 COD 的降解能力最强达 93%。王怡（2005）以伞草等 12 种水生植物为材料，设立三种 CODcr 浓度分别为 50～60 mg/L、150～180 mg/L 和 350～400 mg/L 的生活污水，筛选出综合和对单项指标净化能力较强的水生植物，结果表明春、秋两季，马蹄莲和睡莲对 CODcr 有较好的净化效果，水浮莲、马蹄莲和睡莲有较好的 BOD_5 去除效果。孙禅（2008）用盆栽试验研究 5 种沉水植物，2 种浮水植物以及 5 种挺水植物对水

体中的 BOD_5、$CODcr$ 的净化效果，结果表明不同生活型以及同一生活型不同种类之间水生植物差异较大。对不同品种的植物进行筛选，不仅要从景观上考虑，更为重要的是从对污染物的净化效果、本土化和生物量等多因素出发，选出在生态恢复工程上适用的品种。

2. 水生植物代谢有毒有机污染物

水生植物具有很强的积累和降解有机物的生态功能，充分利用它们的这种能力，可以有效地对污染水体进行修复。凤眼莲可以去除水体中的有机磷农药、染料、酚、多环芳烃、甲基对硫磷等有机污染物（刘建武等，2003）；浮萍、伊乐藻对杀虫剂 DDT 降解有明显的作用，金鱼藻、伊乐藻和浮萍可以显著降低地表水中异丙甲草胺浓度（唐志坚等，2003）。夏会龙等（2002）研究了凤眼莲降解农药污染水体，结果表明，$10 \sim 11$ g 凤眼莲可将 250 mL 的 1 mg/L 的乙硫磷、三氯杀螨醇和三氟氯氰菊酯消解速度分别提高 283.33%、106.64% 和 362.23%。Wilson 等（2000）将香蒲暴露于甲霜灵和西玛津 7 天后，结果表明香蒲分别吸收了 34% 甲霜灵和 65% 西玛津。Garrison 等（2000）经过对放射线杀菌的水系统中的水生植物伊乐藻进行降解 p,p'-滴滴涕和其异构体 o,p'-滴滴涕的研究，发现它们将这两种有机氯农药降解的半衰期为 $1 \sim 3$ 天。无菌条件下水生植物粉绿狐尾藻、浮萍、伊乐藻在 6 天内可以富集大部分水环境中的 DDT，并能将 $1\% \sim 13\%$ 的 DDT 降解为 DDD 和 DDE。Wang 等（2003）也报道狐尾藻有效转化 TNT。3 种水生植物眼子菜、葛和金鱼藻每天能够去除 0.019 mg/L 的 TNT（Betts，1997）。

沉水植物对有机有毒物质具有很强的富集能力，但关于沉水植物对内分泌干扰物——烷基酚化合物的吸收状况鲜见报道。Zhang 等（2008）的研究表明狐尾藻、伊乐藻、金鱼藻和菹草四种沉水植物均可以从湖泊水体、悬浮物和沉积物吸收壬基酚和辛基酚；四种沉水植物对烷基酚的积累量不同，对于壬基酚，狐尾藻积累最大，其次分别为伊乐藻、金鱼藻和菹草；辛基酚在沉水植物中的分布与烷基酚的分布略有不同，伊乐藻中含量最高，其次依次为狐尾藻、菹草和金鱼藻；沉水植物的比表面积与有机物积累有很大关系，比表面积越大，积累面积越大；狐尾藻和金鱼藻比表面积较大；导致狐尾藻和伊乐藻对壬基酚的积累能力较强。从烷基酚 $4 \sim 6$ 月在沉水植物中的分布来看，6 月烷基酚在沉水植物体内积累最大，可能是由于温度的升高导致洗涤剂使用量增加，从而致使湖水中烷基酚聚氧乙烯醚升高，以及烷基酚聚氧乙烯醚的加速降解，使水体中烷基酚背景值升高所致。Heinis 等（1999）报道轮藻暴露于 30 $\mu g/L$ 的壬基酚的海水水体中，39 h 后轮藻中壬基酚的含量为 10.9 $\mu g/gDW$，2 天后含量为 11.5 $\mu g/gDW$；当轮藻暴露于 300 $\mu g/L$ 的壬基酚的海水水体中，1 天后轮藻体内的壬基酚的含量高达 139 $\mu g/gDW$，14 天其体内的浓度仍然高达 63.6 $\mu g/gDW$，56 天后随着海水中

壬基酚的浓度的降低以及轮藻对壬基酚的降解作用,轮藻中壬基酚的含量为
3.87 $\mu g/gDW$。

　　从水生植物净化富营养化湖泊的研究中发现,大部分植物对水中有机物的吸
收都呈现出先快后慢的规律,这是因为在有机物浓度高时,植物本身对有机物的
积累、吸收、降解的能力支配着整个吸收过程,是影响吸收速度的最主要因素;
而在有机物浓度低时,有机物向水中的扩散速度就转变为影响吸收速度的主要因
素。在进行植物修复前,应该详细了解污染物的种类,并选择适当的植物进行环
境修复。利用沉水植物修复被污染的水域环境,具有操作简单、投资成本低、无
二次污染、兼具保护和美化环境以及提高湖泊生物多样性的功能,是目前最具潜
力的环境修复技术之一。

　　由于自然界中超富集水生植物种属稀少,分布受地域局限,而且往往生长缓
慢,生物量小,导致修复治理效率低、周期长而难于满足实际需求。因此,培育
和驯化有利于治理环境污染的超富集有机污染的水生植物,从而满足实际应用的
需要,是今后水生环境修复研究的重要内容之一。目前,研究主要集中在寻找富
集有机污染的水生植物以及分析该水生植物吸收污染物的能力和对去除环境中污
染物质的贡献;但是,有机污染物被水生植物吸收后在植株体内进一步代谢降解
和归属的研究相对缺乏。此外,还应深入研究水生植物对有机有毒污染物超量吸
收及其解毒机理、根际作用等一系列基础理论问题。

3.6　水生植物对藻类的化感作用

　　植物化感作用是指植物释放的次生代谢产物对环境中其他植物有利或不利的
作用 (Rice,1984)。水生植物和浮游藻类都是水生态系统中主要的初级生产者,
也是营养物质和光能利用上的竞争者。除了净化水质,为其他生物提供栖居场所
外,一些水生植物还可以通过释放化感物质来影响其他生物如藻类的生长和繁
衍,抵御有害生物的侵袭。水生植物的化感抑藻功能引起了越来越多的关注,一
些学者希望通过水生植物化感作用的研究从植物化学生态学的角度揭示水生植物
和藻类在水生生态系统中消长的生态规律,为湖泊富营养化防治、受污染水体的
生态修复提供理论依据和技术支持。

3.6.1　水生植物对藻类的化感效应

　　早在 20 世纪初,Schreiter (1928) 就发现加拿大伊乐藻占优势的水塘中,
水质清澈、浮游植物现存量很低;相反没有水生植物的水体中,浮游藻类则大量
滋生。由此推测水生植物可能通过释放化学物质来影响或抑制藻类的生长。随后
几十年的野外观察进一步发现许多水生植物如叶状眼子菜 (Hasler and Jones,

1949)、篦齿眼子菜（Blindow，1987）、狐尾藻（Fitzgerald，1969）、金鱼藻（Mjelde and Faafeng，1997）、水卫士（*Stratiotes aloides*）（Mulderij *et al.*，2006）等都有可能通过化感作用影响其周围水体中的浮游藻类生长，或者减少植物表面附着藻的生物量。

由于野外环境中存在生物、非生物等因子错综复杂的影响，因此，目前对水生植物化感效应的研究大多集中在实验室内进行。通过人为控制营养、光照等条件，排除水生植物与藻类资源竞争作用，研究水生植物与藻类共培养条件下对藻类的抑制作用及水生植物种植水或种植水富集液等对藻类抑制效应，并取得了一些进展。

1. 共培养系统中水生植物的化感抑藻效应

自然水体中植物和藻类常常共存于同一水体，为模仿自然环境，水生植物对藻类化感作用研究也常常采用水生植物与藻类共培养的体系模式。在尽可能地排除其他环境因子对植物和藻类影响的基础上，水生植物和藻类于同一个系统内混合培养。由于沉水植物与藻类在水体中的生态位较为接近，因而更多地被应用到对藻类化感作用的研究。目前，通过共培养实验已证实狐尾藻属、金鱼藻属、眼子菜科、水鳖科等多种沉水植物可以通过化感作用抑制某些藻类的生长。

狐尾藻属沉水植物广泛存在于浅水湖泊中，由于具有较强的耐污能力，在水体修复生态工程中常常被作为水生植被恢复的先锋植物（马剑敏等，1997；张秀敏等，1998）。狐尾藻属沉水植物对藻类也表现出明显化感效应。如穗花狐尾藻（*Myriophyllum spicatum*）就是一种具有较强化感作用的沉水植物，通过释放化感物质能强烈抑制铜绿微囊藻（*Microcystis aeruginosa*）、水华鱼腥藻（*Anabaena flos-aquae*）、纤细席藻（*Phormidium tenue*）、阿氏浮丝藻（*Planktothrix agardhii*）和湖丝藻（*Limnothrix redekei*）等蓝藻的生长，穗花狐尾藻对这些藻类的生长抑制效应与穗花狐尾藻自身的生物量有明显相关性（Nakai *et al.*，1999；Körner and Nicklisch，2002），生物量越高对藻类的抑制效果越好。轮叶狐尾藻对蓝藻门的湖丝藻和硅藻门的极小冠盘藻（*Stephanodiscus minutulus*）有明显的抑制作用（Hilt *et al.*，2006）。

金鱼藻也是一种对藻类具有较强化感作用的沉水植物，研究表明它对蓝藻门的铜绿微囊藻、水华鱼腥藻、阿氏浮丝藻和湖丝藻等蓝藻，普通小球藻（*Chlorella vulgaris*）、斜生栅藻（*Scenedesmus obliquus*）和被甲栅藻（*Scenedesmus armatus*）等绿藻以及极小冠盘藻等硅藻的生长有不同程度的化感抑制作用（袁俊峰和章宗涉，1993；Körner and Nicklisch，2002；李小路等，2008）。

眼子菜科的一些沉水植物如微齿眼子菜（*Potamogeton maackianus*）、马来眼子菜（*Potamogeton malaianus*）、菹草等广泛分布于河流湖泊中，在水生植物的自然演替过程中扮演着重要角色。吴晓辉（2005）通过共培养实验较为系统地研究了微齿眼子菜、马来眼子菜和菹草对铜绿微囊藻和斜生栅藻的化感作用，发现三种眼子菜科沉水植物对这两种藻类化感抑制作用强弱与藻的初始浓度有一定关系。另外，三种沉水植物虽同属于眼子菜科植物，但对藻类化感作用表现出一定的种间差异。同样的共培养系统中，邓平（2007）进一步证实了马来眼子菜和菹草对斜生栅藻和铜绿微囊藻的化感作用，同时还发现两种植物对汉氏菱形藻（*Nitzschia hantzschiana*）也有明显的化感抑制作用。

水卫士、轮叶黑藻、小茨藻（*Najas minor*）和伊乐藻等水鳖科沉水植物也表现出化感抑藻效应。Mulderij 等（2006）通过共培养实验证实水卫士可以分泌化感物质来抑制浮游藻类的生长。黑藻对铜绿微囊藻具有明显的化感抑制作用（王立新等，2004）。邓平（2007）发现小茨藻对斜生栅藻、铜绿微囊藻和汉氏菱形藻均表现出较强的化感抑制效应。

相对而言，采用共培养系统研究挺水、漂浮和浮叶植物对藻类化感作用较少。张维昊等（2006）采用中间透性膜联通的两厢培养池研究了菖蒲对铜绿微囊藻的化感抑制作用，结果表明，在排除藻菌作用和营养竞争前提下，共培养体系中的菖蒲可抑制微囊藻的生长，使藻液光密度（OD_{680}）降低。唐萍等（2000）通过共培养研究发现凤眼莲根系分泌物对栅藻有明显的化感抑制作用。Jang 等（2007）在研究日本浮萍（*Lemna japonica*）与铜绿微囊藻相互作用的过程中发现，浮萍抑制了两株铜绿微囊藻的生长。

2. 水生植物分泌物的化感抑藻效应

除了利用共培养体系研究水生植物对藻类化感作用外，直接利用水生植物的种植水或者用水生植物种植水富集后的洗脱液进行抑藻实验也是研究水生植物对藻类化感作用常用的方法。

宝月欣二等（1960）较早报道黑藻、苦草和金银莲花三种水生植物种植水对小球藻（*Chlorella vulgaris*）的抑制作用，加热种植水后，种植水抑藻作用降低，可能是加热作用使其中的活性物质变性，导致了对藻类抑制效应的改变。一定浓度的金鱼藻种植水也对铜绿微囊藻生长具有明显的抑制效应，粉绿狐尾藻（*Myriophyllum aquaticum*）也能释放某些化感物质到水环境中，干扰铜绿微囊藻和集胞藻（*Synahocystis* sp.）的正常生长（鲜啟鸣等，2005；钱志萍等，2006；吴程等，2008a，2008b）。相比哥伦比亚萍（*Azolla* sp.），金鱼藻和水毛茛（*Ranunculus kaufmannii*）对铜绿微囊藻的抑制效果更强（马为民等，2003）。Nakai（1999）研究穗花狐尾藻种植水对藻类化感作用时发现，向藻培养液中一次性添加种植水和半连续添加种植水对藻类的生长表现出不同的抑制，半连续添加种植水对藻类的生长抑制更强，这表明穗花狐尾藻可以通过连续分泌不稳定的化感物质抑制藻类生长。

眼子菜科沉水植物种植水对藻类有明显化感作用。陈坚等（1994）采用马来眼子菜种植水培养藻类，证明马来眼子菜种植水抑藻物质及其效应的存在，同时发现不管马来眼子菜有根还是无根均对对羊角月牙藻（*Selenastrum carpricorn-utum*）的抑制效应相似。同样研究表明 5g/L 马来眼子菜种植水可以有效抑制初始浓度为 $1×10^6$ ind/mL 的铜绿微囊藻的生长（张胜花，2007）。鲜啟鸣（2005）通过种植水实验发现黄丝草具有较强的抑藻作用，连续滴加种植水试验显示抑藻作用进一步加强。不同浓度的篦齿眼子菜滤液均明显抑制铜绿微囊藻的生长，超过 50％的滤液浓度能抑制栅藻的生长（陈德辉，2004）。

　　水鳖科的多种沉水植物如水卫士、小茨藻、伊乐藻、黑藻、苦草等的分泌物抑藻实验也有报道。水卫士种植水对多种与其共生的浮游藻类具有化感作用（Mulderij，2005a），添加水卫士种植水后斜生栅藻的停滞期及生物量加倍增多的时间与没有加水卫士种植水的对照相比，前者时间都表现出延迟，并且栅藻平均颗粒量（MPV）显著增加，斜生栅藻形成更多群体（Mulderij，2005b）。邓平（2007）发现小茨藻种植水对斜生栅藻和汉氏菱形藻的生长没有明显的影响，而对铜绿微囊藻的生长却表现出明显的抑制效应。伊乐藻及轮叶黑藻种植水也对铜绿微囊藻的生长具有明显的抑制效应（张兵之，2007；王立新等，2004），对伊乐藻释放到种植水中的分泌物进行富集、分离和洗脱后发现，分泌物中极性相对较强的物质抑藻效应更加明显（高云霓，2009）。研究还发现苦草种植水对羊角月牙藻和斜生栅藻具有抑制作用，这种抑制作用随着苦草生物量或种植水浓度的增加而增强，进一步对种植水中活性组分分析发现，苦草分泌物中的活性组分极性相对较强（顾林娣等，1994；高云霓，2009）。

　　挺水、漂浮和浮叶植物种植水及其富集后分泌物对藻类的化感作用也有一些研究报道。孙文浩等（1988，1990）研究发现无论是否存在根际微生物，凤眼莲种植水均显示出明显的抑藻效应。石菖蒲（*Acorus tatarinowii*）种植水以及通过富集提取的分泌物均能抑制藻类的生长（何池全和叶居新，1999）。丁惠君等（2007）研究了菖蒲对不同起始浓度水华鱼腥藻和不同生长期的小球藻的化感作用。自然光照条件下，菖蒲对几种藻类均有化感抑制作用，其中对水华鱼腥藻和小球藻的抑制率分别达到 100％ 和 91.2％。

　　为了得到尽可能充分的证据，许多研究将共培养实验和种植水中富集的分泌物实验联合开展，共同验证某些植物对藻类的化感作用。俞子文等（1992）通过共培养实验和分泌物实验研究了喜旱莲子草、水浮莲、满江红、紫萍（*Spirode-la polyrrhiza*）、浮萍和西洋菜（*Nasturtium officinale*）对雷氏衣藻（*Chlamydomonas reinhardi*）的化感作用，并和凤眼莲的作用进行了比较。五种水生植物对雷氏衣藻表现了抑制作用，但它们的抑藻效应弱于凤眼莲。唐萍等（2001）通过共培养实验和植物种植水抑藻实验发现喜旱莲子草、菱、金鱼藻和浮萍均能不同程度地抑制栅藻的生长。

3.6.2　水生植物化感抑藻机制

化感作用被认为是大型沉水植物与其他的初级生产者特别是浮游植物和附生生物竞争光和其他营养物质的有效方式（Wium-Andersen，1987；Gross，1999）。植物能够产生并释放对其他生物不利的化感物质作用于目标生物，如同其他的胁迫因子一样，能干扰目标生物的许多生理过程，这些过程受到了越来越多的关注。陆生植物化感作用由于在农业和林业生态系统中的重要作用，其作用机制研究较为深入。近年来，随着水生植物对藻类化感作用研究的深入，其抑制藻类生长的机制也取得了一些进展。

1．细胞形态结构效应

水生植物对浮游藻类的化感作用能影响藻类细胞的形态和结构，唐萍等（2000）研究凤眼莲对栅藻（*Scenedesmus arcuatus*）的作用时发现：凤眼莲产生的化感物质对栅藻细胞结构损伤非常显著，处理组藻细胞培养至第 6 天时，电镜观察发现其内部结构已表现出受伤害症状，细胞膜内陷皱折；叶绿体中的类囊体片层膨胀不均匀造成波浪状的无序排列；线粒体嵴消失；核膜破裂，核质外渗；当处理组培养至第 10 天时，伤害症状加重，细胞中心几乎成一空腔。细胞膜中磷脂脂肪酸的种类与组成直接影响着细胞膜的流动性和选择透性，芦苇中分离的化感物质 2-甲基乙酰乙酸乙酯（EMA）使蛋白核小球藻（*Chlorella pyrenoid-osa*）和铜绿微囊藻细胞膜内不饱和脂肪酸含量上升，而饱和脂肪酸含量下降（李锋民等，2007）。

2．生理生化效应

一些研究发现化感物质能够影响植物对离子的吸收，Booker 等（1992）指出，阿魏酸和其他酚酸类物质能够降低矿物质和水分的吸收而抑制植物的生长，其用阿魏酸处理黄瓜苗 3 h，发现阿魏酸抑制净离子吸收量特别是 NO_3^- 的吸收，同时促进了 K^+ 从根部的溢出。黄瓜根系分泌物中的芳香酸可以抑制黄瓜根系对 NO_3^-、SO_{42-}、K^+、Ca^{2+}、Mg^{2+} 和 Fe^{2+} 的吸收（Yu and Matsui，1997）。穗花狐尾藻释放的化感物质焦酚能降低铜绿微囊藻和羊角月牙藻体内铁、锰、铜及锌四种微量元素含量，藻体内四种微量元素含量与焦酚处理浓度和时间呈负相关，并且铜绿微囊藻体内四种微量元素的含量低于羊角月牙藻（刘碧云等，2008）。

化感物质对植物线粒体新陈代谢的抑制作用是化感作用重要的机理之一（Hejl *et al.*，1993）。黑藻与铜绿微囊藻共培养后，铜绿微囊藻呼吸速率呈先升高后下降的趋势（王立新等，2004）。小茨藻与斜生栅藻共培养后，实验最后 3 天处理组和对照组中，低起始密度的斜生栅藻，仅 3.75 g/L 的小茨藻处理在最后一天加快了斜生栅藻的呼吸速率，对高起始密度的斜生栅藻，无明显差异（邓平，2007）。化感物质肉桂酸处理大豆后，大豆下胚轴氧的消耗降低，同时使电子向其他途径传导（非细胞色素途径）（Penuelas *et al.*，1996）。另外还发现，由绿藻产生的化感物质可显著抑制白马铃薯块茎中线粒体的电子传导，而抑制部位在Ⅱ和Ⅲ位之间。化感物质主要通过抑制线粒体的电子传递和氧化磷酸化两种方式影响藻细胞的呼吸作用。

在所有进行光合作用的生物中，生物进行的光合作用是生态系统中能量流动和物质传递的基础环节。因此在同一个生态系统的生物竞争中，一种生物通过化感作用抑制目标生物的光合作用，是其获得有效竞争的重要手段之一。很多共培养实验也证实了植物对藻类光合作用的影响（Körner and Nicklisch，2002；Lürling *et al.*，2006）。

研究凤眼莲对藻类化感作用时发现，凤眼莲根系附着的藻细胞中叶绿素 a 的含量明显下降，而其降解产物脱镁叶绿素 a 酸酯的含量升高，这说明了化感物质可能促进了叶绿素 a 的降解（孙文浩等，1988）。微齿眼子菜、马来眼子菜及菹草分别与斜生栅藻和铜绿微囊藻共培养后，能明显影响两种藻的叶绿素含量。对叶绿素含量的影响与浮游藻类的种类及藻的初始密度有关（吴晓辉，2005）。

粉绿狐尾藻、凤眼莲和金鱼藻等水生植物与集胞藻共培养后，集胞藻藻细胞吸收光谱及其特征吸收峰发生变化，表明这些水生植物释放的化感物质可破坏集胞藻的叶绿素 a 和藻胆蛋白（包括 PC 和 APC）的特征吸收峰，降低藻细胞对光的吸收能力（吴程，2008b）。

一些研究表明，水生植物化感作用能对藻类光合系统电子传递产生抑制，降低光能的转化效率，从而减弱甚至完全抑制其光合作用，达到控制其生长繁殖的目的。朱俊英等（2010）研究发现焦性没食子酸和没食子酸均能对铜绿微囊藻 PSⅡ和整个电子传递链活性具有显著的抑制作用，这两种化感物质对铜绿微囊藻 PSⅡ和整个电子传递链活性抑制与其对藻类的生长抑制表现出明显相关性。因此水生植物通过化感作用影响藻类光合作用，是水生植物对藻类化感抑制的重要机制之一。

水生植物对藻类的化感作用可引发藻类体内的氧化胁迫，导致藻体内的活性氧升高及相应抗氧化系统反应。穗花狐尾藻分泌的化感物质焦酚处理铜绿微囊藻后，藻体内的 H_2O_2、$O_2^-\cdot$ 含量随着处理浓度的升高和处理时间的延长表现出一定的变化趋势，即铜绿微囊藻的超氧阴离子和过氧化氢的含量明显增大。同时铜绿微囊藻体内的抗氧化酶 SOD，APX 及 CAT 等也会表现出活性下降或先上升再下降的趋势（刘碧云，2007）。Li 等（2005）研究发现芦苇产生的化感物质能够影响蛋白核小球藻和铜绿微囊藻的 SOD 和 POD 的活性，低浓度的芦苇提取物提高了 SOD 和 POD 的活性，而高浓度的提取物抑制了抗氧化酶的活性。

MDA 是脂质过氧化的产物，是膜脂受到 $O_2^-\cdot$ 等活性氧攻击的结果，MDA

的积累常常可反映机体胁迫损伤。喜旱莲子草、菱、金鱼藻和浮萍等水生植物与
栅藻共培养，处理第 7 天，所有实验组的栅藻体内 MDA 的积累量显著高于对
照组，不同的水生植物作用后有明显差异，喜旱莲子草组 MDA 含量最少，是对
照的 157 ％，凤眼莲组最高，为对照的 191 ％。藻细胞膜结构受到明显的损伤
结果与受试植物对藻细胞生长的抑制作用表现出一致（唐萍等，2001）。

　　以上的研究结果显示，水生植物通过化感作用能对目标藻类产生氧化胁迫，
氧化胁迫导致了藻体内氧自由基提高。当氧自由基提高提高到一定程度后抗氧化
酶清除氧自由基能力下降，藻体内氧自由基的含量进一步提高，提高的氧自由基
攻击细胞膜上的生物大分子，导致膜结构破坏，藻细胞生理功能降低或丧失。这
可能是水生植物化感作用抑制目标藻类生长的主要原因之一。

　　水生植物的化感作用除了能够影响藻类抗氧化酶活性外，对其他的酶活性也
有重要影响，如硝酸还原酶（NR）、碱性磷酸酶（APA）等（Gross，1999；邓
平，2007）。这些酶与生物对磷和氮的营养代谢过程密切相关，其中胞外酶 APA
有助于水生生物利用复杂的底物或者利于其自身表面群落形成，干扰这些酶的作
用会改变生物定居、生物膜形成或者附生生物生长。

　　3. 蛋白质及分子效应

　　蛋白质是基因的直接产物，其性质、组成、功能等可直接反映基因的结构与
功能。水生植物化感作用也会影响蛋白质的含量和组成。马来眼子菜与斜生栅藻
共培养处理，实验结束时处理组和对照组中斜生栅藻可溶性蛋白含量表现出显著
差异，对于初始密度低的斜生栅藻，两处理组中的斜生栅藻可溶性蛋白含量明显
高于对照组，增长率分别为 411％和 921％。对于初始密度高的斜生栅藻，3.75
g/L 的马来眼子菜明显促进了斜生栅藻可溶性蛋白含量的增加，增长率为
89.9％，而 5 g/L 的马来眼子菜对斜生栅藻的可溶性蛋白含量未表现出明显影响
（邓平，2007）。除了影响蛋白质的含量外，马来眼子菜与铜绿微囊藻共培养的条
件下，表现出其对铜绿微囊藻蛋白质表达有影响，铜绿微囊藻 48 h 对照组与处
理组蛋白质组的 2-DE 图谱表现出较大差异，对照组铜绿微囊藻蛋白质斑点总数
为 104 个，马来眼子菜化感作用下铜绿微囊藻蛋白质斑点总数为 71 个。处理组
中仅有 39 个蛋白斑点与对照组相配，两张图谱中蛋白点的匹配率为 55.0％，表
明 48 h 的共培养使得铜绿微囊藻的蛋白质发生了很大变化，蛋白质降解明显
（吴晓辉，2005）。

3.6.3　影响水生植物化感作用的因素

　　水生态系统极其复杂，除了生物因素，如水生植物、藻类，还有微生物、浮
游动物、底栖生物等对水生植物的化感作用产生影响外，水生态系统的非生物因
素，如营养条件、pH、光照、水流等也会对水生植物化感作用产生影响。

1. 生物因素

水生植物对藻类化感作用的强弱，不仅与水生植物和藻体的种类有关，还与两者的相对浓度有关。首先，不同植物产生和分泌的化感抑藻物质种类和数量存在差异，如狐尾藻主要的化感物质是酚类物质（Gross，2000），而从眼子菜科沉水植物体内分离到的主要是二萜类抑藻物质（DellaGreca et al.，2001）。在同一植物体内不同组织、器官化感物质的含量也会不同，凤眼莲和石菖蒲的抑藻物质主要在其根系中检测到，芦苇主要在叶片中而黄丝草的化感抑藻物质主要通过茎和叶而不是根部向水体释放（孙文浩等，1988；何池全和叶居新，1999；李锋民和胡洪营，2004；鲜启鸣等，2005）。植物产生和分泌化感物质的差异，可能对其抑藻能力产生较大影响。

同时几乎所有研究都表明，化感作用存在种类的特异性，即同一种植物甚至同一种化感物质对不同受试生物的化感作用存在差别。五刺金鱼藻（*Ceratophyllum oryzetorum*）对蓝藻有非常好的抑制效果，但对绿藻却无任何影响（Kogan and Chinnova，1972）。狐尾藻分泌的多酚类化感物质对蓝藻抑制作用也比绿藻和硅藻强得多（Gross and Sütfeld，1994），蓝藻门的颤藻（*Oscillatoria* sp.）和铜绿微囊藻比硅藻门的极小冠盘藻和绿藻门的被甲栅藻更敏感（Körner and Nicklisch，2002）。

浓度效应也是化感作用的特点之一，同一化感物质对同一植物表现出浓度高时产生抑制作用，浓度低时产生促进作用。陈德辉等（2004）在研究篦齿眼子菜对栅藻的化感作用中发现低浓度的种植水抽滤液对栅藻生物量和生长率都有一定的促进作用，当浓度大于等于 50% 时，对栅藻生长的影响则表现出抑制效应。Van Aller 等（1985）从荸荠属水草中提取到的二十碳的三羟基环戊基脂肪酸和十八碳的三羟基环戊烯酮脂肪酸，在低浓度下能刺激藻类的生长，高浓度下则有抑制作用。

自然水体中的植物体表常有微生物附着，微生物是否影响化感效应，仍然存在争议。去根和留根的马来眼子菜的抑藻效果以及过滤除菌前后马来眼子菜种植水对铜绿微囊藻的生长均没有显著差异（$P>0.05$）（陈坚等，1994；张胜花等，2007），说明马来眼子菜的附着微生物在抑藻效应中不起作用。孙文浩等（1990）在凤眼莲无菌苗实验中得到了类似结论。但是化感物质在水体转运过程中可能会受到微生物降解作用的影响，Cole（1982）认为微生物可能成为化感物质的作用中介使之作用于不同藻类，它们可能直接作用或通过代谢使化感物质发生变化，也可能是微生物自身释放抗生素或刺激物来影响藻类的生长。

2. 非生物因素

化感作用被认为是植物与其他初级生产者竞争营养、光照等资源时的一种应急机制（Rice，1984）。水体营养、光照等环境条件的不同也会影响水生植物化感物质的释放以及对藻类的化感作用。Gross 等（Gross *et al.*，1996；Gross，1999）研究发现营养水平降低可以影响穗花狐尾藻产生化感物质的过程。与生长在氮充足条件下的穗花狐尾藻相比，氮限制条件下的穗花狐尾藻植株总酚和特里马素 Ⅱ 的含量都要高。营养限制条件下培养伊乐藻的种植水对铜绿微囊藻的化感抑制活性比营养盐充足时更高（张兵之，2007）。受试的铜绿微囊藻和斜生栅藻在磷缺乏条件下培养后对小茨藻和菹草的化感作用更加敏感（邓平，2007）。这些结果均说明营养不足或者胁迫的条件下，水生植物对藻类的化感作用可能会更强。

光照条件的不同同样会影响水生植物对藻类的化感作用。当用水卫士种植水培养斜生栅藻时光照为 35 μmol/（m^2·s）比 105 μmol/（m^2·s）有更强的抑制作用（Mulderij *et al.*，2005a），而凤眼莲的根系在强光照下，其克藻物质的产生和分泌受到抑制（孙文浩等，1989）。伊乐藻、狐尾藻植物体内酚酸物质的产生和释放量也会受到光照的影响（Erhard and Gross，2005；Gross，2003）。

另外，温度条件也是导致水生植物分泌物抑藻活性不同的一个因素。在非常低的温度下，凤眼莲会失去抑藻能力（季成和余叔文，1989）。Erhard 和 Gross（2005）发现环境温度升高会降低伊乐藻体内芹菜素、香叶木素和一种未知酚酸类物质的含量。

水体中 pH 的不同会影响到植物释放到水体中某些化感物质的状态，如在低 pH 条件下，酚酸类物质更多地以分子状态存在，而生物碱则以离子状态存在；反之亦然。进而，不同的 pH 条件会影响到这些物质的降解或氧化。因此，当植物分泌的化感物质性质会受到 pH 影响的情况下，pH 也是影响它们化感作用的一个重要因素。一定浓度下的焦酚对铜绿微囊藻的生长抑制率会随着 pH 的升高而增大（Liu *et al.*，2007）。

总地来看，水生植物的化感抑藻作用在其受到较大的营养或光照等竞争压力的情况下会表现得更加明显（Gross，1999）。化感物质分泌到水中后，光照、氧气和氧化还原条件等都可能对化感物质的稳定产生影响，氧化、聚合或裂解都可能发生，紫外光可导致两种淡水水生植物的渗滤液产生完全不同的光反应（Far-jalla *et al.*，2001）。逆境胁迫除直接影响化感物质的产生和分泌外，还能使植物产生的化感物质的性质和含量发生变化。但这种逆境条件是有一定限度的，超出一定的限度，分泌物的量反而会降低，如温度过低或过高均会影响水生植物分泌物质的抑藻活性（庄源益等，1995）。

3.6.4　藻类对水生植物的化感作用

在水生植物与藻类的相互关系中，藻类也可以对水生植物产生化感作用。早在 1985 年，Sharma 就报道凤眼莲在栅藻、小球藻等藻类大量繁殖的水池中生长受到显著抑制。植物的大小、干重、叶绿素 a 和叶绿素 b 的含量以及植物繁殖速率相比无藻水体中生长的植物都有显著降低，与藻共存 90～100 天后凤眼莲彻底死亡。Van Viessen 和 Prins（1985）在实验室条件下研究了浮游藻类与大型水生植物角果藻属（*Zannichellia peltata*）间的化感关系，以鱼腥藻为主的藻渗滤液对 *Z. peltata* 的净产氧量产生显著抑制。还有研究发现产毒水华蓝藻通过化感作用导致芦苇茎长、干重以及营养和氧的吸收能力均降低（Yamasaki，1993）。张胜花（2007）通过共培养实验研究了产毒铜绿微囊藻对眼子菜科沉水植物马来眼子菜的化感作用，发现共培养体系中 1×10^6 ind/mL 的铜绿微囊藻使得马来眼子菜对氮的吸收量显著低于植物单独培养时对氮的吸收量。当浓度为 3×10^6 ind/mL 铜绿微囊藻处理马来眼子菜 4 h，马来眼子菜的净光合作用放氧量迅速下降，而呼吸作用升高，之后保持在这个水平上；处理 12 h 后，净光合作用基本达到最低水平。

目前已发现的藻类化感物质主要是由蓝藻分泌到环境中的次生代谢产物，大多属于生物碱（Doan *et al.*，2000；Augusto *et al.*，2004）、脂肪酸（Chauhan *et al.*，1992；Murakami *et al.*，1992；Ikawa *et al.*，1996）、肽类（Admi *et al.*，1996；Ishida and Murakami，2000；Jüttner *et al.*，2001；）、酮醇（Höckelmann *et al.*，2004）和萜类（Ikawa *et al.*，2001；Höckelmann *et al.*，2004）。藻类对水生植物的化感作用研究中报道最多的是微囊藻毒素（Microcystins，MC）。铜绿微囊藻可以通过释放微囊藻毒素抑制浮萍的生长，改变其形态结构和生理状态（Weiss *et al.*，2000；Jiang *et al.*，2007）。暴露在微囊藻毒素 MC-LR 中三周后金鱼藻的生长和光合放氧能力受到显著抑制，同时绿素 b 显著增加，而叶绿素 a 微弱降低（Pflugmacher，2002）。然而，Casanova 等（1999）并不认为自然情况下一般出现的溶解性 MC 单独作用能够影响到水生植物的发芽和生长。LeBlanc 等（2005）发现无论是微囊藻毒素还是微囊藻提取物在浮萍的生物测试方面并没有表现出明显的剂量效应关系，微囊藻毒素没有对浮萍的光合放氧速率产生影响。Yin 等（2005）的研究结果证实只有当微囊藻毒素 MC-RR 浓度达到 10 mg/L 时苦草根和叶的数量才显著降低。

3.7　其他生态作用

3.7.1　景观美化作用

关于世界水生植物的种类，Cook 等（1974）编著，王徽勤等译的《世界水生植物》一书中有维管植物 87 科、407 属约 5800 种之多，中国水生维管束植物计有 61 科 145 属 400 余种及变种（邹秀文，2005），其中很多水生植物花色丰富、艳丽，如蓝色花的凤眼莲，黄色花的萍蓬草，白色花的水鳖，红色花的荚实、多花色的花菖蒲、水生美人蕉等，有的还具有浓郁的香味如荷花、海寿花、水芹等。有些水生植物具有独特的叶型和花型，如水莎草、花叶水葱等的叶，香蒲、水烛的花等。在水体生态系统恢复和重建的过程中，很多水生植物将得到恢复和应用，这样，将会会营造出独特的水体景观，增添水中情趣，怡人心脾。目前，水生植物广泛应用于生态园林和水生态系统的恢复与重建，涉及的种类有（仅例举部分）：

（1）睡莲科：荷花、睡莲、芡实

（2）禾本科：芦苇

（3）莎草科：水葱、旱伞草

（4）香蒲科：（阔叶、狭叶）香蒲

（5）泽泻科：泽泻、慈姑

（6）屈菜科：千屈菜

（7）天南星科：水菖蒲、石菖蒲、大藻

（8）雨久花科：凤眼莲

（9）蕉科：美人蕉

（10）灯心草科：灯心草

（11）蕨科：水蕨

（12）蓼科：东方蓼

（13）十字花科：豆瓣菜

（14）水鳖科：水鳖

（15）眼子菜科：眼子菜

（16）菱科：野菱

一般而言，在自然水体，沉水植物的景观效果难以呈现，而挺水植物是最主要的观赏类型之一，可观叶、赏花、品姿，并为水体增加层次，使水体景观错落有致，如花叶芦竹（欧克芳等，2008）。在净化水质的工程实践中，随着对许多水生植物功能和生活习性的进一步了解，人们在应用水生植物对水体发挥净化效应的时候，根据不同生活类型的水生植物，合理选择不同的沉水、挺水、浮叶和漂浮植物，若能遵循一定的艺术构图原理和景观与生态合理配置，可以更加有效增加水体景观层次感，如杭州西湖素来是国内外游客们喜欢的景点，经过综合治理后，西湖成为水草丰盈的湿地。在水生植物设计中，西湖湖西景区在不同的水域选择了不同的水生植物。在岸边，使用了大花萱草、千屈菜；在浅水，使用了鸢尾；沉水植物选用了金鱼藻、亚洲苦草、菹草，挺水植物选用了莲、水芹、慈姑、菖蒲等。并在金沙江、茅家埠、乌龟潭、浴鹄湾 4 个水面景区形成了不同的特色（吴莉英等，2007）。

3.7.2　对水体沼泽化的影响

从地质学角度分析，地球上的沼泽是地质、地貌、气候、水文、生物五种基本要素相互作用形成的自然综合体，其中地质、地貌和气候属于基础性因素，决定了沼泽形成环境与空间分布格局，后两个因素作为派生因素在前三要素的基础上形成并参与沼泽的发生发育过程（孙广友，1998）。在形成途径上，有水体沼泽化和陆地沼泽化两方面（黄锡畴和马学慧，1988），而湖泊沼泽化过程又是水体沼泽化的一种主要方式（孙广友，1990）。在地质学研究中，孙广友（1990）发现水陆有着陆地—沼泽—湖泊—沼泽—陆地循环演替的关系。从中可以看出，在自然状态下，沼泽有演化为湖泊的趋势，然而，由沼泽演化而成的湖泊也能逆向再演化为沼泽，并最终形成陆地。在沼泽的研究史上，苏联学者 B.P. 威廉士和 B.H. 苏卡乔夫首先提出了湖泊演变为沼泽的经典理论模式：当一个湖泊生成后，湖滨带开始生长沼生及水生植物，伴随着其下部腐泥和泥炭不断加积，湖水变浅，植物逐渐侵入湖心，最后，湖泊消失，变成一片沼泽地。这一理论模式预示着在自然湖泊—沼泽的自然演化中，水生植被的演替在其中扮演着非常重要的角色。从生态学角度分析，水生演替的过程就是湖泊趋向于沼泽化的过程（孙儒泳等，2002）。

水生植物作为水体中的初级生产者，对于水体生态系统维持起着基础性的作用，生长过程中吸收同化湖水和底泥中的氮、磷等矿质营养物质，对降低湖水营养水平、防止富营养化起了重要作用；为水生动物提供了直接或间接的饲料；也为人类创造了可供收获利用的植物产品等正向效果；但另一方面，由于具有很高的生产量，因而，总有相当数量的水生植物或植物残体不能被利用，它们残留在湖泊中，在水中缺氧的条件下，得不到彻底分解而在湖底积累，从而促进了湖泊淤积和沼泽化。

在沼泽化的进程中，厌氧条件下有机质的生物积累和矿质元素的还原形成其表层，即腐泥和泥炭层（喻文华，1992）。在自然状态下，水生植被的原生演替从藻类开始，以植被优势种的演替为代表，根据浅水湖泊中湖底的深浅变化，按照下列演替系列的路径进行：自由漂浮植物阶段—沉水植物阶段—浮叶根生植物阶段—直立水生植物阶段—沼生植被（湿生草本植物阶段）—木本植物阶段。对于已经形成的湖泊，随着演替的推移，各阶段的植物在死亡之后，其残体在水中缺氧的条件下，得不到彻底分解而在湖底沉积下来，逐年累积逐步填高湖底，使湖泊变浅，植物带也相应地向湖心倾移（金红华，2007），原较深湖泊逐步为沼生植物所占，为沼泽化的形成逐步积累条件。在早期自由漂浮阶段，主要以浮萍、满江红等漂浮植物以及一些藻类为主，此阶段中，主要是植物死亡残体增加湖底有机质的聚积。在沉水植物阶段，湖底开始出现大型水生植物，如低等的轮藻属的植物，以及高等的金鱼藻、眼子菜、黑藻、茨藻等沉水植物，这些植物生长繁殖能力更强，其死亡残体将进一步增加湖底有机质的聚积，垫高湖底的作用也更强。随着湖底的日益变浅，莲、睡莲等浮叶根生植物开始出现。这些类群的植物一方面由于其自身生物量较大，植物死亡残体对抬升湖底作用越发增强；另一方面由于这些植物叶片漂浮在水面，当它们密集时，就会产生另一种生态效应，使得水下光照条件很差，不利于水下沉水植物的生长，迫使沉水植物向较深的湖底转移，这样抬升湖底的作用逐步推进。浮叶根生植物出现将会使湖底大大变浅，为直立水生植物的出现创造了良好的条件。最终直立水生植物，如芦苇、香蒲、泽泻等具有水陆两栖特性的沼生植物会成为优势种群。这些类群的植物的根茎极为茂密，常纠缠交织在一起，使湖底迅速抬高，原来被水淹的土地开始露出水面与大气接触，生境开始具有陆生植物生境的特点；喜湿生的沼生植物，如莎草科和禾本科中的一些湿生性种类等开始定居，沼泽化也就逐步完成了（曲仲湘等，1983；孙儒泳等，2002）。

邹尚辉（1989）等对江汉湖群湖泊沼泽化问题研究中，对于洪湖的水生植物演替系列的研究分析，也证实上述理论模式。首先是漂浮植物群落如槐叶苹、满江红等大量死亡，残体为湖底积累了大量的有机物，接着沉水植物群落如金鱼藻、狐尾藻、眼子菜属、黑藻、茨藻属等大量繁生，继而是浮叶植物群落的出现，如荇菜、水鳖、野菱等密布水面，使沉水植物群落得不到光照而消失或迁移到较深的水域中去。

水生植物的演替，其残体的淤积导致湖泊沼泽化，同时，水生植物的繁衍还能带来另一种生态学效应，即阻滞的作用，进而进一步促进沼泽化的进程。张祖陆等（1999）等对于南四湖地区水环境问题探析发现，南四湖中水生植物茂盛、分布面积广，对入湖泥沙起到了很大的滞沙、促淤作用，同时，由于湖中大面积莲藕基本处于自生自灭状态；轮叶黑藻、金鱼藻、菹草等大量饵料植物也极少捞取利用，任其腐烂于湖中，周而复始也加速了湖泊沼泽化过程。

如今，随着人类活动对于湖泊的强烈干扰，使得很多湖泊水生植物群落结构发生变化，使挺水植物等沼生植物生长较快，更大大地加速了湖泊沼泽化的演化过程，使其生命周期迅速缩短（马学慧，1993）。

张圣照等（1999）等对东太湖水生植被及其沼泽化的研究发现，与 1960 年相比，水生植被群落结构变化极为明显，突出表现为环湖水陆交错带的芦苇群丛严重退化和消失，菰群丛发展迅速并向湖心蔓延占据了东太湖区面积的28.27%；微齿眼子菜取代竹叶眼子菜、黑藻及苦草，成为水植被的优势种，占据了东太湖整个湖心区；外来种伊乐藻侵入，并形成一定规模的群丛。纵观该湖区水生植被演化过程，已经出现沼泽化趋势。吴庆龙等（2000）对东太湖沼泽化发展趋势及驱动因素进行了分析，首先，外源污染增加和营养水平提高是沼泽化加速的物质基础，外来污染尤其是营养物的增加为水生植物的生长提供了物质基础，其次，东太湖的淤浅和营养物质的积累推动了水生植被演替，使得菱草等挺水植被扩张，尽管收割利用，但挺水植物和浮叶植物的残留量远远大于沉水植物，分布范围迅速扩展，成为东太湖水生植被演替的主要特征，再加上滩地围垦促进淤积，更促进了东太湖的沼泽化进程。

　　总之，湖泊沼泽化是湖泊衰老消亡的最后一个阶段，湖泊水生植物群落结构发生变化，湿生、挺水、漂浮及浮叶植物的生长发展，将加速湖泊沼泽化。

第4章　主要水体污染物对水生植物的影响

4.1　高氮磷营养盐的胁迫作用

水体富营养化的主要特征之一是水中氮磷浓度较高，由此会导致浮游植物过量生长，而大型维管束植物则会逐步衰退，即水体由草型稳态过渡到藻型稳态。水中过高的氮磷浓度对大型水生植物的影响有不少报道，但定量的研究报道则相对较少。本节主要阐述氮磷营养盐过高对大型水生植物，尤其是沉水植物的胁迫作用，通过对水生植物形态、生理和生化指标变化的分析，揭示高氮磷对其影响。形态和生理指标以最具有代表性的生物量和光合与呼吸作用的变化来体现，生化指标以植物抗氧化系统中的超氧化物歧化酶（SOD）、过氧化物酶（POD）为代表。因为生物的抗氧化能力与其抗逆性能高低是一致的，而抗氧化能力主要取决于系统中一些酶的活性大小，其中，上述的两种酶就是主要成员，这些酶活性的变化与生物受胁迫的大小息息相关，灵敏性高于形态和生理指标，所以，目前的胁迫实验中，多以这些酶活性的变化作为常测项目。

4.1.1　水柱高氮对水生植物的作用

1. 铵氮和硝态氮对沉水植物的胁迫

较高的氮浓度、沉水植物衰退或消失是重富营养湖泊的普遍现象（Ozimek and Kowalczewski，1984；于丹等，1998），有的湖水中的铵氮高达 18.29 mg/L（杨汉东等，1995），那么高浓度的氮对沉水植物会产生什么样的直接胁迫效应呢？该方面的定量研究报道尚不丰富。

Litav 和 Best 等较早地开展了这方面的研究。Litav 和 Lehrer（1978）研究了水中氨浓度对光叶眼子菜的影响，发现含氮为 $10\sim15$ mg/L 的 NH_4^+ 溶液能破坏光叶眼子菜的枝条，浓度达到 40 mg/L 时则损毁整个植株。而且分子状态的氨比离子状态的铵更容易进入植物细胞而伤害植物。Best（1980）报道，105 mg/L 的硝态氮对金鱼藻的生长及形态无影响，但 5 mg/L 的铵氮则抑制其生长。曹特和倪乐意（2004）报道了 4 种浓度的碳酸铵和 5 种浓度的硝酸钾对金鱼藻抗氧化酶的影响，发现 CAT 对铵盐胁迫响应较快，SOD 和 CAT 对硝酸盐胁迫的响应速度较铵盐慢，这两种抗氧化酶可作为检验无机氮浓度升高对沉水植物胁迫的敏感指标。Cao 等（2004）报道了高浓度铵氮对菹草的影响，在 0、1 mg/L、5 mg/L、10 mg/L、20 mg/L 的铵氮浓度下，菹草枝条的可溶性糖浓度随着铵氮浓度的增加而明显下降，而氨基酸含量则明显上升；SOD（超氧化物歧化酶）、APX（抗坏血酸过氧化物酶）活性以及可溶性蛋白浓度随铵氮浓度的升高呈对数正态分布，当铵氮浓度大于 5 mg/L 时，可引起菹草急性的生化改变。马剑敏等（2007b，2009a）先后报道了硝态氮对伊乐藻和苦草的影响，以及铵氮和硝态氮对菹草的影响。

　　通过高氮浓度的急性胁迫实验，可以说明铵氮和硝氮对沉水植物的毒性作用。下面以伊乐藻、苦草和菹草三种沉水植物为例，介绍在高氮浓度下，它们的生理生化指标的变化。

　　NH_4^+-N 胁迫的浓度梯度为 0、0.39 mg/L、1.56 mg/L、6.25 mg/L、25.00 mg/L、100.00 mg/L，用 $(NH_4)_2CO_3$ 配制。NO_3^--N 胁迫的浓度梯度为 0、1.56 mg/L、6.25 mg/L、25.00 mg/L、100.00 mg/L、200.00 mg/L，用 KNO_3 配制。实验中培养植物的玻璃缸中除加有相应浓度的 NH_4^+-N 或 NO_3^--N 外，还加有 Hoaglands 培养液所包含的 1/4 浓度的微量元素和铁盐；另加入磷酸盐，使各组的 PO_4^{3-}-P 的浓度为 0.02 mg/L，以免出现缺磷胁迫。溶液 pH 调为 7。现存量增加的百分比计算：［实验 72 h 后植物活体质量－（实验初始植物质量－取样量）］/（实验初始植物质量－取样量）。

　　1）铵氮、硝态氮对伊乐藻的胁迫

　　A. 伊乐藻现存量增加百分比的变化

　　由图 4.1 可知，现存量增加百分比的变化是一个单峰曲线，高峰值在铵氮＝1.56 mg/L 时（3.2%），最高胁迫浓度对应的低峰值为－17.2%，如果不考虑对照，现存量增加百分比与胁迫浓度呈显著负相关（决定系数 $R^2 = 0.8617$，$P <$ 0.05）。在铵氮 ≤ 1.56 mg/L 时，3 天内伊乐藻可保持正增长，在铵氮 ≥ 6.25 mg/L 时，明显抑制生长。

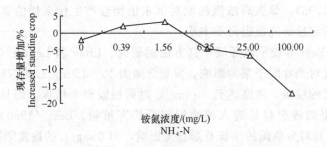

图 4.1　铵氮胁迫下伊乐藻现存量增加百分比的变化

Fig. 4.1　Percentage change of increased standing crop of *E. nuttallii* under the stress of NH_4^+-N

　　在硝氮胁迫下，现存量增加百分比的变化也是一个单峰曲线（图 4.2）。高峰值在硝氮＝25.00 mg/L 时（5.1%），此前，现存量增加百分比与硝氮呈显著正相关（$R^2 = 0.9966$，$P < 0.01$），保持正增长；此后，随胁迫浓度增加而明显下降，低峰值为 -7.6%。说明在硝氮 $\leqslant 25.00$ mg/L 时，促进伊乐藻生长，在硝氮 $\geqslant 100.00$ mg/L 时，明显抑制其生长。

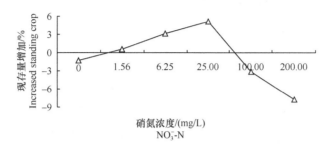

图 4.2　硝氮胁迫下伊乐藻现存量增加百分比的变化

Fig. 4.2　Percentage change of increased standing crop of

E. nuttallii under the stress of $NO_3^- $-N

铵氮胁迫时的下降速率明显大于硝氮，说明铵氮的毒性远大于硝氮。

B. 对伊乐藻生产力的影响

由图 4.3 和图 4.4 可知，伊乐藻的生产力曲线分别在铵氮 $\leqslant 6.25.00$ mg/L、硝氮 $\leqslant 25.00$ mg/L 时比较平稳，变化较小，之后分别快速和缓慢下降，P_n 在铵氮 $= 25.00$ mg/L 时降至 $0.02\ O_2$ mg/(h·gFW)，在硝氮 $= 200.00$ mg/L 时仍有 $0.08\ O_2$ mg/(h·gFW)，说明铵氮对伊乐藻的毒性远大于硝氮。呼吸作用除在铵氮 $= 100.00$ mg/L 时较明显下降外，其他均变化不大。说明在 100.00 mg/L 铵氮的胁迫下，呼吸作用也受到一定抑制。

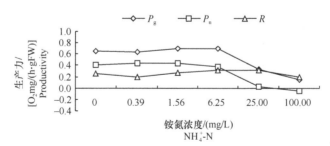

图 4.3　铵氮对伊乐藻生产力的影响

P_g. 总生产力；P_n. 净生产力；R. 呼吸强度，后同

Fig. 4.3　Effects of NH_4^+-N on productivity of *E. nuttallii*

P_g. Gross productivity；P_n. Net productivity；R. Respiration

C. 对伊乐藻叶绿素含量的影响

由图 4.5 和图 4.6 可知，叶绿素含量的总趋势是在波动中缓慢下降。铵氮胁

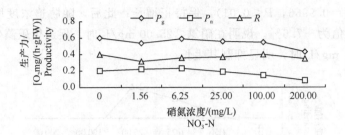

图 4.4　硝氮对伊乐藻生产力的影响

Fig. 4.4　Effects of NO₃⁻-N on productivity of *E. nuttallii*

迫时下降的总幅度比硝氮大，而且下降最明显的是在 72 h 时。说明随着胁迫时间的延长，叶绿素含量下降的幅度增加，铵氮对叶绿素含量的影响要大于硝氮。

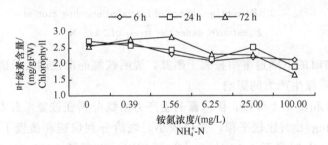

图 4.5　铵氨氮对伊乐藻叶绿素含量的影响

Fig. 4.5　Effects of NH₄⁺-N on chlorophyll content of *E. nuttallii*

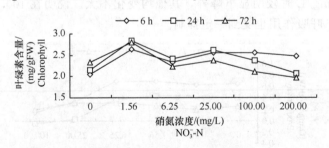

图 4.6　硝氮对伊乐藻叶绿素含量的影响

Fig. 4.6　Effects of NO₃⁻-N on chlorophyll content of *E. nuttallii*

D. 对伊乐藻可溶性蛋白浓度的影响

由图 4.7 可知，铵氮胁迫下，可溶性蛋白浓度在 6 h 时，随胁迫浓度的增加在波动中略有增加，在 24 h 和 72 h 时，6.25 mg/L 前波动中略有增加，之后下降。硝氮胁迫下（图 4.8），各时段在 100.00 mg/L 前，波动中增加，然后略下降。说明铵氮对伊乐藻可溶性蛋白浓度的影响远比硝氮大。

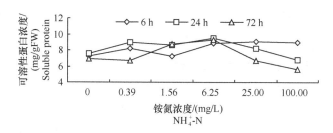

图 4.7　铵氮对伊乐藻可溶性蛋白浓度的影响

Fig. 4.7　Effects of NH_4^+-N on soluble protein content of *E. nuttallii*

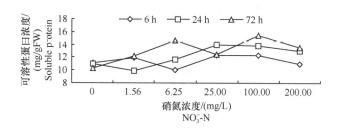

图 4.8　硝氮对伊乐藻可溶性蛋白浓度的影响

Fig. 4.8　Effects of NO_3^--N on soluble protein content of *E. nuttallii*

E. 对伊乐藻 SOD 活性的影响

由图 4.9 可知，铵氮胁迫下，6 h 时 SOD 活性基本稳定，24 h 和 72 h 时，铵氮≤1.56 mg/L 时酶活性也基本稳定，之后明显升高，但在 100.00 mg/L 铵氮作用 72 h 时下降。硝氮胁迫下（图 4.10），6 h 时 SOD 活性在小波动中保持稳定，24 h 和 72 h 时酶活性缓慢升高，在硝氮≥6.25 mg/L 时升高较快。从时间上看，24 h 和 72 h 时的酶活性差别不大，但常常高于 6 h 的。

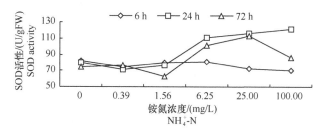

图 4.9　铵氮对伊乐藻 SOD 活性的影响

Fig. 4.9　Effects of NH_4^+-N on SOD activity of *E. nuttallii*

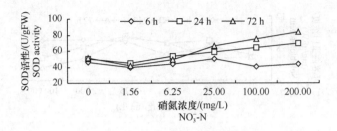

图 4.10　硝氮对伊乐藻 SOD 活性的影响

Fig. 4.10　Effects of NO₃⁻-N on SOD activity of *E. nuttallii*

F. 对伊乐藻 POD 活性的影响

由图 4.11 和图 4.12 可知，6 h 时 POD 活性随铵氮和硝氮浓度的增加而持续缓慢上升；24 h 时酶活性在 6 h 的基础上又略有升高，但分别在铵氮≥25.00 mg/L、硝氮≥100.00 mg/L 时开始下降；72 h 时酶活性随浓度增加而变化的趋势与 24 h 时的相同，但在铵氮胁迫下，72 h 的酶活性比 6 h 的略低，在硝氮胁迫下，则与 24 h 的值相近，高于 6 h 时的值。总体上与 SOD 活性的变化趋势有较大的相似性。

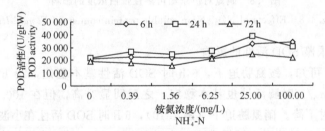

图 4.11　铵氮对伊乐藻 POD 活性的影响

Fig. 4.11　Effects of NH₄⁺-N on POD activity of *E. nuttallii*

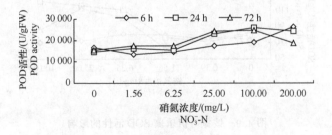

图 4.12　硝氮对伊乐藻 POD 活性的影响

Fig. 4.12　Effects of NO₃⁻-N on POD activity of *E. nuttallii*

在铵氮或硝氮胁迫下，现存量增加百分比的变化均为单峰曲线，高峰值分别在铵氮＝1.56 mg/L（增加 3.2%）和硝氮＝25.00 mg/L（增加 5.1%）时，在 100.00 mg/L≥铵氮≥0.39 mg/L 和 25.00 mg/L≥硝氮≥0 时，现存量增加百分比与铵氮浓度分别呈显著负相关和正相关；在铵氮≤1.56 mg/L 时，硝氮≤25.00 mg/L 时，3 天内伊乐藻可保持正增长，在铵氮≥6.25 mg/L，硝氮≥100.00 mg/L 时，明显抑制其生长。P_n 在铵氮≤6.25 mg/L 和硝氮≤25.00 mg/L时比较平稳，变化较小，之后分别快速和缓慢下降，呼吸作用除在铵氮＝100.00 mg/L 时较明显下降外，其他变化不大。叶绿素含量的总趋势是在波动中缓慢下降，铵氮胁迫时下降的幅度比硝氮大。可溶性蛋白浓度在铵氮＝6.25 mg/L 前波动中略有增加，之后下降，在硝氮＝100.00 mg/L 前，波动中增加，然后略下降。SOD 活性在 6 h 时基本稳定，24 h 和 72 h 时，分别在铵氮＞1.56 mg/L 和硝氮＞6.25 mg/L 时酶活性升高较快，但在最强的铵氮胁迫下，酶活性下降。POD 活性的变化趋势是随铵氮和硝氮浓度的增加而持续缓慢上升，但在 24 h 和 72 h 时，以及铵氮≥25.00 mg/L、硝氮≥100.00 mg/L 时开始下降。铵氮对伊乐藻的毒害远大于硝氮。

2）铵氮、硝氮对苦草的胁迫

A. 苦草现存量增加百分比的变化

由图 4.13 可知，在铵氮≤1.56 mg/L 时，苦草现存量增加百分比略有增加（在铵氮＝0.39 mg/L 时，增加 0.79%），处于相对稳定状态，之后迅速下降，最低值为−98.1%；经相关分析，现存量增加百分比与铵氮浓度间显著负相关（R^2＝0.8139，P＜0.05）；在铵氮≥6.25 mg/L 时，明显抑制苦草生长。

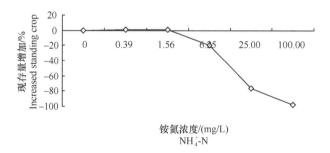

图 4.13　铵氮胁迫下苦草现存量增加百分比的变化

Fig. 4.13　Percentage change of increased standing crop of
V. natans under the stress of NH_4^+-N

硝氮作用时（图 4.14），如果不考虑对照，则现存量增加百分比与硝氮浓度间显著负相关（R^2＝0.8148，P＜0.05），高峰值在硝氮＝1.56 mg/L 时（8.9%），在硝氮≤25.00 mg/L 时，促进苦草生长，与对照相比，在 200.00

mg/L 的硝氮胁迫下，现存量也仅仅降低了 1.8%，因此，可以认为，在 3 天内，实验条件下硝氮对苦草的生长速度没有明显抑制。而在 6.25 mg/L 铵氮胁迫下，现存量降低 19.2%。可见铵氮对苦草的毒害远大于硝氮。

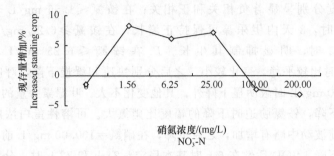

图 4.14　硝氮胁迫下苦草现存量增加百分比的变化

Fig. 4.14　Percentage change of increased standing crop of
V. natans under the stress of NO_3^- -N

B. 对苦草生产力的影响

铵氮胁迫见图 4.15。苦草的 P_g 和 P_n 曲线在铵氮≤1.56 mg/L 时逐步上升，之后缓慢下降，至铵氮＝6.25 mg/L 时，快速下降。P_n 在铵氮＝25.00 mg/L 时降至－0.1 O_2 mg/(h·gFW)，呼吸作用在铵氮≤1.56 mg/L 略升高，之后略有下降。

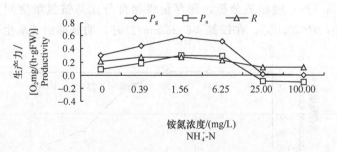

图 4.15　铵氮对苦草生产力的影响

Fig. 4.15　Effects of NH_4^+ -N on productivity of *V. natans*

硝氮胁迫见图 4.16。P_g 和 P_n 曲线在硝氮≤6.25 mg/L 时逐步上升，之后缓慢下降。P_n 在铵氮＝100.00 mg/L 时降至 0，呼吸作用基本稳定，波动很小。

两者相比可见，铵氮对苦草光合作用的影响远大于硝氮。

C. 对叶绿素含量的影响

铵氮胁迫对叶绿素含量的影响见图 4.17。从叶绿素含量随胁迫的浓度梯度变化看，6 h 时，稳定中略下降；24 h、72 h 时先升高然后下降，最高点分别在

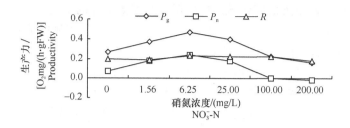

图 4.16　硝氮对苦草生产力的影响

Fig. 4. 16　Effects of NO_3^- -N on productivity of *V. natans*

铵氮＝0.39 mg/L 和 1.56 mg/L 时；从叶绿素含量随时间变化看，在铵氮
＜6.25 mg/L 前，叶绿素含量随时间延长而增加，在铵氮≥6.25 mg/L 时，则随
时间延长而下降。说明在铵氮作用 6 h 时，叶绿素含量尚未受到明显影响，之
后，在较低浓度（≤1.56 mg/L）时，促进生长，提高叶绿素含量，在较高浓度
时，则抑制生长，降低叶绿素含量。

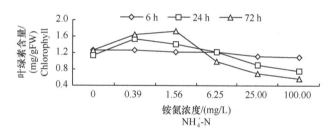

图 4.17　铵氮对苦草叶绿素含量的影响

Fig. 4. 17　Effects of NH_4^+ -N on chlorophyll content of *V. natans*

　　硝氮胁迫对叶绿素含量的影响见图 4.18。从叶绿素含量随胁迫的浓度梯度
变化看，波动中保持相对稳定；从叶绿素含量随时间变化看，总体上是随时间延
长而略有升高，变化很小。说明叶绿素对硝氮的胁迫不敏感。

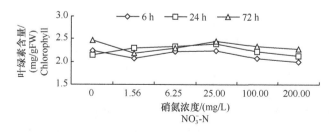

图 4.18　硝氮对苦草叶绿素含量的影响

Fig. 4. 18　Effects of NO_3^- -N on chlorophyll content of *V. natans*

　　叶绿素对硝氮浓度的变化敏感性较低，对铵氮浓度的变化敏感性较高，较低浓度的铵氮（≤1.56 mg/L）可以提高其含量，较高浓度时则降低其含量。

　　D. 对苦草可溶性蛋白浓度的影响

　　铵氮胁迫见图 4.19。在铵氮≤6.25 mg/L 时，可溶性蛋白浓度逐步升高，之后下降，6 h 时随铵氮浓度增加缓慢下降，24 h 和 72 h 时，则快速下降。可溶性蛋白浓度的高值在铵氮≤6.25 mg/L 时出现在 24 h，在铵氮＞6.25 mg/L 时，出现在 6 h，低值多出现在 72 h。即可溶性蛋白浓度在高于 6.25 mg/L 铵氮胁迫24 h 时即可明显降低。

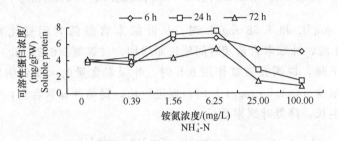

图 4.19　铵氮对苦草可溶性蛋白浓度的影响

Fig. 4.19　Effects of NH$_4^+$-N on soluble protein content of *V. natans*

　　硝氮胁迫见图 4.20。可溶性蛋白浓度变化的总趋势与铵氮胁迫时的相似，但相应的硝氮浓度转折点是 25.00 mg/L。

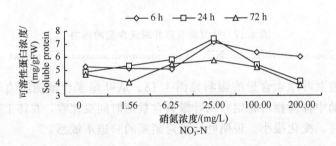

图 4.20　硝氮对苦草可溶性蛋白浓度的影响

Fig. 4.20　Effects of NO$_3^-$-N on soluble protein content of *V. natans*

　　铵氮对苦草可溶性蛋白浓度的影响远大于硝氮。

　　E. 对苦草 SOD 活性的影响

　　铵氮胁迫见图 4.21。变化的总趋势与蛋白质的相似。三个时刻的最高值均出现在铵氮＝6.25 mg/L 时，以 24 h 时的活性为最高。在高浓度铵氮胁迫下，酶活性随胁迫时间延长而减小。

　　硝氮胁迫见图 4.22。SOD 活性在 6 h、24 h 时，随胁迫浓度增加而持续增

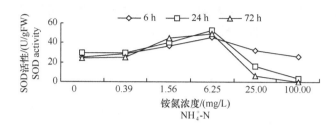

图 4.21　铵氮对苦草 SOD 活性的影响

Fig. 4.21　Effects of NH_4^+-N on SOD activity of *V. natans*

大，72 h 时在硝氮＝100.00 mg/L 时酶活性达最高，之后下降。总地来看，酶活性有随胁迫时间延长而增加的趋势，但 24 h 和 72 h 之间的酶活性差别不大。

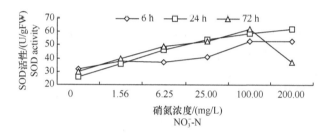

图 4.22　硝氮对苦草 SOD 活性的影响

Fig. 4.22　Effects of NO_3^--N on SOD activity of *V. natans*

铵氮与硝氮胁迫引起 SOD 活性变化的趋势相似，但两者间最高酶活性对应的胁迫浓度相差 32 倍，显示出铵氮更容易引起苦草 SOD 的响应。

F. 对苦草 POD 活性的影响

铵氮胁迫见图 4.23。POD 变化的总趋势与蛋白质的相似。三个时刻的最高值均出现在铵氮＝6.25 mg/L 时，以 24 h 时的活性为最高，6 h 时 POD 活性随胁迫浓度增加而变化的幅度较小，24 h 和 72 h 时，变化幅度较大。在铵氮≤6.25 mg/L 时，酶活性随胁迫时间延长略有增加。

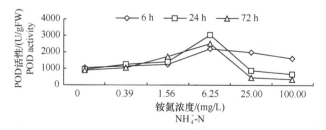

图 4.23　铵氮对苦草 POD 活性的影响

Fig. 4.23　Effects of NH_4^+-N on POD activity of *V. natans*

硝氮胁迫见图 4.24。三个时刻 POD 活性的最大值均出现在硝氮＝100.00 mg/L 时，以 24 h 时的活性为最高。在硝氮＜100.00 mg/L 时，酶活性随胁迫时间延长略有增加。

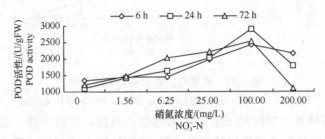

图 4.24　硝氮对苦草 POD 活性的影响

Fig. 4.24　Effects of NO_3^--N on POD activity of *V. natans*

铵氮与硝氮胁迫引起 POD 活性变化的趋势相似，但最高酶活性对应的胁迫浓度相差 16 倍，显示出铵氮胁迫更容易引起苦草 POD 活性的变化。SOD 与 POD 活性的变化有一定的一致性。

在铵氮≤1.56 mg/L 时，苦草现存量增加百分比没有明显变化，之后迅速下降，最低值为−98.1%；它与铵氮浓度间显著负相关；在铵氮≥6.25 mg/L 时，3 天内明显抑制苦草生长。硝氮作用时，如果不考虑对照，则现存量增加百分比与硝氮浓度间显著负相关，实验条件下，在硝氮≤25.00 mg/L 时，促进苦草生长，高于此浓度对苦草的生长速度没有明显抑制。与对照相比，P_n 在铵氮≤6.25 mg/L 和硝氮≤25.00 mg/L 时增加，之后，在铵氮和硝氮胁迫下分别较快和较慢下降。高浓度的铵氮对呼吸作用有所抑制，硝氮对之没有明显影响。叶绿素含量对硝氮浓度的变化敏感性较低，对铵氮浓度的变化敏感性较高，较低浓度的铵氮（≤1.56 mg/L）可以提高其含量，较高浓度时则降低其含量。可溶性蛋白浓度的变化是一个单峰曲线，峰值分别在铵氮＝6.25 mg/L 和硝氮＝25.00 mg/L 时。铵氮胁迫下，SOD 和 POD 活性的变化趋势及峰值位置与蛋白质浓度的相似；硝氮胁迫下，SOD 活性的变化是随着胁迫浓度增加而增加（最高浓度作用 72 h 时下降），POD 活性变化是单峰曲线，峰值在硝氮＝100.00 mg/L 时。在高浓度铵氮作用下，苦草可快速致死。铵氮对苦草的毒害远大于硝氮。

3）铵氮和硝氮对菹草的胁迫

A. 菹草现存量增加百分比的变化

铵氮胁迫见图 4.25。经相关分析，现存量的增加百分比与铵氮浓度显著负相关（$R＝0.936$，$P<0.05$）；与对照相比，铵氮≤1.56 mg/L 时，菹草现存量没有明显变化，之后，则随胁迫浓度的增加而显著下降。铵氮为 100.00 mg/L 时，现存量降低了 33.7%。说明在铵氮＞1.56 mg/L 后，即明显抑制菹草生长。

　　硝氮胁迫见图 4.26。在硝氮为 6.25 mg/L 和 25.00 mg/L 时，现存量显著高于对照，之后明显下降，但与对照无显著差异。说明在实验条件下，硝氮对菹草生长有促进效应，而没有明显抑制效应。

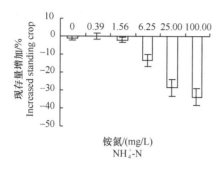

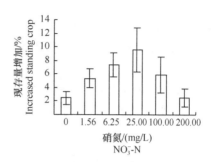

图 4.25　铵氮胁迫下菹草现存量增加
百分比的变化
Fig. 4.25　Percentage change of increased standing crop of *P. crispu* under the stress of NH_4^+-N

图 4.26　硝氮胁迫下菹草现存量增加
百分比的变化
Fig. 4.26　Percentage change of increased standing crop of *P. crispu* under the stress of NO_3^--N

　　实验中 1.56 mg/L 的铵氮即相当于 200.00 mg/L 硝氮的胁迫效应。说明铵氮对菹草的影响远大于硝氮。

　　B. 对菹草生产力的影响

　　铵氮胁迫见图 4.27。P_g 和 P_n 在铵氮 $\leqslant$ 1.56 mg/L 时，相对稳定，之后持续显著下降，大约在铵氮为 20 mg/L 时 $P_n = 0$；呼吸作用基本稳定。

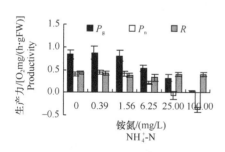

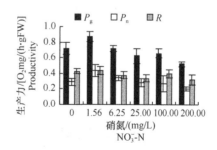

图 4.27　铵氮对菹草生产力的影响
Fig. 4.27　Effects of NH_4^+-N on productivity of *P. crispu*

图 4.28　硝氮对菹草生产力的影响
Fig. 4.28　Effects of NO_3^--N on productivity of *P. crispu*

　　硝氮胁迫见图 4.28。P_g 在硝氮为 200.00 mg/L 时，显著低于对照，其他无显著差异；P_n 和 R 值随硝氮浓度增加无显著变化。在实验条件下，铵氮 > 1.56

mg/L 时即可对菹草的光合作用产生不利影响，在铵氮为 20 mg/L 时 P_n 为 0，而在硝氮为 100 mg/L 时，对菹草光合作用的抑制仍不明显。

C. 对菹草叶绿素含量的影响

铵氮胁迫见图 4.29。叶绿素含量随着铵氮浓度的增加，6 h 时在小的波动中略有下降，但不显著，24 h 时，在铵氮浓度为最高时叶绿素含量显著下降，72 h 时，在铵氮浓度为 25 mg/L 时开始显著下降。从时间上看，随胁迫时间延长，叶绿素含量下降较多。

硝氮胁迫下的波动性比铵氮的小，经统计分析，与对照均无显著差异（图 4.30）。说明铵氮对叶绿素含量有更大的影响。

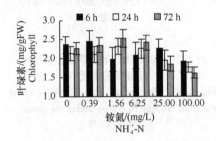

图 4.29　铵氮对菹草叶绿素含量的影响
Fig. 4.29　Effects of NH_4^+-N on chlorophyll content of *P. crispu*

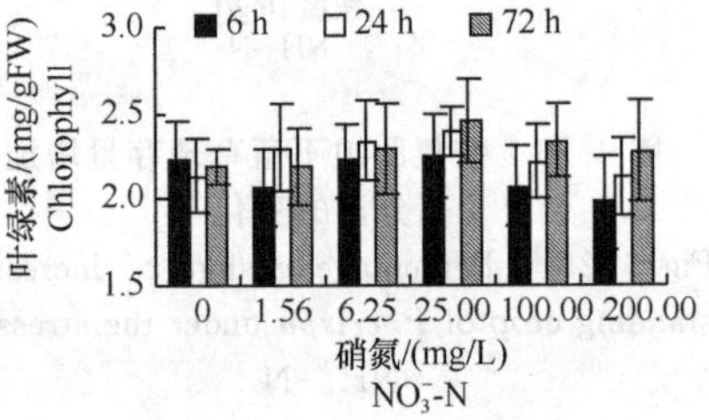

图 4.30　硝氮对菹草叶绿素含量的影响
Fig. 4.30　Effects of NO_3^--N on chlorophyll content of *P. crispu*

D. 对菹草可溶性蛋白浓度的影响

铵氮胁迫见图 4.31。6 h 时，可溶性蛋白浓度变化不显著；24 h 时，在铵氮浓度为 1.56 mg/L 时，可溶性蛋白浓度显著升高，之后持续显著下降；72 h 时，在铵氮浓度为 0.39 mg/L 和 1.56 mg/L 时，蛋白浓度显著大于对照，之后则持续显著下降。

硝氮胁迫见图 4.32。6 h 时，可溶性蛋白浓度变化不显著；24 h 时，在硝氮

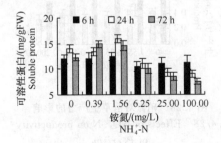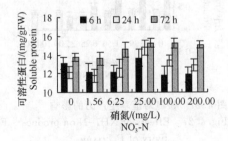

图 4.31　铵氮对菹草可溶性蛋白浓度的影响
Fig. 4.31　Effects of NH_4^+-N on soluble protein content of *P. crispu*

图 4.32　硝氮对菹草可溶性蛋白浓度的影响
Fig. 4.32　Effects of NO_3^--N on soluble protein content of *P. crispu*

浓度为 25 mg/L 时，可溶性蛋白浓度显著升高，之后显著下降，但与对照无显著差异；72 h 时，在硝氮浓度为 25 mg/L 时，蛋白浓度显著大于对照，之后略有下降，但仍明显大于对照。总体上以 72 h 的变幅略大。

在铵氮>1.56 mg/L 时，即可引起菹草可溶性蛋白浓度的下降，而 200 mg/L 的硝氮尚不能引起可溶性蛋白浓度的明显降低。

E. 对菹草 SOD 活性的影响

铵氮胁迫见图 4.33。6 h 时 SOD 活性在最高铵氮浓度胁迫下明显升高；在 24 h 和 72 h 时，在铵氮为 6.25 mg/L 时酶活性即显著升高，但之后则下降，在最高铵氮浓度下，下降达显著水平，其中在 72 h 时酶活性为 0。酶活性的响应在 24 h 和 72 h 时要比 6 h 时明显。说明在较低铵氮浓度和较短时间胁迫下，SOD 活性随着铵氮浓度增加和胁迫时间的延长处于正响应状态，在较高铵氮浓度和较长时间胁迫下，SOD 活性则会处于负的响应状态。

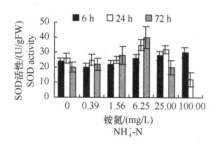

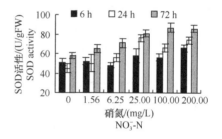

图 4.33　铵氮对菹草 SOD 活性的影响
Fig. 4.33　Effects of NH$_4^+$-N on SOD activity of *P. crispu*

图 4.34　硝氮对菹草 SOD 活性的影响
Fig. 4.34　Effects of NO$_3^-$-N on SOD activity of *P. crispu*

硝氮胁迫见图 4.34。总趋势是随硝氮浓度增加和胁迫时间延长，酶活性逐步升高。6 h 时 SOD 活性在最高硝氮浓度胁迫下显著升高；在 24 h 和 72 h 时，在硝氮分别为 25 mg/L 和 6.25 mg/L 时酶活性即开始显著升高。说明在实验条件下，SOD 活性随着硝氮浓度增加和胁迫时间的延长始终处于正响应状态。这一点与铵氮胁迫下的情况不同。

F. 对菹草 POD 活性的影响

铵氮胁迫见图 4.35。POD 活性在铵氮≤1.56 mg/L 时无显著改变，在铵氮为 6.25 mg/L 时开始显著升高，之后随铵氮浓度增加，在 6 h 和 24 h 时，酶活性的升高均达到显著水平，而在 72 h 时，酶活性则开始下降，在最高铵氮浓度下，酶活性下降达显著水平。随胁迫时间延长，POD 活性高峰对应的铵氮浓度降低。说明 POD 活性对胁迫的响应有一个阈值，低于阈值时正响应，高于阈值时负响应。

硝氮胁迫见图 4.36。6 h 时，在硝氮≥6.25 mg/L 时，酶活性开始随着胁迫浓度的增加显著升高；24 h 时，在硝氮≥1.56 mg/L 时，酶活性开始随着胁迫浓度得增加显著升高；72 h 时，酶活性在硝氮≥25.00 mg/L 时，开始随着胁迫浓度的增加显著下降。总趋势与铵氮胁迫下的变化趋势相似，但最高酶活性出现在 24 h 而不是铵氮胁迫下的 6 h。

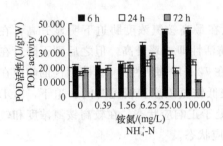

图 4.35　铵氮对菹草 POD 活性的影响
Fig. 4.35　Effects of NH₄⁺-N on POD
activity of *P. crispu*

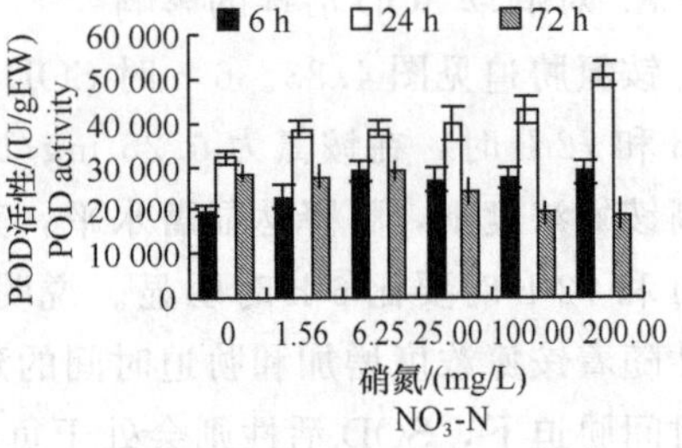

图 4.36　硝氮对菹草 POD 活性的影响
Fig. 4.36　Effects of NO₃⁻-N on POD
activity of *P. crispu*

从植物的形态、生理、生化三方面的指标看，SOD 和 POD 活性等生化指标是最敏感的，叶绿素含量等指标相对不敏感。这些抗氧化酶活性的增加意味着植物受到了环境胁迫，正在通过调整一些生理生化过程而增强其抗性。

从氮、磷对水生植物直接影响的角度来看，铵氮对水生植物的胁迫是主要的 (Farnsworth-Lee and Buker, 2000)。大型水生植物的多样性和群落结构与氮负荷（硝氮和铵氮）显著相关 (Tracy *et al.*, 2003)。在富营养的水和底质条件下，0.6 mg/L 的铵氮即抑制微齿眼子菜生长，升高其 POD 活性 (Ni, 2001)。

关于铵氮对植物的毒害机理，在陆生植物中有相对较多的研究。高浓度的铵处理能使植物的耗氧量明显增加，植物需要消耗大量能量用于 NH₄⁺ 的跨膜运动 (Britto *et al.*, 2001)；植物体内积累过量的 NH₄⁺ 会使光合磷酸化解偶联 (Vines and Wedding, 1960)，同时，植物为避免 NH₄⁺ 的过多积累，通过大量合成富含氮的氨基酸（如谷胺酰氨）进行解毒，进而降低细胞内碳水化合物的储量，减缓生长 (Rabe, 1990; Goyal *et al.*, 1982; Marque *et al.*, 1983)。另外，分子态氨比离子态铵更容易进入细胞而伤害植物，能够破坏细胞膜的去污剂十二烷基苯磺酸钠与铵盐一起作用于植物时，能加重胁迫效应，使植物迅速死亡 (Litav and Lehrer, 1978)。因此，水体 pH 的改变（影响分子态氨与离子态铵之间的转换）、去污剂的浓度等均可以影响铵对植物的毒性。而十二烷基苯磺酸钠是洗涤剂的主要原料，是水体中常见的污染物质（赵强等，2006a）。

由此来看，湖泊中铵氮浓度的高低对水生植被具有更大的影响，富营养化湖泊中水生植被的衰退和消失，与水体铵氮浓度的关系是很值得进一步研究的问题。

2. 高氮对挺水和浮叶植物的作用

氮对挺水和浮叶植物的影响方面的研究报道很少。于曦等（2006）发现，槐叶苹（*Salvinia natans*）在富营养化水中都能正常生长，1个多月后，生物量有较大程度的增加；在轻度富营养化水体（TN：4.0 mg/L，TP：0.5 mg/L）中，槐叶苹的单位增长量略高于重度富营养化水体（TN：55 mg/L，TP：10 mg/L）中的增长量，其绝对生长速率和相对生长速率也略高于生长在重度富营养化水体中的槐叶萍，但差异不显著。林秋奇等（2001）研究表明，水网藻（*Hydrodic-tyon reticulatum*）在总氮为 0.9～45 mg/L，氮磷比为 5～50 范围内能正常生长，生长最佳的氮磷比为 15，水网藻能优先吸收利用铵氮，当水体处于磷限制状态时，它对总氮的吸收去除能力略受影响，但影响不大。韩潇源等（2008）用人工配制的污水（NH_4^+-N 253.98 mg/L，TP 65.16 mg/L）在室内对 5 种植物培养 5 天后，菖蒲叶长增加，部分叶片颜色由亮黄色加深为绿色；美人蕉质量增加，叶宽增加，叶数增加；石菖蒲质量增加，叶宽增加；千屈菜生长状况较好，叶长和叶宽均增加，黄嫩的叶子由叶尖和叶脉处开始变绿；凤眼莲生长状况一般，质量略有减轻，叶长减小，叶宽增加，叶数增加。可见，挺水植物及凤眼莲对超高浓度的氮、磷有很强的耐受性。李宗辉等（2007）等用铵氮为 6～20 mg/L、TP 为 1～3 mg/L、COD_{Cr} 为 110～170 mg/L 的污水培养芦苇，与天然净水培养的芦苇相比，长期污水浸泡致使芦苇的植株高度显著变小，平均降低 71.1 cm，芦苇叶片长度显著减小，平均降低 11.3 cm，最大叶片宽度减小平均降低 0.62 cm，植株密度增大 4 倍以上。王国生等（2003）报道，氮浓度为 40～240 mg/L 时均能使芦苇有良好的生长，株高、根长、干重均有明显的增加，干重比对照增加 2.73%～37.8%，其中以 80 mg/L 效果最佳。低浓度的氮不能满足芦苇生长需要，而高浓度的氮对生长有一定的抑制作用。

李卫国等（2008）报道，在总氮浓度为 5 mmol/L 条件下，外来植物凤眼莲无论是在硝氮还是铵氮营养环境下，都能快速生长和进行有效的克隆繁殖，表现出对硝氮的偏好性及对铵氮的极强耐受能力，它对硝氮和铵氮两种氮素形态均表现出高的氮素同化效率，随着硝氮浓度的增加，氮代谢限速酶 NR（硝酸还原酶）活性显著增加，而在高比例铵氮下，也能通过其细胞中液泡 NH_4^+ 的积累、GS（谷氨酰胺合成酶）活性变化等生理调节方式缓解 NH_4^+ 对植物体带来的毒害，从而表现出较强的耐受能力。李宗辉等（2007）等用铵氮为 6～20 mg/L、TP 为 1～3 mg/L、COD_{Cr} 为 110～170 mg/L 的污水培养芦苇，用铵氮为 4～10 mg/L、TP 为 1～2 mg/L、COD_{Cr} 为 90～150 mg/L 的污水培养香蒲，发现长期污水浸泡显著影响了香蒲根部 POD 活性，使其比净水培养高 73.51 U/(g·min)，污水培养使芦苇和香蒲叶片的 CAT 活性分别较净水培养的低 0.068 mg/(g·min)、

0.1071 mg/(g · min)。邓仕槐等（2007b）、肖德林等（2007）报道，高浓度畜禽废水较中浓度畜禽废水对芦苇生理特性的影响更为强烈，两种浓度畜禽废水胁迫均促使芦苇根系活力明显上升、叶绿素含量下降、游离脯氨酸含量在急速下降后稳定在一个较低水平，SOD活性明显升高、MDA含量稳中有降、电解质渗漏现象不明显。认为芦苇在畜禽废水胁迫下具有较强的抗逆性和耐受性。万志刚等（2006）将6种水生维管束植物在不同浓度的氮、磷元素培养液中进行人工培养，把它们对氮、磷的耐受性作了定性、定量的观察与分析，发现凤眼莲对水体中高浓度氮的耐受能力最强，当培养液中总氮浓度高达1514.26 mg/L时，POD活性测不出，此时叶片变黄、根腐烂、植株死亡；浮萍和水鳖对氮素耐受能力最弱，当总氮浓度达到578.4 mg/L就出现植株死亡。这些植物对环境中氮、磷的耐受性有一个比较大的幅度，以凤眼莲最为突出。

　　总体上看，挺水和浮叶植物，尤其是挺水植物对高氮的耐受能力是很强的，挺水植物的耐受能力明显好于沉水植物，部分浮叶植物如凤眼莲等的耐受能力也明显大于沉水植物。

4.1.2　水柱磷浓度对水生植物的作用

1. 磷酸盐与沉水植物

　　水生植被，特别是沉水植被的衰退和消失是水体富营养化过程中的普遍现象（Ozimek and Kowalczewski，1984；于丹等，1998），其原因是多方面的，但较高的水柱氮、磷浓度显然是重要原因之一。关于水生植被的衰退和恢复与水柱氮磷浓度的关系至今仍有很多未知因素，有关的定量研究也很少报道。从氮、磷对水生植物直接影响的角度来看，高浓度的铵氮对水生植物的胁迫是主要的（Geneviève *et al.*，1997；Farnsworth-Lee and Baker，2000）。但高浓度的磷能否胁迫水生植物，胁迫程度如何尚少有报道。沉水植物是对水环境最为敏感的大型植物。马剑敏等（2008b）以伊乐藻、苦草和菹草这三种常用于水生态修复工程的先锋沉水植物为材料，研究了它们在单一磷的急性胁迫下的生理生化变化特点，阐明了三种沉水植物对磷酸盐的耐性大小，为揭示富营养化过程中磷浓度与水生植被衰退的关系，以及水生植被的重建和保护提供依据。

　　PO_4^{3-}-P浓度梯度为0、0.05 mg/L、0.20 mg/L、0.80 mg/L、3.20 mg/L、12.80 mg/L，用KH_2PO_4配制。玻璃缸中还加有Hoaglands培养液所包含的1/4浓度的微量元素和铁盐；另外还加入了硝酸盐，使NO_3^--N的浓度为0.2 mg/L，以免出现缺氮胁迫。溶液pH调为7。现存量增加的百分比计算：[实验72 h后植物活体质量－（实验初始植物质量－取样量）]/（实验初始植物质量－取样量）。

　　1）现存量增加百分比的变化

　　由图4.37可知，伊乐藻、苦草和菹草现存量的增加百分比均为单峰曲线，与对照相比，菹草在各个磷浓度下的增长均达到显著水平（$P<0.05$）；苦草在磷为 0.20 mg/L 和 0.80 mg/L 时的增长显著，其后的下降也显著（$P<0.05$）；伊乐藻在磷为 0.20 mg/L 和 0.80 mg/L 时，与对照差异不显著（$P>0.05$），之后则显著下降（$P<0.05$）。说明在实验条件下，菹草始终为正增长，即使在最高磷浓度下，现存量仍明显增加。伊乐藻和苦草在磷 $\leqslant 0.80$ mg/L 时现存量稳定或增长，在磷 >0.80 mg/L 时开始负增长。另外，从植物形态上看，实验期间三种植物均无明显的受害症状。

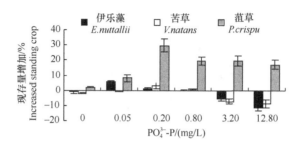

图 4.37　磷胁迫下伊乐藻、苦草和菹草现存量增加百分比的变化

Fig. 4.37　Percentage changes of increased standing crop of *Elodea nuttallii*, *Vallisneria natans* and *Potamogeton crispu* under the stress of phosphorus

根据现存量的变化判断，菹草对高磷浓度的耐受性大于伊乐藻和苦草。

2）对生产力的影响

由图 4.38 可知，伊乐藻的 P_g 和 R 在磷 $\leqslant 0.80$ mg/L 时，随磷浓度的增加略有下降，但未达到显著水平，在磷 >0.80 mg/L 时，则显著下降（$P<0.05$）；P_n 在磷 $=0.20$ mg/L 时有一个明显的高峰值（$P<0.05$），之后，在磷 $\geqslant 3.20$ mg/L 时，显著下降（$P<0.05$），但 P_n 始终大于 0。苦草的 P_g 和 P_n 随着磷浓度的增加先略有上升，后缓慢下降，与对照相比，磷 $=0.20$ mg/L 时，显著增加（$P<0.05$），在磷 $=12.80$ mg/L 时，显著下降（$P<0.05$）；R 基本稳定，变化未达显著水平；P_n 在磷为 0.80 mg/L 时，与对照相当，说明磷对呼吸作用没有明显影响，其生产力在磷 $\leqslant 3.20$ mg/L 时，可基本保持正增长。对于菹草，P_g 在磷为 12.80 mg/L 时显著下降（$P<0.05$），之前基本稳定；P_n 的变化始终未达显著水平；R 在磷为 0.05 mg/L 和 3.20 mg/L 时有明显下降；其他情况下基本稳定。

三种植物相比，菹草的净生产力没有受到明显的影响，伊乐藻和苦草分别在磷为 3.20 mg/L 和 12.80 mg/L 时明显下降。

3）对叶绿素含量的影响

对于伊乐藻，作用 6 h 时，仅在最高磷浓度的胁迫下叶绿素含量明显低于对

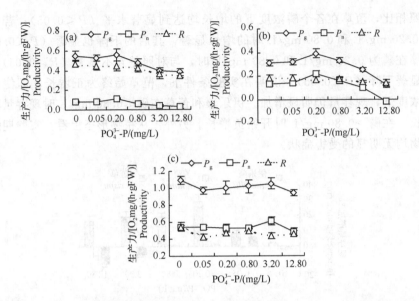

图 4.38　磷对伊乐藻（a）、苦草（b）和菹草（c）生产力的影响

Fig. 4.38　Effects of phosphorus on productivity of *E. nuttallii*（a），
V. natans（b）and　*P. crispu*（c）

照，作用 24 h 和 72 h 时，在磷≥3.20 mg/L 时，叶绿素含量达到显著下降水平
（$P<0.05$）。苦草叶绿素含量在 6 h 时，无显著变化，作用 24 h 和 72 h 时，在
磷=0.80 mg/L 时显著高于对照（$P<0.05$），之后下降，但与对照无显著差异。
菹草叶绿素含量在 6 h 和 24 h 时，随磷浓度的变化没有出现显著改变，在 72 h
时，仅在最高浓度的磷胁迫下显著下降（$P<0.05$）（图 4.39）。

　　随磷浓度的增加，菹草和苦草的叶绿素含量均不易下降，其稳定性好于伊乐藻。

　　4）对可溶性蛋白浓度的影响

　　伊乐藻的可溶性蛋白浓度在作用 6 h 时，磷为最高浓度时才显著下降（$P<$
0.05），此前无显著变化；24 h 时变化始终不显著；72 h 时，磷为次高浓度时开
始显著下降。

　　作用 6 h 时，苦草的可溶性蛋白浓度在磷≥3.20 mg/L 时，显著增加（$P<$
0.05），此前变化不显著；而在 24 h 和 72 h，磷≥0.20 mg/L 时即明显高于对照
（$P<0.05$），在磷>0.80 mg/L 时，蛋白浓度则随着磷浓度增加而下降，尤其以
72 h 时下降幅度较大（$P<0.05$）。说明可溶性蛋白浓度在较短时间（6 h）的磷
作用下，随着磷浓度升高而缓慢增加，在较长时间（24 h、72 h）和较高浓度磷
（>0.80 mg/L）作用下，则随着磷浓度升高而下降。菹草的可溶性蛋白浓度随
着磷浓度的增加先升后降，作用 6 h 时，在磷为 0.20 mg/L 时，即开始显著升
高，峰值出现在磷为 3.20 mg/L 时（$P<0.05$），作用 24 h 和 72 h 时，分别在磷

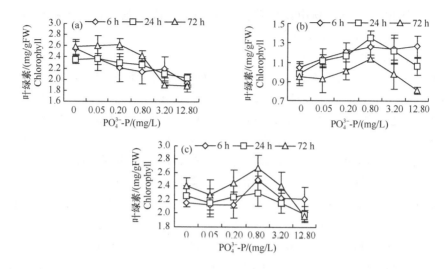

图 4.39　磷对伊乐藻（a）、苦草（b）和菹草（c）叶绿素含量的影响

Fig. 4.39　Effects of phosphorus on chlorophyll contents of *E. nuttallii*（a），
V. natans（b）and　*P. crispu*（c）

为 0.80 mg/L 和 0.05 mg/L 时显著升高，峰值分别出现在磷为 3.20 mg/L 和 0.80 mg/L 时（$P<0.05$），在最高浓度的磷胁迫下，随胁迫时间的延长而下降，但仍大于或接近对照值。说明在较低浓度的磷作用下，可以提高菹草可溶性蛋白含量，在较高浓度和较长时间的磷作用下，则降低可溶性蛋白含量（图 4.40）。

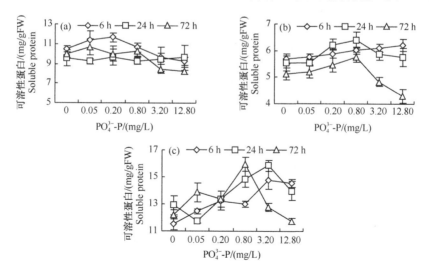

图 4.40　磷对伊乐藻（a）、苦草（b）和菹草（c）的可溶性蛋白浓度的影响

Fig. 4.40　Effects of phosphorus on soluble protein contents of *E. nuttallii*
（a），*V. natans*（b）and　*P. crispu*（c）

与对照比，三种植物中以菹草的增幅最大，降幅最小；三者在磷≤0.80 mg/L 时，可溶性蛋白浓度基本稳定或升高。

5）对 SOD 活性的影响

伊乐藻的 SOD 活性变化总趋势是随着磷浓度的增加而增大，与对照相比，在磷≤0.20 mg/L 时，酶活性无显著变化，在磷≥0.80 mg/L 时，增加显著（$P<0.05$）；说明在磷≥0.20 mg/L 时，SOD 活性对磷胁迫显示出明显的正响应。作用 6 h 时，苦草的 SOD 活性在磷=0.80 mg/L 时，开始显著升高；作用 24 h 和 72 h 时，在磷=0.20 mg/L 时即开始显著升高，但 72 h 时，在磷≥0.80 mg/L 后，SOD 活性与其高峰值相比开始显著下降。说明在磷≥0.20 mg/L 时，能够引起苦草 SOD 活性的升高。菹草的 SOD 活性的变化趋势是：作用 6 h 和 24 h、以及磷≥3.20 mg/L 时，酶活性显著升高（$P<0.05$），其他则变化不显著；在 72 h 时，酶活性在磷≤0.20 mg/L 时变化不显著，在磷为 0.80 mg/L 和 3.20 mg/L 时，显著升高（$P<0.05$），在磷为 12.80 mg/L 时，与磷为 0.80 mg/L 比明显下降。即在磷<0.80 mg/L 时，不足以引起酶活性发生明显变化（图 4.41）。

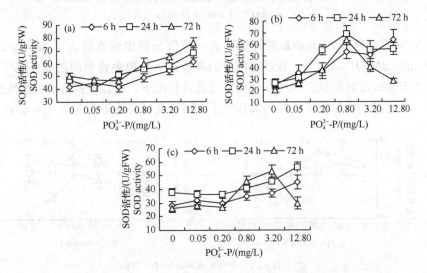

图 4.41　磷对伊乐藻（a）、苦草（b）和菹草（c）的 SOD 活性的影响

Fig. 4.41　Effects of phosphorus on SOD activities of *E. nuttallii*（a），*V. natans*（b）and *P. crispu*（c）

根据 SOD 活性的变化特点，可以认为苦草对磷胁迫最敏感，菹草则相对不敏感。

6）对 POD 活性的影响

伊乐藻的 POD 活性变化总趋势是：在磷=0.20 mg/L 时即开始显著高于对

照（$P < 0.05$），尽管在 24 h 和 72 h 时，以及磷＝12.80 mg/L 时明显下降，但最终的活性仍大于对照。作用 6 h 时，苦草的 POD 活性在磷≥0.8 mg/L 时显著高于对照（$P < 0.05$）；在 24 h 和 72 h，则分别在磷为 0.8 mg/L 和 0.2 mg/L 时显著高于对照（$P < 0.05$），但在磷＞0.8 mg/L 后开始下降，下降幅度明显。说明在较高浓度和较长时间的磷胁迫下，POD 走向了负响应，即植物的抗逆性开始降低。POD 活性变化趋势与 SOD 的相似。菹草的 POD 活性随磷浓度的增加，在 6 h 时，在最高磷浓度下明显升高（$P < 0.05$）；在 24 h 时，在磷为 3.2 mg/L 时明显升高（$P < 0.05$），其他变化不显著；在 72 h 时，在磷为 0.8 mg/L 时显著升高，在磷为 12.8 mg/L 时显著下降（$P < 0.05$）。说明菹草 POD 活性对磷浓度的变化相对迟钝（图 4.42）。

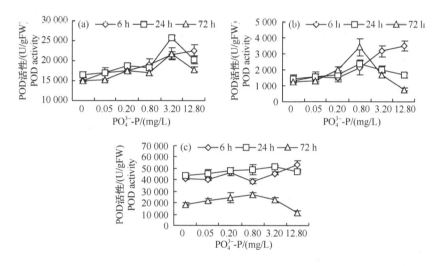

图 4.42　磷对伊乐藻（a）、苦草（b）和伊乐藻（c）的 POD 活性的影响

Fig. 4.42　Effects of phosphorus on POD activities of *E. nuttallii* (a)，*V. natans* (b) and *P. crispu* (c)

　　苦草的 POD 活性远小于菹草和伊乐藻的，伊乐藻的酶活性变化最敏感，菹草的相对不敏感。

　　上述实验显示，在 $[PO_4^{3-}\text{-}P] \leqslant 0.8$ mg/L 时，3 天内对三种植物的生长几乎不产生抑制，甚至有促进作用，说明沉水植物对磷的耐性是比较强的，在较高浓度的磷胁迫下，短期内对沉水植物不会产生明显的伤害。

　　从对环境敏感的 SOD 和 POD 活性的变化来看，两种酶对磷胁迫的响应要比外部形态、现存量、叶绿素、生产力等指标敏感，尽管在高浓度磷胁迫下，植物没有显示出明显受害症状，现存量、叶绿素含量等指标也没有显著改变，但两种酶的活性已经发生了明显改变。这些抗氧化酶活性的增加意味着植物受到了环境胁迫，正在通过调整一些生理生化过程而增强其抗性，尽管它的某些形态和生理指标暂时无明显改变，但长期下去，这种调整的代价会影响到植物的生长。

磷是植物必需的大量元素，虽然水生植物的长期高磷胁迫效应尚无直接的实验证明，但根据芦苇实生苗在氮、磷、钾分别为 160 mg/L、10 mg/L 和 80 mg/L 时生长良好，菱和睡莲生长的最适磷浓度分别为 3.1 mg/L 和 15.5 mg/L 的报道（王国生等，2003；陈国祥等，2002），以及农作物的施肥经验推测，磷对水生植物的毒性可能是很小的，一般富营养水体中的磷浓度在短期内尚不会对水生植物产生直接的毒害作用，它对水生植物的负作用主要是通过间接方式施加的。但磷对沉水植物的长期作用效应仍需直接的实验证明。

2. 磷酸盐与挺水和浮叶植物

该方面的研究报道较少。宋关玲等（2006）报道，在 0.101 mg/L、0.12 mg/L、0.15 mg/L、5 mg/L、50 mg/L 五种磷浓度下，青萍均可生长，细胞膜脂均未发生严重的过氧化损伤，但更适合生长于 0.12 ~ 5 mg/L，尤其是 0.15 mg/L 左右的磷浓度下；该植物适合应用于富营养化水平较高的水体环境中，适合于中国大多数湖泊等地表水体的治理和生态修复中。单丹和罗安程（2008）研究了在 10 mg/L 和 5 mg/L 两个磷水平下，经过 29 天的培养，6 种水生植物（空心莲子草、香蒲、黄菖蒲、慈姑、泽泻、狭叶泽泻）在高供磷水平下的平均生物量为 11.77~25.74 g/株干重，其中泽泻和香蒲的生物量较低，慈姑、空心莲子草和黄菖蒲的生物量较高，且慈姑的生物量最高；低供磷水平下 6 种水生植物生物量都明显低于高磷水平，为 7.97~19.76 g/株干重。低磷水平下不同水生植物间生物量的差异大体上与高磷水平相似，泽泻和狭叶泽泻的生物量较低，慈姑和黄菖蒲的生物量较高，生物量最高的为黄菖蒲；香蒲和黄菖蒲对低磷的反应不敏感，即低磷水平对其生物量变化影响不大，而其他 4 种水生植物生物量受低磷影响较大，其中空心莲子草受影响最大。无论磷水平高低，地上部分生物量最大的均为慈姑，最小的均为泽泻。低磷明显提高了植物的冠/根，且以水花生的冠/根提高最明显。万志刚等（2006）的研究结果表明，凤眼莲对水体中的磷浓度的耐受性最强，总磷浓度达到 200.4 mg/L 时植株死亡，浮萍和水鳖分别在总磷浓度达到 66.8 mg/L 和 50.1 mg/L 时植株死亡；这些植物对环境中氮、磷的耐受性有一个比较大的幅度。王国生等（2003）研究了氮、磷、钾用量对芦苇生长的影响，发现在无磷状态下，芦苇生长表现为株矮、分蘖少，叶色暗而狭小，但在溶液中增加磷量后，症状消失；施磷量 50~110 mg/L，植株均生长良好，干重比无磷增加 80%~160%，其中以 5 mg/L 的效果最佳，施磷量超过 80 mg/L 时对芦苇生长不利。在 BOD 为 48.56 mg/L、COD 为 89.27 mg/L、TN 为 34.05 mg/L、TP 为 0.16 mg/L 的水质条件下，邓仕槐等（2007a）用 RAPD 分子标记技术研究了高浓度畜禽废水长期污染胁迫下的芦苇材料和清水中生长的芦苇材料的遗传特性，表明在高浓度畜禽废水长期污染胁迫下，能够诱导芦苇材料在 DNA 水平上产生变异，其变异产生的特异性片段可能与芦苇抗污染基因连锁，同时还说明芦苇在畜禽废水污染胁迫下的高抗污和旺盛生长的特性可能与这种变异有关。陈永华等（2008）研究了香蒲等 17 种湿地植物的生理响应，从 17 种植物在适应能力与生理特性（根系数量、根系长度、根系活力、叶片过氧化物酶活性）和耐污与去污能力（植物生长量、植物氮平均浓度、植物磷平均浓度、植物对氮的积累能力、植物对磷的积累能力、基质脲酶活性、基质磷酸酶活性）两大类 11 个具体指标的聚类结果来看，净化潜力可以聚类为强、中、弱 3 大类，第 1 类为较强：美人蕉、芦苇、风车草（Cyperus alternifolius）、水葱（Scirpus validus）、再力花（Thalia dealbata）、千屈菜、花叶美人蕉（Variegated canna）7 种；第 2 类为中等：菖蒲、花叶芦竹（Arundo donax）、香蒲、梭鱼草（Pontederia cordata）4 种；第 3 类为较弱：野芋（Colocasia antiquorum）、鸢尾、灯心草（Juncus effusus）、葱兰（Zephyranthes candida）、泽泻、花菖蒲（Iris ensata）6 种。

由此可见，磷对植物的毒性是比较小的，与氮相比，高浓度的磷对多数挺水和浮叶植物的影响是比较小的，与沉水植物相比，挺水和浮叶植物对磷的耐受力也较大。但过高的磷浓度，还是能给植物的生长和生理生化指标造成一定影响，出现伤害症状。

4.1.3　高氮磷复合胁迫对水生植物的影响

高氮和高磷对挺水植物和浮叶植物的影响研究报道稀少，下面以三种沉水植物为例进行阐述。

1）铵氮与磷复合处理对沉植物的胁迫

培养液中的 NH_4^+-N ＋ PO_4^{3-}-P 形成的复合浓度梯度为 0，0.44（0.39＋0.05）mg/L，1.76（1.56＋0.20）mg/L，7.05（6.25＋0.80）mg/L，28.20（25.00＋3.20）mg/L，112.80（100＋12.80）mg/L；其中的 N/P＝7.8125。此外，培养液中还加有 Hoaglands 培养液所包含的 1/4 浓度的微量元素和铁盐。

A. 铵氮与磷复合处理对伊乐藻的胁迫

a. 伊乐藻现存量增加百分比的变化

由图 4.43 可知，铵氮＋磷＝1.76 mg/L 和 28.20 mg/L 时，分别是现存量增加百分比的高峰（4.4%）和低峰（－20.9%），最高和次高铵氮＋磷浓度对应的现存量增加值很接近，在铵氮＋磷≤7.05 mg/L 时，均为正增长。说明 3 天内在铵氮＋磷＞7.05 mg/L 时，可明显抑制伊乐藻生长，在铵氮＋磷＝28.20 mg/L 时，可导致其迅速衰竭。

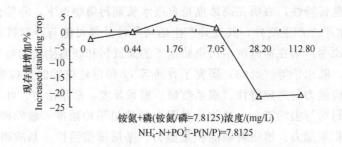

图 4.43　铵氮＋磷复合胁迫下伊乐藻现存量增加百分比的变化

Fig. 4.43　Percentage change of increased standing crop of *Elodea nuttallii* under the stress of $(NH_4^+ \text{-} N + PO_4^{3-} \text{-} P)$

b. 对伊乐藻生产力的影响

由图 4.44 可知，P_g 和 P_n 曲线均呈钟形，峰值在铵氮＋磷＝1.76 mg/L 时，这与现存量的变化特点一致；在铵氮＋磷≤28.20 mg/L 时，均为正增长，这一结果比现存量的铵氮＋磷浓度高了一个梯度。这是由于在测定生产力时，挑选了健壮的枝条，这会高估整体的生长状况。R 随铵氮＋磷浓度增加有很微小的下降趋势。

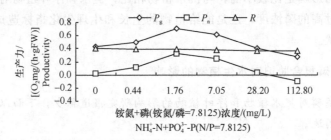

图 4.44　铵氮＋磷对伊乐藻生产力的影响

Fig. 4.44　Effects of $(NH_4^+ \text{-} N + PO_4^{3-} \text{-} P)$ on productivity of *E. nuttallii*

c. 对伊乐藻叶绿素含量的影响

叶绿素含量的变化见图 4.45。在铵氮＋磷≤7.05 mg/L 时，波动中保持相对稳定或略升高，在铵氮＋磷＝28.20 mg/L 时，猛然下降，之后又缓慢下降。从时间上看，铵氮＋磷≤7.05 mg/L 时，随时间延长，叶绿素含量增大；铵氮＋磷≥28.20 mg/L 时，则相反。即高浓度胁迫时，随时间延长，叶绿素含量渐降，较低浓度下，则随时间延长，叶绿素含量升高。

叶绿素含量的变化在高浓度胁迫时下降，这与现存量的变化一致，在较低浓度时的变化则与现存量间略有出入。

d. 对伊乐藻可溶性蛋白浓度的影响

由图 4.46 可知，可溶性蛋白浓度有随铵氮＋磷浓度增加呈先升后降的趋势。

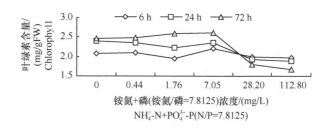

图 4.45　铵氮＋磷对伊乐藻叶绿素含量的影响

Fig. 4.45　Effects of (NH$_4^+$-N＋PO$_4^{3-}$-P) on chlorophyll content of *E. nuttallii*

峰值在铵氮＋磷＝1.76 mg/L 时，与现存量的峰值一致，但 6 h 和 24 h 时的变化曲线较平滑，变幅小。在铵氮＋磷≤7.05 mg/L 时，蛋白浓度随时间延长而增加。在最高胁迫浓度下，6 h 和 24 h 时的蛋白浓度与对照相比没有明显差异。

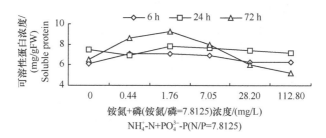

图 4.46　铵氮＋磷对伊乐藻可溶性蛋白浓度的影响

Fig. 4.46　Effects of (NH$_4^+$-N＋PO$_4^{3-}$-P) on soluble protein content of *E. nuttallii*

e. 对伊乐藻 SOD 活性的影响

由图 4.47 可知，6 h 时，酶活性在铵氮＋磷≤7.05 mg/L 时，变化不大，之后持续上升；24 h 时，酶活性随着铵氮＋磷浓度的增加而增加，在铵氮＋磷＝28.20 mg/L 时达峰值，然后下降；72 h 时，酶活性随着铵氮＋磷浓度的增加先升后降，峰值在铵氮＋磷＝7.05 mg/L 时。即随着时间的延长，峰值提前一个浓度梯度。说明 SOD 对铵氮＋磷的胁迫随着时间的延长，敏感性渐高，耐受力渐低。

f. 对伊乐藻 POD 活性的影响

由图 4.48 可知，POD 活性变化趋势与 SOD 的基本一致，6 h 时，酶活性随胁迫浓度的增加而逐步增加的趋势比 SOD 的更明显。说明 POD 对铵氮＋磷的胁迫随着时间的延长，敏感性渐高，耐受力渐低。

在铵氮＋磷胁迫下，伊乐藻现存量增加百分比在铵氮＋磷＝1.76 mg/L 和 28.20 mg/L 时，分别是其高峰（4.4%）和低峰值（−20.9%），在铵氮＋磷≤

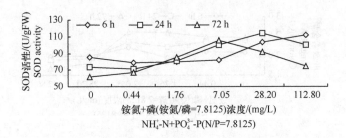

图 4.47　铵氮＋磷对伊乐藻 SOD 活性的影响

Fig. 4.47　Effects of （NH$_4^+$-N＋PO$_4^{3-}$-P) on SOD activity of *E. nuttallii*

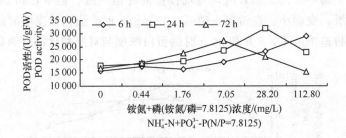

图 4.48　铵氮＋磷对伊乐藻 POD 活性的影响

Fig. 4.48　Effects of （NH$_4^+$-N＋PO$_4^{3-}$-P) on POD activity of *E. nuttallii*

7.05 mg/L 时，3 天内可保持正增长，在铵氮＋磷＞7.05 mg/L 时，可明显抑制伊乐藻生长；P_n 曲线呈钟形，峰值在铵氮＋磷＝1.76 mg/L 时，在铵氮＋磷≤28.20 mg/L 时，可保持正增长；对呼吸作用影响不明显；叶绿素含量的变化在铵氮＋磷≤7.05 mg/L 时，总体上稳定，但随着胁迫时间的延长而升高，高于该浓度时两者较明显地下降，而且 72 h 时的值总是较小；可溶性蛋白浓度随着铵氮＋磷浓度的增加先升后降，峰值在铵氮＋磷＝1.76 mg/L 时，6 h 和 24 h 时的曲线较平滑，变幅小；SOD 和 POD 活性变化趋势基本一致，随着铵氮＋磷浓度的增加先升后降，开始降低的位置随着胁迫时间的延长依次向低浓度方向前移一个梯度，随着时间的延长，即随着胁迫强度的增加，敏感性渐高，耐受力渐低。

B. 铵氮与磷复合作用对苦草的胁迫

a. 苦草现存量增加百分比的变化

由图 4.49 可知，如果不考虑对照，现存量增加的百分比与铵氮＋磷浓度间显著负相关 （$R^2 = 0.9263$，$P < 0.01$）；最大和最小值分别为 21.4% 和 −38.4%，在铵氮＋磷≤7.05 mg/L 时，均为正增长。说明在铵氮＋磷≤7.05 mg/L 时，3 天内苦草可以维持正增长，在铵氮＋磷＝0.44 mg/L 时，增长最快。

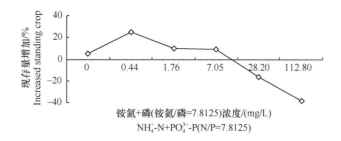

图 4.49　铵氮＋磷胁迫下苦草现存量增加百分比的变化

Fig. 4.49　Percentage change of increased standing crop of
V. natans under the stress of $(NH_4^+-N+PO_4^{3-}-P)$

b. 对苦草生产力的影响

由图 4.50 可知，P_g 和 P_n 曲线近似钟形，峰值在铵氮＋磷＝1.76 mg/L 时，在铵氮＋磷＝7.05 mg/L 时也很接近峰值，这比现存量峰值的对应铵氮＋磷浓度滞后一个梯度；在铵氮＋磷≤28.20 mg/L 时，P_n 均为正值，这一结果比现存量的铵氮＋磷浓度高了一个梯度。这是由于在测定生产力时，挑选了健壮的枝条，这会高估整体的生长状况。R 随着铵氮＋磷浓度增加基本保持稳定，在最高铵氮＋磷浓度时略下降。

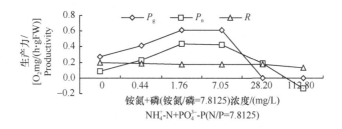

图 4.50　铵氮＋磷对苦草生产力的影响

Fig. 4.50　Effects of $(NH_4^+-N+PO_4^{3-}-P)$ on productivity of *V. natans*

c. 对苦草叶绿素含量的影响

叶绿素含量的变化见图 4.51。在铵氮＋磷≤1.76 mg/L 时，随着铵氮＋磷浓度的增加，叶绿素含量略有升高（铵氮＋磷为 1.76 mg/L 和 0.44 mg/L 时的叶绿素含量几乎相等，处于平台期），之后，6 h 时的很缓慢地下降，24 h 和 72 h 时的较明显地下降。这与现存量曲线的特点相近。

d. 对苦草可溶性蛋白浓度的影响

由图 4.52 可知，可溶性蛋白浓度先随铵氮＋磷浓度的上升而缓慢升高，至铵氮＋磷＝7.05 mg/L 时明显上升达峰值，然后明显下降；但在最高浓度作用

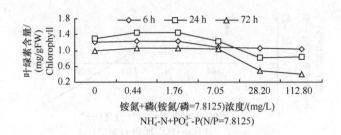

图 4.51　铵氮＋磷对苦草叶绿素含量的影响

Fig. 4.51　Effects of $(NH_4^+\text{-}N+PO_4^{3-}\text{-}P)$ on chlorophyll content of *V. natan*

6 h 和 24 h 时所对应的可溶性蛋白浓度与对照相比，差异不大。该峰值与前述的现存量增加、叶绿素等指标相比有所滞后，但前述的几个指标中，铵氮＋磷＝1.76 mg/L 和 7.05 mg/L 时所对应的值均差别不大。

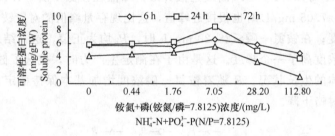

图 4.52　铵氮＋磷对苦草可溶性蛋白浓度的影响

Fig. 4.52　Effects of $(NH_4^+\text{-}N+PO_4^{3-}\text{-}P)$ on soluble protein content of *V. natans*

　　e. 对苦草 SOD 活性的影响

　　由图 4.53 可知，酶活性随着铵氮＋磷浓度的增加而先升高后下降。6 h、24 h 和 72 h 时峰值所对应的铵氮＋磷浓度分别为 28.20 mg/L、7.05 mg/L 和 1.76 mg/L，即随着铵氮＋磷作用时间的延长，SOD 活性出现的峰值沿胁迫浓度梯度下降的方向依次前移。说明 SOD 对铵氮＋磷的胁迫随着作用时间的延长，敏感性提高，耐受力下降。

　　f. 对苦草 POD 活性的影响

　　由图 4.54 可知，POD 活性变化总趋势与 SOD 的相似，但峰值出现的位置除 72 h 的外，比 SOD 的又前移了一个浓度梯度。说明 POD 对铵氮＋磷胁迫的响应比 SOD 更敏感。

　　在铵氮＋磷复合胁迫下，苦草现存量增加的百分比与铵氮＋磷浓度间显著负相关（0.44 mg/L≤铵氮＋磷≤112.80 mg/L），在铵氮＋磷≤7.05 mg/L 时，3 天内保持正增长，在铵氮＋磷＝0.44 mg/L 时，增长最快；在 48 h 时，P_n 随胁

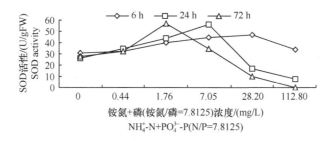

图 4.53　铵氮＋磷对苦草 SOD 活性的影响

Fig. 4.53　Effects of $(NH_4^+-N+PO_4^{3-}-P)$ on SOD activity of *V. natans*

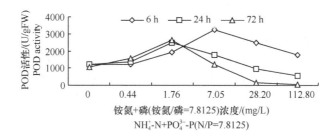

图 4.54　铵氮＋磷对苦草 POD 活性的影响

Fig. 4.54　Effects of $(NH_4^+-N+PO_4^{3-}-P)$ on POD activity of *V. natans*

迫浓度的增加先升后降，最大值在铵氮＋磷＝1.76 mg/L 时，在铵氮＋磷＝112.80 mg/L 时，小于 0；对 R 没有影响；在 6 h 时，对叶绿素含量没有明显影响，24 h 和 72 h 时，在铵氮＋磷≤7.05 mg/L 时，叶绿素含量略有增加，在铵氮＋磷≥28.20 mg/L 时，它们明显减小；可溶性蛋白浓度的峰值在铵氮＋磷＝7.05 mg/L 时，此前变化不明显，此后明显下降；POD 和 SOD 活性的变化趋势相近，峰值多出现在铵氮＋磷＝1.76 mg/L 和 7.05 mg/L 时，最低值均在铵氮＋磷＝112.80 mg/L 时，它们有随胁迫时间的延长，峰值对应的胁迫浓度降低的特点，POD 比 SOD 敏感。

C. 铵氮与磷复合作用对菹草的胁迫

a. 菹草现存量增加百分比的变化

现存量的增加百分比随着铵氮＋磷浓度的增加先升后降（图 4.55），在铵氮＋磷＝1.76 mg/L 时最大（13.7%），但与铵氮＋磷为 0.44 mg/L 和 7.05 mg/L 时对应的值差别不大，现存量的明显下降是在铵氮＋磷＞7.05 mg/L 后。说明在实验条件下，铵氮＋磷≤7.05 mg/L 时能促进菹草生长，在 112.80 mg/L 时严重抑制菹草生长。

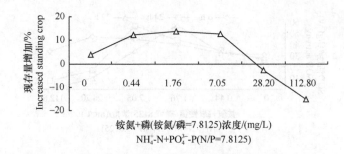

图 4.55　铵氮＋磷复合胁迫下菹草现存量增加百分比的变化

Fig. 4.55　Percentage change of increased standing crop of

P. crispu under the stress of $(NH_4^+\text{-}N+PO_4^{3-}\text{-}P)$

b. 对菹草生产力的影响

由图 4.56 可知，P_g 和 P_n 在铵氮＋磷≤7.05 mg/L 时，随铵氮＋磷浓度增加略升高，之后明显下降，R 随铵氮＋磷浓度的增加基本保持稳定；P_n 在铵氮＋磷＝28.20 mg/L 时，接近 0，说明在实验条件下，铵氮＋磷≤7.05 mg/L 时，对菹草的光合作用没有抑制作用，当铵氮＋磷＞7.05 mg/L 时，明显抑制其光合作用。铵氮＋磷复合胁迫对呼吸作用没有明显抑制。

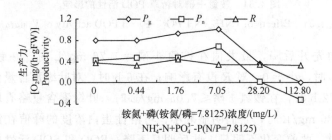

图 4.56　铵氮＋磷对菹草生产力的影响

Fig. 4.56　Effects of $(NH_4^+\text{-}N+PO_4^{3-}\text{-}P)$ on productivity of *P. crispu*

c. 对菹草叶绿素含量的影响

叶绿素含量的变化趋势是，随胁迫浓度的增加，胁迫 6 h 时，小波动中保持稳定；胁迫 24 h 时，铵氮＋磷≤1.76 mg/L 时，略升高，之后明显下降；胁迫72 h 时，持续下降，但在铵氮＋磷≤1.76 mg/L 时，略下降。在铵氮＋磷≥7.05 mg/L 时，叶绿素含量随胁迫时间延长而下降（图 4.57）。

d. 对菹草可溶性蛋白浓度的影响

由图 4.58 可知，可溶性蛋白浓度随着铵氮＋磷浓度的增加先升后降，作用6 h 和 24 h 时，峰值均出现在铵氮＋磷＝7.05 mg/L 时，作用 72 h 时，峰值出

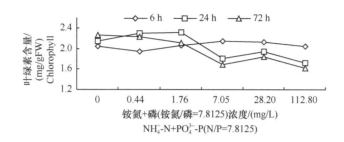

图 4.57　铵氮＋磷对菹草叶绿素含量的影响

Fig. 4.57　Effects of $(NH_4^+-N+PO_4^{3-}-P)$ on chlorophyll content of *P. crispu*

现在铵氮＋磷＝1.76 mg/L 时，在铵氮＋磷≥7.05 mg/L 时，可溶性蛋白浓度随胁迫时间的延长而下降，说明在较低浓度的铵氮＋磷作用下，可以提高菹草可溶性蛋白含量，在较高浓度和较长时间的铵氮＋磷作用下，则降低可溶性蛋白含量，以对照为参照，在 6 h、24 h 和 72 h 三个时刻中，可溶性蛋白浓度的明显降低发生在 72 h。

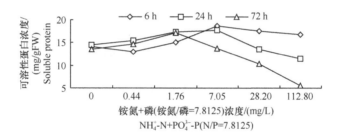

图 4.58　铵氮＋磷对菹草可溶性蛋白浓度的影响

Fig. 4.58　Effects of $(NH_4^+-N+PO_4^{3-}-P)$ on soluble protein content of *P. crispu*

e. 对菹草 SOD 活性的影响

由图 4.59 可知，SOD 活性的变化总趋势是，除最强胁迫条件下酶活性明显降低外，其他均随着铵氮＋磷浓度的增加而缓慢或波动中升高。说明在实验条件下，除最强胁迫强度外，不足以引起酶活性发生较大变化。

f. 对菹草 POD 活性的影响

由图 4.60 可知，POD 活性总趋势是随着铵氮＋磷浓度增加，缓慢或波动中上升，到铵氮＋磷＝28.20 mg/L 时达峰值，然后下降，但在 6 h 和 24 h 时，下降的幅度很小，其值仍大于对照。从时间上看，随胁迫时间的延长，酶活性增加，但在最强胁迫（最高胁迫浓度和最长胁迫时间）下，酶活性降到了 6 h 对应的酶活性下，说明在铵氮＋磷≤28.20 mg/L 时，菹草 POD 活性能够随胁迫程度增加出现正响应。

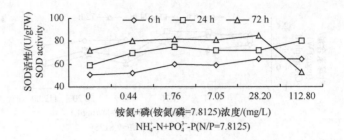

图 4.59　铵氮＋磷对菹草 SOD 活性的影响

Fig. 4.59　Effects of （NH_4^+-N＋PO_4^{3-}-P) on SOD activity of *P. crispu*

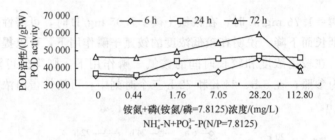

图 4.60　铵氮＋磷对菹草 POD 活性的影响

Fig. 4.60　Effects of （NH_4^+-N＋PO_4^{3-}-P) on POD activity of *P. crispu*

在铵氮＋磷复合胁迫下，3 天内在铵氮＋磷≤7.05 mg/L 时能促进菹草生长，高峰在铵氮＋磷＝1.76 mg/L 时 （13.7%）；48 h 时，P_n 最大值在铵氮＋磷＝7.05 mg/L 时，而且在此浓度前短期内能促进菹草生长，在铵氮＋磷＝28.20 mg/L时，大于 0；对 R 没有影响；叶绿素含量的明显变化 （降低） 在铵氮＋磷≥7.05 mg/L 时，可溶性蛋白浓度的峰值在铵氮＋磷＝7.05 mg/L 时，72 h时则提前到 1.76 mg/L 时，在此前后升降较明显；SOD 活性除最强胁迫条件下酶活性明显降低外，其他变化较小；POD 活性在铵氮＋磷≤28.20 mg/L 时缓慢或波动中上升，然后下降；POD 比 SOD 变化大。

2) 硝氮与磷复合处理对沉水植物的胁迫

培养液中的 NO_3^--N＋ PO_4^{3-}-P 形成的复合浓度梯度为 0、1.76 （1.56＋0.20） mg/L、7.05 （6.25＋0.80） mg/L、28.20 （25.00＋3.20） mg/L、112.80 （100.00＋12.80） mg/L、225.60 （200.00＋25.60） mg/L；N/P＝7.8125。此外，培养液中还加有 Hoaglands 培养液所包含的 1/4 浓度的微量元素和铁盐。

A. 硝氮与磷复合处理对伊乐藻的胁迫

a. 伊乐藻现存量增加百分比的变化

由图 4.61 可知，在 225.60 mg/L≥硝氮＋磷≥1.76 mg/L 时，现存量增加

百分比随着胁迫浓度的增加而持续减小，最大和最小值分别为 9.5% 和
−10.7%，两者显著负相关（决定系数 $R^2 = 0.9216$，$P < 0.01$），在硝氮＋磷＝
112.80 mg/L 时，现存量增加值略小于 0，之后，猛然下降至最低点，考虑到对
照值，在硝氮＋磷 ≤ 28.20 mg/L 时，为正增长。说明在硝氮＋磷 ≤ 28.20 mg/L
时，3 天内伊乐藻可以维持正常生长，高于该浓度，则产生抑制。与铵氮＋磷胁
迫相比，峰值对应的胁迫浓度一致，但大小有明显差别，进入负增长时对应的胁
迫浓度升高一个梯度，而且，随后的胁迫浓度，即 112.80 mg/L 所对应的现存
量增加百分比差异巨大，分别为 −0.56% 和 −19.41%。说明硝氮＋磷对伊乐藻
的毒害远小于铵氮＋磷。

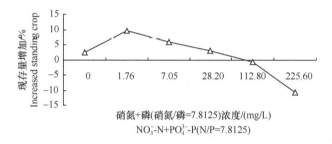

图 4.61　硝氮＋磷胁迫下伊乐藻现存量增加百分比的变化

Fig. 4.61　Percentage change of increased standing crop of
Elodea nuttallii under the stress of $(NO_3^- \text{-N} + PO_4^{3-} \text{-P})$

b. 对伊乐藻生产力的影响

由图 4.62 可知，P_g 在硝氮＋磷 ≤ 28.20 mg/L 时波动中略有上升，之后明显下
降；P_n 在硝氮＋磷 ＝ 1.76 mg/L 时最高，之后缓慢下降到硝氮＋磷 ＝ 28.20 mg/L
时，随后明显下降。P_n 的峰值与现存量的峰值位点一致；P_n 均为正值，这一结果
比现存量的硝氮＋磷浓度高了两个梯度。这是由于在测定生产力时，挑选了健壮的
枝条，这会高估整体的生长状况。R 在波动中基本保持稳定，规律性不强。

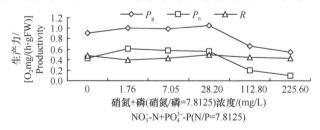

图 4.62　硝氮＋磷对伊乐藻生产力的影响

Fig. 4.62　Effects of $(NO_3^- \text{-N} + PO_4^{3-} \text{-P})$ on productivity of *E. nuttallii*

c. 对伊乐藻叶绿素含量的影响

叶绿素含量的变化见图 4.63。叶绿素含量随硝氮＋磷浓度的增加先升后降，6 h 和 24 h 时的峰值均在硝氮＋磷＝28.20 mg/L 时，72 h 时峰值在硝氮＋磷＝1.76 mg/L 时。在硝氮＋磷＝225.60 mg/L 时，6 h 和 24 h 时的叶绿素含量仍高于对照。

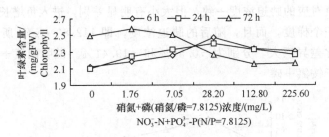

图 4.63　硝氮＋磷对伊乐藻叶绿素含量的影响
Fig. 4.63　Effects of $(NO_3^- -N+PO_4^{3-} -P)$ on chlorophyll content of *E. nuttallii*

d. 对伊乐藻可溶性蛋白浓度的影响

由图 4.64 可知，6 h 和 72 h 时的可溶性蛋白浓度先随硝氮＋磷浓度的上升而呈波动性升高，至硝氮＋磷＝28.20 mg/L 时达峰值，然后快速下降；24 h 时的曲线峰值在硝氮＋磷＝7.05 mg/L 时。但 6 h 和 24 h 时的有一点"翘尾巴"，与对照相比，有所增加或略下降，差异不大。

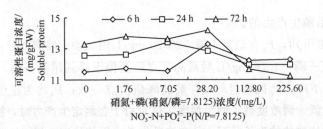

图 4.64　硝氮＋磷对伊乐藻可溶性蛋白浓度的影响
Fig. 4.64　Effects of $(NO_3^- -N+PO_4^{3-} -P)$ on soluble protein content of *E. nuttallii*

e. 对伊乐藻 SOD 活性的影响

由图 4.65 可知，酶活性除在最强胁迫下下降外，均随硝氮＋磷浓度的上升而呈波动状升高。即 SOD 对硝氮＋磷的胁迫除在 225.60 mg/L 浓度下 72 h 外，均能出现正响应。

f. 对伊乐藻 POD 活性的影响

由图 4.66 可知，POD 活性随硝氮＋磷浓度的上升而呈波动状升高，在硝氮＋磷＝112.80 mg/L 时达峰值，在最后一个浓度梯度下降。与 SOD 的趋势有

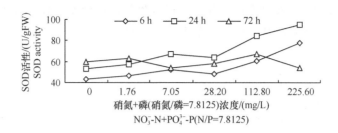

图 4.65　硝氮＋磷对伊乐藻 SOD 活性的影响

Fig. 4.65　Effects of $(NO_3^--N+PO_4^{3-}-P)$ on SOD activity of *E. nuttallii*

较大的相似性。

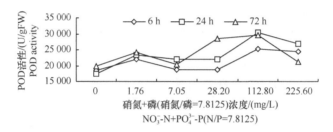

图 4.66　硝氮＋磷对伊乐藻 POD 活性的影响

Fig. 4.66　Effects of $(NO_3^--N+PO_4^{3-}-P)$ on POD activity of *E. nuttallii*

在 225.60 mg/L≥硝氮＋磷≥1.76 mg/L 时，3 天时现存量增加百分比与胁迫浓度显著负相关，在硝氮＋磷≤28.2 mg/L 时，可保持正增长，高于该浓度，则产生抑制；P_n 均为正值，在硝氮＋磷＝1.76 mg/L 时最高，考虑到对照值，在硝氮＋磷≤28.20 mg/L 时，为正增长，之后 P_n 明显下降；R 在波动中基本保持稳定；叶绿素含量以及可溶性蛋白浓度的变化均是先升后降，其中，叶绿素含量变化较平滑，但三者的峰值位置有差异（在硝氮＋磷＝7.05 mg/L 或 28.2 mg/L 时）；SOD 和 POD 活性变化趋势基本一致，随着硝氮＋磷浓度的增加而增加，但 POD 和 72 h 时的 SOD 在硝氮＋磷＝112.8 mg/L 时达峰值，然后下降，最终值多数大于对照。

B. 硝氮与磷复合作用对苦草的胁迫

a. 苦草现存量增加百分比的变化

由图 4.67 可知，现存量增加的百分比随着硝氮＋磷浓度的增加明显升高，在硝氮＋磷＝7.05 mg/L 时达峰值（7.2％），然后快速下降，在硝氮＋磷≤28.20 mg/L 时，均为正增长，在硝氮＋磷＝112.80 mg/L 和 225.60 mg/L 时，两者间负增长的量很接近，而且较小（分别为−2％和−1.9％），与铵氮＋磷＝28.20 mg/L 时负增长已经达到 16.6％相比，差距很大。说明在硝氮＋磷

≤28.20 mg/L 时，3 天内苦草可以维持正常生长，在硝氮＋磷＝7.05 mg/L 时，生长最快，高浓度的硝氮＋磷对苦草生长的抑制相对较小，远不及铵氮＋磷。

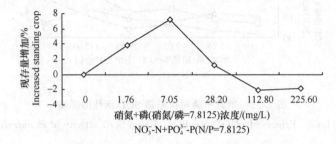

图 4.67　硝氮＋磷苦草现存量增加百分比的变化

Fig. 4.67　Percentage change of increased standing crop of

V. natans under the stress of $(NO_3^- \text{-} N + PO_4^{3-} \text{-} P)$

b. 对苦草生产力的影响

由图 4.68 可知，P_g 和 P_n 随着硝氮＋磷浓度的增加先平缓上升，之后下降，峰值在硝氮＋磷＝7.05 mg/L 时，与现存量的峰值位点一致；P_n 除在硝氮＋磷＝225.60 mg/L 时略小于 0（－0.02）外，均为正值，这一结果比现存量的硝氮＋磷浓度高了一个梯度。这是由于在测定生产力时，挑选了健壮的枝条，这会高估整体的生长状况。R 在波动中随着硝氮＋磷浓度的增加略有下降，曲线平缓，波动小。

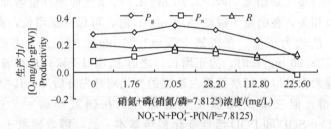

图 4.68　硝氮＋磷对苦草生产力的影响

Fig. 4.68　Effects of $(NH_4^+ \text{-} N + PO_4^{3-} \text{-} P)$ on productivity of *V. natans*

c. 对苦草叶绿素含量的影响

叶绿素含量的变化见图 4.69。随着硝氮＋磷浓度的增加，叶绿素含量略有升高，6 h 时在硝氮＋磷＝112.80 mg/L 时达最大，然后下降到略低于对照的水平；24 h 和 72 h 时在硝氮＋磷＝28.20 mg/L 后较明显地下降。

d. 对苦草可溶性蛋白浓度的影响

由图 4.70 可知，可溶性蛋白浓度随着硝氮＋磷浓度的上升而持续或波动上

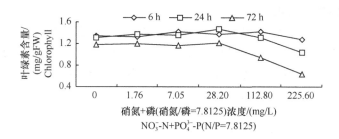

图 4.69　硝氮＋磷对苦草叶绿素含量的影响

Fig. 4.69　Effects of $(NO_3^- -N + PO_4^{3-} -P)$ on chlorophyll content of *V. natans*

升，但 24 h 和 72 h 时的曲线在硝氮＋磷＝28.20 mg/L 时达峰值，然后明显下降；最高胁迫浓度所对应的可溶性蛋白浓度与对照相比，较高或略小。该曲线的变化趋势与前述的叶绿素等指标的相近。

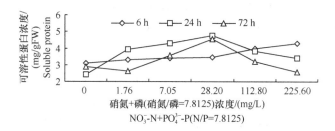

图 4.70　硝氮＋磷对苦草可溶性蛋白浓度的影响

Fig. 4.70　Effects of $(NO_3^- -N + PO_4^{3-} -P)$ on soluble protein content of *V. natans*

e. 对苦草 SOD 活性的影响

由图 4.71 可知，酶活性的变化总趋势与可溶性蛋白浓度的一致。说明 SOD 对硝氮＋磷的胁迫在 6 h 时始终是正响应，随着作用时间的延长，敏感性提高，耐受力下降。

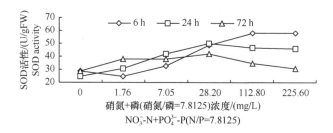

图 4.71　硝氮＋磷对苦草 SOD 活性的影响

Fig. 4.71　Effects of $(NO_3^- -N + PO_4^{3-} -P)$ on SOD activity of *V. natans*

f. POD 活性的变化

由图 4.72 可知，POD 活性变化曲线呈钟形，峰值在硝氮＋磷＝28.20 mg/L 时，硝氮＋磷＝7.05 mg/L 时为次峰值，两者差异不大，酶活性的变化幅度明显大于 SOD 的，最高胁迫浓度所对应的 POD 活性小于对照。说明 POD 对硝氮＋磷胁迫的响应比 SOD 更敏感。

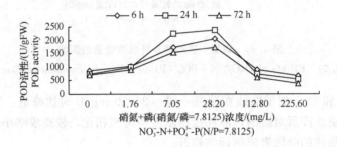

图 4.72　硝氮＋磷对苦草 POD 活性的影响

Fig. 4.72　Effects of $(NO_3^- -N + PO_4^{3-} -P)$ on POD activity of *V. natans*

在硝氮＋磷复合胁迫下，随着胁迫浓度的增加，3 天内苦草现存量的变化为一单峰曲线，峰值在硝氮＋磷＝7.05 mg/L 时，硝氮＋磷≤28.20 mg/L 时保持正增长；在 48 h 时，P_n 为一平滑的单峰曲线，最大值在硝氮＋磷＝7.05 mg/L 时，在硝氮＋磷＝225.60 mg/L 时，略小于 0；对 R 没有明显影响；在 6 h 时，对叶绿素含量没有明显影响，24 h 和 72 h 时，在硝氮＋磷≤7.05 mg/L 时，叶绿素含量略有增加，在硝氮＋磷≥112.80 mg/L 时，明显减小；可溶性蛋白浓度在 6 h 时持续缓慢升高，24 h 和 72 h 时的峰值在硝氮＋磷＝28.20 mg/L 时，在此前后均明显升和降；SOD 活性的变化趋势与可溶性蛋白质相近；POD 活性变化曲线近似钟形，峰值在硝氮＋磷＝28.20 mg/L 时，在 7.05 mg/L 时为次峰值，两者差异不大，酶活性的变化幅度明显大于 SOD 的，POD 对胁迫的响应比 SOD 敏感。

C. 硝氮与磷复合作用对菹草的胁迫

a. 菹草现存量增加百分比的变化

由图 4.73 可知，现存量的增加百分比随硝氮＋磷浓度的增加先升后降，在硝氮＋磷＝1.76 mg/L 时最大，但即便在硝氮＋磷＝225.60 mg/L 时，现存量仍大于对照，如果不考虑对照，现存量的增加百分比与硝氮＋磷浓度间呈负相关（$R^2 = 0.8778$，$P < 0.05$）。说明在实验条件下，硝氮＋磷复合作用对菹草生长没有抑制，有明显的促进作用。

b. 对菹草生产力的影响

由图 4.74 可知，P_g 和 P_n 除在硝氮＋磷＝225.60 mg/L 时略下降外，基本保

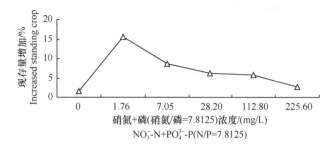

图 4.73　硝氮＋磷复合胁迫下菹草现存量增加百分比的变化

Fig. 4.73　Percentage change of increased standing crop of

P. crispu under the stress of (NO_3^--N＋PO_4^{3-}-P)

持稳定；R 也基本保持稳定。说明在实验条件下，硝氮＋磷复合胁迫对菹草的光合和呼吸作用没有明显抑制。

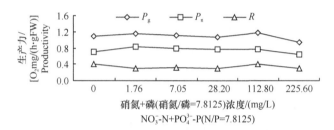

图 4.74　硝氮＋磷对菹草生产力的影响

Fig. 4.74　Effects of (NO_3^--N＋PO_4^{3-}-P) on productivity of *P. crispu*

c. 对菹草叶绿素含量的影响

叶绿素含量的变化趋势是，随胁迫浓度的增加先升高后下降；胁迫 6 h 时的高峰出现在硝氮＋磷＝112.80 mg/L 时，胁迫 24 h 和 72 h 的高峰出现在硝氮＋磷＝28.20 mg/L 时；在最高胁迫浓度下，叶绿素含量仍大于或接近于对照。在硝氮＋磷≥112.80 mg/L 时，叶绿素含量随胁迫时间延长而下降（图 4.75）。

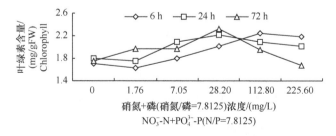

图 4.75　硝氮＋磷对菹草叶绿素含量的影响

Fig. 4.75　Effects of (NO_3^--N＋PO_4^{3-}-P) on chlorophyll content of *P. crispu*

d. 对菹草可溶性蛋白浓度的影响

由图 4.76 知，可溶性蛋白浓度随着硝氮＋磷浓度的增加先升后降，作用 6 h 和 24 h 时，峰值出现在硝氮＋磷＝112.80 mg/L 时，作用 72 h 时，峰值出现在硝氮＋磷＝28.20 mg/L 时，在最高和次高浓度的硝氮＋磷胁迫下，可溶性蛋白浓度随胁迫时间的延长而下降，但仍大于或接近对照值。说明在实验条件下，与对照相比，均能提高可溶性蛋白浓度。但在最高浓度和最长时间的硝氮＋磷作用下，可溶性蛋白增量很少。

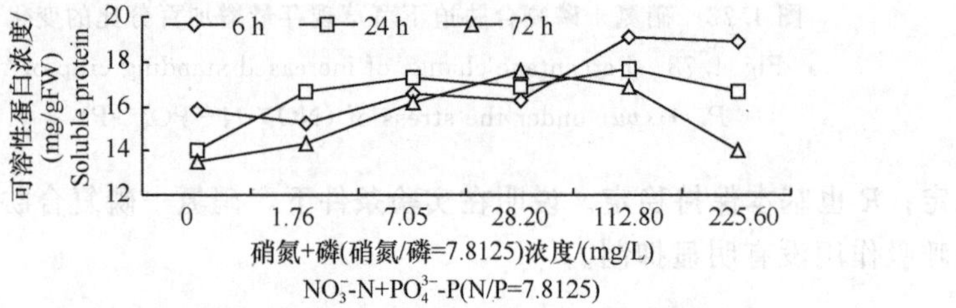

图 4.76 硝氮＋磷对菹草可溶性蛋白浓度的影响

Fig. 4.76 Effects of (NO_3^--N+PO_4^{3-}-P) on soluble protein content of *P. crispu*

e. 对 SOD 活性的影响

由图 4.77 可知，SOD 活性的变化趋势是随着硝氮＋磷浓度增加，在波动中上升，24 h 和 72 h 时的曲线，在硝氮＋磷＝112.80 mg/L 时达峰值，然后 24 h 的略下降，72 h 的明显下降。总地来看，酶活性变化的幅度相对较小，尤其是在硝氮＋磷≤28.20 mg/L 时，酶活性变化曲线比较平坦，在硝氮＋磷＝112.80 mg/L时，酶活性有一个小的跃升。说明在实验条件下，SOD 对胁迫的响应比较迟钝，即胁迫还不足以引起 SOD 的剧烈变化。

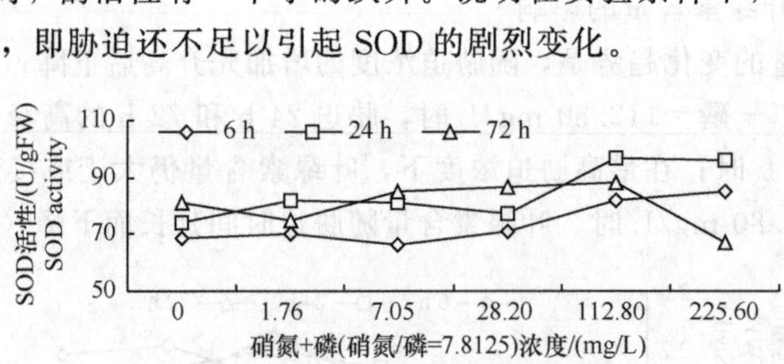

图 4.77 硝氮＋磷对 SOD 活性的影响

Fig. 4.77 Effects of (NO_3^--N+PO_4^{3-}-P) on SOD activity of *P. crispu*

f. 对菹草 POD 活性的影响

由图 4.78 可知，POD 活性总趋势是随着硝氮＋磷浓度增加，持续或波动中上升，24 h 和 72 h 时的曲线，在硝氮＋磷＝112.80 mg/L 时达峰值，然后略下降，其值仍大于对照。从时间上看，酶活性是 24 h＞6 h＞72 h。说明在实验条件下，菹草 POD 活性基本能够随胁迫程度增加出现正响应。

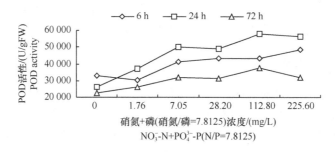

图 4.78　硝氮＋磷对 POD 活性的影响

Fig. 4.78　Effects of (NO_3^--N+PO_4^{3-}-P) on POD activity of *P. crispu*

在硝氮＋磷复合胁迫下，不考虑对照，3 天内菹草现存量的增加百分比与硝氮＋磷浓度呈负相关，对菹草生长有明显促进作用；在 48 h 时，P_n 和 R 为一较平滑的曲线，对光合和呼吸作用没有明显影响；叶绿素含量的变化为一单峰曲线，峰值多在硝氮＋磷＝28.20 mg/L 时，与对照相比，在最强胁迫下，它们才有明显下降；可溶性蛋白浓度的峰值在硝氮＋磷＝112.80 mg/L 时，在此前后均明显升和降；SOD 活性的变化小而平稳，峰值主要在硝氮＋磷＝112.80 mg/L时；POD 活性变化较明显，峰值主要在硝氮＋磷＝112.80 mg/L 时，之后下降也不明显，它对胁迫的响应比 SOD 敏感。

4.2　有机污染物对水生植物的影响

由于人类的生活和生产活动，大量未经处理的工业废水、农业废水和城市生活污水被直接排放到环境水体中。与此同时，煤、石油等化石燃料不完全燃烧产生的有害气体，化工排放的废气、颗粒物，以及农业生产中喷洒的农药经大气沉降或地表径流等方式，进入到环境水体，对地表水造成严重污染。据 2008 年国家环境保护局环境公报显示，全国七大重点流域地表水有机污染普遍，主要污染物包括石油碳氢化合物、多环芳烃、农药、多氯联苯、酞酸酯、酚、硝基苯类等有机化合物。这些有机污染物进入水体后，大量消耗水中的溶解氧，导致水质恶化，部分水生生物的生长也因此受到影响，如处在食物链底端并摄食藻类的浮游动物在群落结构和数量上发生改变，对整个水生态系统的结构和功能产生一定影响，尤其是促进藻类增殖，导致水生植物生长和繁殖受到抑制，影响水体的自净能力。在重污染河段、湖泊水体中，水生植物发生大面积凋亡、衰退，水体功能急剧下降。有机污染物对水生植物的危害已经引起了广泛重视。

　　研究显示，有机污染物不仅间接影响到植物的生长发育，而且还通过直接作用对植物生理生化过程产生影响。与此同时，植物也通过调节自身的抗氧化酶活性及抗氧化物含量，忍耐或拮抗环境污染的胁迫。不同的有机污染物，其对植物的毒害作用机理不同，植物受污染伤害部位和解毒方式也随植物种有一定差异。

4.2.1　农药对水生植物的影响

　　据不完全统计，目前我国受农药污染的农田面积为 1600 万 hm²，主要农产品农药残留超标率达 20%。除对作物、土壤造成污染外，绝大部分农药经降雨、沉降、地表径流等方式进入环境水体（李金，2002），造成面源污染。此外，农药生产废水也是重要的污染来源。据调查，我国农药生产企业每年排放废水约 1.5 亿 t，对河流、湖泊水体产生严重污染（胥维昌，2000），对水生生物安全和人类健康造成威胁。农药按照作用对象，可主要划分为杀虫剂、除草剂、杀菌剂，它们分别占据我国农药总使用量的 70%、16% 和 10%。

　　1. 杀虫剂对水生植物的影响

　　杀虫剂进入水生态系统后，对以藻类为食的浮游动物产生直接毒害（Mi-anand Mulla，1992；Friberg-Jensen et al.，2003），引发藻类大量繁殖，间接抑制沉水植物生长，从而诱导水生态系统从沉水植物优势群落向藻类优势群落演替（Wendt-Rasch et al.，2004）。Stansfield 等（1989）对湖泊沉积矿化石的检测发现，沉水植物的消失与 20 世纪 50 年代大量使用杀虫剂有关，其中水蚤群落结构的明显改变可能是浮游植物成为湖泊优势种群的直接诱因。与此同时，浮游植物增长导致水体透明度下降，溶解氧降低等水质的变化也是沉水植物衰退的间接原因（Brock et al.，1992；VrhovSek et al.，1981）。

　　除上述作用外，一些对生物毒害作用大、内吸性强的杀虫剂则通过吸附和吸收等方式，黏附或进入水生植物体内，对植物生理生化代谢产生直接影响，导致其抵御病虫害及外界污染能力下降，影响植物的生长和繁殖。

　　1）对植物细胞膜的影响

　　细胞膜作为联系植物细胞与外界的介质，它的组成、性质与细胞所处的环境息息相关，而外界环境对植物的胁迫危害，首先在膜系中有所表现（陈辉蓉等，2001）。逆境对膜的伤害，还表现在膜脂过氧化上。20 世纪 60 年代末，Fridov-ich 提出生物自由基伤害假说，植物在逆境条件下，细胞内产生过量自由基，这些自由基能引发膜脂过氧化作用，造成膜系统的伤害。如活性氧促使膜脂中不饱和脂肪酸过氧化产生丙二醛（MDA）。后者能与酶蛋白发生链式反应聚合，使膜系统变性（周人纲等，1993）。

　　图 4.79 显示有机磷农药三唑磷胁迫下美人蕉根系组织中 MDA 含量在 20 天

内的变化趋势，1 mg/L 和 3 mg/L 三唑磷处理组 MDA 含量相比对照组有所升高，第 5 天 MDA 含量达到最高，分别是对照的 4.2 倍和 5.8 倍，后随时间缓慢降低；5 mg/L 三唑磷处理组植物根系 MDA 含量在投加初期即升到最高，为对照的 12.5 倍，说明美人蕉内膜系统已受到了严重损害。

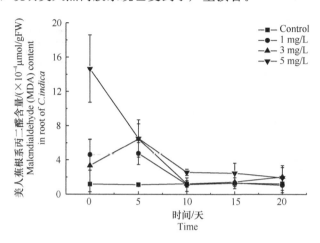

图 4.79　不同三唑磷浓度下美人蕉根系丙二醛含量的变化

Fig. 4.79　Variation on malondialdehyde content in root of
C. indica at different triazophos concentration treatments

2）对植物抗氧化酶系统的影响

植物细胞通过多种途径产生 O_2^-、OH、O_2 和 H_2O_2 等自由基，同时在生物系统进化过程中，细胞也形成了清除这些自由基和活性氧的保护体系，酶性的有超氧化物歧化酶（SOD）、过氧化物酶（POX）、过氧化氢酶（CAT）、抗坏血酸过氧化物酶（AsAPOD）、脱氢抗坏血酸还原酶（DHAR）、谷胱甘肽还原酶（GR）、谷胱甘肽过氧化物酶（GP）、单脱氢抗坏血酸还原酶（MDAR）、谷胱甘肽转移酶（GsT）等。还有一些非酶性抗氧化剂，如还原性谷胱甘肽（GSH）、抗坏血酸（AsA）、α-生育酚（V_E）、类胡萝卜素（CAR）、类黄酮（FLA）、生物碱（ALK）、半胱氨酸（CyS）、氢醌（HQ）及甘露醇等（陈辉蓉等，2001）。这些物质构成了植物的内源保护系统，也是植物解除毒害、提高自身抗逆性的重要组成部分。

POD 是植物抗氧化系统中重要的抗氧化酶，该酶不仅能清除植物细胞内过多的活性氧，还能促进杀虫剂在植物中的转移、结合等生理生化反应过程（Dec and Bollag，2001）。图 4.80 显示杀虫剂三唑磷处理后植物 POD 活性的变化趋势。1 mg/L、3 mg/L、5 mg/L 三唑磷处理组 POD 酶活性均显示为先降后升的趋势，初期酶活水平稍高于对照组，可能是由于美人蕉受三唑磷胁迫的应激反应。后期植物在适应外界胁迫后，美人蕉植物组织由于吸收一定量三唑磷，POD 活性又随之升高，以消除三唑磷对植物的氧化胁迫。研究发现，有机污染物去除量与 POD 含量呈明显正相关（Kućerová et al.，1999），说明 POD 是植物消除污染物胁迫的重要抗氧化酶。

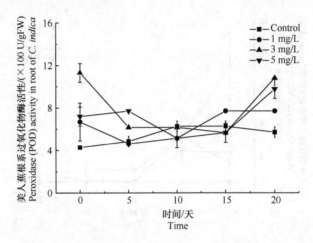

图 4.80　不同三唑磷（TAP）浓度下美人蕉根系过氧化物酶（POD）活性的变化

Fig. 4.80　Variation on peroxidase (POD) activity in root of *C. indica* at different triazophos (TAP) concentration treatments

植物体内的黄素氧化酶代谢产物之一为 H_2O_2，H_2O_2 的累积可导致植物受到严重的氧化损伤。CAT 则是植物内部为消除 H_2O_2 伤害而产生的一类重要保护酶，能将 H_2O_2 分解为 O_2 和 H_2O（陈建勋和王晓峰，2002）。图 4.81 显示三唑磷处理后美人蕉根系内 CAT 酶活性变化趋势。1 mg/L、3 mg/L 三唑磷处理组 CAT 酶活均呈降低-升高-降低趋势，5 mg/L 处理组则表现为升高-降低趋势，在第 15 天 CAT 酶活性达到最高，说明美人蕉内部组织在第 15 天聚集了较多 H_2O_2。5 mg/L 三唑磷处理组 CAT 酶活在初期低于对照，可能原因是 TAP 浓度过高导致植物正常的抗氧化酶系统受到一定程度的抑制。

SOD 是一种重要的抗氧化酶，有助于植物消除产生的氧自由基，其活性大小可反映植物的抗逆性强弱（阵建勋和王晓峰，2002）。图 4.82 显示三唑磷处理后美人蕉根部 SOD 的活性强弱。TAP 处理组 SOD 活性的变化趋势为升高-降低-升高，其中 5 mg/L 组 SOD 活性变化幅度较大，表明美人蕉根系 SOD 活性对杀虫剂胁迫较为敏感。5 mg/L 组植物可能受到三唑磷高浓度胁迫，导致初期 SOD 及 CAT 酶活性受到显著抑制（$P<0.05$）。

Menone 等（2008）研究发现，硫丹胁迫下，安第斯耆草（*Myriophyllum quitense*）体内过氧化氢酶活性和过氧化氢含量显著升高，该结论与美人蕉对三

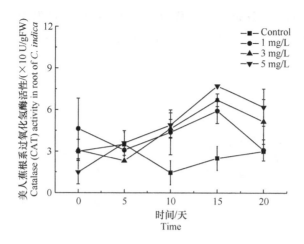

图 4.81　不同三唑磷（TAP）浓度下美人蕉根系过氧化氢酶（CAT）活性的变化

Fig. 4.81　Variation on catalase（CAT）activity in root of *C. indica* at different triazophos（TAP）concentration treatments

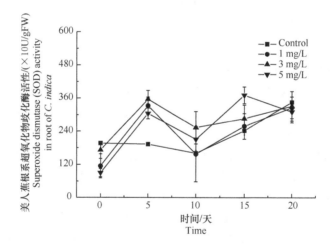

图 4.82　不同三唑磷浓度下美人蕉根系超氧化物歧化酶（SOD）活性的变化

Fig. 4.82　Variation on superoxide dismutase（SOD）activity in root of *C. indica* at different triazophos（TAP）concentration treatments

唑磷胁迫的生理生化响应一致，可能与植物为清除组织内有机污染物胁迫而产生过多活性氧有关。

　　研究证实，大豆暴露在溴氰菊酯后，脂质过氧化物酶、脯氨酸、总谷胱甘肽含量增加，且随杀虫剂浓度升高，植物超氧化物歧化酶、抗坏血酸过氧化物酶和谷胱甘肽还原酶显著增加，而过氧化氢酶显著降低（Bashir *et al.*，2007）。对植物体内重要解毒酶——谷胱甘肽转移酶（GST）的研究还发现，杀虫剂甲基对硫磷胁迫第 3 天后，香蒲体内 GST 酶活性明显高于对照（图 4.83），说明 GST 的产生可能是植物解除甲基对硫磷毒害的主要机制（Van Eerd *et al.*，2003；Schröder *et al.*，2008）。

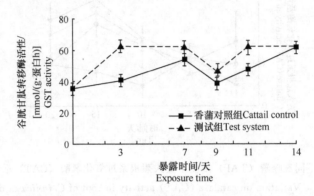

图 4.83　不同暴露时间下 6 mg/L 甲基对硫磷对香蒲谷胱甘肽转移酶活性的影响（引自 Amaya-Chávez *et al.*，2006）

Fig. 4.83　Effect of 6 mg/L methyl parathion on GST activity in *T. latifolia* at different exposure times（Cited from Amaya-Chávez *et al.*，2006）

3）对植物光合作用的影响

叶绿素是一类与植物光合作用有关的重要色素，其含量的高低会直接影响光合作用的效率，从而影响植物的物质合成和生长发育。以 SPAD-502 叶绿素测定仪（KONICAMINOLTA，日本）所测数据表示叶绿素相对含量（SPAD）。图 4.84 显示美人蕉叶片叶绿素含量在三唑磷胁迫下随时间的变化趋势：对照组植物叶绿素含量基本保持不变，1 mg/L、3 mg/L 处理组叶绿素含量整体有所增加，第 10 天叶绿素含量最高；5 mg/L 处理组叶绿素含量第 10 天达到最高后，含量随时间表现为持续下降的趋势，说明该浓度胁迫对于美人蕉光合作用有一定影响。实验中观察到 5 mg/L 处理组植物叶片逐渐发黄变枯，主叶脉周围产生大面积斑块，表明植物的光合作用器官遭到了较严重的破坏。

4）对植物根系生长的影响

Qiu 等（2004）研究表明农药吡虫啉处理水稻后初期对水稻根系活力有一定促进，随后根系活力下降，水稻对水培系统中氮、磷、钾等元素的吸收也受到一定程度的影响，且对不同营养元素的影响也各不相同，根系对氮的吸收几乎不受影响，但是对磷、钾的影响较大。而磷是作物生长发育重要的元素，吸收量的减少意味对作物的生长发育造成了重要的影响。

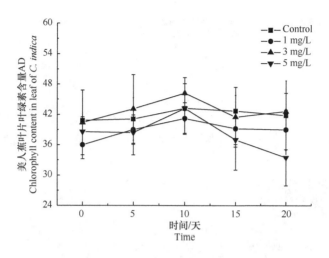

图 4.84　不同三唑磷（TAP）浓度下美人蕉叶片叶绿素含量的变化

Fig. 4.84　Variation on chlorophyll content in leaf of *C. indica* at
different triazophos（TAP）concentration treatments

2. 除草剂对水生植物的影响

近年来，我国除草剂的使用量总体呈上升趋势，在农药生产总量中所占比例也不断增大，已由 1997 年的 7.82% 上升至 1999 年的 20.17%。与杀虫剂作用方式不同，除草剂主要通过抑制植物光合作用、呼吸作用、细胞分裂和细胞膜生成等方式抑制植物生长（刘建武等，2002；王波等，2006）。

1）对植物光合作用系统的影响

除草剂可干扰植物色素及相关组分的合成与代谢，破坏光合电子传递系统，导致植物光合作用受到抑制。对水马齿属植物 *Callitriche obtusangula* rosettes 的毒性试验表明，恶草灵暴露 12 h 后，植物叶片栅栏组织发生了明显的外部损伤（图 4.85）。对植物组织进行切片处理，观察到植物体内因胁迫产生的过氧化氢主要聚集于植物叶肉栅栏组织，严重影响了植物的光合作用（Iriti *et al.*，2009）。

然而，除草剂对植物叶绿素合成也可表现为某种刺激作用。Teisseire 等（1999）对敌草隆处理下浮萍（*Lemna minor*）的叶绿素含量进行了测定，发现 10 μg/L 敌草隆处理组植物叶绿素含量高于对照组，由此提出植物叶绿素合成受除草剂作用有一个浓度阈值，一旦除草剂浓度高于植物受伤害的临界浓度，即表现为植物叶绿素含量的降低（图 4.86）。

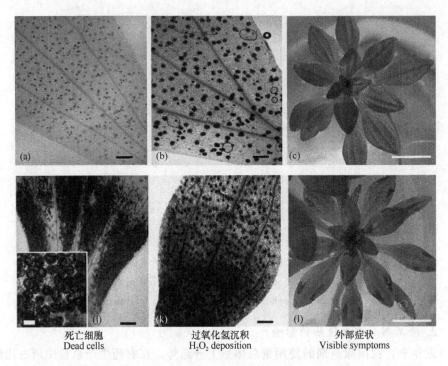

死亡细胞　　　　　　　　　过氧化氢沉积　　　　　　　外部症状
Dead cells　　　　　　　　H₂O₂ deposition　　　　　　Visible symptoms

图 4.85　在对照（a、b、c）和 127.5 μg/L 恶草灵处理组（j、k、l）下 *Callitriche obtusangula* rosettes 的叶片光合毒性损伤（引自 Iriti *et al.*，2009）

Fig. 4.85　Phytotoxicity lesions on *Callitriche obtusangula* rosettes after a control（a、b、c）and 127.5 μg/L oxadiazon treatment（j、k、l）（Cited from Iriti *et al.*，2009）

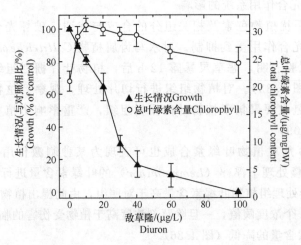

图 4.86　暴露 7 天后敌草隆对浮萍生长和叶绿素含量的影响（引自 Teisseire *et al.*，1999）

Fig. 4.86　Influence of diuron on growth and total chlorophyll content of *Lemna minor* after a 7-day exposure to the herbicide（Cited from Teisseire *et al.*，1999）

　　研究还发现，除草剂对植物光合作用系统的影响表现为瞬时效应。存在外界胁迫时，植物光合作用可降低至正常值的 10%，一旦胁迫消除后光合作用又可恢复至正常水平（图 4.87）。Knuteson 等（2002）对其暴露在浓度不等西玛津（一种除草剂）下美人蕉幼苗叶片的荧光产率进行了测定，发现较低浓度（0.1 mg/L）西玛津处理下，幼苗荧光主率与对照相比并没有明显差异（$P > 0.05$），当浓度逐渐加大后，幼苗荧光产率可降低至正常值的 10%（图 4.87）。然而除草剂对植物光合作用系统的影响具有瞬时效应，一旦胁迫消除后光合作用又可恢复至正常水平（图 4.87）。

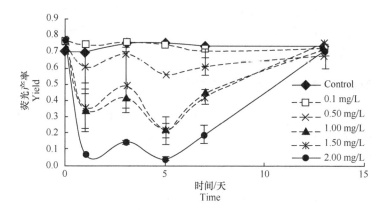

图 4.87　第 7 天和 7 天后西玛津暴露试验对 4 周龄美人蕉荧光产率的影响
（引自 Knuteson *et al.*，2002）

Fig. 4.87　Fluorescent yield by 4-wk-old Canna during a 7-d exposure period and a 7-d post exposure period to simazine (Cited from Knuteson *et al.*, 2002)

　2）对植物细胞生长的影响

　　硝基苯胺类除草剂可直接干扰有丝分裂纺锤体，使微管机能发生障碍或抑制微管的形成（王波等，2006）。Ahrens（1994）研究发现，氟乐灵和二甲戊乐灵初期可终止植物细胞分裂、细胞延长和根系发育，对鹦鹉毛（*Myriophyllum aquaticum*）根系发育的影响尤为明显。张竞秋等（2008）对小麦（*Triticum aestivum*）根尖细胞发育的研究结果证实了这一观点，发现小麦根尖细胞发生了染色体加倍、多极化、染色体滞后、不均等分裂、染色体环状和微核等异常变化，经 100 μmol/L 氟乐灵处理 12 h 后，植物异常细胞分裂指数达到 11.05%。

　3）对植物物质合成的影响

　　除草剂可抑制氨基酸与脂类物质的合成，干扰植物生长，或破坏植物细胞膜的形成。研究发现，阿特拉津对小球藻（*Chlorella kessleri*）生长、光合作用及呼吸作用均有一定程度的抑制，其中阿特拉津对小球藻相关脂肪酸的组成（如总脂肪酸和磷脂脂肪酸）有一定影响，15 μmol/L 阿特拉津处理浓度下小球藻硬脂脂肪酸和豆蔻酸合成受到抑制，导致小球藻细胞膜组成发生明显改变（El-Sheekh et al.，1994）。

此外，Mohr 等（2007）研究了不同浓度吡草胺对浮叶眼子菜、轮叶狐尾藻以及丝状绿藻生物量的影响，500 μg/L 吡草胺即可导致水生植物发生衰亡。Wendt-Rasch 等（2004）对 4 种农药混合物（包括除草剂磺草灵和苯嗪草酮、杀菌剂氟啶胺以及杀虫剂高效氯氟氰菊酯）对水生态系统的影响进行了调查，发现在伊乐藻主导的中营养型水生态系统和浮萍主导的富营养型水生态系统中投加农药后，0.5%施药处理组对伊乐藻系统下附着藻的组成有一定改变，2%施药处理组则抑制了浮萍系统下穗花狐尾藻的生长，结果表明，不同水生态系统中水生植物对施用农药的反馈响应有所不同。

4.2.2 石油类化合物对水生植物生长的影响

石油及其化工产品是重要的生活和生产资料，其种类多、使用量大，是造成水体污染的主要污染物之一。石油类化合物虽对植物不会产生明显的毒害作用，但其脂溶性强，长期暴露后会对植物产生生理生化损伤，甚至导致植物凋亡。

1. 对植物生长的影响

石油类对植物的毒害作用随化合物种类不同而有很大差异，如普通原油对互花米草（*Spartina alterniflora*）具有短期效应，而精制油则能够明显进入植物组织并阻止叶片和幼苗的再生。Reynoso-Cuevas 等（2008）研究了 3 种多环芳烃组成的烃混合物 HCM 及玛雅原油对 4 种草的萌芽、生长和存活的影响，发现植物萌芽并未受到影响，而茎及根的生长在 HCM 浓度升高的情况下有所降低，植物的存活量也有所下降，表明石油类化合物对植物萌芽后期的生长有一定影响。

不同种植物会因石油胁迫产生不同影响。李方敏等（2006）比较了几种植物在石油污染土壤上的生长适应性，设置了 4 种不同浓度的石油污染处理，对 6 种供试植物的种子发芽率、株高和鲜重分别进行了观测。结果表明玉米草的生物量最大，其发芽率、株高和鲜重分别是对照处理的 87.1%～9.4%、93.6%～7.1%和81.6%～4.2%，黑麦草的生物量虽然仅为 1.34～1.91 g/盆，但其发芽率、株高和鲜重分别是对照处理的 93.7%～9.5%、82.9%～4.5%和 70.3%～0.5%。上述 2 种植物的生长受污染物浓度的影响均较小。

与多数有机物类似，低浓度石油类化合物可促进作物生长（Gao，1986）。Ji 等（2007）研究发现芦苇床的植物株高相比对照有轻微降低，而生物量却有一定增加，通过对芦苇叶片数量的调查结果发现，芦苇对原油生产废水污染物具有很强的耐受力，光合作用和呼吸作用基本保持不变，并且植物纤维素、木质素及戊糖含量表明其品质甚至好于对照芦苇床。

2. 对植物呼吸作用的影响

Pezeshki 等 (2000) 认为石油类化合物主要通过堵塞植物气孔对植物气体交换产生影响，或由此对植物产生高温胁迫效应，同时阻断 CO_2 通路并降低叶片光合作用。刘建武等 (2002b) 通过盆栽试验研究了萘污染对 5 种水生植物生理指标的影响，结果表明，萘对水生植物具有某些毒害作用，且随着浓度的增加显示出明显的负效应，表现为呼吸强度受到抑制，叶绿素含量降低。

3. 对植物隔膜影响

水生植物受到石油类化合物的胁迫后，其细胞隔膜渗透性会发生改变，这种改变相对于生长指标、化合物浓度及暴露时间等因素更为敏感。石油污染物对盐生植物的伤害主要表现在对根系隔膜的损伤上，影响植物细胞离子平衡和对盐分的耐受力 (Gilfillan et al.，1989)。杂酚油是木材防腐中常用的一类复杂的石油类有机物，是水生态系统潜在污染物之一。研究发现，杂酚油中不同化合物组分能够对不同生物体细胞隔膜产生影响。McCann 和 Solomon (2000) 研究了杂酚油对水生植物穗状狐尾藻隔膜渗透性的影响，发现虽然污染物并未对植物生长产生影响，穗状狐尾藻顶端分裂组织在无菌条件下于浓度为 0.1~92 mg/L 杂酚油下处理 4 天后，发现植物离子细胞隔膜中渗出某些离子化合物，导致杂酚油处理组电导率显著高于对照组 (图 4.88)，主要原因是杂酚油浓度升高导致植物的离子渗透性增强。该结果与其他环烃类化合物破坏植物隔膜的实验结果类似，如氮

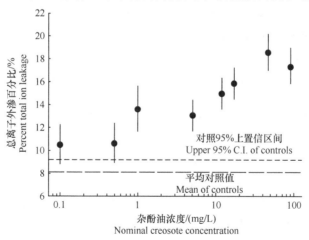

图 4.88　杂酚油暴露 4 天后穗状狐尾藻总离子外渗率。所有处理的离子外渗率均
显著高于对照处理组 ($P<0.05$)（引自 McCann and Solomon，2000）
Fig. 4.88　Total ion leakage for *M. spicatum* apices exposed to creosote for 4
days. All treatments were signicantly higher than the controls ($P<0.05$) (Cited
from McCann and Solomon，2000)

蒽在吸收紫外光后，通过光敏反应使植物产生活性氧组分，从而隔膜发生破损。这种隔膜损伤通常与化合物亲脂性有关（Schirmer et al., 1998），也与植物对化合物的吸收量有关。

4. 对植物细胞器官影响

某些石油类化合物，如多环芳烃胁迫后可导致植物细胞发生变形，破坏其构成从而影响植物的正常生理代谢。Liu 等（2009）通过电镜观察了 1 mmol 多环芳烃对拟南芥（*Arabidopsis thaliana*）叶片内部分器官的影响，发现对照组植物叶绿体呈正常椭圆形，其他细胞器清晰可见，而经 1 mmol 菲处理 16 天后植物叶片叶绿体模糊不清，发生扭曲，形状不规则，菌褶不够清晰，并且发生反相改变。植物线粒体及其他细胞器官受毒害作用后呈不清晰状，与叶片隔膜受伤害表现一致。

4.2.3　表面活性剂对水生植物的影响

表面活性剂的种类繁多，包括阳离子型、阴离子型、非离子型和两性型四种类型。表面活性剂的应用广泛，几乎渗透到了所有的生产生活领域，其发展和应用十分迅猛。全球 1995 年的产量已达 900 万 t，品种达到万种以上；我国 2005 年产量达到 301.8 万 t，年均增长速度达到 11% 以上。表面活性剂大量使用，最终给水环境带来严重污染。

表面活性剂对生物可造成的影响包括急性、亚急性、慢性、致癌性、致畸性、致突变性、致敏性等毒性作用。其中阳离子表面活性剂的急性毒性较大，其次为阴离子型表面活性剂，非离子型表面活性剂的急性毒性相对较小，但具有类分泌干扰作用，因而对环境的影响不容忽视。

水生植物已越来越多的被用于作为生活和工业废水原位监测的生物标记物，浮萍是其中的代表植物之一，用于环境评估。

表面活性剂进入水体后给水生生物生长、细胞结构、生理、生化等方面造成影响。表面活性剂对水生植物的损伤程度与其浓度有关，它不仅影响水体中的藻类和其他微生物的生长，导致水体的初级生产力下降，而且破坏水体的水生生物的食物链。水生植物在表面活性剂污染环境中，植物体内过氧化物酶升高，它通过增加植物组织的木质化程度，使细胞的通透性降低等方式来保护细胞，当植物处于逆境中胁迫超过生物体内在的防御能力时，就会发生氧化损伤（刘天兵和冯宗炜，1997）。

赵强等（2006a）研究了十二烷基苯磺酸钠（SDBS）和多聚磷酸钠（STPP）对黑藻胁迫的效应。如图 4.89（a）所示，在 SDBS 处理下，过氧化物酶（POD）活力随处理浓度增加和时间延长逐渐增大，24 h 时，POD 活性缓慢增大，至 72 h 时，POD 活性上升明显；SDBS 浓度越大，POD 活性随之增大，

128 mg/L 下活性达到最大，约为对照的 5.3 倍。过氧化氢酶（CAT）随着处理时间的延长，活性逐渐增大；在高浓度处理时，CAT 活性受到抑制而下降。SOD 随着 SDBS 浓度的增大呈现出逐渐增大的趋势，并分别在胁迫时间和胁迫浓度分别为 24 h 32 mg/L 和 72 h 8 mg/L 时，SOD 失活；观察发现，在 128 mg/L SDBS 胁迫 48 h 和 72 h 时，黑藻枝叶萎蔫、叶片失绿，部分细胞解体，叶绿素含量由 12.38 mg/L 降为 3.74 mg/L。

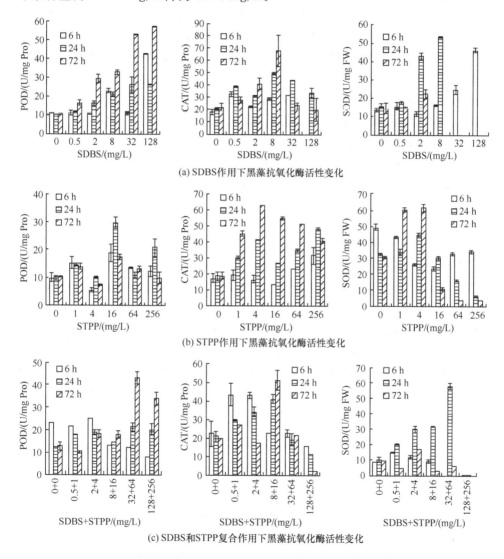

(a) SDBS 作用下黑藻抗氧化酶活性变化

(b) STPP 作用下黑藻抗氧化酶活性变化

(c) SDBS 和 STPP 复合作用下黑藻抗氧化酶活性变化

图 4.89　SDBS（a）、STPP（b）及其复合作用（c）对黑藻抗氧化酶活性的影响

Fig. 4.89　Effects of SDBS（a），STPP（b）and SDBS＋STPP（c）on the activities of antioxidation enzymes in *Hydrilla verticillata*

由图 4.89（b）可见（赵强等，2006a），黑藻对 4 mg/L 和 16 mg/L 的 STPP 处理较为敏感，在 4 mg/L 的 STPP 处理时 POD 活性受到明显抑制，在 16 mg/L 处理时，POD 活性相对较高；随着 STPP 浓度的升高，CAT 活性总体上呈现出增加趋势；随着处理时间的延长，CAT 活性逐渐增大，在 72 h 时，多数浓度下 CAT 活性达到最大，但在 256 mg/L 处理浓度条件下活性有所下降，说明超过了植物的耐受限度。

由图 4.89（c）可见，6 h 时 POD 对低浓度 SDBS 和 STPP 胁迫不敏感，当 SDBS 和 STPP 胁迫处理浓度高于（8+16）mg/L 时才逐渐降低，并在（128+256）mg/L 时降到最低。POD 活性在 24 h、72 h 时随着胁迫浓度的升高而逐渐增大，低浓度处理下 POD 活性增大不明显。（8+16）mg/L 处理条件 6 h 时 CAT 活性较对照有所上升；24 h 时，在（8+16）mg/L 处理条件下活性较强，（128+256）mg/L 处理时活性有所下降；72 h 时，CAT 活性变化趋势类似。STPP 降低了 SDBS 对黑藻抗氧化酶活性的抑制作用。

赵强等（2006b）报道，SDBS 使黑藻植株长度增加。试验前 5 天，各处理组均比对照组植株增长快，其中 8 mg/L 处理下，株长增加较大；第 5 天后，对照组和 2 mg/L 处理组植株增长趋势基本一致，而在 8 mg/L 处理组植株继续明显增长，32 mg/L 处理组的植株增长缓慢；在试验初期，不同浓度的 SDBS 对黑藻植株的增长均有促进作用；从最终长度比较，2 mg/L、8 mg/L 处理组对黑藻植株增长有一定促进作用，以 8 mg/L 处理下作用最为明显，而在较高浓度 32 mg/L 处理下，黑藻植株增长则相对受到抑制。从植株生物量来看，对照组与 8 mg/L 处理组，前 5 天生物量仅有少许增加，试验后期生物量变化不明显并维持在一定水平；在 2 mg/L 处理下，随着处理时间的延长，生物量逐步增加，在第 13 天后，生物量为初始的 1.44 倍；32 mg/L 处理组，在第 5 天开始生物量开始逐步减少，并在第 13 天后，生物量降到最低；2 mg/L 处理下黑藻最终生物量生长高于对照组，表明低浓度对黑藻生物量的积累有一定的促进作用；较高浓度组 32 mg/L 第 5 天后，植株生长受到明显抑制，黑藻生物量逐渐降低；在试验前 5 天 SDBS 处理组黑藻植株均产生分枝，对照组在试验中后期开始产生分枝，但分枝数然低于处理组。

马剑敏等（2001）研究了在 Hg^{2+}、DBS（十二烷基苯磺酸钠，LAS 同系物）胁迫下，浮萍植株的枯死率、叶绿素含量和可溶性蛋白质含量的变化。植株的枯死率随 Hg^{2+} 和 DBS 浓度升高和处理时间的延长而增加；叶绿素和蛋白质含量随 Hg^{2+} 和 DBS 浓度升高和处理时间的延长而逐渐下降。在 $HgCl_2$、DBS 浓度分别为 6 mg/L、12 mg/L 时，约 70% 的浮萍 10 天内仍存活。

刘红玉等（2001a）的实验表明：烷基苯磺酸钠和脂醇聚氧乙烯醚对水生植物损伤的机理不同，脂醇聚氧乙烯醚以溶解为主，烷基苯磺酸钠除溶解作用外，其所带电荷引起蛋白质构象改变也是主要因素之一；6.0 mg/L 烷基苯磺酸钠使水绵细胞壁外层被溶解而消失，载色体的规则螺旋缠绕结构被打乱，细胞膜与细胞壁部分分离；50.0 mg/L 的烷基苯磺酸钠使水浮莲细胞也出现质壁分离现象，细胞膜部分解体，细胞质中有许多空腔，液泡增大、叶绿体变形；在肪醇聚氧乙烯醚暴露组中，6.0 mg/L 浓度下水绵细胞壁外层被溶解，胞膜消失，载色体和造粉核解体，分散于整个由细胞壁内层构成的空腔中；50.0 mg/L 暴露组使水浮莲细胞膜部分解体，染色质浓缩，棱膜逐渐解体，叶绿体和线粒体解体，液泡消失，被细胞质充填。刘红玉（2001b）的实验表明烷基苯磺酸钠和肪醇聚氧乙烯醚对水生植物水浮莲、稀脉浮萍、满江红和水绵均有损伤作用，且随着浓度增高而加大，在暴露过程中引起一系列抗氧化酶以超氧化物歧化酶（SOD）、CAT 和 POD 的应急反应，并认为烷基苯磺酸钠对水生植物的影响存在积累剂量-效应关系，水绵致死浓度为 10 mg/L。以 SOD、CAT 和 POD 的比活力变化作为观测指标，刘红玉等（2001c）进行了脂肪醇聚氧己烯醚对水浮莲损伤程度的酶学诊断，结果表明：在 17℃下，脂肪醇聚氧己烯醚为 1.0 mg/L、10.0 mg/L 时，水浮莲受到较大的伤害，但能逐渐恢复正常生理活动，浓度为 20.0 mg/L、50.0 mg/L 时，水浮莲由于伤害程度大，超出了酶的修复能力，组织逐渐坏死。

4.2.4　其他危害较大的化合物对水生植物的影响

除了以上有机物对水生植物生长、生理和生化等造成影响外，酞酸酯、多环芳烃菲、有机溶剂和酚等有机物也对水生植物产生损害。

1. 有机溶剂对水生植物的影响

有机溶剂在化工、冶金、造纸、制药和制造等工业中广泛用于清洗、去污、稀释和分离等过程以及中间体用于化学合成，使用量大，往往因为处理不当进入环境。它们通常对水生植物细胞膜的通透性、酶和生理生化特性等产生影响。

李佳华（2005）研究了邻苯二甲酸二丁酯（DBP）对沉水植物的胁迫作用，发现 DBP 浓度增加引起受试沉水植物叶绿素含量和可溶性糖含量升高，谷胱甘肽含量和蛋白质含量降低；金鱼藻体内蛋白质含量降低程度与 DBP 浓度的增加存在显著的负相关关系；多环芳烃菲对金鱼藻等几种沉水植物具有胁迫作用，沉水植物可溶性糖、丙二醛、蛋白质等指标随着暴露时间的推移呈波动性变化，但在实验末期，基本可恢复至暴露前的水平，说明沉水植物具有一定的抵抗有机污染物胁迫的能力。李佳华等（2005）研究了邻苯二甲酸二丁酯长期暴露对苦草的生长状况以及丙二醛、可溶性糖、叶绿素、谷胱甘肽、蛋白质和氨基酸的含量等生理生化指标的影响试验，发现高浓度邻苯二甲酸二丁酯长期暴露对苦草生长有严重伤害，邻苯二甲酸二丁酯对苦草丙二醛和可溶性糖含量以及叶片中叶绿素含量的影响比较相似，都有一定的起伏；在邻苯二甲酸二丁酯胁迫下，苦草中氨基酸总量和蛋白质含量与对照组相比呈下降趋势；苦草体内谷胱甘肽含量明显低于对照，且随邻苯二甲酸二丁酯浓度的升高谷胱甘肽含量下降。李业东等（2009）研究了汽油添加剂甲基叔丁基醚（MTBE）胁迫对浮萍光合功能的影响，结果表明在 0~500 mg/L，浮萍未产生明显的毒害作用，但随着 MTBE 胁迫浓度的增加，浮萍光合作用放氧速率、叶绿体 ATP 合成酶活性以及硝酸还原酶活性降低；对 NO_3^- 的还原产生抑制作用，NO_3^- 在浮萍叶片中积累，与对照相比均达到显著水平。

高海荣等（2006）以苦草为研究对象，分析了苦草分别暴露于有机溶剂乙醇、丙酮、二甲基甲酰胺、二甲亚砜和石油醚下的生长状况，并测定了植物叶片的叶绿素含量、可溶性蛋白含量、超氧化物歧化酶、过氧化物酶和过氧化氢酶等生理生化指标；分析结果表明，有机溶剂对苦草生长和生理过程均有不同程度的胁迫效应，其中乙醇、二甲基甲酰胺、丙酮影响较大，短期内造成植物叶片变黄或黑，叶绿素和可溶性蛋白含量急剧下降；石油醚次之，二甲亚砜影响最小。在有机溶剂胁迫下，有机溶剂对酶的影响不同，苦草体内的防御酶系统可产生相应抗性，乙醇使超氧化物歧化酶、过氧化物酶活性降低，二甲亚砜、石油醚使过氧化物酶活性略微下降，说明苦草对有机溶剂有一定的抗性，其他溶剂使苦草抗氧化酶活性均有所提高，可能是由于有机溶剂及其代谢产物对苦草细胞膜造成了破坏。

湖泊底质中有机物的厌氧代谢产生多种有机酸，其中主要成分是乙酸。左进城等（2006）的研究表明在暴露于 4 mmol/L 以上的乙酸过程中及在随后的培养中，伊乐藻一直没有萌发，而且这些枝条已发黑、变软，说明它们已全部死亡。0 与 1 mmol/L 的乙酸处理 15 天后，伊乐藻没有萌发，但在随后的培养中达到了较高的萌发率；处理 6 天后，萌发率都达到 80% 以上，但在随后的培养中无更多幼芽萌发。在随后的培养中，1 mmol/L 处理 3 天或 6 天的萌发率与各自对照组间差异不显著。1 mmol/L 的乙酸对菹草的萌发没有影响，而暴露于 4 mmol/L 的乙酸时，菹草的萌发率显著降低，但在随后的无乙酸培养中均能达到 100%。8 mmol/L 的乙酸处理 3 天后，菹草的萌发率可超过 60%，但有少量幼芽在随后的培养中死亡。8 mmol/L 的乙酸处理 6 天后或 16 mmol/L 的乙酸处理 3 天或 6 天后，虽有部分菹草萌发，但芽体呈黑色，在随后的培养中全部死亡；结果说明伊乐藻能在低于 1 mmol/L 的乙酸中正常萌发，而菹草可在较高强度的乙酸暴露中萌发并存活。浓度为 1 mmol/L、4 mmol/L、8 mmol/L 和 16 mmol/L 的乙酸处理 3 天或 6 天后，伊乐藻的平均芽长与初始值差异不显著，但均显著小于对照组。浓度为 0、1 mmol/L 和 4 mmol/L 的乙酸处理 3 天或 6 天后，菹草幼芽均有显著的生长，且各浓度处理 6 天组的芽长显著地大于相应浓度处理 3 天组的值；但 8 mmol/L 或 16 mmol/L 的乙酸处理 3 天或 6 天后，菹草的平均芽长与初始值差异不大。处理时间为 6 天时，1 mmol/L 或 4 mmol/L 组与对照组间的菹草幼芽的芽长差异不显著；处理时间为 6 天时，1 mmol/L 组与对照组的平均芽长差异不显著，但均显著大于 4 mmol/L 组。结果表明，浓度 1 mmol/L 的乙酸能明显抑伊乐藻幼芽的生长；而菹草幼芽能在 4 mmol/L 乙酸的短期暴露（6 天之内）中生长，但较高浓度的暴露能加重对其生长的抑制。暴露于 4 mmol/L 以上的乙酸 3 天或 6 天时，伊乐藻幼芽全部死亡；而 1 mmol/L 的乙酸对伊乐藻幼芽的存活率没有显著影响；8 mmol/L 的乙酸处理 3 天后，菹草幼芽存活率仅为23.3%，显著地小于对照组；8 mmol/L 处理 6 天或 16 mmol/L 处理 3 天或 6 天后菹草幼芽全部死亡，而 0、1 mmol/L 和 4 mmol/L 组的全部存活。在随后的无乙酸培养中，受过 1 mmol/L 乙酸处理 6 天的伊乐藻的生长有一定程度的恢复，但其芽长与根总长均显著小于受 1mmol/L 处理 3 天组，而且这两组的生长都显著地弱于各自对照组。在解除乙酸的胁迫之后，受 8 mmol/L 处理 3 天后的菹草幼芽的恢复较差，其生长显著地弱于 0、1 mmol/L 和 4 mmol/L 组。对照组与 1 mmol/L 组的菹草生长差异不显著，但均显著地好于 4 mmol/L 组。在无乙酸的正常培养后，0、1 mmol/L 和 4 mmol/L 组中受过 3 天处理的菹草幼芽的生长与相应浓度组中受过 6 天处理的差异不显著。结果说明，解除乙酸的胁迫后，受 1 mmol/L 处理 3 天或 6 天后的伊乐藻恢复较慢，而受 4 mmol/L 处理 6 天后的菹草仍能保持较好的生长状态，但受 8 mmol/L 处理 3 天的菹草的生长较差。

2. 酚类化合物对水生植物生长的影响

酚类化合物是重要的工业原料，在许多工业领域诸如煤气、焦化、炼油、冶金、机械制造、玻璃、石油化工、木材纤维、化学有机合成工业、医药、农药、油漆等工业排出的废水中均含有酚。酚类化合物是水体环境中污染物的主要组成部分，其污染范围较广，对生物体有明显毒性，目前已有许多国家将酚类化合物列为优先监测污染物。

国内外已有利用凤眼莲净化酚污染的报道（Singh *et al.*，2006），其净化能力得到了比较一致的肯定。实验结果显示，高浓度含酚废水对凤眼莲生长、繁殖及恢复生长均有不同程度的影响。下面以酚对凤眼莲的伤害为例进行说明（吴振斌等，1988）。

1）酚对叶的伤害

水体环境中残留的高浓度的酚对叶的伤害是严重的。在正常的日照条件下，试验开始 2 h 后，800 mg/L 和 600 mg/L 浓度组凤眼莲叶片即出现脱水斑块，以后逐渐扩大。几天以后，200 mg/L 以上浓度组的凤眼莲逐渐出现不同程度的受害症状。自外轮叶片的顶端或外缘开始，逐渐出现点状或与叶脉走向相同的弧形斑块，然后向叶片基部甚至叶柄表面延伸。斑块自外层老叶向内层幼叶发展。酚处理浓度愈高，受害症状愈严重。例如，试验开始后第 7 天，800 mg/L 和 600 mg/L 浓度组凤眼莲叶全部枯死，400 mg/L 浓度组叶片上有大片褐色斑块，300 mg/L 浓度组少数老叶上有点状斑块，150 mg/L 以下浓度组未见明显的症状。

除了高浓度组凤眼莲叶片受害症状在短时间内立即出现以外，大多数浓度组在试验开始后几天至十几天逐渐出现受害症状。例如，400 mg/L，350 mg/L，300 mg/L，250 mg/L，200 mg/L 浓度组凤眼莲出现类似症状分别在 4 天，6 天，7 天，9 天，11 天。

2) 酚对根的损伤

试验开始几小时以后，高浓度组凤眼莲根尖部分细胞开始解体，一天或数天以后，90~800 mg/L 浓度组根的颜色逐渐加深，由白色或淡蓝色变成灰色、褐黑色。部分须根融化、断裂。新根很少或没有新根长出。各浓度组凤眼莲根的平均增长长度随酚浓度的增高而减少（表 4.1）。

表 4.1　凤眼莲在含酚废水中生长 12 天后根长变化

Tab. 4.1　Growth of root of hyacinths on phenol-polluted wastewater for 12 days

酚浓度/(mg/L) Phenol conc.	0	25	55	90	120	150	200	250	300	350	400	R
根长增加量/cm Increment of root length	3.34	3.35	3.26	3.10	2.61	2.03	1.49	0.87	−1.14	−2.21	−3.04	−0.97 $P<0.01$
增长率/% Increase rate	37.11	36.48	35.54	34.43	28.89	23.19	16.45	10.03	−15.65	−24.43	−3.04	−0.96 $P<0.01$

资料来源：吴振斌等，1988。

Cited from Wu *et al.*, 1988.

3) 酚对生长率和叶绿素的影响

随着酚处理浓度的增高，凤眼莲叶片叶绿素含量一般有所减少，仅少数低浓度处理组例外（图 4.90，图 4.91）。

酚还使叶绿素 a/叶绿素 b 发生改变。随着酚处理浓度的增高，叶绿素 a/叶绿素 b 逐渐下降。这在较长时间的试验中表现得尤为明显（表 4.2）。当酚浓度在 40 mg/L 以下时，叶绿素 a/叶绿素 b 变化不大，55 mg/L 以上各浓度组凤眼莲叶绿素 a/叶绿素 b 明显下降。

高浓度的酚使凤眼莲生长受到明显的抑制（图 4.90，图 4.91）。在第一批试验中，凤眼莲生长率与酚处理浓度呈极为显著的线性负相关。

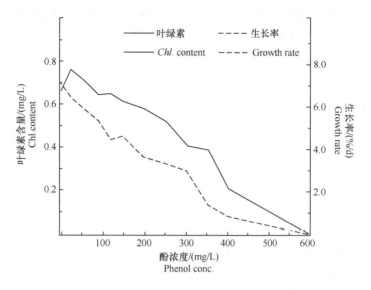

图 4.90　废水中酚对凤眼莲生长率和叶绿素含量的影响（12 天）

Fig. 4.90　Effects of phenol on the growth rate and chl. content
of hyacinths，12-days exposure

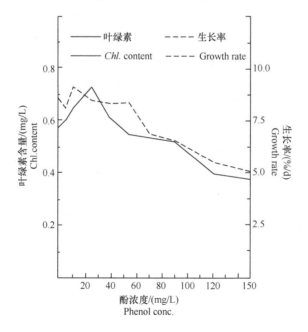

图 4.91　废水中酚对凤眼莲生长率和叶绿素含量的影响（25 天）

Fig. 4.91　Effects of phenol on the growth rate and chl. content of
hyacinths，25-days exposure

表 4.2　在含酚废水中生长 25 天后凤眼莲叶绿素 a/叶绿素 b 的变化

Tab. 4. 2　Variation of Chl. a/Chl. b in the hyacinths growing on

phenol-polluted wastewater for 25 days

酚浓度/(mg/L) Phenol conc.	0	1	5	10	25	40	55	70	90	120	150	R
叶绿素 a/叶绿素 b Chl. a/Chl. b	0.678	0.871	0.69	0.726	0.776	0.670	0.369	0.413	0.361	0.094	0.143	-0.93 $P<0.01$
变化率/% Change rate		28.5	1.8	7.1	14.5	-1.2	-45.6	-39.1	-46.8	-86.1	-78.9	-0.94 $P<0.01$

资料来源：吴振斌等，1988。

Cited from Wu *et al.*, 1988.

4）酚对叶片光合作用速率的影响

高浓度的酚对凤眼莲叶片的光合作用有明显的抑制作用。在直接测定组，当酚浓度在 400 mg/L 以上时，光合作用速率逐渐下降；经 3 h 处理以后，抑制影响更为明显。在遮光处理组，600 mg/L 和 800 mg/L 浓度组光合作用速率分别下降了 58.9% 和 67.1%。在光照处理组，200 mg/L，400 mg/L，600 mg/L 和 800 mg/L 浓度组光合作用速率分别下降了 24.1%，55.2%，72.4%，100%。可见，在光照条件下，酚对光合作用的影响更加显著；经 10 h 处理以后，400 mg/L 以上浓度组叶片完全丧失了光合作用活性（表 4.3）。

表 4.3　酚对凤眼莲叶片光合作用速率 [μmol O₂/(g·min)] 的影响

Tab. 4. 3　Influence of phenol on the photosynthesis speed

[μmol O₂/(g·min)] of the hyacinth leaves

处理时间/h Duration of treatment	处理方法 Treatment methods	酚浓度/(mg/L) Concentration of phenol									
		0	1	10	50	100	200	400	600	800	R
0		0.84	0.80	0.81	0.82	0.80	0.82	0.75	0.65	0.57	0.95 $P<0.01$
3	暗 Dark	0.73	0.75	0.77	0.75	0.73	0.74	0.69	0.30	0.24	0.93
	光照 Light	0.58	0.59	0.61	0.58	0.56	0.44	0.26	0.16	0	0.99 $P<0.01$
10	暗 Dark	0	0	0	0	0	0	0	0	0	
	光照 Light	0.27	0.37	0.29	0.28	0.29	0.17	0	0	0	0.92 $P<0.01$

资料来源：吴振斌等，1988。

Cited from Wu *et al.*, 1988.

5）酚对无性繁殖和开花的影响

当酚浓度在 70 mg/L 以下时，凤眼莲新增加的叶和植株数量差别不大。酚浓度为 90 mg/L 以上时，叶和植株增加数量逐渐减少（表 4.4）。

表 4.4　凤眼莲在含酚废水中生长 25 天后植株和叶增长倍数

Tab. 4.4　Increase in multiples of plants and leaves of the hyacinths growing on phenol-polluted wastewater for 25 days

酚浓度/(mg/L) Phenol conc.	0	1	5	10	25	40	55	70	90	120	150	R
植株(倍) Plants	2.5	2.5	2.6	2.4	2.5	2.3	2.3	2.2	1.9	1.6	1.4	-0.97 $P<0.01$
叶(倍) Leaves	2.4	2.5	2.7	2.6	2.5	2.1	2.2	2.0	1.7	1.5	1.3	-0.97 $P<0.01$

资料来源：吴振斌等，1988。

Cited from Wu *et al.*, 1988.

试验中还观察到，各浓度组凤眼莲依酚浓度 150～0 mg/L 的次序，逐日开出花朵（表 4.5）。

表 4.5　不同酚浓度下凤眼莲开花初始天数

Tab. 4.5　Duration for first blooming of the hyacinths growing on wastewater with different phenol concentration

酚浓度/(mg/L) Phenol conc.	0	1	5	10	25	40	55	70	90	120	150
初始开花天数 Duration for first blooming	22	21	20	20	19	18	18	17	16	15	14

资料来源：吴振斌等，1988。

Cited from Wu *et al.*, 1988.

6）凤眼莲对酚的耐受性及恢复生长能力

当第一批试验进行 12 天以后，将配制的含酚废水倒掉，换上补加适量营养液的原排放废水，继续进行恢复生长试验。10 天以后，350 mg/L 以上酚浓度组凤眼莲死亡或接近死亡，不能恢复生长；350 mg/L 及以下浓度组凤眼莲逐渐恢复生长。叶色由黄转绿，叶绿素含量增加，植株逐渐增大并进行无性繁殖，生长逐渐趋于正常。

酚对凤眼莲的影响是多方面的。在一定浓度酚的胁迫下，凤眼莲叶、根器官分别受到不同程度的损伤，根的长度、叶绿素含量及叶绿素 a/叶绿素 b、光合作用速率、生长率、无性繁殖率以及开花时间等均受到不同程度的影响，严重者可导致全株死亡。在叶片出现可见症状之前，显微观察可见叶表皮细胞气孔关闭，叶肉细胞由鲜绿色变成橘黄色、细胞周围间有不规则黑色质团，部分细胞解体。根部在出现肉眼可见症状之前亦可见部分根尖细胞解体。由此看来，叶、根细胞受损先于外部症状出现。不仅如此，凤眼莲受酚毒害的可见症状在不同的酚浓度下的一定时期内分别从不同的部位表现出来。当酚浓度较高时，很短时间内叶的受害症状即非常明显地表现出来；当酚浓度较低时，根部在几天以后一般都会逐渐出现症状。叶的可见症状一般出现较晚，甚至一直未见明显的症状。这是由于酚较活跃，流动性大，由根部吸收后能迅速地向上转移到叶，酚在叶片中的含量远高于根部。凤眼莲叶片经 400 mg/L、600 mg/L 和 800 mg/L 的酚处理数小时后，光合作用速率即大幅度降低以致完全丧失光合作用活性（表 4.3），可见短时间内叶的主要功能结构已遭严重破坏。然而在一定的酚浓度下，虽然酚被输送到叶，但由于凤眼莲对酚的降解作用，即使酚对叶细胞有一定的损伤，但不足以使细胞组织迅速解体。这样使受害症状推迟以致不出现。根直接接触酚溶液，酚长时间的毒害导致须根融化、断裂（表 4.1）。在一定酚浓度下，随着时间的延续，叶绿素含量减少，尤其是叶绿素 a 减少得更多，叶绿素正常的比例改变。这使光合作用速率降低、光合产物减少，不能满足生长的需要。由此还可间接地影响到组织中物质代谢的平衡。这种间接的影响在根部尤为明显，因为叶器官光合作用合成物质数量不足，将只有更少的份额被输送到根部，从而导致根生长受抑制以致结构受损。

研究发现，酚对水生植物不仅表现为根长、叶片、叶绿素含量的抑制效应，还可诱导植物根系中抗氧化酶含量发生变化。Singh 等（2006）发现，香根草（*Vetiveria zizanoides*）体内过氧化物酶以及超氧化物歧化酶在酚的存在下有所升高，这可能与植物利用过氧化氢氧化酚有关。然而，当 POD 水平下降时，在催化水平上却有提高，以减少基质中过氧化氢的存在。

研究了不同植物须根培养物对酚的去除（Singh *et al*，2006）。受试的四种不同须根中，芥菜对于酚的去除能力最强，其对有机物的去除不需要额外添加过氧化氢。为了研究去除的主要机制，测定了须根中的 POD 和酚氧化酶。POD 在暴露于酚的条件下得到提高，而酚氧化酶保持为常数。其体内的过氧化氢含量在酚的存在下有所升高。因此，其解毒机制可能是须根产生 POD 外也生成过氧化氢，作为植物应对异生质胁迫的应激反应。

Singh 等（2008）评价了无菌生长 MS 培养液中香根草对酚的植物修复潜力。在第 4 天结束时培养液中的酚被完全去除（培养液酚浓度为 50 mg/L 和 100 mg/L），而 200 mg/L、500 mg/L 和 1000 mg/L 酚的去除率分别为 89%，76% 和 70%。酚的去除与内部产生的过氧化物酶以及过氧化氢酶有一定的联系。与过氧化氢形成物结合，抗氧化酶系统如 SOD 和 POD 水平表现为一定的提高，然而催化水平初期显示了降低，这可能与 POD 利用过氧化氢氧化酚有关。然而，当 POD 水平下降时，在催化水平上却有提高，以减少基质中过氧化氢的存在。酚的去除既然已经被确认是香根草的作用，第二阶段是用水培液中生长良好的植物来研究 200 mg/L 酚对植物生长的作用。虽然植物生长在酚的存在下受到抑制，但研究结果显示了植物适应酚而未发生生物量下降的潜力。

　　湖泊中的有机物污染物主要为外源输入，对水生生物生存和生长造成影响，进而使水质进一步恶化。因此，严格控制未达标污水的排放，防止水生植物大量死亡造成二次污染及治理富营养化湖泊都是非常重要的。

4.3　重金属污染

　　重金属污染是一个伴随着人类工业文明的进展而逐步受到关注的问题。重金属对水生植物能造成明显损伤。然而，这方面的研究以前没有被重视。随着人们对环境保护和生态修复工作的重视，近些年来，这方面的研究逐步增多，马剑敏等（2007a）对此有较为系统的总结。

4.3.1　重金属对植物形态和显微结构的损害

　　胡韧等（2003）通过急性毒害水培法研究发现，在 $Cr^{3+} \leqslant 1$ mg/L 时，对狐尾藻不定根的生长表现为促进作用，数量和长度均增加；而同样浓度下的 Cr^{6+} 及两者复合处理对狐尾藻的不定根却表现出强烈的抑制作用，在高浓度时甚至使其生长停止。Mhatre 和 Chaphekar（1985）用不同浓度的 Hg（$1\sim1000$ $\mu g/L$）处理黑藻、大藻和槐叶苹 1 h、3 h、5 h，植物的叶子外观、叶绿素含量和生物量均随着金属浓度的增加而显示出逐渐严重的受害症状，浮叶植物的叶伤害程度与金属浓度正相关。谷巍等（2001）用不同浓度的 Hg、Cd 溶液培养轮叶狐尾藻。Cd 胁迫时，植物叶片、茎出现黑色斑点；Hg 胁迫时均匀褪绿，未出现斑点。电镜观察显示，叶细胞受 Hg、Cd 毒害后，染色质呈凝胶状、膜系统解体、核糖体消失。徐勤松等（2001a）发现，当 Zn 浓度大于 50 mg/L 时，菹草叶绿体被膜破裂，叶绿体解体，线粒体嵴突膨大。线粒体空泡化，细胞核核膜断裂，核仁散开。认为过量 Zn 能对细胞超微结构产生致死性损伤，从而导致细胞死亡。施国新等（2001）研究证实，黑藻叶细胞受 Cr^{6+}、As^{3+} 毒害初期，高尔基体消失、内质网膨胀后消失、叶绿体中的类囊体和线粒体中的嵴突膨胀、核中的染色质凝集，随着叶细胞毒害程度的加重，核仁消失、核膜破裂、叶绿体和线粒体解体、质壁分离使胞间连丝拉断，最后细胞死亡。认为 Cr^{6+}、As^{3+} 对细胞的膜结构与非膜结构都产生毒害作用。孙赛初等（1985）证实，狐尾藻等植物的细胞透性与 Cd 浓度显著正相关。徐勤松等（2002）认为，重金属离子主要破坏细胞的膜性结构的机制可能是由于重金属离子主要与膜蛋白相结合，使蛋白质变性，从而使以蛋白质为主要成分的膜结构改变，导致功能丧失。

4.3.2 重金属对抗氧化酶系统的影响

Rama 和 Prasad（1998）发现，金鱼藻在 Cu 诱导的氧化胁迫下，增加了脂质过氧化反应和离子的渗漏，植物通过调节抗氧化酶的活性和抗氧化剂来应对 Cu 诱导的氧化胁迫。在 Cu 胁迫下，过氧化物酶（peroxidase，POD），过氧化氢酶（catalase，CAT）和超氧化物歧化酶（superoxide dismutase，SOD）活性升高。在 Cd＋Zn 处理时，金鱼藻的 SOD、CAT、抗坏血酸过氧化物酶（ascorbate peroxidase，APX）和谷胱甘肽过氧化物酶（glutathioneperoxidase，GPX）活性明显增加，并大于 Cd、Zn 单独处理时的值（Aravind and Prasad，2003）。常福辰等（2002）进行了 Cd^{2+}、Hg^{2+} 复合污染下金鱼藻的细胞膜脂过氧化和抗氧化酶活性变化的研究。

徐勤松等（2001a）用不同浓度的 Zn 培养菹草，在 Zn＜20 mg/L 时，短期内（5 天）未对菹草产生影响，各生理指标呈上升趋势。当培养浓度为 50 mg/L 时，SOD 和 CAT 活性达到峰值，而其他指标则下降。100 mg/L 浓度时，各指标均明显降低。Hg^{2+}、Cd^{2+} 和 Cu^{2+} 对菹草抗氧化酶系统存在不同的影响，短时间低浓度条件下，诱导 SOD、CAT、POD 活性上升，随着污染浓度的增加和时间的延长，酶活性下降，其中 SOD 活性上升持续时间最长，下降最慢（谷巍等，2002）。

张小兰等（2002）用 Hg^{2+}、Cd^{2+} 胁迫轮藻，随着 Hg^{2+}、Cd^{2+} 浓度的增加，Hg^{2+} 处理系列 SOD 活性呈下降趋势，而 Cd^{2+} 系列则表现出先降后升再降的趋势；POD 活性均表现出先明显上升后下降的相同情况，但幅度不同；两者对 CAT 活性的影响明显不同。

徐勤松等（2003）用 Cd、Zn 单一及复合污染胁迫水车前，SOD、POD、CAT 3 种酶的活性均在 0.1 mg/L 处理浓度时达到峰值，随着培养浓度的增加，活性下降。在各 Cd 处理梯度中加入 Zn 后，随加入 Zn 浓度的增大，上述 3 种酶的活性比单一 Cd 处理时显著增强，表明 Zn 增强了 Cd 的毒害作用，显示出协同作用。

4.3.3 重金属对叶绿素、蛋白质、光合与呼吸作用等生理生化指标的影响

Gupta 等（1998a）发现，苦草在不同浓度 Hg 胁迫下，叶绿素、蛋白质、以及 N、P、K 含量随着 Hg 浓度的增加和处理时间的延长而明显下降，硝酸还原酶活性也随着 Hg 浓度的增加而减小，叶和根中的半胱氨酸含量在低浓度时增加，在高浓度时明显下降。

吴振斌等（2005）发现，在 Hg^{2+}、Cd^{2+} 单一及复合处理下，伊乐藻可溶性

蛋白质和叶绿素含量在低浓度胁迫时略有升高，之后随胁迫的增强而持续下降，呈负相关，叶绿素 a/叶绿素 b、净生产力、呼吸强度随离子浓度增加不断下降，除呼吸强度外，其他指标也呈负相关。Hg^{2+}、Cd^{2+} 对可溶性蛋白和叶绿素含量以及净生产力的影响有协同效应，对呼吸作用的影响有相加效应。孙赛初等（1985）在研究 Cd（0.005～10 mg/L）对狐尾藻、凤眼莲、紫萍、荇菜 4 种水生植物的伤害时发现，叶绿素含量与 Cd 浓度显著负相关，细胞膜透性与 Cd 浓度显著正相关，不同抗性植物的叶片可溶性糖含量随着 Cd 浓度的增大而升高，但抗性强的种类增加的量少，Cd 对根系的脱氢酶活性也产生抑制，Cd 浓度升高，酶活性下降，对 POD 同工酶谱也产生影响。

在 Cd、Cr^{6+} 单一及复合污染下，随胁迫浓度的增加，菹草叶绿素含量下降，Cd、Cr^{6+} 复合污染的效应明显大于单一污染的效应（徐勤松等，2001b）。Hg^{2+}、Cd^{2+} 和 Cu^{2+} 3 种离子均使菹草叶片叶绿体自发荧光强度、叶绿素含量、光合速率降低，可溶性蛋白含量减少（谷巍等，2002）。此外，重金属对金鱼藻（Rama and Prasad，1998）、轮叶狐尾藻（谷巍等，2001）、轮藻（张小兰等，2002）、水车前（徐勤松等，2003）、狐尾藻（胡韧等，2003）、苦草（马剑敏等，2008a）等植物的毒害研究均有类似结果。

Sasadhar 和 Monojit（1981）研究了苦草、黑藻和篦齿眼子菜 3 种沉水植物在 Hg、Pb、Cd 和 Cu 作用下乙酸酯的代谢情况，发现多数重金属能刺激篦齿眼子菜中乙酸酯的代谢，但抑制黑藻的代谢，苦草则介于其间。

4.3.4　重金属间的拮抗

Zn 是植物所需的微量元素，是许多重要的酶成分，扮演着重要的构建角色，如稳定蛋白质、膜以及 DNA 结合蛋白的结构等。Aravind 和 Prasad（2003，2005）认为它可以抑制 Cd 诱导的氧化胁迫（Zn≤200 μmol/L），有益于植物在胁迫环境下的存活；在 Cd 胁迫下，Zn 对金鱼藻叶绿体以及相关联的光化学功能有保护作用，在 Cd 诱导的氧化胁迫下，金鱼藻中抗坏血酸-谷胱甘肽循环和谷胱甘肽代谢被 Zn 调解；还发现了在 Cd 胁迫下，金鱼藻中碳脱水酶的结构被 Zn 调解保护的结果。但如果 Zn≥50 mg/L（相当于 765 μmol/L），则会破坏菹草的细胞结构（徐勤松等，2001a）。陈苏雅等（2006）认为，5～7.5 mg/L 的 Ce^{3+} 能够较好地拮抗 Cu^{2+} 对菹草的毒害，但如果 Ce^{3+} 的浓度再高，则会与 Cu^{2+} 协同毒害菹草。

第 5 章　重建水生植被的主要理论依据

5.1　多稳态理论

在某些生态系统的演替过程中，有可能出现两种或多种不同的稳定状态，而不同的稳定状态系统的结构和功能也是不同的，但它们都能维持系统的稳定，这就是多稳态现象（multiple stable states）（May，1977）。

生态系统的多稳态理论，是指导人类科学管理和促进生态系统恢复的重要理论依据。对于浅水湖泊而言，人们对其多稳态特性早就有所认识，并且自觉或不自觉地在利用它，只是没有上升到理论水平上指导湖泊生态恢复的实践。20 世纪 80 年代，欧洲的一些湖泊学家提出了浅水湖泊的多稳态理论，并用一个"杯中弹子模型"（Marble-in-a-cup）来描述（Scheffer，1990）。多稳态理论认为，浅水湖泊有两种稳定状态，即"草型清水状态"和"藻型浊水状态"。处于"草型清水状态"的湖泊，沉水植物覆盖度高，水质清澈；而处于"藻型浊水状态"的湖泊，沉水植物覆盖度低甚至消失，浮游植物占优势，水质混浊甚至夏季有蓝藻水华暴发。这两种状态都是相对稳定的，符合生态系统抵抗变化和保持平衡状态的"稳态"特性。在外界条件完全相同的条件下（气候、水文、污染负荷），两种稳态类型在某一营养阶段都有可能出现，通过适当的生物调控可以实现这两种状态之间的相互转换。

Hobbs 和 Norton（1996）提出的退化生态系统恢复的临界阈值理论也是多稳态的体现（图 5.1）。该理论假设生态系统有 4 种可供选择的稳定状态，状态 1 是未退化的，状态 2 和 3 是部分退化的，状态 4 是高度退化的。在不同胁迫或同种胁迫不同强度压力下，生态系统可从状态 1 退化到状态 2 或状态 3；当去除胁迫时，生态系统又可从状态 2 和状态 3 恢复到状态 1。但从状态 2 或状态 3 退化到状态 4 要越过一个临界阈值，反过来，要从状态 4 恢复到状态 2 或状态 3 非常难，此时仅靠自然恢复很难实现，在胁迫依然存在的情况下，甚至是不可能实现的。只有通过人类干预下，才有可能越过临界阈值，实现向状态 3 或状态 2 的转变，但很难达到状态 1 的初始水平。

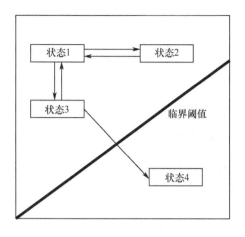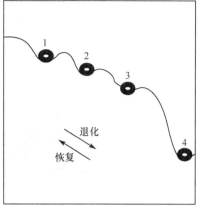

图 5.1　退化生态系统恢复的临界阈值理论（引自 Hobbs and Norton，1996）

Fig. 5.1　The threshold theory for the restoration of deteriorated ecosystem (Cited

from Hobbs and Norton, 1996)

5.1.1　多稳态模型

1. 杯中弹子模型

Scheffer（1990）用"杯中弹子模型"很好地诠释了浅水湖泊生态系统的多稳态理论。浅水湖泊生态系统的清水稳态或浊水稳态状态对应于处于仅倾斜于一端的珠子，无论珠子怎样来回滚动，最后都能自动回归"杯底"（保持当前的稳定状态）。当系统由清水稳态向浊水稳态转换时，随营养盐浓度由低增高，存在一个临界浓度点（"灾变点"F2），经过该点沉水植物迅速减少，水中浊度增加，系统逐渐进入浊水稳态；而当系统由浊水稳态向清水稳态转换时，随营养盐浓度由高降低，同样存在一个临界浓度点（"恢复点"F1），经过该点，浮游植物浓度大量降低，沉水植物开始增加，系统逐渐进入清水稳态。"灾变点"与"恢复点"是两个分离的点，在模型"灾变点"浓度与"恢复点"浓度之间，存在两个"杯底"，即系统存在清水稳态与浊水稳态两种可供选择的状态，珠子在"杯底"保持稳定。但一旦环境发生改变，珠子可越过坡面从一个"杯底"到达另一个"杯底"，即系统在两种稳态之间转换（图 5.2）。

2. 浅水湖泊生态系统多稳态模型

国内学者李文朝（1997c）针对太湖各湖区的状态演变过程，对"杯中弹子模型"进行补充并提出了一个较为全面的多稳态概念模型。模型处在一个三维空间中：第一维是湖泊的外源营养负荷量（external nutrient level，ENL），第二维是湖水营养水平（water nutrient level，WNL），第三维是湖泊中大型水生植物与浮游藻类的相对优势度（related domitance，RD）。模型由上、下两个曲面组

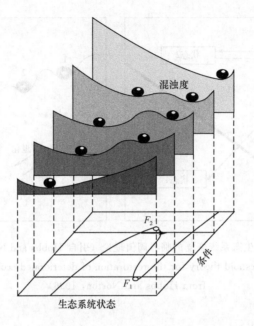

图 5.2　生态系统稳态"杯中弹子模型"(引自 Scheffer，1990)

Fig. 5.2　The Ball in Cup Model Marble-in-a-cup model for stable

regime of ecosystem (Cited from Scheffer，1990)

成：上曲面为大型水生植物占优势的清水相，下曲面为浮游藻类占优势的浊水相。临界营养水平 a、b 将两个曲面分割成六部分（图 5.3），每部分代表一个特定的状态，并拥有各自的属性（表 5.1）。

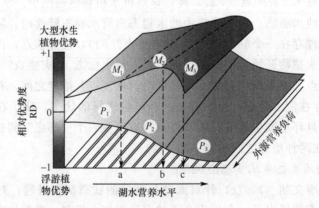

图 5.3　浅水湖泊生态系统多稳态模型（引自李文朝，1997c）

Fig. 5.3　The multi-stable regime model for shallow lake ecosystem

(Cited from Li，1997c)

表 5.1　浅水湖泊生态系统的多种状态及其特性

Tab. 5.1　Multi-regimes and their characteristics of shallow lake ecosystem

系统特性 Characteristic of system	S_1	S_2	S_3	S_4	S_5	S_6
稳定性 Stablization	稳定态	稳定态	非稳定态	亚稳定态	稳定态	恒稳定态
营养水平 Nutrient level	WNL<a	a<WNL<b	WNL>b	WNL<a	a<WNL<b	WNL>b
水质特点 Water quality	较清澈	清澈	较浑浊	浑浊	浑浊	极浑浊
优势植物 Dominate plant	大型植物	大型植物	大型植物	浮游藻类	浮游藻类	浮游藻类
现存量 Standing crop	<1 kg/m²	>1 kg/m²	衰减	<10^3 cell/L	>10^4 cell/L	>10^5 cell/L
维持条件 Condition of remaining	大型植物	大型植物	大型植物	特殊因素	—	—
可跃变进入 Regime to be shifted	S_4	S_5	S_6	S_2	S_2	—
实现跃变的条件 Condition of shift	破坏水生植被（如放养草鱼）	破坏水生植被（如放养草鱼）	自然跃变	去除危及沉水植物生存的环境因素	重建水生植被	先实施工程治理再重建水生植被

资料来源：李文朝，1997c。

Cited form Li，1997c。

$S_1 \sim S_3$ 分别对应于图 5.3 的 $M_1 \sim M_3$，$S_4 \sim S_5$ 分别对应于 $P_1 \sim P_3$。

$S_1 \sim S_3$ was related to the $M_1 \sim M_3$ and $S_4 \sim S_5$ to $P_1 \sim P_3$ in fig. 5.3, respectively.

3. 稳态恢复力和稳态极限

"稳态恢复力"是指处于稳态的生态系统，在一定程度外界环境的干扰下，所表现出的一种自我调节、自我修复和自我延续的能力；一旦超出某种限度，生态系统的自我调控机制就降低或消失，稳态遭到破坏，这种限度就叫"稳态阈值"或"稳态极限"。

了解恢复力的影响因素对于保持湖泊的清水稳态和处于浊水稳态的湖泊的生态恢复有一定的指导作用。提高清水稳态恢复力的因素主要有：减弱风浪引起的再悬浮、增加浮游动物、降低水中营养盐浓度以及沉水植物产生的克藻化感物质，这些因素都是在沉水植被形成以后的结果，所以，当沉水植被形成以后，正反馈会强化这种沉水植被优势，使恢复力增强，其结果是水草覆盖度更高，透明度更好（李文朝，1997c）。

5.1.2　稳态转换的驱动力

与稳态恢复力对应的就是促使系统从一种稳态向另一种稳态转化的驱动力。系统外部的驱动力包括营养盐（外源营养盐的输入和内源营养盐的释放）、温度、透明度、水位、底质、风力和生物牧食等方面。

1. 营养盐

氮和磷是水体主要的营养元素。在水中磷主要以有机磷（颗粒磷）和溶解的无机磷（正磷酸盐和缩合磷酸盐）两种状态存在。水体中浮游植物的生长主要是吸收溶解的无机磷，浮游植物死亡时，又将其中的部分磷转化为颗粒磷，颗粒磷中的不溶解部分最终又沉积到底泥中。研究表明，在浅水湖泊中，水体与沉积物之间的磷交换十分活跃。当沉积物中的磷含量较高时，沉积物的磷释放量很可能成为水体中的磷的主要来源（王圣瑞等，2005；徐轶群等，2003）。大部分氮则是与水体中的藻类、微生物、水中真菌类、动物区系代表种类及高等水生植物等的有机物质有关。有机体死亡时，含氮的有机物质部分被矿质化，然后进入水体深层，或聚集在水底沉积物中。颇大一部分含氮有机物质沉降到水底，形成营养碎屑，促使淤泥沉积物的生成。还有一部分有机物质参加循环，从而改变了水域中水生生物群落的营养水平。通常情况下，湖泊生物生产力都随营养盐浓度增加而升高，但当在湖泊水体中氮、磷等营养盐过量地增加到某一阈值时，湖泊生物生产力反而出现下降的现象（舒金华等，1996）。

根据对藻类化学成分的研究分析，Stumm 和 Morgan（1996）提出藻类的"经验分子式"为 $C_{106}H_{263}O_{110}N_{16}P$。理论上，水体中每生成 1 g 藻，需要供给 0.009 g 磷和 0.063 g 氮。同时，利贝格最小值定律（Liebig law of the minimum）指出，植物生长取决于外界提供给它的所需养料中数量最小的一种。由此认为，在藻类相对分子质量中所占的质量百分比最小的两种元素氮和磷，特别是磷是控制湖泊藻类生长的主要因素。根据 OECD 对 13 个响应型湖泊的调查结果，接近 80% 的湖泊属于磷控制型，而约 11% 与氮有关（OECD，1982）。大量事实还表明，氮、磷浓度比值与藻类增殖有着密切关系。日本湖泊学家板本曾经研究指出，当湖水的总氮和总磷浓度的比值为（10∶1）～（25∶1）时，藻类生长与氮、磷浓度存在着直线相关关系。日本另一位湖泊学家合田建进而提出，湖水的总氮和总磷浓度的比值为（12∶1）～（13∶1）时，最适宜于藻类增殖。若总氮和总磷浓度之比小于此值时，则藻类增殖可能受到影响。

营养盐的过量输入会导致湖泊的富营养化。外源营养盐的输入改变了湖泊生态系统的稳态极限，使系统恢复力降低，从而导致清水稳态向浊水稳态的转化。

我国大部分的浅水湖泊都是由于外源营养盐负荷的过量输入而使水草消失成为浊水稳态的，重点治理的滇池、巢湖、太湖的部分区域均属于此种情况（年跃刚等，2006）。在对这些湖泊进行生态恢复时，控源截污以降低水体营养盐的浓度是十分必需的手段，污染源控制后，凭借水体强大的自净与沉淀功能，水中营养盐浓度将会有明显降低。

但国内外许多经验证明，对于受大面积、长时间污染的水体，仅减少外源营养盐的输入根本无法有效控制湖泊富营养化和水质恶化。如芬兰的 Vesijarvi 湖在削减外源污染、磷负荷由 0.15 mg/L 降到 0.05 mg/L 后，蓝藻水华依然肆虐了十多年（Liukkonen et al.，1993）；荷兰的 Loosdrecht 湖群自 1984 年后，磷的输入降到了历史最低水平，但其富营养化程度未见缓解（Hofstra and Van Liere，1992）。在湖泊生态系统的不断演替过程中，大量营养盐以藻类、生物残体、碎屑、淤泥的形式储存于湖底，使底泥表层中的营养盐转化为新的"源"，这种内源营养盐的释放，即使是水体外部污染源得到了一定的控制前提下，也会使湖泊富营养化的状态在长时间内保持稳定。当水中的营养盐含量有某些变化时，通过底泥中营养盐的释放和营养盐的沉积，又可使水中的营养盐含量在一段时间内维持稳定状态，从而使湖泊中营养盐浓度保持在一定的水平上。

重建沉水植被是控制内源营养盐的重要手段，它可以将不断输来的和在系统内产生的悬移质（泥沙、有机残体），沉降吸附储存在其根部，减少它们再悬浮的机会，将分解转化的营养盐尽量储存在湖底和转换为生物资源，大大削弱底泥营养盐的释放。另外，底泥疏浚也是保证内源磷释放的一种有效措施。

2. 温度

温度和光辐射是藻类进行光合作用的必要条件，前者决定细胞内酶促反应的速率，后者提供代谢的能源（饶群，2001）。两种因素的协同作用决定生产力的水平。温度对藻类生产力的影响通常可用下式表示：

$$G_T = G_{\max} e^{-2.3\left(\frac{T-T_{\mathrm{opt}}}{T_{\mathrm{opt}}-T_{\min}}\right)^2} \quad T < T_{\mathrm{opt}}$$

$$G_T = G_{\max} e^{-2.3\left(\frac{T-T_{\mathrm{opt}}}{T_{\max}-T_{\mathrm{opt}}}\right)^2} \quad T > T_{\mathrm{opt}}$$

式中，T_{opt} 为利于藻类生长的最佳温度值；$T_{\max}$ 为使藻类生长率降低 90% 的水温；$T_{\min}$ 为使藻类生长率降低 90% 的最低水温；$G_{\max}$ 为相同营养和光照 $T=T_{\mathrm{opt}}$ 时的生长率。通常取 $T_{\max}=33℃$；$T_{\min}=0℃$；$T_{\mathrm{opt}}=28℃$。

温度是影响浮游植物的限制因子，温度太高或太低时都会影响浮游植物的生长。浮游植物的生长系数与温度是直接相关的，Eppley（1972）通过分析各类水域的藻类生长速率，假定藻类生长不受温度限制的前提条件下，得到藻类生长速率的数学计算公式为

$$G_T = G_{\max} \theta_t^{T-20}$$

式中，G_T 为任意温度下的藻类生长速率；G_{max} 为相同营养和光照条件下 $T=20℃$ 时的生长率；θ_t 为水温调节常数；T 为水温（℃）。

温度还是影响漂浮植物正常越冬的主要因素，冬季低温往往造成漂浮植物的死亡，从而降低对水体的净化效果。

在温带气候地区的湖泊，水温由于受季节变化的影响而引起的湖水分层和对流现象，对水体富营养化有着不可忽视的影响。由于热分层效应，使得水体的表层水在夏季光照充足，温度较高。若这时供给水体的营养物质充分，藻类光合作用便随之加强，生长旺盛，因此在夏季富营养化湖泊经常发生水华现象。同时，水体的底层往往处于缺氧状态，很容易加速底泥磷的释放，从而导致湖水磷浓度的增高。到了秋季，湖水对流，底层的内源性磷对流到了湖表层，提高了湖表层水中的磷浓度，为第二年藻类的大量繁殖提供了充足的营养物质，使得湖泊继续保持富营养状态（饶群，2001）。

3. 透明度

透明度是浮游植物量与无机悬浮物量的综合反映，受物理、化学、生物因素影响。当水中营养盐浓度升高引起浮游植物大量生长以及风浪和鱼类觅食引起底质再悬浮时，水体透明度就会降低。透明度降低，沉水植物就将不能进行有效的光合作用，在沉水植物消失以后的正反馈强化了浊水稳态恢复力，提高了浊水稳态的稳定性。

研究表明光照条件对水生高等植物繁殖体的萌发无显著影响，但对水生高等植物的存活率和生长有重要影响。沉水植物在湖内的分布和数量有随水深的增加而递减的趋势，如东太湖水生植物（不包括芦苇）每平方米在水深为 0.6～1.0 m 内约有 2300 g；在水深为 1.0～1.2 m 内有 500 g；在水深为 2.0～2.2 m 只有 10 g（白峰青，2004）。

藻型富营养化湖泊较低的透明度是制约沉水植物恢复的限定因子。沉水植物和藻类的竞争极为剧烈，当水中浮游植物浓度很高、水的透明度很低时（0.3～0.5 m），在 1.5 m 水深的湖底沉水植物无法生长。即使已生长良好的种群，在遇到数天低透明度污水的侵入后也会受抑制，直到死亡。反过来，生长良好的沉水植物又可抑制浮游藻类的生长，保持良好的透明度（濮培民等，1997）。

在透明度很低的湖泊中直接引种沉水植物很难成活，提高透明度是恢复沉水植物的关键。在水体透明度提高的前提下，才能引种沉水植物。减少浮游植物量与底质再悬浮的措施均能改善水体透明度，如水生植物浮床、陆生植物浮床可以降低营养盐浓度；营造围隔可以降低底质再悬浮。

4. 水位

水位高低不是促使清水稳态向浊水稳态转化的必然因素，但水位变动可通过对沉水植物生长的影响对稳态之间的转化起推动作用。

　　水位变动是自然生态系统的标志之一，干旱期的低水位可以帮助巩固沿岸带沉积物，为埋在沉积物里的植物种子提供萌芽机会。同时，高水位有利于水生植物生长、饵料生物增殖和鱼类摄食增殖。在一定的透明度下，水位的高低对沉水植物的成活与生长非常关键（白峰青，2004）。

　　湖泊水位的提高将影响沉水植物的光合作用，当水深超过沉水植物的光补偿深度时，沉水植物将因不能进行光合作用而死亡，所以水位提高到一定程度对水生植物的影响将是致命和迅速的，在一周内沉水植物将可能死亡。而降低水位，特别是对于小型湖泊，在有调控条件的情况下，可以改善沉水植物的光合作用条件，是恢复沉水植物的有效措施（年跃刚等，2006）。

5. 风力

　　在讨论风力作用对促进清水稳态的湖泊向浊水稳态转化时，都会利用美国佛罗里达州的 Apopka 湖的例子加以说明。Apopka 湖原来沉水植物生长茂盛，覆盖度达 70%，湖水清澈见底，1947 年 9 月，一场风暴把湖中的大部分沉水植物连根拨起，一个星期后该湖首次发生蓝藻水华，以后一直处于浊水稳态。由此可见，风暴在环境灾变中起到的推动作用。

　　然而，最近的研究不支持 Apopka 湖因风力作用突然从沉水植物型湖泊转变为浮游植物型湖泊的观点。研究指出，1947 年的飓风中心位于离 Apopka 湖 380 km 以外；1947 年以前多个热带风暴和飓风在 Apopka 湖附近经过，并没有对沉水植物造成负面影响。造成 Apopka 湖富营养化的根本原因是水位降低和外源营养盐的输入。水位下降和大量的外源营养输入导致沉水植物生长达到生态极限，同时浮游植物和附生藻类的生长因外源营养输入也受到了刺激，从而导致沉水植物因得不到足够的光照而死亡。由于沉水植物大量死亡，大口鲈失去了繁殖基质和幼鱼逃避凶猛鱼类的庇护所，产量大幅度下降。而作为野杂鱼的砂囊鲥因为没有大口鲈的捕食压力和持续的藻类水华提供大量的食物而迅速增殖。砂囊鲥在湖底摄食搅动表层沉积物，从而降低湖水的透明度，其摄食浮游动物，间接帮助藻类生长（古滨河，2005）。

　　虽然风力作用在清水稳态向浊水稳态的转化过程中不是至关重要的，但是在对沉水植被的影响方面也不能忽视。湖泊的风力比达到一定程度，对沉水植物的生境就会造成威胁。首先是不利于水生植物的定植，其次当风力足以搅动底质时，导致透明度降低，促进沉积物中营养盐的释放。因此在水生植被的恢复中应予以重视。例如，在恢复区域，采用隔水布和固定装置将恢复区与整个湖区隔离，可以有效地营造静水环境，防止因风浪的影响而引起的底质再悬浮，为沉水植物提供良好的生境。

6. 生物牧食

　　生物牧食条件通过食物链的下行控制影响稳态之间的转化过程。如过量放入草食性鱼类，对水草的过度牧食，将导致稳态转换。而清除杂食性与草食性鱼类可帮助沉水植物的恢复：首先可消除因鱼类在底质中觅食而引起的底质再悬浮；其次可以保证沉水植被恢复初期水草不被牧食（年跃刚等，2006）。

5.1.3　稳态转换的过程

浅水湖泊清水稳态转换成浊水稳态主要经历两个阶段：沉水植物演替阶段和湖泊生态系统稳态转换阶段（年跃刚等，2006）。

由于营养盐向湖泊的输入，水体中营养盐浓度逐渐升高，受营养盐浓度升高的胁迫，沉水植物由清水型逐渐演替为耐污型，部分长江中下游湖泊的演替模式就是如此（邱东茹和吴振斌，1997）。

第一阶段：轮藻型，如滆湖1980年以前就是以轮藻为优势；

第二阶段：眼子菜型，主要有马莱眼子菜、菹草、黄丝草，并伴有黑藻、苦草；

第三阶段：眼子菜-狐尾藻型，除了眼子菜属植物外，狐尾藻逐渐成为优势种；

第四阶段：狐尾藻-苦草-金鱼藻型，微齿眼子菜消失，耐污型的金鱼藻、狐尾藻增多。

随着水体中营养盐浓度进一步提高，水体中的浮游植物与固着藻类增多，固着藻类遮蔽沉水植物的表面，使植物光合作用效率降低，浮游植物的增多使透明度迅速下降，当浮游植物过多而影响沉水植物光合作用时，水生植物迅速死亡。与此对应，浮游动物失去庇护所，被鱼类大量捕食，浮游动物捕食压力减小使得浮游植物进一步增加。同时，由于沉水植物消失，底质失去了水草的防护，底质在风浪的作用下再悬浮增加，由于食物网被破坏，杂食性鱼类不得不到底质中去觅食，这样就进一步加剧了底质的再悬浮。在浮游植物增加和底质再悬浮的双重作用下，透明度进一步降低，湖泊生态系统由清水稳态彻底转变为浊水稳态。

处于浊水稳态的藻型湖泊，其特点主要表现为：湖水中总氮、总磷等无机营养盐浓度异常增高，大量大型水生植物消亡，而自养型浮游植物（藻类）的异常增殖，成为湖泊生态系统中的主要生产者。藻类大规模繁殖，不仅引起水体缺氧使鱼类窒息死亡，而且大量藻类集聚在湖水表面形成水华，而使水体的感官性状和使用功能下降。此外，藻类死亡后的残骸沉入湖底，使湖水质恶化、水体透明度下降、溶解氧减少、湖底沉积速率增加，悬浮物和有机物也随之增加，严重影响着湖泊水体的使用价值。这种情况在靠近城市的小型湖泊中，如杭州西湖，南京玄武湖，武汉墨水湖等，表现得尤为突出（白峰青，2004）。

5.2　营养盐浓度限制理论

　　营养盐对生物群落的限制与驱动是湖泊多稳态保持和转化的动力。营养盐浓度限制理论是多稳态理论产生的依据，可以用多稳态模型进行说明。根据多稳态理论，营养物浓度处于一定范围内时，浅水湖泊出现清水和浊水两种不同的平衡状态，在营养浓度从低到高的富营养化过程中，水体呈现清水稳态、清水-浊水稳态过渡态到浊水稳态的变化序列（Mitchell，1989；Scheffer et al.，1993，2001）。稳态转换的灾变现象是由于扰动强度超出了水生植物对湖水的浊度缓冲阈值（Blindow et al.，1993；Canfield et al.，1984；Jeppesen et al.，1997）。水生植物能提高并保持水的清洁程度，另外，富营养化刺激藻类增加导致水的浑浊化又能阻碍沉水植物的生长，这两个过程都是自我加强的过程。当水中的营养物浓度降低到一定程度时，湖水只有一种清洁的平衡状态，这时由于沉水植物的作用，可以稳定这种清洁状态。因此，在营养负荷升高到灾变程度以前，在没有其他扰动存在的情况下，湖水可以仍然保持清洁状态。但一旦系统转变为浑浊状态以后，只有在营养负荷大幅度削减后，才能使得水生植物恢复（Bachmann et al.，1999）。当营养负荷高过一定程度时，同样只有一种浑浊状态存在。在各自的稳定状态，湖泊都有其缓冲机制以抵制外部的变化（Carvalho and Kirika，2003；Mazzeo et al.，2003）。湖泊的生态系统恢复就是要实现其浊水稳态到清水稳态的迁移。

　　水生高等植物是浅水湖泊浊水态-清水态之间的转换开关及维持清水态的缓冲器，沉水植物对湖泊或河流中的生物因素与非生物因素有重要影响，对湖泊生物学结构及水质有重要作用，因此，重建或恢复湖泊高等水生植物群落以促进系统的正常演替被认为是实现湖泊生态恢复的关键（Meerhoff et al.，2003；Mitchell，1989；Moss，1990）。但在浊水稳态环境下恢复沉水植被，将面临许多生存压力，其中较高氮浓度和较低透明度是沉水植物恢复的两大限制因子。而营养盐中的氮和磷，特别是磷，是浮游植物通过大量增殖形成浊水稳态的主要条件（Søndergaard et al.，2005），因此降低营养盐，如通过降磷抑制藻类增殖、通过降氮降低沉水植物的生化胁迫，是恢复沉水植被的基本条件。

　　应该认识到在湖泊恢复过程中，沉水植物恢复是生态系统恢复的结果而不是原因。在过去的 10～30 年中，许多国家对富营养化控制的主要措施是外源营养负荷削减，湖内的生态措施和物理化学措施仅仅作为辅助手段（Bachmann et al.，2002；Beklioglu et al.，2006；Hansson et al.，1998；Hilt et al.，2006b）。国外对 21 个欧美湖泊和 1 个北美湖泊生态恢复过程中的长时间序列分析表明（Jeppesen et al.，2005），降低外源营养负荷是迄今为止湖泊恢复最直接的途径。

然而由于营养盐在湖内的沉积和湖泊生态系统转化利用功能,湖内营养盐浓度和生态系统结构对外源营养负荷下降产生完全响应需要相当长时间,例如,从湖泊生态恢复对氮和磷的响应时间上看,在外源氮、磷削减后,上述温带湖泊对总氮的响应时间为 5～10 年,对磷的响应时间为 10～15 年才能达到新的生态平衡。

5.2.1 磷限制理论

磷作为浮游植物生长的主要限制因子,是外源负荷削减的主要目标。过去几十年间,至少在欧洲和北美地区,在通过降低外源磷负荷的措施治理浅水湖泊富营养化方面投入了巨大的努力,使从污水和工业废水输入湖泊的磷得到了很大程度的控制 (Jensen *et al.*, 2006; Marsden, 1989),尽管对来自于面源等分散途径的外源磷还没有很好的控制途径,但在总量控制上所达到的效果已经相当显著。

外源磷控制对湖泊产生明显的恢复效果。削减外源负荷后外源和湖内的氮磷比一般发生显著升高,可见外源控磷对湖内磷的影响效果是直接的 (Jensen and Andersen, 1992)。对欧洲 35 个通过外源负荷削减再度发生贫营养化湖泊进行的长期研究,发现外源磷负荷的下降导致大部分湖泊中湖内总磷浓度下降、叶绿素a 浓度下降和透明度升高。这表明内外源磷之间,以及湖泊生物群落对磷的响应都具有很好的关联性。因此在湖泊的修复中,营养盐特别是总磷的控制目标的制订和实现,是实现湖泊恢复的根本问题。

1. 内源磷下降的时滞效应低于预期估计程度

根据湖泊稳态转换理论,浊水稳态转换为清水稳态时生态系统的变化落后于营养的下降,将产生所谓的时滞效应,也就是说营养盐要下降到比清水转换为浊水时的营养盐浓度更低的某个点时,才能发生由浊变清的反向稳态转换,稳态转换所需要克服的系统阻力称为系统的抵抗力。

从稳态转换的理论中可以演绎到湖泊对于外源营养负荷下降的抵抗力不仅有来自内源磷释放化学抵抗力,还有生态抵抗力。磷在稳态转换中滞后效应的实际案例来自丹麦的 Veluwe 湖。根据稳态转换理论,估计对生态抵抗力和磷滞后效应产生贡献的因素之一是在浊水稳态水体中占据优势的鱼类(如鲤科鱼类),它们一般在外源控制以后一段时间内具有长期稳定性(较长的寿命和持续力)。在外源营养负荷和磷浓度受到控制后,这些鱼类还会长时间对浮游动物产生持续控制作用并通过扰动作用增加沉积物悬浮,因此仍然能维持水体较高的浊度。但是实际上在对欧洲和北美生态恢复湖泊的长序列数据分析表明,在以总磷作为外源营养负荷的削减主要对象控源后的 20～30 年中,湖泊中 TN∶TP 以及无机氮对无机磷的比例常常会显著升高,表明对外源磷负荷的削减导致湖内营养盐结构变化的清晰响应,可见虽然有鱼类的扰动等不利因素,很显然内源磷的下降幅度还是克服了内源磷释放的幅度。湖内总磷的响应还呈现出季节差异性,虽然一般在所有季节都出现下降，但是不同季节的响应幅度有显著差异，其中以冬季为最显著，其次是春季和秋季，可能是由于内源负荷释放在夏季受到浮游植物生长的促进，对湖泊夏季总磷起到了补充作用，从而使湖泊夏季总磷对外源磷负荷削减的响应性有所减弱 (Jeppesen *et al.*, 2007a, 2007b; Søndergaard *et al.*, 2003)，可见除了夏季之外，降低外源磷负荷对于湖泊磷浓度控制是非常有效的措施。

2. 湖泊恢复对磷下降的生态抵抗力低于理论估计程度

总磷负荷下降的生态响应也是显著的。湖水叶绿素 a 浓度随着总磷的削减而下降，表明营养盐限制（资源控制）成为限制浮游植物生物量季节动态的关键因素，而且相关研究指出在湖泊恢复过程中浮游动物通过下行效应产生的控制作用加强，可能也对控制浮游植物起到加强作用 (Coveney *et al.*, 2005)。在大部分能收集到鱼类数据的湖泊中，单位面积渔获物往往发生显著下降，而肉食性鱼的比例升高，可以预期鱼类对于大型浮游动物的下行效应确有明显减弱，而加强了浮游动物对浮游植物的牧食作用 (Quiro's, 1998)。从实际案例中获得的证据为：湖泊恢复过程中浮游动物与浮游植物的生物量比例在许多湖泊中都发生显著升高，而大型溞 (*Daphnia*) 在枝角类总生物量和个体生物量中的比例明显升高，这表明在恢复过程中生态系统中的关键生物对食物网的调制作用有逐步增强的趋势，可以期待最终能够达到浮游植物和浮游动物之间具有密切相互作用的平衡点，使湖泊的生物可操纵水平得到提升 (Gyllström *et al.*, 2005; Meerhoff *et al.*, 2003)。所以在稳态转换理论中所预期产生的生态抵抗力，例如，鱼类群落结构的抵抗力和大型浮游动物恢复响应上的时滞效应在实际案例中并不明显，可能需要对有关的理论估值进行校正。

其他与理论推测相反的证据还有，理论预测富营养阶段聚集的沉积物碎屑的再悬浮除了增强内源负荷作用，还会弱化系统对磷下降的响应，这是因为悬浮物降低了水体透明度。然而对 15 个丹麦浅水湖泊的研究表明，在湖泊的恢复中悬浮物大幅度下降，其中的叶绿素 a、碎屑和无机悬浮物几乎以均衡的比例下降。这就表明富营养化过程中所积累碎屑的再悬浮作用，并没有影响面积在 3900 hm² 以内的丹麦湖泊透明度在控源以后所产生的改善效果。

但需要指出的是，由于以上研究证据主要是来自北温带湖泊，和我国主要浅水湖泊群所在的亚热带地区湖泊可能有较大的差别，例如，生物群落结构的差别，由于亚热带湖泊鱼类生长繁殖更快、食物更丰富，因此湖泊鱼群密度更大，特别是食浮游动物的小型鱼类对大型浮游动物具有更大的捕食压力，因而这些湖泊大型浮游动物密度一般比较低，浮游植物与浮游动物的比例显著比温带湖泊要高，有证据表明在控制外源后热带和亚热带湖泊生态系统通过对食物网所产生的控藻作用不如温带湖泊明显，在这些温暖地区营养盐削减所产生的资源控制功能可能更为重要 (Gyllström *et al.*, 2005; Winder and Schindler, 2004)。

3. 湖内磷浓度达到平衡的时滞程度

以上研究表明，从响应速度来看，湖内磷浓度对外源磷负荷削减具有显著响应，在大多情况下可以克服内源磷释放所导致的干扰。但是从湖泊磷达到平衡所需要的时间上看，仍然需要经历比较长的时间后才能达到削减外源磷负荷后的新平衡，统计表明，温带湖泊在 10～15 年以内达到。与磷相比，湖泊削减外源氮后达到平衡所需要的时间会短得多，在 5～10 年就能达到（Jeppesen et al.，2005；Köhler et al.，2005）。

研究表明内外源营养达到平衡所需要的时间只与湖泊的水力学停留时间有关。这是因为最少需要 3 倍的水力学停留时间才能稀释湖水中 95％的营养盐。而与湖水相比，沉积物营养库存要大得多，在我国亚热带湖泊中，发现每年有 60％以上外源输入的磷沉降到湖泊底泥中，因此稀释沉积物磷浓度还需要更长的时间。与磷相比，氮在湖泊沉积物的积累要小得多，而湖泊反硝化作用带走了大部分外源输入的氮。在我国亚热带浅水湖泊中，沉积的氮量约占输入的 30％。湖泊在氮和磷达到平衡浓度所需时间长度上的巨大差异也反映了内源负荷在延缓湖泊恢复中的阻碍作用非常强。

4. 沉水植物恢复的磷限制

湖泊响应于磷下降的一个主要指标是透明度的显著改善。一般认为透明度改善是沉水植物恢复的主要条件，至少在控源以后随着湖泊逐渐恢复，在有水生植物出现的湖泊中，大多数情况下水生植物是随着透明度的逐渐改善呈现渐进式恢复特点；在实施了生物操纵等辅助措施的湖泊，透明度会出现快速改善的特点，但是稳定性比较差（Hansson et al.，1998），而水生植物也往往会随之突然出现和快速增长，然后不能保持稳定。这些证据表明磷对湖泊沉水植物恢复的限制主要通过对透明度的调控而产生。

磷通过影响氮对沉水植物胁迫也是一个重要的作用方面。Smith（1983）对氮磷比的研究表明，在氮磷比小于 7 的 44 个湖泊中，当总氮为 0.5～2 mg/L 时沉水植物会消失。后来在丹麦浅水湖泊中进行的围隔试验表明，当磷处于 0.1～0.2 mg/L 的中等浓度下，1.2 mg/L 以上的总氮可导致沉水植物消失，但如果磷的浓度进一步降低，较高的氮负荷并不能对植被产生胁迫效果。与该试验相对应的野外证据是在对多个丹麦湖泊调查中发现，当总磷处于中等浓度时，沉水植物在总氮为 1～2 mg/L 的浓度区间发生消失。

除此之外，磷可能直接影响沉水植物的生长。水生植物具有富集磷的特点，这是一种应对湖泊贫营养环境以及抑制藻类生长的有效对策，但是在富营养环境下，则会导致植物组织中磷的过高负荷。已发现高浓度磷对细胞的能量代谢和碳代谢都有很大影响，可能影响到植物的生长状况以及繁殖，但这方面定量研究目前还很缺乏。

5.2.2　氮限制理论

从浮游植物对氮、磷的生长需求来看，淡水生态系统一般缺乏磷，相比之下海洋中容易缺乏氮。淡水生态系统氮增加对沉水植物消失的威胁可能很大，Smith（1983）的氮磷比限制理论认为低氮磷比湖泊中，总氮 0.5～2 mg/L 沉水植物消失都可能会发生；而丹麦围隔试验发现，中等高浓度磷水平下，1.2 mg/L 以上的总氮可导致沉水植物消失；并获得与此一致的湖泊水生植物消失范围证据（Gonza'lez et al.，2005）。

以上结果中 Smith 的结论在某些方面非常令人费解，如为什么在氮磷比低的湖泊（相对缺氮）沉水植物甚至在相当低的氮浓度下（相当于地表水 I 类水平）都容易消失？相比之下，丹麦的实验和野外证据可能较有普遍意义。如果以此为依据，那么在控制外源营养时，控氮可能是必要的。因为控磷虽然有效，但是由于控制面源磷的困难仍然很大，特别是在种植业发达的国家，还没有很有效的面源磷控制方法，因此进一步控磷所需成本很大。相比之下，湖泊对控氮的响应快，控氮效果会很显著。

氮对沉水植物限制可能也是通过导致透明度下降实现的。国外学者认为，在中等高磷浓度下，浮游植物生长容易受制于氮的相对不足，特别是在夏季当沉积物磷更容易释放、而对氮的反硝化作用最为强烈的时候更容易出现缺氮（Søndergaard et al.，2005），沉水植物表面的附着藻类和丝状藻类以及水体的浮游植物的生长就能得到一定的抑制。因此高氮负荷能刺激这些藻类大量生长，从而通过遮光等效应导致沉水植物的死亡（Crisman and Beaver，1990；Jeppesen et al.，2007a）。

氮对湖泊沉水植物的胁迫作用包括降低沉水植物丰度（Gonza'lez et al.，2005），导致群落种类多样性的下降（James et al.，2005）。在我国湖泊的研究中也发现了富营养过程中沉水植物群落优势单一化导致群落结构简化、群落演替难以继续因而稳定性很低的特点。在湖滨带和缓冲区的植被构建被证明是有效降低外源氮特别是面源氮的措施（James et al.，2005；Gonza'lez et al.，2005）。

研究指出，在面积 5 hm² 以内的湖泊和池塘中有发现沉水植物在高氮浓度下还能保持高密度覆盖（Jeppesen et al.，2007a），可能是由于小型水体中环境因素的稳定性较大型水体中要高得多，对植物群落产生的冲击性扰动会比较少，因此这些水体中植物具有更高耐受能力。

铵胁迫也是导致高氮限制沉水植物的一个重要原因。铵浓度与湖泊营养增加呈现很强的相关性，在重富营养的水体中构成水体无机氮的主要成分，可以达到每升几个毫克程度。草特等通过对沉水植物不同层次的生理生化研究探讨了铵胁迫导致沉水植物衰退的机制。2004 年我们首次在沉水植物中发现了铵对沉水植物的急性生化胁迫效应，当铵氮浓度在 1 mg/L 以内时，沉水植物就出现胁迫响应，有氨基酸合成上升（具有解毒效力）及抗氧化酶活性升高（清除活性氧胁迫），但当铵氮浓度超过 1 mg/L 时，铵继续积累，但氨基酸合成基本停止，抗氧化酶逐渐衰竭，得到了沉水植物急性铵胁迫的响应阈值（Cao et al.，2004）；然后在生长试验中，发现在铵浓度为 0.8 mg/L 时，在富营养湖区水和沉积物中生长的沉水植物主要从水柱而不是从底泥吸收铵，除了氨基酸和抗氧化酶呈现与急性试验中一致的响应规律外，还发现根茎中可溶性碳水化合物下降和苦草生长和繁殖力指标下降之间的相关性。因此在生长尺度上验证了急性胁迫实验发现的铵胁迫机制，而且证明对铵的解毒作用消耗碳水化合物，造成了苦草生长繁殖资源严重不足，从而导致生长和繁殖下降的后果；依据铵胁迫增加合成氨基酸和消耗碳水化合物，显著降低了沉水植物的碳氮比的实验结果，选择氨基酸与可溶性碳水化合物之比（FAA/SC）作为衡量铵胁迫导致沉水植物碳氮代谢失衡的敏感指标，探讨了铵升高对长江流域 14 个浅水湖泊 53 个样点上沉水植物苦草的生长胁迫。发现苦草 FAA/SC 随 FAA 和水柱铵浓度升高而显著升高，苦草的生物量随 FAA/SC 变化呈现单峰曲线，在中等铵氮浓度 0.3 mg/L 左右时生物量最高，而在更高浓度下生物量呈现下降，表明长江流域自然水体中高浓度铵胁迫导致沉水植物衰退，当铵氮浓度高于 0.56 mg/L 时苦草可能消失（Cao et al.，2007）。

5.3　生物操纵理论

5.3.1　生物操纵概念

Shapiro 等（1975）首先提出了"生物操纵"（biomanipulation）的概念，之后 Benndorf（1988）对此作出了翔实的解释。生物操纵的原始定义就是"通过一系列湖泊中生物及其环境的操纵，促进一些对湖泊使用者有益的关系和结果，即藻类特别是蓝藻类生物量的下降"。生物操纵也指以改善水质为目的的控制有机体自然种群的水生生物群落管理。从广义上看，生物操纵类似于下行效应、生物网操纵或营养级联效应（Gophen，1990）。这些术语涉及对次级或三级生产者的操纵及对群落结构的影响。近来，生态系统响应的复杂性、上行效应以及滤食性鱼类对浮游生物群落结构的营养调节作用也被卷入到生物操纵的行列当中。

5.3.2　生物操纵模式

生物操纵包含经典的和非经典的。经典的生物操纵（traditional biomanipulation）是通过增加湖泊中凶猛性鱼类来减少食浮游生物的滤食性鱼类，这使得大型浮游动物的丰度得以增加，进而用它们的牧食压力来抑制浮游植物（图5.4）。Shapiro 等（1975）最早使用的生物操纵概念范围较宽，即不直接涉及营养物质的控制湖泊和水库水质的措施均属于生物操纵范围，包括对生物及其生境的改变。由于学术和实际操作上的原因，目前生物操纵的主要措施是通过改变捕食者（鱼类）的种类组成或多少来操纵植食性的浮游动物群落的结构，促进滤食效率高的植食性大型浮游动物，特别是枝角类种群的发展，进而降低藻类生物量以提高水的透明度、改善水质。具体方法多为减少 75% 的浮游生物食性鱼类，或者高密度放养食鱼性鱼类（piscivores）来减少食浮游生物的滤食性鱼类。具体操作上有的用化学方法（如鱼藤酮）毒杀、选择性网捕、电捕、垂钓、增加食鱼性鱼类和控制或清除以浮游生物和底栖生物为食的鱼类来促进大型浮游动物和底栖无脊椎动物（可摄食底栖、附生和浮游藻类）的发展（Bendorf，1987，1990；Kasprzak *et al.*，1993；Reynolds，1994）。

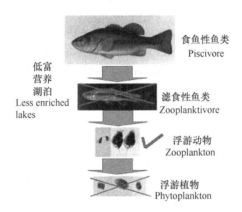

图 5.4　控制藻类水华的经典生物操纵理论示意图（引自 Xie and Liu，2001）

Fig. 5.4　Conceptual diagram of traditional biomanipulation for algal bloom

control (Cited from Xie and Liu, 2001)

通过减少凶猛性鱼类数量及放养食浮游生物的滤食性鱼类（鲢鳙）来直接牧食蓝藻水华的生物操纵模型，称之为非经典的生物操纵（nontraditional biomanipulation）（Xie and Liu，2001）。经典的生物操纵在那些营养盐富集不多、藻类由小型种类组成的湖泊中也许有效，而在那些藻类趋向大型（蓝藻群体）、浮游动物又为小型的超富营养的湖泊中则可能难以奏效（Gliwicz，1990）。非经典生物操纵是利用有特殊摄食特性、消化机制且群落结构稳定的滤食性鱼类来直接控制水华。目前研究最多的是鲢鳙，其控藻效果受很多因素影响，如放养模式、放养密度、放养时浮游植物的群落结构、湖泊类型（不同地域、形态）等（闫玉华等，2007）。鲢鳙与牧食性枝角类的摄食模式接近，都属于滤食性动物。枝角类一般只能滤取 40 μm 以下的较小浮游植物，而鲢鳙则能滤食 10 μm 至数个毫米的浮游植物。Xie 和 Liu（2001）将非经典生物操纵的核心目标定位在控制蓝藻水华（图 5.5）。

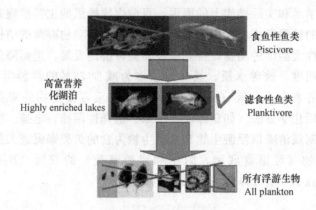

食鱼性鱼类
Piscivore

高富营养
化湖泊
Highly enriched lakes

滤食性鱼类
Planktivore

所有浮游生物
All plankton

图 5.5　利用滤食性鲢鳙控制蓝藻水华的非经典生物操纵理论示意图（引自 Xie and Liu，2001）
Fig. 5.5　Conceptual diagram of nontraditional biomanipulation by using filter-feeding silver and bighead carp to counteract cyanobacteria bloom（Cited from Xie and Liu，2001）

5.3.3　生物操纵方式

1. 放养凶猛性鱼类，捕捞滤食性鱼类

经典的生物操纵理论、营养级联反应、上行/下行理论，具体应用时多用化学方法毒杀、选择性网捕、电捕、垂钓等方法减少浮游生物食性鱼类或者高密度放养肉食性鱼类来减少浮游生物食性鱼类，促进大型浮游动物和底栖食性鱼类（可摄食底栖附生生物和浮游植物）的发展（McQueen，1990；Muylaert et al.，2002）。通过去除浮游生物食性鱼类（鲤科鱼类）的 50%～80%，使肉食性鱼类与浮游生物食性鱼类比例为 12%～40% 时，对 Ringsjön 湖进行的治理效果最好（Bergman et al.，1999）。El-Shabrawy 和 Dumont（2003）研究 Nasser 湖沿岸带浮游动物空间和季节性变化，发现由于缺乏浮游生物食性鱼类，轮虫、桡足类浮游动物占有优势。Jacobsen 等（1997）研究显示，肉食性鱼类影响浮游生物食性鱼类的种类和大小，浮游生物食性鱼类影响浮游动物（水溞）的丰度和种类。Beklioglu 等（2003）所进行的 Eymir 湖实验中，也发现控制放养浮游生物食性鱼类丁鲷（Tinca tinca）和底栖食性鱼类鲤鱼（Cyprinus carpio）一年后，导致了透明度增加 2.5 倍，无机悬浮固体颗粒浓度减少为 1/4.5，叶绿素 a 浓度降低。

尽管肉食性鱼类在大多数应用中取得了明显的效果，但也受到一定的限制。众多研究表明，控制鱼类种类的组成和丰度的不同，可能会影响生物操纵的结果。Skov 等（2003）指出刚孵化的梭子鱼的食物组成随着其发育而改变，包括小型甲壳类动物、昆虫、大型甲壳类动物，最后才是脊椎鱼类。只有长至10.1～

13.7 cm 的梭子鱼才是肉食性鱼类。Seda 等（2000）在水库里尽管放养了肉食性鱼，但上行作用明显强过下行作用，生物操纵的这次尝试的失败可能是由于肉食性鱼放养量的不足引起的。Matthes（2004）发现，完全去除浮游生物食性鱼不一定有利于生态恢复，通过对浮游生物食性鱼生物操纵 15 年，长期固定的环境对水溞的选择食性压力，造成了水溞种群基因在垂直分布和季节分布上缺少差异性。

2. 放养滤食性鱼类

非经典生物操纵理论认为直接投加滤食性鱼类也能起到很好的效果。因为滤食性鱼类不仅滤食浮游动物，有的也能滤食浮游植物。Xie（1996）在对武汉东湖的围隔实验表明，滤食性鱼类鲢鳙鱼对微囊藻的水华有强烈的控制作用，同时也滤食了不少的如桡足类、枝角类等大型浮游甲壳动物。这项研究成果已在滇池、巢湖水污染治理中得到应用（李春雁和崔毅，2002）。Crisman 和 Beaver（1990）认为，在热带和亚热带地区枝角类种类较少，而且体型较小，浮游植物食性鱼是更为合适的生物操纵工具。但是也有研究发现，随着滤食性鱼类的滤食活动及其生理代谢的增加，促进氮磷的释放，有利于浮游植物的大量繁殖；大型浮游植物被大量滤食后导致浮游植物趋于小型化，使浮游植物的总生物量也因此而增加（谷孝鸿和刘桂英，1996）。Mátyás 等（2003）研究更指出引入鲢鱼不能完全地控制浮游植物，浮游植物组成有了显著的改变，可是生物量只稍微减少了一点。虽然鲢鱼的生物操纵适合于中止蓝藻水华，但是减少浮游生物食性鱼类是比引入滤食性鱼类更合适增加水体透明度的方法。

大量的实验结果表明，水生态系统中鱼类种群生物量和年龄组成的变动，可使系统的营养结构和水质状况发生显著的变化，鲢鳙鱼养殖不仅使浮游动植物生物量锐减，也导致蓝藻（主要是铜绿微囊）比例大幅下降，可以改善水质（Burke et al.，1986）。微囊藻等藻类尽管在鱼体内不易消化，但是鱼类可通过重复摄食达到较好的消化利用，当鱼类摄食微囊藻后，在肠道内可能只损坏了部分细胞壁，随后形成粪便，排出体外，粪便在水体中被细菌寄生，形成有机碎屑，又可以被鲢鳙摄食，二次摄食后消化利用率比较高。

浮游植物中，鲢鳙易消化的主要食料是硅藻、金藻、隐藻和部分甲藻、裸藻，黄藻类的黄丝藻及大部分绿藻和蓝藻等也是常见的消化种类。石志中等（1975）用 ^{32}P 进行了鲢对鱼腥藻的摄食量和利用率的示踪实验表明，螺旋鱼腥藻是鲢鱼种易消化利用的良好食物，鲢鱼对螺旋鱼腥藻的平均利用率高达 71.3%。研究表明，鲢能吸收栅藻，吸收率 47.4%～63.6%，对铜绿微囊藻的消化吸收在 50% 左右（朱蕙，1982；朱惠和邓文瑾，1983）。Panov 等（1969）用 ^{14}C 的研究结果表明，鲢鱼喜食蓝藻，对鱼腥藻、束丝藻的吸收和对纤维藻和小球藻的消化吸收也较高。随季节及环境因素的影响，鲢鳙的食性也随之变化。

春季白鲢食物中腐屑占 90％～99％，夏季食物中的浮游藻类占绝对优势，秋季以后随河流中浮游植物的减少，食物中腐屑又占主要地位。在河流、水库和湖泊中，白鲢食物以硅藻为主；池塘中以绿球藻和鞭毛藻为主；生活在肥水中白鲢的主要食物是蓝绿藻。

国内外也有很多学者研究白鲢和其他鱼类、浮游动物、水生植物混养以及在其他辅助措施下改善水质的潜力。宁波月湖 2000 年初夏发生大面积蓝藻水华，同年 8 月 1 m² 水面喷洒 55.6 g 改性明矾浆应急除藻后，蓝藻水华基本消失。随后放养尾鲢鳙和三角帆，2001 年和 2002 年不再出现蓝藻水华，水体表观质量明显提高，透明度保持在 100 cm 以上。2001 年 8 月月湖浮游蓝藻数量比 2000 年同期下降 87.5％，总氮下降 26.0％，总磷下降 70.0％（金春华等，2004）。武汉东湖围隔中鲢和菹草混养实验表明，放鱼 2 个月后，在生物操纵的围隔中同时种入菹草，在 75 g/m³ 的鲢控藻的围隔中，菹草长势良好，水体中浮游植物的多样性也明显增加，浮游动物大量出现，透明度进一步增加。

尽管非经典生物操纵措施控制蓝藻水华，取得了理想的效果，但是滤食性鱼类主要滤取的是浮游动物、大型浮游植物和小型浮游植物群体，其摄食活动减少了微型浮游植物的采食压力和营养竞争对象，加之小型种类的繁殖能力较强，往往使微型浮游植物加速增长，水体浮游植物的总生物量不但不会下降，有时还因此增加（陈少莲等，1990）。

并且，由于多数组成水华的蓝藻细胞具较厚的公共或个体衣鞘，鲢鳙对水华蓝藻（微囊藻）的消化利用率只有 25％～30％（张国华等，1997），浮性的鲢鳙粪便中存在着大量未消化的蓝藻，这些蓝藻细胞能很快回到系统直接参与群体的增殖。因而利用鲢鳙控制蓝藻水华还存在一些难以克服的弊病。

3. 其他

虽然生物操纵的方式主要以控制凶猛性或滤食性鱼类的数量为主，但也可以辅以其他措施来实现：

（1）投加大型浮游动物。通过浮游动物的摄食效应（下行作用），可以达到直接控制浮游植物的目的。研究者针对不同的湖泊生态特征，筛选可控制优势种藻类的浮游动物直接投加。为了使浮游动物起作用，必须要有特殊的条件和保证浮游动物不被幼鱼食用。植食性浮游动物能对浮游植物产生两种相对的影响，即通过捕食造成的直接影响和营养物质再生（nutrient regeneration）所造成的间接影响。Yasuno 等（1993）就曾指出，浮游动物的捕食作用能够控制可食性自养生物的生物量，从而影响初级生产。但是也有研究者称，浮游动物的捕食作用对浮游植物可能有积极影响，原因是可能刺激非食用性藻类的生长（González，2000）。不可食性藻类水华的控制将是富营养化湖泊生态修复的一个新的研究热点。根据体型-效率假说预测，在较低的鱼类捕食压力下，大型浮游动物在竞争中占有优势，原因是：①大型浮游动物具有更广泛的食谱；②具有更高的滤食效率；③由于较低的个体呼吸率而形成的较高的代谢效率。因此，尽管由于鱼的减少使浮游动物总的生物量的增加可能导致对浮游植物更高的捕食压力，但是向大型浮游动物的演替可能是生物操纵过程中更为重要的因素（Declerck *et al.*, 1997）。

（2）引种大型沉水植物。根据交替稳定态概念（concept of alternative stable states），沉水植物在生物操纵中的重要性得到越来越多的认可。大型沉水植物能够通过多种机制影响湖泊生态系统，这些机制包括养分竞争、植物抑制物质释放以及提供植食性浮游动物庇护所等。此外，沉水植物能够使沉积物稳定并降低水流流速。近年来的研究还发现，大型沉水植物能够为固着性藻类生长提供附着表面，增加附生植物对养分的吸收。有经验表明，很多浅水湖处于清水阶段，是由于其中沉水植物为主要初级生产者。通过合理的生物操纵，重建大型沉水植物，利用植物及其微生物与环境之间的相互作用，通过物理吸附、吸收和分解等作用，能够建立有效的浮游动物种群，从而控制浮游植物的过量生长，净化水体（Scheffer，1990；Scheffer *et al.*，1993）。Sarvala 等（1998）发现，1993～1996 年，虽然 Littoistenjärvi 湖中的浮游动物生物量很低，但是浮游植物量也很低，估计是大型沉水植物有效控制了浮游植物。Lougheed 和 Chow-Fraser（2001）研究表明，在减少浊度上沉水植物比去除浮游生物食性鱼类（鲤鱼）更能起作用。而植物生长区透明度的增加，提高了底栖动物和大型浮游动物的生物量，降低了可食用藻类生物量，并建议去除底栖食性鱼（去除生物扰动），种植沉水植物（上行效应）以保证生物操纵效果。

（3）投加细菌。细菌不仅可以分解有机物，而且可以作为浮游动物的食物。Degans 和 De Meester（2002）发现富营养化池塘里的细菌能影响浮游动物滤食蓝藻的能力。在缺乏蓝藻时，大型溞对细菌的摄食压力提高。细菌能在缺少浮游植物时为水溞提供食物补充（Arvola and Salonen，2001）。因此，细菌在藻类不足或可食性藻类短缺时，起到稳定维持浮游动物食物网的作用，防止因食物不足而引起浮游动物生物量下降的情况。李雪梅等（2000）曾对有效微生物群（effective microorganisms）控制富营养化湖泊蓝藻做了研究，结果表明，有效微生物群对透明度、叶绿素 a 含量的改善有明显的效果，可有效抑制藻类的生长，防止水华的发生。Nakamura 等（2002）从 Kasumigaura 湖中分离出土著溶藻细菌直接用于溶解微囊藻，其中活性最高的为杆状菌（*Bacillus cereus*），杆状菌的胞外产物被认为是溶解藻类的主要原因。还发现溶藻细菌在碱性条件下活性最强，酸性条件几乎没有作用。这对于富营养化湖泊是有利的，因富营养湖泊 pH 通常为碱性。

5.3.4　生物操纵应用实例

生物操纵自 Shapiro 等（1975）第一次描述以来，已获得了广泛的应用，且日益成为改善湖泊水质和水生态系统恢复的例行技术。1990～2002 年有 10 多篇详细总结生物操纵应用效果与局限性分析的综述文献发表（Mehner et al.，2001）。根据这些综述，生物操纵被证明是退化湖泊生态恢复的一个有效手段，在已经施行生物操纵的实例中，大约有 60% 取得了明显的水质改善效果，只有不到 15% 的生物操纵完全不成功。大多数生物操纵都在温带浅水湖泊和水库中实施，如英国的 Cockshoot Broad 湖、荷兰的 Zwemlust 湖、丹麦的 Vaeng 湖、美国的 Christina 湖等都是施行生物操纵获得成功的显著例子；在深水湖库生物操纵也有获得过明显的成功例子报道，如美国的 Mendota 湖、德国的 Bautzen 水库。但总体而言，生物操纵在浅水湖泊和水库中获得成功的实例要远多于深水湖泊和水库（Mehner et al.，2001）。

以经典的生物操纵理论为例，为改善水质，荷兰的重富营养小型湖泊（面积 1.5 hm^2；平均水深 1.5 m）——Zwemlust 湖于 1987 年 3 月先经排干清除所有鱼类之后，又重新放养了 1500 尾白斑狗鱼苗（Esox lucius）和低密度的红眼鱼（Scardinius erythrophthalmus）（Van Donk et al.，1990）。在随后的夏季，浮游植物丰度很低，相应地叶绿素 a 水平显著下降，透明度明显提高；沉水植被依旧很稀疏，在生物操纵的末期仅达到 5% 的盖度；浮游动物的丰度明显增加，并伴有从轮虫到枝角类的转变，其中枝角类以溞属（Daphnia sp.）和象鼻溞（Bosmina）为主，前者至少包含三种。生物测试表明即便在高浓度无机氮磷状况下，浮游动物的牧食压力也能够抑制叶绿素浓度和藻类丰度至低水平。在丹麦的 Vaeng 湖，为实施生物操纵，于 1986 年和 1987 年春季清除了 2.5 t 的欧鳊（Abramis brama）和拟鲤（Rutilus rutilus）。浮游生物食性/底栖生物食性鱼类生物量比因此降低了约 50%，从 30 g/m^2 降至 15 g/m^2 WW（Søndcrgaard et al.，1990）。生物操纵之后，该湖的生物学结构显著改变。浮游动物的群落结构从清鱼前的轮虫优势转向大型枝角类占优。浮游动物的平均夏季生物量从 1986 年的 0.4 mg/L DW 到 1987 年的 2.7 mg/L DW，以及到 1988 年的 1.3 mg/L DW。浮游植物的平均夏季生物量从 1986 年的 25 mm^3/L 到 1987 年的 12 mm^3/L 到 1988 年的 7 mm^3/L。从种类组成来看，浮游植物群落从蓝藻和小型硅藻为优势转向大型硅藻、绿藻和隐藻为优势。透明度的夏季均值从 1986 年的 0.6 m 增至 1987 年的 1.0 m 至 1988 年的 1.3 m。实施生物操纵之后，内源磷负荷明显降低。大型沉水植物丰度，主要是菹草和伊乐藻，因湖底透明度的提高而增加。

关于非经典生物操纵的应用，也有诸多报道。滤食性鱼类放养后，通过其对水体中营养水平和浮游生物群落结构的改变，可有效控制和缓解水体富营养化的进程，对水质的恢复起到了积极的促进作用。法国 Domaizon 和 Dévaux（1999）研究表明，白鲢对浮游植物群落的影响与鱼类密度关系密切；当白鲢密度为 8 g/m³ 时，叶绿素 a 含量较低，而白鲢密度（16 g/m³、20 g/m³、32 g/m³）较高时，叶绿素 a 含量较高，在密度 16 g/m³ 时最高。巴西 Starling 和 Rocha（1990）围隔实验结果表明，高密度的白鲢显著降低了丝状蓝藻的生物量，罗非鱼使得轮虫的密度上升。Kajak 等（1975）在波兰 Warniak 湖中放养鲢（密度为 30～90 g/m³），导致浮游植物总生物量和蓝藻份额大大减少。结合 Warniak 湖和东湖的围隔实验，Xie 和 Liu（2001）提出当鲢或鳙的放养密度大于 40～50 g/m³ 时，东湖的水华可以得到遏制。研究结果表明，在各种水体中，一般随着鲢鳙密度的增加，浮游植物以及浮游动物都呈现出向小型化发展的趋势。Domaizon 和 Dévaux（1999）认为白鲢的放养密度阈值为 26 g/m³，当超过这一阈值时，会引起小型藻类暴发、透明度下降等负面效应。德国 Radke 和 Kahl（2002）的白鲢围隔实验表明，<30 μm 浮游植物生物量高于对照围隔，而透明度相反。鲢鱼应该主要用于降低不能被大型牧食性浮游动物有效控制的大型藻类（如蓝藻）为主要目的的生物操纵，因此，鲢鱼似乎最适合养殖在那些生产力高且缺乏大型枝角藻类的热带湖泊。

5.3.5　生物操纵的局限性

　　虽然生物操纵在水体富营养化防治中获得了广泛的应用，但是生物操纵也有很多应用效果不明显或是失败的例子。湖泊中含有成百上千个物种，物种之间与各种环境理化因子之间有着复杂的控制反馈机制。湖泊的富营养化演化可以在这个反馈机制中得到说明，当湖泊演进到各种水生植被占优势的富营养化状态时，水体仍然可以保持稳定的澄清状态，但是随着外源营养盐的持续排放，水体逐渐过度到藻类占优势的状态，然后水体浊度增加，导致水生植被消失，又通过一系列的反馈机制强化藻类占优势的状态，水质也日趋恶化。湖泊的生态恢复也应仔细考虑这一反馈机制，对任何富营养化的湖泊，在决定实施生物操纵措施以改善水质前，都应仔细评估该水体的复杂反馈链。自然水体复杂的反馈机制也是很多微生态系统实验得出的结论难以外推到大的生态系统（自然水体）的原因，因为小生态系统很多是建立在线性联系基础上的，水体的反馈机制也设计得比较简单，而自然水体的联系多是非线性的，反馈机制也很复杂（Carpenter，1996）。鉴于生态系统的复杂性，单个的措施是很难达到生态恢复的目的的，在考虑到水体复杂的反馈机制的影响后，多措施同时应用、相互促进，这样才能达到水体恢复的目的（Amemiya et al.，2005）。研究发现，限制生物操纵发挥效果的因素主要集中在如下几方面。

　　（1）生物操纵在有热分层现象的深水湖泊中的应用效果不如在浅水湖泊中

明显。

　　主要是因为相对于浅水湖泊而言深水热分层湖泊难以大面积恢复水生植被；而水生植被恢复可使生物操纵的效果保持稳定并通过一系列复杂的反馈机制使湖泊生态系统转向良性发展，水体不断变清，水质不断恢复。但 Mehner 等（2001）也报道过在深水热分层湖泊施行长期生物操纵取得明显成功的例证，通过 10 多年的长期生物操纵的实施，水体透明度明显改善，叶绿素含量明显下降，Mehner 将水体水质的改善归因于长期的下行效应及浮游生物食性鱼类减少导致的营养循环减少。

　　（2）生物操纵能否取得成功还取决于水体磷的浓度大小。

　　由于上行效应的存在，湖泊中的营养物质对于生物操纵的实施效果有着不可忽视的影响。对于生物操纵来说，营养物质是存在有效浓度范围的。Benndorf（1990）提出了生物操纵有效的磷负荷阈值（threshold of phosphorus loading）概念，认为只有当湖泊磷负荷低于阈值时，下行效应才能在食物链的底层起作用。而且，不同类型水体的这种磷负荷阈值差异极大。如 Jeppesen 等（1991）指出要想生物操纵取得成功，水体 TP 浓度应小于 0.10 mg/L，而 Zhang 等（2003）提出水体 TP 浓度应小于 0.10～0.25 mg/L。Beendorf 等（2002）提出应用生物操纵措施改善水质实施前应使湖水表面的 TP 负荷小于 0.6～0.8 g/m²。但如果湖泊氮输入很低以至氮成为营养限制因子，则即使在水体 TP 含量很高时施行生物操纵也有可能取得成功，如 Zwemlust 湖 TP 为 1.2 mg/L、Lying 湖 TP 为 0.79 mg/L，但这两个湖施行生物操纵都取得了显著的效果（Jeppesen et al.，1991）。总之，虽然结果略有差异，但都表明初始磷浓度对生物操纵用于改善湖泊水质能否取得良好效果很重要。一般认为水体 TP 浓度小于 0.10 mg/L 是生物操纵取得长期成功的保证（Zhang et al.，2003）。现在全世界有很多超富营养化湖泊 TP 浓度都大于此浓度，经典的生物操纵法对此难有大的作为。

　　（3）如果水体水华藻类优势种为蓝藻，则生物操纵难以取得成功。

　　国内外众多实验室及自然水体研究表明，如果水体蓝藻浓度达到一定数量，则枝角类动物不仅不能有效控制蓝藻数量过度增长，反而其自身的摄食、生长和繁殖都受到抑制，表现为个体变小，种群死亡率增高，繁殖率降低，繁殖期推后。之所以发生这些现象是因为：①蓝藻往往形成大面积群体对抗枝角类动物的摄食；②蓝藻表面往往包裹胶质抵制被枝角类动物消化；③很多蓝藻为产毒种，其产生的毒素对枝角类动物有毒害作用；④蓝藻的营养价值一般较低，对于浮游动物而言难以具有食物的意义（Ghadouani et al.，2003）。

　　（4）单纯依赖生物操纵难以长期显著改善水质，还必须实施其他辅助措施。

　　如严格控制外源营养盐的输入，沉水植被恢复等。而且削减浮游生物食性鱼的措施必须长期进行，否则容易回复到实施生物操纵前的水体状态，从而使生物操纵前功尽弃。而且因为生物操纵措施往往不是单独执行，水生生态系统过于复杂。所以评估水质改善中生物操纵的作用较为困难，有很多水体虽然实施了生物操纵，水质也得到了明显改善，但改善的主要原因却不是因为实施了生物操纵，而可能是诸如强化污染排放管理的原因（Mehner et al., 2002）。

（5）成功的生物操纵还取决于浮游生物食性鱼群削减的效果。

一般认为生物操纵要成功必须使浮游生物食性鱼至少削减 75% 以上（Mehner et al., 2001）。另外，很多的时候采取利用凶猛性鱼类削减浮游生物食性鱼措施 1～3 年之后，浮游生物食性鱼幼鱼生物量有显著增加，一般幼鱼摄食活动大大强于成年浮游生物食性鱼，这样也对浮游种群产生很大的捕食压力，从而影响生物操纵效果，因此必须同时采取措施减少幼年浮游生物食性鱼的补充。还有底栖鱼类也应大大削减，因为这些鱼在底部的活动常常导致底泥有机质颗粒的再悬浮，从而促进底泥沉积的营养盐向水体再释放，而且它们的摄食活动也影响沉水植被的恢复和发展，因此削减底栖鱼类对于成功的生物操纵也是必要的。很多湖泊都不是封闭的、孤立的，在实施生物操纵一段时间后，水体浮游生物食性鱼大大削减，来自其他水体的浮游生物食性鱼群向该湖泊迁移，从而使生物操纵效果不明显或出现反弹。

5.3.6　应用前景

水生态系统是一个复杂的系统。不同的水体生态条件、不同的气候条件、不同的辅助措施都可能导致对退化水体施行生物操纵措施后生态系统不同的响应，从而决定了生物操纵能否取得成功（Olin et al., 2006）。但作为湖泊、水库的一个常规管理措施及退化水体生态恢复的一种技术选择，只要水体磷的浓度处于合适的范围，生物操纵技术都应该被选择而且也很可能会取得较好的效果（Jørgensen, 2006）。而且应用生物操纵技术后必须持续监测食物网各营养层级及水体理化条件的响应，以决定进一步的对策并评估其效果。

大量研究表明，生物操纵的结果存在很大差异性。各营养级上的生物种群的组成和丰度不同，营养级间的作用存在削弱现象，浮游植物可朝大型不可食的蓝藻发展，而且水体浊度大、溶氧低的条件下，动物种类难以生存，各个湖泊的营养状况不同，在一个湖泊成功的生物操纵方法，不一定适用于另一个湖泊等诸如此类的难题，可影响生物操纵的作用。现有的一些研究存在的普遍问题是历时太短，难以评价长期效果，系统分析和使用启发式的模型化可能是确定主要生物学的相互作用和主要因素的有效的方法（Håkanson, 2004；Pechurkin and Shirobokova, 2003）。湖泊的形态、水质和生物的复杂性也显示，不要只期望只采取一种手段，就能达到较好的生态修复效果。考虑到富营养化水体生态系统中肉食性鱼类、滤食性鱼类、浮游动物、沉水植物和细菌等的作用，不同湖泊应根据自己的特性采取不同的组合技术并重点采取一种措施，以期达到治理效果。

我国的经济水平不够发达，针对富营养化湖泊的修复，生物操纵因其成本低，同其他技术相比更具有可操作性；同时，我国水生生物资源丰富，也为我们提供了更多可能的湖泊修复手段。我们有必要考虑到生态位和食物链，从而选择对生态系统不会造成危害的处理效果好的湖泊修复种类，通过大量的规模不同的室内试验系统、围隔和全湖实验研究，预测其对浮游植物的调控作用，探讨其对湖泊生态系统的影响，并研究其稳定性能，为我国湖泊生物操纵理论提供依据。这不仅对富营养化湖库的治理有重要意义，而且对湖库生态学理论的发展也很有价值。

第6章 水质改善与水生植被重建和管理

6.1 水生植被恢复/重建的主要环境障碍、应对措施和一般步骤

6.1.1 水生植被恢复/重建的主要环境障碍和应对措施

从植物生理的角度来看，植物的正常生长需要一定的养分（N、P、K等）、光照、水分、氧气、CO_2、温度和适宜的pH等。对沉水植物来讲，水分不会成为限制因素，而光照、养分（N、P等）、氧气易成为限制因子。

根据国内外的有关理论和实践，总结如下。

障碍一：透明度低导致的水下光照不足。

应对措施：①用人工湿地净化；②用生态砾石净化；③用植物浮床净化水质；④用漂浮植物净化水质，如凤眼莲；⑤用人工水草净化水质，如阿科曼；⑥投撒高效净水剂（化学品）、噬藻微生物、生物菌剂；⑦水下光补偿技术；⑧用包含有贝类等多种底栖动物的生物反应器净化水质；⑨有条件时，降低水位。（马剑敏等，2009b；陈静等，2006；陈永喜，2007；吴永红等，2005；林武等，2008；屠清瑛等，2004）

障碍二：底质有机物过多导致的厌氧环境。

应对措施：①原位处理技术。a用膜覆盖后再回填泥沙；b基底改造（如掺入泥沙）；c原位化学处理，主要用于控制底泥中磷的释放，如通过投加硫酸铝（明矾）、硝酸钙等化学药剂来降低底泥中的磷向水体释放；d原位生物处理，即向底泥中投加微生物和（或）化学药剂以促进底泥中有机污染物的生物降解；e原位固化/稳定化处理，即通过向底泥中投加化学药剂，如石灰、火山灰和水泥等，降低底泥中污染物的溶解度、迁移性或毒性，主要针对受重金属污染底泥的处理；f曝气以加快有机物氧化，改变厌氧环境（可通过水下充氧或干塘的方式进行）。②易位处理技术。主要是疏浚。（马剑敏等，2009b；孙从军和张明旭，2001；颜昌宙等，2004）

障碍三：水中氨氮和有机物浓度过高，毒害植物。

Li等（2007）针对东湖优势种植被微齿眼子菜消失的可能原因开展了室内研究，当氨氮浓度大于0.50 mg/L时，对微齿眼子菜碳氮平衡构成影响。Cao等（2007）对长江中下游湖泊比较研究和室内验证研究表明，长江中下游湖泊苦

草衰退与水体富营养化有关，与水体中高浓度的氨氮含量存在关联性，而且苦草消失的湖泊氨氮浓度平均为 1 mg/L 左右，当氨氮达 0.56 mg/L 就能诱导苦草的生理生化胁迫，可能最终导致了湖泊中该植物的死亡。这方面的实验数据还不多，还需要进一步研究。

应对措施：可用障碍一中应对措施里的①、②、③、④、⑤、⑥、⑧处理。

障碍四：风浪干扰。

湖泊面积越大，该障碍越大。

应对措施：设置防浪带，水生植物的恢复从湖汊湖湾开始，逐步推进。

障碍五：水位剧烈变化（尤其是浑浊的洪水和污水）。

应对措施：可控性不大。

障碍六：动物牧食。

草食性鱼、一些螺类等对水生植物有很大的牧食压力，特别是在植物恢复/重建的初期，由于植物生物量小，生长量也小，很难抵消动物的牧食生物量，往往会造成植被恢复/重建的失败。

应对措施：捕获草食性鱼，尽量减少其存量，待植被完全恢复、生物量足够大时，可以放养一定的草食性鱼用于控制植物的过量生长。（马剑敏等，2007c，2009b）

其他障碍：如藻毒素等。

应对措施：对水中的藻毒素，目前还没有合适的应对方法，可通过除藻技术除藻而达到减少藻毒素的目的。

需要说明的是，对上述障碍，沉水植物都会面临，而且它对环境的敏感性也相对最高，所以恢复的难度最大；挺水植物和根生浮叶植物也会遇到上述障碍，但其抗性要大于沉水植物，而且在其生长到一定程度后，不再受透明度的影响，种植时也可以从岸边浅水区开始，逐步推进，所以恢复的难度要远小于沉水植物；漂浮植物除受风浪影响大外，其他因素影响不大，湿生植物一般分布在水陆交错带，可以在岸边种植，困难一般不大，所以湿生和漂浮植物最易恢复。

上述障碍可以是单一的，也可以是多种共存的，对重富营养大型湖泊，往往是共存。所以，在重富营养湖泊中恢复水生植被（尤其是沉水植物）是相当困难的，也是国内外所面临的难题之一。

6.1.2　恢复/重建水生植被工程的一般步骤

1. 调查和制订方案

对目标水域的水质、底质、污染源、水生生物等情况做调查，收集相关的历史和现实资料，根据其现状，制订恢复/重建水生植被的技术路线和详细方案，如是否需要清淤、是否需要改良底质、选种什么植物、植物种植区域的大小和位置，等等。做到因地制宜，可操作性强，尊重自然规律，经济有效。

2. 外源污染控制

水生植被的恢复必须以控制营养负荷为前提。国内外的研究和实践表明，一切生态修复工程的前提是截污，包括点源和面源。目前来看，点源的截污对于我们这样的发展中国家来讲，虽说困难比较大，但方法上比较是很成熟的，只要资金到位，可以较容易地解决。面源地控制涉及的方面比较多，实施的困难相对较大，目前美国等发达国家提倡 BMPs（最佳管理实践），它是指为满足面源污染控制而采取的方法、措施或所选择的实践。城市 BMPs 包括人工池塘、湿地、沼泽、滤池、砾石排水沟、渗透性生物过滤设施等。

3. 鱼类控制

有很多研究证明，草食性鱼是水生植被破坏的主要因素之一。许多原来水草丰富的湖泊，后来由于强调发展渔业，增加鱼产量而使水生植被遭到严重破坏（陈洪达，1989）。所以在重建水生植被时，必须清除草食性鱼。此外，滤食浮游动物和摄食底栖动物的鱼类，虽然对水生植物没有直接的破坏，但由于会使到食物链中浮游藻类的生物量增加，所以也应该控制其生物量。底栖性鱼类，会扰动水体，增加混浊度，对沉水植物的定植也不利。所以，在重建植被时，要尽可能地去除鱼类，为植被恢复创造条件。

4. 水质和底质改善

受污染水体的水质和底质往往较差，不能满足水生植物定植成活的要求，如透明度低，底质厌氧，氨氮浓度高等；故在植物种植前，需要对水质和底质进行改善。需要注意的是，对于较大的水域，在水生植物恢复/重建的初期，一般不需要全水域实施恢复/重建工程，可以选择水质和底质条件较好的区域优先实施，一旦先锋植物群落建立，往往能很快地扩张，从而达到预定的目标。

5. 先锋植物定植与先锋群落的形成

根据水质和底质情况，选择合适的先锋植物和合适的种植时机。富营养浅水湖泊的水质和水位在不同季节有较明显的波动，特别是透明度。而透明度往往是限制沉水植物成活的因子。因此，要选择水位比较低、透明度相对较高的时机进行种植，如可以利用湖泊自然的枯水季节和透明度相对较好的季节（冬、春季）来进行植被重建实践；如果有条件调节水位，则可以通过降低水位来增大植物的成活率。一旦建立起先锋植物群落，则可以加快其自然恢复的步伐。

6. 人工调控，实现种群替代与群落结构的优化

先锋植物定植和扩展后，需要丰富和优化植被结构。一般而言，刚刚重建的水生植被结构比较简单、物种少、稳定性差，需要尽快增加物种，优化结构，增强系统的稳定性和抗逆性。

对于优势种的更替，除了自然更替外，机械收割是调控沉水植物的有效措施

之一，不同沉水植物对收割的响应不同，对不同季节收割的响应也不同。对于一年生的主要以无性繁殖体或种子繁殖的植物种来说，在植物生长季节早期的收割可很快降低靶物种的生物量，减小其竞争力，但能较快地恢复；在其生长季节晚期，即开始形成繁殖体时的收割可有效减缓其来年的更大规模的扩展，其他物种可以得到较大的扩展空间。对于多年生的或以根状茎繁殖物种来说，多频次的底层收割才能起到良好的效果。如伊乐藻、菹草可在春夏之交，即 5 月、6 月收割，可有效控制下一生长期的生长。黑藻、金鱼藻等可在秋末收割来控制其下一生长期的扩张。

7. 健康系统形成和维持

水生植被恢复后，如果没有限制其发展的因素，它会迅速大规模扩展，甚至成灾，因此，必须有一个调控机制，使其发展受到一定的限制，而且其生物量要控制在适当的水平。通过调整渔业结构，即放养适当的草食性鱼来控制水生植物的过度生长是一个有效的手段。但鱼的种类和数量要根据植物生物量和鱼的饵料系数严格计算后投放，要留有余地，并通过经常性的调查，人为调控鱼、草的量，避免植被再次受到过度破坏。如此，便可建立起一个能够自我维持的健康生态系统。

6.2　外源污染消减技术

改善受污染水环境条件的根本措施是控制污染源，也是受污染水体进行以水生植被恢复为核心的生态修复技术的前提。目前，通常将水环境的外源性污染源分为点源和面源两类。点源性污染源主要包括各种工业废水、城市（城镇）生活污水、固体垃圾填埋场垃圾渗滤液处理出水以及其他固定排放源。针对各种工业废水，由于国家严格实行污染物总量控制和限期达标排放的政策，全国绝大部分工业企业已基本达标排放，无法达标排放的企业，一律实行"关、停、并、转"；针对城镇污水处理，我国历史欠账较多，依旧对湖泊、河流等水体富营养化构成巨大的威胁。面源性污染源也称非点源性污染源，主要包括城镇地表径流、农业面源污染以及湖库养殖污染等。目前，在受污染水体生态恢复过程中，面源性污染的控制难度最大，要求也极为紧迫。

6.2.1　点源污染控制技术

按作用原理，点源污染控制技术可分为物理、化学和生化三类，物理方法主要包括沉淀、吸附、过滤、膜分离等技术，去除污水中大颗粒和胶体；化学方法主要包括混凝、氧化还原、高级氧化等技术，去除污水中有机污染物；生化法主要包括活性污泥法、生物膜法等技术，去除污水中 COD、N、P。

　　按处理程度,点源污染控制技术又可分为一级处理、二级处理和三级处理
(又称深度处理)。通常将物理化学法中混凝沉淀等过程归类为一级处理;生物处
理技术为二级处理;脱氮除磷以及中水回用要求的污水处理技术为深度处理。

　　按处理方式,点源污染控制技术又可分为集中式处理和分散性处理。工业废
水多采用集中式处理,其规模可大可小;城市生活污水处理已广泛采用集中处理
方式,主要由管网收集系统和污水处理系统等部分构成。目前,在欧美发达国
家,集中式点源控制技术已得到大规模应用,处理程度更高,在外源性污染控制
中,起到了极其重要的核心作用。在我国,自 2000 年以来,在国家节能减排目
标的要求下,各级城市越来越重视城市污水处理厂的建设,城市水环境的点源污
染负荷逐渐得到了控制,点源污染初步得到遏制,为实施水环境生态修复创造了
有利的条件。分散性点源污染的特点是污水排放量小而分散、污水收集管网难以
达到或由于其他原因而无法修建集中式污水处理厂。在城市水环境生态修复中,
分散性点源污染比较难以控制,是目前研究的热点之一。

　　在吴振斌研究员的指导下,中国科学院水生生物研究所已研发了一系列的污
水分散处理新技术。肖恩荣等研究了浸没式膜生物反应器与复合垂直流人工湿地
偶合污水处理技术,进一步减小了占地面积,提高了污水处理效率,提升了污水
处理水质(肖恩荣等,2008;杜诚等,2008);孔令为等研究了厌/缺氧条件下动
态膜反应器与复合垂直流人工湿地偶合污水处理技术,进一步减小了能耗,提升
了污水处理水质(贺锋等,2009);曹湛清等研究了生物质载体生物膜反应器与
复合垂直流人工湿地偶合污水处理技术,提高了污水处理能力(贺锋等,2009);
夏世斌等开发了 GS-MBR 技术,对南湖周边分散厕所污水进行了处理与回用试
验研究,出水可以达到《城镇污水处理厂污染物排放标准》GB18918-2002 一级
A 标准,也可以完全回用于冲厕等用途,而避免向水环境排放(夏世斌等,
2007)。

6.2.2　面源(非点源)污染控制技术

　　面源对湖泊污染负荷的贡献已愈加明显,欧美国家、日本为 50% 以上,其
中农村面源问题尤为突出。我国富营养化湖泊中,入湖营养盐氮、磷受非点源污
染十分严重,以滇池为例,氮、磷可能占总污染负荷的 40%～80%(周怀东和彭
文启,2005)。目前,成功应用于面源污染控制的技术有人工湿地技术、土壤净
化床技术、人工快渗污水处理系统、湖滨生态带和水陆交错带对外源污染的净化
技术和前置库技术等。

　　1. 人工湿地技术控制外源污染

　　一般地,按污水在人工湿地中流动的方式,可将人工湿地分为表面流、潜流
和垂直流三种类型。人工湿地通过物理、化学和生物等多种作用,具有吸附、降

解、去除污水污染物的功能（吴振斌等，2008）。

1）表面流人工湿地

虽然表面流人工湿地处理效率较低，但由于其具有不需要基质、建设成本低、能够适用于某些特殊场合等优点，仍得到了大量的工程应用。

我国最早开展表面流湿地净化外源污染的是中国科学院水生生物研究所张甬元等（1982）利用氧化塘对被严重污染鸭儿湖地区的水生态系统进行修复，采用多级串联氧化塘处理葛店化工厂农药废水，氧化塘模拟试验结果表明废水中TOC、COD 和有机磷的去除率分别为 65.1%、68.7% 和 67.8%。Runes 等（2003）采用表面流人工湿地处理苗圃灌溉径流废水，填料吸附实验证明流经人工湿地后减少的阿特拉津大部分是填料的吸附作用造成的，并在出水中检测出了阿特拉津降解产物。潘耀祖和王红涛（2008）、唐皓等（2005）的研究表明表面流人工湿地系统可以有效地处理生活污水，减少外源污水对河流、湖泊等水体污染，对改善水质和恢复生态系统具有重要意义。

（农业面源污染）对水环境危害程度日趋严重。美国农业面源污染影响到48% 受污染或威胁的地面水体。我国早在"八五"攻关课题"滇池防护带农田径流污染控制工程技术研究"中，首次采用人工湿地工程技术来处理农田径流污水。在 1994 年将 1257 m² 低洼弃耕地改造成人工湿地，控制径流面积为0.118 km²，湿地植物选择小叶浮萍、芦苇、菹草等，以野生自然草种形成草滤带。14 个月运行监测结果表明：在正常运行情况下，人工湿地主要污染物的去除率较高，如 TN 达到 60%、TP 达到 50%、SS 达到 70%、COD 达到 20%，取得了十分满意的社会环境效益，为我国控制农业面源水体污染提供了具有参考价值的技术方法（何少林和周琪，2004）。卢少勇等（2006）在云南滇池东岸呈贡县王家庄建成面积 12 000 m² 人工湿地，其进水来自 5 条农业区汇水干渠。2002年 10 月～2004 年 6 月监测结果表明，湿地具有良好的拦截进水磷的能力，有效降低了农业区农业径流对滇池的污染。陈进军等（2008）研究了表面流人工湿地中水生植被的净化效应与组合系统净化效果，与无植物空白系统相比，苦草、喜旱莲子草、芦苇 3 种水生植物的引入均显著促进 COD、TN、NH_4^+-N 的去除。

2）潜流人工湿地

刘雯等（2008）对不同水力停留时间、不同季节潜流人工湿地化粪池污水的净化效果进行了研究。其结果表明：在同一季节，随着水力停留时间的延长，该系统对 COD、TP、TN 等的去除率明显提高。在夏、秋、冬 3 个季节，系统对COD 的去除率分别达到 43.48%～83.33%、53.52%～86.32% 和 33.33%～63.77%，对 TP 的去除率分别达到 33.28%～66.9%、22.14%～55.85% 和12.69%～42.71%，但对 TN 的去除效果较差，平均去除率只有 19.09%。杨长明等（2008）研究了风车草水平潜流人工湿地对养殖水体中不同形态磷的去除效果，结果表明，风车草湿地对养殖水体中总磷（TP）、颗粒态磷（PP）、溶解态正磷酸盐（DIP）、溶解态有机磷（DOP）的平均去除率分别为 87%、95%、92% 和 43%，表明人工湿地对水体中不同形态磷的去除效果存在差异。在运行 80 天后，风车草人工湿地出水 DOP 浓度要高于进水浓度，表明该湿地系统出现 DOP 净释放现象。刘红等（2003）在官厅水库旁建立 5 个总面积为 200 m² 潜流型湿地，混合种植芦苇和蒲草等当地常见的湿地植物。在水力负荷为 0.15～0.45 m³/d 时，夏季 COD 和 NH_4^+-N 的去除率分别为 50% 和 70%；该系统在冬季低温条件下仍可以正常运行，COD 和 NH_4^+-N 的去除率分别可达到 15% 和 50%，对微污染地的农业污水有较好的净化效果。帖靖玺等（2007）在江苏宜兴市建立两级串联式、湿地植物为芦苇的潜流型湿地，其结果表明：在夏季，当进水容积负荷为 400 L/d 时，人工湿地系统对 NH_4^+-N、TN 和 TP 的去除率分别为 83%、80% 和 83%；在冬季，当进水容积负荷为 240 L/d 时，人工湿地系统对 NH_4^+-N、TN 和 TP 的去除率分别为 90%、90% 和 94%。

3）垂直流人工湿地

垂直流人工湿地用于城市生活小区污水处理与回用时，不仅出水水质好，而且还能美化人居环境。宣亚红等（2008）报道，深圳市万科东海岸城市生活小区污水垂直流人工湿地工程污水中 COD_{Cr}、BOD_5、NH_3-N、PO_4^{3-}-P 等得到很好的去除效果。耿琦鹏（2007）研究了垂直流人工湿地对化粪池出水的净化效果，结果表明种植了芦苇且水力停留时间长的人工湿地去除效果是最好的，对 COD、氨氮和磷去除率分别达到 78.5%、88.6% 和 80.2%。

刘文生等（2008）研究了垂直流人工湿地对胡子鲇养殖水体循环净化，发现湿地对养殖水体净化效果显著，养殖期间 BOD_5、COD、TN 的平均去除率分别为 81.77%、55.55% 和 65%，净化后水质部分符合渔业用水标准并可循环利用。对照池水体由于 BOD_5、COD、TN 得不到去除而持续增加，混浊度显著高于实验池，并出现水华。丁晔等（2006）建立垂直流人工湿地小试装置处理猪场污水，对污水的 COD、BOD、氮、磷有较好的净化效果。集约化畜禽养殖业的迅猛发展已成为农业面源污染的主要来源。垂直流人工湿地在国内畜禽养殖污水处理方面表现出很大的应用潜力。

中国科学院水生生物研究所吴振斌研究员课题组开发的复合垂直流人工湿地是人工湿地技术的新突破，在北京奥林匹克公园等重大工程中得到了成功的应用（吴振斌等，2008）。王凯军等（2008）采用微型复合垂直流人工湿地处理模拟农村灰水时，在湿地内增加碳源，促进了反硝化反应，稳定运行时，COD 去除率为 70%，总氮去除率为 99%。岳春雷等（2004）在杭州玉泉景区采用复合垂直流人工湿地处理低浓度养鱼废水，间歇式进水，水力停留时间为 15 h，出水水质优良。何连生等（2004）在江苏无锡为一个污水排量为 85 m³/d 的集约化生猪养殖场建立了复合型人工湿地，包括一个复合垂直潜流湿地和一个水平潜流湿地，其中，垂直流湿地面积为 8 m²，上行流湿地种植菖蒲 12 株/m²，下行流湿地密植芦苇 30 株/m²，湿地回流出水的循环使用，净化猪场污水效果显著。易志刚等（2006）研究两组下行流和上行流组成的复合人工湿地对生活污水的净化效果。结果表明，COD 和 BOD₅ 的去除率达 67.3%、68.1%，总氮的去除率为26.9%，总磷去除率为 81.6%。

2. 土壤净化床削减外源污染

土壤储藏了大量的各种各样的微生物，是各种微生物的主要来源。土壤既可通过吸附、解吸、代换等过程，促使外界进入土壤中的各种污染物质发生形态变化；也能通过植物的吸收作用，使土壤中的污染物质发生迁移转化。总之，污染物可以在土壤系统中，通过挥发、扩散和分解等作用，逐步降低浓度、减毒或被分解成无害的物质，只要污染物浓度未超过土壤的自净容量，就不会造成污染。

利用土壤净化来处理污水已经有 100 多年的历史，其主要方法有慢速渗滤、快速渗滤和地表漫流。土壤净化床是我国"七五"期间研究出来针对生活污水的土地处理系统，具有较高的处理能力和较好的处理效果。土壤净化床不仅有污水微生物的生物降解，还有土壤微生物的矿化分解作用。通常，污水需经过预处理去除悬浮物后才能进行土地处理。姜凌和秦耀民（2005）利用人工土壤层处理雨水径流时表明：渗透厚度为 1 m 的人工土壤层能去除雨水径流中大部分污染物，对雨水径流中的微量污染物氮、磷和重金属等也具有显著的去除效果。郑艳侠等（2005）以北京三家店水库原水和永定河河道砂为研究对象，设计了用于表征土壤含水层处理系统的一维土柱，进行污水净化效果的试验研究。其结果表明：土壤含水层处理系统对三家店水库微污染水中的有机物有一定的去除效果，在0.12 m/d 的水力负荷条件下，对 COD_Mn 去除率虽然仅为 15%，但是出水达到了地表水Ⅱ类水质标准。姜必亮等（2000）等研究了砂土、黏土和壤土等不同质地土壤系统对填埋场渗滤液的吸收净化效能，不同质地土壤净化效能差异较大。

3. CRI 控制外源污染

人工快渗污水处理系统（constructed rapid infiltration system，CRI 系统）是土壤净化系统基础上改进的污水土地处理工艺。该技术具有建设和营运成本低、运行稳定、建设周期短、出水效果好的优点。张金炳等（2001）用人工快渗系统处理洗浴污水，为保证系统在较高的水力负荷条件下稳定运行，必须加强预处理，严格控制系统的污染物负荷。朱夕珍等（2003）研究了两种植物（喜旱莲子草、万寿菊）在人工土快滤＋植物复合床上对城市生活污水的处理作用。其结果表明：种植植物后的人工土快滤系统中，COD_Cr、NH₄⁺-N、BOD₅、TN 和 TP 的去除率分别达到了 81.8%、94.1%、85.8%、37.8% 和 81.3%。潘彩萍等（2004）采用人工快渗处理工艺兴建了牛湖河污染治理工程改善观澜河水质。运行实践表明：COD、BOD、SS、氨氮和总磷的去除率分别达到 80％～85％、80％～90％、95％～98％、80％～97％和 60％～75％，处理出水可用作景观和绿化用水。郭劲松等（2006）研究了湿干比和复氧方式不同的 3 组人工快渗系统对生活污水中 COD、TN 和 TP 的去除性能。刘家宝等（2006）优化设计了人工快渗池的结构与滤料组成并进行了处理污染河水的中试。结果表明，该改进型人工快渗池对 COD、SS 具有良好的去除效果，去除率分别达到了 85％和 90％以上。李丽等（2007）设计了天然河砂分别与火山岩和沸石组合的混合填料地下式人工快渗系统，以受污染河水为处理对象，其为期 3 个月的现场试验结果表明，以火山岩与河砂混合填料滤池的综合处理效果最佳，其出水的 NH_3-N 和 COD 平均浓度可达到地表水环境质量标准的Ⅲ类标准，平均水力负荷为 4.1 m/d，是传统土地处理系统水力负荷的 10 倍。李冰等（2008）选用天然沸石对人工快渗污水处理系统的滤料进行了改进，该系统对 COD、氨氮有较好的去除效果，在有机负荷为 0.2～0.6 kg COD/（m^3·d）等适宜工艺条件下，COD 去除率达到 70％～90％，氨氮去除率达到 90％。

4. 湖滨生态带和水陆交错带对外源污染的净化技术

湖滨生态带是陆地和水域之间的生态过渡带和缓冲带，也是鱼类、鸟类生物多样性最丰富的区域，是健全的湖泊生态系统不可缺少的组成部分，具有调节洪水和稳定相邻生态系统的功能，也是控制污染入湖的最后一道防线。合理规划与建设湖滨生态湿地和湖滨林带，逐步健全环湖生态是综合治理中的一项重要工作。

湖滨生态带的截污、过滤、控制沉积和侵蚀能力对于降低面源污染物入湖量、逐步健全湖泊自然生态系统起着重要作用。此外，还具有改善周边环境、资源再生、休闲、生态教育等经济价值和美学价值。

由于长期以来对湖滨带湿地重要性认识不足，围湖造田、修建防浪堤、湖泊湖滨带固化以及人类开发活动等的影响，严重破坏了湖滨带，基本丧失了其原有的调节气候、涵养水源、降解污染物、为动植物提供生存环境等作用，湖滨带的缺失使湖泊湿地的生态系统变得十分脆弱。

湖滨带生态治理技术的本质是以水质净化和景观改造为主要目的，将湿地技术、湿生植物及水生植物栽培技术、水利工程技术、景观园林技术有机地结合起来，形成局部低水温高溶氧的微环境，有利于鱼类的栖息和繁育；同时湖滨带内丰富的湿生、挺水和沉水等植物构成的多种生活型的植物资源和野生动物资源使湖滨带具有秀丽的自然景观。通过湖滨生态建设，恢复建设区湖滨带的生物多样性，可使建设区逐渐形成良性循环的生态系统；也可强化建设区湖滨带的自然净化能力。利用湖滨带生物系统的过滤、截污功能，可以削减面源污染负荷，降低入湖污染物量；拦截入湖污染河水中的垃圾、泥沙等，减少垃圾泥沙淤积；还可以改善湖滨生态景观，改善湖滨环境。

　　由于引起湖泊湖滨带生态退化的主要原因是人类不当活动的强烈干扰，因此，去除人为干扰影响，调节水生和湿生生物的生境，建立生物多样性保护区、湿地生态功能保护区、候鸟保护区、水源保护区、林业生态区等，调整和平衡生态系统的物质流和能量流来恢复湖滨生态带的自然状态，是湖滨带生态恢复和景观设计的关键。

　　根据恢复生态学和景观生态学的理论，完整的湖滨带生态系统的恢复与重建的主要内容应该包括物理基底的设计与恢复、理化环境的改善、生物种群的选择及群落结构的配置、生态景观建设等方面的内容。大体上可以归结为生境恢复、群落结构恢复和系统功能整合性恢复三个方面（赵果元等，2008）。

　　物种选择是湖滨生态带恢复的重要内容，从生态功能稳定性的角度出发，自然群落比人工群落更健康和更有生命力，因此湖滨生态带的恢复应该多选用当地的水生和湿生植物，因地制宜充分利用原有的自然植被，以此为基础，为自然生态恢复提供条件。如何选择既能适应当地生态环境又满足湖滨带设计的物种是湖滨带生态恢复建设成功的关键。除此之外，湖滨生态带植物应该具有对氮、磷等营养物去除能力强，便于管理、收获方便，且有一定经济利用价值等特点。

　　分区设计是根据湖滨带及基底现状的具体情况，综合考虑生态配置、景观布置、自然条件和人为影响等多方面的因素，不同的湖滨段采用不同的生态对策。根据湖滨带特有的带状结构和纵向分区，确定分级规划、分区设计的技术路线。由于湖滨带具有空间异质性，分区规划治理是其恢复的重要指导思想，而湖滨带类型划分是分区规划治理的重要依据。根据确定的原则及对湖滨带影响因素的分析，选取气候、湖滨带整体地貌形态、湖滨带地貌发育状况和人类的开发利用方式等为分类依据，李英杰等（2008）建立湖滨带 4 级分类体系，将湖滨划分为山地型、平原型、河口型和专有型 4 大类型、14 种亚类型。

　　在湖滨带的的生态恢复过程中，根据其生态敏感程度将湖滨带划分为水位变幅区、湖滨带的辐射区和开发区。第一级生态上极为敏感，景观独特，自然干扰频繁，宜恢复其自然原貌，水位变幅区是湖滨带的核心区；第二级生态敏感性较高，景观较好，宜在保护和恢复的基础上作有限度的利用，为湖滨带的辐射区；第三级，生态敏感性较弱的区域，维持主体生态系统动态平衡的基础上，遵循生态学原理进行合理的开发利用作为湖滨带开发区。

　　湖滨生态带恢复应以健康湖滨带地形、地貌和景观结构为出发点，充分考虑人类对湖滨带的利用和湖滨带在保护湖泊方面的功能，因地制宜地设计湖滨带的生态恢复工程。

6.3　内源负荷消减技术

6.3.1　人工湿地、砾石床等生态工程措施对水生植被恢复与重建工作的作用

在富营养化浅水湖泊中大面积地重建水生植被是一个非常艰巨的任务（秦伯强，2007）。因为，水生植物生存的条件已经被破坏，恢复或重建的障碍很难逾越，主要有湖水透明度低，难以达到沉水植物的光补偿点；底质厌氧；污染物浓度过高等（丁玲，2006）。要克服这些障碍，需要在综合治理下，采取一系列生态工程技术手段改善水质和底质，然后进行自然或人工强化恢复。

湖水透明度是描述湖泊光学特征的一个重要参数，同时也是评价湖泊富营养化的一个重要指标，能直观反映湖水清澈和混浊程度。当水体透明度很低，水下光强条件无法满足水生植物生长时，水生植物光合作用将受阻而导致其不能成活。因而，进行水生植被恢复时，必须考虑水体透明度特征，寻求影响透明度的主导因子和有效改善措施。

按照传统的湖泊多稳态理论，提高湖泊清水稳态恢复力的主要措施有：减弱风浪引起的再悬浮、增加浮游动物以及降低水中营养盐浓度等，其中降低水中营养盐如氨氮、硝态氮以及磷的浓度也是降低其对水生植物胁迫，从而恢复沉水植物的有效手段之一。

研究实践表明：通过前置库和人工湿地技术等外源控制手段能有效改善水体透明度和进入水体营养盐浓度。

1）前置库技术

前置库英文称 pre-dam 或 pre-reservoir，利用天然塘池、洼地，在河水进入湖泊之前，延长水力停留时间，增强泥沙及营养盐的物理沉降量，同时利用微生物和水生植物的吸收、吸附、降解和拦截功能使营养盐转化为有机物或沉降于库底，减少营养盐的入湖量。前置库主要包括沉降、强化净化、导流和回用系统（图 6.1）（李瑞玲等，2009）。除需有足够的场地外，前置库需控制 80% 左右的入流水，并能达到一定去除率的水力停留时间。

在国外，20 世纪 50 年代后期，前置库就开始被作为流域面源污染控制的有效技术进行开发研究（张毅敏等，2003）。Benndorf 等（Benndorf et al.，1975；Benndorf and Putz，1987a，1987b）等发现前置库中一系列的物理化学和生化过程提高了水质，而 Uhlmann 和 Benndrof（1982）等指出库中磷的去除率会随着水深增加呈指数下降。在国内，我国学者张永春（1989）较早介绍过前置库技术。边金钟等（1994）在于桥水库富营养化控制中，曾在水库上游设置前置库，使水的滞留时间提高 4 倍，全年去除磷近 50 t，占入库总量的 90% 以上。在对宜兴浦南、厚和、河㘱 3 个自然村的生活污水及农田地表径流污染控制中，张永春

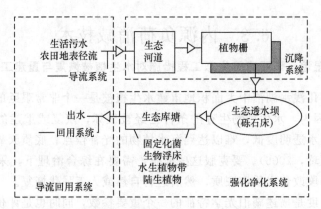

图 6.1　前置库系统组成结构（李瑞玲等，2009）

Fig. 6.1　The structure of pre-reservoir system（Gited from Li *et al.*，2009）

等（2006）通过 2 座强化净化前置库削减入湖污染物 SS、TN、TP 的数量分别为 118 484.56 kg、1756.21 kg、106.3 kg，去除率分别达到 95.6%、84.48%、85.24%。前置库技术不断改进，已由早期较小、技术单一的经典前置库发展为包含生态河道、生物浮床、生物操纵、生态透水坝等多种技术集成的有效改善水环境，并实现环境效益与经济效益统一的面源控制的有效措施，具有较大的应用前景。

2）人工湿地技术

　　人工湿地是利用自然生态系统中的物理、化学和生物的三重协同作用，通过过滤、吸附、共沉、离子交换、植物吸收和微生物分解来实现对污水的高效净化（吴振斌，2008），具有缓冲容量能力强、处理效果好的优点。在美国圣约翰斯河水资源管理局针对大型浅水湖 Apopka 湖（Coveney et al.，2002）治理蓝藻水华的综合性技术采用 4 项恢复措施，包括降低外源磷输入、建造人工湿地、生物操纵、水生植被恢复等，在长达 40 余年的 Apopka 湖整治和修复工程中，控制外源性磷就被认为是实施方案中最为核心的部分，一方面禁止周边的柑橘污水厂和城市污水处理厂向该湖排放有机物和生活污水，另一方面由于确认了农业废水是最主要的污染源，因此当地的水资源管理局斥巨资收购了面积高达 1.9 万亩①的农场，并将其中 2000 多亩的土地改造成了具有水质净化功能的湿地。在治理过程中外源性磷的削减被认为是水体透明度提高的主因，随后生物操纵法的效果显现，水生植被也能够长期生存，湖泊水体叶绿素 a 也从 120 μg/L 下降到了 50 μg/L。人工湿地去除湖中的悬浮物、氮、磷等，取得了较好的效果，经过 29 个月的运行，去除效果为总悬浮物 89%～99%、总磷 30%～67%、总氮

———————————
① 1 亩≈667 m²，后同。

30%~52%。

　　人工湿地根据水体流动的方式可分为表面流、潜流及垂直流。表6.1对表面流人工湿地以及组合式人工湿地，如梯田式、强化垂直流-水平流组合、膜生物反应器-人工湿地处理污水的效果进行了对比，发现膜生物反应器-人工湿地具有较好的脱氮除磷效果，在进水 TN、TP 为（93.80±2.46）mg/L、（5.86±0.14）mg/L 条件下，去除率可达94%和98.5%，其他类型的人工湿地具有除磷效果好（去除率为37%~98%），脱氮效果差（去除率为45.7%~80%）的共性。人工湿地也存在很多尚需完善的问题，如占地面积庞大，受季节差异影响大，地下水污染和湿地系统处理能力逐渐下降等。

表 6.1　几种类型人工湿地处理污水效果的对比

Tab. 6.1　Comparison of various constructed wetland in sewage treatment

人工湿地类型 Constructed wetland type	进水 Influent TN、TP/（mg/L）	出水 Effluent TN、TP/（mg/L）	去除率 Removal Rate TN、TP/%	优、缺点 Advantage and disadvantage
表面流（何蓉，2004） Surface flow	40~50/ 5.00	10~16/ 1.35~3.15	60~75/ 37~73	出水水质受季节影响大，需较长的水力停留时间
梯田式（詹鹏，2007） Terrace	29.54~59.3/ 1.29~6.18	10.36~28.7/ 0.10~1.02	45.7~74.9/ 80.42~96.72	除磷较好，但脱氮效果差，出水水质受季节影响较大
强化垂直流-水平流组合（李剑波，2008） Enhanced vertical flow-horizontal flow	24~42/ 2.80~9.40	5.8~17.6/ 0.10~1.50	47~70/ 64~98	除磷效果好，但受季节影响较大，脱氮效果较差
复合垂直流人工湿地（徐栋等，2006） Intergrated vertical-flow constructed wetland	6.3~25.7/ 0.80~2.40	1.7~5.1/ 0.08~2.75	39~80/ 45~95	脱氮除磷效果好，但仍受季节差异影响
膜生物反应器-人工湿地（肖恩荣，2007） Membrane bioreactor-constructed wetland	93.8±2.46/ 5.86±0.14	5.33±0.2/ 0.09±0.01	94.0±0.1/ 98.5±0.1	脱氮除磷效果好，但仍受季节差异影响

3）生态砾石床水质净化系统

　　生态砾石床及土地处理技术是将污染水体的一部分导入由砾石、土壤或其他材料制成的生态滤床进行处理的方法。其净化机理是通过滤料的过滤作用去除水中的悬浮性污染物后，由在滤料表面形成的生物膜进一步分级有机物及藻类，并通过在生物膜表面和内部分别形成的好氧和厌氧环境进行硝化和反硝化作用对氮进行去除，而磷的去除主要靠土壤及砾石的吸附作用。

生态砾石床接触氧化工艺是在水体中按设计放置一定量的砾石作填料层，上层覆土并种植生态草皮，使水流断面上微生物附着在特殊填料表面，前半段在鼓风曝气的作用下，通过填料上生物膜分解有机物，去除氨氮、磷，后半段在去除有机物的同时沉淀去除悬浮物，达到水质净化的目的。该工艺为人工生态系统，特别适用于低污染河、湖水的治理，具有造价和运行费用低、水力负荷高的特点，特别是对于轻度污染的水体，由于其较高的水力负荷（其水力负荷值可达到 $6\sim10\ m^3/d$）和可埋入地下不影响环境景观的特点，成为治理低污染环境水体的重要方法，目前生态砾石床的处理技术在日本的河湖治理中已经得到了非常广泛的应用，据日本建设省统计，在日本全国实施的河流直接净化项目中 80% 采用砾石接触氧化工艺，接触时间一般为几个小时，净化效果很好。BOD，氨氮及总磷除去率一般为 50%～60%，悬浮物除去率为 75%～85%，从而实现了河流净化的目的（刘鸿志，2001）。

云南大理洱海喜州镇董苑示范工程（刘书宇，2007）采用了"生态砾石床＋造流曝气技术"对受污染水体进行处理，该工程根据水体的水质情况和当地土壤的物化特性，配制土壤，利用土壤净化槽中厌氧、好氧交替及土壤毛细管吸附作用，使水体中的污染物分解为土壤可吸收的可溶性物质，将污染物滞留在土壤中。处理后水质可达城市污水处理厂 A 级标准。处理后蓝绿藻平均去除效率达 85%，浊度的平均去除率为 68%，透明度平均提高 2.7 倍，平均达到 88 cm，水体中的 TN、TP 水质指标下降 60% 左右，这些均为当地水体水生植被创造了较好的条件。

6.3.2　植物浮岛技术

植物浮岛技术（artificial floating island，AFI）或人工浮岛技术是一种新型的富营养化水体治理技术，在国内外得到越来越多的应用。该技术首先是由德国的 Bestman 公司于 20 世纪 70 年代末提出来的，随后许多国家纷纷效仿，特别是日本、德国、美国等发达国家，已越来越重视对该技术的研究应用，效果明显（Hoeger，1988）。我国自引进人工浮岛技术以来，该技术在我国应用的形式各异，名称也多样，如人工基质无土栽培（丁树荣等，1992）、水域无土栽培（宋祥甫等，1996）、生物浮床（井艳文等，2003）、生态浮床（陈荷生等，2005）、人工生物浮床（卢进登等，2005）、生物浮岛（黎昌政和熊超，2005）等。

1. 植物浮岛技术简介

植物浮岛技术即生物浮床技术，指在水体上建造一种载体，并按照自然界自身规律，人工把高等水生植物或改良的陆生植物种植到富营养化水域水面上，通过植物根部的吸收、吸附作用和物种竞争相克机理，消减富集水体中氮、磷及有害物质，从而通过收割的方式将水体污染物搬离水体，达到水体净化，同时又营造水上景观的技术（井艳文等，2003）。该项技术治理水环境与生态修复的主要功能效应体现在（陈荷生等，2005）以下方面。

（1）通过植物根系对水体中 N、P 等植物必需元素的吸收利用，以缓解水体富营养化。

（2）通过植物根系和浮床基质等吸附水体中各类悬浮物颗粒。

（3）通过植物根系释出大量能降解有机物的分泌物降解水体各类有机物。

（4）通过植物的某些特化的生理机能富集水体中的有害重金属，如镉等。

同时，以植物为基础，形成小生境，为增加生物多样性、进一步形成良性生态循环提供可能。如水上部分能为鸟提供栖息地和避难所，水下部分为各类水生附着生物生长（如螺、各类附着微生物等）提供附着基质。最终，通过收割植物的方式将水体各类污染物搬离水体。

2. 浮岛构造及植物种类

1）浮岛构造

人工浮岛基本构造包括漂浮载体和植物栽培载体。漂浮载体一般采用塑料、泡沫、合成树脂、植物纤维等浮水材料填充在一个框架内使浮体稳定漂浮在水面。漂浮载体上放置栽培载体，为植物生长起固定和支持作用（李翠芬，2007）。从大的方面分，人工浮岛可分为干式和湿式两种，水和植物接触的为湿式，不接触的为干式。干式浮岛因植物与水不接触，对水质没有净化作用；湿式浮岛由于对水质有一定的净化作用，受到很多环保专家的关注（赵祥华和田军，2005）。湿式浮岛里又分有框架和无框架两种，有框架的湿式浮岛，其框架一般可以用纤维强化塑料、不锈钢加发泡聚苯乙烯、特殊发泡聚苯乙烯加特殊合成树脂、盐化乙烯合成树脂、混凝土等材料制作。一般有框架型的人工浮岛的施工事例比较多见。无框架浮岛一般是用椰子等纤维编织而成，对景观来说较为柔和，又不怕相互间的撞击，耐久性也较好。也有用合成纤维作植物的基盘，然后用合成树脂包起来的做法（丁则平，2002）。在我国，还出现了直接以植物为载体的植物浮岛技术。如陈静等（2006）在滇池草海生态修复工程中采用的低矮植物浮岛和挺水植物浮岛，其中低矮植物浮岛由天然水体采集的成簇状生长的匍匐茎植物排布于载体上任其自然生长，待载体上植物发育成熟后，由盘根错节的发达的植物根系自然形成植物浮岛的载体和浮体；而挺水植物浮岛则是将采集的凤眼莲、水花生等浮水植物混合体或李氏禾植物体置于预先准备好的固定围栏中进行水中集中堆沤，常温条件下经发酵 30～60 天，堆沤体植物腐败、温度下降至常温并处于稳定状态时，即为浮岛植物生长基质，用于培养浮岛植物时固定植物根系。

2）植物种类

不同地区、不同污染水体、不同植物的生理适应特征以及净化污染水体的效能存在差异，因而，对于特定的水体，选择合适有效的浮床植物是人工浮岛要解决的关键问题之一。

人工浮岛对植物固定作用较弱，所以一般选择草本植物和低矮灌木。目前已有很多经过试验证明在浮岛上栽植成功且具有较好的水质净化效果的植物。涉及种类有各种湿生和水生植物，司友斌等（2003）采用浮床上种植香根草技术，数据显示，香根草对于巢湖水、环城河水、池塘水 TN 去除率分别为 85.3%、91.2%、96.7%；对于 TP 的去除率分别为 98.0%、96.7%、97.0%；相应的 COD_{Cr} 和 BOD 去除率分别为 56.2%、67.0%、59.2% 和 78.9%、72.3%、68.2%，说明香根草对于富营养化水体中的 N、P、COD_{Cr}、BOD 等具有明显的去除效果。其次，在浮岛上还能栽植水生粮食作物如水稻（卢进登等，2006）、蔬菜作物如水蕹菜（*Ipomoea aqutica*）（操家顺等，2006）、水芹（*Oenanthe javanica*）（刘淑媛等，1999）等。此外，某些陆生植物经水生环境的驯化，然后栽植在浮岛上也能起到净化水质的作用，如美人蕉、鸢尾等。孙连鹏等（2008）的实验结果表明，春季浮床美人蕉对水中氮素的去除效果较好，经过 5 天的处理，TN 去除率约为 58.4%；NH_4^+-N 去除效果显著，2 天内去除率为 100%。与春季相比，秋季浮床美人蕉对氮素的去除效果有所下降，但去除规律大致相同，经过 5 天的处理，TN 去除率为 50.4%；对 NH_4^+-N 的去除效果仍很明显，4 天内去除率可达 100%（孙连鹏等，2008）。自 1991 年以来，我国利用生态浮床技术在大型水库、湖泊、河道、运河等不同水域，成功地种植了 46 个科的130 多种陆生植物（陈荷生等，2005）。卢进登等（2005）对目前已用于或可用于人工生物浮床净化水体的植物进行了比较详细的统计，主要有：

美人蕉科：美人蕉（*Canna indica*）；

禾本科：芦苇（*Phragmites australis*）、荻（*Miscanthus sacchariflorus*）、多花黑麦草（*Lolium multifolorum*）、稗草（*Echinochloa Crusgalli*）、水稻（*Oryza sativa*）、香根草（*Vetiveria zizanioides*）、牛筋草（*Eleusine indica*）；

香蒲科：香蒲（*Typha orientalis*）；

天南星科：菖蒲（*Acorus calamus*）、石菖蒲（*Acorus tatarinowii*）、水浮莲（*Pistia stratiotes*）、海芋（*Alocasia macrorrhizos*）；

雨久花科：凤眼莲（*Eichhornia crassipes*）；

蓼科：土大黄（*Rumex nepalensis*）；

伞形科：水芹菜（*Oenanthe javanica*）；

水蕹科：水蕹菜（*Ipomoea aqutica*）；

唇形科：芝麻花（*Physostegia virginiana*）；

莎草科：旱伞草（*Cyperus alternifolius*）；

灯心草科：灯心草（*Juncus effusus*）。

3. 浮岛技术的生态功能

1）净化富营养化水体及其作用机制

生物浮床能够净化富营养化水体，其机理在于多方面。首先，浮床上的植物通过在水中生长的根系，大量吸收利用生长所需的氮、磷等营养元素，从而直接将水体中的富营养物质输出。浮岛植物对水体中营养物质的去除效果已有较多报道，例如，Nakamura 和 Shimatani（1997）在人工池中引入富营养化河水建立人工浮岛种植水稻，当水面的浮床覆盖率达 20%、40% 和 60% 时，在 84d 的时间里浮岛对水体中凯氏氮（KN）的去除率分别达 29.0%、49.8% 和 58.7%，对总磷（TP）的去除率分别是 32.1%、42.0% 和 49.1%；去除率随着浮岛覆盖率的增大而更高（Nakamura 和 Shimatani，1997）；其次，伸入水体中发达的根系，除能过滤、截留、吸附水中的悬浮物外，其根系表面所附着的生物膜（含有大量的细菌和原生动物等）分泌大量的酶，通过其中微生物的分解和合成代谢作用，能有效地去除污水中的有机污染物和其他营养物质，使水质得到净化（刘淑媛等，1999）。同时，由于遮阴效应、竞争营养等作用使富营养水体中浮游藻类的光合作用减弱，因而可以起到抑制浮游藻类的过度繁殖从而减轻水华现象作用。例如，在日本 Kasumigaura 湖建立 900 m^2 规模的人工浮岛净化水质，结果水质得到有效净化，特别是对抑制夏天常发生的水华现象效果显著，在建立人工浮岛的水区，浮游藻类的数量是对照水区的 1/10（Nakamura 和 Shimatani，1997）。同时某些浮岛植物对藻类具有化感作用，即克藻效应，可以产生更好的控制水华效应。1949 年 Hasle 等首次发现了水生植物对藻类的克制效应，国内的研究有：凤眼莲对多种藻类有不同程度的克制作用（卢进登等，2005），水蕹菜对藻类的抑制率为 88.8%（操家顺等，2006）；还有一些水生植物演化出了特定的生理机制使其脱毒。如重金属诱导可使凤眼莲体内产生有重金属络合作用的金属硫肽（王英彦等，1994），从而富集重金属，达到富集水体重金属的作用。

2）为动物提供栖息地，增加水域生态系统的生物多样性

除了净化水质以外，人工浮岛栽种植物不但直接增加了水域的植物多样性，而且由于植物（生产者）的存在而自然吸引昆虫、鸟类，以及伸入水体中发达的植物根系，为细菌、藻类、原生动物、后生动物、螺等提供良好的生存环境，使得位于浮岛下面水区内的包括鱼、虾等在内的水生生物的种类和数量也会大量增加，从而形成一个完整的浮岛生态系统。如日本 Kasumigaura 湖中所建立的人工浮岛，其下方水域中鱼虾的生物量比对照水域高出达 38 倍（Nakamura *et al.*，1995）。又如，1996 年调查，在日本霞浦土浦港的人工浮床上，发现一些鸟类的巢穴，还发现昆虫有 10 目 35 科，蜘蛛类有 8 科；人工浮岛上种的构成与樱川河

口的芦苇林大致相同，只是量少一些（丁则平，2002）。

3）生产作物，节省肥料和土地资源

富营氧化水体中含有植物生长所需的丰富的营养元素，选择合适的作物种类栽培，在对水体起到净化作用的同时，还能获得巨大的经济效益，同时，还能节约肥料和土地资源。人工浮岛技术在我国最初的体现形式就是在水面无土栽培水稻等农作物（卢进登等，2005）；研究发现浮岛上种稻具有陆上水稻生产所不具备的旱涝保收等优点，其中大面积单季水稻每公顷产量在 8.5 t 以上，最高可达 10.07 t（陈荷生等，2005）。宋祥甫等为探明自然水域浮床无土栽培水稻技术应用于大型水库等水域的可行性，1991～1993 年，在浙江省境内的 5 种水域类型上进行生态适应性试验，累计试种双季和单季稻 4.33 hm²，均经受住了不同生态环境和不同年份气候条件的考验，其中，除连作早稻单产低于水田水稻对照外，其他两季的单产均超过了水田水稻对照，最高的双季连作稻和单季晚稻单产分别达 14 985 kg/hm² 和 10 065 kg/hm²，从而证明，在各类型水域上种稻不但可行，且能取得与水田水稻相仿甚至更高的产量（宋祥甫等，1996）。经试验成功的水上无土种植的农作物除了水稻以外，还有水蕹菜（操家顺等，2006）（*Ipomoea aqutica*）、水芹菜（*Oenanthe javanica*）、多花黑麦草（*Lolium multiflorum*）、大蒜（*Allium sativum*）（李欲如，2005）等多种经济作物。

4）消波防浪和护岸作用

井艳文等（2003）利用生物浮床技术进行水体修复研究与示范中发现生物浮床具有抗风浪、抗雨洪冲击能力，甚至能在台风下保存（李英杰，2007）。因而如果在海岸、河岸边坡能建成连片的水上人工浮岛，将起到类似于红树林生态系统的护岸功能，产生削波防浪与护岸效果。

5）有一定的景观美化作用

浮岛植物的栽培，净化污染水体的同时，填补了水域单调、景观空旷的不足。如果对浮岛植物种类进行合理的搭配，配以花卉植物，将创造出美妙的"水上花园"（李翠芬，2007）；同时，各类鸟类的栖息，更将增添水中情趣。目前，在该技术中所采用的花卉植物品种已有很多报道（尚农，2006），如：

一年生及二年生植物：雁来红（*Amaranthus tricolor*）、金鱼草（*Antirrhinum majus*）、鸡冠花（*Celosia cristata*）、一串红（*Salvia splendens*）、万寿菊（*Tagetes erecta*）、三色堇（*Viola tricolor*）等。

宿根花卉：郁金香（*Tulipa gesneriana*）、风信子（*Hyacinthus orientalis*）、美人蕉、玉簪（*Hosta plantaginea*）、石蒜（*Lycoris radiata*）、水仙（*Narcissus tazetta* var. *chinensis*）、鸢尾（*Iris tectorum*）等。

4. 生态浮床治理湖泊水域污染的应用实例

目前，人工浮岛技术在湖泊、水库、河道等污染水域治理可应用，在国内外皆有相关实例报道。在此，主要介绍该技术在湖泊治理中的工程实例。

例如，1995 年日本专业研究者首先在霞浦（土浦市大岩田）进行一次隔离水域试验，在隔离水域上设置人工生态浮床，一段时间后该水域水质有了明显好转，1996 年的调查显示，在土浦港的人工生态浮床对水质的净化起了重要作用；随后，又在滋贺县琵琶湖大约 1500 m² 的水域里设置了 60 个人工生态浮床，净化水质效果良好（丁则平，2002）。

国内，陈荷生等（2005）对相关应用实例进行过详细报道。近年，李英杰等（2007）报道了"863"项目在太湖五里湖实施了两个人工浮岛工程，其中一个于 2003 年 7 月施工，位于湖滨生态修复示范工程区，该工程的规模为 66 000 m²。该工程将无土栽培技术很好地应用到了人工浮岛上，先将植物的根部用海绵包裹起来，然后固定到浮岛植被基（植被基由泡沫塑料单元连接形成）预留的孔中，最后植被基被固定在插入底泥中的竹杆上。浮岛单元长约 1.5 m、宽 1 m，彼此之间通过绳子和竹片相连。应用于浮岛中的植物主要有水芹、美人蕉、黑麦草和旱伞草（Cyperus alternifolius）。该浮岛工程建成后，其植物迅速生长，很快形成美丽的景观。此外，浮岛工程经受住了 2003 年和 2004 年台风的考验。研究数据显示，工程区内营养盐的浓度被大幅度消减，浊度从 53.4 NTU 降低到 15.9NTU。大多数情况下，工程区内透明度维持在 80～120 cm，而工程区外为 40～50 cm。同时，另一个于 2004 年施工，位于示范工程区附近的河口，根据结果显示，人工浮岛工程能有效去除营养物质，浮岛边与开阔水道之间净化效果存在很大差异，浮岛边去除率为 TP 51.85%、TN 39.64%、NH_4^+-N 66.92%，浮岛的净去除率（浮岛边去除率－开阔水道去除率）分别为 TP 10.3%、TN 8.1%、NH_4^+-N 18.1%；人工浮岛撤除后，河口的净化效果变差，其对营养盐的去除率仅为 TP 18.2%、TN 9.2%、NH_4^+-N 27.8%；河口区人工浮岛对水质的净化效果是湖水稀释、河口自净和浮岛三者综合作用的结果；由于氮循环的复杂性，浮岛对 NO_3^--N 和 NO_2^--N 的去除率有时为负值。同时，监测资料表明，这两个人工浮岛工程能够有效去除水体营养物质，提高透明度。可以说人工浮岛工程显著改善了工程区内的水环境。在 2006 年，陈静等（2006）报道该技术在滇池成功应用。滇池草海水域生态修复工程建设了植物浮岛生态 78 亩，与一般技术相比，该生态工程技术形成的植物浮岛主要利用水生维管束植物自身具有的浮力，由茂盛植物盘根错节的发达根系自然形成植物浮岛的载体和浮体，无需制造额外的植物载体或浮体。形成的浮岛结构简单，主要由浮岛框架、植物群体、浮岛固定件等部分组成。主要包括低矮植物浮岛和挺水植物浮岛。其中低矮植物浮岛制备，物种选择主要为匍匐茎草本植物如李氏禾（Leersia hexandra）、粉绿狐尾藻（Myriophyllum aquaticum）、水芹菜（Oenanthe clecumbens）、凤眼莲等及藤本植物，其植株高度一般不超过 1.0 m；挺水植物浮岛物种选择主要为茭草（*Zizania caduciflora*）、水葱（*Scirpus validus*）、狭叶香蒲（*Typha angusti-folia*）、芦苇及风车草（*Cyperus alternifolius*）等湿生、挺水植物。

5. 生态浮床治理湖泊水域污染的应用前景

目前，在湖泊污染治理中，生态浮床技术已越来越受到人们的关注，其优势主要体现在以下几个方面。

（1）采用浮床植物技术可直接富集导致水体富营养化的主因素 N、P 等营养物质，并可通过收割的形式将其搬离水体，避免了二次污染，同时，水生植物的形成为各类水生生物提供了小生境，继而为水生生态系统的自然恢复提供保障。

（2）可以将陆生植物引用于该技术，拓展了植物选择的范围。

（3）与传统的物理、化学治理相比，该技术效果好，实施过程简便，后续效果不但能确保对人体健康和水生生物有安全保障，成本也远低于物理生态工程，且易管理。

（4）在采用该技术治理富营养湖泊时，选用合适的粮食作物为植物材料，水质得到净化的同时还能收获农产品。从其综合效果来看，它既是有效的、又是经济的，应用前景将十分广阔。

6.3.3　物理化学技术

1. 物理方法

1）截污治污

即将原先直接排入水体的污水收集到污水厂处理后再排放。目的是削减排入受纳水体的污染物总量，为进一步净化水质创造条件。如武汉东湖的水果湖水域，在污水截流后，湖水中 BOD_5、TP、TN、SS 逐年上升的趋势得到遏制，污染物总量逐年下降，水中溶解氧上升，使湖区水环境得到明显改善（邵林广等，1998）。上海苏州河六支流的截污工程，使苏州河的水质状况明显好转。

2）疏浚法

底泥中含有大量的有机物、氮、磷、重金属等污染物质。一方面，当底泥厌氧发酵时，会使水体黑臭；另一方面，在泥水界面存在污染物沉积于底泥和底泥中污染物向水体中扩散的动态平衡。进行水底淤泥疏浚不仅可以削减水体内源性污染物的释放量，而且还可达到增加水体容量的目的。开展富营养化湖泊的底泥疏浚除了可以将富含营养物的底泥层清除外，还可以控制藻类的生长。鄂州的洋澜湖综合治理工程包括湖底清淤；滇池草海疏浚一期工程疏挖面积 2.88 km²，挖泥 424 万 m³（赵章元，2000）。

目前常用的挖泥设备是水力挖泥船。这种挖泥船带有切割头，其中切割头用于将底泥疏松，然后与水形成 80%～90% 的混合泥浆，通过管道输送到湖岸。在现场对泥浆进行脱水，所脱除的水经适当处理后返回湖中。在淤泥疏浚的过程中，应确定合理的淤泥清除量，一般不宜将污泥全部清除，以免把大量的底栖生物、水生植物同时清出水体，破坏现有的生物链系统。

3）换水稀释法

用较清洁的水体稀释甚至完全替换污染严重的水可以显著降低水体中的污染物浓度。在富营养化的湖泊中，为了有效控制藻类生长，换水去除藻类的速度应大于藻类的生长速度。一般认为，每天进入湖泊较清洁水的体积应该达到湖泊库容的10％～15％以上（杨文龙，1999）。厦门的篔筜湖利用海水潮起潮落替换湖水，使该湖的水质常年维持在良好状态。当然，此法存在污染物转移的问题，必须保证受纳水体具有足够的环境容量。

2. 化学方法

1）除藻剂

投加除藻剂是一种简便、应急控制水华的办法。常用的除藻剂有硫酸铜和西玛三嗪等。当除藻剂与絮凝剂联合使用时，可加速藻类聚集沉淀，控藻效果更好。在滇池外草海曾利用化学药剂 BC-655 开展过蓝藻清除试验，为期 1 个月的水质监测结果显示，实验水域透明度由投药前的 0.29 m 上升至投药后的 0.68 m，叶绿素 a 浓度由投药前的 250.73 mg/m³ 下降至 164.25 mg/m³，且试验水域水质总体优于未投药水域参照点的水质，基本消除蓝藻水华现象（和丽萍，2001）。但化学除藻剂有一定的副作用，应根据水体的功能要求慎重使用。

2）沉磷剂

磷是影响水体富营养化的主要限制性因子。投加沉磷剂可以快速降低水体中可溶性磷的浓度，控制藻类生长及水华发生。常采用的沉磷剂有三氯化铁、硝酸钙、明矾等。这些药剂通过与水中的磷结合，形成稳定态的磷化合物，絮凝沉淀进入底泥。研究显示当加入足量的硫酸铝等沉磷剂，底泥表层可能形成厚 3～6 cm 富含 $Al(OH)_3$ 的污泥层，钝化底泥中的磷，抑制底泥中磷的释放。

6.3.4　微生物制剂

1. 基本原理

作为水生生态系统中的分解者，微生物占着极其重要的生态位，可将受污染水域中的有机物降解为无机物，这正是污染物质分解转化过程中的第一个步骤，在生物修复中尤其重要；部分自养微生物还能以 NH_3，NO_3^-，SO_4^{2-} 等作为电子受体，对这些无机污染物进行还原。因而，在受污染水体中营造水生生态系统并发挥其功能，首先要进行微生物区系的恢复和微生物作用的强化。污染物的减少反过来又促进了水体中有益微生物的生长和代谢，有助于良性水生生态系统的恢复。

微生物在受污染水体的生物修复中起着其他生物不可替代的作用。主要表现在：

（1）微生物对有机物的降解：进入水域中的溶解性有机物在有氧情况下被好氧微生物在短期内氧化分解，水体得以净化。不溶性固体有机物及死亡的生物体沉入水域底部，在底泥微生物的作用下转化成小分子的溶解性有机物进入上覆水体，也可被厌氧细菌转化成甲烷和其他无机物。

（2）脱氮：微生物对氨氮的去除包括硝化和反硝化两个过程。在好氧情况下，化能自养菌如欧洲亚硝化单胞菌和维氏硝化杆菌先后将氨氮转化成亚硝氮和硝氮；硝氮则在厌氧条件下被异化或被自养脱氮细菌还原成氮气。

（3）除磷：磷是造成地面水体富营养化的重要因素之一。污水除磷是通过聚磷菌在厌氧条件下释放磷，同时吸收污水中的易降解有机物；在好氧条件下过量吸磷后排出高磷污泥来实现的。聚磷菌在厌氧阶段释磷越多，在好氧阶段吸磷效果就越好。程晓如等的试验研究结果表明，有效微生物群（effective microorganisms，EM）能促进聚磷菌的放磷速度。这可能是因为 EM 中的发酵菌群在厌氧条件下将污水中的有机物转为低分子有机物，聚磷菌利用水中的低分子有机物在体内合成 PHB 的同时向水中释放磷酸盐，易降解的有机物浓度越高，则放磷速度就越快。

（4）对水体功能的改善：复合微生物制剂在水体功能的改善主要表现在提高水体透明度、降低浊度、稳定 pH、增加溶解氧等方面。

受污染水体的微生物修复技术如下：

（1）接种微生物技术：这种技术适用于水体中污染物的降解菌很少甚至没有，在现场富集培养降解菌存在一定难度时的情况，它是通过向水环境中引入菌种来实现的。目前，向水环境中引入的菌种可以从待修复水体中的土著微生物中富集而得，也可以从其他环境中分离得到，甚至可以使用基因工程菌，因此，投加微生物按来源可分为土著微生物、外来微生物和基因工程菌。

针对城市内陆河的有机污染，美国 CBS（Central Biological System）公司的科学家开发研制了 CBS 水体生物修复技术，在流动水体中无固定设备和完全自然状态下，用喷洒微生物的方法把被污染河道水体中的有机物转化为无机物，这种 CBS 微生物生态系统主要包括光合细菌、乳酸菌、放线菌和酵母菌等，含有多个属的几十个具备各种功能的微生物，构成了降解功能强大的微生物菌群，它不仅可以去除水体中有机污染物、消除恶臭和解决水体富营养化问题，而且对底泥有一定的消化作用，采用该种生物制剂修复重庆桃花溪水体，取得了较好的试验效果。

近年来，随着环境微生物技术的发展，基因工程菌在污染水体的修复方面愈来愈显示出其优势。基因工程菌是将不同细菌的降解基因进行重组，将分属于不同细菌个体中的污染物代谢途径组合起来构建而成的具有特殊降解功能的超级降解菌。构建基因工程菌可以有效地提高微生物的降解能力，从而提高生物修复效果。但因为基因工程菌的生物安全性必须得到充分保障，所以目前基因工程菌的应用还受到严格限制。

（2）培养土著微生物技术：这是一种污染水体的微生物强化修复技术，它通过向水体中投加营养物质、无毒表面活性剂、电子受体或共代谢基质来激活水环境中本身具有降解污染物能力的微生物（土著微生物），充分发挥土著微生物对污染物的降解能力，从而达到水体修复的目的。包括投加营养物（激活剂）的强化水体修复技术、投加表面活性剂的强化水体修复技术以及投加电子受体或共代谢基质的强化水体修复技术。

2. 微生物制剂水质修复技术工程示范

在"十五"期间，中国科学院水生生物研究所等单位在武汉月湖地区开展了微生物制剂的工程示范，取得了一定的成效（马剑敏，2005）。

1）LLMO 微生物菌剂介绍

微生物菌剂选用了美国利蒙（Liquid Life Micro-Organisms，LLMO）产品，为液态活性微生物培养体，包含 8 种天然的菌种（表 6.2，表 6.3）。

表 6.2　LLMO 产品所含的菌种

Tab. 6.2　Microbial strains in LLMO

序号 Number	名称 Name
1	枯草杆菌 *Bacillus subtilis*
2	解淀粉芽孢杆菌 *Bacillus amyloliquefaciens*
3	地衣芽孢杆菌 *Bacillus licheniformis*
4	纤维单胞菌属 *Cellulomonas* sp.
5	双氮纤维单胞菌 *Cellulomonas biazotea*
6	施氏假单胞菌 *Pseudomonas stutzeri*
7	脱氮假单胞菌 *Pseudomonas denitrificans*
8	沼泽红假单胞菌 *Rhodopseudomonas palustris*

表 6.3　LLMO 系列产品的种类、特点和应用范围

Tab. 6.3　The categories, characteristics and application scope of LLMO

产品种类 Categories	特点 Characteristics	应用范围 Application scope
E-1	含多种菌，生长速度快，一种菌降解有机物产生的副产物是其他菌的营养物	活性污泥的驯养；处理难降解的工业废水及高 BOD 的工业废水
S-1	分解一般微生物难分解的结构复杂的有机物，可减少污泥量 20%～40%	污水厂的二级污泥减量；大型氧化塘、养殖塘及污水塘的底泥处理；污染湖泊的底泥改良

产品种类 Categories	特点 Characteristics	应用范围 Application scope
N-1	能提供大量硝化菌，将氨氮和亚硝酸盐转化为硝酸盐，也含有能行反硝化作用的菌，将硝酸盐转化为氮气释放	养殖池的氨氮及亚硝酸盐的处理；氨氮难达标的污水处理；富营养化湖泊的治理；水族馆的水质净化
G-1	能产生高浓度脂肪酶，降解油脂，用于解决排水管、隔油池、过滤池中过多的油脂	污水管及污水收集系统的油脂堵塞处理和预防，并能减少系统中由硫化物产生的臭味；传统式厕所的除臭；有机堆肥及土质改良
ACT	特殊配置的液态微生物活化剂	可以和 E-1、S-1、G-1、ES 产品配合使用，能促进微生物胞外酶的产生，提高处理效果
PNA	特殊配置的固态微生物活化剂	和 N-1、NS 配合使用，能加速提升产品的反应和处理效果

2）实验设计与实施

2004 年 7 月 18 号初次泼洒，间隔一段时间后，根据水质变化情况再次泼洒，实验以大围隔为主，具体时间和剂量见表 6.4。

表 6.4　月湖大围隔投撒 LLMO 产品情况表

Tab. 6. 4　The addition of LLMO in the large-scale enclosure of Lake Yuehu

投加时间 Addition date	S-1/L	ACT/L	N-1/L	PNA/g
7.18	12	12	65	390
8.1	8	4	15	180
8.16	8	4	15	180
8.22	8	4	15	180
9.2	8	4	15	180
9.9	15	5		
9.16	15	5		
10.7	15	5		
11.1	15	5	20	90
总计 Total	104	48	145	1200

3）水质检测结果与分析

（1）对 TN 的影响。在大型围隔中，TN 浓度在大多数月份小于对照（图

6.2)，围隔外的对照和围隔内水中的 TN 浓度平均值分别为 4.943 mg/L 和 4.325 mg/L，经 t 检验，差异显著。降低的主要时间段是 2004 年 8 月 2 日～9 月 23 日，即泼洒半月后，水温也比较高的时候。

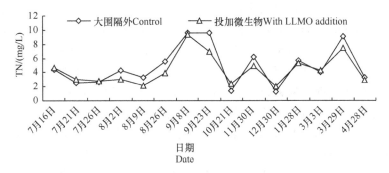

图 6.2　大型围隔中投加微生物制剂对总氮的影响

Fig. 6.2　The effect of LLMO addition on the TN concentration in the large-scale enclosure

（2）对 Chl a 的影响。在大型围隔中，Chl a 含量在大多数月份小于对照（图 6.3），围隔外的对照和围隔内水中的 Chl a 含量平均值分别为 59.4 μg/L 和 40.1 μg/L，降低了 32.6%，经 t 检验，差异显著。降低的主要时间段是 8 月的 3 次数据，即投洒两周后，水温最高的时候。

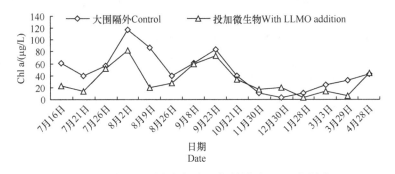

图 6.3　大型围隔中投加微生物制剂对 Chl a 的影响

Fig. 6.3　The effect of LLMO addition on the Chl a in the large-scale enclosure

丁学锋等（2006）用 EM 菌与水生植物黄花水龙（*Jussiaea stipulacea*）联合作用去除富营养化水体中的氮、磷。采用人工自然模拟试验方法，研究了 EM 菌与水生植物黄花水龙联合作用对污水水质改善的影响。结果表明，EM 菌对水体中氮、磷的去除有一定的效果，尤其是对氨氮的去除效果最好。对于污水中氨氮的去除率，固定 EM 和水生植物结合非固定 EM 的处理都达到了 92%左右，但单独 EM 菌处理对水体中磷的去除效果较差，只有 20%左右。黄花水龙与不固定 EM 菌的联合处理去除氮和磷的效果最好，在处理 12 天期间内，对氨氮、TN 和 TP 的去除率分别达 98.1％、53.6％和 47.4％。常会庆等（2005）等研究伊乐藻和固定化细菌共同作用对富营养化水体中养分的影响，采用适合冬季生长的沉水植物伊乐藻和固定化微生物两者相结合来研究它们在冬春季节对富营养化水体中氮、磷养分的影响变化。试验结果表明：采用两者的结合对维持和提高水质效果最为明显，其中对水体中几种形态的氮素都有不同程度的降低，这主要是由于除水生植物对水体中氮素的吸收外，还有通过固定化微生物的氨化作用、硝化和反硝化作用，促使氮素以气态的形式去除；在试验的后期，虽然水体中总磷（TP）和可溶性磷（DP）的含量在各处理中都表现出上升趋势，但是把伊乐藻和氮循环菌相结合却能对水体的磷含量有明显的缓冲作用，这些结果综合表现为水体透明度的相对较高。高等植物及其根际是许多微生物的良好生境，能形成特殊的微区供微生物生长，这些微生物通过对氮、磷、硫和有机物等的代谢与水生植物发生直接或间接的相互作用。袁东海等采用模拟试验装置，对利用高效微生物菌剂促进填料快速挂膜，并和水生植物联合作用净化富营养化水体进行了研究。结果表明，复合微生物菌群表现出了良好的种群环境适应能力，高效微生物在局部水域形成微生物数量上的优势，也为在秋冬季低温水体中保持较高的去除效果提供了必要条件，并且固定化微生物扩散的高效微生物在下游水体的植物根区附着，可强化根际微生物的活性。郝东海等研究了不同水生植物-微生物系统对水质的净化效应。在荇菜-微生物系统去除氮、磷过程中，对氮的去除以细菌为主，包括浮游细菌和根际细菌；对磷的去除则以植物吸收为主，根际磷细菌也起了一定的作用。生态浮岛所种植三种水生植物美人蕉、菖蒲、再力花对微生物的生长都具有一定的促进作用；而且浮岛内部水质好于外部，说明挺水植物-微生物系统对水质去除有一定的效果。水生植物菖蒲、美人蕉、再力花的根区微生物数量浮动变化较大，但是，在三种挺水植物之中，菖蒲的根区微生物数量较为稳定，而且数量基本上是三者之中较多的。

6.3.5　控藻技术

随着水体富营养化的加剧，藻类水华的频发，对控藻技术的研究与应用日益受到重视。目前的藻华控制技术主要分为三大类，即物理法、化学法和生物法（过龙根，2006）。

物理法主要指采用纯物理手段清除水体中藻类的方法，不会产生二次污染，但成本高，一般只用于小型水体或者大水体的局部区域。主要包括人工打捞、机械调节、黏土絮凝以及遮光技术。其中机械调节可以分为机械打捞和机械搅动。机械搅动控藻主要是指通过调节水流，造成水体在水平或垂直方向剧烈交换，产生复氧效应和均一效应，降低水体污染物浓度，破坏藻类生长环境（陈雪初等，

2008)。国家"十五"重大科技专项"受污染城市水体修复技术与工程示范"实施期间在严重富营养化、蓝绿藻水华频发的武汉莲花湖（30°33′N，114°16′E）大湖中设计建造了 3 个旋转搅动装置（直径为 3 m，深度 1.5 m）以进行水体搅动机械去除蓝藻水华试验，同时还在原位和实验室里，开展了水动力（流速）对绿藻（主要是栅藻）和有害蓝藻（微囊藻和水华鱼腥藻）生长影响的研究。通过比较不同流速条件下藻类的组成和数量变化，发现在静止和较慢流速条件下，如水流流速为 0.15 m/s，有害蓝藻（微囊藻）的相对丰度不会降低，依然是绝对优势种，但如果使水流速度加大到 0.30 m/s，绿藻（栅藻）的相对丰度在 16 天内就会明显升高，较静止条件下增加了 2.5 倍，而蓝藻的相对丰度就会明显下降，从而有效抑制有害蓝藻（微囊藻）的生长；搅动试验也进一步证实采用机械搅动的方法可以有效地抑制蓝藻水华的发生。但是，在应用过程中必须注意以下几个问题：①因为采用人工机械装置，所以该方法的使用适合于小型的湖泊、池塘等小水体。②在使用该方法时必须考虑到动力装置、水流等对底泥的搅动作用。如果底泥较厚，且营养盐（氮、磷等）含量较高，使用该方法就要谨慎。③在小型水体中如小池塘、狭窄河道等结合遮光等物理方法，抑制蓝藻水华的效果就会更好。④在春末夏初当蓝藻开始萌发时就实施机械搅动措施，控藻效果将更加明显。

化学法主要指通过化学药剂除藻。该方法简便易行，不需要大型设备和构筑物，且短期效应明显。化学除藻剂主要包括氧化型和非氧化型两大类。前者主要为卤素及其化合物和臭氧、高锰酸钾等。非氧化型杀藻剂主要包括无机金属化合物及重金属制剂、有机金属化合物及重金属制剂等，其中硫酸铜最为常用（过龙根，2006；张伟勤，2008）。然而，任何一种化学药剂的使用都会带来新的对水体中其他生物不利的化学物质，不可避免地对环境造成二次污染，破坏水体生态平衡，甚至通过生物富集作用最终威胁到人类健康。目前而言，化学法控藻只能作为一种应急措施，更加广泛的应用亟需新型低毒高效控藻药剂的开发（陈雪初等，2008）。

生物法控藻指利用生态系统食物链摄取原理及生物的相生相克关系控制藻类的方法（朱秀芹和李灿波，2008）。该方法充分利用生态系统中各生物间的相互作用，大大减少了对资源的消耗和对环境的破坏。根据生物类别的不同可以分为水生动物控制法、水生植物控制法和微生物控藻法等。水生动物控藻，也称生物操纵，主要指利用以微型藻类为食的浮游动物、底栖动物来控制藻类生长，以及利用可以直接滤食蓝藻等藻类的滤食性和杂食性鱼类来达到控藻的目的，详见第 5 章生物操纵相关内容。水生植物控藻主要是利用植物与藻类间对光照和营养等资源的竞争以及植物释放到环境中的化感物质来控制藻类的生长。其中植物对藻类的化感作用详见第 3 章。微生物控藻法指利用病毒、细菌、真菌、放线菌等生物对藻类的裂解和消食达到控藻目的。

在实际的工程应用中，往往会根据治理水域的环境特点将某几项单一技术联合实施来实现对藻类的有效控制。在国家"十五"重大科技专项"受污染城市水体修复技术与工程示范"实施期间，通过大小围隔实验进行了菌-草联合控藻和漂浮植物-底栖动物联合控藻示范。围隔实验地点在武汉莲花湖（30°33′N，114°16′E）大湖，大围隔规格为 7 m×7 m，共 3 个，分别为 1♯对照，2♯漂浮藻类控藻试验区，3♯微生物菌剂控藻试验区。小围隔规格为 1 m×1 m，共 9个，用于漂浮植物-底栖动物联合控藻示范。控藻试验开始前，对三个大围隔的水质情况进行了 3 个月的监测，如表 6.5 所示，试验区的水体为富营养化水体，在 5～12 月均有水华发生。

表 6.5　2004 年 9～12 月 3 个围隔的水质情况

Tab. 6.5　Water quality in three enclosures from September to December in 2004

时间 Time	围隔 Enclosure	pH	COD /(mg/L)	BOD₅ /(mg/L)	TP /(mg/L)	TN /(mg/L)	Chl a /(mg/L)
2004.9	1♯	8.71	15.66	10.97	0.672	4.18	0.269
	2♯	8.14	14.38	10.52	0.620	4.32	0.288
	3♯	8.29	14.94	11.54	1.353	4.73	0.275
2004.10	1♯	8.00	19.79	25.7	0.409	4.16	0.334
	2♯	8.14	17.34	11.82	0.321	2.67	0.164
	3♯	8.73	21.78	19.50	0.623	4.15	0.275
2004.12	1♯	8.00	23.53	35.99	0.580	6.89	0.523
	2♯	8.1	27.10	20.73	0.701	7.35	0.511
	3♯	7.89	26.35	18.94	0.670	6.11	0.484

从 2004 年 12 月起，每 15 天向试验 3♯围隔喷撒 EM 复合菌液。如图 6.4 所示，试验期间，对照 1♯出现水华，3♯围隔没有水华发生，水体透明度由最初的 10 cm 上升到 35 cm，生态系统稳定维持到 2005 年 4 月底。在 3♯围隔中，为健全水生态系统的完整性，在水质好转、透明度提高的情况下，种植水生植物菱角。通过菌-草控制藻类水华发生。

在 9 个 1 m×1 m 的小围隔中，放养无根萍，2 个月后，将无根萍打捞起后，围隔水体透明度达到 1 m，清澈透底，向其中一个围隔中投放小螺蛳，围隔内没有水华发生，通过植物-底栖动物作用，系统维持稳定状态达 7 个月之久（图 6.5）。2005 年 5 月，开始在 2♯围隔放养无根萍和浮萍，控制了水华，进一步验证了在小围隔中的试验。

3#围隔 Enclosure 3#　　　　　　　　对照1#围隔 Enclosure 1#(control)

图 6.4　EM复合菌控制水华示范（2005 年 6 月 1 日摄）

Fig. 6.4　Demonstration of algal bloom control by using effective microorganisms

(Photographed on June 1，2005)

2004年10月(Oct. 2004)

2005年6月(June. 2005)

图 6.5　漂浮植物-底栖动物控藻

Fig. 6.5　Algae control with floating macrophyte and macrozoobenthos

在 2005 年 6~7 月，1#围隔和大湖中出现微囊藻水华的情况下，2#、3#围隔没有水华发生。6 月的水质监测表明，围隔中的水质指标要好于围隔外的大湖水体（表 6.6）。

表 6.6　2005 年 6 月生物控藻处理后的围隔水质情况
Tab. 6.6　Water quality in the enclosures after the biological control of algae in June, 2005

时间 Time	围隔 Enclosure	指标 Parameter					
		pH	COD /(mg/L)	BOD$_5$ /(mg/L)	TP /(mg/L)	TN /(mg/L)	Chl a /(mg/L)
2005.6	1#	>8	23.9	11.36	1.312	5.95	0.571
	2#	7	28.64	13.9	1.579	6.54	0.412
	3#	7.5	22.58	14.6	0.761	5.49	0.524
	莲花湖		24.1	12.96	0.79	7.05	0.739

6.3.6　着生藻反应器

着生藻是一类可以附着在水体基质表面生长的藻类，在浅水湖泊和小型河流的沿岸、水底、水草或其他基质上均有分布，生物量可远远超过浮游藻类（况琪军等，2007）。利用着生藻类的吸收、富集和降解作用去除污水中的营养物质、重金属离子和有机污染物的内源污染控制思路日益受到关注（邓莉萍，2008）。应用着生藻类处理污水可以实现对河流、湖泊中营养负荷的削减，一定程度上控制富营养化湖泊的内源污染。着生藻反应器主要是在国家"十五"重大科技专项"受污染城市水体修复技术与工程示范"实施期间研发的技术。

1. 工艺设计

该技术在用于水质改善时，其工艺流程极为简单，污水经过长满着生藻类的装置或溪流处理后，排出系统。

在技术研发阶段开发了两种着生藻反应器装置。一种是如图 6.6 所示的室内实验条件下的着生藻污水处理装置，污水自供料桶恒流至藻类反应系统（容量 25 L），停留一定时间后，流入沉降槽，根据不同藻类的最适生长条件设置光照和温度。考虑到天然条件下风浪的冲击和水流速度均是影响藻类生长和处理效果的重要因素，同时为了防止藻类堆积和相互遮蔽，在第二种实验装置中增加了翻桶环节（图 6.7），被处理污水由水泵导入翻桶，翻桶内水满后自动倾泻，形成波浪通过藻类，稍作停留后，污水再次回流到污水桶，依此循环。着生藻反应器的主要参数包括基质：鹅卵石、大理石和聚乙烯网；藻类种类：毛枝藻（*Stigeoclonium* sp.），鞘藻（*Oedogonium* sp.），丝藻（*Ulothrix* sp.），颤藻（*Oscillatoria* sp.），席藻（*Phormidium* sp.）和舟形藻（*Navicula* sp.）等。

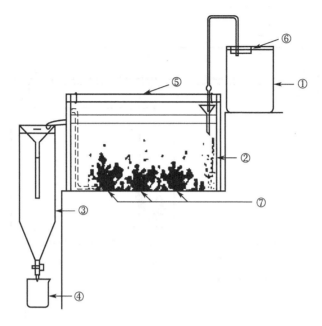

图 6.6　室内条件下着生藻污水处理装置示意图

①供料桶；②藻类反应系统；③沉降槽；④水样收集瓶；⑤日光灯；⑥恒流装置；⑦藻类

Fig. 6.6　Schematic of apparatus that used attached algaes

for wastewater treatment under laboratory condition

①Feeding bucket；②Treatment system of attached algaes；③Settling tank；④Bottle for water sample

collection；⑤Fluorescent lamp；⑥Constant liquid flow device；⑦Algaes

　　对于溪流着生藻类，生态修复工程设计时应该注意：①构建在污水入湖沿岸带的人工溪流系统的地势必须与湖滨有一定的天然落差，以便污水顺势流入。如果能有合适的湖泊支流或连通水渠，则可减少构建投资。②由于着生藻类适合在硬度较高的泥土、砾石、岩石或树干等基质表面生长，故该工程对地质条件有一定要求，施工区域的地质不能太软，淤泥不宜过厚。溪流着生藻类水质改善系统主要参数：溪流底部宽控制在 2～5 m，距离地表深 1 m，两岸护坡坡度为 20°～30°，尽可能增大沟渠表面积以增加着生藻类的总体生物量。溪流底部分三层：最下层为泥土本底基质、第二层为细砂，直径约 1 mm 左右、第三层为粗砂或小鹅卵石，最上层为各种人工基质，包括大的石头、碎砖块等。溪流引水后，运行水深 0.2～0.5 m，流速控制在 0.2～0.5 m/s。单个工程全长控制在 2 km 左右。

　　2. 净化功能

　　1）室内条件下单种着生藻类对 N、P 的去除效果

　　试验装置如图 6.6 所示，4 支 20W 日光灯管分别置藻类培养系统的上部24 h

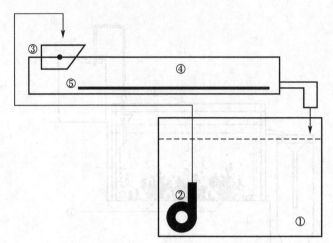

图 6.7　露天条件下混合着生藻类污水处理装置示意图

①污水桶（体积 200L）；②水泵；③翻桶；④培养槽；⑤生长着生藻类的聚乙烯网（面积 0.54 m²）

Fig. 6.7　Schematic of apparatus that used attached algaes for wastewater treatment under outdoor condition

①Wastewater bucket（200 L）；②Pump；③Tilting tank；④Cultivation tank；⑤Polyethylene net with attached algaes（0.54 m²）

提供光照，光强 3000 lx 左右，用 JD-1A 型照度计（上海产）直接测定；温度为 13～18℃。污水在系统中停留 24 h 后，流入沉降槽。合成污水组分与特征：由于天然污水中不确定因素太多，不利于试验结果的直接比较，故而试验用污水系人工配制的合成污水，水质特征为（mg/L）：TN25～35；NH₄⁺-N15～20；TP5～7；Mg2～5；Ca2.0；pH7.4～7.7。用于试验的藻类包括水网藻、刚毛藻、黑孢藻和水绵，均采自天然水体，藻种采回后，随即用自来水洗净附着在藻体上的其他微型生物、滤干水分、称重，各按 40 g/L 鲜重的量接种到经修改的 BBM 培养基中驯化培养 3 天，随后逐渐注入人工合成污水，流速 25 L/d，待藻类培养系统的培养基被人工合成污水完全交换并平衡 2 天后，开始收集数据，隔天取样分析一次。测定项目为 TN、TP、PO₄³⁻-P 和 NH₄⁺-N，按水与废水分析的标准方法进行。

结果显示，四种着生藻类在修改的 BBM 培养基中均能快速生长，当将其转入人工合成污水后，亦能保持正常生长代谢，尤其是在转接后的头一周，藻体色泽鲜绿、自然伸展，新生藻丝清晰可见，产生大量气泡（氧气）聚集反应系统的表面（图 6.8，图 6.9）。当处理到第 11 天时，培养系统的 DO 和藻细胞代谢的旺盛程度开始下降和减弱，藻体色泽逐渐变浅，放氧减少，并伴有老化细胞沉到水底，此时对 N、P 去除效果明显降低，说明藻类已进入衰老期，应将老化细胞适当收获。

图 6.8　处理系统藻类生长情况

Fig. 6.8　Growth of algaes in the treatment system

图 6.9　处理系统藻类释放的氧气

Fig. 6.9　The oxygen released by algaes in the treatment system

　　表 6.7 列举了四种被试着生藻类对水体中 N、P 的去除百分率。数据显示，四种被试绿藻在 N、P 负荷较高（TN、TP 分别为 10～14 mg/L 和 5～9 mg/L，相当于超富营养化水体）的环境下均能正常生长繁殖，并对水体中的 N、P 营养具有较强的去除能力，其中，水网藻对 NH_4^+-N 的去除效果最好，水绵次之，刚毛藻只及前两者的一半左右，黑孢藻的最低；对 P 的去除效果则以刚毛藻和水绵的最好，另两种藻类虽去除率略低一点，但仍能达到 40％以上。四种藻类对水体中 N、P 营养综合去除能力大小的排列顺序大致为，水网藻、水绵、刚毛藻、黑孢藻。由于水绵在其细胞衰老和死亡后会产生藻腥味，造成水体二次污染；黑孢藻对 N 的去除率不高；故此认为，水网藻和刚毛藻可望作为改善富营养化水体水质的生态工程用藻。

表 6.7　室内条件下四种着生藻类对 N、P 的去除率（%）

Tab. 6.7　Removal rate（%）of N and P by four attached algaes under laboratory condition

	TP	PO₄³⁻-P	TN	NH₄⁺-N
刚毛藻 *Cladophora* sp.	55.64%	49.01%	39.16%	28.15%
黑孢藻 *Pithophora* sp.	46.50%	52.20%	27.20%	18.70%
水网藻 *Hydrodictyon* sp.	45.82%	40.52%	49.08%	57.37%
水绵 *Spirogyra* sp.	49.26%	49.26%	42.62%	50.19%

2）露天条件下混合着生藻类对人工合成污水 N、P 去除效果研究

在确定了着生藻类对污水中的 N、P 营养具有较高的吸收转化率和去除效果后，将试验移至露天进行，并将规模扩大至日处理污水 140 L。试验藻类为取自天然条件下的多种混合藻类。即将长方形（120 cm×45 cm）的聚乙烯网固定于汉阳某造纸厂排污口下游溪流的底部，10～15 天后取回实验室。此时，网上着生了多种天然藻类，用清水洗净藻体表面上的杂质，放置在培养槽中。培养面积为 0.54 m²，用 3×NBBM 培养基进行扩种培养。经驯化 4 个周期，附着在聚乙烯网上的藻类在种类和数量上均达到稳定状态，此时再循环通入 140 L 人工合成污水进行批量式处理，合成污水的组分与特征同室内试验。试验在露天条件下进行，自然光照，日平均水温维持在 23℃ 左右，表层最大光强在正午达到1700 μmol/(m² · s)；污水流速为 15 L/min。试验期间天气晴朗，为了减少处理系统中氨氮的挥发，适时加入盐酸以抵消因光合作用导致的碱度升高，使系统的 pH 始终维持在 7.0～7.5。每批培养结束时用毛刷收集网上密集的藻类细胞，待新生藻类达到一定生物量时，随即进行另批次试验。为模拟风浪的冲击作用和水流，本试验选择了如图 6.7 所示的实验装置。

试验期间每天测定污水的总氮（TN）、总磷（TP）、NH₄⁺-N 和 NO₃⁻-N 的含量，每个样品测三个重复，取平均值，用两次测定数据之差确定藻类对营养的去除效果。同时，按常规干重法测定藻类的生物量。

显微镜下观察发现，在聚乙烯网上着生的混合藻类分为里外两层，外层以毛枝藻（*Stigeoclonium* sp.）的生物量最大，鞘藻（*Oedogonium* sp.）次之，丝藻（*Ulothrix* sp.）较少，此外还有少量蓝藻中的颤藻（*Oscillatoria* sp.）和席藻（*Phormidium* sp.）。分布在里层的藻类主要是硅藻门的舟形藻（*Navicula* sp.），其生物量极小，被丝状绿藻所覆盖。这些藻类在本试验条件下的污水处理系统中始终生长良好，在试验的第 3 天，聚乙烯网表面的藻体色泽鲜绿、在水流中自然伸展、藻丝清晰可见，长 2～3 cm；第 5 天时，网上铺满一层厚厚的绒状藻体，在充足的光照条件下，藻类光合放氧强烈，藻体间充满气泡而显得蓬松。试验时间着生藻类

生物量的测定数据显示，在试验的第 1 天，藻类生长比较缓慢，到第 2 天时，藻类生物量（干重）为（1.7±0.68）g/m²；第 3 天和第 4 天，藻类生长最为旺盛，第 3 天时生物量达到（6.93±2.35）g/m²，生长率达到最大值；第 5 天时藻类生物量为（14.36±0.72）g/m²，几乎接近环境负荷量 16.22 g/m²，经过数天的稳定期后，藻类生长速率开始逐渐下降。由此可见，混合着生藻类的生长同样经历延缓期、对数生长期和稳定期三个阶段，其生长曲线完全呈"S"形（图 6.10）。

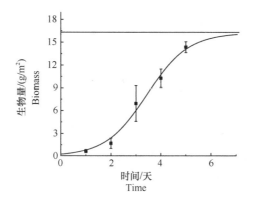

图 6.10　混合着生藻类生长曲线

Fig. 6.10　The growth curve of attached algaes

混合着生藻类对人工合成污水中 N、P 的去除效果十分明显，系统中的 TN、TP 浓度随培养时间的延长而下降，两种参数的浓度曲线均呈反"S"形（图 6.11），与藻类生物量的增长曲线完全反相关。

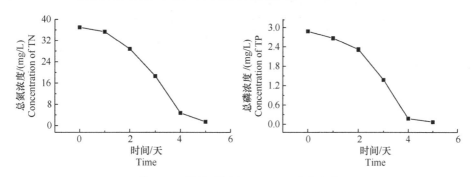

图 6.11　被处理污水 TN、TP 浓度变化

Fig. 6.11　Changes of TN and TP concentrations in the treated wastewater

混合着生藻类对废水中 TN 和 TP 去除效率，在培养的第 3 天开始显著上升，随后趋于平缓。对 NH_4^+-N 和 NO_3^--N 的去除率存在明显差异，NH_4^+-N 的

去除率在第 2 天达 40%，第 3 天达 80% 以上；而 $NO_3^- $-N 的去除率在前 3 天没有明显差异，均不足 10%，直到第 4 天、第 5 天去除率直线上升（图 6.12），说明着生藻类在 $NH_4^+ $-N 充足的情况下，首先利用氨态氮，而后才利用硝态氮，可能因氨氮多以铵离子形式存在，有利于藻类的吸收和利用所致。

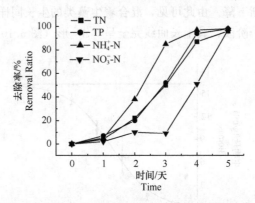

图 6.12 混合着生藻类对各种营养物质的去除率

Fig. 6.12 Removal rate of nutrients by the attached algaes

表 6.8 归纳了露天条件下混合着生藻类对人工合成污水中 N、P 营养物的去除效果，在 5 d 处理期间，混合着生藻类对 TN、TP、$NH_4^+ $-N 和 $NO_3^- $-N 的去除率分别达到 96%、98%、98% 和 97%，TN、TP 含量分别由（36.97±0.26）mg/L、（2.88±0.02）mg/L 降至（1.44±0.09）mg/L、（0.07±0.01）mg/L，藻类对 N、P 的吸收速率分别达到 1.84 g/(m² · d) 和 0.15 g/(m² · d)。

表 6.8 露天条件下混合着生藻类对 N、P 的去除效果

Tab. 6.8 Removal rate of N and P by the attached algaes under outdoor condition

	总氮 TN	总磷 TP	氨氮 $NH_4^+ $-N	硝氮 $NO_3^- $-N
初始浓度/(mg/L) Initial concentration	36.97±0.26	2.88±0.02	7.02±0.33	1.69±0.01
最终浓度/(mg/L) Last concentration	1.44±0.09	0.07±0.01	0.14±0.01	0.05±0
去除率/% Removal rate/%	96%	98%	98%	97%
去除总量/g Removal capacity/g	4.97	0.39	0.96	0.23
单位面积去除率/[g/(m² · d)] Removal rate	1.84	0.15	0.36	0.09
平均生物量去除率/(mg/g DW 藻) Average biomass removal rate	346	27	67	16

以上结果仅能说明着生藻类对人工合成污水中的 N、P 养分具有较高的吸收利用率和转化率。为了进一步探讨着生藻类对天然水体或污水处理厂出水中 N、P 的去除效果，继而进行了着生藻类对污水厂二级出水和富营养化湖泊水 N、P 去除效果的研究。

3）着生藻类对污水厂二级出水、富营养化湖泊水 N、P 去除效果研究

研究的试验装置与规模、污水日处理量、混合着生藻类的获得及其驯化培养、氮磷测定项目、分析方法、样品处理、营养去除率的计算及藻类生物量的收获与测定等，均与上述露天试验相同。被处理污水分别取自武汉沙湖污水处理厂的二级出水和武汉东湖的天然富营养化湖泊水，两组污水的 TN、TP 浓度见表 6.9。

表 6.9　不同组别水样的 N、P 含量

Tab. 6.9　Contents of N and P in different wastewater samples

	NH_4^+-N	NO_3^--N	NO_2^--N	PO_4^{3-}-P	TN	TP	N∶P
污水厂二级出水 Secondary effluent of wastewater treatment plant	11.789	0.11	0.033	0.059	12.244	0.144	85.324
东湖水样 Water sample of Lake Donghu	8.563	0.128	0.062	0.573	10.512	0.856	12.280

显微镜下观察发现，本次试验中附着在聚乙烯网上的藻类同样分内外两层，表层以蓝藻中的巨颤藻（*Oscillatoria princeps*）占绝对优势，肉眼观一层厚厚的铁红褐色绒状物呈地毯状分布在基质的外层（图 6.13），外加蓝藻门的鞘丝藻（*Lyngbya* sp.）和席藻（*Phormidium* sp.）；分布在里层的藻类被颤藻所覆盖，主要有绿藻门的小球藻（*Chlorella* sp.），栅藻（*Scenedesmus* sp.）；硅藻门的舟形藻等单细胞藻类，合计生物量不大。整个试验期间，藻类的种类组成非常稳定，同时发现，颤藻具有顽强的生命力和抗逆能力，试验期间曾因为水泵故障导致系统干涸，藻类几乎完全脱水，但在系统恢复正常工作后的一周内颤藻即能恢复旺盛的生长。

不同试验期间附着在聚乙烯网上的优势藻类存在明显差异，可能主要与季节不同和污水的性质不同有关。通常情况下，夏季多以丝状绿藻占优势；春、秋季节多以蓝藻占优势，冬季则以硅藻占优势。

4）混合着生藻类对富营养化湖泊水 N、P 的去除效果

图 6.14 和图 6.15 分别是富营养化湖泊水中 N 和 P 浓度随处理时间的延长而发生的变化。从 N 浓度的变化趋势来看，混合着生藻类对富营养化湖泊水和污水处理厂二级出水中 N 的处理效果无明显差异。试验期间，对照组中，TN 下

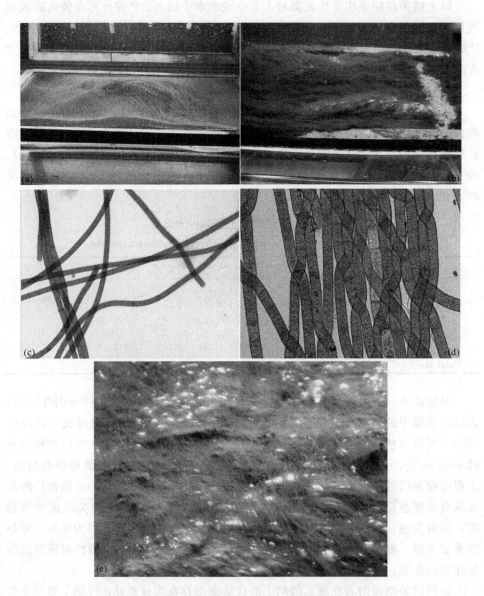

图 6.13　试验中着生藻类生长状况（比例尺：50 μm）

a. 未接种藻类的基质（对照）；b. 接种后藻类在聚乙烯网上的生长情况；c～d. 网上占优势的巨颤
藻（*Oscillatoria princeps*）；e. 着生藻类放 O₂ 情况

Fig. 6.13　Growth of attached algaes during the experiment (Scale: 50 μm)

a. Substrate without algal inoculation (control); b. Growth of inoculated algaes on the polyethylene net;

c～d. Dominant species *Oscillatoria princeps*; e. Oxygen release by attached algaes

降不到 30%，84 h 时 NH_4^+-N 的浓度接近最低点，而 NO_3^--N 的浓度达到最高，接近 6 mg/L。处理组中，TN 浓度下降了 90% 以上，36 h 时 NH_4^+-N 的浓度降至最低，而 NO_3^--N 的浓度上升至 4 mg/L 左右，随后继续降至 0.1 mg/L。

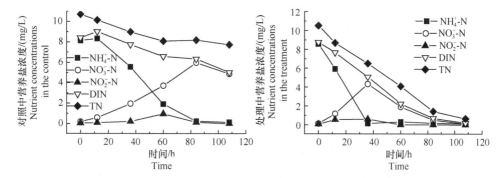

图 6.14　富营养化湖泊水 TN、NH_4^+-N、NO_3^--N、NO_2^--N 和 DIN 的浓度变化

Fig. 6.14　Changes of TN, NH_4^+-N, NO_3^--N, NO_2^--N and DIN concentrations in the eutrophication lake water

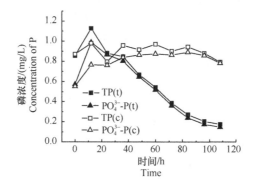

图 6.15　富营养化湖泊水 TP、PO_4^{3-}-P 的浓度变化

Fig. 6.15　Changes of TP and PO_4^{3-}-P concentrations in the eutrophication lake water

图 6.15 的曲线显示，处理组的 TP、PO_4^{3-}-P 的浓度在接种 12 h 后即开始稳步下降，对照组的 TP、PO_4^{3-}-P 浓度则未显示明显变化，始终在 0.8 mg/L 上下波动。表 6.10 归纳了露天条件下混合着生藻类对富营养化湖泊水 TN、TP 的总去除率、单位面积去除率和平均生物量去除率。数据显示，5 天处理期间，混合着生藻类对 TN 和 TP 的去除率分别达 93.812% 和 79.661%，单位面积去除率分别为 0.974 g/(m²·d) 和 0.067 g/(m²·d)。

表 6.10　着生藻类对富营养化湖泊水的净化效果

Tab. 6. 10　Removal efficiency of nutrients in the eutrophication lake water by the attached algaes

项目 Item	进水浓度 /(mg/L) Influent concentration	出水浓度 /(mg/L) Effluent concentration	去除率/% Removal rate	去除总量/g Removal capacity	单位面积 去除率 /[g/(m² · d)] Removal rate	平均生物量去除率 /(mg/g DW algae) Average biomass removal rate
TN	10.512	0.651	93.812	0.592	0.974	206
TP	0.856	0.174	79.661	0.041	0.067	14

5）露天小型生态系统着生藻类对 N、P 去除效果研究

以中国科学院水生生物研究所标本馆前水池为试验水体，接种采自东湖的刚毛藻和鞘藻。待藻类紧密着生于池底的鹅卵石及池壁并获得足够生物量后，用防水布将水池一隔为二，分别设为试验区和对照区。试验前，将对照区的着生藻类、试验区的老化刚毛藻和两区的树叶等杂物清除干净，一周后开始定点取样，试验区设藻类密集和藻类稀少两个采样点，对照区仅设一个采样点，每天测定三个点的 N、P 营养浓度及相关水质指标，以与对照区相比的减少量确定被试藻类对营养盐的去除效果。因天气炎热，水分挥发较大，试验期间曾人工补水一次。

初步结果显示：试验区的 TN、NH_4^+-N 浓度较对照区低。其中藻类密集区域 TN 的去除率为 13.5%～45.8%，NH_4^+-N 的去除率为 33.3%～50.0%；藻类稀少区 TN 的去除率为 11.9%～24.6%，NH_4^+-N 的去除率为 8.3%～20.0%。试验期间，藻类对 NH_4^+-N 的去除率曾偶尔出现过负值的情况，可能与人为操作误差有关，是否还存在其他原因，有待进一步试验验证。

试验期间，可溶性 PO_4^{3-}-P 的浓度一直小于或等于最低检测限，以致本试验中藻类对 TP 与可溶性 PO_4^{3-}-P 的去除效果不明显。

3. 应用前景

可以肯定，着生藻类对污水的处理效果完全可与早期的藻类污水处理技术相比，且在藻类生物量的收获上占明显优势，仅通过简单的机械手段就能达到目的。故此认为，将着生藻类作为一种新型生态工程手段用于污水三级处理以及富营养化水体的治理具有潜在的应用前景。但是，由于该项技术目前尚停留在研究和完善阶段，其试验规模亦有待进一步扩大，加之保种问题、景观问题等尚未得到很好解决，有待进一步深究。

鉴于污水处理效果受许多因素的影响，如水力负荷、污染负荷、停留时间、藻类种类组成及其生长状况、污水的 pH 条件等。因此，有必要对影响处理效果的各种因素进行优化研究，方能使该项技术在污水三级处理和富营养化湖泊水的

防治中发挥作用。

6.4　改善底泥技术

目前，污染底泥控制技术主要有原位处理技术和异位处理技术两大类。原位处理技术是将污染底泥留在原处，采取措施阻止底泥污染物进入水体，即切断内污染源的污染途径；异位处理技术是将污染底泥挖掘出来运输到其他地方后再进行处理，即将水体的内污染源转移走，以防止污染水体。目前广泛应用的原位处理技术主要有覆盖（掩蔽）、固化、氧化、引水、物理淋洗、喷气和电动力学修复等。异位处理技术主要有疏浚、异位淋洗、玻璃化等（唐静等，2007）。

6.4.1　生态疏浚

疏浚作为一种去除持久性化学污染物的内源污染治理方法已经被广泛地运用于世界各地的水环境治理工程中。通过疏浚，底泥中保守性的污染物质，如有机污染物（多环芳烃、多氯联苯、有机氯农药）和重金属等被移出水体，从而减轻这些具有毒性或潜在毒性的物质对水体和底泥中微生物、小型生物以及具有较高营养级的大型水生动物和植物的毒性威胁。许多国家采用疏浚的方式来减轻底泥中有机毒性物质和重金属对底栖生物的毒性作用，并达到改善水环境质量的目的，而且开展了疏浚对有机毒性物质和重金属的生态效应研究。底泥生态疏浚工程属于水生态整治工程。生态疏浚的目的在于清除高营养盐含量的表层沉积物，包括沉积在淤积物表层的悬浮、半悬浮状的絮状胶体等，属生态工程范畴，有别于一般的传统工程疏浚。传统的工程疏浚为物理工程，是按工程目的要求，设计疏浚的深度和底部标高，以设计高程、疏浚后几何形状尺寸、土方量作为控制依据。而生态疏浚是以取走污染物或营养盐量为主要控制目标，控制和监理污染营养盐的数量和位置，保护生物多样性，采用环保无扰动型挖泥设备，是清洁生产工艺。生态疏浚是在淡水生态系统中底泥受到污染的背景下运用发展生态理论实施的生态修复工程，其本质是以工程、环境、生态相结合来解决湖泊的可持续发展或称湖泊"生态位"的修复。在污染底泥沉积层，采用工程措施，最大可能地将储积在该层中的污染营养物质移出湖体以外，以改善水生循环，遏制水体稳定性的退化。它必须注重对生物多样性和物种的保护，以不破坏水生生物自我修复繁衍为前提，同时又为生物技术介入创造了有利条件。因此，生态疏浚是局部的薄层精确疏浚，注重水生态系统的保护，生态疏浚的可行性应经风险评估确认（钟萍等，2007）。

刘德启等（2005）对太湖底泥生态疏浚的效果进行了模拟实验，结果表明，底泥中细小颗粒物、较高水温、置水和厌氧条件等是促进底泥中磷释放的主要环境要素。从短期效果来看，底泥的疏浚可以有效地改善水质，从营养物的释放的长期过程来看，不管是好氧还是厌氧条件，疏浚造成的长期释放强度的差异并不明显，相反，深度的疏浚有使氮素保留在水体中的倾向。从模拟太湖底泥的淤积现状来看，以平均模拟深度为 25 cm 环境效果最佳，在沉积物颗粒度较小的湖区，可以适当加深疏浚深度；底泥疏浚应在冬季等水温较低的季节进行，这样可以有效地防止营养物质向上覆水体的释放。

6.4.2　原位覆盖

原地处理技术是在原地利用物理、化学或生物的方法减少受污染底泥的容积，减少污染物的量或降低污染物的溶解度、毒性或迁移性，并减少污染物的释放控制和修复技术。目前，原地处理技术主要有底泥氧化技术、覆盖技术、上覆水充氧技术等。底泥氧化技术是将氧化药剂注入底泥内部，氧化其中有机物并脱氮，将亚铁转化为三价铁（氢氧化铁），使磷与氢氧化物紧密结合起来，从而达到控制内源性磷的目的。底泥氧化技术被视为是一种代替铝盐的钝化处理技术，它同铝盐的钝化技术相比较，具有不容易影响水体生物、氧化技术效果更加长久的优点。常用的药剂包括硝酸钙、氯化铁和石灰。底泥氧化适用于铁氧化还原控制内源性磷的情况，不适于底泥高 pH 和高温度控制内源性磷的情况。

原位覆盖是将粗砂、土壤甚至未污染底泥等均匀沉压在污染底泥的上部，以有效地限制污染底泥对上覆水体影响的技术。原位覆盖（掩蔽）作为底泥的一种原位处理技术对污染底泥的修复效果非常明显，而且工程造价低，能有效防止底泥中的污染物进入水体而造成的二次污染，不论是有机污染还是无机污染类型的底泥均适用。原位覆盖技术通过在污染底泥表面铺放一层或多层清洁的覆盖物，使污染底泥与上层水体隔离，从而阻止底泥中污染物向水体的迁移。覆盖具有如下3 方面功能：①通过覆盖层，将污染底泥与上层水体物理性隔开；②覆盖作用可稳固污染底泥，防止其再悬浮或迁移；③通过覆盖物中有机颗粒的吸附作用，有效削减污染底泥中污染物进入上层水体。研究表明，覆盖能有效防止底泥中 PCBs、PAH 及重金属进入水体，对水质有明显的改善作用（陈华林和陈英旭，2002）。

6.4.3　上覆水充氧技术

原位上覆水充氧技术就是对水体充氧，使水体保持一定的溶解氧，阻止或抑制底泥释放污染及对上覆水体的影响。目前，国内外治理河湖污染的增氧措施主要有液态氧经多孔橡胶管向水底增氧；旋桨负压吸氧并随水射入水体；喷射引氧与振荡射流扩散相结合的充氧技术。Masanobu 和 Hajime（1989）用数学模型的方式验证了磷酸根的释放量同上覆水中的溶解氧水平呈线性递减关系。向水体底部充氧可以使水体中的硫化物转化为无毒的硫酸根，水的颜色变清，臭味消失；

使近表层沉积物中的部分有机物可以转化为简单的、无害的、小分子的无机物和 CO_2 等，可改善水底生物的栖息环境，提高鱼虾等水生动物供氧水平。

6.4.4　原位化学处理

对底泥进行原位化学处理是向底泥注入化学药剂，减少污染物量或降低污染物的溶解度、毒性或迁移性，从而阻止底泥中的磷释放至上覆水中。该技术无需疏浚、见效快且成本低，国外已有一些成功的应用实例（Murphy *et al.*，1995；Babin *et al.*，2003；Chowdhury *et al.*，1996），但在国内尚处于试验阶段。Ripl（1976）最先提出了向底泥注入硝酸盐用于控制底泥中磷的释放，但该技术因可能会对水环境造成不利影响（洪祖喜等，2002）而未被广泛运用，且硝酸根会加剧底泥的富营养化。

刘广容等（2008）对东湖底泥进行了 30 天、4 种原位化学处理实验，发现底泥中加入这些盐类引起了各赋存形态磷组分的变化，$CaCl_2$ 使处理后底泥中钙结合态磷（Ca-P）含量最高，表明钙盐促进了难溶性的含磷矿物质的生成；$FeCl_3$ 和 $NaNO_3$ 处理的底泥表面氧化的 Fe^{3+} 和铁、锰的金属氧化物结合态磷（Fe-P）、Mn 的含量增加，证实了底泥表面铁氧化物对磷保持力的重要性；$Al_2(SO_4)_3$ 处理后铝和铁的金属氧化物结合态磷（Al-P）、Fe 含量高，说明磷被吸附在铝氧化物中，因而铝盐具有较强的束缚磷的能力。厌氧条件下底泥磷释放速率大大超过化学处理时底泥磷的释放速率，并且上覆水中总铁量与总磷量有一定相关性。

6.4.5　生物修复

底泥生物修复可分为原位生物修复、异位生物修复以及联合生物修复。原位生物修复，是指在基本不破坏水体底泥自然环境条件下，对受污染的环境对象不作搬运或运输，而在原场所进行修复。异位生物修复是指将受污染的底泥搬运到其他场所再进行集中的生物修复，主要应用于疏浚后底泥的处理。联合生物修复是指植物修复污染底泥利用专性植物根系吸收一种或几种有毒重金属，并将其转移，存储在植物的茎叶，然后收割茎叶再处理。对于某些挥发性元素如汞和硒则从植物中挥发掉，以减少对底泥环境的污染，这里包括了植物稳定、植物吸收和植物挥发三种机理。在许多湖库已经试用，目前已成为修复底泥污染的一种理想措施。

6.5　调控养殖结构技术

沉水植物是健康湖泊的象征，是水生态系统的重要成员，沉水植被的恢复是受损水体生态系统修复的关键。鱼类的活动会对沉水植物造成严重影响，30～

40 kg水草才能使草鱼和团头鲂等草食性鱼类增重 500 g；浅水湖泊一般底泥层比较厚，鲤鱼、鲫鱼等底栖鱼类扰动底泥，会使底泥悬浮而影响水体透明度，使沉水植物难以恢复。由于对湖泊鱼类数量和品质一般无法得到准确的数据，因此，在受损湖泊的生态恢复过程中，首先要对湖泊放养的鱼类进行大规模清除。武汉东湖历史上水草繁茂，由于过度追求渔业产量，造成水质恶化，促使东湖由草型湖向藻型湖转变，其中大量放养草食性鱼类是东湖水草消失的重要原因之一（陈洪达，1989）。因此，湖泊的生态恢复首先要采取措施清除对沉水植物生长造成严重影响的鱼类。

对于面积在几百亩以内的小型湖泊，可采用拉网打捞鱼类后清塘的方法清除鱼类。拉网是围栏养鱼的主要起捕渔具。拉网的网线一般用锦纶和聚乙烯等制成。拉网可根据水域的大小，任意增加网的长度，捕鱼对象也十分广泛。聚乙烯线纺织的拉网成本低，操作方便，不吸水，因而被广泛采用。拉网的长度、高度可随湖荡的宽狭和深度而定，一般网长应为水域宽度的 2 倍，网高为水深的 3 倍。围捕时，网从围栏区沿一边放入水中，然后在对岸陆上向水口的另一端牵拉。人在岸上操作，如果湖底平坦，捕鱼效果好。

清理湖泊鱼类可用的清鱼药物有生石灰和漂白粉（精）等；主要作用是杀灭野杂鱼、敌害生物及病原菌等。

（1）生石灰清理湖泊的原理是生石灰遇水后产生氢氧化钙，它能提高池水的pH 并释放热量，从而杀死野杂鱼及其他有害生物，具体方法有两种：①干法：在池塘中挖几个小水潭并放入生石灰，每亩用生石灰 60～75 kg，加水溶化后全湖泼洒。施药一天后加水 80 cm 左右。②湿法：每亩用生石灰 125～150 kg，生石灰溶于水后全湖泼洒，用药 7～13 天药性消失。

生石灰清理湖泊的优点是既可以杀死病原体及敌害生物，还能改变湖泊酸性环境，并提高湖水的硬度，增加缓冲能力。

（2）漂白粉清鱼：漂白粉中有效氯的含量一般是 30%，遇水生成次氯酸和次氯酸钙，从而杀死野杂鱼、病原体及寄生虫。有两种消毒方法：干法清鱼每亩用漂白粉 4～8 kg，带水清鱼每亩用 13～15 kg，将漂白粉放木桶或盆（不能用铝、铁等金属容器）内，加水溶解后全湖泼洒。

对于大型湖泊，渔业捕捞采用传统赶、拦、刺、张的联合渔法，又称定置张网捕捞法。捕鱼时，经过赶、拦、刺，最后将大部分鱼群由八字网捕捞。张网干由身网和翼网组成。身网形同长方体网箱状，包括底网、盖网、后墙网、侧墙网及前部开口的内八字网等。一般高 10～20 m、宽 10～30 m、长 30～60 m。采用定置张网和拦网、赶网、刺网组成联合渔法，是在大型湖泊捕捞鱼类的一种高效捕捞方法。捕鱼时，经过赶、拦、刺，最后将大部分鱼群由八字网中赶进身网（奋斗网），然后集中由张网中取出。

还有一种刺网捕鱼法可配合或单独使用。捕鱼时，将长方形的刺网横亘湖荡中，能使鱼自动或被拉上网。这种渔具若使用得法，可将围栏的大部分鱼类捕起。刺网可分为单层刺网和三层刺网。使用方法是：

（1）单层刺网：网线材料多为尼龙棕丝，网目为 8～12 cm，也可根据起捕对象采用更粗大的网目。使用时装上上下纲、浮子和沉子。刺网因作业对象不同，可分为沉网、浮网和流刺网。网高一般为 1～2 m，网条为 30～50 m。捕捉时将刺网设置在鱼类通道的断面上，鱼遇上刺网即刻被捕捞。

（2）三层刺网。由两层大网目外衣和一层小网目内衣装配而成。网片一般长50 m，高 5～15 m，要随水深而定。网衣用锦纶尼龙丝编织而成。三层刺网分浮网和沉网两种，浮网浮子的浮力相当于网衣、钢索和沉子在水中质量的 1.5～2倍，而每片浮网所用的沉子重约 0.5 kg。

（3）冬季用刺网捕鱼时应注意由于水温低，鱼类活动量少，故难于上网，因此，须配合驱赶，才能取得理想的效果。

另外有一种俗称"迷魂阵"，即围箔捕捞法，适合于小型浅水栏养区，用竹箔将捕捞区包围，内侧另置竹箔一道使逐段分割，然后用夹网边夹边赶，最后将鱼驱赶到中央部分的较小范围内起捕。

此外，沉水植物恢复完成后，可放养一定数量的鱼类，但放养的鱼类数量和种类也要控制。湖泊生态修复过程中可采用生物操纵原理，放养滤食性和凶猛鱼类保证生态系统良性循环和增加生物多样性。总之，鱼类调控是整个湖泊水体生态系统中的重要因素，要保护水质，渔业养殖就一定要服从水质管理的要求。

6.6　植物种植策略与技术

6.6.1　种植策略：保护区建立与扩大原则

如果待恢复沉水植物的水域面积很大，在全部水域种植或栽植沉水植物将花费很长的时间，并产生巨大的费用。因此较为实际的有效方法是先在水域的若干关键区建立起沉水植物群落，并采取适当的保护措施，再依靠它们自身的繁殖能力扩展进入到邻近水域，最终在多数水域稳定定居（示意图见图 6.16）（Smart et al.，1998）。

用种子繁殖通常来说是一种简单易行的方式。但多数无沉水植物的水体通常具有厌氧、浑浊等特征，导致种子的萌发率较低，实生苗的成活率也很低。因此通常选用粗壮的移植体，如成熟的植物枝条、块茎、球根或根状茎等，这些移植体具有较强的抵抗外界胁迫的能力（Titus and Hoover，1991；Doyle and Smart，1993）。

植物种类的选择应参考植物自身的耐受性、过去曾生长的植物种类、现存的植物种类、水域的现在及将来的功能等方面。关键区应选在植物最易成活的区

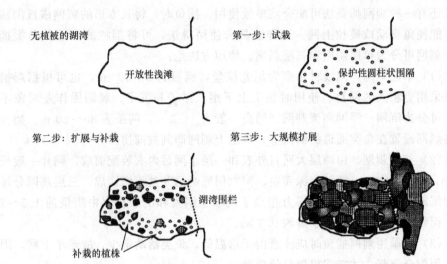

图 6.16　保护区建立与扩大的示意图（仿 Smart *et al.*, 1998）。第一步：在小的保护性围隔中试栽植。第二步：植物成活后，建立更大一些的保护区，如有必要可以再适当补栽一些。第三步：植物扩展到整个水域

Fig. 6.16　Diagrammatic representation of founder colony approach. Phase 1 involves planting of test plants within small protective exclosures. During the second growing season (Phase 2), a larger scale fenced area is constructed, if necessary, and additional plantings of the most suitable species are made. During the third and subsequent growing seasons (Phase 3), the founder colonies vegetate the rest of the reservoir

域，这类区域通常具有如下特点：水质较好、水较浅、水流较缓、底质较软且有机质含量不太高等。栽植后，宜适当加围网或隔栅等防止动物的牧食。

6.6.2　种植技术

　　沉水植物的种植应因根据实际情况选择合适的方法。主要应根据拟种植的植物种类、水体特征而定。

　　1. 扦插法

　　扦插法是最常用的最简单易行的方法，较适合于水不太深且底质较松软的情况。操作方法是将沉水植物枝条整理成小束，用带叉的竿子将枝条末端轻轻插入底泥中，然后轻轻地拔出竿子。伊乐藻、穗花狐尾藻、五刺金鱼藻等枝条较软的植物很适合这种种植方法。操作时注意：动作柔和，尽量减少枝条的损伤；注意将枝条插得稍深一些，防止枝条因浮力或水的流动而脱离底泥上浮到水面；每束枝条数因枝条粗细而定，5～10 条较合适，数目太多易导致枝条腐烂，太少时枝条易断裂而不能植入泥中；枝条较脆的植物（如轮叶黑藻、菹草）不适合这种方法。

2. 沉栽法

沉栽法也简单易行。当不方便实行扦插法时，如底质较硬或水较深时，可将枝条整理成小束，末端用黄泥包裹或在近末端用黄泥包裹，露出末端，之后将带泥枝条轻轻放入水中，沉入水底。枝条较脆或较短的植物较适合这种方法，如栽植苦草的根状茎、栽植轮叶黑藻等。此方法应注意：黄泥黏度应适中，过黏则植物不易生根，过散则枝条易散开上浮；放入水中时应尽量轻柔，以防黄泥消散而使枝条散开。

3. 播种法

有些植物能产生大量的有性或无性繁殖体，如菹草在夏季产生大量殖芽、轮叶黑藻和五刺金鱼藻在秋季产生冬芽、苦草在秋季产生种子。当这些繁殖体容易被采集时可考虑用播种法。菹草的殖芽相对密度较大，容易沉降到水底，而且幼苗抗胁迫能力强，可以考虑在秋季撒播。殖芽受低温刺激后萌发，春季可迅速生长。轮叶黑藻的冬芽相对密度也较大，在水质较好的水域中，可在春季水温回升时撒入水体中，在水质较差的水域中，可在冬芽萌发生长一小段时间后撒入水体中。苦草的种子相对密度较小，可在其刚萌发出芽时与黏性稍强的黄泥搅拌后撒入水体中。

4. 枝条沉降法

恢复沉水植物时，可辅助以枝条沉降法（Wu *et al.*，2007）。这种方式可以成为其他恢复方式的有益补充，能加快恢复过程并减小成本。

枝条片段是沉水植物的重要无性繁殖体，能在较短时间内沉降到水底，并发展成新植株（Wu *et al.*，2007）。穗花狐尾藻的顶枝和中枝的沉降率到实验结束时分别达到 91.1% 和 66.7%（图 6.17c）。轮叶黑藻的枝条片段实验结束时几乎

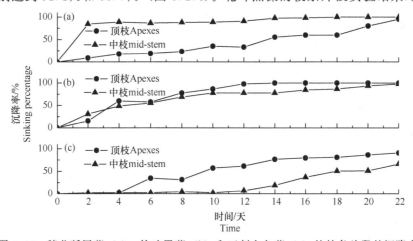

图 6.17　穗花狐尾藻（c）、轮叶黑藻（b）和五刺金鱼藻（a）的枝条片段的沉降率

Fig. 6.17　Sinking percentages of shoot fragments for *M. spicatum*（c），*H. verticillata*（b）and *C. demersum*（a）

沉降完全（图 6.17b）。五刺金鱼藻的中枝沉降很快，在第 2 天时沉降率已达到 84.4%，而其顶枝的沉降率在实验结束时可达到 95.6%（图 6.17a）。

实验后成功定居的植株数与实验前的枝条片段数非常相近（表 6.11）。尽管穗花狐尾藻的枝条片段的沉降率较低（特别是中枝），但由顶枝或中枝发展成的植株数略高于初始时的枝条数（$P>0.05$）。这是因为穗花狐尾藻的枝条片段在漂浮过程中能产生可自然断裂的小侧枝，这些小侧枝能沉降并发展成完整的植株。

表 6.11　实验结束时，每池各类枝条片段发展成的植株数

Tab. 6.11　Quantity of plantlets developed from fragments per pond at the end of experiments

植株种类 Plantlet types	从顶枝发展成的植株数 Plantlets from apexes	从中枝发展成的植株数 Plantlets from mid-stems
M. spicatum	16.7±2.2	16.3±2.5
H. verticillata	13.3±0.7	13.3±0.3
C. demersum	13.0±1.2	14.7±0.3

大部分沉降的枝条能萌发新枝并生根（五刺金鱼藻为无根植物），生长显著，这表明了大部分沉降的枝条能成功定居（图 6.18）。

由穗花狐尾藻、轮叶黑藻、五刺金鱼藻的顶枝和中枝发展的植株的枝条总长分别比初始时显著地（$P<0.01$）增长了 399% 和 61%、593% 和 256%、1138% 和 1045%（图 6.18a）。由轮叶黑藻、五刺金鱼藻的顶枝和中枝发展的植株的干重比初始时增长显著（$P<0.01$）（图 6.18b）。穗花狐尾藻的顶枝发展成的植株的干重比初始值显著地增长了 76.8 mg（$P<0.01$），但中枝发展成的植株的株均干重比初始值略低（$P>0.05$）（图 6.18b），这是因为约有 33.3% 的中枝未沉降，而很多植株是由中枝产生的小侧枝发展而来的。

穗花狐尾藻和轮叶黑藻顶枝发展成的植株的生长显著地好于相应中枝发展成的植株的（$P<0.05$）（图 6.18a～图 6.18e）。这是由于实验开始时中枝没有萌芽，枝条必须从新萌发的芽开始生长，这将花费一定时间，而顶枝具有生长点，可直接生长。但五刺金鱼藻顶枝和中枝发展成的植株的各生长指标间差异不显著（$P>0.05$）（图 6.18a～图 6.18c），这可能是五刺金鱼藻分枝能力强大和能快速生长的缘故。

当然，实践中还有许多困难有待克服。风浪可能使枝条片段在生根前再次悬浮起来，或在沉降前将它们吹到岸边。此外，就像实验中观察到的那样，枝条聚集成团后沉降较慢。

5. 半浮式载体移栽

富营养化湖泊通常透明度较低，降低了沉水植物种植的成活率。张圣照等（1998）发明了利用载体移栽沉水植物的技术。其方法是首先将沉水植物移栽到

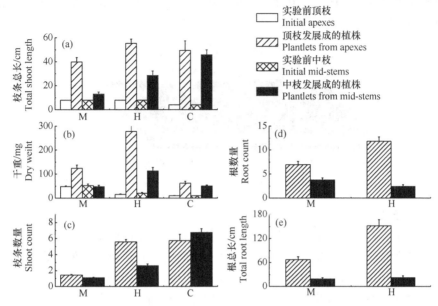

图 6.18 沉降后穗花狐尾藻（M）、轮叶黑藻（H）和五刺金鱼藻（C）的顶枝和
中枝的生长

误差线表明标准误

Fig. 6.18 Growth of sunken apexes and mid-stems of *M. spicatum*（M），*H. verticillata*
（H）and *C. demersum*（C）Bars indicate standard errors

吊盆、营养钵等载体上，再随着植物的生长逐步沉降载体，最后植株沉降到水底。试验表明在透明度低的富营养化水体中利用半浮式载体移栽可以直接恢复水生高等植物。

6.渐沉式沉床移栽技术研究

程南宁等（2004）提出了渐沉式沉床的技术路线来恢复沉水植物。这种技术较适合透明度低、水深大和底质恶劣的情况。首先在水体表面放置植物浮床净化水体，提高表层水体的透明度；在水体透明度逐步提高后，再在水体中放置沉床，利用升降部件逐步沉降，逐层净化水体，最终把沉床沉降到河湖底部，从而建立起沉水植物群落。渐沉式沉床能够克服水深、污染重、透明度低等水生植物生长的不利因素，逐步创建适宜于水生植物生长繁衍的环境，促进水生植被恢复。但对于沉床的结构设计及沉床植物物种的选择等方面的内容还有待进一步研究，以提高渐沉式沉床的使用效率。

渐沉式沉床的结构由载体层、基质层、覆盖层以及升降部件组成（程南宁等，2004）（图6.19）。载体层在基部，起支撑作用，应具有一定的承重能力，而且易于附着基质。基质层附着在载体上，含有一定量的营养元素，但要尽量减少营养物质释放到水体中。基质上面由覆盖层覆盖、固定，沉水植物通过栽种孔栽种在基质层上，升降部件（吊环）可以控制调节沉床在水体中的位置。

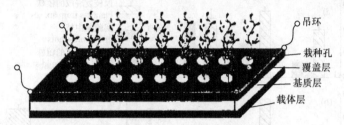

图 6.19　渐沉式沉床的结构示意图（仿程南宁等，2004）

Fig. 6.19　Sketch map of gradually sinking submerged plant bed

7. 种子库法

广义种子库包括种子、芽苞、断枝等各种有性或无性繁殖体。它们的数量与质量决定着将来沉水植物群落的结构。种子库的大小受到现实的种群数量、投鱼强度、人类干扰等因素的影响（陈中义等，2001）。如梁子湖的满江湖水草繁茂，10 月最大生物量达到 4676.0 g/m²，种子库密度达到 714.4 粒/m²；而前江大湖投鱼密度较高，水草较稀少，最大生物量为 216.9 g/m²，种子库密度达到 107.5 粒/m²；中湖大规模养鱼 6 年后，总水草的最大生物量为 13.3 g/m²，但其种子库密度达到 331.9 粒/m²，这主要是因为渔民向中湖内大量投放水草，结果使中湖的种子库人为的增大（陈中义等，2001）。不同植物种子库的构成和比例可能具有差异，微齿眼子菜的种子库中种子占 92.4%；金鱼藻、菹草的种子库中芽苞分别占 89.7%、85.0%；苦草的种子库中种子和地下茎分别占 31% 和 69%，马来眼子菜的种子库中地下根状茎和种子各占 50%（陈中义等，2001；叶春等，2008）。但是各种植物均可用种子和无性繁殖体来产生幼苗，补充到种群中去（陈中义等，2001）。因此，在种植水生植物之前，应仔细调查水域中的现存的种子库，对其数量与质量作出评估。如果种子库数量较大、质量较好，在减少人为不利干扰与鱼类牧食后，相应的植物应能生长出来，这样可减少部分费用。在利用种子库恢复的过程中，根据实际情况，可适当补充某些植物种类。

6.7　水生植物群落的调控与管理

中小型湖泊中恢复沉水植物前，一般要控制草食性鱼类的数量，以使种植的沉水植物能迅速定居，并扩大种群规模。目前恢复沉水植物时，通常选用易成活、生长快、繁殖能力强的种类作为先锋物种。它们一旦大面积成活，往往产生巨大的生物量（马剑敏，2005），后来种很难侵入并建立起群落，因此很难自然地实现沉水植物群落结构优化、增加生物多样性的目标。

而且沉水植物的过度生长也能产生一些较为严重的后果（Getsinger，1998；金相灿，2001）。繁茂的沉水植物能阻碍水的流动，使局部温度过高或过低，引起 pH 和营养成分条带化；影响湖泊的景观休闲功能，妨碍人们游泳、垂钓和划船等活动，甚至阻塞航道；脱落残体或死亡植物体的堆积，以及悬浮物的截留和沉积可加速湖泊的沼泽化；植物的夜间呼吸可显著降低水中的溶解氧，残体的腐烂也消耗大量氧气，释放大量营养盐，引起鱼类的大量死亡，使水体环境更加恶化，破坏湖泊的正常功能；强烈的种间竞争使植物物种单一化；另外大量的沉水植物为很多小型鱼类提供避难场所，可能妨碍肉食性鱼类的捕食，从而会引起不合理的鱼类结构。

因此，沉水植物定居成功后，应进行合理调控，控制生长规模，以达到人们预期的良性生态平衡。我们的调控理念是在先锋物种初步恢复、形成一定规模并改善水体环境后，采取适当调控措施抑制或削减先锋种的生长与扩散，促进后来种的生长与繁殖，改善群落结构，增加物种多样性。之后根据水域功能的定位与沉水植物恢复的实际情况，引入草食性动物，最终使水体成为一个以生物调控为主、能基本自我维持平衡的生态系统。

美国、英国等国家在湖泊、水库或河流的管理中发展了很多沉水植物管理或调控的措施与技术，如使用除草剂、生物调控、遮光或水位调节等。但这些研究主要是面向控制外来种生长（如美国控制穗花狐尾藻和轮叶黑藻的入侵）或控制沉水植物过量生长的。而我们现在面临的是在富营养化湖泊中恢复沉水植物的过程中如何调控及优化沉水植物群落结构这一课题。虽然我们与他们的出发点不一样，但最终目标仍是恢复多种沉水植物动态稳定共存的健康水体。因此国外发展的一些沉水植物调控措施对我们仍有一定的借鉴和启发作用。

6.7.1　收割

收割是用机械或人工将沉水植物从水体中以不同强度收取并运输到岸上的过程，能有效保证湖泊休闲与景观功能（King and Burton，1980）。湖泊中氮的去除通常主要依靠反硝化作用，但也可通过收割植物转移出一部分，而磷的去除更需要植物的吸收和收割（Gumbricht，1993）。尽管机械收割消耗能量较大，但可以将植物体与营养盐一起运到岸上，因此是一种较为理想的方式。

1. 收割方式

1）手工收割

在手头无器具时或不方便使用器具时，可徒手从水中将沉水植物拔出或拉断，并运输到岸上。但这种方式效率低，仅适合很小水域的即时收获。

2）简单的器械收割

推刀收割、镰刀收割与竹竿收割等方式比手工收割效率高，但也要消耗较大人力，所以也只适合较小水域操作（胡耀辉，1996；金相灿，2001）。此外，这些方式很难控制收割强度，常常使沉水植物严重受损。钉钯在水底拖拉的收割方式效率较高，但对底质扰动很大，能大面积地破坏沉水植被（金相灿，2001），因此只适合用于沉水植物过度繁茂的湖区。在船尾配置收割刀也是一种较为有效的方法，但需要专门的人力收集断枝，而且水草在水中较为柔软，易受船行进时产生的水流的影响而倒伏（尚士友等，1998），很难控制实际收割深度。

3）大型机械收割

人们已研制出了多种大型机械高效地收割和处理水生植物。内蒙古农牧学院农工系研制了 9GSCC-1.4 型水草收割机（尚士友等，1998），可实现切割、捡拾、传送、运输和牵引一体化作业，其主要技术参数见表 6.12。上海电气集团现代化农业装备成套有限公司研制出了 GC2230 型小型河道割草保洁船，可机械化收集水草，集打捞、收集、移挤、滤水和自卸等功能于一体，全程液压探听操控，仅需一人即可作业，具有吃水浅、高度低、船型小、功率大、通过能力强等特点，其主要技术参数见表 6.13。大型机械虽然效率高，但是购买与维护费用较大，而且船体较大，在多个湖泊或池塘之间使用时需要频繁地拆装及运输，很不方便。因此，这类机械比较适合于较大水体中的沉水植物管理。

表 6.12　9GSCC-1.4 型水草收割机的主要技术参数

Tab. 6.12　Technical parameters of machine of 9GSCC-1.4 for harvesting submersed macrophytes

名称 Items	参数 Parameters	名称 Items	参数 Parameters
漏收率/% Omission	5.2	割深/m Cut depth	0.5~1.2
生产率/(hm²/h) Productinty	0.27	作业速度/(km/h) Working velocity	2.3
割幅/m Swath	1.4		

表 6.13　GC2230 型小型河道割草保洁船的主要技术参数

Tab. 6.13　Technical parameters of machine of GC2230

名称 Items	参数 Parameters	名称 Items	参数 Parameters
外形/m boundary dimension	14.3×4.25×2.54	割深/(水面下，m) Cut depth	0.8
船体/m shipbuilding	7.82×2.8×0.82	航速/(km/h) Speed	≥3

名称 Items	参数 Parameters	名称 Items	参数 Parameters
重量/t Weight	2.5	作业速度/(km/h) Working velocity	≥1
功率/kW Power	36.8	割幅/m Swath	≥2

总之，没有一种收割方式能适合于所有水体，应根据实际需要灵活选择合适的收割方式。但很多富营养化湖泊面积较小且分布分散，因此很有必要研制或改装高效低价的小型器械以便保护性地收割沉水植物。

2. 收割后植物的利用

收割后的一个主要问题是如何处置收割出来的大量植物材料（Wile，1975）。金相灿（2001）认为收割出的沉水植物具有一定的经济价值，可以作为渔业的饵料、家禽家畜的饲料以及农用肥料，也可以用来生产沼气，有的甚至可以作为药材。

3. 收割的影响

1）收割对植物生长恢复的影响

收割季节、收割频度和收割强度影响着沉水植物的生长恢复。

在水深为 24 cm 的桶中，以 6 cm、12 cm、18 cm 3 个收割强度对穗花狐尾藻和轮叶黑藻进行了连续 4 次收割实验，植物都有不同程度的恢复（左进城等，2009）。

表 6.14 表明：收割强度为 6 cm 和 12 cm 组的第 2 次收割后，植物的恢复时间分别比第 1 次收割后的长约 20 天；第 3 次收割后接近冬季，植物仍能安全越冬，但恢复时间较长。收割强度为 18 cm 的第 2 次收割后，植物的恢复时间达 5 个半月以上；而第 3 次收割后，处于春季，植物能较快恢复（表 6.14）。

表 6.14　各次收割后穗花狐尾藻的恢复时间

Tab. 6.14　Recovery time after each cutting treatment for *M. spicatum*

收割强度/cm Cutting intensities	收割频次 Cutting frequencies	收割时间 Cutting time	到下一次收割前的 平均温度/℃ Average tempera- tures before recovery	到下一次收割前的 恢复时间/天 Recovery time
对照 Control	—	2005.08.05	36.1±2.8	20
6	1	2005.08.24	28.2±3.5	26
	2	2005.09.19	21.5±2.7	45
	3	2005.11.03	9.8±5.6	138
	4	2006.03.20	—	—

收割强度/cm Cutting intensities	收割频次 Cutting frequencies	收割时间 Cutting time	到下一次收割前的平均温度/℃ Average temperatures before recovery	到下一次收割前的恢复时间/天 Recovery time
12	1	2005.08.24	28.2±3.5	30
	2	2005.09.23	21.4±2.8	54
	3	2005.11.16	10.3±6.4	143
	4	2006.04.07	—	—
18	1	2005.08.24	27.9±3.7	41
	2	2005.10.03	11.8±6.1	169
	3	2006.03.20	19.5±6.9	50
	4	2006.05.10	—	—

由表 6.15 看出，收割 6 cm 组中，第 2 次和第 3 次收割时穗花狐尾藻的枝条数与枝条总长均显著地多于第 1 次收割时和第 4 次收割时的（$P<0.05$）；收割 12 cm 组中，第 2 次和第 3 次收割时穗花狐尾藻的枝条数显著地多于第 1 次收割时和第 4 次收割时的（$P<0.05$），而且第 2 次收割时的枝条总长显著高于其他各时期的（$P<0.01$）；收割 18 cm 组中，第 2 次收割时与第 1 次收割时的枝条数差异不显著（$P>0.05$），而且各时期的枝条总长变化不大（$P>0.05$）。这说明在 8～10 月，中低强度的收割不会影响穗花狐尾藻产生小侧枝进行无性繁殖，但高强度的收割不利于植物的无性繁殖。另外，表 6.15 也表明，各次收割后从切割处萌发的新生枝条占总数的 43.1%～100%，其次是基部（最多可达41.3%），只有少部分从其他部位萌发，因此适当收割可以缓解生物量过度集中于水体表层的趋势。

表 6.15　各次收割时穗花狐尾藻的枝条生长状况
Tab. 6.15　Shoot growth of *M. spicatum* before each cutting treatment

收割强度/cm Cutting intensities	收割频次 Cutting frequencies	枝条数 Shoot number	枝条总长/cm Total shoot length	枝条萌发位置的比例/% Branching position proportions		
				基部 Turions	切割处 Cut point	其他 Other parts
6	1	1.5±0.2	33.12±1.76	0.0±0.0	—	0.0±0.0
	2	3.0±0.3	70.88±5.20	20.4±7.4	43.1±3.9	36.5±0.0
	3	3.5±0.2	47.73±3.91	41.3±10.7	45.3±7.3	13.4±2.3
	4	1.5±0.2	33.58±2.78	9.5±3.5	76.2±12.6	14.3±1.9

收割强度/cm Cutting intensities	收割频次 Cutting frequencies	枝条数 Shoot number	枝条总长/cm Total shoot length	枝条萌发位置的比例/% Branching position proportions		
				基部 Turions	切割处 Cut point	其他 Other parts
12	1	1.5 0.2	33.12±1.76	0.0±0.0	—	0.0±0.0
	2	2.8±0.2	60.90±3.30	0.0±0.0	81.8±18.2	18.2±3.2
	3	2.4±0.3	44.55±4.38	39.4±10.6	60.6±10.6	0.0±0.0
	4	1.6±0.2	36.23±3.22	24.2±5.5	65.5±7.8	10.3±2.5
18	1	1.5±0.2	33.12±1.76	0.0±0.0	—	0.0±0.0
	2	1.4±0.2	33.25±3.70	7.1±2.1	92.9±7.1	0.0±0.0
	3	2.0±0.3	40.42±3.77	0.0±0.0	100.0±0.0	0.0±0.0
	4	2.2±0.2	37.50±7.39	21.4±6.4	53.6±3.6	25.0±4.2

　　表 6.16 是收割后轮叶黑藻的恢复所需时间。由表 6.16 看出，收割 6 cm 组中第 1 次、第 2 次、第 3 次收割后恢复阶段的平均温度是依次升高的，而恢复时间是依次延长的；收割 12 cm 组中也表现出相同的规律；收割 18 cm 组中第 2 次收割后恢复阶段的平均温度高于第 1 次收割后的，而恢复时间多用 36 天。在各收割强度组中，第 1 次收割后恢复阶段的平均温度近似，但收割强度高的植物恢复时间较长；第 2 次收割后也是如此；第 3 次收割后，收割 12 cm 组的恢复阶段的平均温度高于收割 6 cm 组的，但恢复时间延长了 16 天（表 6.16）。这表明在温度相差不大的情况下，收割强度较高或收割频数增加时，轮叶黑藻的恢复时间会加长。

表 6.16　各次收割后轮叶黑藻的恢复时间
Tab. 6.16　Recovery time after each cut treatment for *H. verticillata*

收割强度/cm Cutting intensities	收割频次 Cutting frequencies	收割日期 Cutting date	到下一次收割前的恢复时间/天 Recovery time	平均温度/℃ Average temperatures
6	1	06.01	7	30.5±2.1
	2	06.08	14	32.2±2.8
	3	06.22	27	33.8±3.3
	4	07.19	—	—

收割强度/cm Cutting intensities	收割频次 Cutting frequencies	收割日期 Cutting date	到下一次收割前的 恢复时间/天 Recovery time	平均温度/℃ Average temperatures
	1	06.01	12	28.8±3.1
12	2	06.13	25	31.2±2.7
	3	07.08	43	35.5±3.6
	4	08.20	—	—
	1	06.01	21	31.4±2.6
18	2	06.22	57	34.3±2.4
	3	08.20	60	25.1±5.0
	4	10.19	—	—

图 6.20 表明，各次收割后（第 1 次收割后基部没有萌生枝条），从基部萌生的枝条占枝条总数的 75％以上，而且很多植株的新生枝条全部从基部萌生。只有少数新枝从收割后的残枝上萌发，而且生长不旺盛，这表明收割后轮叶黑藻的生命活动旺盛部位已转移到新生枝条上。因此适当收割可以缓解生物量过度集中于水体表层的趋势。

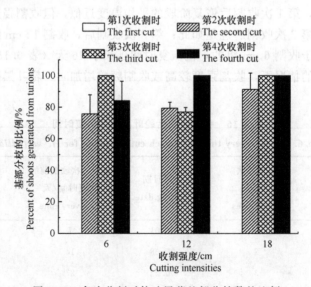

图 6.20　各次收割时轮叶黑藻基部分枝数的比例

Fig. 6.20　Percentages of shoots newly generated from turions after cut for *H. verticillata*

图 6.21 表明，收割 6 cm 组中，第 3 次收割时与第 4 次收割时的枝条总数与

枝条总长均分别显著地大于第 1 次的与第 2 次的（$P<0.05$）；收割 12 cm 组中的植物也表现出相似的规律；收割 18 cm 组中，第 2 次收割时与第 3 次收割时的枝条总数与枝条总长均显著地大于第 1 次的（$P<0.05$），第 4 次收割时的枝条总数与枝条总长显著地低于第 3 次的（$P<0.05$），但均高于第 1 次的。这表明中低强度的收割及高强度低频次的收割不会抑制或甚至可能有利于轮叶黑藻新生枝条的产生与生长，但高强度高频次的收割会抑制新生枝条的产生与生长。

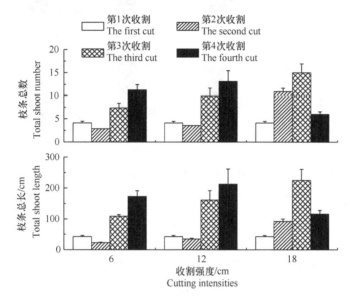

图 6.21　各次收割时轮叶黑藻的枝条总数与枝条总长

Fig. 6.21　Total shoot number and total shoot length of *H. verticillata* after cut

轮叶黑藻在生长过程中会产生匍匐枝以加速其扩展速度。图 6.22 表明，收割 6 cm 组中与收割 12 cm 组中，前两次收割时没有匍匐枝产生，第 4 次收割时的匍匐枝的枝条总长与枝条总数均显著地高于第 3 次的（$P<0.05$）。收割 18 cm 组中，第 2 次收割时才产生匍匐枝，第 3 次收割时的匍匐枝的枝条总数与枝条总长均显著地高于第 2 次的（$P<0.05$），而第 4 次收割时的匍匐枝的枝条总数与枝条总长均显著地低于第 3 次收割时的（$P<0.05$）。这表明中低强度的收割及高强度低频次的收割不会抑制或甚至有利于轮叶黑藻匍匐枝的产生与生长，而高强度高频次的收割会抑制匍匐枝的产生与生长。

由图 6.21 与图 6.22 看出，到实验后期，匍匐枝产生的枝条在数目与长度方面都已成为地面生物量的主要组成了。

不同沉水植物对收割的响应是不同的，恢复能力也有差异。倪乐意（1999）的研究表明，切除加拿大伊乐藻 5 cm 的顶枝后，植物的净光合作用速率下降

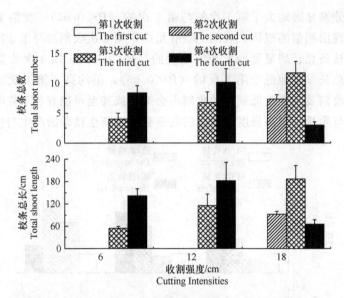

图 6.22　各次收割时轮叶黑藻匍匐枝的枝条总数与枝条总长

Fig. 6.22　Total shoot number and total shoot length of stolons of *H. verticillata* after cut

50％以上，而且植物生物量的增长、主枝的伸长与冠层的发育受到显著抑制。7月时（此时穗花狐尾藻通常达到生物量高峰），机械收割后穗花狐尾藻的相对生长率升高，但生物量和盖度下降，直到第 7 周和第 9 周后才复原（Crowell *et al.*，1994）。收割所处季节对植物的影响很大，春季收割后沉水植物可以在同一个生长季节恢复，但在夏季收割可能要到下一生长季才能恢复（Best，1994；Kaenel and Uehlinger，1999）。但 Carpenter 和 Gasith（1978）认为在较浅水域的植物收割仅使群落的光合作用与呼吸作用变弱，并没有带来显著的伤害。

2）收割对沉水植物群落的影响

收割一方面给一些机会种提供了生态位，另一方面为下层的繁殖体、萌芽或休眠芽提供了生长所需的光照与空间，能提高生物多样性（Best，1994）。收割常常影响群落的物种组成，通常对收割抗性较强或恢复较快的物种在收割后常常占优势（Best，1994；Sabbatini 和 Murphy，1996）。

左进城（2006）在容积为 200 L（高 60 cm，上口直径 75 cm，下口直径 45 cm）的水缸中研究了收割对菹草与伊乐藻、轮叶黑藻与伊乐藻的种间竞争的影响。伊乐藻和菹草的种间竞争实验从 2005 年 4 月初开始，于 2005 年 5 月中旬进行了一次收割，到 2006 年 6 月上旬实验结束。实验期间平均水温为（24.1± 4.7）℃。伊乐藻和轮叶黑藻的种间竞争实验从 2005 年 6 月中旬开始至 2005 年 9 月中旬结束。于 2005 年 7 月中旬进行了一次收割。实验期间平均水温为（30.3±3.3）℃。

每个竞争实验包括对照与收割两个处理。每个处理包括植物 A、植物 B 与植物（A＋B）三个组，每个组有三个重复。各实验的植物设置见表 6.17。在单独培养植物的缸中过半数植物长到水面后，测量各组植物的盖度，之后在离水面 25 cm 处收割植物，测量对照组植物的总干重，0～25 cm 部的具顶枝条数（带生长点的枝条数目）和干重，25 cm 以上部的主枝数、主枝长度、侧枝数和干重。向处理组水缸内注满东湖湖水，继续培养到单独培养的水缸中过半数的植物生长到水面后，对植物进行分层收割（同对照组的）后测上述各指标。

表 6.17　竞争实验的设计

Tab. 6.17　Design of the competition experiment

竞争组合 Competition experiment	植物类别 Abbreviated label	含义 Meaning	初始枝条数 Initial apex number
菹草＋伊乐藻 *P. crispus* ＋ *E. nuttallii*	菹草	单独培养的菹草	60
	伊乐藻	单独培养的伊乐藻	60
	菹伊-菹草	混合培养的菹草	30
	菹伊-伊乐藻	混合培养的伊乐藻	30
轮叶黑藻＋伊乐藻 *H. verticillata* ＋ *E. nuttallii*	轮叶黑藻	单独培养的轮叶黑藻	60
	伊乐藻	单独培养的伊乐藻	60
	黑伊-轮叶黑藻	混合培养的轮叶黑藻	30
	黑伊-伊乐藻	混合培养的伊乐藻	30

收割前菹草的盖度显著地（$P<0.01$）大于伊乐藻的，但收割后菹草的盖度下降显著（$P<0.05$），而伊乐藻的盖度升高到 71.7%，两者间的差异不再显著（$P>0.05$）（图 6.23）。收割前，菹伊-菹草的盖度显著地（$P<0.05$）大于菹伊-伊乐藻的，但收割后菹伊-菹草的盖度下降显著（$P<0.05$），低于菹伊-伊乐藻的（$P>0.05$）（图 6.23）。结果表明，5 月上旬中等强度收割能显著降低菹草与菹伊-菹草的盖度，使伊乐藻和菹伊-伊乐藻的盖度得到提高。

由图 6.24 看出，收割前或收割后轮叶黑藻、黑伊-轮叶黑藻和伊乐藻的盖度变化不显著（$P>0.05$），但收割后黑伊-伊乐藻的盖度下降显著（$P<0.05$）。收割前轮叶黑藻与伊乐藻的盖度差异不显著（$P>0.05$），但收割后，伊乐藻的盖度显著大于轮叶黑藻的（$P<0.05$）；收割前后黑伊-轮叶黑藻的盖度均显著地大于黑伊-伊乐藻的（$P<0.01$）（图 6.24）。结果表明，收割前或收割后共同培养中轮叶黑藻在盖度方面均占优势。

收割前菹草的干重显著地（$P<0.05$）大于伊乐藻的（图 6.25），说明单独培养时菹草在干重方面要强于伊乐藻。但菹伊-菹草与菹伊-伊乐藻的干重间差异不显著（$P>0.05$），菹草与菹伊-菹草间差异不显著（$P>0.05$），菹伊-伊乐藻

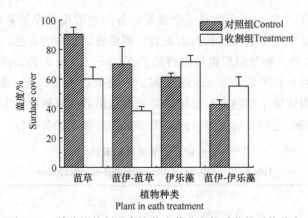

图 6.23　单独培养与混合培养中菹草和伊乐藻的平均盖度

Fig. 6.23　Mean surface cover of *P. crispus* and *E. nuttallii* in mono-species

cultures and in mixed-species cultures

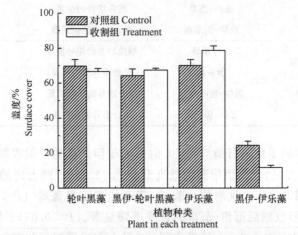

图 6.24　单独培养与混合培养中轮叶黑藻和伊乐藻的平均盖度

Fig. 6.24　Mean surface cover of *H. verticillata* and *E. nuttallii* in mono-species

cultures and in mixed-species cultures

的干重显著地（$P<0.05$）大于伊乐藻的（图 6.25）。收割后菹草的干重下降不显著（$P>0.05$），菹伊–菹草的干重下降显著（$P<0.05$），但伊乐藻和菹伊–伊乐藻的干重分别有显著的增长（$P<0.05$）（图 6.25）。这说明中等强度的收割显著地抑制了菹草的生长，但促进了伊乐藻的生长。收割后菹伊–菹草的干重显著地小于菹伊–伊乐藻的（$P<0.01$），也显著地小于菹草的（$P<0.05$），而伊乐藻与菹伊–伊乐藻的干重差异不再显著（$P>0.05$）。结果表明，在此密度下无收割干扰时菹草的种内竞争压力与来自伊乐藻的种间竞争压力相当，而伊乐藻的种内竞争压力要显著地强于来自菹草的种间竞争压力，但中等强度的收割后菹草的种间竞争能力明显减弱，而伊乐藻的种间竞争能力显著增强。

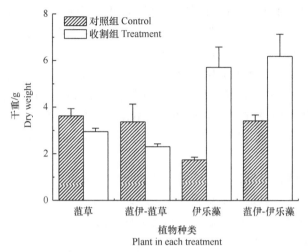

图 6.25　单独培养与混合培养中菹草与伊乐藻的总干重

Fig. 6.25　Total dry weight of *P. crispus* and *E. nuttallii* in mono-species cultures and in mixed-species cultures

图 6.26 表明，收割前轮叶黑藻的干重显著地大于伊乐藻的（$P<0.05$），但

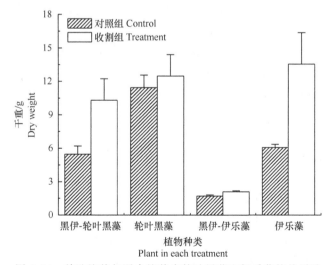

图 6.26　单独培养与混合培养中轮叶黑藻和伊乐藻的总干重

Fig. 6.26　Total dry weight of *H. verticillata* and *E. nuttallii* in mono-species cultures and in mixed-species cultures

收割后差异不再显著（$P>0.05$）；收割之后黑伊-轮叶黑藻的干重与轮叶黑藻的

差异明显缩小，而黑伊-伊乐藻的仍显著地小于伊乐藻的（$P<0.01$）；收割前或收割后，黑伊-轮叶黑藻的干重均显著地大于黑伊-伊乐藻的（$P<0.01$）。这说明：单独培养时，中等强度的收割能显著促进伊乐藻的生长，但对轮叶黑藻的作用不明显；共同培养时，无论收割与否，轮叶黑藻在干重方面均占据优势。

　　3）收割对动物与水体水质的影响

　　沉水植物收割后，水流加快，夜间溶氧升高，无脊椎动物总数量减少了约65%，但在4~6个月后能够恢复到原来的水平（Kaenel and Uehlinger，1999），鱼类种群与藻类种群没有发生明显变化（Wile，1975）。Unmuth 等（2001）发现收割穗花狐尾藻降低了蓝鳃太阳鱼（*Lepomis macrochirus*）的自然死亡率，并且提高了渔业质量。

　　收割后底质的再悬浮、植物受损后的渗出物和植物上的附着生物的变化可能会影响到水体环境。但是在某富营养化的浅水湖泊（硬水）中收割沉水植物后，悬浮物、溶解性有机碳、生物需氧量和溶解性磷的变化只是短期性的，水体环境受到的影响并不显著（Carpenter and Gasith，1978）。

　　收割沉水植物必然会给水生生态系统带来影响，但影响的大小常与收割季节、收割强度、收割频度以及湖泊自身的生物学与非生物学特性等因子相关。

6.7.2　除草剂

　　除草剂是另外一种常用的调控水生植物的方式。它具有易操作、见效快、能适用于多种水体等特点，在美国应用最为广泛。

　　目前我国关于水用除草剂的报道较少。南开大学元素有机化学研究所杨华铮教授课题组研制的"新型水旱两用除草剂 H-9201"，对单、双子叶杂草均有效，可用于旱田和稻田（http://www.edu.cn/20031226/3096500.shtml），但目前尚未用于沉水植物群落结构的调控。

　　1. 除草剂分类

　　依据不同的标准，除草剂可以被分为不同的类别。下面主要介绍两种分类方法。

　　1）广谱除草剂与选择性除草剂

　　按对植物的选择性可以分为广谱除草剂和选择性除草剂。前者如 Diquat（敌草快或杀草快）等，能杀死多数藻类及维管束植物，后者如 Fluridone（氯啶酮）等，可选择性地杀死某些植物或抑制其生长。

　　2）接触性除草剂与系统性除草剂

　　按对植物的作用方式可以分为接触性除草剂（contact or limited-movement herbicide）与系统性除草剂（systemic herbicide）（Nichols，1991）。前者如 Diquat（敌草快）、Endothall（草藻灭）等，在与植物接触的部位发挥作用，能迅速杀死地表之上与除草剂有效成分接触的植物体，对于较老的植物组织也有明显的效果。但接触性除草剂不伤害植物的地下组织，因此在药效作用完之后植物仍能重新萌发、恢复。但是大面积地施用接触性除草剂容易引起水体迅速缺氧和植物体内营养物质的迅速外泄，可能引发一定的环境问题。后者如 Triclopyr（氯草定）、2,4-D（2,4-二氯苯氧乙酸）等，从接触位点被植物运输到作用位点后才发挥作用，可以杀死植物的地下组织，植物的死亡和营养的外泄过程较缓慢，对水体环境的影响也相对较小。但是高强度地施用系统性除草剂也会造成植物的大量死亡。

2. 几种常用的除草剂

1）Diquat

Diquat［6,7-dihydrodipyrido（1,2-a；2′，1′c）pyrazincdiium dibromide］中文名为敌草快，是一种广谱的接触性除草剂，可用来控制五刺金鱼藻、水蕴草（*Elodea densa*）、轮叶黑藻等植物，但在浑浊的水体中药效减弱（Hostra and Clayton，2001）。温室条件下，0.2～0.5 mg/L 的 Diquat 在 24 h 以后对菹草有明显的控制效果，但浓度较低时（0.1～0.2 mg/L）效果不明显（Filizadeh and Murphy，2002）。

2）Endothall

Endothall（7-oxabicyclo（2.2.1）heptane-2,3-dicarboxylic acid）中文名为草藻灭，也是一种接触性除草剂，在浑浊的水中仍有较好的效果，它能控制五刺金鱼藻、卷叶蜈蚣草、轮叶黑藻以及狐尾藻属和眼子菜属的一些种，但对水蕴草以及轮藻属和丽藻属的一些种类作用不大（Hostra and Clayton，2001）。敏感种受作用后的反应是叶色暗绿，枝叶变软、茎秆萎黄，然后死亡，但不敏感的种类仍可保持旺盛的生长态势。浓度高于 0.5 mg/L 时，五刺金鱼藻在 6 天内死亡，低于此浓度时要花费较长的时间，而相同条件下卷叶蜈蚣草与轮叶黑藻要比五刺金鱼藻迟些天数才有反应。

3）Dichlobenil

Dichlobenil（2,6-dichlorobenzonitrile）中文名为敌草腈，是一种选择性的系统性除草剂，只对靶植物有暂时性的作用（Hostra and Clayton，2001）。眼子菜属和狐尾藻属的一些种以及五刺金鱼藻对它较敏感。植物在受作用后一般表现为生长减慢、枝条数目减少、枝条颜色变棕、枝条断裂等症状，但能在 35～50 天内恢复。植物的症状表现与浓度显著相关，与暴露时间相关性不大。

4）Triclopyr

Triclopyr（3,5,6-trichloro-2-pyridi-nyloxy acetic acid）是一种选择性的系统性除草剂，只对靶植物有暂时性的作用，可用来控制穗花狐尾藻、空心莲子草、粉绿狐尾藻等植物。植物在受作用后几天内可出现叶色变黄的现象，但多数能在 1 个月或更长的时间内恢复（Hostra and Clayton，2001）。

5）2,4-D

2,4-D(2,4-dichlorophenoxy acetic acid) 中文名为 2,4-二氯苯氧乙酸，是一种选择性的系统性除草剂。它用量较少，用时也较短，对叶片较大的植物更为有效。其作用机理类似于植物激素，能影响植物的呼吸与物质存储，使植物过度生长，细胞分离，最后导致死亡。但是其实施效果易受水流、温度、pH 等因素的影响。紫外光和微生物可把它降解成为二氧化碳、水和氯。2,4-D 在美国华盛顿的 Loon 湖曾被用来控制穗花狐尾藻，6 周后可以见到明显的效果，一年后仍有较好的效果（Parsons *et al.*，2001）。但它对加拿大伊乐藻（*E. canadensis*）、狸藻（*Utricularia vulgaris*）、美洲苦草（*Vallisneria americana*）、*Megalodonta beckii*、*M. sibiricum*、*Najas flexilis* 与眼子菜属、轮藻属的某些种类的影响不大（Parsons *et al.*，2001）。

6）Fluridone

Fluridone[1-methyl-3-phenyl-5-(3-(trifluoromethyl)-phenyl)-4 (1 H)-pyridinone]中文名为氯啶酮，是一种选择性的系统性除草剂，其产品有固体药丸与浓缩液两种。敏感植物在 7～10 天后可显示症状，其作用机理是阻碍植物生成胡萝卜素从而导致植物死亡。

3. 除草剂的毒性

选用除草剂的一个原则就是要对靶生物有毒性，但对水生动物和陆生生物（有可能暴露于含有除草剂水体的陆生植物或动物）影响较小（Brooker and Edwards，1975）。Brooker 和 Edwards（1975）总结了几种除草剂的使用浓度以及对哺乳动物、鱼和水生无脊椎动物的毒性（表 6.18、表 6.19）。由表 6.18、表 6.19 看出，这几种除草剂对鱼和哺乳动物的毒性不大，但对水生无脊椎动物有一定的影响。

表 6.18　几除草剂的使用浓度与对哺乳动物和鱼的急性毒性

（引自 Brooker and Edwards，1975）

Tab. 6.18　Chemicals cleared for use as aquatic herbicides and their acute toxicity to fish and mammals.（Cited from Brooker and Edwards，1975）

除草剂	最大允许浓度/(mg/L)	灌溉前最小时间间隔/h	哺乳动物的 LD_{50}/(mg/kg 体重，口服)	对 *Rasbora heteromorpha* 或 *Salmo gairdnerii* 的 LC_{50}/(mg/L)		
				24 h	48 h	Species
草克乐 Chlorthiamid	3.0	28	500～757	41	—	*R*
2,4-滴酸 2,4-D	5.0	21	375～805	125	105	*R*

续表

除草剂	最大允许浓度/(mg/L)	灌溉前最小时间间隔/h	哺乳动物的LD₅₀/(mg/kg体重，口服)	对 *Rasbora heteromorpha* 或 *Salmo gairdnerii* 的 LC₅₀/(mg/L)		
				24 h	48 h	Species
茅草枯 Dalapon	30.0	35	7570～9330	711	490	*S*
敌草腈 Dichlobenil	3.0	28	2056～3160	14.5	12.3	*R*
敌草快 Diquat	2.0	10	100～231	72	37	*R*
抑芽丹 Maleic hydrazide	2.0	21	2340～6950	4000	—	*R*
百草枯 Paraquat	2.0	10	25～150	235	160	*R*
特丁净 Terbutryne	0.1	84	2400～5000	—	6.2	*R*

注：$R=Rasbora\ heteromorpha$；$S=Salmo\ gairdnerii$。

Note：$R=Rasbora\ heteromorpha$；$S=Salmo\ gairdnerii$.

表 6.19　几种除草剂对水生无脊椎动物的急性毒性（引自 Brooker and Edwards，1975）

Tab. 6.19　Acute toxicity of herbicides to aquatic invertebrates. （Cited from Brooker and Edwards，1975）

除草剂	种类	LC₅₀/(mg/L)	
		48 h	96 h
2,4-滴酸 2,4-D	白颈环毛蚓 (*Pteonarcys californica*)	1.8	—
	蚤状溞 (*Daphnia pulex*)	3.2	—
	锯顶低额溞 (*Simocephalus serrulatus*)	4.9	—
茅草枯 Dalapon	白颈环毛蚓 (*P. californica*)	—	100
	锯顶低额溞 (*S. erruslatus*)	16.0	—
	蚤状溞 (*D. pulex*)	11.0	—

续表

除草剂	种类	LC₅₀/(mg/L)	
		48 h	96 h
敌草腈 Dichlobenil	美洲钩虾 (*Hyalella azeteca*)	12.5	8.5
	美四节蜉 (*Callibaetis* sp.)	15.2	12.0
	沼石蛾 (*Limnephilus* sp.)	23.3	13.0
	绿螅 (*Enallagma* sp.)	24.2	20.7
	白颈环毛蚓 (*P. californica*)	8.4	—
	蚤状溞 (*D. pulex*)	3.7	—
	锯顶低额溞 (*S. erruslatus*)	5.8	—
敌草快 Diquat	美洲钩虾 (*H. azeteca*)	0.12	0.048
	美四节蜉 (*Callibaetis* sp.)	65.0	33.0
	沼石蛾 (*Limnephilus* sp.)	>100	>100
	绿螅 (*Enallagma* sp.)	>100	>100
百草枯 Paraquat	锯顶低额溞 (*S. erruslatus*)	0.45	—
	蚤状溞 (*D. pulex*)	0.24	—

4. 对生态系统的影响

除草剂可以影响植物群落结构，但这种影响往往因具体环境不同而具有不确定性。施用除草剂后，可能是抗性高的物种成为优势种，也可能是靶物种恢复且成为优势种，也可能会形成多物种共存的局面（Nichols，1991）。广谱性的除草剂去除植物后，可能会留出空的生态位，这就给周围物种提供入侵机会，那些生

长快、繁殖力强的物种通常会首先发展起来（Nichols，1991）。Hestand 和 Ca-
ter（1977）的研究表明除草剂可以选择性地控制植物群落的物种组成，有针对
性地去除或抑制靶物种，促进其他物种的扩展。例如，在 Florida 州的几个池塘
中，Hydrothol 191 和 TD-1874 能快速杀死五刺金鱼藻、轮叶黑藻、美洲苦草、
瓜达鲁帕茨藻（*Najas. guadalupensis*）等植物，但轮叶黑藻在 28～40 天内开
始生长恢复，90 天后成为优势种；联合使用 Diquat 和 Cutrine Plus 使美洲苦草
成为优势种（Hestand and Cater，1977）。

　　除沉水植物外，除草剂可能会影响到其他生物，也会影响到水体环境的某些
环境因子而对整个水生生态系统产生危害（Brooker and Edwards，1975）。除草
剂本身具有毒性，可以直接危害其他水生生物，被摄入后也可能会毒害陆生生
物。植物死亡与残体分解后水体迅速缺氧，营养成分外泄，水休环境将发生改
变。另外，植物的死亡减少了其他生物的食物来源，而新物种的替代也将改变生
态系统的结构和功能。

　　如果水体中含有除草剂，使用这些水作为原料生产的食品、化妆品、药品等
产品可能会影响人类健康，生产的包装材料如用于食品或饮料可能会带来污染，
生产的钢铁等材料的品质也可能受到影响（Nichols，1991）。

　　但 APMP（Aquatic Pesticide Monitoring Program）的报告表明，在 Sacra-
mento-San Joaquin Delta 和 Central Valley 等区域，大多数水用除草剂对浮游生
物没有短期的或长期的显著影响，而且水体中除草剂的成分或助剂更多的来自于
工业生产、家庭污水和农业生产，只有少量的来自于水生植物控制（Siemering，
2005）。

　　5. 存在问题与改进措施

　　除草剂在实施过程中会遇到一些具体问题，人们发展了相应的应对措施
（Nichols，1991）。除草剂的有效成分可能在作用于植物前失活或浓度降低，因
此人们发展了增效剂、缓释剂或新的药物投加系统以减缓上述负面影响；某些除
草剂的效用与植物的生理活动有关，而沉水植物的生理活动受水温和光照的影
响，因此在特定季节施用某些除草剂可以选择性地控制不需要或不大量需要的种
类；施用合适的浓度可以抑制或去除对浓度敏感的种类，但是因为水的流动性使
有效成分很快扩散，因此限定控制区域也是一种增强除草剂效果的措施；水体中
可能会残留一定浓度的除草剂，但活性碳与黏土矿物（bentonite）以及高强度的
紫外照射可以有效地降低水中残留的除草剂（Brooker and Edwards，1975）。

6.7.3　生物调控

　　生物调控是许多生态学家最希望推广的一种方式。生物调控是指人们引进、
保护或强化天敌（如寄生虫、捕食者、病原体或竞争物种等），使靶物种保持在

较为理想的种群规模和生长状态。但人们在引进非本地种或利用生物工程物种时应特别小心，以防引起更为严重的生态问题（Nichols，1991）。

应用于调控沉水植物的生物多种多样，如草食性鱼类、昆虫、螺类、食草水禽、寄生细菌、病原体或具较高竞争能力的其他植物。

1. 应用原则

理想的用于生物调控的生物应具高度专一性，不会危害非靶物种；容易扩散，在自然状态下能繁殖且保持一定的种群规模；限制靶物种的种群规模，但不完全消除它们；对人或其他动物没有危害（Nichols，1991）。

2. 应用研究

1) 病原体

Shearer（1998）发现凤眼莲孢霉（*Mycoleptodiscus terrestris*）可以控制轮叶黑藻，4 周后其颗粒态或胶囊态在试管（60 mL）、圆桶（12 L）、水池（1700 L）中都显示了强大的控制效果。

2) 昆虫

Newman（2004）发现美国北部与加拿大南部的土著种 *Acentria ephemerella*、*Cricotopus myriophylli* 与穗花狐尾藻的生物量下降有关。

芫草象甲（*Euhrychiopsis lecontei*）夏天生活在穗花狐尾藻植株上，繁殖几代后到岸上的落叶中越冬。在室内实验、水池等中型实验以及几个野外实验中它都表现出较好的控制效果，使穗花狐尾藻不能形成冠层，生物量减少到对照组的 50%（Sheldon and Creed，1995；Newman，2004）。*E. lecontei* 对穗花狐尾藻有高度专一性，但对本土植物没有显著的影响（Newman，2004）。

Hydrellia pakistanae 和 *Bagous hydrillae* 对轮叶黑藻有较强的偏爱，它们的牧食使轮叶黑藻生物量和无性繁殖体数目显著下降，改变了轮叶黑藻与美国苦草的种间竞争格局（Van *et al.*，1998）。

植物本身的状况能影响昆虫幼虫的存活、生长和发育（Wheeler and Center，1996）。幼体与成体都生活在质量较差（氮含量低、硬度高）的轮叶黑藻植株上时，*H. pakistanae* 的死亡率较高、发育时间长、雌性个体数量偏少。此时，*H. pakistanae* 在植物的叶间移动，通常在质量相对较好的顶枝尖端处取食并化蛹，但这会增加被捕食的风险。当植物质量较好时，它们通常在植物顶枝尖端的第五个节处取食、化蛹，这会减小被牧食的风险。

使用昆虫（尤其是本地种）作为沉水植物的调控因子是极有潜力的，但是多数种类在野外的种群数量仍然较小，达不到很高的种群规模，不能显示很好的控制效果（Sheldon and Creed，1995；Newman，2004）。种群模型表明，成体的繁殖寿命和繁殖能力是影响夏末种群规模的主要因素。如果能改善这些动物的生活环境，它们可以成为较好的生物控制因子。

　　3）草食性鱼类

　　草食性鱼类，尤其是草鱼是生物控制中应用得最为成功的。正常草鱼（两倍体）的繁殖能力强大，雌性鱼一个繁殖季节可产生上百万的鱼卵。而三倍体草鱼适应性强，不能产生可成活的后代，因此通常被用来控制沉水植物（Nichols，1991；Chilton and Muoneke，1992）。

　　草鱼的取食范围很广，当植物的组成不同时，草鱼对同一种植物表现出不同的喜爱程度。Bonar 等（1990）的多元回归分析表明钙与纤维素的含量是影响草鱼取食偏爱度的最重要的指标，草鱼喜欢取食钙与木质素含量较高的植物，不喜欢铁、硅与纤维素的含量高的植物。

　　草鱼的取食量很惊人，在控制过度生长的沉水植物方面非常有效。1973 年，草鱼被引入到美国 Iowa 州的 Red Haw Lake，4 年内使沉水植物生物量（鲜重）从 2438 g/m² 减少到 211 g/m²，显著抑制了眼子菜属、伊乐藻属、金鱼藻属与茨藻属的一些种类（Mitzner，1978）。Pirk 等（2000）报道草鱼使南卡罗来纳州 Santee Cooper 水库中的轮叶黑藻在 1994～1998 年从 17 272 hm² 减少到了几公顷。

　　过量放养草鱼会导致沉水植物完全消失，因此合适的放养密度对沉水植物管理是很重要的。Chilton 和 Muoneke（1992）认为每公顷水草最少可放养 6 条草鱼。Hanlon 等（2000）则认为每公顷水草放养 25～30 条草鱼既可达到控制轮叶黑藻的目的，又能维持一定比例的其他沉水植物。Nichols（1991）推荐用低的放养密度结合其他措施来调控沉水植物，以后根据实际情况再逐步增加草鱼数量。

　　草鱼的应用受很多因子影响，如放养密度、水温、气候、水体溶氧、人类干扰、鱼龄、植物种类与生物量等，应用时应考虑当地气候、湖泊特点、植物情况以及管理目标等因素确定合适的草鱼密度（Nichols，1991）。应用草鱼作为调控因子时应遵循以下原则：选用三倍体的不育草鱼；应用前要对湖泊的沉水植物作详细调查，制订详细的放养计划；将草鱼限制在要控制的区域中，严防它们入侵到生态敏感区或珍稀动物栖息区；不能破坏湖泊的其他功能；低放养密度结合其他调控措施（Nichols，1991；Chilton and Muoneke，1992）。

　　利用草鱼调控沉水植物群落也会给生态系统带来影响（Nichols，1991）。草鱼取食具偏爱性，取食量巨大，必然会降低沉水植物生物量，改变沉水植物群落结构，并可能导致水体营养上升、水体浑浊、附着于植物上的无脊椎动物减少、水禽减少等状况。但是由于水底的植物碎屑增加了，底栖生物可能会增加。

6.7.4　水位调节

　　水位的降低或升高可以改变沉水植物群落。水位降低可以使植物成体或繁殖体遭受干旱或极端温度。新鲜的轮叶黑藻冬芽含水量每降低 1%，死亡率就升高 2% (Doyle and Smart，2001)。而冬季降低水位是最为常用的措施，水位降低后冬季的降雪或春季的降雨可以补充水量，另外，也可利用水位降低的时间开展水利工程，而且一般不会影响水体的应用 (Nichols，1991)。当堤岸较陡时，升高水位也是一种有效的方式，尤其是在透明度较低时的效果更明显 (Nichols，1991)。

水位波动是导致 1973～1980 年 Rotoma 湖沉水植物群落显著变化的原因之一 (Clayton，1982)。低水位时水生环境受侵蚀、淤积和干燥等作用发生改变，植物群落暂时受到破坏，高水位时这些土著种又通过种子库的萌发和生长重新建立起来 (Clayton，1982)。水位波动时有些物种得到发展（这可能是因为它们的繁殖体需要低温的催化），有些被削弱，有些基本不变。但最终结果是对水位波动有抗性的植物占优势，但这些植物有可能是人们不很喜欢的种类 (Nichols，1991)。连续 6 次升降水位虽然使冬芽由 305～676 个/m^2 降低到 15～30 个/m^2，但是下一个生长季中轮叶黑藻仍占一定规模 (Doyle and Smart，2001)。这说明虽然轮叶黑藻的个体对干燥很敏感，但其巨大的繁殖体数量减弱了干燥对轮叶黑藻种群的影响。

Turner 等 (2005) 的研究表明，水位降低过程中及降低后，湖水水质、浮游植物变化不明显，但大部分浮叶植物和沉水植物的生物量和盖度显著下降，而且水位波动对近岸带的影响远大于对远岸带的影响。水位波动会影响到动物的群落组成，甚至引起很多种类消失 (Ploskey，1982；Richardson et al.，2002)。在水位波动影响下寡毛纲动物、摇蚊类生物可能会增加，而腹足纲动物、甲壳类动物等不善活动的种类受到抑制，水禽、爬行动物、两栖动物等也受到抑制，但鱼类的变化较不确定 (Ploskey，1982)。

6.7.5　遮光

光照是沉水植物生长的最重要的限制因子之一。水生生态系统中的光照取决于水体的深度、悬浮物浓度、浮游植物浓度与溶解的某些化学物质。减弱沉水植物获得光照也是一种调控方式。

1. 扰动底泥或投加泥土

扰动底泥或投加泥土可使水体浑浊，限制沉水植物生长，但是却损害了水体的景观功能，与水体的管理目标相违背 (Nichols，1991)。

2. 化学染料

化学染料可以吸收特定波长的光或限制光线透过水体。Nichlos (1991) 认为最好是在生长季节早期使用化学染料，而且应适时补充染料以维持较理想的浓度。水中悬浮物能吸附染料，因此这种方法不适合在较浑浊的水体中应用，也不适合在水深低于 2 m 的水体中应用。一些染料可能会大量消耗氧气，或对生物有毒，另外染料会损害水体的景观功能。因此使用染料有很大局限性，很大程度上只是人们的一种尝试（Nichols，1991）。

3. 漂浮或水下遮光物

漂浮在水面的黑色塑料膜可以限制沉水植物生长，这种方法在美国的 Wisconsin 有过成功的案例。之后人们又研制了固定毯层（stationary blankets）或移动毯层（removable screens）安放于水下，用来遮挡光照并限制枝条的向上生长，效果较明显（Engel，1983；Ussery et al.，1997）。固定毯层上容易积聚泥土，利于植物侵入。可移动毯层容易清洗，能有效防止植物侵入，但是毯层限制了水的流动，并引起 NH_4^+ 浓度升高和导致溶氧下降，严重影响到毯层下生物的生存（Engel，1983）。另外，制作材料较昂贵，而且容易受到风浪的破坏，移去这些屏障后各种生物能很快恢复，因此这种方式也只限于在较小或较特殊的水域中使用（Engel，1983；Ussery et al.，1997）。

第7章 重建湖泊水生植被的实践

7.1 先锋植物的选择及种植技术

7.1.1 水生植物种类优选

水生植物种类优选是根据湖泊的现状和湖泊的功能，以及植物的适应能力、净化功能、观赏和渔业价值等而进行的。

挺水植物、飘浮植物和根生浮叶植物受水体富营养化的抑制作用较小，甚至水体营养水平的提高对这些植物特别是前两者有促进作用；而沉水植物则较容易受到水体污染的影响。水生植物群落一旦恢复，可通过一系列的反馈机制，维持水生态系统的稳定和较好的水质，降低藻类密度，增加生物多样性，使水环境具有更高的美学价值和环境价值。

1. 土著种

尽量选择本土现存或历史上存在的植物种类。长江流域的湖泊可选择如眼子菜科植物、黑藻、狐尾藻、金鱼藻、苦草、菹草等沉水植物，鸢尾、水烛、灯芯草、菖蒲等湿生或挺水植物，睡莲等广泛栽培的具有很好景观效果的浮叶植物。如果湖泊区域较小且封闭，可考虑应用伊乐藻这种生长快、耐污性强、易采购且已广泛应用于水产养殖的物种。

2. 生长速度与耐污性

沉水植物的先锋物种必须是具有生长快、耐污性强，能快速有效改善水质的植物。如黑藻、穗花狐尾藻、五刺金鱼藻、苦草、菹草等，伊乐藻在特定水域也是一种很好的选择。

3. 易采或易购

水生植物材料最好是已商品化的种类，而我国目前已商品化的沉水植物种类较少，如苦草种子与伊乐藻等。其他的大多数沉水植物物种只能到沉水植物较丰富的水域采集。

4. 可利用

可从饲料、绿肥、沼气或药用等方面考虑选择水生植物。

5. 季节性

水生植物种类要进行季节间搭配。沉水植物中冬季种很少，如菹草与伊乐藻等，夏季种则很多。

6. 景观效果

在重要的景点种植水生植物时，在满足其他要求的情况下，还可以考虑其景观效果。沉水植物主要是考虑其外部形态，枝条是否会挺出水面等，浮叶和挺水植物主要考虑其花期、花色、植株外形等。

7.1.2　常用先锋植物

1. 苦草

优点：耐污能力强、净化效果较好、繁殖快、种子易得、播种效率高。

缺点：种子发芽率较低、叶子易折断、植株移栽较困难、植株漂浮后易死亡。

2. 狐尾藻

优点：耐污能力强、净化效果较好、繁殖快、再生能力较强、生长期长、在武汉部分植株可越冬。

缺点：植株过长，易浮于水面，影响视觉效果。

3. 菹草

优点：耐污能力强、净化效果好、无性繁殖能力强、无性繁殖体——石芽易收获、播种方便、成活率较高，其冬春季生长的特点易与其他春夏季生长的植物匹配从而实现四季植物的自然更替。

缺点：死亡时间集中于春夏之交的 5 月至 6 月初，造成水质恶化，并影响其他植物的生长。

4. 金鱼藻

优点：耐污力较强、净化效果较好、外形优美、无性繁殖力较强、容易移栽。

缺点：根系退化，固着力略差，生长期略短。

5. 黑藻

优点：耐污力较强、净化效果好、生长繁殖快、无性繁殖体易得且播种方便。

缺点：植株脆，易折断，枝条不易移栽。

6. 伊乐藻

优点：耐污力强、净化效果好、生长繁殖快、移栽方便、成活率较高，其喜冷性和四季存活的特点，使其具有明显的优势，可以在冬春季种植，与适于春夏季生长的植物种匹配。

缺点：是外来种；夏季抗性弱，易死亡；在初春扩张迅速，易形成单优群落。

其中，伊乐藻适于作为先锋种在冬春季种植，用于先期的水环境改善，为以后其他植物的定植创造条件。

7.1.3　常用植物种植技术

沉水植物的栽培技术：对利用无性繁殖方式繁殖出来的水生植物进行栽培技术研究，在小池和示范区内，采用不同栽培技术：单栽、群栽、直栽、斜栽和不同容器栽植（竹筒、纸杯、塑料杯、草包、网袋、泥团）的试验，试验结果是群栽比单栽效果好；泥团和网袋比其他容器栽植效果好。恢复水生植被最有实用价值的栽培技术就是用水簇箱直接扦插育苗，育成后整体取出分大兜栽植，这样成活率可达 95% 以上。

几种沉水植物优势种类无性繁殖研究：对微齿眼子菜、竹叶眼子菜、菹草、狐尾藻、苦草、轮叶黑藻、五刺金鱼藻和伊乐藻等植物进行无性繁殖技术研究，摸索压条、水培、分割、组织培养和扦插等无性繁殖技术方法与效果。

几种无性繁殖技术方法中以扦插和组织培养效果好，几种沉水植物均可用组织培养技术进行微体繁殖，其优点为繁殖系数较高，用来观察研究沉水植物的生物学特性和发生发展规律，有其独特的优点。缺点是不够经济，实际应用价值不大。狐尾藻是该实验中唯一以腋芽愈伤组织分化成丛生芽的方式获得再生植株的种类，也是在琼脂固体培养基上唯一的茎叶能直立生长的种类。微齿眼子菜等几种植物均具有较强的营养繁殖能力，用扦插繁殖具有简单、经济、速效的特点。春、夏、秋三季实验表明，在 14～34℃ 的水温内，一星期左右即可开始生根，20 天以内非但发根整齐，而且已有一定的生长量，几种沉水植物均具有较强的生根能力，生根率大多在 90% 以上。

扦插容器以水簇箱较合适，其具有容积较大、水层较深、透光性好的优点，能为插条提供一个相对稳定的小环境和充足的光照条件。在水簇箱内直接扦插比小容器沉水法更简单、有效、实用，能大规模生产种苗。

7.2　植被恢复/重建初期的主要问题及应对方法

7.2.1　植被恢复/重建初期的主要问题

1. 植物群落结构简单，抗干扰能力差

对于人工强化恢复/重建的水生植物群落，往往是在条件比较恶劣的水环境条件下实施的，首要目标是确保先锋种的成功定植，之后再增加植物种类，丰富群落结构。所以很容易造成单一或少数的先锋种定植成活形成先锋植物群落，群落的植物种类很少（甚至只有一种），在垂直和水平结构上均很简单。而每一种植物都有其生物学和生态适应上的弱点，如菹草在春末夏初死亡；伊乐藻在夏季易死亡和休眠；微齿眼子菜耐污性相对较差，等等。所以在遇到生态因子较大的

突然变动时，很容易给初步恢复/重建的水生植被带来灭顶之灾。

2. 容易形成单优群落，稳定性差

初步成功恢复/重建的先锋水生植物群落，一方面，由于结构简单，缺乏相互的制衡机制，容易使一些繁殖迅速的机会种（如浮萍等）侵入而大量繁殖，造成一种特殊的灾害；另一方面，也可能由于先锋种繁殖迅速，而成为一家独大的单优群落。两者都同样不是我们恢复和重建的目标。而且，要改变这种状况，往往并不容易，甚至要付出植被恢复/重建失败的代价。

7.2.2　应对方法

要努力形成以沉水植物为主、挺水植物为辅，结合少量浮叶植物的全系列植被结构。从物种的多样性、空间结构的复杂性、景观的美化性几方面优化水生植被结构。

1. 丰富物种，达成多样性与复杂性

1）冬季种与夏季种的搭配

多数水生植物是春季萌发秋冬季枯萎，少数种则是秋冬季萌发，冬春季生长，晚春初夏死亡。两类植物可以形成自然的季节交替，从而保证了水生态系统的稳定和连续。因此，在重建水生植被时，要兼顾两类植物的搭配，对水质的稳定很有帮助。

2）多年生物种与一年生的物种的搭配

许多沉水植物是一年生的，多数挺水和湿生植物以及部分沉水植物是多年生的。多年生与一年生植物在繁殖策略和生态功能上各有优势，所以，在植被结构上，适当考虑两者的搭配，可增加系统的稳定性。

3）空间结构的优化

湿生、挺水、浮叶（包括漂浮和根生浮叶两类植物）、沉水四种生活型的植物构成了水体中全系列的水生植被，一般而言，它们沿着从滨水到远岸带的方向，呈带状或镶嵌状分布，形成一定的空间结构。每一种类型的植物都占据一定的生态位，具有一定的生态功能。从生态学的角度来讲，形成以沉水植物为主、其他植物为辅的植被是最佳的。所以在水生植被重建完成后，要通过管理、调控来改善和优化植被结构，达到最佳效果。

2. 兼顾景观美化性

在物种选择和结构优化上，适当考虑景观的美化。如植物的外形、花期等。

7.3 水生植被恢复示范及工程应用实例

7.3.1 武汉东湖水生植被恢复示范工程

1. 工程背景介绍

武汉东湖是长江中游代表性中型浅水湖泊,位于东经 114.23°、北纬 30.33°。由水果湖、郭郑湖、庙湖、筲箕斗、汤林湖、牛巢湖、菱角湖、后湖等子湖组成。东湖早年曾与长江相通,1957 年因修建武丰闸,使之与长江隔绝,成为半封闭湖泊。在水位 20.5 m 吴淞高程时,湖泊面积为 27.9 km²,平均水深为 2.21 m,湖泊总容量为 6200 万 m³。

近几十年来,由于湖泊集水区内人口的大量增加和工农业生产的发展,大量生活污水和生产废水排入东湖,水体污染严重,加之不合理的水产养殖活动,湖水水质恶化,水生植被破坏,湖泊功能萎缩,生态系统退化。20 世纪 50 年代以前,东湖水生植被几乎覆盖全湖。1962~1963 年调查发现,东湖水生植物有 29 科 53 属 83 种,面积为 23.78 km²,占全湖总面积的 83%;1993 年调查发现东湖水生植物减少为 26 科 44 属 58 种,面积减为 0.8 km²,不到全湖面积的 3%;2001 年调查表明东湖水生植物只有 18 科 23 属 29 种,面积仅为 0.2 km²,只占全湖面积的 0.7%。50 多年来,东湖水生植物群落结构也发生了明显的变化。1962~1963 年,东湖水生植被的优势种为微齿眼子菜、大茨藻、狐尾藻、黑藻和金鱼藻,其中微齿眼子菜的分布面积和生物量占绝对优势。1991~1993 年,东湖已无微齿眼子菜的踪迹,水生植被以大茨藻、狐尾藻和苦草占优势。2001 年,黑藻也从东湖消失,水生植被以挺水植物香蒲和莲占绝对优势,浮叶植物和沉水植物仅有少量分布(刘建康,1990;邱东茹和吴振斌,1996;吴振斌等,2003)。

为寻找合理、经济、有效的水生植被重建途径,给东湖大规模的水生植被重建工作提供技术支撑与综合示范,在国家"八五"科技攻关课题支持下,1992 年在东湖水果湖(代表超富营养水体)、汤林湖和后湖(代表中—富营养化水体)三个湖区建立水生植物恢复示范区(图 7.1)。水果湖示范区由用钢管骨架和防水彩布构成的 4 个与外界水体相隔绝的围隔组成,面积各约 800 m²,其中之一留作对照;汤林湖建成两个围隔和一个用尼龙网围成的围栏,面积各约 750 m²;后湖示范区是用双层尼龙网围出的面积 3000 m² 的小湖汊。在上述三个示范区分别进行水生植物恢复试验。并对恢复过程中和恢复后的围隔生态系统示范区的水质、底质、生物进行了监测和研究。

2. 示范区的建设

1)水果湖水生植被重建示范区

水果湖为多个排污口集中的地方,是东湖污染最严重的湖区之一,除凤眼莲

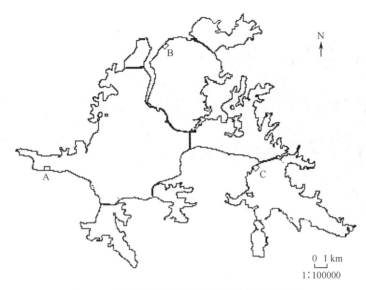

图 7.1　武汉东湖水生植被重建示范区的位置
A 为水果湖示范区，B 为汤林湖示范区，C 为后湖示范区
Fig. 7. 1　The location of the enclosure systems in Lake Donghu
A was Shuiguohu demonstration enclosure, B was Tanglinhu demonstration enclosure, C was Houhu
demonstration enclosure

和喜旱莲子草，基本上没有其他水生植物分布。

1992 年 9～10 月在东湖重污染区水果湖建起四个中型的围隔生态系统（图7.2），总面积约为 3330 m²，以钢管为骨架，用聚乙烯防水彩布相隔开内外水体，布下端包裹石龙深插入泥中，再用毛竹将彩布固定到骨架上。外边再加一层钢板网，Ⅰ号、Ⅱ号围隔钢网与彩布之间还加有一层尼龙网，围隔外固定一圈飘浮植物作防浪带。实验设计是Ⅰ号围隔栽水草放鱼，Ⅱ号和Ⅲ号围隔栽水草，Ⅳ号围隔无草无鱼用作对照，每次采样同时采取围隔外的湖水样品以提供背景资料。

1992 年 7 月，Ⅰ号和Ⅱ号围隔先建立，Ⅰ号放养凤眼莲，覆盖约一半的水面。10 月初Ⅲ号和Ⅳ号围隔也建立起来。Ⅰ号、Ⅱ号、Ⅲ号围隔先后移栽了不同的沉水植物。7 月下旬，Ⅱ号围隔中出现了较多的微囊藻水华，透明度约为30 cm，8 月下旬放养凤眼莲后，水华减少，9 月透明度增加至 130 cm；Ⅰ号围隔中凤眼莲迅速生长扩大至 1/2 的水面，微囊藻则较少，透明度为 150 cm；围隔外水体无肉眼可见的微囊藻水华出现。可见凤眼莲对水质的改善和对藻类的克制作用是很明显的。8 月下旬捞出Ⅰ号围隔中的凤眼莲，并移栽苦草、黑藻和狐尾藻等沉水植物到Ⅰ号和Ⅱ号围隔中，并采集渣草石芽撒入其中。9 月中旬渣草

图 7.2　水果湖水生植被重建围隔示范区

Fig. 7.2　The enclosures for aquatic vegetation rehabilitation in Lake Shuiguohu

石芽萌发。10 月底将采集到的苦草种子撒入Ⅰ号、Ⅱ号和Ⅲ号围隔。捞出Ⅱ号围隔的凤眼莲，移入一部分豆瓣菜（*Nasturtium officinales*）。

　　1993 年，Ⅰ号和Ⅱ号围隔中近岸边有部分苦草越冬，菹草和狐尾藻发展起来，分别覆盖约 2/3 和全部水面。4 月下旬，围隔中近岸处苦草种子萌发，但后为鱼类破坏。围隔中和大湖中全年没有微囊藻水华出现。8 月重新调整植物种类，Ⅱ号和Ⅲ号围隔重新从汤林湖移栽水草，主要种类为苦草和狐尾藻。

　　1994 年春，Ⅰ号围隔水生植被以菹草（由上年形成的石芽萌发而来）为主，Ⅱ号围隔以菹草和狐尾藻较多，另有少量菱和少量近岸边越冬的密刺苦草（*Vallisneria denseserrulata*），Ⅲ号围隔以狐尾藻占优势，另有少量苦草。由于鱼类侵入，围隔中水草遭受轻微的破坏，先用电捕法对Ⅱ号、Ⅲ号围隔的鱼类进行捕杀，效果不太理想，故分别在 5 月 21 日、5 月 24 日和 6 月 14 日对Ⅱ号和Ⅳ号、Ⅰ号以及Ⅲ号围隔用漂白粉清塘，清塘后，水草大都死亡。6 月 24 日重新移栽水草到Ⅲ号围隔中。清除水草后，四个围隔发生了不同的变化，Ⅰ号、Ⅱ号围隔浮萍（*Lemna minor*）和紫萍（*Spirodela polyrrhiza*）很快布满水面，Ⅰ号围隔清除飘浮植物后，大茨藻和苦草发展起来。Ⅱ号围隔清除浮萍后，很快重新布满，人工难以控制。

　　1994 年 11 月初，在Ⅲ号围隔中用小泥团包裹枝条基部栽培伊乐藻，1995 年春，伊乐藻长势很好，形成许多植丛，随着气温的升高，水绵大量发生对水草生长不利，是抑制水草继续发展的主要因子之一。4 月底清除菹草后，又移栽了微齿眼子菜，大部分成活。

　　整株带泥用尼龙网袋包裹移栽水草效果较好，用枝条扦插下端也应裹黏性泥土加以固定。水果湖围隔中，春季菹草可长满整个围隔，因受透明度限制，其他沉水植物往往不能扩展到水位较深的地方，我们采取培养凤眼莲的方法，一方面利用其很强的净化能力改善水质，另一方面，利用它克制藻类，提高水体透明度，以利于沉水植物的生长，结果证明效果很好。

　　2）汤林湖水生植被重建示范区

　　汤林湖不直接接纳污水，污染较轻，主要为渔业养殖水体。

　　1993 年 7 月，在汤林湖用防水布围成两个围隔（Ⅰ号和Ⅱ号），内外水体相对隔绝；另用网眼孔径 0.8 cm 的尼龙网围成一个围栏（Ⅲ号），其面积各约 750 m² ，再用绳子在围隔附近圈定相同面积的区域作对照（Ⅳ号）（图 7.3）。Ⅰ号围隔用以观察水草自然恢复的情况，Ⅱ号围隔中进行水生植被优化试验，Ⅲ号围隔用以观察减轻鱼类影响的条件下，水生植物的恢复与演替，并进行结构优化试验。

图 7.3　汤林湖水生植被重建围隔示范区

Fig. 7.3　The enclosures for aquatic vegetation rehabilitation in Lake Tanglinhu

　　实验区原有的苦草、金鱼藻和狐尾藻在三个围隔和对照中都能较好地生长，尤其在Ⅰ号、Ⅱ号和Ⅲ号围隔生长更好。狐尾藻一年四季都能生长，在许多月份为优势种，特别是冬季，成为唯一的存活较多的种，而苦草和金鱼藻冬季仅有少量存活，且仅出现在Ⅰ号、Ⅱ号和Ⅲ号围隔内。苦草和金鱼藻生存期也很长，除冬季和初春的 3 月稍少外，其他时期都有较多的生长。与水果湖区的围隔系统不同，春季菹草在汤林湖的示范区中并不占优势。其原因可能是来自狐尾藻的竞争和草食性鱼类的摄食。

人工种植的两种挺水植物莲和芦苇在实验区生长良好，两者都是通过根状茎繁殖起来的。至 1994 年 8 月，在 Ⅱ 号和 Ⅲ 号围隔莲群落均扩大到约占 1/2 的水面；芦苇则仅限于岸边，向湖心扩展的范围不大。莲和芦苇的生物量分别为 2378 g 湿重/m² 和 5796 g 湿重/m²。在莲分布区，浮叶植物（菱）的生长受到抑制，从而使沉水植物发展起来。在莲分布区外，夏季浮叶植物野菱大量生长，形成郁闭的浮水层，使沉水植物受到严重抑制，植株纤弱，生物量大大降低。密集的浮叶植物还影响大气向水中的放氧，导制水中溶解氧下降，进而对水生动物和好氧菌产生不利的影响。可能因为野菱的竞争，栽培的红菱生长不良，并不能结实。

人工栽培的黑藻未能发展起来，即使人工拔去周围的其他水草也未能促进黑藻的发展。这可能既因为狐尾藻和金鱼藻的竞争，又因为鱼类的摄食所致。

围隔中水体比较稳定，小型飘浮植物（如满江红和紫萍）易于发展，有时可以成为优势种，冬季和春季丝状藻类大量发生对沉水植物也产生不利影响。在水果湖示范区也出现类似现象，而且丝状藻类的遮光和缠绕对沉水植物的抑制更为明显。

3）后湖水生植被重建示范区

后湖污染较轻，水质较好，主要为养殖水体，还兼有调蓄灌溉功能，曾经为团山自来水厂水源地，供给华中理工大学（现华中科技大学）等单位用水。

在东湖后湖磨山脚下建立水生植被恢复示范区 3330 m²，其中，适合沉水植物生长的深水区 1330 m²，浅水区 2000 m²，考虑到历年的风浪、水位和大湖的养殖情况，搞好围栏是示范区水生植被恢复的首要条件，1993 年 3 月完成示范区的围栏工程后，立即用 300 kg 漂白粉进行消毒除鱼，消除示范区内的细菌和水生动物，主要目的是消除草食性鱼类和虾。

1994 年 3 月增加一层围栏设备、网底部装上石笼，使网的底网压在泥中，防止鱼类从泥中进入示范区。同时又用 300 kg 漂白粉进行消毒除鱼，因为有草食性鱼类从泥中进入示范区；另外通过网眼进入的小鱼类和虾，经过一年生长后个体增大，对水草恢复破坏性也增大。为了消灭小鱼和虾，在示范区放入重约 500 g 的乌鱼 10 尾。

在示范区内消除草食性鱼类的前提下，根据湖底的地形和水位的高低，从湖边—浅水—深水，配置不同的水生植物群落：挺水—浮水（叶）—沉水，挺水植物栽植有香蒲和莲；浮叶植物栽植有睡莲、白睡莲、墨西哥黄睡莲、荇菜、菱、四角菱；沉水植物栽植有微齿眼子菜、竹叶眼子菜、菹草、苦草、轮叶黑藻、五刺金鱼藻、伊乐藻；总共栽植 11 批，有 9 批成活。

同时开展了几种沉水植物的人工种植试验，以微齿眼子菜为主，也进行了菹草、竹叶眼子菜、苦草、狐尾藻、五刺金鱼藻和伊乐藻的种植试验。

三年来的实验表明，采集的微齿眼子菜以丛状种植于湖底；或者将其截成15～20 cm扦插在竹筒内，然后将竹筒插入湖底均未获得成功。用小容器沉水扦插法育成壮苗后再小兜栽入湖底，统计得成活率约50％。继续改进方法，用水族箱直接扦插育苗，育成壮苗后整体取出分大兜栽植，这样成活率可达95％以上。这是因为育苗时扦插的密度大，根系错纵伸展的范围广，育成的植株根系发达，互相依附，发挥了群体的优势，所以栽植容易成活。相比之下，其他种沉水植物较易栽植，采集后直接移栽入湖，基本上都能成功。如1993年秋和1994年春夏种植的苦草和1993年夏种植的伊乐藻成活率在95％左右；1993年和1994年夏种植的竹叶眼子菜成活率为98％；此外菹草和狐尾藻成活率均在98％左右。但在1993年6月8日种植　批（无根）微齿眼子菜、苦草、金鱼藻，因6月9～10日遇大巨浪结果失败。除微齿眼子菜之外，其他几种沉水植物比较耐污，在东湖有一定的残留量，种植较为容易。如果采用先育苗后种植的方法效果更好，成活最有保证。微齿眼子菜对富营养化水质的适应性较差，对环境变化的应激能力也很差；但只要为其提供一个相对稳定的生根小环境，育成壮苗，发挥群体优势，利用大兜栽植，亦能获得较好的结果。

在示范区内进行水生植被的人工调控，即要补充栽植一些具有高净化能力、适应性强、有观赏和渔业价值的水生植物。淘汰一些净化功能弱、适应性差、无观赏和渔业价值的水生植物。

三年内对示范区内的水生植物不断地进行人工调控，使其水生植被结构不断地优化，在栽植各种水生植物后，发现香蒲和空心莲子草（无渔业价值）生长很快，影响莲和睡莲的生长，而莲和睡莲是美化水面的主要植物。因此，用人工方法淘汰一些香蒲，尽可能多地清除空心莲子草，以利于莲和睡莲的生长。1994年东湖后湖水位变低，有利于挺水和浮叶植物生长，不利于沉水植物生长，因此用人工调控限制挺水和浮叶植物侵占沉水植物的面积。在沉水植物中可通过淘汰无观赏和渔业价值的小茨藻和大茨藻的方法为其他种类的沉水植物生长提供空间。由于微齿眼子菜有高渔业价值（鱼类对它的摄食选择性高），但在东湖内已经绝灭，在人工恢复时失败次数最多，因此，采取淘汰其他沉水植物（主要为狐尾藻、大茨藻和小茨藻），留出一定水面，单独再搞一层围栏设备，单独培养成一个微齿眼子菜群落，使其生长不受干扰。

示范区经过三年的重建和调控，总共淘汰植物13次，栽植11批。在示范区内虽然有少量虾和鱼类对水草的恢复有一些影响，主要影响微齿眼子菜和苦草，但栽植的水生植物多数生长良好。在示范区内形成9个植物种群（表7.1）。

表 7.1　示范区内的植物群落

Tab. 7.1　Plant community in the enclosures

序号 Item	植物种群 Plant community	生活型 Life form	覆盖度 Plant cover
1	香蒲种群	挺水	70%~80%
2	莲种群	挺水	80%
3	睡莲种群	浮叶	60%~70%
4	荇菜种群	浮叶	70%~80%
5	苦草种群	沉水	50%~80%
6	菱+金鱼藻种群	浮叶沉水（混合）	90%
7	狐尾藻种群	沉水	50%
8	竹叶眼子菜种群	沉水	70%~80%
9	微齿眼子菜种群	沉水	80%

3. 水生植被示范区效果

通过植物恢复试验表明，示范区内的水生植物成功得到恢复，各种生活型植物形成梯度分布，见图 7.4～图 7.8 及表 7.3。示范区已由藻型水体转变成一个草型水体。

由于水体营养和水质状况不同，水生植物的生活型和耐污性质不同，水生植物在三个湖区恢复的情况有很大的差异。结果如表 7.2 所示。我们把经人工移栽、播种后，在示范区中能自行繁殖和维持种的群视为恢复成功。经过在三个湖区示范区的水生植被重建试验，都在面积 700 m² 左右围隔中成功地恢复水生植被，特别是沉水植物，表明狐尾藻、苦草和金鱼藻等沉水植物易于恢复，而微齿眼子菜和黑藻等恢复较为困难。在水生植被重建的起始阶段，应以 r-选择种为主，自然恢复的水生植物群落结构单一，稳定性差，而且利用价值低，必须进行优化，挺水植物、浮叶植物和沉水植物合理配置，水平结构上成带、垂直结构上成层，应以沉水植物为主，并限制浮叶植物特别是菱的过度增长。有趣的是，在围隔条件下，在大湖水体中占优势的大茨藻并不占优势，相反较为少见，特别是汤林湖示范区基本上为自然恢复的水生植被中更是如此。在 1994 年夏水果湖 I 号围隔中用漂白粉清塘后，大茨藻形成较大面积的单优群落。其原因可能是上年形成的种子萌发，而且清塘后无其他水草与之竞争。进一步说明东湖导制大茨藻占优势的原因之一可能是草食性鱼类对其他沉水植物的摄食压力增大，而围隔相对减轻了鱼类摄食的压力。恢复和优化水生植被的前提之一是必须控制草食性鱼类的大量放养，这对于微齿眼子菜和苦草等鱼喜食植物的恢复特别关键。在中型的围隔区域的水生植被重建取得了较好的结果，不仅补充和完善了湖泊水生植被

图 7.4　水果湖示范区（台站）水生植被重建效果（一）

Fig. 7.4　The aquatic vegetation rehabilitation effect Ⅰ in the enclosures nearby Lake
Shuiguohu Experimental Station

图 7.5　水果湖示范区（台站）水生植被重建效果（二）

Fig. 7.5　The aquatic vegetation rehabilitation effect Ⅱ in the enclosures nearby Lake
Shuiguohu Experimental Station

图 7.6　水果湖示范区（台站）水生植被重建效果（三）

Fig. 7. 6　The aquatic vegetation rehabilitation effect Ⅲ in the enclosures nearby Lake
Shuiguohu Experimental Station

图 7.7　汤林湖示范区水生植被重建效果（一）

Fig. 7. 7　The aquatic vegetation rehabilitation effect Ⅰ in the enclosures in Lake Tanglinhu

图 7.8　汤林湖示范区水生植被重建效果（二）

Fig. 7. 8　The aquatic vegetation rehabilitation effect Ⅱ in the enclosures in Lake Tanglinhu

调查和动态演替研究结果，还发现了新问题，并为大规模的水生植被重建工作提供了示范，为针对不同湖区的特点提出合理的技术方案提供了依据。

表 7.2　东湖三个不同湖区水生植被恢复示范区的试验结果

Tab. 7. 2　The recovery of various aquatic plants in the enclosures situated at three subregions in Lake Donghu, Wuhan

植物名称 Plant	生活型 Life form	水果湖 Lake Shuiguohu	汤林湖 Lake Tanglinhu	后湖 Lake Houhu
微齿眼子菜 *Potamogeton maackianus*	沉水	+-	-	++
伊乐藻 *Elodea canadensis*	沉水	+-	-	++
大茨藻 *Najas marina*	沉水	++	++	++
狐尾藻 *Myriophyllum spicatum*	沉水	++	++	++
苦草 *Vallisneria* spiralis	沉水	++	++	++
金鱼藻 *Ceratophyllum demersum*	沉水	++	++	++
轮叶黑藻 *Hydrilla verticillata*	沉水	+-	+-	++
菹草 *Potamogeton crispus*	沉水	++	++	++
水鳖 *Hydrocharis dubia*	飘浮	++	++	++
紫背浮萍 *Spirodela polyrhiza*	飘浮	++	++	++

植物名称 Plant	生活型 Life form	水果湖 Lake Shuiguohu	汤林湖 Lake Tanglinhu	后湖 Lake Houhu
槐叶苹 *Salvinia natans*	飘浮	-	++	-
满江红 *Azolla imbricata*	飘浮	-	++	++
苹 *Marsilea quadrifolia*	根生浮叶	-	++	-
菱 *Trapa* bispinosa	根生浮叶	++	++	++
莲 *Nelumbo nucifera*	挺水	++	++	++
芦苇 *Phragmites communis*	挺水	++	++	++
香蒲 *Typha angustifolia*	挺水			++

注：++ 表示自然发生的或栽培后能够成活的植物；+- 表示不能维持种群；-表示未试验。

Note：++ indicating the survial of artifical transplanted species or the spontaneous occurrence of macrophyte；+-indicating the failure of transplanted macrophyte to survive；- indicating that the plant has not been tested.

表 7.3　三个示范区外湖水水质状况（1991 年 9 月）

Tab. 7. 3　The water quality of water bodies just outside the demonstration enclosures（Sep. , 1991）

地点 Location	透明度/cm Transparency	COD$_{Cr}$ /(mg/L)	BOD$_5$ /(mg/L)	溶解氧 /(mg/L) Dissolved oxygen	电导率 /(μs/cm) Conductivity	pH	电位/mV Potential	叶绿素 a /(μg/L) Chlorophylla
水果湖 Lake Shuiguohu	38	25. 48	7. 61	8.5	372	9. 2	73. 5	74. 4
汤林湖 Lake Tanglinhu	56	17. 47	3. 85	8. 1	324	8. 3	246. 2	32. 4
后湖 Lake Houhu	72	10. 19	1. 16	8. 2	208	8. 4	69. 4	14. 7

　　挺水植物、飘浮植物和浮叶根生植物受水体富营养化的抑制作用较小，甚至水体营养水平的提高对这些植物特别是前两者有促进作用，例如，富营养化水体中凤眼莲疯长。挺水植物生产力高，对湖泊初级生产力的贡献大，过度增长将加速湖泊沼泽化进程。这三种生活型的植物不难恢复，这在前述的恢复试验中得到证实。湖边以挺水植物为主的水陆交错带对面源污染物去

除和沉淀有一定意义。正如前面所指出的，可能由于东湖沿岸带底质较硬，
人工恢复的芦苇向湖中的扩展有限。沉水植物在长江中下游的浅水湖泊中分
布面积大，它可为鱼类和其他水生生物提供产卵和生存环境；沉水植物丰富
时，水质清澈、藻类密度低，生物多样性高；水生植被恢复的重点和难点都
在于沉水植物的恢复。汤林湖除黑藻外，表 7.2 所列的其他沉水植物都是自
然恢复的。K-选择型的微齿眼子菜和伊乐藻在后湖示范区能够人工恢复，其
他沉水植物也能自然恢复。冬、春季微齿眼子菜和伊乐藻在水果湖围隔中生
长良好，但不能越夏。

　　磷、氮等营养物和其他污染物的大量输入和积累是引起的浮游植物过度
增长和湖泊生态系统结构和功能改变的原因，大多数的湖泊中浮游植物受磷
元素限制。工程治理措施如截污分流、底泥疏浚和引清冲污等技术的日的是
截断污染源、并减轻水体内污染负荷。建立污水处理厂对污水加以处理，可
以去除或减少污水中的有机物和营养元素，特别是磷元素。以上提及的这些
工程措施是减少浮游植物的过度增长和促进水生植被恢复的有力措施。

　　经济合作与发展组织（OECD）所确定的富营养化浅湖恢复的目标之一是将
湖水磷含量削减到 $20 \sim 100\ \mu g/L$。Moss 等（Moss *et al.*，1986；Moss，1990；
Balls *et al.*，1989；Irvine *et al.*，1989）通过在地处北温带的英格兰东部的富营养
浅湖群 Norfolk Broads 中所作的研究，提出了浅水湖泊具有水生大型植物和浮游
植物占优势的两种稳定状态的假说（我国一般称之为草型和藻型），一旦处于某
种状态，就具有一系列的反馈机制，维持这种状态的稳定。并提出富营养化湖泊
水生植被恢复的前提是湖水中磷含量应削减到 $100\ \mu g/L$ 以下。从东湖 3 个示范
区所在湖区水体营养水平（表 7.4）和植物恢复情况的比较（表 7.2）可以看出，
夏季湖水磷含量削减到 $100\ \mu g/L$ 左右也将有利于东湖沉水植物的恢复。后湖水
质状况最好，试验的所有水生植物均能恢复。苦草、狐尾藻、菹草和大茨藻等
r-选择型的沉水植物在水果湖示范区中虽然能够恢复，但其分布深度有限，在夏
季尤为明显。汤林湖示范区引种的黑藻未能恢复成功，除了其本身对光照的需求
较高和来自其他沉水植物的竞争，草食性鱼类的摄食也是重要原因。草食性鱼类
对黑藻的摄食选择性较高。

　　对于富营养浅湖而言，如果湖泊集水区内的土地利用方式不改变，如陆生植
被恢复、改变农田耕作方式等，那么仅农业面源污染就可使得水体营养负荷不可
能削减到允许水生植被自然恢复的水平。既然不可能大量削减湖泊营养物质，使
湖泊恢复到天然的寡营养和中营养水平，那么维持富营养条件下水质清澈、生物
多样性高的水生植物占优势的状态，是一种经济、合理的管理对策。

表 7.4　三个示范区外湖水氮、磷营养水平（1994 年 8 月）

Tab. 7. 4　The nitrogen and phosphorus concentration of lake water outside the demonstration enclosures（Aug.，1994）

地点 Location	总氮 /(mg/L) TN	氨态氮 /(mg/L) NH_4^+-N	亚硝态氮 /(mg/L) NO_2^--N	硝态氮 /(mg/L) NO_3^--N	总磷 /(mg/L) TP	氮磷比 N/P
水果湖 Lake Shuiguohu	3.575	1.598	0.0540	0.0340	0.514	6.96
汤林湖 Lake Tanglinhu	0.845	0.0513	0.0129	0.1121	0.114	8.04
后湖 Lake Houhu	1.262	0.0720	0.0310	0.0290	0.065	19.41

　　几十年来，武汉东湖建闸（控制水位和江湖阻隔）、修堤、大规模的水产养殖、集水区内土地利用的变化和湖滨人口的增加等一系列人为活动所产生的影响较国外同类湖泊更为强烈，湖泊理化性质发生剧变，生物群落出现了许多特殊现象，如浮游生物出现了明显的小型化趋势，20 世纪 80 年代中期蓝藻水华消失，直到目前为止，虽然水体营养水平在 20 世纪末以前仍在增加，但水华没有重新出现，丝状蓝藻所占比例也并不很高，这些都是与国外湖泊不同的特殊现象，还有待于进一步的研究（刘建康，1990；饶钦止和章宗涉，1980）。这些给水生植被重建和湖泊的恢复造成了特殊的困难，特别是郭郑湖和庙湖等污染严重的湖区。

　　由于东湖的人为分割，而且各湖区所受污染程度不同，其富营养化程度不同。牛巢湖处于中营养水平，后湖、汤林湖和菱角湖处于中—富营养水平，如果停止放养和减少草食性鱼类，水生植被可以自然恢复，如狐尾藻、苦草和大茨藻等沉水植物易于恢复。但自然恢复的速度慢，水生植物群落结构单一，稳定性差，而且利用价值低，必须进行优化。重新引种微齿眼子菜，可逐步增加水生植被的稳定性和经济价值。在污染严重的郭郑湖、水果湖和庙湖，恢复水生植被特别是沉水植物比较困难。在水生植被重建的起始阶段，应以以上提及的 r-选择种类为主。一旦水生植被开始恢复和建立，可通过一系列正反馈机制抑制藻类，水质将逐步好转，再引种微齿眼子菜等 K-选择型种类，逐步向湖心扩展。其他对污染较为敏感的种类如竹叶眼子菜、黑藻和水车前等也能得以恢复。

　　4. 东湖水生植被围隔试验的经验与总结

　　水生植被恢复是一项复杂的系统工程，恢复并非总要回到原来的状态，恢复计划也不是孤立的生态工程活动。在生态恢复过程中，必须将工程措施和生物措施结合起来，并应用生态学原则，恢复和维持湖泊生态系统的自体良性循环，加以适当的人工调控，实现生态、经济和社会复合体系统的最佳效益。

1）采取必要的工程措施

工程措施如截污分流、底泥疏浚和引江济湖等技术，其目的是截断污染源，并减轻水体内污染负荷。对污水加以处理，去除或减少其中的有机物和营养元素，特别是磷。Volen-eider 等为代表的湖沼学家对藻类与氮、磷等营养物之间的关系，浮游植物的营养限制和由此引起的浮游植物群落的演替作了深入的研究，以上提及的这些工程措施是减少浮游植物的过度增长和促进水生植被的恢复的有力措施。

东湖每年接纳大量污水，平均日纳污 20 万 t 以上（近些年已大大减少），总纳污量约占湖容量的一半。各个子湖受污染的程度不同，如水果湖区纳污量为其水量的 4 倍，处于高度富营养化状态，庙湖也是如此，喻家湖也处于这种发展趋势。筲箕斗在杜家桥截污后 10 余年，某些水质指标有所改善，磷的污染负荷也有所降低，但其水质指标依然处于富营养水平，由于内污染负荷高，加之底泥磷向外释放，总磷浓度依然很高，水体透明度并无根本好转。通过截污控制外源污染负荷，对于水量极大的点源污染源，必须进行集中式处理；通过疏浚削减内源负荷，是恢复水生植被和富营养化湖泊恢复的必要前提。引清消污工程实施后，也可望改善水质，促进湖泊恢复。

2）湖泊集水区内土地利用方式优化

东湖由于建闸、修堤、大规模的水产养殖、集水区内土地利用的变化和湖滨人口的增加，湖泊理化性质和生物群落发生剧变，湖泊的恢复比较困难，特别是郭郑湖和庙湖等污染严重的湖区。富营养浅湖在截污以后，由于面源污染极难控制，加之内源污染源的释放，以及鱼类对营养循环的加速，水体营养水平和浮游植物生物量难以削减，或者出现暂时性的降低。如果湖泊集水区内的土地利用方式不改变，如恢复和增加陆生植被、改变农田耕作方式等，仅农业面源污染就使得水体营养负荷不可能削减到允许水生植被自然恢复的水平。

3）因时因地制宜，加强生物操作和生态调控措施

富营养化湖泊恢复的目标之一是将湖水磷含量削减到 20~100 $\mu g/L$。Moss 等也认为富营养化湖泊水生植被恢复的前提是湖水中磷含量应削减到 100 $\mu g/L$ 以下。在该磷浓度下，如果水生大型植物或浮游植物占优势，通过其自身的正反馈机制，可以维持群落的稳定。采取人工的生物操作措施，可促使以浮游植物占优势的群落向以大型植物占优势的群落演替，即水生植被的恢复。

汤林湖、牛巢湖、后湖和菱角湖等湖区的 TP 含量都在 50 $\mu g/L$ 左右或更低，对水生植物的恢复有利，地表径流污染负荷在总负荷中的比例相当大，约为 26.7%，可采取生态工程措施加以控制，如扩大绿化带。多雨的夏秋季藻类繁

盛，水质较差，透明度也较低，将给沉水植物的正常生长和恢复造成困难，因此水果湖和庙湖在早期阶段不宜着眼于沉水植物的恢复。郭郑湖大部分湖区水体较深，在现有水体透明度条件下，沉水植物群落不易恢复和扩大。工程措施实施后，郭郑湖的水生植物的恢复应该较为容易，特别是靠近磨山和湖心亭部分，而南面受水果湖和庙湖来水水质和营养水平影响，对水生植物恢复不利。在靠近湖心亭附近目前有少量水生植物残留，应由北向南，逐渐人工恢复沉水水生植被。而在东南面先以恢复挺水植物和浮叶根生植物为主，建立生态缓冲带，以控制和减轻面源污染负荷。

4) 利用天然湿地和半天然湿地生态系统

目前水果湖、庙湖和筲箕斗等湖区水质严重恶化，已不符合国家渔业水质标准的要求，所产鱼的品质极差，失去了养殖功能。水果湖、筲箕斗、庙湖和喻家湖等湖区由于污染严重，污染负荷削减比较困难，沉水植物的恢复非常困难也难于维持稳定，可根据中国科学院水生生物研究所及其他单位在氧化塘和湿地方面的研究成果，将这几个湖区改造成半天然的净化和水体内污染负荷控制的系统，发挥前置库（Pre-reservoir）的作用。充分利用挺水植物、飘浮植物和浮叶根生植物的净化功能及景观价值，如莲、菱、芦苇和睡莲等，可通过生物量收割去除氮、磷负荷同时还可美化环境。水质好转后，这些湖区中央深水部分沉水植物可能得以恢复，而且这些湖区将来可以部分改造成草食性鱼类圈养地，以利用郭郑湖、牛巢湖、汤林湖和后湖等湖区已恢复的水生植物资源。

水果湖茶港在 20 世纪 60 年代以前是一片水深 0.5 m 左右的沼泽区，挺水植物和一些沉水植物相当繁茂。水质呈微酸性，类似沼泽的生态环境。后辟为鱼池。在截污工程完成后，点源输入减少或完全截污时，面源污染依然是重要的污染源，水果湖可以改造为以水生植物强化的湿地和氧化塘等系统组合的污水净化系统，减轻对大湖区的污染压力。

5) 加强湖区功能规划和管理

富营养浅水湖泊的恢复应是在全流域的基础上加以考虑和管理，否则，即使采取有效的人工措施将水生植被完全恢复，也难以维持，有可能重新退化。

必须加强湖区功能规划和管理，在进行治理后，防止再度污染。确保东湖作为水源地和城郊风景湖泊的主要功能，改变当前单纯追求鱼类养殖高产，不顾其他功能发挥的做法，优化水产养殖结构，实现生态、经济和社会效益同步增长和持续发展的长远目标。在维持和恢复水生植被的前提下，合理利用水生植物和其他多种生物资源，保持湖泊生态系统的良性循环。

6) 水生植物的利用和保护

水生大型植物是淡水生态系统中主要的初级生产者之一，合理开发利用浅水湖丰富的水生植物资源，不仅能产生经济效益，而且能实现生态系统的物质与能量输出,延缓湖泊沼泽化进程。从 20 世纪 50 年代起,国内学者即开展了水生维管束植物的利用研究,探讨草型湖泊中合理放养草食性鱼类(草鱼和鳊等)的问题。在利用湖泊的同时,往往对淡水生态系统的脆弱性估计不足,致使生态系统退化、水生植物衰退、水质恶化。像东湖渔场为便于渔业生产,大量放养草食性鱼类以控制水生植物,而置其他湖泊功能于不顾的作法应予制止。东湖水生植被恢复以后,水生植物的利用可采取放牧式圈养和圈养草鱼的方式,加以人工控制,防止水草资源的破坏。打捞水草作为饲料和绿肥也是一种利用方式。

此外,莲米、莲藕和菱角等是群众喜爱的水产食品,蒲黄等可以入药,芦苇等可作造纸原料或作薪柴。

对东湖水生植被和其他资源利用的同时,必须重视环境保护。确保东湖作为城中风景湖泊的主要功能,改变当前单纯追求鱼类养殖高产,不顾其他功能发挥的做法,优化水产养殖结构,实现生态、经济和社会效益同步增长和持续发展的长远目标。

7.3.2 武汉莲花湖沉水植被的重建

1. 莲花湖背景资料

莲花湖位于武汉三镇中心的莲花湖公园内,面积 85 000 m^2,分为大、小莲花湖两部分,其中小莲花湖约 21 000 m^2,与大莲花湖通过一个近 1 m 宽的涵洞相连,水流向不定。

小莲花湖的局部区域在 20 世纪末部分清淤,故最深处(2 m 余)在小莲花湖,平均约 1.4 m。整个湖泊的平均水深约为 1.2 m,淤泥厚 0.5~3 m,大多数区域底泥的浅层黑臭,不易固化,小湖的底泥状况好于大湖。湖中有较多的鱼。全湖有多个排污口,几乎都集中在大莲花湖,平均每天入湖生活污水约 3000 t,下雨时该湖则是周围雨水、污水的汇集处,雨水、污水是莲花湖的补水。大莲花湖有通长江的闸门,雨季可将过量积水排入长江。湖岸全部人工硬化,缺少缓坡。

莲花湖的水质为劣 V 类;2002 年对大型水生植物的调查发现仅在大莲花湖有较多荷花分布。莲花湖的水华非常严重,近些年来,每年爆发数月时间,以大莲花湖为甚,夏季发出的臭味使人不敢接近;小莲花湖水质略好于大莲花湖。

在国家"十五"重大科技专项"武汉市汉阳地区水环境质量改善技术与综合示范"实施过程中,武汉莲花湖是一个重要的研究和工程示范湖泊,其中的水生植被重建工作有诸多经验教训(马剑敏等,2007c)。

2. 重建莲花湖水生植被的主要障碍和技术路线

从技术角度上讲,重建水生植被的主要障碍有:①水华严重,透明度低,水下光照不足。②底质有机物过多,厌氧环境。③截污不完全。④鱼类的影响。

⑤湖岸几乎都为人工石砌的陡岸，缺乏缓坡，不利于先锋植物定植。

针对莲花湖的现状，技术路线是先从已基本截污、底质和水质略好的小湖开始，先易后难；通过清除绝大部分鱼、控藻和调整水位（隔断大、小湖的连通）等措施，选择耐污性较强并在生态修复中使用过的沉水植物苦草、狐尾藻、菹草和伊乐藻为先锋种，在全湖范围内种植。春夏季播撒苦草种子和菹草石芽，移植狐尾藻植株，秋冬季种植伊乐藻等先锋沉水植物。

3. 工程实施及效果

1) 工程实施

2003 年夏季，播撒了苦草种子和菹草石芽，到秋季约有 600 m² 的水域苦草正常萌发生长；另外在秋季还种植了伊乐藻，其中相伴有少量的狐尾藻，但过冬后的 2004 年 3 月前，发现苦草消失，狐尾藻也难以见到，湖中仅能见到伊乐藻，总现存量约 10 t。伊乐藻经历了定植、成活、缓慢增长的过程后，进入 3 月起开始快速增长，直至 6 月。4～6 月，湖中水生植物生长极其茂盛，据 5 月的调查，总现存量达 139 t，总盖度约为 98%，除了 100～200 m² 的深水区（2 m 左右）植物比较稀疏外，其他大部分区域盖度几乎为 100%，伊乐藻为绝对优势种，现存量占总量的 90% 以上，伴生种有狐尾藻、菹草，水质明显好转，许多水域清澈见底，出现了该湖多年未曾见到的良好状况。但在该期未见苦草生长，可能是春季伊乐藻较早地快速大量生长，抑制了苦草的萌发生长。为控制植物密度，5 月收割了约 30 t 伊乐藻，6 月观察，与收割前比，湖中植物丝毫没有减少的迹象。但从 7 月开始，植物现存量减少，许多伊乐藻漂浮起来，然后枯黄衰亡，水质恶化；为此，曾把大量漂浮起来的伊乐藻移出。7 月曾连降大雨，莲花湖水位猛增 0.8 m，持续 2 周以上。8 月底调查表明，除去漂浮起来的植物外，全湖根着植物现存量仅有 3～5 t，水色变为黄褐色。

2004 年 9 月下旬，采集了一些狐尾藻和金鱼藻植株种植到了小莲花湖中的 6 个 8 m×8 m 的围网中（可防止鱼进入），狐尾藻和金鱼藻各种植到 3 个围网，每个围网内种植约 40 kg 植物枝条，以研究它们在比较晚的秋季种植时能否成活并正常生长，如果成活将继续观察研究伊乐藻、狐尾藻和金鱼藻三种植物的竞争和扩张能力（围网的底泥中存留有伊乐藻的繁殖体如根、休眠枝等）。从 2004 年 10 月开始，定期观察采样（在除围网外的水域设置 9 个点），观察植物（特别是伊乐藻）的生长动态（表 7.5）。

根据调查，在 2005 年 2 月以前，湖中的植物很少，现存量增长缓慢，故在 2005 年 3 月又种植了数吨伊乐藻和少量的黑藻冬芽，5 月初在全湖播撒了苦草种子。

表 7.5　小莲花湖大型水生植物调查

Tab. 7.5　Aquatic macrophytes in Lake Small Lianhuahu

调查时间 Investigation time	平均样方现存量 /(g/m²) Quadrat standing crop	总现存量/t Gross standing crop	优势种 Dominant species	植物种类 species
2004 年 10 月 Oct. 2004	19.2	0.409（不包括 围网中的量）	伊乐藻	伊乐藻，狐尾藻，金鱼藻
2004 年 12 月 Dec. 2004	30.3	0.647（不包括 围网中的量）	伊乐藻	伊乐藻，狐尾藻，金鱼藻
2005 年 2 月 Feb. 2005	25.4	0.541（不包括 围网中的量）	伊乐藻	伊乐藻，菹草，狐尾藻
2005 年 3 月 Mar. 2005	519	11.067	伊乐藻	伊乐藻，菹草，狐尾藻， 金鱼藻
2005 年 4 月 Apr. 2005	3244	66.64	伊乐藻	伊乐藻，菹草，金鱼藻， 狐尾藻，黑藻

　　由表 7.5 可见，湖中植物现存量在种植过伊乐藻之后的 2005 年 3 月明显增加，到 2005 年 4 月，已经是满湖碧草，其增加很快，与 2004 年春季相似，在一个月就增加数倍。根据 4 月 29 号的调查，植物总现存量约为 66.64 t，分布面积约为 95%。其中，伊乐藻分布面积占 55.6%，其次为菹草，占 25%左右。每年4 月、5 月是这些植物生长最快的时候，每周的变化都比较明显。由于菹草在 5月末死亡，为了防止它大量死亡时对生态系统造成较大污染，故在 5 月初，将大部分菹草收割移出。同时移出了数吨的伊乐藻。5 月底，还见到了很少量的苦草和菱角。部分恢复前后效果见图 7.9 与图 7.10。

　　植物繁盛的状况持续到 6 月，随着水温的增加，残存的菹草全部死亡，之后伊乐藻也开始衰亡，但过程比 2004 年略缓慢，其衰亡过程持续到 8 月。8 月上旬连降大雨，湖水猛涨约 60 cm，大湖的劣质水通过连接两湖的涵洞周围的许多缝隙进入小湖，小湖水质恶化，导致沉水植物多数死亡。9 月又在小湖种植了一批黑藻、金鱼藻和狐尾藻，但由于水质差、水位高，很少成活。之后由于准备对莲花湖全面疏竣底泥，植被重建实验中止。

　　在围网中的狐尾藻和金鱼藻生长良好，在 2004 年 10~12 月，它们几乎布满围网，但该期内伊乐藻未能大量生长，现存量很少。2004 年冬季是武汉最冷的冬季之一，湖面曾数次结冰，但狐尾藻在接近 0℃低温时，仍具有生命力；金鱼藻到 1 月基本死亡，但其繁殖体沉入水底，安全越冬。次年春天，围网中的金鱼藻和狐尾藻萌发生长良好，不仅布满围网，而且扩展到围网外，伊乐藻的现存量均低于同一围网中的金鱼藻和狐尾藻，但 4~5 月伊乐藻现存量的增加最快，直到 7 月

图 7.9　水生植物恢复前莲花湖水华频发

Fig. 7.9　Water blooming before aquatic vegetation rehabilitation

图 7.10　水生植物恢复后效果

Fig. 7.10　Rehabilitation effect of aquatic vegetation

伊乐藻的现存量开始下降，8 月由于水位的升高和由于伊乐藻死亡引起的水质恶化，各种植物均大量死亡。说明金鱼藻和狐尾藻在 9 月下旬种植是可以定植成活的，在金鱼藻和狐尾藻处于先期绝对优势的情况下，伊乐藻在短期内很难获得优势。

由于大莲花湖的水域使用权问题没有及时解决，故仅在小莲花湖实施了植被重建工程。在重建莲花湖水生植被的 2 年多中，小湖没有爆发过水华，而大湖的水华一如既往地发生。

2) 植被重建过程中的水质变化

(1) TN 的变化。大、小莲花湖在监测期间 TN 浓度平均值分别为 8.591 mg/L 和 2.694 mg/L，远大于国家地表水 V 类水标准，大湖约为小湖 TN 浓度的 3 倍（图 7.11）。大湖 TN 的浓度在所有的月份均高于小湖，大湖的 TN 浓度在 2004 年和 2005 年的 3 月均为高峰值，小湖则几乎处于最低值，小湖的 TN 浓度在两年的冬春季，即水生植物生长最好的时期，处于较低的水平。小湖在 2004 年 8 月和 11 月的 TN 高峰值对应于植物衰亡之时。

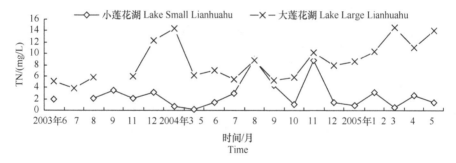

图 7.11　大、小莲花湖总氮浓度的变化

Fig. 7.11　Change of total nitrogen concentration in Lake Lianhuahu

(2) TP 的变化。大、小莲花湖在监测期间 TP 浓度平均值分别为 0.650 mg/L 和 0.125 mg/L，小湖处于国家地表水 IV 类、V 类之间，大湖则远大于 V 类水标准。从 2004 年至 2005 年 5 月，小湖 TP 浓度变化不大，处于较低水平（图 7.12）。

(3) Chl a 的变化。大、小莲花湖在监测期间 Chl a 含量的平均值分别为 212.8 μg/L 和 49.7 μg/L，两者差异巨大（图 7.13）。2004 年以后，小湖的 Chl a 含量基本保持在较低水平，大湖则波动较大，在两年的 3 月均为高峰值，与 TN 的峰值对应。

(4) SD 的变化。大、小莲花湖在监测期间 SD 的平均值分别为 24 cm 和 64 cm，2003 年 12 月以后，小湖的 SD 基本处于较高水平（图 7.14）。

从上述水质的监测结果看，小湖的水质明显好于大湖，尤其是在水生植物生

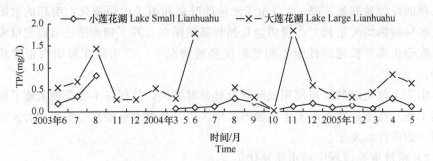

图 7.12　大、小莲花湖总磷浓度的变化

Fig. 7. 12　Change of total phosphorus concentration in Lake Lianhuahu

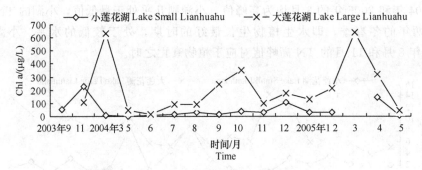

图 7.13　大、小莲花湖 Chl a 含量的变化

Fig. 7. 13　Change of chlorophyll a content in Lake Lianhuahu

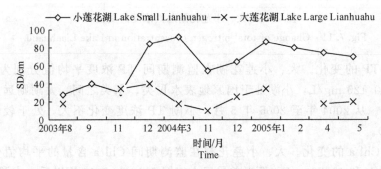

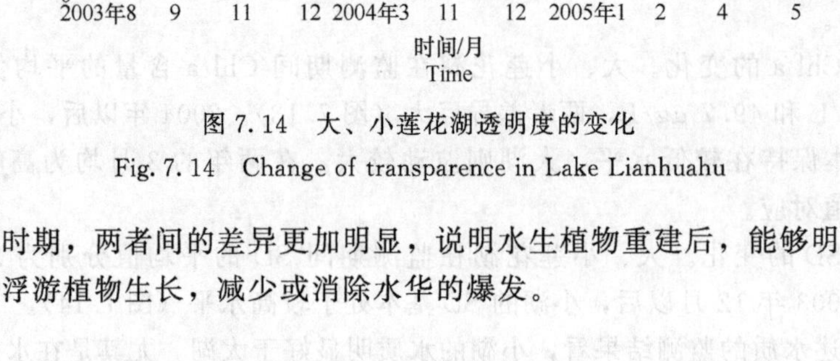

图 7.14　大、小莲花湖透明度的变化

Fig. 7. 14　Change of transparence in Lake Lianhuahu

长较好的时期，两者间的差异更加明显，说明水生植物重建后，能够明显改善水质，抑制浮游植物生长，减少或消除水华的爆发。

4. 讨论与反思

2004 年和 2005 年夏季小莲花湖的伊乐藻大量死亡的主要原因有：①水位剧烈波动，水质恶化。由于夏季雨水多，莲花湖排水出现故障，水位大增，两个夏季的水位分别上升了 0.8 m 和 0.6 m 左右，持续了半个多月，大、小湖水沟通，水质变坏。研究表明（崔心红等，2000）：水位的剧烈波动，尤其是持续高水位，对水生植物生长不利，严重时可造成植物死亡；在 Okeechobee 湖 28 年的观测资料显示，沉水植物现存量与高水位呈负相关，与透明度呈正相关；连续稳定的高水位将延缓水生植被的恢复（Havens et al., 2001）。②伊乐藻不喜高温。伊乐藻为喜冷性植物，野外观察发现，在长江中下游地区的夏季，它的生长几乎停滞，处于半休眠状态，此时其抗逆性最差，大量死亡现象在太湖、东湖实验围隔等水体中曾发生过。但根据我们的伊乐藻耐高温实验的结果，伊乐藻对单一的高温胁迫并不很敏感，在漂浮状况下，其抗热性好于金鱼藻，所以单因子的高温并非一定能导致其死亡。③鱼的干扰。后来了解到，有人在 2004 年 6 月私自向小莲花湖中投放了许多鱼。我们观察到伊乐藻枝条比较脆，易断，大量的鱼的活动可以使众多枝条折断而漂浮起来，不仅折光，而且在高温条件下容易死亡。我们在伊乐藻的耐高温实验中发现，有底泥时，伊乐藻对高温的抗性比无底泥时明显强。④植物密度过高，底部缺乏光照并缺氧。在 2004 年春季，许多区域的植物生长过密，从水表面向下看，只能看到表层 10～20 cm 深度内致密的植物枝条，就像致密的草坪看不到土地。高密度导致个体间竞争压力过大，水体中营养盐是比较充分的，但是光照和空间是有限的。另外，植物死亡后快速腐烂，消耗水中氧气，恶化水质，如此可形成恶性循环。连光华和张圣照（1996）也认为，伊乐藻的密度达到 10 kg/m² 以上时，影响下层茎叶和根系光照和氧气供给，随着温度升高和微生物活动加剧，导致伊乐藻下层茎叶腐烂，植物漂浮水面，继而大部分死亡。所以，我们认为，伊乐藻在夏季死亡是由多种因素促成的，高温是死亡的主要诱因，但不一定是直接原因。

在小莲花湖曾两次大规模地播撒苦草种子，结果是失败的。2003 年夏季播撒后，在秋季约有 600 m² 的水域生长了苦草，但到 2004 年春季再也难见到苦草生长。2005 年春季播撒后，萌发生长的苦草更少，只是偶见。失败的可能原因是：①多数水域的水质和底质不适合苦草种子萌发生长；②由于伊乐藻在春季早于苦草生长，占据了空间，遮挡了光线，抑制了苦草的萌发生长。所以，在重富营养水体中通过播撒植物种子进行植被恢复/重建，虽然简单、经济，但其效果是值得怀疑的，除非能够确定目标水体的水质和底质适合植物种子萌发生长。通过科学地移植合适的植物种苗，以无性繁殖方式建立先锋植物群落可能更有效。Smart 等（1998）也有类似的观点。

除了透明度、水位等非生物因子外，一些生物因子，如草鱼、龟、龙虾、昆虫幼虫等水生动物对重建水生植被也有重要影响（Van Dyke *et al.*，1984；Lodge，1991；Dick *et al.*，1995；Doyle *et al.*，1997），因此，在重建水生植被时控制（甚至清除）鱼是必要的。但这并不等于说水生植物与一些水生动物不能共存。只是在水生植物群落重建初期，由于植物的现存量较小，结构不稳定，群落脆弱而易受破坏，故需要尽可能减少干扰因素的影响，待植物群落发展到较稳定的时候，可以适量引入一些水生动物，使之达到一个平衡。

　　根据莲花湖的植被重建实践，有几个问题是需要认真反思的：如何成功重建先锋沉水植物群落？伊乐藻是否可以大量用于水体的生态修复？如何使用它？如何管理初步恢复/重建的沉水植被？如何实现植物群落的稳定，并形成能够自然更替的植物群落？我们认为，成功重建先锋沉水植物群落是恢复/重建水生植被的关键；实现植物群落的稳定、形成能够自然更替的植物群落是真正成功恢复/重建水生植被的主要标志。根据莲花湖的实践，上述问题中，有的问题已经有了较为明确的认识，但有的问题尚需进一步的探讨。冬季和初春一般是湖泊水位最低、透明度较高的时候，最适合沉水植物的种植，但多数植物不适合冬季种植。伊乐藻是少数能越冬生长、适合冬春季种植的植物，而且耐污性强、繁殖快，这为富营养水体的植被恢复提供了一条有效之路。但由于它是外来种，其生态安全性需要注意。由于伊乐藻在长江中下游湖泊中有不易度夏的问题，以及缺乏有性繁殖机制，其扩张性和竞争性受到严重削弱，从我国引进 20 年后的情况看，其危害性尚不明显。我们认为，在其生态安全性尚未定论以前，可以把种植伊乐藻作为一种先期改善水质的手段，而不要把它作为恢复的目的，一旦建立起了先锋水生植物群落，就要逐步用本土种替代它，而且其使用范围应限制在长江中下游。刚刚恢复/重建的沉水植被，结构简单、多样性低、稳定性差，很容易受到多种因子的干扰而被破坏，甚至完全毁灭。因此，在该期应尽量保持主要因子（水位、水质、鱼类等）的稳定，加强湖区的管理，并尽快丰富其物种，改善结构，合理搭配夏季和冬季物种，形成能够自然更替和稳定的植物群落。

7.3.3　武汉月湖沉水植被的重建

1. 月湖背景资料

　　月湖（N 30°33′，E 114°14′）位于武汉市中心地带，面积 0.66 km²，分为大、小月湖，其中小月湖约 27 000 m²，与大月湖通过一个约 6 m 宽的水道相连，在 2002 年完成清淤，相对较深，冬季低水位时，多数区域有 1.4 m 深，夏季高水位时可达 1.7 m 以上；大月湖平均水深 1.2 m，淤泥较深，其中 50% 以上的区域淤泥超过 1.5 m，其他区域 0.3～1.5 m；底泥中的有机物和氮、磷含量均很高（陈芳等，2007）。在 2004 年以前的 20 余年里，月湖一直有渔业养殖活动。另外，在小月湖东面有一个面积约为 25 000 m² 的东月湖，不仅进行投饵养殖，而且还接纳周围的生活污水，水质为劣 V 类（2003 年四次采样分析结果的均值为总氮 9.254 mg/L，总磷 0.871 mg/L，COD 50 mg/L），其水位高于小月湖，有一个唯一的出口通向小月湖，平均每日向小月湖排水 2000～3000 t，下雨时则把平时积累和接纳的众多污水全部倾入小月湖，是一个主要污染源；此外还有 2 个较大的雨污混合排水口通向小月湖。在大月湖也有 2 个较大的排污口及数个较小的排污口。全湖平均每天入湖生活污水约 10 000 t。湖岸全被人工硬化，缺少缓坡。

月湖水质属劣 V 类，5～9 月的某些时段，有时爆发水华，大月湖多数区域的水质好于小月湖；2002 年秋的调查未见月湖有大型水生植物。

在"十五"重大科技专项"武汉市汉阳地区水环境质量改善技术与综合示范"实施过程中，月湖是最重要的研究和工程示范湖泊（马剑敏等，2009b）。

2. 重建月湖水生植被的主要障碍和工作思路

从技术角度上讲，重建水生植被的主要障碍有：①透明度低，水下光照不足。②底质有机物过多，厌氧环境。③截污不完全。④鱼类的影响。⑤湖岸几乎都为人工石砌的陡岸，缺乏缓坡，不利于先锋植物定植。工作思路是：先从小月湖开始实施水生植被重建工程，积累经验后，再在大湖中实施。

3. 工程实践和结果

1）小月湖工程

先锋植物选择莲、苦草和伊乐藻。莲以观赏为主要目的，种植于湖内的 3 个荷花池内；苦草和伊乐藻的搭配，目的是实现四季均有植物生长，有利于水质的稳定，两者均全湖种植。通过改善底泥、原位水质净化（如设置植物浮岛、人工水草等）、建立岸边湿地净化湖水、水位调节、控藻、合理的植物选择和种植技术与策略等多种措施和方法的组合使用，从 2003 年春夏季开始，经历 3 次失败，到 2005 年春季成功重建水生植被，结果见表 7.6。主要经验教训是：在植被恢复过程中要保持水位的稳定，避免较大的波动；其次要截污，提高透明度。

表 7.6　小月湖水生植物调查

Tab. 7.6　Investigation of aquatic macrophytes in Lake Small Yuehu

调查时间 Time	盖度 Coverage	现存量/kg Standing corp	优势种 Dominant species	其他种 Other species
2005 年 3 月 Mar. 2005	80%	3000	伊乐藻	未见
2005 年 5 月 May. 2005	80%	118 500	伊乐藻，浮萍	菹草，黑藻，睡莲，荷花

2) 大月湖工程

月湖属于小型湖泊，在遇到暴雨时，水位会明显升高。在大月湖有一个通汉江的抽水站，在水位较高时可以抽水入汉江。根据前人的报道和已有的经验教训（崔心红等，2000；马剑敏等，2007c），在重建大月湖水生植被时，先后采取了如下措施：①终止投饵养鱼，并捕捞去除大部分的鱼，实施生物操纵；②与抽水站协商，每到下暴雨时，增加抽排水量，尽量减小水位的波动幅度；③封堵了小月湖的两个直径近1 m的雨污混排口和大月湖西部的一个入湖污水明沟，大大减少了暴雨时的入湖水量，也减少了入湖污水量；④把东月湖来水引入岸边的人工湿地净化，之后再排入湖；⑤在重点水域建立了约2000 m²的植物浮床和数百平方米的人工水草以净化水质；⑥对底泥污染较重的部分区域泼洒底泥改良剂。

A. 工程规模的研究

2004年春季以苦草和伊乐藻为先锋种，在部分水域种植了伊乐藻，苦草以播撒种子方式在除湖心区外的其他区域（约为总面积的70%）种植。植物的成活情况较差，5月末的调查结果见表7.7。在大月湖的主体部分的四周近岸区有苦草幼苗分布，其中E区（水最浅，约0.5 m，底泥污染也较轻）长势最好（图7.15），其他区域很弱小；在E区还有莲分布（由底泥种子库萌发而来）。

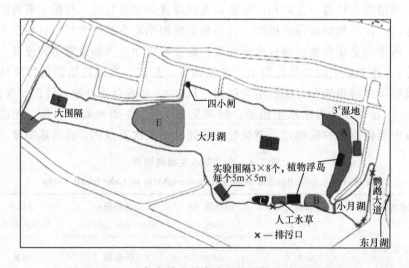

图 7.15　2004年冬季大月湖水生植物种植区域示意图

Fig. 7.15　Map of the area with planted aquatic plants in Lake Large Yuehu
in winter of 2004

为了解月湖各水域重建水生植被的难易情况，探讨影响植物定植成活的主要原因，2004 年冬季（2005 年 1 月）在工程规模上开展了沉水植物重建实验研究。具体做法是：在大月湖的 A 区北半部近岸部分，以及 C、D、F 区（图 7.15），均种植面积为 4000 m²、质量相等的伊乐藻（夹带有金鱼藻）。四个区分别代表底泥重污染、浅水区（水深 0.3～0.6 m，冬季水位，下同），水质重污染区（在排污口附近，此排污口是 2004 年夏季因湖岸边一个池塘接纳下水道的溢出水溢出池塘进入湖内而形成，此前底泥污染不重，水深 0.5～0.8 m，透明度约 0.4 m），底泥重污染、深水、高透明度区（水深 1.3 m，有时可看到湖底）和底泥重污染、深水、低透明度区（透明度约 0.6 m，水深 1.3 m）。E 区属底泥轻污染的浅水区，其水生植物在 2004 年春夏季已经正常生长，故本次未再重新种植伊乐藻，但进行相应的调查和监测。上述 5 个区代表了大月湖不同的水环境条件，我们认为，如果水生植物在 5 个区都能成活、生长，那么可以认为大月湖大部分区域是可以重建水生植被的。结果见表 7.8。

表 7.7　大月湖水生植物调查
Tab. 7.7　Investigation of aquatic plants in Lake Large Yuehu

调查时间 Time	大型沉水植物盖度 Coverage of macrophyte	大型沉水植物总生物量/t Biomass of submersed macrophyte	沉水植物优势种 Dominant species of submersed macrophyte	其他沉水植物种类 Other species of submersed macrophyte	非沉水植物种类及优势种 Species of emergent and floating-leaved plants	非沉水植物总生物量/t Biomass of emergent and floating-leave plants
2004 年 5 月 May 2004	15%	多为苦草幼苗	苦草	伊乐藻，菹草（偶见）	凤眼莲，莲（均很少）	
2004 年 10 月 Oct. 2004	2.4%	20～30	苦草	金鱼藻（少量）	凤眼莲（优势），莲	300～350（2005 年 1 月移出）
2005 年 3 月 Mar 2005	15%	160	菹草	伊乐藻，金鱼藻，还有很多丝状藻		
2005 年 5 月 May 2005	45%	810.4	伊乐藻	菹草（很多），金鱼藻，黑藻	紫萍（优势），莲，水鳖	949

表 7.8　月湖几处种植水域的水质、底质及沉水植物生长状况

Tab. 7. 8　Water quality, sediment quality and aquatic macrophytes in some planted

areas of Lake Yuehu

项目 Index	时间 Time	A 区 Area A	C 区 Area C	D 区 Area D	E 区 Area E	F 区 Area F	小月湖 Lake Small Yuehu
透明度/cm SD	2005 年 1~3 月	30~50 (见底)	35~55	110 (见底)	35~45 (见底)	60~100	60~140
	2005 年 4~6 月	40~ 见底	28~40	40~66	50 (见底)	50~85	40~110
	2005 年 7~9 月	33~47	26~41	25~30	30~ 见底	40~45	30~56
水质/(mg/L) TN and TP in the water	2005 年 1~3 月		TN 8.1 TP 0.89	TN 7.4 TP 0.32	TN 4.1 TP 0.23	TN 5.0 TP 0.18	TN 13.5 TP 0.26
	2005 年 4~6 月			TN 3.3 TP 1.29	TN 1.8 TP 0.69	TN 4.2 TP 0.52	TN 8.5 TP 0.66
	2005 年 7~9 月			TN 2.7 TP 1.59	TN 2.9 TP 0.96	TN 3.5 TP 1.0	TN 3.1 TP 0.96
底质/(g/ kg) TN, TP and OM in the sedi- ment		OM 120 TN 4.7 TP 3.2	OM 119 TN 4.6 TP 2.2	OM 85 TN 4.0 TP 2.2	OM 110 TN 4.1 TP 2.4	OM 186 TN 6.0 TP 3.4	
植物现存 量/(kg FW/m) Standing Crop	2005 年 3 月	1.2	0.35	1.3	0.98	0.31	0.13
	2005 年 5 月	3.2	0.01	3.4	2.9	1.1	5.5
	2005 年 9 月	偶见	未见	偶见	1.8	未见	未见

2004 年 12 月至 2005 年 2 月,月湖的透明度明显好于往年同期,主要原因有:①部分截污。包括封堵了小月湖的两个大排污口,东月湖来水经过岸边新建的一个大型人工湿地净化再入小月湖,使小月湖的透明度迅速大幅度提高。②植物净化。月湖设置了两千多平方米的植物浮岛,此外,2004 年夏季,凤眼莲在月湖迅速扩展,秋季时已经占据 20%~30% 的水面,现存量为 300~350 t,2004 年冬季被全部打捞出。③生物操纵。通过大量捕捞鱼,减小了对浮游动物

的捕食压力，从而抑制了浮游植物的扩增。同时，也大大减小了鱼类活动对非常疏松的底质的扰动，减少了沉积物的再悬浮。

在植物种植 2 个月后的 2005 年 3 月调查，生长状况由好到差的顺序是 D 区、A 区、C 区、F 区。其中，A 区、D 区间没有明显差别；C 区植物则是随着距排污口距离的增加，生长状况逐步好转，植株表面附着了大量的絮状物；F 区的透明度不高，看不到植物，根据采样情况判断，现存量小于当初种植的量；E 区也有较多伊乐藻，但盖度较小。对比不同时期水质和植物现存量的变化（表 7.8），可以发现，在透明度较好的情况下，伊乐藻、金鱼藻等植物可以忍耐水中较高的氮、磷浓度（TN：10 mg/L，TP：1 mg/L）和污染较严重的底泥，水生植物得以部分恢复；若透明度较低，则植物对污染的耐受性就明显降低，植物能否存活、生长取决于透明度与污染程度（氮、磷浓度）之间的平衡；透明度是影响沉水植物定植成活的关键因子。对于该结论，还有一些在工程实践中的观察事实支持。例如，在大月湖东北岸边，即东月湖污水引排入大月湖出口，同时也是 3 号人工湿地进水的抽水口，生长着数株金鱼藻，从 2005 年早春到夏季，这几株金鱼藻一直顽强地生长并长大，3 月该处水的 TN、NH_4^+-N 和 TP 分别高达 23.51 mg/L、14.6 mg/L 和 1.01 mg/L，但奇怪的是与周围的水质相比，水色绿的程度较浅、藻类密度较低、透明度较高。原因是这里特殊的小环境：第一，为防止水泵堵塞，周围用网隔离，相对独立；第二，排污和抽水经常同时进行，水的流动性大、交换率高，使得藻类不易过多繁殖，透明度相对较高（大约 40 cm），水中不易缺氧；第三，金鱼藻生长的地方水较浅（约 60 cm）。

B. 全湖水生植被的重建工程

在上述实验研究的基础上，通过生物操纵技术、底泥改良技术、原位水质净化技术（植物浮岛和人工水草等净化）以及正确的种植方法和策略，在 2005 年春季重建了月湖的水生植被。结果见表 7.7，图 7.16～图 7.20。

图 7.16　月湖水生植被恢复后效果 I

Fig. 7.16　Rehabilitation effect I of aquatic vegetation in Lake Yuehu

图 7.17　月湖水生植被恢复后效果 II

Fig. 7.17　Rehabilitation effect II of aquatic vegetation in Lake Yuehu

图 7.18　水生植被恢复后效果 III

Fig. 7.18　Rehabilitation effect III of aquatic vegetation

2005 年 3 月的调查显示，全湖大型水生植物的总生物量约 160 t，其中伊乐藻和菹草分别约为 60 t 和 99 t，金鱼藻等约为 1 t（主要分布在 E 区）；总体盖度约为 15%。此外，在湖内还有许多丝状绿藻，主要分布区是 A 区北部和 E 区东部，以及 A 区、E 区之间近北岸的区域，总生物量约有 100 t。它们对水质的改善也有贡献，但往往缠绕在大型植物上，与之竞争资源，有时造成大型植物死亡。

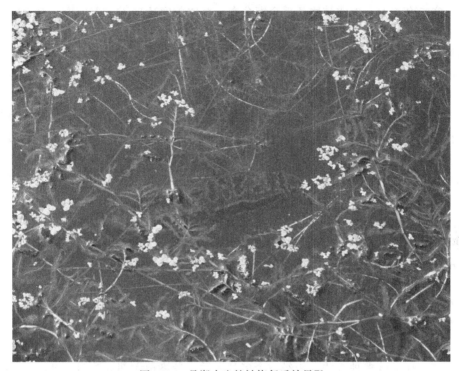

图 7.19　月湖水生植被恢复后效果Ⅳ

Fig. 7. 19　Rehabilitation effect Ⅳ of aquatic vegetation in Lake Yuehu

图 7.20　月湖水生植被收割

Fig. 7. 20　Harvest on aquatic vegetation in Lake Yuehu

　　2005 年 5 月,沉水植物几乎全湖分布,总体盖度达到了 45% 左右,总生物量约 810.4 t。在 F 区的西边,植物较稀少,盖度约为 15%,以伊乐藻为主;在 F 区东部约 40 000 m² 区域,植物盖度约 45%,以伊乐藻和金鱼藻为主;再向东到 E 区西边约 50 000 m² 区域,植物盖度约 75%,以金鱼藻和伊乐藻为主;E 区植物盖度约 70%,其中莲约有 30 000 m²,另一大半以伊乐藻和金鱼藻为主;月湖西半部狭长区域整体盖度约为 65%,总生物量约为 400.4 t (2.8 kg/m),其中,伊乐藻约占 45%,金鱼藻约占 35%,菹草约占 15%,其他约占 5%。在湖的主体区域,南部和东部沿岸带植物密度较高,中央开阔区域以及北部植物较疏,整体盖度约为 40%,总生物量约为 410 t (2.5 kg/m),其中伊乐藻约占 60%,菹草约占 30%,金鱼藻约占 10%,还有少量黑藻、水鳖等。在南部排污口附近,即 C 区东部和人工水草种植区北部约 3000 m² 以上的区域植物基本消失,而不同于上次调查,而且该区域水色发黑,是整个月湖水质最差的区域。另外在 B 区东部以及 A 区南部一带,植物盖度与上次调查情况相近,菹草长势较差。

　　自 5 月初开始,浮萍大面积爆发,5 月中旬时盖度已达 55% 左右,总生物量约有 949 t (2.74 kg/m)。由于它的遮光等影响,不利于沉水植物的生长;此时菹草开始大面积衰退。

　　在一些因素促使下,从 6 月开始大量打捞浮萍,然而浮萍与沉水植物相伴很难分离,在尝试多种方法、历经一个多月之后,最终把大部分浮萍捞出,并控制了其蔓延;但同时有 50% 以上的沉水植物被带出,并严重扰动和损伤了沉水植被,导致其快速衰退。当时,由于准备实施月湖清淤计划(在 2007 年春完成),故没有继续大规模地进行植被维护和重建工程。

　　C. 植被重建过程中的水质变化

　　根据监测,小月湖的水质劣于大月湖;在湿地净化、生物操纵等措施实施后的 2004 年冬季始,水质开始明显好转,并持续到水生植被生长较好的 2005 年春季。

　　(1) TN 的变化。大月湖和小月湖在监测期间 TN 浓度的平均值分别为 4.793 mg/L 和 9.783 mg/L,远高于国家 V 类水标准,小月湖的浓度约为大月湖的 2 倍。由图 7.21 可知,小月湖在每个月都高于大月湖的值,在植被明显恢复时期 (2005 年),TN 浓度仍较高,尤其是小月湖有上升趋势,这可能与小月湖的补充水,即月湖 3 号湿地出水的 TN 浓度仍然高有关,虽然湿地净化后消除了 50% 以上的总氮。2005 年 3 月 3 号湿地进水(来自东月湖)和出水(经湿地净化后入小月湖)TN 浓度分别为 23.5 mg/L 和 11.3 mg/L;大月湖则有下降趋势,这与湖中水生植物快速增长有关。

　　(2) TP 的变化。大月湖和小月湖在监测期间 TP 浓度的平均值分别为 0.467 mg/L 和 0.49 mg/L。仍大于国家 V 类水标准,小月湖的浓度略高于大月

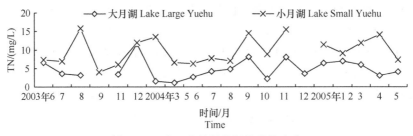

图 7.21　大、小月湖总氮浓度的变化

Fig. 7.21　Changes of total nitrogen concentration in Lake Large and Small Yuehu

湖。由图 7.22 可知，在 2004 年 7～9 月和 2005 年 2～5 月大月湖的 TP 浓度大于小月湖，其他时间，大月湖的浓度小于小月湖。2004 年 7～9 月大月湖水华时常发生，而小月湖则无；2005 年 3 月、4 月，小月湖的水生植物增长明显快于大月湖，3 号湿地出水的 TP 浓度与湖水的平均值相比也不高（3 月湿地进出水 TP 浓度分别为 1.01 mg/L 和 0.367 mg/L），这可能是产生这些差异的主要原因。

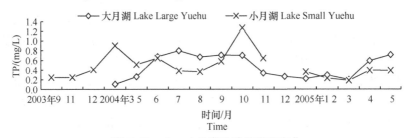

图 7.22　大、小月湖总磷浓度的变化

Fig. 7.22　Changes of total phosphorus concentration in Lake Large and Small Yuehu

（3）Chl a 的变化。大、小月湖 Chl a 含量的平均值分别为 34.2 μg/L 和 48.7 μg/L。由图 7.23 可知，多数月份小月湖的值高于大月湖。大月湖自 2004 年 11 月至次年 5 月 Chl a 含量一直很低。

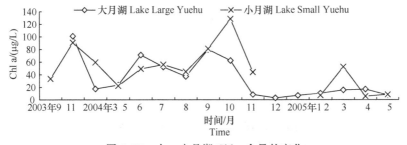

图 7.23　大、小月湖 Chl a 含量的变化

Fig. 7.23　Changes of Chl a concentration in Lake Large and Small Yuehu

（4）SD 的变化。大、小月湖 SD 的平均值分别为 62 cm 和 49 cm。在 2004年 10 月以前，多数月份大月湖、小月湖之间的 SD 差别不大，2004 年 6～8 月期间，小月湖的 SD 高于大月湖，这与当时大月湖经常出现水华有关；2004 年 11月后，大月湖的 SD 明显提高（2005 年 4 月明显降低），小月湖的波动很大，趋势是提高（图 7.24）。

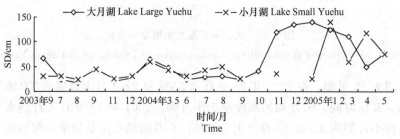

图 7.24　大、小月湖透明度的变化

Fig. 7.24　Changes of SD in Lake Large and Small Yuehu

（5）浮游生物的变动。浮游植物和浮游动物的群落结构随着季节的变化而改变，夏季两者的密度和生物量均最大，冬季最少（浮游动物的生物量在秋季最少）。随着鱼类的逐渐清除和沉水植被的重建，浮游植物与浮游动物的密度比和生物量比值均趋向减小，生物量比值在 2005 年 1 月和 4 月突然降到了很低的水平（表 7.9），说明浮游动物相对增加了，这可能与鱼类的清除和植被的重建有关，与同期 Chl a 的含量明显减少、SD 明显增加的现象相吻合。

表 7.9　2004 年春季到 2005 年春季大月湖浮游生物动态（湖心样点）

Tab. 7.9　Changes of density rate and biomass rate of phytoplankton to zooplankton in Lake Large Yuehu（Spring，2004—Spring，2005）（sample site in centre of the lake）

采样时间 Time	2004 年 3 月 Mar. 2004	2004 年 8 月 Aug. 2004	2004 年 11 月 Nov. 2004	2005 年 1 月 Jan. 2005	2005 年 4 月 Apr. 2005
密度比（植物/动物） D_p/D_z	18.1	788.3	1846.2	329.1	377.8
生物量比（植物/动物） B_p/B_z	0.047	0.758	0.274	0.025	0.023

4. 讨论

Scheffer 等（2001）报道，在 0.25 mg/L 以内的磷负荷下，浅水湖泊可以通过沉水植物固定营养物而维持清洁状态，高于此浓度，浮游植物将会占据优势。在月湖的水生植被重建中，大、小月湖的磷浓度均明显高于 0.25 mg/L，但其沉水植被的重建获得了初步的成功，Chl a 含量处于较低水平，从外观来看，水色由过去的绿色，变成了基本无色的状态，尤其是月湖西部的狭长区域，重建植被前水色很绿，2005 年春季水色近无色（2004 年和 2005 年春季的透明度分别为 45 cm 和 70 cm），即浮游植物得到了有效控制。这是生物操纵技术的应用效果。这种结果是否意味着需要调整 0.25 mg/L 这个磷浓度呢？这需要从两个方面认识这个问题：①月湖此时的水生植被重建属于初步阶段，植物多样性小，结构尚不稳定，能维持多久尚待观察；②我国的浅水湖泊富营养化与欧洲和北美国家相比，具有氮磷浓度高、污染严重等特点，Scheffer 等的研究结论是否具有普适性（如不同纬度的湖泊是否都如此等）也是需要进一步验证的。

有研究显示，生物操纵必须在一定的营养负荷内才能获得较好的效果，磷的浓度要在 0.05～0.15 mg/L，否则难以成功（Mitsch and Jørgensen, 2004）。2004 年 11 月以后，大月湖水质（主要是透明度）的迅速好转，生物操纵机制在其中起了重要作用。自 2004 年 3 月后，月湖中的捕鱼活动持续不断，这无疑会减轻甚至消除对浮游动物的捕食压力，从表 7.9 可知，随着鱼类的减少，浮游植物和浮游动物的生物量比值有减小趋势。另外，季节的更替恰好到了藻类较少、水华不易爆发的冬季，所以促成了水质的好转。此外，清除大部分鱼类可以减少由于鱼的扰动而引起的沉积物的再悬浮，同时也减少了对沉水植物的干扰和破坏，对提高透明度有贡献。荷兰浅水湖泊的生态修复实践也证明：在浅水湖泊，以消减鱼类为主的生物操纵技术是可行的，是能够提高透明度的（宋国君和王亚男，2003）。当然，其他因素如凤眼莲的大量生长并被捞出等对此也是有益的。但是，月湖的磷浓度远远高于上述范围，如果说月湖的生物操纵取得了初步成效，那么，这种成效有两个条件，一是要在适当的季节（冬季），二是要靠建立水生植被维持。

在水生植物生长良好的春季，水中的 TN、TP 浓度未见明显下降，可能的原因是：月湖仍未完全截污，每天仍有数千吨的污水进入，抵消了植物对营养盐的吸收；根据月湖一年的氮、磷输入量（排入污水等）和输出量（植物固定、湿地去除、出水和捕鱼带出等）的粗略估算，总氮和总磷的输入与输出差分别为 9.6 t 和 0.96 t，如此水中的氮、磷浓度不可能下降。由此来看，水体生态修复必须在截污的前提下，才可能达到降低水中氮、磷浓度的目的。

根据水生植被重建过程中水质和植物生物量的变化，以及工程实践中的经验，总体上看，单纯的水中氮、磷浓度高，尚不是限制植物恢复重建的关键因子，而透明度和底泥状况（特别是厌氧程度）则显得更加重要。植被重建后，对透明度和叶绿素含量的影响相对明显，而在底泥营养负荷高、没有完全截污时，对水中氮、磷浓度的降低则不明显。

冬季和初春一般是湖泊水位最低、透明度较高的时期，最适合沉水植物的种植，但对多数植物而言，却不是合适的种植季节。伊乐藻是喜冷性植物，耐污性强，繁殖快，适合冬春季种植。这为富营养水体的植被重建提供了一条有效之路。但其生态安全性需要注意。由于伊乐藻在长江中下游湖泊中有不易度夏的问题，以及缺乏有性繁殖机制，其扩张性和竞争性受到严重削弱，从我国引进已20余年的情况看，其危害性尚不明显。作者认为，在其生态安全性尚未有定论以前，可以把种植伊乐藻作为一种先期改善水质的手段，而不要把它作为恢复和重建水生植被的目的，一旦建立起了水生植被，就要逐步用本土种替代它。

总结月湖沉水植被重建成功的主要经验，在工程思路上是先通过生物操纵、植物浮床、人工湿地、人工水草、底泥改良、截污等措施改善水质，之后种植植物；在技术路线上，先从浅水区开始，并且选择透明度较高的冬季种植植物，由点到面，多点突破；在种植策略和底泥改良方面有所创新。

5. 经验体会与展望

对于武汉莲花湖、月湖等湖泊的水生植被恢复重建实践，有许多经验体会，总结如下：

在重富营养化的浅水湖泊，通过生物操纵、原位和旁路净化、稳定水位、科学种植等手段是可以重建其沉水植被的。截污、稳定水位、清除鱼类是重建沉水植被的重要条件。在低水位或较高透明度时，水生植物可以耐受相对更高一些的污染负荷。

利用冬季水位低、透明度相对高的时机种植伊乐藻、菹草等适合冬春季生长的沉水植物是建立先锋沉水植物群落的一个有效途径。在有条件降低水位时，将会大大增加重建沉水植被的成功率。

清除鱼类，对提高透明度有重要作用。一方面是利用其生物操纵的下行效应，另一方面是可以减轻对水体的扰动，减少沉积物的再悬浮。通过生物操纵去控制藻类生物量，从而为大型植物的恢复创造条件是一个有效方法，但必须伴随着水生植被的恢复或重建才能维持长久的良好效果。

重建并保持长期稳定的水生植被必须把营养盐浓度削减到一定范围内。沉水植被重建后，降低了 Chl a 含量，提高了透明度，但在没有完全截污的情况下，难以降低氮磷浓度。

在长江中下游地区建立起的以伊乐藻或菹草为绝对优势种的先锋植物群落是不稳定的，菹草和伊乐藻分别在春末和夏季容易大量衰亡，恶化水质，并能给初步建立的植物群落带来大的不利影响，必须尽快地丰富物种，优化结构，增加群落稳定性。植被恢复和重建期是植物群落最脆弱、结构最不稳定、所形成的生态系统也最脆弱的时期，水位、污染负荷等生态因子的明显改变很容易造成系统破坏，浮萍等植物易爆发。因此，在该期要尽量保持关键因子的稳定，注意控制浮萍的扩张，使形成的生态系统逐步走向成熟。

我国自"十五"期间在 11 个城市启动城市水环境综合治理的重大专项以来，

对受污染水体进行生态修复的研究和实践正在如火如荼地开展，恢复和重建湖泊水生植被的生态修复工程正在许多湖泊实施，上述经验体会对以后该方面的研究和工程实践会提供很好的借鉴作用，随着经验的不断积累和技术的不断进步，成功的案例也会越来越多，我国的水环境治理工作也会取得更加明显的成效。

第 8 章 湖泊富营养化与水生植物群落演替——以武汉东湖为例

8.1 东湖概况

8.1.1 东湖的地理位置和湖泊特征

东湖地处长江中游（30°33′N，114°23′E），海拔 20.50 m 左右，属于太平洋流域的长江水系（外流水系），该流域位于北纬 25°～35°的亚热带季风区，流域内植被类型隶属于落叶阔叶林和常绿针叶混交林带。该湖的平面轮廓近似一个等边三角形，顶点向北，底边东西长 11.24 km，湖内最大宽度 5.86 km，平均宽度 2.67 km，湖岸线长约 92 km，湖水平均水深 2.21 m，最大水深约 5.10 m（2007 年 3 月数据），湖底平均坡降 0.0083，底质以重黏质腐泥、黏质腐泥、石灰性黏质腐泥和黏质软泥为主，约占全湖面积的 90%；湖面面积约 27.90 km² （以水位 20.5 m 计算），湖体总容量约 6200 万 m³，整个流域面积有 187 km²，是我国最大的城中湖，位于武汉市东北郊，也是长江中下游具有代表性的一个中型浅水湖泊。东湖为一个壅塞湖，从古到今，呈现湖盆逐渐缩小、淤浅的趋势。20 世纪 60 年代末以来由于湖中筑坝修路，东湖被分割为大小不等的 8 个子湖，即水果湖、郭郑湖、汤林湖、牛巢湖、后湖、庙湖、菱角湖和筲箕斗湖（图 8.1)，湖岸多为石岸（龚伦杰等，1965；蔡述明，1990；李植生等，1995）。

8.1.2 气候条件

东湖地处江汉平原东部，属亚热带温润季风气候，冬季多盛行 NNE 向的风，夏季则多为 SSW 风（吴宜进和邓先瑞，1998）。热辐射量为 8612～13000 cal①/cm²，年均温度为 18℃（李植生等，1995）。在 1960～1978 年平均气温则为 16.7℃，最高月气温（常为 7 月）为 28.8～31.4 ℃，最低月气温常在 1 月，为 2.6～4.6 ℃。年均降水量为 1160.3 mm，其中约 75% 发生在春季和夏季。年降水量变幅较大，为 752～1794 mm。月降水量最大近 190 mm（在 6 月），最小只有 32 mm（在 12 月或 1 月）（刘建康，1990）。自 1951 年以来，年降水量呈增加、日数呈减少、强度呈增大的趋势。除春季之外，各时段降水量均呈增加趋势（张意林等，2008）。水分蒸发损失（年平均值）为 1148 mm，接近于降水量。此外，

---

① 1 cal＝4.184 J，后同。

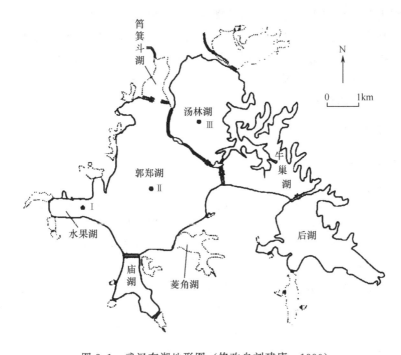

图 8.1　武汉东湖地形图（修改自刘建康，1990）

图中 Ⅰ、Ⅱ 和Ⅲ表示东湖多年研究采样站点

Fig. 8.1　Sketch of Lake Donghu of Wuhan (Modified from Liu, 1990)

Ⅰ、Ⅱ and Ⅲ in the caption stand for the sampling sites

在冬季东湖湖水表面稍有短时冰冻，大多数年份则完全没有结冰（刘建康，1990），但 2007 年底我国南方雪灾期间，几乎全湖冰冻，结冰时间长达近 2 周。总的来看，东湖热量资源十分丰富，有利于水生生物的生长。

8.1.3　水位变化和湖流

东湖的水位全年中除阴雨天外，一般呈稳定而持续的下降。只有降水量超过 7～8 mm/d 时，湖水位才表现出上升趋势。水位的变化幅度一般为 1～2 mm。当日降 70～80 mm 大雨过后 2～3 天水位又重新下降；当全流域降暴雨时，一日之内水位变化可能超过 10 cm。全年中大体 3 月以后水位上升，5～8 月为相对高水位期。9 月以后水位下降。多数年份最高和最低水位相差 0.6～0.8 m。

郭郑湖是东湖的主体湖区，水面开阔，最大水面吹程约 8 km，常能形成一定规模的风浪，这是湖水最普遍的运动形式。当风速平均为 5 m/s（瞬时风速 6～7 m/s）时，最大波高可达 0.3～0.4 m；当湖面刮 7～8 级大风时，波高可达 1 m 左右，此时湖水搅动强烈，大量底质悬浮，湖水浑浊。

研究表明,东湖表层存在明显的湖流现象。湖流是入湖物质迁移、扩散的基本方式,其流速和流向主要取决于上游入水量的大小和方向,而与当时的风向关系较小。各湖汉水流基本上均流向主湖郭郑湖,所携带的污染物也集中在主湖。流速为 5~10 cm/s,最大流速为 17 cm/s。主湖对各湖汉的影响较小,尤其是后湖几乎不受主湖的影响。

8.1.4　水质状况

1. 水物理指标

1) 水温

根据 1974~1985 年近十多年的观测,东湖年平均水温的年际变动不大,一般为 18~20℃。周年内,7 月、8 月水温最高,湖心区 7 月、8 月平均水温约为 30.5℃。1 月水温最低,平均为 5.4~6.1℃ (刘衢霞和张水元,1990)。

2) 透明度

多年研究资料显示,东湖自 1960 年以来透明度由 2.05 m 下降到 1993 年的 0.73 m (李植生等,1995)。一年中以 2~4 月透明度最高,5 月开始降低,8~10 月降至全年最低,12 月则开始逐渐升高。在平面分布上,呈现如下特征:自湖滨排污口逐渐向湖心递增,以牛巢湖、汤林湖的水体透明度最大,其次是郭郑湖,透明度最低的是筲箕斗湖、水果湖及庙湖湖汉 (刘衢霞和张水元,1990)。

3) 水色

在 20 世纪 70~80 年代东湖湖水已经普遍呈现绿色或绿黄色,局部湖汉已经呈褐色,当时东湖湖水色度为 10~13 度 (刘衢霞和张水元,1990)。近年来的观测发现东湖水体普遍呈褐色或浅褐色,色度已经平均达到 25.5 度左右,其中水果湖的色度最大,最大一度达到 40 度。

4) 消光系数 (K_d)

水体的消光系数反映了水体在不同水深下的透光性,是表征水体洁净度的一个指标。据 2006 年 7~10 月的观测,东湖水果湖区水体消光系数 K_d 为 2.74~3.478 m^{-1},平均值为 3.03 m^{-1}。相比而言,较为清洁的水体,K_d 值为 1.7 m^{-1} 左右 (张萌等,2009)。

2. 水化学指标

1) pH

据多年的观测,东湖 pH 为 7.7~9.2,平均值约 8.5,呈微碱性。湖水 pH 的季节变化呈现夏秋高、冬春低的特点;夏季时,湖水 pH 曾经高达 9.0 以上。湖水 pH 的年际变化不大,全湖各湖区的 pH 也相差不大 (刘衢霞和张水元,1990)。近年来,pH 最高可达 9.36,出现在 9 月。

2) 总溶解固体

东湖水体中总溶解固体量年平均值为 238.3 mg/L，季节变化呈现春季高秋季低的特点。四季平均值分别为 258.2 mg/L，234.1 mg/L，206.1 mg/L 和 234.8 mg/L。水平分布上筲箕斗湖区最高，平均为 343.9 mg/L，其次为牛巢湖 214.3 mg/L，水果湖、汤林湖和郭郑湖平均值分别为 194.2 mg/L，213.4 mg/L 和 204.3 mg/L。总体来看，绝大多数湖区间总溶解固体量差异不大（刘衢霞和张水元，1990）。

3) 电导率

东湖水体电导率在 20 世纪 70～80 年代的观测中，年平均值大约为 376 ms/cm。电导率的周年变化特征明显，一般春末夏初高，冬季低。水果湖和郭郑湖的水体电导率的年平均值分别为 273～446 ms/cm 和 259～379 ms/cm（刘衢霞和张水元，1990）。近年东湖水体电导率为 200～800 ms/cm。

4) 溶解氧

据 1979～1985 年的监测，东湖表层溶解氧含量为 9 mg/L，饱和度 93%，底层平均值为 8.3 mg/L，饱和度 85%。除了筲箕斗小湖汊底层和水果湖在夏秋季有时出现缺氧现象外，其他湖区全年平均值均在 6 mg/L 以上，不存在缺氧层。在水平分布上，溶解氧含量以汤林湖和牛巢湖最高，郭郑湖次之，水果湖和筲箕斗较低。在季节变化上，呈现冬季高，夏秋季低的特点（刘衢霞和张水元，1990）。目前东湖主要湖区的溶解氧周年也在 6.0 mg/L 以上，溶解氧含量较低的水果湖在夏秋季的溶解氧含量平均值为 8.38（张萌等，2009），也反映东湖水体总体还保持良好的氧化环境，有利于有机物矿化和营养盐再生。

5) 主要离子和水型

Ca^{2+}：东湖湖水中 Ca^{2+} 含量呈现明显的季节变化，以 1～3 月含量最高，3 月以后逐渐降低，7～8 月为全年的钙离子含量最低时期。在主体湖区郭郑湖，表层水体钙含量为 21.43～44.89 mg/L，年平均值表层为 30.64 mg/L，年平均值底层为 28.89 mg/L。东湖水体的钙离子分布无论是平面上还是垂直上都较均一，表层与底层含量在大多数月份无明显差异。

Mg^{2+}：东湖湖水中 Mg^{2+} 含量季节上呈现 5 月最高，1 月和 7 月最低。最高值为最低值的 2.8～3.7 倍。表层与底层镁离子含量差异不大。在主体湖区郭郑湖，镁离子含量表层为 4.74～17.75 mg/L，年平均值为 8.84 mg/L；底层为 5.71～16.29 mg/L，年平均值为 10.35 mg/L。

$K^+ + Na^+$：东湖湖水中一价正离子 K^+ 和 Na^+ 含量季节上呈现双高峰特征，第一次在春季大约 4 月，第二次在秋季约 10 月，其中以 10 月的含量最高。水平分布上，水果湖区的含量要稍高于主体湖区郭郑湖。水果湖表层含量为 18.75～92.25 mg/L，年平均值为 36.46 mg/L；底层含量为 19.75～95.50 mg/L，年平均值为 36.92 mg/L，底层含量略高于表层。

HCO_3^-：东湖湖水中 HCO_3^- 含量在季节上呈现明显的变化特征：以春（3月、4月）秋（10月）季含量最高，夏季含量最低。水果湖区表层水 10 月的最高含量为 280.37 mg/L，是 7 月的最低含量的 3.6 倍。主体湖区郭郑湖表层含量为 53.40～149.33 mg/L，年平均值为 114.09 mg/L；底层含量为 68.09～253.67 mg/L，年平均值为 128.78 mg/L。

CO_3^{2-}：当水体 pH 大于 8.3 且小于 10 时，水体中均会存在 CO_3^{2-} 离子。一般湖水 pH 在 5～10 月保持在该范围内，该时间段，水体中均会存在 CO_3^{2-} 离子。在郭郑湖 5～10 月，CO_3^{2-} 含量表层为 5.91～19.69 mg/L，底层为 6.56～13.13 mg/L。

SO_4^{2-}：东湖水体中硫酸盐含量不存在水平和垂直分布上的差异。一般，周年内含量最高出现在 4～5 月或 7 月，最低含量出现在 9 月。在郭郑湖，硫酸盐含量表层为 19.67～39.38 mg/L，年平均值为 30.90 mg/L；底层为 19.80～43.30 mg/L，年平均值为 30.45 mg/L。

Cl^-：东湖湖水中氯离子的含量在水平和垂直分布上差异很小。季节上呈现出 8 月、9 月含量高，5 月含量最低的特征。在郭郑湖区，氯离子含量表层为 9.33～27.08 mg/L，年平均 19.50 mg/L；底层含量为 9.33～24.45 mg/L，年平均 19.77 mg/L。

矿化度和水型：1984 年的观测表明，东湖水体矿化度在郭郑湖表层为 164.89～285.07 mg/L，年平均值为 235.40 mg/L；底层为 168.20～452.05 mg/L，年平均值为 250.40 mg/L。底层略高于表层。在周年内矿化度变化较大，郭郑湖的最大值出现在 10 月，为 353.69 mg/L；最小值出现在 9 月，为 166.55 mg/L。在郭郑湖和水果湖区湖水的主要离子组成情况基本一致。在阳离子中 $Ca^{2+} > Na^+ > K^+ > Mg^{2+}$；在阴离子中 $HCO_3^- > SO_4^{2-} > Cl^-$。按照阿列金的天然水分类法，东湖湖水属于重碳酸盐类钙族 II 组（C_{II}^{Ca}）（刘衢霞和张水元，1990）。

6）碱度

多年监测数据表明东湖水体碱度为 2.43 meq/L，且年际间变化不大，周年内变化较为明显。呈现冬春季高夏秋季低的特点。郭郑湖区月平均为 1.64～2.57 meq/L。在水平分布上，筲箕斗湖区最高，年平均为 3.40 meq/L；水果湖次之，年平均为 2.37 meq/L；郭郑湖、汤林湖和牛巢湖的碱度相差很小，年平均值分别为 2.16 meq/L、2.25 meq/L 和 2.02 meq/L（刘衢霞和张水元，1990）。

7）总硬度

据 1973～1985 年的调查资料显示，东湖湖水总硬度 6.76 德度，年际变化不大，平均为 6.3～8.0 德度，总体属于软水，但与 20 世纪 60 年代相比变化较大，1985 年的总硬度比 1960 年增加了 3 倍。总硬度的季节变化呈现冬春高、夏秋低的特点，与水体中钙、镁尤其是钙的季节变化相一致。在平面分布上，以筲箕斗湖的总硬度最高，水果湖次之，汤林湖最低。而且东湖总硬度主要受水体中 Ca^{2+} 含量直接影响和水生生物生命活动的间接影响（刘衢霞和张水元，1990）。

8）COD_{Mn}

20 世纪 70～80 年代，东湖有机物耗氧量的多年平均值为（6.97±2.76）mg/L，其年际变化有起伏。在不同月份差别比较大，在郭郑湖月平均最大值到达 19.12 mg/L（1982 年 8 月），最小值仅 2.20 mg/L（刘衢霞和张水元，1990）。近年来，郭郑湖的最大值为 11～12 mg/L（2007 年 6 月和 2008 年 7 月），最小值为 3.76 mg/L（2007 年 3 月）。COD_{Mn} 的水平分布以筲箕斗湖水体含量最高，年平均 11.72 mg/L；水果湖次之，年平均 7.10 mg/L；牛巢湖最低，年平均 5.09 mg/L。垂直分布上，表底层的耗氧量相差很小（刘衢霞和张水元，1990）。

9）总有机碳（TOC）

据 1977 年 5～10 月在郭郑湖调查发现，水体中 TOC 含量为 7.3～12.4 mg/L，总碳含量为 13.2～29.0 mg/L，TOC 所占比例大表明水体中有机物含量高（刘衢霞和张水元，1990）；2006 年 7～10 月在水果湖的监测数据表明，水体 TOC 含量为（2.03～12.1）mg/L，平均值为 7.84 mg/L，总碳含量为 26.10 mg/L，表明东湖水体正呈现有机物含量降低的趋势，可能与污水截流，外源有机物输入减少有关。

10）氧化还原电位（ORP）

水体氧化还原电位是反映水体氧化性及还原性物质多少的指标。一般而言，ORP 的提高与水中高价氧化态的无机离子浓度的积累是呈正相关的。2006 年 7～10 月东湖水果湖区 ORP 值为 112～200 mV，平均值为 145 mV（张萌等，2009），反映该湖区水体氧化性无机离子浓度较还原性离子浓度高。

11）营养盐

根据东湖水生态国家野外观测试验站的长期观测数据，50 多年来东湖水体营养含量经历了非常迅速上升和 2000 年后明显改善的过程。东湖 1956～1957 年水体的总氮为 1.25 mg/L，总磷浓度为 0.09 mg/L。20 世纪 80 年代中期（水华爆发期间 1980～1985 年），总氮浓度上升到 2.70 mg/L，总磷浓度上升到 0.64 mg/L。水华消失后，水体总磷下降明显，但总氮变化波动很大。90 年代，总氮浓度在 4 mg/L 水平波动，总磷浓度在 0.4 mg/L 水平波动。2000 年后东湖截污和环湖环境改善效果明显，总氮和总磷在一段时间后发生响应，均出现明显下降，其中总氮的响应从 2002 年开始，而总磷在 2005 年以后才开始响应，较总

氮明显出现滞后。2002～2007 年总氮基本稳定在 2 mg/L 水平，2005～2007 年
总磷基本稳定在 0.2 mg/L 水平。

　　总地来讲，近 50 多年的监测研究表明，东湖水体中的 NH_4^+-N 与 TDN 含
量在 20 世纪呈现不断增加趋势，在 1979～1984 年 TDP 含量较 1970s 初期呈
大幅增长的趋势，而 TP 含量在 1985 年呈现大幅增长，之后有所下降和波动
（图 8.2，图 8.3 与图 8.4）。

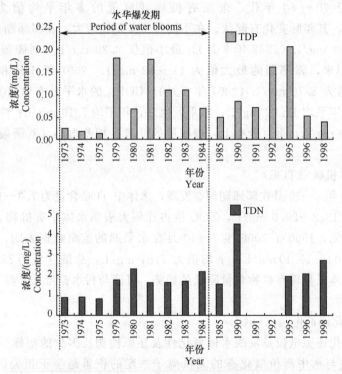

图 8.2　1973～1998 年东湖湖心 Ⅱ 站水体中总溶解性氮（TDN）和总溶解性磷
（TDP）的年平均浓度（引自 Xie and Liu，2001）

Fig. 8.2　Annual mean concentrations of total dissolved nitrogen（TDN）and total
dissolved phosphorus（TDP）at Central Station Ⅱ of Lake Donghu during 1973～
1998（Cited from Xie and Liu，2001）

12）可溶性二氧化硅

　　东湖硅酸盐含量从 1973 年开始显著升高，1981 年和 1982 年全湖平均值达
到 10.87 mg/L，为 20 世纪 50 年代以来最大值。1956～1985 年，东湖水果湖多
年平均值为 7.80 mg/L，年际变化大（刘衢霞和张水元，1990）。而东湖水果湖
区 2006 年 4～10 月二氧化硅含量为 3.48～6.80 mg/L，平均值为 5.39 mg/L
（张萌等，2009），呈现先上升后下降的历史变化趋势。硅酸盐含量还呈现明显的

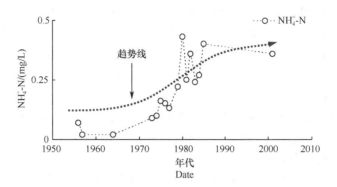

图 8.3　东湖主体湖区水体历年氨氮含量变化情况

（数据来源于刘衢霞和张水元，1990；Xic *et al.*，2002）

Fig. 8.3　Changes of NH$_4^+$-N concentration of water column in main lake area

of Lake Donghu（Data cited from Liu and Zhang，1990；Xie *et al.*，2002）

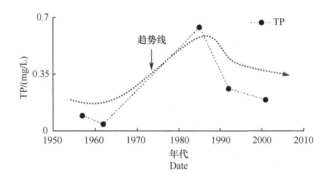

图 8.4　东湖主体湖区水体历年总磷含量变化情况

（数据来源于刘衢霞和张水元，1990）

Fig. 8.4　Changes of TP concentration of water column in main lake area of

Lake Donghu（Data cited from Liu and Zhang，1990）

季节变化特征，多数年份秋冬季高，也出现过春季高峰的现象，在垂直分布上，表底层含量接近，一般不超过 0.5～1.0 mg/L（刘衢霞和张水元，1990）。

13）无机污染物

1977 年，东湖湖水中 Cu 含量低于 0.001 mg/L，Pb 含量低于 0.005 mg/L，Cd 含量低于 0.0005 mg/L，Zn 含量为 0.013～0.051 mg/L（刘衢霞和张水元，1990）。而据《1998 年东湖风景区环境质量状况公报》报道，东湖水体中氰、Cd、Zn、Cr 等已全部能检出。杨丹敏等（2004）的分析结果表明，东湖沉积物中 Pb 含量（20～60 μg/g）有所下降，Cd（1.6～2.8 μg/g）和 Zn（200～

340 $\mu g/g$）含量明显高于背景值（杨汉东，1994），Cu（$40\sim75$ $\mu g/g$）和 Fe
（$40\sim95$ $\mu g/g$）含量波动较大。刘振东等（2006）分析了东湖沉积物中的 12 种
元素，包括 Zn、V、Ti、Pb、Ni、Mn、Cr、Cu、Co、Ba、Fe 和 P，其中有 2/3
的元素高于背景值，Cr 和 Ni 高于背景值 2 倍以上。

14）有机污染物

田世忠等（1993）在东湖水中检测出 102 种有机物，包括 8 种卤代烃和氯代
苯类、12 种烷基苯类、20 种烷烃和不饱和烃类、10 种多环芳烃、11 种杂环类化
合物、6 种酞酸酯类、6 种烷基苯酚、3 种醛类、10 种酮类、9 种醇类、1 种腈
类、3 种醚类、3 种脂肪酸，有机物均处于 ppb[①] 级的浓度水平，甚至更低。其
中属于美国 EPA 公布的优先监测的污染物有 12 种。王海等（2002）在东湖表层
沉积物中检出有机物 180 种，包括苯系物、烷烃、烯烃、醚、醛、酮、酚、酯、
酸、PAHs 和杂环类等。其中环境优先控制污染物和美国 EPA 筛选的内分泌干
扰物 35 种。宋慧婷等在 2006 年检测了东湖的 25 种有机污染物，包括 6 种酞酸
酯类、13 种多环芳烃类、2 种硝基苯类、异佛尔酮、六氯苯、五氯酚、六氯环戊
二烯。水样中未检出五氯酚和六氯环戊二烯，其他组分均有不同程度检出，总浓
度达到了 12 250.18 ng/L。结果表明，东湖受邻苯二甲酸酯的污染较为严重，6
种邻苯二甲酸酯的总含量达到了 20 827.79 ng/L。其中，邻苯二甲酸二丁酯
（DBP）和邻苯二甲酸（2-乙基己基）酯（DEHP）是主要的污染物。根据地表
水环境质量标准 GB3838—2002，东湖 DBP 含量超出了国家标准（3000 ng/L），
平均含量约为国家标准的 3 倍。DEHP 含量目前尚未超出国家标准。多环芳烃类
含量也比较高，特别是苯并芘（BAP），部分点含量超出了国家标准（2.8 ng/L）。
东湖部分采样点的 2,4-二硝基甲苯含量也超出了国家标准（300 ng/L）。

3. 东湖富营养化的发展

东湖的人为富营养化在过去几十年中已经发生（饶钦止和章宗涉，1980；
Tang and Xie，2000；Xie and Xie，2002）。早在 20 世纪 50 年代，东湖开始由中
营养型向富营养型转化，东湖自 1960 年年初以来由于污水大量排放，水体出现
逐渐富营养化（Tang and Xie，2000；Xie and Xie，2002），70 年代以来，东湖富
营养化加剧，水果湖则呈高度富营养化（饶钦止和章宗涉，1980）。东湖氮和磷
输入的主要来源是生活污水和工业废水，氮占总输入量的 59.2%，磷占总输入
量的 74.7%，黄祥飞（1990a）推断正是由于营养大量输入，造成了东湖水质显
著改变，氮、磷含量大幅提高以及富营养化日趋严重。80 年代末调查已发现，
东湖水体就达到有些湖区甚至超过富营养型湖泊标准，并且氮、磷含量大大超过
富营养型湖泊标准（黄祥飞，1990a）。由于几十年来沿湖人口和工业增长很快，

---

① 1 ppb=1×10^{-9}，后同。

每年有 323 t 总氮和 68 t 总磷积累在湖泊中，迅速导致了富营养化：东湖从 60
年代的中-富营养型发展到 90 年代的极富营养型，其中 80% 以上的营养负荷集
中在主体湖区郭郑湖（张水元等，1989；张水元和刘衢霞，1990；黄祥飞，
1990a），90 年代后期，氮、磷负荷已达到 47 g N/(m³·a) 和 3.15 g P/(m³·a)
(Tang and Xie, 2000)。东湖各子湖因湖区周围的社会经济环境及其功能的不同，
受污染的程度亦有差别，污染程度由重到轻依次为水果湖、筲箕斗湖、郭郑湖、
汤林湖、庙湖、牛巢湖和后湖（李植生等，1995），菱角湖未予调查统计。东湖
主要子湖的水质背景值见表 8.1。

表 8.1　东湖不同子湖的水体理化指标（1991 年 9 月）

**Tab. 8.1　The physico-chemical parameters of water in different sublakes of Lake Donghu
(Sept. , 1991)**

子湖 Sublake	水深/m Water depth	透明度/cm Transparency	电导率 /(ms/cm) Electric conductivity	pH	TN /(mg/L)	TP /(mg/L)
郭郑湖 Lake Guozheng	3. 4	67	325	7. 67	0. 963	0. 265
水果湖 Lake Shuiguo	2. 6	38	372	7. 73	2. 474	0. 533
汤林湖 Lake Tanglinhu	1. 76	56	324	7	0. 924	0. 089
后湖 Lake Houhu	2. 18	72	208	8. 48	0. 988	0. 078
菱角湖 Lake Lingjiaohu	2. 29	91	209	7. 75	0. 999	0. 165
庙湖 Lake Miaohu	2. 79	32	379	7. 7	0. 849	0. 462
牛巢湖 Lake Niuchaohu	2. 6	70	294	7. 7	0. 728	0. 02

资料来源：Qiu *et al.*，2001。

Cited from：Qiu *et al.*，2001.

　　东湖水体总体评价为劣 V 类，主要污染指标为总氮和总磷，处于中度富营养
化阶段（2006 年中国环境状况公报）。与国内其他监测统计的 5 个城市内湖泊相
比，东湖的污染程度位居首位（图 8.5）。

　　整体来看，东湖的富营养化程度在 20 世纪 70 年代末期就非常严重了，目前
仍然持续。尽管 2008 年年初东湖截污工程 80 % 完成，东湖水质有所稳定，但是
湖泊的内源污染仍将持续，有振幅的内源释放是富营养化沉积物营养释放的重要
特征，因此，内源控制将会是今后几十年东湖生态治理的关键。

8.1.5　东湖湖泊主要功能

　　东湖作为江汉平原湖群中的一个中型浅水湖泊，是全国闻名的风景名胜区和
水上运动场所，同时又是早期武汉市生活用水、工业用水与农业灌溉用水的水源
地和主要渔业基地之一，是一个具有多种功能的内陆水体。湖泊渔业快速发展，

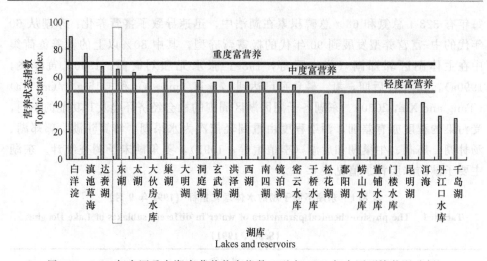

图 8.5　2006 年全国重点湖库营养状态指数（引自 2006 年中国环境状况公报）

Fig. 8.5　Tophic state index (TSI) of key lakes and reservoirs throughout the state in 2006
(Cited from 2006 Report on the State Environment in China)

食浮游动植物的鲢鳙产量在近几十年增加了十倍以上。东湖的东北沿岸是武汉市公园、娱乐和观光场所，周边密集分布有博物馆、植物园、磨山景区、公园、游泳池、瞭望塔、旅馆和观光船，湖泊沿岸还分布有 100 多家工厂（有一家大型钢铁厂）。总地来讲，东湖具备功能主要包括有水上娱乐、旅游、景观、商业渔业、水上运动、工业供水、科研用水等（刘衢霞和张水元，1990；谢平，2003）。

8.1.6　水生生物

1. 细菌

截至 1988 年，在东湖水体中分离到异养细菌 169 株，优势菌属为芽孢杆菌属和微球菌属；分离磷细菌 66 株，优势菌株为芽胞杆菌属和微球菌属，无机磷细菌占 34.9%，有机磷细菌 40.9%，剩余功能菌为无机-有机磷细菌；东湖湖水细菌数量逐步上升，由 1980 年细菌年均总数为 $(1.48\sim1.77)\times10^7$ 个/mL 上升到 1985 年的 $(7.78\sim8.78)\times10^7$ 个/mL（李勤生和申权，1990）。

2. 浮游植物

东湖浮游植物在 1956～1957 年观察到总计 111 属，其中，绿藻 53 属，蓝藻 16 属，甲藻 5 属，硅藻 20 属，金藻 10 属，裸藻 5 属，黄藻 2 属；1962～1963 年观察到共计 74 属，其中，绿藻 36 属，蓝藻 10 属，甲藻 5 属，硅藻 13 属，金藻 5 属，裸藻 3 属，黄藻 2 属；1973～1975 年共计 68 属，其中，绿藻 31 属，蓝藻 13 属，甲藻 6 属，硅藻 9 属，金藻 6 属，裸藻 3 属，黄藻 0 属。20 世纪 60 年代后，蓝藻和绿藻的比例上升，甲藻和硅藻的比例相应下降，60 和 70 年代蓝藻中的微囊藻、束丝藻、鱼腥藻等大型种类增多（饶钦止和章宗涉，1980）。1979～1986 年共观察到浮游植物 76 属，隶属于绿藻门 40 属，硅藻门 12 属，蓝藻门 12 属，金藻门 3 属，裸藻门 4 属，甲藻门 5 属；藻类年平均生物量为 1.73～47.29 mg/L；1973～1983 年蓝藻生物量比例逐年增大，占东湖蓝藻生物量的 60%～74 %（王建，1990）。东湖蓝藻水华自 70 年代中期到 1984 年间每年夏季爆发，到 1985 年蓝藻水华戛然而止，并至今从未大规模爆发（Shei et al.，1993；Xie and Liu，2001）。1979～1982 年蓝藻水华藻类以微囊藻、丝状束丝藻和颤藻在浮游植物中占优势（图 8.6）（Xie and Liu，2001；谢平，2003）。1982～1984 年水华藻类主要以水华束丝藻、颗粒直链硅藻、颤藻、微囊藻和鱼腥藻占优势（林婉莲和刘鑫洲，1985）。1989～1992 年优势浮游植物种类则为小环藻和隐藻，蓝藻主要由颤藻和平裂藻组成，蓝藻没有再形成有害水华（图8.6）（Shei et al.，1993；谢平，2003）。

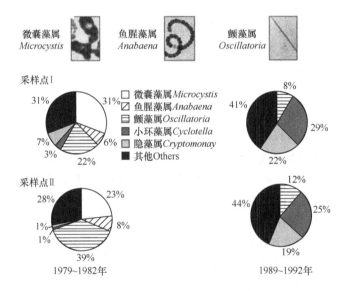

图 8.6　1979～1982 年和 1989～1992 年东湖两采样站点浮游植物优势种的年平均生物量的比例（引自 Xie and Liu，2001；谢平，2003）

Fig. 8.6　Annual mean biomass percentage of dominant phytoplankton at two sampling stations of Lake Donghu between 1979～1982 and 1989～1992（Cited from Xie and Liu，2001；Xie，2003）

　　20 世纪 50 年代以来，浮游植物的数量、生物量、叶绿素 a 含量和光合放氧能力（水柱氧的日毛产量）等，均有明显变化，显然与水体中营养浓度有密切关系。以藻类数量为例，50 年代年平均每毫升数百个，60 年代则近千个，70 年代皆超过千个，80 年代平均值则高达近万。这间接反映了东湖水环境的变化。表

8.2 是邱东茹等学者于 1991～1993 年对东湖四个湖区浮游植物的生态学研究结果。也反映了东湖各湖区的浮游植物分布呈现明显差异以及水环境已呈显著异质性，推测可能与东湖各湖区周围人类活动干扰有关。

表 8.2　东湖各湖区浮游植物生态学参数的比较

Tab. 8.2　Comparison on ecological index of phytoplankton among different lake zones of Lake Donghu

	水果湖 Lake Shuiguohu	郭郑湖 Lake Guozhenghu	后湖 Lake Houhu	牛巢湖 Lake Niuchaohu
细胞密度/($\times 10^3$个/mL) Cell density	127.6	95.4	49.4	26.7
生物量/(mg/L) Biomass	31.4	18.6	6.1	5.8
叶绿素 a/(mg/m^3) Chlorophyll a	106.1	71.7	16.2	15.8
光合放氧/[g/(m$^2 \cdot$ d)] Photosynthetic oxygen evolution	7.66	4.59	1.64	1.05

3. 浮游动物

东湖浮游动物种类丰富，据历史资料记载，20 世纪 60 年代初共发现 203 种，其中，原生动物 84 种，主体湖区原生动物 72 种，轮虫 82 种，枝角类 23 种，桡足类 14 种（黄祥飞，1990b；杨宇峰等，1994，1995；诸葛燕和黄祥飞，1995；谢平等，1996）。80 年代初主体湖区原生动物 97 种，轮虫 49 种，枝角类 27 种，其中，盘肠藻科 8 种，桡足类 10 种（黄祥飞，1990b）；90 年代初调查水体共有轮虫 24 属 59 种（其中新纪录种 12 种），桡足类 7 种（杨宇峰等，1994，1995）。1995 年调查发现轮虫 45 种，桡足类 7 种，其中 1962～1963 年 I 站和 II 站桡足类年平均数量分别为 38.8 个/L 和 20.2 个/L，而 1995 年分别上升为 61.8 个/L 和 97.1 个/L（谢平和高村典子，1996）。

4. 底栖动物

东湖底栖动物，1962～1963 年共发现 38 科 88 属 128 种，其中，寡毛类 18 种，水生昆虫 66 种，软体动物 41 种，水蛭 3 种；1963～1964 年发现共 37 科 88 属 113 种，其中，寡毛类 18 种，水生昆虫 54 种，软体动物 41 种，水蛭未计数；1973 年发现 88 种，其中，寡毛类 9 种，水生昆虫 50 种，软体动物 25 种，水蛭未计数；1979～1981 年发现 72 种，其中，寡毛类 9 种，水生昆虫 33 种，软体动物 30 种，水蛭未计数（谢平等，1996；王士达，1996）；1995～1996 年共 67 种，其中，水生昆虫 40 种，软体动物 14 种，寡毛类 8 种，蛭类 5 种（王士达，1996）。表 8.3 为邱东茹等人对东湖底栖动物在 4 个湖区的分布情况做了深入调查。发现当时寡毛类在污染最重的水果湖区占绝对优势，而软体动物在郭郑湖、后湖、牛巢湖呈逐渐下降的趋势。表明底栖动物群落结构与个体密度的变化与水深、水草生长情况、底质主要理化性质及底质的有机组分含量、主要营养元素含量等因素存在一定的相关性。

表 8.3　东湖各湖区底栖动物个体密度（个/m²）与生物量（g/m²）

Tab. 8.3　Individual density（ind/m²）and biomass（g/m²）zoobenthics among different lake zones of Donghu

湖区 Lake	种类数（寡毛类）Species	寡毛类 Oligochaeta		水生昆虫 Insecta		软体动物 Mollusce		合计 Aggregation	
		密度 Density	生物量 Biomass	密度 Density	生物量 Biomass	密度 Density	生物量 Biomass	密度 Density	生物量 Biomass
水果湖 Lake Shuiguohu	10（8）	1522	7.78	454	1.2	—	—	1976	8.98
郭郑湖 Lake Guozhenghu	22（5）	494	2.82	723	8.13	43	82.43	1260	93.38
后湖 Lake Houhu	16（2）	70	0.81	204	0.74	51	48.57	325	50.12
牛巢湖 Lake Niuchaohu	19（2）	56	0.72	192	1.02	32	43.1	280	44.84

5. 鱼类

东湖鱼类 1972 年前共发现 67 种，隶属于 18 科 54 属，其中鲤科鱼类占 63%（陈少莲，1990）；1992 年以来发现 39 种，隶属 10 科 33 属，其中鲤科鱼类 29 种，占 74.4%，而 20 多种鱼基本绝迹（黄根田等，1995；黄根田和谢平，1996）。渔获物 1973 年 364.35 t，鲢鳙为优势种群，占 76.2%；1975 年 405.15 t，鲢鳙比例占到 85.3%；1992 年 1450 t，鲢鳙比例高达 96.8%；1994 年则 1650 t，鲢鳙则达 97.7%（黄根田和谢平，1996），1973～1994 年的渔获物变化趋势如图 8.7 所示。

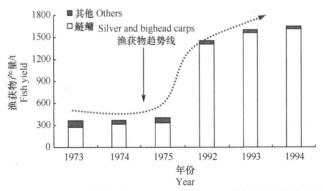

图 8.7　1973～1994 年武汉东湖渔获物组成与产量变化（数据引自黄根田和谢平，1996）

Fig. 8.7　Changes of composition and yield of fishes in Lake Donghu, Wuhan during 1973～1994（Data cited from Huang and Xie, 1996）

6. 水生植物

20 世纪 60 年代以前，东湖水质良好，全湖浮游植物、漂浮植物、浮叶植物、挺水植物、沉水植物、底栖动物和鱼类等构成一个良好的水生生态系统。但随后由于社会经济的发展和管理工作滞后，东湖逐渐被污染，再加上放养草食性鱼类，水生系统遭到损害，水生植物种类群落也发生了巨大变化。如 60 年代初全湖有大型水生植物 83 种，分别隶属 29 科 53 属。80 年代末水生植物 50 种。而且优势种也发生了变化，60 年代初优势种为微齿眼子菜，到 80 年代末就变成了大茨藻和苦草。其次，就水生植物的覆盖率来看也显示出严重萎缩。60 年代初，水草茂盛，郭郑湖覆盖率达 44%，汤林湖达 100%。到 70 年代中期，水果湖的水生植物趋于灭绝，郭郑湖水生植物覆盖面积缩小，微齿眼子菜绝迹，汤林湖仅在个别湖汊处有呈块状的植物群落分布。90 年代水生植物分布面积继续萎缩，湖区沉水植物优势种仍为大茨藻和苦草（吴振斌等，2001），而 21 世纪以来通过东湖站的长期观测发现东湖水生植物的分布呈现如下特点：

（1）群落中优势种类结构单一。仅狐尾藻、苦草、大茨藻等几种常见种，其他种类为偶见种。

（2）水生植物多分布于湖岸和湖汊浅水处，而且湖的北、东、西三面较南面多。可划分出浮叶、挺水和沉水三种植物带。

关于水生植物的详细情况，将在下文专述。

8.2　东湖水生植物群落的演替

水生植被的重要生态功能与生态地位在浅水湖泊生态系统中得以充分体现，主要表现在大型水生植物在维持湖泊的清水稳态（Duarte，1991；Scheffer，1998）和提高物种多样性（Wetzel，1983；杨富亿等，1993）、介导湖泊等水域的氮磷生物地球化学循环（Nogueira et al.，1996）以及健康生态服务功能（Hosper and Meijer，1993）方面都起到关键作用，其中沉水植被作用尤为显著（Hosper and Meijer，1993；James et al.，2004；Scheffer，1998）。它不仅是水生态系统中重要的初级生产者，同时它也是水体中重要的氧的提供者，并具有重要的生境建构功能。在沉水植物较多的区域，生物多样性总是远远高于其他区域。有研究发现在菹草分布比较集中的区域，其浮游生物和底栖动物的生物量均远高于其他区域，是其 2.5～3.1 倍（杨富亿等，1993）。此外，多种鱼类均依赖沉水植物群落栖息繁殖。

东湖水生植被研究历时半个多世纪，是我国湖泊水生植被研究最为持久和深入的案例。主要研究包括了最初的水生植被的分类区系到水生植物群落结构组成、生产力，再到生物量、种的频度、盖度以及密度的研究，20 世纪 80 年后进入群落结构的动态研究，以及个体生态学的深入研究，后者在传统水生生态学基础上融入了植物形态学、植物生理学、植物生理生态学、环境工程与科学以及水生态工程学的理论和特色，并深入开展了诸多东湖水生植物的胁迫生理生态和恢复生理生态学的国内开创性研究。

8.2.1　东湖水生植被的地位

在中国植物区系划分中，东湖水生植物区系应属泛北极区，中国-日本森林植物亚区，华中地区范围内。该地区植物带着明显的亚热带性质，南北植物交汇于此，特有种属和孑遗种类较多，植物区系组成复杂，其中尤以独具特色的水生植物区系而显示出其重要的地位（于丹等，1998）。东湖水生植物种的分布区类型有 12 个，而属的分布区类型则为 9 个。40 多年研究发现，东湖水生植被有 12 个属含有中国所产全部的水生种类，有 10 个属含有中国所产的一半以上种类；东亚-北美分布类型的属该区拥有 3 个，几乎涵盖了中国水生植物同类型属的全部；东湖具有 3 个单种属、7 个寡种属，在中国同类型属中占有重要地位；它具有 1 个特有种；另外是 1 个新种的模式产地；同时还有一些稀有种类；这些均说明东湖水生植物在中国乃至世界水生植物区系中占有重要一席，其区系组成特点在同类型湖泊中是不多见的（于丹等，1998）。不同调查年代的植被划分结果，具体可参看表 8.4、表 8.5。

表 8.4　东湖水生维管束植物分类群统计

Tab. 8.4　The statistics of the taxon of aquatic plants in Lake Donghu

项目	Items	1954 年 1954	1964 年 1964	1994 年 1994
东湖科数	No. Families DH	27	30	23
占中国科数比例/%	Percent China	47.36	52.63	40.37
占世界科数比例/%	Percent World	35.06	38.96	29.87
东湖属数（水生）	No. Gen. DH	41	49	37
占中国属数比例/%	Percent China	33.88	40.49	30.58
占世界属数比例/%	Percent World	10.78	12.89	9.74
东湖种数（水生）	No. Sp. DH	56	83	47
占中国种数比例/%	Percent China	21.96	32.55	14.51
占世界种数比例/%	Percent World	1.91	2.83	1.6

资料来源：于丹等，1998。

Cited from Yu *et al.*，1998.

表 8.5　东湖水生维管束植物物种的分布区类型

Tab. 8.5　The species areal-types of the aquatic plants in Lake Donghu

分布区类型	Areal-type	种数 Number of species			百分比/% Percentage		
		1954 年	1964 年	1994 年	1954 年	1964 年	1994 年
世界性	Cosmopolitan	18	25	19	32.14	30.12	40.43
泛热带	Pantropic	13	16	3	23.21	19.28	6.38
热亚-热美	Trop. Asia & Trop. Amer.	1	1	2	1.79	1.20	4.26
旧世界热带	Old World Trop.	5	6	5	8.93	7.23	10.64
热亚-热澳	Trop. Asia & Trop. Austral.	1	1	1	1.79	1.20	2.13
热带亚洲	Trop. Asia	1	4	1	1.79	4.82	2.13
北温带	North. Trempe.	9	11	4	16.07	13.25	8.51
东亚和北美间断	E. Asia & N. Amer.	1	1	1	1.79	1.20	2.13
旧世界温带	Old World Temp.	2	3	3	3.57	3.61	6.38
温带亚洲	Temp. Asia	0	4	0	0.00	4.82	0.00
东亚	E. Asia	4	10	7	7.14	12.05	14.89
中国特有	China Endemic	1	1	1	1.79	1.20	2.13
合计	Total	56	83	47	100	100	100

资料来源:于丹等,1998。

Cited from Yu et al. 1998.

8.2.2　东湖水生植被的群落组成、现存量及历史演替

1. 东湖水生植被的历史组成

1950～2008 年所调查和观测的数据显示,东湖曾出现的水生植物(hydrophyte)有 36 科 64 属共计 111 种(具体物种详情见本章附表)。东湖较大的几个湖区按大小顺序分别是郭郑湖,汤林湖,后湖和牛巢湖。

2. 东湖水生植被历史变化

在 50 多年的研究积累中,东湖水生植被的群落组成和历史演替呈现出如下变化特点,主要表现在:①水生植物种类减少,生物量呈现震荡和降低,分布面积显著缩小;②近年来水生植被严重退化,挺水植物、浮叶植物和沉水植物都只有很少分布面积;现存植物区系以耐污种类为主,多样性低,植被资源呈退化趋势;③水生植被演替到苦草+金鱼藻+狐尾藻占优势的程度,部分湖区(如水果湖和庙湖)沉水植被完全消失。

不同时期的东湖的水生植被变化研究情况如下分述:

(1) 1950 年之前的水生植被:湖心钻孔研究证明,东湖 100 多年前就布满

了水生植物（杨汉东等，1994）。具体信息缺乏。

（2）1954～1964 年的水生植被：周凌云等（1963）于 1954 年对东湖水生植物区系调查，报道水生植物种类 56 种，分别隶属于 27 科 41 属。1962～1963 年陈洪达和何楚华（1975）共鉴定水生植物 83 种，分别隶属于 29 科 53 属，且以微齿眼子菜、黑藻、大茨藻、狐尾藻和金鱼藻占优势。1963 年占优势的水生植物生物量为 1580～1863 g FW/m²。1963 年东湖水生植被划分为 14 个群丛，植被面积占全湖面积的 83 ％（陈洪达和何楚华，1975）。该时期微齿眼子菜分布于水深 1～3 m 湖底，生物量占全湖植被总生物量（湿重）的 38.17 ％，而在郭郑湖和汤林湖，其生物量分别各占该湖区生物量的 40.50 ％ 和 95.04 ％。该时期群落呈现以微齿眼子菜单优群丛及其与狐尾藻、黑藻、金鱼藻等多种群丛为主，群落的垂直分层现象比较明显的群落特点（严国安等，1997）。

（3）1965～1975 年的水生植被：在 1964 年以后，各植物带的分布面积都明显缩小，特别在 1975 年，挺水、浮叶和沉水 3 个植物带仅在个别湖湾浅水处呈块状分布，但相比之下，挺水植物带所受破坏较轻一些（陈洪达，1990a）。20 世纪 70 年代植物种类缺乏调查资料，但发现 1963 年曾占全湖植物总生物量 38.17％ 的微齿眼子菜分别于 1972 年和 1975 年在郭郑湖和汤林湖消失，代之以大茨藻占绝对优势，其他种类及数量减少或消失（陈洪达，1980）。该时期阶段水生植被呈现早期（1964～1972 年）以微齿眼子菜＋大茨藻＋金鱼藻＋狐尾藻群丛占优势到后期（1972～1975 年）的大茨藻＋金鱼藻＋狐尾藻占优势的群落动态特点。

植被的变化归因于 1965 年以后，人为干扰强度提高和强化养鱼，导致对植被的摄食破坏。由于人工放养鱼种量增大，鱼产量增加和草食性鱼类的增加，草食性鱼类对较喜食的微齿眼子菜整株连茎带叶摄食，使得微齿眼子菜生物量显著减少，微齿眼子菜群丛分布面积缩小，丧失其建群种地位。草食性鱼类较不喜食的大茨藻、金鱼藻和狐尾藻成为优势种。鱼类喜食的苦草、黑藻等种类亦逐渐减少甚至消失，物种多样性下降，生物量减少（严国安等，1997）。至 20 世纪 70 年代中期，人工放养量继续增加，草食压力加强，眼子菜科和狸藻科的某些种类，由于所产生的种子量少，根系不发达、植株再生能力弱开始逐渐消失，曾占优势的微齿眼子菜于 1972 年和 1975 年分别在郭郑湖和汤林湖消失，其地位由鱼类不易食用的大茨藻、不太喜食的金鱼藻和狐尾藻所替代，其他种类仅呈零星分布。该阶段植物种类急剧减少，以鱼类不太喜食的植物组成主要群落（严国安等，1997）。

（4）1976～1987 年的水生植被：1978 年东湖全湖植物生物量除汤林湖区保持较高水平（2995.8 g FW/m²）外，其他湖区的植物生物量均大幅度下降。后湖、庙湖和牛巢湖区除沿岸浅水湾分布有少量的莲、狐尾藻外，湖中绝大部分区域均无植物生长。就汤林湖而言，从 1979 年起，植物生物量也逐年下降，1982 年全湖平均为 158.3 g FW/m²（陈洪达，1990a）。

20 世纪 70 年代中期至 80 年代中期，随着鱼的放养量增大，对草的牧食更加强烈，外源污染物进入东湖并在湖内累积，导致植被面积大量缩小，鱼类被迫选择非喜食的植物，如金鱼藻和狐尾藻，使其生物量越来越小，而枝叶具密刺的大茨藻成为单优种，分布在水深 2.5 m 以内的水域。水体透明度降低使具较高光补偿点的种类减少，植被分布从湖水深处向岸边退缩。一些光补偿点低、繁殖能力强的种类成为大茨藻群丛的伴生种，大茨藻生长非常茂盛，具有较大的生物量（严国安等，1997）。

（5）1988～1999 年的水生植被：20 世纪 80 年代末，姚作五等（1990）对东湖的水果湖区、郭郑湖区和汤林湖区三个湖区开展调查，观察到水生植物共 50 种。其中挺水植物 19 种，浮叶植物 7 种，漂浮植物 6 种，沉水植物 18 种。除凤眼莲、喜旱莲子草和大漂为引入种外，其余均为乡土种。

1988～1993 年，倪乐意（1996）对东湖水生植物群落的调查发现水生植物共 29 科 62 种。

1992～1993 年，严国安等（1997）调查发现东湖水生植物共有 58 种，分别隶属于 26 科 44 属，以大茨藻、狐尾藻和苦草为水生植被的优势种，其次为菱、金鱼藻和菹草，除少数污染特别严重的湖区（如水果湖和庙湖）外，其他湖区均有分布。该阶段是大茨藻＋狐尾藻＋苦草占优势（图 8.8）。而倪乐意（1996）发现该阶段的汤林湖沉水植物优势群落呈现狐尾藻＋苦草向狐尾藻＋金鱼藻变化的特点。

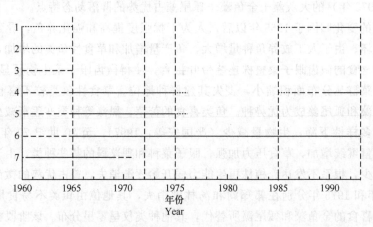

图 8.8　东湖水生植物群落演替过程中优势种的更替（引自严国安等，1997）
— 最优势种，− − − 次优势种，⋯ 第三优势种。1 为苦草，2 为小茨藻，3 为黑藻，4 为狐尾藻，5 为金鱼藻，6 为大茨藻，7 为微齿眼子菜

Fig. 8. 8　The replacement of dominant species in the process of succession of aquatic plant community in Lake Donghu (Cited from Yan *et al.*, 1997)
— The most dominant species, − − − The second dominant species, and ⋯ The third dominant species. 1. *Vallisneria natans*, 2. *Najas minor*, 3. *Hydrilla verticillata*, 4. *Myriophyllum spicatum*, 5. *Ceratophyllum demersum*, 6. *Najas marina*, 7. *Potamogeton maackianus*

　　1994 年,于丹(1995)和于丹等(1998)调查发现全湖水生植物共 52 种,隶属于 22 科 32 属。植物物种组成中以自然分布的乡土植物为主,其中新种翅果苦草的模式产地在东湖;生态入侵种以喜旱莲子草和凤眼莲为代表,种类虽少,但优势度很大,成为东湖水生植物群落的优势种之一。

　　由于 20 世纪 80 年代末期至 1993 年,汤林湖、牛巢湖和后湖富营养化有所缓解,水体透明度一度达 1~1.8 m,草食性鱼类放养受到控制,一些具有低光补偿点、种子量大或生活力强的种类,如苦草、狐尾藻得以逐渐恢复,生物量和分布面积扩大,与大茨藻一起成为水生植物群落的优势种。原有的单优群丛逐渐发展到共优群丛,随着群丛类型增加,群落层次结构则趋于复杂。乐观的预测认为只要继续控制鱼的放养规律和比例,随着植物对水质的不断改善,物种多样性将逐渐增加,植被分布面积不断扩大(严国安等,1997)。

　　(6) 2000~2006 年的水生植被:在 21 世纪初,东湖水生植被的研究侧重于个体生态学受控实验,探讨东湖水生植被衰退的生理生态机制。而对东湖水生植被群落学研究较少(于丹,1995)。

　　2001 年的调查共采集到水生维管束植物 33 种,分别隶属于 20 科 25 属。东湖当时水生植被主要由挺水植物组成,挺水植被面积约占水生植被总面积的98%,分布较广的为香蒲群落和莲群落。现存沉水植被面积仅占水生植被总面积的 0.5%,分布最广的是大茨藻,主要分布于牛巢湖。此外,穗花狐尾藻在牛巢湖和汤林湖各有 40~50 m 的分布,其余沉水植物如苦草、金鱼藻、马来眼子菜仅有零星分布,水果湖、郭郑湖、庙湖、菱角湖几乎无沉水植物分布。黑藻、水车前等从东湖消失,水生植物以挺水植物香蒲和莲占绝对优势,植物群落包括结构单一的莲群丛、香蒲群丛、芦苇群丛和蓼群丛,此外还有小面积的荇菜、菱、凤眼莲、大茨藻和穗花狐尾藻群丛,水生植物生物量大大降低(吴振斌等,2003)。

　　作者对东湖汤林湖水生植物的调查发现(2006 年),主要水生植物种类18 科,21 属,25 种,水生植物覆盖度只大约占汤林湖的 2%(表 8.6),主要分布于东部及北部沿岸,并且分布的水深为 0~1.3 m。调查中发现汤林湖沉水植被的主要群丛类型为苦草-狐尾藻、金鱼藻-狐尾藻、苦草-金鱼藻-大茨藻、狐尾藻-金鱼藻-大茨藻-苦草,挺水型、浮叶型和沉水型植被的主要群丛为芦苇、莲、香蒲、喜旱莲子草、菱、菱-狐尾藻、菱-莲、菱-狐尾藻-苦草-金鱼藻、荇菜,与上个时期的群落相比,挺水植物和浮叶植物的变化不大,沉水植物群落继续呈现 20 世纪末的严重萎缩状态,从种类结构看,仍以狐尾藻、苦草、金鱼藻为群落优势种,其中苦草的优势有所上升,表明水质有好转。

表 8.6　2006 年夏季汤林湖水生植物现存量
Tab. 8.6　Investigation of standing crop of hydrophytes in Lake Tanglinhu in summer of 2006

植物种类 Species	苦草	金鱼藻	狐尾藻	大茨藻	菱	荇菜	香蒲	莲	芦苇
生物量/(g DW/m²) Biomass	53.3	95.9	32.1	81.3		366.3	1853.6		
生物量/(g FW/m²) Biomass	1000.6	1360	465.5	1626.7		3040	2412		
分布面积/(×10⁴m²) Area	4.3	1	零星	零星	1.4	零星	3.7	4.2	零星

2002 年和 2005 年东湖水体总氮和总磷分别开始显著下降，2006 年下半年东湖主湖区主要排污口完成截污工程，当年年底作者在过去几年无沉水植被的水果湖南岸观察到零星的菹草，2007 年年底分布有所扩大。2008 年夏季在东湖汤林湖近北岸发现约 50 m×300 m 的狐尾藻＋苦草群丛，都表明植被出现恢复苗头，这说明水质改善对于水生植被的恢复是有积极作用的，但即便如此，东湖水生植被还处于极度萎缩状态，东湖富营养化趋势没有根本改变，而且部分已成死水的湖区水质恶劣，根据国外湖泊恢复经历，在外源截污到水体富营养化改善将需要 10 年左右的延迟时间，这是因为东湖内源负荷仍将持续释放，补充水体营养浓度，需要结合生态修复措施治理东湖水体才能加快这一进程。东湖改善水质、控制富营养化以及恢复水生植被仍然任重而道远。

3. 东湖水生植被长期变化与群落结构演替

1) 不同时期的水生植被群落特征对比

倪乐意（1996）发现，在 1963～1994 年这近 30 年间，东湖全湖的水生植被 3 种生活型均呈下降趋势，尤其是起到稳定水生态功能和水质的沉水植被衰退更为严重，分布面积减少了 70.4%，以及起到湖滨带污染截留作用的挺水植被下降到 1963 年水平的 1/18，如图 8.9、表 8.7 所示。

中国科学院水生生物研究所东湖站 1963～1994 年对水生植物 30 余年的监测发现东湖水生植物消失种中最多的是沉水植物，而且都是不耐污种；受水质影响相对较少的浮叶植物，所消失种类也有 20% 的属于不耐污种，水生植物消失也是伴随着东湖水质的不断恶化发生的（倪乐意，1996），详见表 8.7。

东湖水生植物群落在 1960～1993 年，呈现以下规律的演替，从微齿眼子菜阶段→微齿眼子菜＋大茨藻＋金鱼藻＋狐尾藻阶段→微齿眼子菜消失阶段→大茨藻阶段→大茨藻＋狐尾藻＋苦草阶段→狐尾藻＋苦草＋金鱼藻阶段，如图 8.8

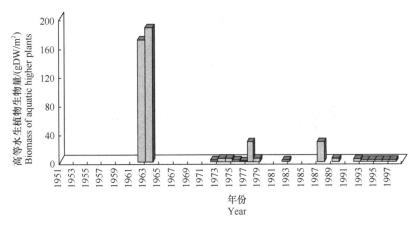

图 8.9 东湖微齿眼子菜生物量长期变化（引自倪乐意，1996）

Fig. 8.9 Long-term changes of biomass of *P. maackianus* in Lake Donghu（Cited from Ni，1996）

表 8.7 1963～1994 年东湖所消失的水生植物的特点

Tab. 8.7 Characteristics of aquatic macrophytes disappeared in Lake Donghu during 1963～1994

生活型 Life forms	消失数 N Number of disappeared species	占总数的 百分比/% % of total species	不耐污种 Intolerant species	占消失数 的百分比/% % of disappeared species	植被面积比/% % of total vegetation area	
					1963 年	1994 年
挺水植物 Emergent vegetation	0	0	0	0	14.4	0.8
浮叶植物 Floating leaved vegetation	5	33	1	20	2.5	1.6
沉水植物 Submersed vegetation	9	33	9	100	66.6	19.7

资料来源：倪乐意，1996。

Cited from Ni，1996.

所示（严国安等，1997；倪乐意，1996）。

于丹等（于丹，1995；于丹等 1998）对 1994 年以前的东湖水生植被调查研究进行了综合分析，发现东湖水生植物种类在 40 余年间（1954～1994 年）出现明显的降低，比历史物种最多的时期减少了 43.4 %。

水生植被分布变化的大致趋势是 20 世纪 60 年代，东湖水生植被覆盖率近 70%，沉水植被为 60% 以上；90 年代中期水生植被覆盖率下降到 9%，沉水植被为 8%；末期水生植被仅剩 3% 以下；2006 年水生植被覆盖率＜1%（图 8.10）。分布水深和现存量（分布面积与生物量的乘积）也不断减小（表 8.8）。

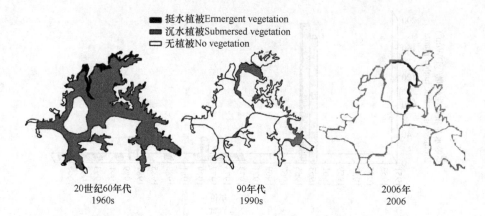

图 8.10 东湖水生植被空间格局的历史变化（1962～2006 年）

Fig. 8.10 Spacial pattern of distribution of aquatic macrophytes during the period of 1962～2006

表 8.8 东湖水生植物群落分布及生物量变化

Tab. 8.8 The changes of distribution and biomass of aquatic plant community in Lake Donghu

群落带 Community	年份 Year	分布水深/m Distribution depth	面积/km² Area	生物量/(g/m²) Biomass
挺水植物群落 Com. emergent plants	1962～1963(陈洪达和何楚华,1975)	0～1.5	4.1	1643
	1987～1988(姚作五等,1990)	0～1.2		
	1992～1993	0～0.9	0.04	1363
浮水植物群落 Com. floation plants	1962～1963	1.5～2.5	0.7	1019
	1987～1988	1.2～2.1		
	1992～1993	0.9～2.3	0.313	4673
沉水植物群落 Com. submersal plants	1962～1963	1.5～4.0	18.98	1375
	1987～1988	1.2～3.5		
	1992～1993	0.9～2.3	0.457	3420
总计 Total	1962～1963	0～4.0	23.78	4037
	1987～1988	0～3.5		
	1992～1993	0～2.3	0.81	9456

资料来源：严国安等，1997。

Cited from Yan et al., 1997.

2）不同湖区的水生植物群落对比

汤林湖区：为东湖第二大子湖，一直以来都是东湖水质相对较好的湖区。20世纪 50 年代全东湖水生植物生长很茂盛，植物分布深达 4.2 m；在 20 世纪 60年代几乎全湖分布着沉水植物微齿眼子菜（图 8.10），到 80 年代除汤林湖区外，基本上只局限于沿岸水深 2.3 m 以内了。多年研究发现，1956～1957 年该湖区水草丛生；1962～1963 年微齿眼子菜占绝对优势，占植物总生物量的 95.04% 和植被分布面积的 100%，群落带状分布和分层现象明显；1964 年以后，各植物带面积明显缩小，微齿眼子菜分布面积逐年下降，不过仍无大茨藻分布；1973 年出现大茨藻；1975 年微齿眼子菜绝迹，三个植物带仅在个别湖湾浅水处呈块状分布，群落的分层现象亦受到破坏；1976 年水深 1.5 m 内覆盖满大茨藻，平均覆盖度大于 70%，生物量很大，分布面积约 5 km²；1977 年植被丰茂，但大茨藻消失；1978 年则与 1976 年相似，大茨藻的分布面积占全湖的 94%；1980～1982 年大茨藻分布面积减少；1987～1988 年，植被面积约占 90% 湖面；主要优势种是大茨藻、苦草、狐尾藻和菱，植物生物量很大（姚作五等，1990）。90 年代则苦草和狐尾藻占优势（倪乐意，1996）。总地来讲，该湖沉水植被生物量在60～90 年代均出现过高峰和低谷期，每次高峰基本对应优势种的一次演替：60～70 年代的微齿眼子菜，70 年代的大茨藻，80 年代的大茨藻和苦草，90 年代沉水植物 1995 年前苦草和狐尾藻占优势，到 1996 年后金鱼藻占优势。但是生物量还是处于很低水平（图 8.11）（倪乐意，1996）。香农-威纳指数 H 能反映群落中物种的均匀度，因而 H 的高低变化也反映了优势种的相对优势的变化情况。1962～1993 年的对比研究发现，汤林湖沉水植被生物多样性的变化趋势是随着植被演替而发生由低至高的周期变化，随着植被的退化，指数趋于上升，优势植物种的优势度下降（倪乐意，1996）。

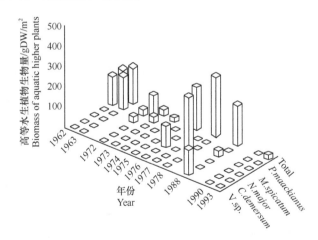

图 8.11　汤林湖主要水生植物生物量长期变化情况（引自倪乐意，1996）

Fig. 8.11　Long-term changes of the biomass of the dominant submersed
species in LakeTanglin (Cited from Ni, 1996)

后湖区：后湖是东湖第 3 大子湖区，1980 年以前受人为干扰较前两大湖区

　　郭郑湖和汤林湖少，由于水产养殖的原因，1988～1994 年后湖植被生物量下降幅度最大，在后湖渔场增加草鱼放养比例后植被迅速减少，1990 年以后一直没有得到明显恢复（倪乐意，1996）。1991～1993 年后湖的水生植物调查中共记录植物 47 种（表 8.9），除沉水植物优势种苦草、大茨藻和狐尾藻以外，一些其他湖区很少见的种类（如黑藻和马来眼子菜）和没有的种类（如水车前）在该湖区都较为常见或有分布（邱东茹等，1997）。20 世纪 60 年代后湖水生植被优势种为大茨藻、小茨藻、黑藻和苦草，大茨藻和小茨藻群丛有 1.89 km²，占后湖的面积的 40 ％，可能与后湖的人类活动干扰较少、营养水平较低有关（邱东茹等，1997）。90 年代初期后湖水生植被逐渐演替为大茨藻＋苦草占优势，再到大茨藻单一种群占优势的植被格局（表 8.10）。由于草食性鱼类和水位剧烈变化使得该湖区 1993 年水生植被的分布面积不足全湖区面积的 1％（邱东茹等，1997）。

表 8.9　东湖后湖区水生维管束植物的种类组成（1991～1993 年）

Tab. 8.9　Composition of aquatic vascular plants in Lake Houhu of Lake Donghu during 1991～1993

	物种	Species		物种	Species
1	苹	*M. quadrifolia*	25	大茨藻	*N. marina*
2	槐叶萍	*S. natans*	26	小茨藻	*N. minor*
3	满江红	*A. imbricata*	27	草茨藻	*N. graminea*
4	酸模叶蓼	*P. lapathifolium*	28	澳古茨藻	*N. oucatasis*
5	喜旱莲子草	*A. philoxeroides*	29	矮慈姑	*S. pygmaea*
6	芡	*Euryale ferox*	30	慈姑	*S. trifolia*
7	莲	*N. nucifera*	31	水鳖	*H. dubia*
8	金鱼藻	*C. demersum*	32	黑藻	*H. verticillata*
9	穗花狐尾藻	*M. spicatum*	33	苦草	*V. natans*
10	合萌	*A. indica*	34	密刺苦草	*V. denseserrulata*
11	菱	*T. natans*	35	水车前	*O. alismoides*
12	细果野菱	*T. maximowiczii*	36	芦苇	*P. communis*
13	冠菱	*T. litwinowii*	37	菰	*Z. latifolia*
14	荇菜	*N. peltatum*	38	荆三棱	*S. yagara*
15	金银莲花	*N. indica*	39	水葱	*S. tabernaemontani*
16	茶菱	*T. sinensis*	40	水毛花	*S. mucronatus*
17	黄花狸藻	*U. aurea*	41	牛毛毡	*E. yokoscensis*
18	浮萍	*Lemna minor*	42	荸荠	*E. tuberosa*
19	紫萍	*S. polyrrhiza*	43	水竹叶	*M. triquetra*
20	无根萍	*W. globosa*	44	鸭舌草	*M. vaginalis*
21	眼子菜	*P. distinctus*	45	凤眼莲	*E. crassipes*
22	菹草	*P. crispus*	46	灯心草	*J. effusus*
23	马来眼子菜	*P. malaianus*	47	菖蒲	*A. calamus*
24	狭叶香蒲	*T. angustifolia*			

　　资料来源：邱东茹等，1997。

　　Cited from Qiu *et al.*, 1997.

表 8.10 1962～1963 年与 1992～1993 年东湖后湖不同类型水生植物的组成情况

Tab. 8.10 Comparison of composition of different aquatic plants populations between 1962～1963 and 1992～1993 in Lake Houhu of Lake Donghu

年份 Year	种类/% Species								
	微齿眼子菜	大茨藻	黑藻	狐尾藻	金鱼藻	小茨藻	苦草	马来眼子菜	菱
1962～1963	7.09	30.36	20.74	2.11	0.98	22.77	14.48	1.47	
1992	0	43.21	0.24	15.42	0.48		33.45		7.19
1993	0	86.42	0.14	10.66	0.08		2.5	0.2	

资料来源：邱东茹等，1997。

Cited from Qiu *et al.*, 1997。

郭郑湖区：是东湖的主要湖区，最大水深 4 m 以上，由于水深限制，20 世纪 60 年代就有约 40 ％水域没有植被分布。1962～1963 年沉水植被面积占湖区面积的 44 ％，主要种类为微齿眼子菜、金鱼藻和大茨藻；群落的带状分布和分层现象明显（姚作五等，1990）。60 年代微齿眼子菜在该湖区占优势地位（邱东茹等，1997），郭郑湖微齿眼子菜的发生衰退时间早于与此相通的汤林湖。1964 年后各植物带面积明显缩小，微齿眼子菜等种类的分布面积逐年减少，深水处的大茨藻消失，仅岸边浅水处有少量；1972 年，微齿眼子菜绝迹，其他种类的生物量也大大减少，仅在岸边湖湾浅水处有少量莲、荇菜、苦草和大茨藻等，群落的分层受到破坏；1975 年仅在沿岸带有少量水生植物，三个植物带仅在个别湖湾呈斑块状分市；1977 年其他沉水植物消失，只有在水深 2.5 m 以内分布约 1.76 km² 大茨藻群落；1980～1982 年仅观察到大茨藻在湖心亭附近有小面积的分布；1987～1988 年仅在离岸约 35 m，水深 2.3 m 以内有大茨藻、苦草、菱等植物分布，植物分布面积不到湖区总面积的 1/10，群落的成层现象均受到破坏，该时期大茨藻为沿岸带的优势种（姚作五等，1990）。总地来讲，沉水植被从 80～90 年代显著下降，而到 90 年代则一直在低水平上波动，没有得到恢复，这也表明该湖沉水植被从 80～90 年代后期开始，进一步明显退化（倪乐意，1996）。1996 年调查发现郭郑湖的沉水植被种子库已十分贫乏（倪乐意，1996），这将很不利于沉水植被的自然恢复。

水果湖区：是东湖污染最为严重的湖区。1956～1957 年，水草丛生，在水深 1～3 m 的区域分布着混合型群落；1962～1963 年，水草繁茂，主要分布有金鱼藻、菹草和马来眼子菜；1975 年仅在沿岸带分布有少量水生植物；1976 年水生植物趋于消失；1987～1988 年仅在沿岸分布有极少量的喜旱莲子草、凤眼莲、菰、芦苇、浮萍和紫萍；未见沉水植物（姚作五等，1990）。在 1984 年夏，水果湖湾内的喜旱莲子草丛，由于微囊藻水华的腐烂，出现喜旱莲子草植株枯死的现象（陈洪达，1990a）。

　　总地来讲，东湖在营养逐渐累积时期，植被类型转变为眼子菜型，微齿眼子菜优势阶段可以认为是眼子菜型的末期。东湖以微齿眼子菜作为眼子菜型的代表种，这与长江中下游一些湖泊以马来眼子菜为代表种的普遍状况有所不同（官少飞等，1987），可能与湖泊建闸后水位稳定有关，湖北的洪湖在建闸后也出现微齿眼子菜繁荣的阶段。1965年以前微齿眼子菜为水生植物群落建群种，1969年转变成以金鱼藻、狐尾藻和大茨藻占优势的群落，1975年以后植被则以大茨藻占绝对优势，1989～1993年观察到大茨藻＋狐尾藻＋苦草群丛成为优势类群（图8.8；严国安等，1997；倪乐意，1996），2005～2008年我们观察到水生植被以狐尾藻＋苦草＋大茨藻占优势。当东湖在鱼类自然增殖的低产量阶段时，水生植物的演替过程主要受富营养化发展的影响。随着人工放养鱼种和草食性鱼类摄食压力的加强，湖泊转变为大茨藻型，随着富营养化加剧，20世纪80年代东湖水体透明度只有几十厘米，东湖水下的绝大多数底质表面都无法生长沉水植物（东湖平均水深2.2 m左右，而一般透明度在接近水深二分之一时沉水植物才能生存），而且80年代东湖较大范围水域爆发蓝藻水华，对水生植物的消亡可能有很大的促进。90年代后期，东湖由草型转变为藻型（严国安等，1997）。2000年后我们在某些湖区观测到水生植物出现的恢复苗头。总体来讲，东湖的植被演替基本符合长江中下游其他富营养化湖泊的演替模式（图8.12）。

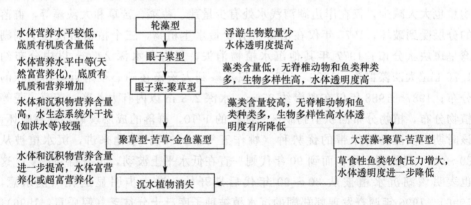

图8.12　长江中下游浅水湖泊富营养化过程中沉水植物演替模式（引自邱东茹等，1997）

Fig. 8.12　A succession model of submersed macrophyte communities in the process of eutrophication of shallow lakes in the middle and lower reaches of the Yangzte River (Cited from Qiu *et al.*, 1997)

　　对于东湖水生植被的衰退，可能原因归纳起来大致有：①草食性鱼类的大量放养和渔业养殖（陈洪达，1990b；倪乐意，1996；严国安等，1997；邱东茹等，1997；Ni, 2001a）；②水体富营养化和营养盐胁迫（倪乐意，1996；Ni,

1999，2001a，2001b；Zhang *et al.*，2009）；③生境破碎（严国安等，1997）；
④围垦和沿岸生境改变（倪乐意，1996）；⑤藻类增加（倪乐意，1996）；⑥低光
胁迫（Ni，1999，2001a，2001b；Zhang *et al.*，2009）；⑦氨毒性（Cao *et al.*，
2004，2007，2009；Li *et al.*，2007）；⑧水位变化（邱东茹等，1997）；⑨螺旋
桨船只的破环；⑩富营养化底泥的低氧、低氧化还原电位胁迫作用（Ni，
2001c）；⑪挺水植物和浮叶植物带的减少促进沉水植物的分布萎缩（倪乐意，
1996）；此外，藻类代谢分泌的相生相克物质及藻类死亡后分解的物质和鱼类排
泄物对水生植物的生化克制作用亦与水生植物的兴衰有关（严国安等，1997）。

8.3　东湖水生植物衰退和群落演替与湖泊富营养化等因素的关系

　　湖泊富营养化是导致水生植物衰退和演替的主要因素之一（Moss，1976；
Jupp and Spence，1977；Wetzel，1983；倪乐意，1995；Jin，2003）。富营养
化对沉水植被的分布、结构和生物量都能产生影响（Moss，1976；Ozimek and
Kowalczewski，1984；Uotila，1971），导致某些沉水植物和浮叶植物的死亡
（倪乐意，1996）。其消失或死亡的原因，可能是它们不能在营养盐增加的水体中
完成部分或全部生活周期（Cook，1993；Husak *et al.*，1989；倪乐意，1996）。

8.3.1　水体富营养化导致东湖水生植被的衰退

　　东湖自 20 世纪 70 年代以来，水体富营养化日趋严重，特别是 80 年代后期，
主体湖郭郑湖从富营养型水体上升为极富营养型（黄祥飞，1990a）。伴随着水体
的富营养化进程，东湖水生植被的结构和功能发生剧烈了变化，与 1963 年研究
相比，1993 年有 1/3 以上（32 种）水生植物未被发现，确定有 13 种水生植物消
失，都为对水质敏感不耐污的沉水植物和浮叶植物品种（倪乐意，1995）。沉水
植物和浮叶植物的分布面积在 30 年的水体富营养化进程中明显减少，1993 年秋
季的沉水植被面积只有 1963 年的 1/10 左右，浮叶和挺水植被不到 1/3（倪乐
意，1995）。东湖水生植物群落类型自 1963 年所调查到的 14 个萎缩到 1988 年的
9 个，到 1993 年的 8 个（于丹，1995）。而群落的建群种和组成成分变化更大。
沉水植被 1960 年以轮藻型占优势的群落结构，变化到微齿眼子菜型的群落结构，
而后转变成耐污种组合大茨藻＋狐尾藻＋金鱼藻占优势，以及大茨藻为建群种的
群落特征（严国安等，1997）。值得注意的是，随着微齿眼子菜的消失，湖中出
现大片裸地，很多优势种甚至建群种变成稀有种和偶见种，土著物种数量明显减
少，参与群落建成的作用降低，而某些引进种逸生为野生种，最终经过竞争而取
代了土著种成为新群落的建群种，如喜旱莲子草和凤眼莲，成为东湖沿岸具有较

大优势度的物种（于丹，1995）。因此，从整个水生植物群落来看，其演替呈现由原生演替类型转变成次生演替类型，群落建群种由土著种过渡到外来种；在演替过程中，优势种的替代顺序为：微齿眼子菜—大茨藻—穗花狐尾藻—挺水型或漂浮型的喜旱莲子草（于丹，1995）。

东湖沉水植被1963～1994年30年间的剧烈演替，是以优势种和其他部分种消失、分布范围萎缩和植被重要性下降为标志的整个植被的严重退化，这表明湖泊中产生了某些对沉水植被具有强大胁迫效应的环境因子（倪乐意，1995）。东湖这30年水环境的变化非常显著（刘建康，1990），其中水体富营养化是主要变化。对波兰Mikolajskie湖长期观察研究表明，20年间的加剧富营养化，使沉水植物总生物量下降，以及其中轮藻、金鱼藻和两种眼子菜的频度和生物量下降，而耐污种穗花狐尾藻频度和生物量均上升，取代污染敏感种轮藻成为湖泊优势植物（Ozimek and Kowalczewski，1984；Kowalczewski and Ozimek，1993）。在近40年的调查研究中，东湖消失的水生植物物种如水车前、水马齿和谷精草等都是耐污力很低的物种（于丹，1995）。而耐污种喜旱莲子草和凤眼莲大量扩张，成为水生植被中优势种之一。当然，不耐污种的消失不能完全归因于富营养化，其他原因如草食性鱼类的捕食压力和生境消失（如睡莲因稳定环境的丧失，而不能迁入适宜生境而消失，以及两栖蓼因湖中挺水植物和高大漂浮植物带的减少而丧失蔽荫生境最终消失）等（于丹，1995；倪乐意，1995，1996）。

此外，水体富营养化还可能降低水生植物的单位生物量和密度。1963年沉水植物分布区的平均生物量为132 g DW/m²，而1994年为33.6 g DW/m²，只为原生物量的1/4左右，30年的对比还发现优势种的出现频率大大降低，表明植物的生物量和密度降低。此外，1996年东湖郭郑湖沉水植物种子库调查发现，种子库十分贫乏，也说明植被更新能力下降（倪乐意，1996）。

8.3.2 高营养对沉水植物存在显著的生长胁迫

Ni（2001a，2001b）针对东湖植被消失的可能原因开展了室内研究，发现水柱氮磷浓度升高抑制微齿眼子菜生长，并认为发生于20世纪70年代的富营养化是导致武汉东湖沉水植被消失的原因之一。曹特和倪乐意（2004）针对富营养化与东湖植被消失之间关系开展了室内胁迫生理学研究，急性胁迫实验表明，水柱高浓度的氮营养如铵氮和硝态氮能诱发沉水植物金鱼藻的抗氧化活力的显著提高，无机氮浓度升高对该沉水植物构成生理胁迫。Cao等（2004）关于营养盐对沉水植物胁迫机理研究，发现水体中铵氮对东湖沉水植物菹草产生胁迫，能紊乱菹草碳氮代谢和诱导抗氧化物酶活力升高，其中高浓度的铵氮（NH_4^+-N≥5 mg/L）就能导致菹草显著的急性生化损伤。Li等（2007）针对东湖植被优势种微齿眼子菜消失的可能原因开展了室内研究，研究表明当铵氮浓度大约为

0.50 mg/L 时，就能对微齿眼子菜的生长和代谢产生明显的铵毒性症状，对微齿眼子菜碳氮平衡构成影响，此外还推断在夏季微齿眼子菜在植被恢复实验中死亡可能与水体中低氧扰乱植物碳氮平衡有关。Cao 等（2007）对长江中下游湖泊比较研究和室内验证研究表明，长江中下游湖泊苦草衰退与水体富营养化有关，与水体中高浓度的铵氮含量存在关联性，而且苦草消失的湖泊铵氮浓度平均为 1 mg/L 左右，综合研究发现水体铵氮而非硝态氮是导致苦草的游离氨基酸大量积累和可溶性碳水化合物大量消耗的主要原因，当水体中铵氮浓度小于 0.30 mg/L 时，有利于植物的生长，但当铵氮高达 0.56 mg/L 就能诱导苦草的生理生化胁迫，可能最终导致了湖泊中该植物的死亡。其他研究如王斌和李伟（2002）等室内实验发现在高营养环境抑制马来眼子菜生长，王工君等（2006）研究发现富营养条件下轮叶黑藻生长受到影响。早年就有研究表明水柱中高浓度铵氮能抑制植物的生长（Best et al.，1980；Smolders et al.，1996），并与淡水植被的演替存在关联（Schuurkes et al.，1986；Brouwer et al.，1997；Clarke and Baldwin，2002）。高营养环境如水柱和底质高浓度氮、磷对沉水植物苦草影响的长期室内实验也表明（郭洪涛等，2008），高营养能抑制苦草的生长以及无性繁殖系的产生，推断高营养能导致湖泊中苦草生长和繁殖策略的紊乱，最终致使其种群的衰退。

8.3.3 水下弱光是富营养水体对沉水植物的限制因素

水体富营养化往往导致水体水质恶化，水体浊度增加，蓝藻水华遮光，透明度下降，水下光照锐减。水下弱光照限制沉水植物的生长和分布（Wetzel，1983）。Ni（2001b）对东湖消失的优势种微齿眼子菜的低光胁迫实验表明，水下低光能抑制该植物的生长，植物能通过增加叶绿素含量和加速主枝和侧枝的伸长以及增加单位密度来缓解低光胁迫。Wang 等（2005）则通过长江中下游的野外调查研究认为，湖泊水体透明度和水深是影响沉水植物分布的重要原因，确定透明度-水深之比是沉水植物生物量最重要的调控因子，并提出了以关键时期3～6 月的透明度-水深之比为驱动变量的沉水植物生物量关键期模型。吴爱平等（2005）野外调查也发现长江中下游湖泊的水体透明度是控制其沉水植物分布的限制因子。黎慧娟和倪乐意（2007）室内实验研究表明，浮游绿藻对沉水植物生长除了通过遮光抑制其生长外，还有较遮光更加显著的其他抑制作用。可能来自于绿藻对沉水植物的化感作用和绿藻对水体溶解无机碳的利用竞争优势所导致。

8.3.4 低光照和高营养共同作用能对沉水植物构成更严重的生长生理胁迫

Cao 等（2008，2009）和 Zhang 等（2009）分别对东湖已衰退水生植物种菹草开展了室内研究。Cao 等（2008）研究结果表明高铵和低光照对菹草产生生理胁迫。Zhang 等（2009）结果显示，水体高营养（高营养湖水）以及低光照均能影响菹草的碳氮代谢平衡和激发抗氧化物的活性升高，导致生理胁迫，其中高营养的影响较大，更重要的是，这两种胁迫因素的交互影响更为显著。

水体富营养化导致的蓝藻水华爆发，可能加剧了藻类对水生植物的抑制。虽然东湖蓝藻水华对水生植物的化感抑制没有获得野外证据，但近年来国内外室内和野外研究都发现了水华蓝藻的次生代谢产物藻毒素能对许多水生植物构成生理胁迫（见本书第 3 章第 6 节详细分析）。

草鱼的牧食压力引起沉水植物退化（陈洪达，1990b；倪乐意，1995）。东湖长期生态学研究也发现东湖渔产量从 1963 年的 300 t 上升为 1993 年的 1600 t，其中草鱼约占 2%，由于草鱼对沉水植物的转化效率很低，推测这些草鱼对水生植物能造成强大的牧食胁迫效应，导致沉水植物的衰退。由于在天然条件下，草食性鱼类的数量往往不足以对水生植被结构构成威胁，相反还可以在生态系统内部起到平衡调节作用。鱼类对水生植物的摄食有选择性，而植物自身也具有各种防卫机制，如具刺、齿、厚的角质层和木质层等组织，或其单位生物量的生化能值较低，或因分布稀少、隐蔽，鱼类不易发现和摄食，或因含有特殊的次生代谢物质等。大茨藻具有粗刺和厚的角质层，生化能值也较低；狐尾藻属植物含有生氰化合物，鱼类对它们的选择系数都较低。因此，适度放养草食性鱼类和适度打捞生物量，是保护水生植被资源和水生态环境的重要措施之一。但东湖渔产量逐年上升，1993 年比 1963 年增产 5 倍多，其中草食性鱼类数量很大，水生植物的年耗量远远超过其再生能力，成为水生植被萎缩的难以否认的重要因素。

目前随着水体富营养化的扩展，水生植被特别是沉水植物的衰退甚至消失，已是一种普遍现象。许多学者对此提出了种种假说，比较流行的是上行-下行控制假说。上行控制假说认为，光是控制沉水植物分布、生物量和生产力的最重要的非生物因子。随着浮游植物和附生藻类的繁殖，水体 pH 上升，CO_2 的可利用性逐渐下降，促使表层高度还原性的沉积物不稳定，遮光作用增强。另外，附生藻类还可以在大型植物表面形成一个高氧、高 pH 和低 CO_2 的环境，不利于沉水植物的光合作用，从而导致沉水植物的衰退。邱东茹等在东湖的围隔试验中，也发现丝状藻类对沉水植物的这种影响，特别是在水温不高的冬春季节，从而也验证了该假说的论断。

下行控制假说则包括大型浮游动物和鱼类作用两方面。Moss（1990）通过在 Norfolk Broads 的一系列工作认为，在浅水富营养化湖泊中，可能由于使用有机氯杀虫剂，引起摄食藻类的浮游动物——枝角类中毒死亡，使得藻类得以迅速增长，湖泊便从大型水生植物占优势的草型稳态向浮游植物占优势的藻型稳态转变。而 Bronmark 和 Weisner（1992）认为，造成这种状态转变的最终原因是鱼类种群结构的变化，使浮游动物和大型无脊椎动物摄食藻类的压力减少。我们更倾向于后者的观点。由于东湖污染最为严重的是水果湖区，这里没有杀虫剂的大量污染，有的仅是生活污水和少量工业污水的污染，富营养化严重，可能生态系统中其他组分的变化对生态系统的退化有显著推动作用，而在近几十年的调查研究也发现东湖鱼类的结构变化显著。

　　另外，湖体的分割和景观的建设对东湖植被的生长和繁殖也带来一定的影响。20 世纪 60 年代以来，东湖被相继修筑的人工堤坝分割，湖岸又以片石筑坡，岸边水深常达 0.5 m 以上，湿地生境丧失，这限制和破坏了挺水植物带的发育和扩展。尽管各子湖区污染程度、人工放养情况不尽相同，但人工堤坝和景观建设的干扰，增加了东湖水环境的异质性，阻碍了水生植物种源的交流和分布，也限制了水生植物的分布和恢复速度，这一点也是十分显著的（吴振斌等，2001）。

　　总地来讲，我们认为东湖沉水植物的衰退和植被的演替过程与东湖水体富营养化存在很大关系，水体富营养化能解释某些优势种的衰退和演替现象；另外，东湖生态系统的结构剧变可能不仅仅是富营养化导致的高营养、遮光和藻类化感作用增强，渔业的发展和鱼类结构的变化对水生植被演替的转折过程也是决定性的。

8.4　水生植物衰退的影响

　　大型水生植物的衰退，必然引起其他生物类群的变化。首先是藻类种类发生变化，密度上升。至 20 世纪 70 年代中后期，水华频繁发生，主要优势种类为大型的铜绿微囊藻（*Microcystis aeroginosa*）、螺旋鱼腥藻（*Anabaena spiroides*）和束丝藻（*Aphanizomenon* spp.）等。80 年代中后期，虽然水体营养化水平仍在提高，但蓝藻水华逐渐消失，取而代之的有平裂藻（*Merismopedia* spp.）、小环藻（*Cyclotella* spp.）、纤维藻（*Ankistrodesmus* spp.）和隐藻（*Crytomonsas* spp.）等。近几十年来，藻类某些门类数在不断减少，如金藻；有的减少后又重新增加，如绿藻和硅藻。藻类的型体变小，而数量增加：从 1956～1957 年 1000 个/mL 至 1986 年增为 25 000 个/mL，几乎每年增加一倍。浮游动物与浮游植物两者关系极为密切。藻类的变化也导致浮游动物在群落结构、数量等方面发生变化。主要表现在：①浮游动物群落结构趋于简单，多样性指数下降。由于东湖富营养化加剧，水体藻类大量繁殖，特别在夏秋季节，水体 pH 达 8.5 以上，使一些嗜酸性种类，如腔轮虫等消失了。一些以微型藻类为食的长江镖水蚤，右突新镖水蚤到 80 年代已基本上消失（吴振斌等，2001）。由于水生植物的衰退，兼性浮游动物种类显著减少。枝角类中盘肠溞科种类减少；经常出没于沉水植物之间

的轮虫，如鞍甲轮虫、多种腔轮虫、方块鬼轮虫等也不见踪影。根据 Margalef
公式计算的多样性指数 d，郭郑湖原生动物从 1.10 下降到 0.89；轮虫由 5.16 降
至 3.54。水果湖的轮虫亦由 60 年代的 4.90 降至 80 年代的 2.94。②杂食性浮游
动物数量增加。如以有机碎屑、细菌为食的轮虫、秀体潘、裸腹潘等，在 60 年
代东湖中数量很少，但 1979～1980 年已成为优势种群。大型枝角类——透明薄
皮潘（*Leptodra kindti*），其幼体以细菌、碎屑和藻类为食，成体则以捕食多种
浮游动物。在 60 年代数量很少，出现频率低，至 80 年代其种群得到发展，数量
明显增加。③初级生产与次级生产之间转化效率降低。水体富营养化蓝藻和大型
藻类增加，这些藻类不能直接被浮游动物利用，导致初级生产与次级生产之间转
化效率降低，同时，蓝藻"水华"不仅能引起浮游动物种类的演替，造成植食性
浮游动物现存量减少，而且还可促使鳙鲢鱼类改食浮游动物（吴振斌等，2001）。

　　底栖动物和附着螺类的变化也十分明显，许多大型软体动物如腹足类与水生
植被关系密切。水生植被不仅为底栖动物提供食料，也为他们提供隐蔽、栖息和
繁殖的场所。往往在水生植物繁茂地区同时生长着不少着生的藻类，因此水生植
物产量愈高，腹足类的量也就愈多。至于水生昆虫和寡毛类与水生植物的关系，
一般认为水生昆虫（主要是摇蚊幼虫）在密度上是随着水生植物的增加而减少
的，生物量则出现相反的趋势。寡毛类其生物量明显随着水生植物的减少而增
加。总之，底栖动物的密度和生物量与水生植物之间的关系，主要取决于各类动
物的生活习性。而东湖许多大型软体动物的消失，耐污的摇蚊虫和寡毛类数量的
上升，以及浮游植物，浮游动物等方面的变化，说明水生植被的衰退与其有密切
关系。标志整个湖泊的生态系统平衡遭到破环，处于十分脆弱的状态之中。

参 考 文 献

白宝璋，丁国华，白菘，等. 1995. 水生光合生物无机碳的运输. 吉林农业大学学报，17（2）：107～112

白峰青，郑丙辉，田自强. 2004. 水生植物在水污染控制中的生态效应. 环境科学与技术，27（4）：99，100

白峰青. 2004. 湖泊生态系统退化机理及修复理论与技术研究——以太湖生态系统为例. 长安大学博士学位论文

白秀玲，谷孝鸿，张钰. 2007. 太湖环棱螺对两种常见沉水植物生长的影响. 湖泊科学，19（1）：98～102

宝月欣二，网西良治，营原久枚. 1960. 浮游植物与有根水生植物间的拮抗关系. 陆水学杂志，21：124～131

边金钟，王建华，王洪起，等. 1994. 于桥水库富营养化防治前置库对策可行性研究. 城市环境与城市生态，7（3）：5～9

蔡雷鸣. 2006. 福建闽江水口库区飘浮植物覆盖对水体环境的影响. 湖泊科学，18（3）：250～254

蔡述明. 1990. 东湖的地质基础与沉积类型. 见：刘建康. 东湖生态学研究（一）. 北京：科学出版社. 1～8

操家顺，李欲如，陈娟. 2006. 水蕹菜对重污染河道净化及克藻功能. 水资源保护，22（2）：37～41

曹翠玲，李生秀，苗芬. 1999. 氮素对植物某些生理生化过程影响的研究进展. 西北农业大学学报，27（4）：96～101

曹特，倪乐意. 2004. 金鱼藻抗氧化酶对水体无机氮升高的响应. 水生生物学报，28（3）：299～303

常福辰，施国新，丁小余，等. 2002. Cd^{2+}、Hg^{2+}复合污染下金鱼藻的细胞膜脂过氧化和抗氧化酶活性的变化. 南京师大学报，25（1）：44～48

常会庆，丁学峰，蔡景波. 2007. 水生植物分泌物对微生物影响的研究. 水土保持研究，14（4）：57～60

常会庆，李娜，徐晓峰. 2008. 三种水生植物对不同形态氮素吸收动力学研究. 生态环境，17（2）：511～514

常会庆，杨肖娥，方云英，等. 2005. 伊乐藻和固定化细菌共同作用对富营养化水体中养分的影响. 水体保持学报，19（3）：114～117

陈德辉，刘永定，宋立荣. 2004. 篦齿眼子菜对栅藻和微囊藻的他感作用及其参数. 水生生物学报，28（2）：163～168

陈芳，夏卓英，宋春雷，等. 2007. 湖北省若干浅水湖泊沉积物有机质与富营养化的关系. 水生生物学报，31（4）：467～472

陈刚，谢田，莫非. 2004. 光照、$NaHCO_3$ 和 pH 值对金鱼藻光合作用的影响. 贵州环保科技，10（4）：16～19

陈光荣，刘正文，钟萍，等. 2007. 热带城市湖泊生态恢复中水生植被、浮游动物和鱼类的关系研究. 生态环境，16（1）：1～7

陈桂珠，马曼杰，蓝崇钰，等. 1990. 香蒲植物净化塘生态系统调查研究. 生态学杂志，9（4）：11～15

陈国祥，刘双，王娜，等. 2002. 磷对水生植物菱及睡莲叶生理活性的影响. 南京师大学报（自然科学版），25（1）：71～77

陈荷生，宋祥甫，邹国燕. 2005. 利用生态浮床技术治理污染水体. 中国水利，（5）：50～53

陈洪达，何楚华. 1975. 武昌东湖水生维管束植物的生物量及其在渔业上的合理利用问题. 水生生物学集刊，5（3）：410～419

陈洪达. 1980. 武汉东湖水生维管束植物群落的结构和动态. 海洋与湖沼，11（3）：275～283

陈洪达. 1989. 养鱼对武汉东湖生态系的影响. 水生生物学报，13（4）：359～368

陈洪达. 1990a. 水生维管束植物. 见：刘建康. 东湖生态学研究（一）. 北京：科学出版社. 94～106

陈洪达. 1990b. 放养草鱼对东湖生态系统的影响. 见：刘建康. 东湖生态学研究（一）. 北京：科学出版社. 388～394

陈华林，陈英旭. 2002. 污染底泥修复技术进展. 农业环境保护，21（2）：179～182

陈辉蓉，吴振斌，贺锋，程旺元. 2001. 植物抗逆性研究进展. 环境污染治理技术与设备，2（3）：7～13

陈坚，顾林娣，章宗涉，等. 1994. 马来眼子菜抑制藻类增长及其抑制系数的计算. 上海师范大学学报（自然科学版），23（1）：69～73

陈建勋，王晓峰. 2002. 植物生理学实验指导. 广州：华南理工大学出版社

陈进军，郑狲，郑少奎. 2008. 表面流人工湿地中水生植被的净化效应与组合系统净化效果. 环境科学学报，28（10）：2029～2035

陈静，赵祥华，和丽萍. 2006. 应用于滇池草海生态修复工程的植物浮岛制备技术. 四川环境，25（6）：32～34

陈静生. 1987. 水环境化学. 北京：高等教育出版社. 57～65

陈开宁，兰策介，史龙新，等. 2006. 苦草繁殖生态学研究. 植物生态学报，30（3）：487～495

陈开宁，李文朝，潘继征. 2005. 不同处理对篦齿眼子菜（*Potamogeton pectinatus* L.）种子萌发率的影响. 湖泊科学，17（3）：237～242

陈开宁，强胜，李文朝，等. 2003. 篦齿眼子菜繁殖多样性研究. 植物生态学报，27（5）：672～676

陈开宁，强胜，李文朝. 2002. 篦齿眼子菜的光合速率及影响因素. 湖泊科学，14（4）：357～362

陈开宁，周万平，鲍传和，等. 2007. 浮游植物对湖泊水体生态重建的响应——以太湖五里湖大型围隔示范工程为例. 湖泊科学，19（4）：359～366

陈其羽，梁彦龄，宋贵保，等. 1975. 武昌东湖软体动物的生态分布及种群密度. 水生生物学集刊，5（3）：371～379

陈其羽，谢翠娴，梁彦龄，等. 1982. 望天湖底栖动物种群密度与季节变动的初步观察. 海洋与湖沼，13（1）：78～86

陈其羽. 1979. 湖北省花马湖软体动物的调查报告. 海洋与湖沼，10（1）：46～66

陈少莲，刘肖芳，胡传林，等. 1990. 论鲢、鳙对微囊藻的消化利用. 水生生物学集刊，14（1）：49～59

陈少莲. 1990. 鱼类及其在水体物质循环中的作用. 见：刘建康. 东湖生态学研究（一）. 北京：科学出版社. 292～378

陈书琴，许秋瑾，李法松，等. 2008. 环境因素对湖泊高等水生植物生长及分布的影响. 生物学杂志，25（2）：11～15

陈苏雅，施国新，丁秉中，等. 2006. Ce^{3+}对Cu^{2+}胁迫下菹草叶片Cu毒害的缓解效应研究. 西北植物学报，26（2）：282～289

陈文松，宁寻安，李萍，等. 2007. 底泥污染物的环境行为研究进展. 水资源保护，23（4）：1～5

陈小峰，陈开宁，肖月娥. 2006. 光和基质对菹草石芽萌发、幼苗生长及叶片光合效率的影响. 应用生态学报，17（8）：1413～1418

陈雪初，孔海南，李春杰. 2008. 富营养化湖库水源地原位控藻技术研究进展. 水资源保护，24（2）：10～13

陈宜宜, 朱荫湄, 胡木林, 等. 1997. 西湖底泥中酶活性与养分释放的关系. 浙江农业大学学报, 23 (2): 171~174

陈永华, 吴晓芙, 蒋丽鹃, 等. 2008. 处理生活污水湿地植物的筛选与净化潜力评价. 环境科学学报, 28 (8): 1549~1554

陈永喜. 2007. 阿科蔓生态基在大金钟湖治理中的应用. 广东水利水电, (5): 1~37

陈志澄, 郭丹桂, 熊明辉, 等. 2006. 处理生活污水的植物品种的筛选. 环境污染治理技术与设备, 7 (4): 90~93

陈中义, 雷泽湘, 周进, 等. 2001. 梁子湖优势沉水植物冬季种子库的初步研究. 水生生物学报, 25 (2): 152~158

成水平, 吴振斌. 2003. 水生植物的气体交换与输导代谢. 水生生物学报, 27 (4): 413~417

程南宁, 朱伟, 张俊. 2004. 重污染水体中沉水植物的繁殖及移栽技术探讨. 水资源保护, 20 (6): 8~11

程树培, 树荣, 胡惠明. 1991. 利用人工基质无土栽培水蕹菜净化缫丝废水研究. 环境科学, 12 (4): 46~51

楚建周, 王圣瑞, 金相灿, 等. 2006. 底质营养状况对黑藻生长及光合作用的影响. 生态环境, 15 (4): 702~707

崔心红, 钟扬, 李伟, 等. 2000. 特大洪水对都阳湖水生植物三个优势种的影响. 水生生物学报, 24 (4): 322~325

戴全裕, 戴文宁, 高翔, 等. 1990. 水生高等植物对废水中银的净化与富集特性研究. 生态学报, 10: 343~348

戴全裕, 高翔, 卢红. 1983. 水生植物对重金属废水的吸收积累能力. 环境科学学报, 4 (3): 213~221

戴全裕, 蒋兴昌, 汪耀斌, 等. 1995. 太湖人湖河道污染物控制生态工程模拟研究. 应用生态学报, 6 (2): 201~205

戴全裕, 张珩. 1996. 水培经济植物对酿酒废水净化与资源化生态工程研究. 科学通报, 41 (6): 547~551

邓莉萍. 2008. 藻体对水环境中 N、P 及重金属 Cu^{2+}、Pb^{2+}、Cd^{2+}、Cr^{6+} 的吸附特征研究. 中国科学院研究生院博士学位论文

邓平. 2007. 三种沉水植物对浮游植物的化感效应研究. 中国科学院研究生院博士学位论文

邓仕槐, 肖德林, 文霞, 等. 2007a. 高浓度畜禽废水污染胁迫下的芦苇在分子水平上的变异研究. 农业环境科学学报, 26 (1): 92~96

邓仕槐, 肖德林, 李宏娟, 等. 2007b. 畜禽废水胁迫对芦苇生理特性的影响. 农业环境科学学报, 26 (4): 1370~1374

刁正俗. 1990. 中国常见水田杂草. 第二版. 重庆: 重庆出版社

刁正俗. 1990. 中国水生杂草. 重庆: 重庆出版社

丁惠君, 张维昊, 王超, 等. 2007. 菖蒲对几种常见藻类的化感作用研究. 环境科学与技术, 30: 20~23

丁玲. 2006. 水体透明度模型及其在沉水植物恢复中的应用研究. 河海大学博士学位论文

丁树荣, 程树培, 胡忠明. 1992. 利用人工基质无土栽培多花黑麦草净化缫丝废水的研究. 中国环境科学, 12 (1): 9~15

丁学锋, 蔡景波, 杨肖娥, 等. 2006. EM菌与水生植物黄花水龙 (*Jussiaea stipulacea Ohwi*) 联合作用去除富营养化水体中氮磷的效应. 农业环境科学学报, 25 (5): 1324~1327

丁晖, 韩志英, 吴坚阳, 等. 2006. 不同基质垂直流人工湿地对猪场污水季节性处理效果的研究. 环境科学学报, 26 (7): 1093~1100

丁则平. 2009. 介绍日本的湿地净化技术-人工浮岛 (AFI). http://www.szwrb.gov.cn/wrkj_show.

php?info_id=5

东野脉兴，樊竹青，张灼，等. 2003. 滇池微生物解淋浴聚磷作用的实验研究及磷的现代沉积与微生物的成矿作用. 吉林大学学报（地球科学版），33（3）：282~289

董浩平，姚琪. 2004. 水体沉积物磷释放及控制. 水资源保护，4：20~23

杜诚，肖恩荣，周巧红，梁威，吴振斌. 2008. 膜生物反应器活性污泥酶活与磷脂脂肪酸分析. 中国环境科学，28（7）：608~613

范成新，杨龙元，张路. 2000. 太湖底泥及其间隙水中氮磷垂直分布级相互关系分析. 水生生物学报，12（4）：360~366

方涛，刘剑彤，张晓华，等. 2002. 河湖沉积物中酸挥发性硫化物对重金属吸附及释放的影响. 环境科学学报，22（3）：324~328

方云英，杨肖娥，常会庆，等. 2008. 利用水生植物原位修复污染水体. 应用生态学报，19（2）：407~412

房岩，徐淑敏，孙刚. 2004. 长春南湖水生生态系统的初级生产（II）-附生藻类与大型水生植物. 吉林农业大学学报，26（1）：46~49

伏彩中，肖瑜，高士祥. 2006. 模拟水生生态系统中沉水植物对水体营养物质消减的影响. 环境污染与防治，28（10）：753~756

高海荣，林清，陆延婷. 2006. 有机溶剂胁迫下苦草生理指标的变化. 广西师范学院学报（自然科学版），23（4）：40~44

高云宽. 2009. 伊乐藻、轮叶黑藻和苦草分泌物对铜绿微囊藻的化感作用研究. 中国科学院博士学位论文

耿琦鹏. 2007. 人工湿地对化粪池出水净化效果的研究. 水资源研究，28（2）：29，30

龚伦杰，官子和，黄耀桐，等. 1965. 武昌东湖底质的类型及其分布. 海洋与湖沼 7：181~194

古滨河. 2005. 美国 Apopka 湖的富营养化及其生态恢复. 湖泊科学，17（1）：1~8

谷巍，施国新，韩承辉，等. 2001. 汞、镉污染对轮叶狐尾藻的毒害. 中国环境科学，21：371~375

谷巍，施国新，张超英，等. 2002. Hg^{2+}、Cd^{2+} 和 Cu^{2+} 对菹草光合系统及保护酶系统的毒害作用. 植物生理与分子生物学学报，28：69~74

谷孝鸿，刘桂英. 1996. 滤食性鲢鳙鱼对池塘浮游生物的影响. 农村生态环境，12（1）：6~41

谷孝鸿，张圣照，白秀玲，等. 2005. 东太湖水生植物群落结构的演变及其沼泽化. 生态学报，25（7）：2450~2457

顾林娣，陈坚，陈卫华，等. 1994. 苦草种植水对藻类生长的影响. 上海师范大学学报（自然科学版），23：62~68

官少飞，郎青，张本. 1987. 鄱阳湖水生植被. 水生生物学报，11（1）：9~21

官少飞，张天火. 1989. 江西水生高等植物. 上海：上海科学技术出版社

郭洪涛，曹特，倪乐意. 2008. 中等实验规模下不同营养环境对苦草（Vallisneria natans）生长的影响. 湖泊科学，20：221~227

郭劲松，王春燕，方芳，等. 2006. 湿干比对人工快渗系统除污性能的影响. 中国给水排水，22（17）：86~89

郭友好，黄双全，陈家宽，等. 1998. 水生被子植物的繁育系统与进化. 水生生物学报，22（1）：79~85

过龙根. 2006. 除藻与控藻技术. 中国水利，17：34~36

韩沙沙，温琰茂. 2004. 富营养化水体沉积物中磷的释放及其影响因素. 生态学杂志，23（2）：98~101

韩伟明. 1993. 底泥释磷及其对杭州西湖富营养化的影响. 湖泊科学，5（1）：71~77

韩祥珍，厉恩华，袁龙义，等. 2007. 围网养殖对水生植被和沉积物再悬浮的影响. 湖北农业科学，46（4）：556~558

韩潇源，宋志文，李培英. 2008. 高效净化氮磷污水的湿地水生植物筛选与组合. 湖泊科学，20（6）：
　741～747

何池全，叶居新. 1999. 石菖蒲克藻效应的研究. 生态学报，19：754～758

何池全. 2005. 湿地植物生态过程理论及其应用. 上海：上海科学技术出版社

何景彪，1989. 试论水生植被的地理分布规律. 武汉大学学报（自然科学版），（4）：109～113

何俊，谷孝鸿，刘国锋. 2008. 东太湖水生植物及其与环境的相互作用. 湖泊科学，20（6）：790～795

何连生，朱迎波，席北斗，等. 2004. 循环强化垂直流人工湿地处理猪场污水. 中国给水排水，20（12）：
　5～8

何蓉. 2004. 表面流人工湿地处理生活污水的研究. 生态环境，13（2）：180，181

何少林，周琪. 2004. 人工湿地控制非点源污染的应用. 四川环境，23（6）：71～74，97

和丽萍. 2001. 利用化学杀藻剂控制滇池蓝藻水华研究. 云南环境科学，20（2）：43～44

贺锋，曹湛清，夏世斌，等. 2009. 生物膜-人工湿地组合工艺处理城镇生活污水的研究. 农业环境科学学
　报，28（8）：1655～1660

贺锋，吴振斌. 2003. 水生植物在污水处理和水质改善中的应用. 植物学通报，20（6）：641～647

洪祖喜，何品晶，邵立明. 2002. 水体受污染底泥原地处理技术. 环境保护，10：15～17

胡春华，濮培民，王国祥，等. 1999. 冬季净化湖水的效果与机理. 中国环境科学，19（6）：561～565

胡春英. 1999. 不同湖泊演替过程中浮游动物数量及多样性的研究. 水生生物学报，23（3）：217～226

胡莲，万成炎，沈建忠，等. 2006. 沉水植物在富营养化水体生态恢复中的作用及前景. 水利渔业，26
　（5）：69～71

胡韧，林秋奇，张小兰. 2003. Cr^{3+}，Cr^{6+} 及其复合污染对狐尾藻的毒害作用. 生态科学，22：327～331

胡耀辉，伊乐藻，等. 1996. 几种沉水植物的生物量和生产量测定以及竞争态势试验. 湖泊科学，8（增
　刊）：73～78

黄根田，谢平，刘伙泉. 1995. 东湖鱼类区系的改变和渔获物的分析. 见：刘建康. 东湖生态学研究（二）.
　北京：科学出版社. 328～342

黄根田，谢平. 1996. 武汉东湖鱼类群落结构的变化及其原因分析. 水生生物学报，20（增刊）：38～46

黄蕾，翟建平，王传瑜，等. 2005. 4 种水生植物在冬季脱氮除磷效果的试验研究. 农业环境科学学报，24
　（2）：366～370

黄蕾，翟建平，蒋鑫焱，等. 2005a. 三种水生植物在不同季节去污能力的对比研究. 环境保护科学，31：
　44～47

黄蕾，翟建平，聂荣，等. 2005b. 5 种水生植物去污抗逆能力的试验研究. 环境科学研究，18（3）：
　33～38

黄沛生，刘正文，韩博平. 2005. 太湖湖滨带浮叶植物菱（*Trapa quadrispinosa* Roxb）对氮素再悬浮的影
　响. 长江流域资源与环境，14（6）：750～753

黄时达，杨有仪，冷冰. 1995. 人工湿地植物处理污水的试验研究. 四川环境，14（3）：5～7

黄廷林. 1995. 渭河沉积物中重金属释放的粒度效应. 西安建筑科技大学学报，27（4）：381～385

黄文成，徐廷志. 1994. 试论沉水植物在治理滇池草海中的作用. 广西植物，14（4）：334～337

黄锡畴，马学慧. 1988. 我国沼泽研究的进展. 海洋与湖沼，19（5）：499～504

黄祥飞. 1990a. 东湖富营养化程度的综合评价. 见：刘建康. 东湖生态学研究（一）. 北京：科学出版社.
　404～406

黄祥飞. 1990b. 浮游动物. 见：刘建康. 东湖生态学研究（一）. 北京：科学出版社. 104～128

黄宜凯，濮培民，胡春华，等. 1998. 湖泊水体中悬浮物降解的实验研究. 水资源保护，（4）：27～31

黄永杰，刘登义，友保，等. 2006. 八种水生植物对重金属富集能力的比较研究. 生态学杂志，25（5）：541～545

黄志丹，田世忠，邓南圣，等. 1992. 东湖水及其自来水中有机污染物的GC/MS鉴定. 现在科学与技术，56：19～23

季成，余叔文. 1989. 凤眼莲超氧物歧化酶活性与抗寒性的关系. 植物生理学报，15：133～137

季高华，李燕，王丽卿，等. 2006. 光照对苦草种子发芽和生长的影响. 科学养鱼，（7）：43，44

简永兴，王建波，何国庆，等. 2001. 水深、基质、光和去苗对菹草石芽萌发的影响. 水生生物学报，25（3）：224～229

江亭桂，吕锡武，王国祥，等. 2006. 沉水植物在静止水体中对悬浮固体的作用. 中国科技信息，20：78～80

姜必亮，王伯荪，蓝崇钰，等. 2000. 不同质地土壤对填埋场渗滤液的吸收净化效能. 环境科学，5：32～37

姜汉侨，段昌群，杨树华，等. 2004. 植物生态学. 北京：高等教育出版社

姜凌，秦耀民. 2005. 利用土壤层净化雨水补给地下水的试验研究. 水土保持学报，19（6）：94～96

蒋鑫焱，翟建平，黄蕾，等. 2006. 不同水生植物富集氮磷能力的试验研究. 环境保护科学，32：13～16

蒋跃平，葛滢，岳春雷，等. 2004. 人工湿地植物对观赏水中氮磷去除的贡献. 生态学报，24（8）：1720～1725

金春华，陆开宏，王扬才. 2004. 改性明矾浆和滤食性动物控制月湖的蓝藻水华. 宁波大学学报（理工版），17（2）：147～151

金红华. 2007. 浅水湖泊沼泽化程度定量评价及其在东太湖的应用. 河海大学硕士学位论文

金送笛，李永函，倪彩虹，等. 1994b. 菹草（*Potamogeton crispus*）对水中氮、磷的吸收及若干影响因素. 生态学报，14（2）：168～173

金送笛，李永函，陶永明. 1994a. 有效碳对菹草光合作用及吸收氮磷的影响. 大连水产学院学报，9（1～2）：6～11

金送笛，李永函，王永利. 1991. 几种生态因子对菹草光合作用的影响. 水生生物学报，15（4）：295～302

金相灿，楚建周，王圣瑞. 2007. 水体氮浓度、形态对黑藻和狐尾藻光合特征的影响. 应用与环境生物学报，13（2）：200～204

金相灿. 1992. 沉积物污染化学. 北京：中国环境科学出版社. 208～214

金相灿. 2001. 湖泊富营养化控制和管理技术. 北京：化学工业出版社

井艳文，胡秀琳，许志兰，等. 2003. 利用生物浮床技术进行水体修复研究与示范. 北京水利，（6）：20～22

孔杨勇，夏宜平. 2007. 浮叶植物的特点及其园林应用. 北方园艺，（2）：67，68

况琪军，凌晓欢，马沛明，等. 2007. 着生刚毛藻处理富营养化湖泊水. 武汉大学学报（理学版），53（2）：213～218

况琪军，马沛明，刘国祥，等. 2004. 大型丝状绿藻对N、P去除效果的研究. 水生生物学报，28（3）：323～326

昆明市环境监测中心站. 1997. 滇池污染基本状况. 昆明市环境科学研究所

腊塞尔. 1979. 土壤条件与植物生长. 谭世文等译. 北京：科学出版社

乐毅全，郑师章，周纪纶. 1990. 凤眼莲-根际微生物系统的降酚效应. 植物生态学报，（02）：151～159

乐毅全，郑师章. 1990. 凤眼莲根际细菌的趋化性研究. 复旦大学学报（自然科学版），29（3）：314～319

雷永吉，任琳，李智军，等. 2000. 独叶草营养繁殖方式的研究. 西北植物学报，20（3）：432～435

雷泽湘, 谢贻发, 徐德兰, 等. 2006. 大型水生植物对富营养化湖水净化效果的试验研究. 安徽农业科学, 34 (3)：553, 554

黎昌政, 熊金超. 2005. 利用生物浮岛净化水质. 中小企业科技, (5)：40

黎慧娟, 倪乐意. 2007. 浮游绿藻对沉水植物苦草生长的抑制作用. 湖泊科学, 19 (2)：111~117

李冰, 崔康平, 彭书传, 等. 2008. 沸石床快速渗滤工艺性能研究. 合肥工业大学学报, 31 (1)：109~111

李春雁, 崔毅. 2002. 生物操纵法对养殖水体富营养化防治的探讨. 海洋水产研究, 23 (1)：71~75

李翠芬, 熊燕梅, 夏平. 2007. 介绍一种新型的园林生态工艺-人工浮岛. 广东园林, 29 (4)：29~32

李大鹏, 黄勇, 李伟光. 2008. 底泥再悬浮状态下生物有效磷形成机制研究. 环境科学, 29 (7)：36~41

李敦海, 史龙新, 李根保, 等. 2007. 漂浮植物水鳖对沉水植物黑藻生长及它们对水质的影响作用. 环境科学与管理, 32 (12)：54~58

李方敏, 姚金龙, 王琼山. 2006. 修复石油污染土壤的植物筛选. 中国农学通报, 22 (9)：429~431

李坊贞, 程景福, 何宗智. 1993. 莲叶片结构的光镜和扫描电镜的观察. 南昌大学学报 (理科版), 17 (4)：961~963

李芳柏, 吴启堂. 1997. 无土栽培美人蕉等植物处理生活废水的研究. 应用生态学报, 8 (1)：88~92

李锋民, 胡洪营, 种云霄, 等. 2007. 2-甲基乙酰乙酸乙酯对藻细胞膜和亚显微结构的影响. 环境科学, 28：1534~1538

李锋民, 胡洪营. 2004. 大型水生植物浸出液对藻类的化感抑制作用. 中国给水排水, 20：18~21

李合生. 2002. 现代植物生理学. 北京：高等教育出版社

李恒. 1987. 云南横断山区湖泊水生植被. 云南植物学研究, 9 (3)：257~270

李佳华, 慕君玲, 郭红岩, 等. 2005. 邻苯二甲酸二丁酯污染对苦草生理生化指标的影响. 环境化学, 25 (1)：31~35

李佳华. 2005. 沉水植物对有机污染物胁迫的响应及其在湖泊生态修复中的作用. 南京大学硕士学位论文

李建国, 李贵宝, 刘芳, 等. 2004. 白洋淀芦苇资源及其生态功能与利用. 南水北调与水利科技, 2 (5)：37~40

李剑波. 2008. 强化垂直流-水平流组合人工湿地处理生活污水研究. 同济大学博士学位论文

李剑超, 朱光灿, 刘伟生, 等. 2004. 沉积时间和温度对底泥间隙水有机污染物的影响. 农业环境科学学报, 23 (4)：723~726

李金. 2002. 有害物质及其检测. 北京：中国石化出版社

李科德, 胡正嘉. 1995. 芦苇床系统净化污水的机理. 中国环境科学, 15 (2)：140~144

李宽意, 刘正文, 胡耀辉, 等. 2006. 椭圆萝卜螺 *Radix swinhoei* (H. Adams) 对三种沉水植物的牧食选择. 生态学报, 26 (10)：3222~3224

李宽意, 刘正文, 李传红, 等. 2007. 螺类牧食损害对沉水植物群落结构的调节. 海洋与湖沼, 38 (6)：576~580

李丽, 陆兆华, 王昊, 等. 2007. 新型混合填料人工快渗系统处理污染河水的试验研究. 中国给水排水, 23 (11)：86~89

李琪, 李德尚, 熊邦喜, 等. 1993. 放养鲢鱼 (*Hypophthalmichys molitrix* C et V) 对水库围隔浮游生物群落的影响. 生态学报, 13 (1)：30~37

李勤生, 申权. 1990. 见：刘建康. 1990. 东湖生态学研究 (一). 北京：科学出版社. 52~75

李瑞玲, 张永春, 颜润润, 等. 2009. 中国湖泊富营养化治理对策研究及思考. 环境污染与防治, 3 (网络版)

李树华. 2005. 一种新型的园林绿地-人工浮岛绿地. 花木盆景：花卉园艺, (12)：8, 9

李卫国，龚红梅，常天俊. 2008. 水生富营养化条件下凤眼莲（*Eichhornia crassipes*）对不同氮素形态的生理响应. 农业环境科学学报，27（4）：1545～1549

李伟，钟扬. 1992. 水生植被研究的理论与方法. 武汉：华中师范大学出版社

李伟. 1997. 洪湖水生维管束植物区系研究. 武汉植物学研究，15（2）：113～122

李文朝. 1996. 五里湖底质条件与水生高等植物的适应性研究. 湖泊科学，8（增刊）：30～36

李文朝. 1997. 浅水湖泊生态系统的多稳态理论及其应用. 湖泊科学，9（2）：97～104

李文朝. 1997a. 东太湖水生植物的促淤效应与磷的沉积. 环境科学，18（3）：9～12

李文朝. 1997b. 东太湖沉积物中氮的积累与水生植物沉积. 中国环境科学，17（5）：418～421

李先会，张光生，成小英. 2008. 渤公岛水生植物-微生物系统水质净化效应研究. 中国农学报，24（5）：461～466

李小路，潘慧云，徐洁，等. 2008. 金鱼藻与铜绿微囊藻共生情况下的化感作用. 环境科学学报，28（11）：2243～2249

李学宝，何光源，吴振斌，等. 1995. 凤眼莲、水花生若干光合作用参数与酶类的研究. 水生生物学报，19（4）：332～337

李雪梅，杨中艺，简曙光，等. 2000. 有效微生物群控制富营养化湖泊蓝藻的效应. 中山大学学报（自然科学版），39（1）：81～85

李扬汉. 植物学. 1978. 上海：上海科学技术出版社

李业东，李东升，赵晓松. 2009. 外源甲基叔丁基醚胁迫对浮萍光合功能的影响. 现代农业科技，（8）：9，10

李一平. 2006. 太湖水体透明度影响因子实验机模型研究. 河海大学博士学位论文

李英杰，金相灿，胡社荣，等. 2008. 湖滨带类型划分研究. 环境科学与技术，31（7）：21～24

李英杰，金相灿，年跃刚，等. 2007. 人工浮岛技术及其应用. 水处理技术，33（10）：49～51，77

李植生，梁小民，陈旭东，等. 1995. 东湖水化学现状. 见：刘建康. 东湖生态学研究（二）. 北京：科学出版社. 36～74

李宗辉，唐文浩，宋志文. 2007. 人工湿地处理污水时水生植物形态和生理特性对污水长期浸泡的响应. 环境科学学报，27（1）：75～79

厉恩华. 2006. 大型水生植物在浅水湖泊生态系统营养循环中的作用. 中国科学院研究生院博士学位论文

连华光，张圣照. 1996. 伊乐藻等水生高等植物的快速营养繁殖技术和栽陪方法. 湖泊科学，8（增刊）：11～16

梁威，吴振斌，詹发萃，等. 2004. 人工湿地植物根区微生物与净化效果的季节变化. 湖泊科学，16（4）：312～317

林建伟，朱志良，赵建夫. 2005. 曝气复氧对富营养化水体底泥氮磷释放的影响. 生态环境，14（6）：812～815

林秋奇，王朝晖，杞桑，等. 2001. 水网藻 *Hydrodictyon reticulatum* 治理水体富营养化的可行性研究. 生态学报，21（5）：814～819

林婉莲，刘鑫洲. 1985. 武汉东湖浮游植物各种成分分析与沉淀物中浮游植物活体碳、氮、磷的测定. 水生生物学集刊，9（4）：359～364

林武，陈敏，罗建中，等. 2008. 生态工程技术治理污染水体的研究进展. 广东化工，35（4）：42～46

凌晓欢，况琪军，邱昌恩，等. 2006. 两种藻类对水体氮、磷去除效果研究. 武汉大学学报（理学版），52（4）：487～491

刘保元，邱东茹，吴振斌. 1997. 富营养浅湖水生植被重建对底栖动物的影响. 应用与环境生物学报，3

（4）：323～327

刘保元，王士达，王永明，等. 1981. 利用底栖动物评价图门江污染的研究. 环境科学学报：1（4）：337～348

刘碧云，周培疆，吴振斌，等. 2008. 焦酚对蓝藻和绿藻生长、光合色素及微量元素的作用. 武汉大学学报（理学版），54（6）：719～724

刘碧云. 2007. 焦酚对两种藻生长的抑制及其作用机制. 武汉大学博士学位论文

刘兵钦，王万贤，宋春雷，等. 2004. 菹草对湖泊沉积物磷状态的影响. 武汉植物学研究，22（5）：394～399

刘传，田媛，杨昕，等. 2008. 复合快渗系统处理生活污水的模拟试验研究. 北京工商大学学报（自然科学版），26（3）：1～3

刘德启，李敏，朱成文，等. 2005. 模拟太湖底泥数据对氮磷营养物释放过程的影响研究. 农业环境科学学报，24（3）：521～525

刘锋，黎明，李洪林，等. 2009. 不同营养条件下竹叶眼子菜 NH$_4^+$-N 吸收动力学的初步研究. 武汉植物学研究，27（1）：98～101

刘广容，叶春松，贺靖皓，等. 2008. 原位化学处理对东湖底泥中磷释放的影响. 武汉大学学报（理学版），54（4）：409～413

刘红，代明利，欧阳威，等. 2003. 潜流人工湿地改善官厅水库水质试验研究. 中国环境学报，23（5）：462～466

刘红玉，廖柏寒，鲁双庆，等. 2001. LAS 和 AE 对水生植物损伤的显微和亚显微结构观察. 中国环境科学，21（6）：527～530

刘红玉，周朴华，杨仁斌，等. 2001. 非离子型表面活性剂 AE 对大藻的损伤程度的酶学诊断. 应用与环境生物学报，7（5）：416～419

刘红玉. 2001. 表面活性剂对水生植物的损伤及生物降解. 湖南农业大学博士学位论文

刘鸿志. 2001. 中国太湖和日本琵琶湖水污染防治状况比较. 中国环境报，第4版

刘家宝，杨小毛，王波，等. 2006. 改进型人工快渗系统处理污染河水中试. 中国给水排水，22（13）：14～17

刘建康. 1990. 东湖生态学研究（一）. 北京：科学出版社

刘建康. 1995. 东湖生态学研究（二）. 北京：科学出版社

刘建康. 1999. 高级水生生物学. 北京：科学出版社

刘建武，林逢凯，王郁，等. 2002a. 水葫芦根系对苯的吸附过程研究. 化工环保，12（6）：315～319

刘建武，林逢凯，王郁，等. 2002b. 多环芳烃（萘）污染对水生植物生理指标的影响. 华东理工大学学报（自然科学版），28（5）：520～524，536

刘剑彤，丘昌强，陈珠金，等. 1998. 复合生态系统工程中高效去除磷、氮植被植物的筛选研究. 水生生物学报，22（1）：1～7

刘强，尹丽，方玉生. 2008. 四种水生植物对富营养化水体中磷去除效果的研究. 井冈山学院学报：综合版，29（12）：5，6

刘衢霞，张水元. 1990. 湖水的理化性质. 见：刘建康. 东湖生态研究（一）. 北京：科学出版社. 16～46

刘书宇. 2007. 景观水体富营养化模拟与生态修复技术研究进展. 哈尔滨工业大学博士学位论文

刘淑媛，任久长，由文辉. 1999. 利用人工基质无土栽培经济植物净化富营养化水体的研究. 北京大学学报（自然科学版），35（4）：518～522

刘天兵，冯宗炜. 1997. 植物 SOD 活性变化与其抗污能力的关系. 环境污染与防治，19（1）：12～13

刘文生，肖建光，林齐鹏，等. 2008. 人工湿地对胡子鲇养殖水体循环净化的研究. 水生生物学报，32
　（1）：33～37

刘雯，崔理华，周遗品. 2008. 水平潜流人工湿地对化粪池污水的净化效果. 仲恺农业技术学院学报，21
　（3）：12～16

刘延恺，陆苏，孟振全，等. 1994. 河道曝气法——适合我国国情的环境污水处理工艺. 环境污染与防治，
　16（1）：9，10

刘振东，刘庆生，杜耘，等. 2006. 武汉市东湖沉积物重金属与城市污染环境的关系. 湖泊科学，18（1）：
　79～85

卢进登，陈红兵，赵丽娅，等. 2006. 人工浮床栽培7种植物在富营养化水体中的生长特性研究. 环境污
　染治理技术与设备，7（7）：58～61

卢进登，帅方敏，赵丽娅，等. 2005a. 人工生物浮床技术治理富营养化水体的植物遴选. 湖北大学学报
　（自然科学版），27（4）：402～404

卢进登，赵丽娅，康群，等. 2005b. 人工生物浮床技术治理富营养化水体研究现状. 湖南环境生物职业技
　术学院学报，11（3）：214～218

卢少勇，张彭义，余刚，等. 2006. 云南昆明人工湿地冬季运行情况分析. 中国给水排水，22（12）：
　59～62

栾晓丽，王晓，时应征，等. 2008. 两种挺水植物的脱氮除磷效果及其影响因素研究. 安徽农业科学，36
　（4）：1576～1577

罗春玲，沈振国. 2003. 植物对重金属的吸收和分布. 植物学通报，20（1）：59～66

罗晓铮，崔心红，陈家宽，等. 2000. 繁殖方式对矮慈姑生长的影响. 武汉植物学研究，18（2）：157～159

马剑敏，成水平，贺锋，等. 2009b. 武汉月湖水生植被重建的实践与启示. 水生生物学报，33（2）：222～
　229

马剑敏，杜晋立，吴晶敏. 2001. Hg^{2+}、DBS对浮萍伤害研究. 河南师范大学学报，29（1）：114～116

马剑敏，贺锋，成水平，等. 2007c. 武汉莲花湖水生植被重建的实践与启示. 武汉植物学研究，25（5）：
　473～478

马剑敏，靳萍，吴振斌. 2007a. 沉水植物对重金属的吸收净化和受害机理研究进展. 植物学通报，24
　（2）：232～239

马剑敏，靳同霞，成水平，等. 2008a. Hg^{2+}、Cd^{2+}及其复合胁迫对苦草的毒害. 环境科学与技术，31
　（6）：78～81

马剑敏，靳同霞，贺锋，等. 2009a. 菹草对铵氮和硝氮急性胁迫的响应. 环境科学与技术，32（5）：26～
　30，87

马剑敏，靳同霞，靳萍，等. 2007b. 伊乐藻和苦草对硝氮胁迫的响应. 河南师范大学学报，35（3）：115～
　118

马剑敏，靳同霞，李今，等. 2006. Hg^{2+}、Cd^{2+}及其联合胁迫对伊乐藻的生长及POD和SOD活性的影
　响. 河南师范大学学报，34（4）：125～128

马剑敏，靳同霞，李今，等. 2008b. 伊乐藻、苦草和菹草对磷急性胁迫的响应. 水生生物学报，32（3）：
　408～412

马剑敏，严国安，罗岳平，等. 1997. 武汉东湖受控生态系统中水生植被恢复结构优化及水质动态. 湖泊
　科学，9（4）：359～363

马剑敏. 2005. 受污染城市水体水生植被重建研究与工程实践. 中国科学院研究生院博士学位论文

马井泉，周怀东，董哲仁. 2005. 水生植物对氮和磷去除效果的试验研究. 中国水利水电科学研究院学报，

3（2）：130～134

马凯，蔡庆华，谢志才，等. 2003. 沉水植物分布格局对湖泊水环境 N、P 因子影响. 水生生物学报，27
　　（3）：232～237

马立珊，骆永明，吴龙华，吴胜春. 2000. 浮床香根草对富营养化水体氮磷去除动态及效率的初步研究.
　　土壤，32（2）：99～101

马沛明，况琪军，凌晓欢，胡征宇. 2007. 藻类生物膜技术脱氮除磷效果研究. 环境科学，28（4）：742～
　　746

马沛明，况琪军，刘国祥，等. 2005. 底栖藻类对氮、磷去除效果研究. 武汉植物学研究，23（5）：
　　465～469

马为民，孙莉，钱志萍，等. 2003. 三种高等水生植物对铜绿微囊藻生长的影响. 上海师范大学学报（自
　　然科学版），32（1）：101，102

马学慧. 1993. 中国沼泽研究的几十问题. 湖泊科学，5（1）：78～84

倪乐意，李纯厚，黄祥飞. 1995. 在富营养型水体中重建沉水植被的研究. 见：刘建康. 东湖生态学研究
　　（二）. 北京：科学出版社. 302～310

倪乐意. 1995. 武汉东湖水生植被结构和生物量现状及其长期变化. 北京：科学出版社

倪乐意. 1996. 武汉东湖水生植被结构和生物多样性的长期变化规律. 水生生物学报，20（z1）：60～74

倪乐意. 1999. 切除顶枝对加拿大伊乐藻生长的影响. 水生生物学报，23（4）：296～303

倪乐意. 2001. 富营养化水体中肥沃底泥对沉水植物的胁迫. 水生生物学报，25（4）：399～406

年跃刚，宋英伟，李英杰，等. 2006. 富营养化浅水湖泊稳态转换理论与生态恢复探讨. 环境科学研究，
　　19（1）：67～70

欧克芳，林鸿，陈桂桥，等. 2008. 挺水植物及其园林应用. 安徽农业科技，36（20）：8556～8558

潘彩萍，王小奇，钟佐燊，等. 2004. 人工快渗处理牛湖河水的实践. 中国给水排水，20（9）：71，72

潘耀祖，王红涛. 2008. 表面流人工湿地处理含酚废水应用研究. 山西建筑，34（22），23，24

裴海霞，石雷，张金政. 2006. 不同光周期对德国鸢尾"Royaltouch"的花芽分化和光合作用的影响. 热带
　　亚热带植物学报，14（6）：477～481

彭清涛. 1998. 植物在环境污染治理中的应用. 环境保护，（2）：24～27

濮培民，胡维平，逄勇，等. 1997. 净化湖泊饮用水源的物理-生态工程实验研究. 湖泊科学，9（2）：
　　159～167

齐玉梅，高伟生. 1990. 凤眼莲净化水质及其后处理工艺探讨. 环境科学进展，7（2）：136～139

钱志萍，冯燕，孙莉，等. 2006. 金鱼藻对铜绿微囊藻生长的抑制作用研究. 植物研究，26（1），79～83

秦伯强. 2007. 湖泊富营养化治理的技术对策. 环境保护，（19）：22～24

邱东茹，吴振斌，况琪军，等. 1998. 不同生活型大型植物对浮游植物群落的影响. 生态学杂志，17（6）：
　　22～27

邱东茹，吴振斌，刘保元，等. 1997. 武汉东湖水生植物生态学研 II. 后湖水生植被动态和水体性质. 武
　　汉植物学研究，15（21）：123～130

邱东茹，吴振斌，周元祥，等. 1995. 武汉东湖水生植物生态学研究 I. 水生植被现状和演替动态. 水生生
　　物学报，19（增刊）：103，104

邱东茹，吴振斌. 1996. 富营养化浅水湖泊的退化与生态恢复. 长江流域资源与环境，5（4）：355～361

邱东茹，吴振斌. 1997. 富营养化浅水湖泊沉水水生植被的衰退与恢复. 湖泊科学，9（1）：82～88

曲仲湘，吴玉树，王焕校，等. 1983. 植物生态学. 第二版. 北京：高等教育出版社

饶钦止，章宗涉. 1980. 武汉东湖浮游植物的演变（1956～1975）和富营养化问题. 水生生物学集刊，7

(1): 1~17

饶群. 2001. 大型水体富营养化数学模拟的研究. 河海大学博士学位论文

任久长, 周红, 孙亦彤. 1997. 滇池光照强度的垂直分布与沉水植物的光补偿深度. 北京大学学报（自然科学版）, 33 (2): 211~214

任南, 严国安, 马剑敏, 等. 1996. 环境因子对东湖几种沉水植物生理的影响研究. 武汉大学学报（自然科学版）, 42 (2): 213~218

尚农. 2006. "将花园搬到水上去"——花飞碟生态景观浮岛技术与水上绿化. 花木盆景, 花卉园艺, (1): 46, 47

尚士友, 杜健民, 谢玉红. 1997. 乌梁素海沉水植物开发利用的研究. 内蒙古农牧学院学报, 18 (1): 61~65

尚士友, 李旭英, 杜健民, 等. 1998. 柔性沉水植物切割捡拾装置的试验研究. 农业工程学报, (4): 119~123

邵林广, 董永生, 谢振辉, 等. 1998. 东湖一期截污工程效益评价. 中国给水排水, 14 (5): 35, 36

邵林广. 2001. 水浮莲净化富营养湖泊试验研究. 环境与开发, 16 (2): 28, 29

沈根祥, 姚芳, 胡宏, 等. 2006. 浮萍吸收不同形态氮的动力学特性研究. 土壤通报, 37 (3): 505~508

施国新, 解凯彬, 杜开和, 等. 2001. Cr^{6+}、As^{3+} 污染对黑藻叶细胞伤害的超微结构研究. 南京师大学报, 24 (4): 93~97

施丽丽, 叶存奇, 王喆, 等. 2005. 黄花水龙作为人工浮岛植物的开发研究. 生物学通报, 40 (8): 15, 16

石正强. 1997. 铵态氮和硝态氮营养与大豆幼苗的抗氰呼吸作用. 植物生理学报, 23 (2): 204~208

石志中, 方德奎, 张卫. 1975. 白鲢等鱼种对螺旋鱼腥藻消化吸收的示踪实验报告. 水生生物学集刊, 5 (4): 497~502

舒金华, 黄文钰, 吴延根. 1996. 中国湖泊营养类型的分类研究. 湖泊科学, 8 (3): 193~200

司友斌, 包军杰, 曹德菊, 等. 2003. 香根草对富营养化水体净化效果研究. 应用生态学报, 14 (2): 277~279

宋碧玉, 曹明, 谢平. 2000. 沉水植被的重建与消失对原生动物群落结构和生物多样性的影响. 生态学报, 20 (2): 270~276

宋福, 陈艳卿, 乔建荣, 等. 1997. 常见沉水植物对草海水体（含底泥）总氮去除速率的研究. 环境科学研究, 10 (4): 47~50

宋关玲, 侯文华, 汪群慧, 等. 2006. 适用于青萍修复的水体富营养化状况研究. 天津师范大学学报, 26 (3): 19~22

宋国君, 王亚男. 2003. 荷兰浅水湖的生态恢复实践. 上海环境科学, 22 (5): 346~348

宋祥甫, 吴伟明, 应火冬, 等. 1996. 自然水域无土栽培水稻的生态适应性研究. 中国水稻科学, 10 (4): 227~234

宋祥甫, 邹国燕, 吴伟明, 等. 1998. 浮床水稻对富营养化水体中氮、磷的去除效果及规律研究. 环境科学学报, 18 (5): 489~494

苏胜齐, 姚维志. 2002. 沉水植物与环境关系评述. 农业环境科学学报, 21 (6): 570~573

苏胜齐. 2001. 环境对菹草生长和繁殖影响及菹草对富营养水体净化能力的研究. 中国科学院博士学位论文

苏文华, 张光飞, 张云孙, 等. 2004. 5 种沉水植物的光合特征. 水生生物学报, 28 (4): 391~395

孙禅. 2008. 水生植物群落建植对城市湖泊水环境影响研究. 南京林业大学硕士论文

孙从军, 张明旭. 2001. 河道曝气技术在河流污染治理中的应用. 环境保护, (4): 12~14

孙广友. 1990. 关于湖泊——沼泽相互演化模式的探讨. 海洋与湖沼, 21 (5): 485~489

孙广友. 1998. 沼泽湿地的形成演化. 国土与自然资源研究, 4: 33~35

孙连鹏, 刘阳, 冯晨, 等. 2008. 不同季节浮床美人蕉对水体氮素等污染物的去除. 中山大学学报 (自然科学版), 47 (2): 127~139

孙儒泳, 李庆芬, 牛翠娟, 等. 2002. 基础生态学. 北京: 高等教育出版社

孙赛初, 王焕校, 李启任. 1985. 水生维管束植物受镉污染后的生理变化及受害机制初探. 植物生理学报, 11 (2): 113~121

孙文浩, 俞子文, 邵根福, 等. 1990. 凤眼莲无菌苗培养及其克藻效应. 植物生理学报, 3: 301~305

孙文浩, 俞子文, 余叔文. 1988. 水葫芦对藻类的克制效应. 植物生理学报, 14: 294~300

孙文浩, 俞子文, 余叔文. 1989. 城市富营养水域的生物治理和凤眼莲抑制藻类生长的机理. 环境科学学报, 9 (2): 188~195

孙远军, 李小平, 黄廷. 2008. 稳定剂控制底泥中磷元素释放的机理性研究. 中国环境科学, 28 (8): 764~768

孙远军, 李小平, 黄廷林, 等. 2008. 受污染沉积物原位修复技术研究进展. 水处理技术, 34 (1): 14~18

汤鸿霄. 2000. 微界面水质过程的理论与模式应用. 环境科学学报, 20 (1): 1~101

唐皓, 项学敏, 周集体. 2005. 表面流人工湿地设计的改进及污水净化效果的研究. 农业环境科学学报, 4 (增刊): 125~129

唐汇娟. 2002. 武汉东湖浮游植物生态学研究. 中国科学院水生生物研究所 (博士学位论文)

唐萍, 吴国荣, 陆长梅, 等. 2000. 凤眼莲根系分泌物物对栅藻结构及代谢的影响. 环境科学学报, (3): 356~359

唐萍, 吴国荣, 陆长梅, 等. 2001. 太湖水域几种高等水生植物的克藻效应. 农村生态环境, (3): 42~44

唐世荣. 2006. 污染环境植物修复的原理与方法. 北京: 科学出版社

唐艳, 胡小贞, 卢少勇. 2007. 污染底泥原位覆盖技术综述. 生态学杂志, 26 (7): 1125~1128

唐志坚, 张平, 左杜强, 等. 2003. 植物修复技术在地表水处理中的应用. 中国给水排水, 19 (7): 27~30

田世忠, 黄志丹, 邓南圣, 等. 1993. 东湖水及其自来水中非挥发性致突变有机物的来源研究. 中国环境科学, 13 (2): 100~105

田淑媛, 王景峰, 朗铁柱, 等. 2000. 水生维管束植物处理污水及其综合利用. 城市环境与城市生态, 13 (6): 54~56

帖靖玺, 钟云, 郑正, 等. 2007. 二级串联人工湿地处理农村污水的脱氮除磷研究. 中国给水排水, 23 (1): 88~96

童昌华, 杨肖娥, 濮培民. 2003a. 低温季节水生植物对污染水体的净化效果究. 水土保持学报, 17 (2): 159~162

童昌华, 杨肖娥, 濮培民. 2003b. 水生植物控制湖泊底泥营养盐释放的效果与机理. 农业环境科学学报, 22 (6): 673~676

童昌华, 杨肖娥, 濮培民. 2004. 富营养化水体的水生植物净化试验研究. 应用生态学报, 15 (8): 1448~1450

涂燕. 2007. 21种观赏植物在人工湿地中的生长及净化效果研究. 华南师范大学硕士学位论文

屠清瑛, 章永泰, 杨贤智. 2004. 北京什刹海生态修复试验工程. 湖泊科学, 16 (1): 61~66

万志刚, 顾福根, 孙丙耀, 等. 2006. 6种水生维管束植物对氮和磷的耐受性分析. 淡水渔业, 36 (4): 16~19

王斌, 李伟. 2002. 不同N、P浓度条件下竹叶眼子菜的生理反应. 生态学报, 22 (10): 16~20

王波，王海波，玉永雄. 2006. 化学除草剂在农业中的应用. 畜牧与饲料科学，(5)：55～57

王传海，李宽意，文明章，等. 2007. 苦草对水中环境因子影响的日变化特征. 农业环境科学学报，26
　(2)：798～800

王德华. 1994. 水生植物的定义与适应. 生物学通报，29 (6)：10

王工君，顾宇飞，纪东成，等. 2006. 富营养条件下不同形态氮对轮叶黑藻（*Hydrilla verticillata*）的生
　理影响. 环境科学研究，19 (1)：71～74

王国生，沈红，钟玉书. 2003. 氮磷钾不同用量对芦苇生育影响的研究. 垦殖与稻作，(4)：44～46

王海，王春霞，陈伟，等. 2002. 武汉东湖表层沉积物有机物污染状况. 环境科学学报，22 (4)：434～438

王建. 1990. 浮游植物. 见：刘建康. 东湖生态学研究（一）. 北京：科学出版社. 76～93

王建波，汪小凡，陈家宽，等. 1993. 长喙毛茛泽泻繁殖特性的初步研究. 武汉大学学报（自然科学版），
　6：130～132

王剑虹，麻密. 2000. 植物修复的生物学机制. 植物学通报，17：504～519

王凯军，陈世朋，董娜，等. 2008. 微型复合垂直流人工湿地处理农村灰水试验研究. 中国给水排水，24
　(17)：40～43

王立新，吴国荣，王建安，等. 2004. 黑藻（*Hydrilla verticillata*）对铜绿微囊藻（*Microcystis aerugino-
sa*）抑制作用. 湖泊科学，16：337～342

王绿洲，管薇，李维平，等. 2006. 富营养化湖泊中沉积物原位治理技术进展. 陕西师范大学学报（自然
　科学版），34（增刊）：76～81

王鸣，马晶晶，邵庆均. 2007. 中华鳖外塘养殖技术. 水利渔业，20 (1)：24～26

王圣瑞，金相灿，赵海超，等. 2005. 长江中下游浅水湖泊沉积物对磷的吸附特征. 环境科学，26 (3)：
　38～43

王圣瑞，金相灿，赵海超，等. 2006. 沉水植物黑藻对上覆水中各形态磷浓度的影响. 地球化学，35 (2)：
　179～186

王士达. 1996. 武汉东湖底栖生物的多样性及其与富营养化的关系. 水生生物学报，20（增刊）：75～89

王随继. 2003. 网状河流的构型、流量-宽深比关系和能耗率. 沉积学报，21 (4)：565～570

王炜，宋光丽，杨万年，等. 2007. 光周期对穗花狐尾藻生长、开花与种子形成的影响. 水生生物学报，
　31 (1)：107～111

王兴民，许秋瑾，邢晓丽，等. 2007. 水生高等植物对湖泊生态系统的影响. 山东科学，20 (2)：29～32

王旭明. 1999. 水芹菜对污水净化的研究. 农业环境保护，18 (1)：34，35

王学军，王志欣，刘显阳，等. 2008. 利用铀的测井响应恢复鄂尔多斯盆地古水深. 天然气工业，28 (7)：
　46～48

王学雷，刘兴土，吴宜进. 2003. 洪湖水环境特征与湖泊湿地净化能力研究. 武汉大学学报（理学版），49
　(2)：217～220

王怡. 2005. 水生植物对城市生活污水的净化能力的研究. 四川农业大学硕士学位论文

王英彦，熊焱，铁峰，等. 1994. 用凤眼莲根内金属硫肽检测水体的重金属污染的初步研究. 环境科学学
　报，14 (4)：431～438

魏俊峰，吴大清，彭金莲，等. 2003. 污染沉积物中重金属的释放及其动力学. 生态环境，12 (2)：
　127～130

文湘华，Herbert E A. 1996. 乐安江沉积酸碱特性及其对重金属释放特性的影响. 环境化学，15 (6)：
　510～515

吴爱平，吴世凯，倪乐意. 2005. 长江中游浅水湖泊水生植物氮磷含量与水柱营养的关系. 水生生物学报，

29 (4): 406~412

吴爱平. 2005. 长江中下游浅水湖泊水生植物氮磷含量研究. 中国科学院博士学位论文

吴程, 常学秀, 董红娟, 等. 2008a. 粉绿狐尾藻对铜绿微囊藻的化感抑制效应及其生理机制. 生态学报, 28: 2595~2603

吴程, 常学秀, 吴锋, 等. 2008b. 高等水生植物对集胞藻的化感作用研究. 云南大学学报 (自然科学版), 30: 535~540

吴根福, 吴雪昌, 金承涛. 1998. 杭州西湖底泥释磷的研究. 中国环境科学, 18 (2): 107~110

吴建强, 黄沈发, 丁玲. 2007. 水生植物水体修复机理及其影响因素. 水资源保护, 23: 18~23

吴莉英, 唐前瑞, 尹恒, 等. 2007. 水生植物在园林景观中的应用. 现代园艺, 7: 21~23

吴庆龙, 胡耀辉, 李文朝, 等. 2000. 东太湖沼泽化发展趋势及驱动因素分析. 环境科学学报, 20 (3): 276~279

吴群河, 曾学云, 黄钥. 2005. 河流底泥中 DO 和有机质对三氮释放的影响. 环境科学研究, 18 (5): 34~39

吴晓辉. 2005. 常见眼子菜科沉水植物对浮游藻类的化感作用研究. 中国科学院博士学位论文

吴晓磊. 1995. 人工湿地废水处理机理. 环境科学, 1 (3): 83~86

吴宜进, 邓先瑞. 1998. 武汉城市气候研究现状及展望. 华中师范大学学报 (自然科学版), 32: 372~376

吴永红, 刘剑彤, 丘昌强. 2005. 两种改善富营养化湖泊水质的生物膜技术比较. 水处理技术, 31 (5): 34~37

吴玉树, 余国莹. 1991. 根生沉水植物菹草 (Potamogeton crispus) 对滇池水体的净化作用. 环境科学学报, 11 (4): 411~416

吴振斌, 陈德强, 邱东茹, 刘保元. 2003. 武汉东湖水生植被现状调查及群落演替分析. 重庆环境科学, 25 (8): 1~6

吴振斌, 成水平, 贺锋, 等. 2008. 复合垂直流人工湿地. 北京: 科学出版社

吴振斌, 马剑敏, 赵强, 贺锋, 成水平. 2005. Hg²⁺、Cd²⁺ 及其复合胁迫对伊乐藻的毒害. 中国环境科学, 25 (3): 262~266

吴振斌, 邱东茹, 贺锋, 等. 2001. 水生植物对富营养水体水质净化作用研究. 武汉植物学研究, 19 (4): 299~303

吴振斌, 邱东茹, 贺锋, 等. 2003. 沉水植物重建对富营养水体氮磷营养水平的影响. 应用生态学报, 14 (8): 1351~1353

吴振斌, 夏宜琤, 丘昌强, 王德铭. 1988. 石化废水中酚对风眼莲生长的影响. 水生生物学报, 12 (2): 125~132

吴振斌, 詹发萃, 邓家齐, 等. 1994. 综合生物塘处理城镇污水研究. 环境科学学报, (2): 223~228

吴征镒. 1980. 中国植被. 北京: 科学出版社

夏会龙, 吴良欢, 陶勤南. 2002. 风眼莲植物修复水溶液中甲基对硫磷的效果与机理研究. 环境科学学报, 22 (3): 329~333

夏世斌, 陈小珍, 吴振斌, 等. 2007. 复合 MBR 处理厕所污水与回用的试验研究. 中国给水排水, 23 (5): 14~17

鲜啟鸣, 陈海东, 邹惠仙, 等. 2005. 四种沉水植物的克藻效应. 湖泊科学, 17: 75~80

肖德林, 邓仕槐, 李宏娟, 等. 2007. 畜禽废水胁迫对芦苇叶绿素含量及抗氧化酶系统的影响. 农业环境科学学报, 26 (6): 2021~2026

肖恩荣, 梁威, 贺锋, 成水平, 吴振斌. 2008. SMBR-IVCW 系统处理高浓度综合污水. 环境科学学报,

28 (9): 1785～1792

肖恩荣. 2007. 膜生物反应器-人工湿地复合系统净化工艺研究. 中国科学院博士学位论文

肖克炎, 于丹. 2008. 克隆种群的有关概念在水生植物中应用和研究进展. 水生生物学报, 32 (6): 920～925

肖月娥, 陈开宁, 戴新宾, 等. 2007. 太湖两张大型沉水植物无机碳利用效率差异及其机理. 植物生态学报, 31 (3): 490～496

谢平, 高村典子. 1996. 武汉东湖桡足类群落结构与生物多样性的变化. 水生生物学报, 20 (z1): 24～29

谢平, 诸葛燕, 戴莽, 等. 1996. 水体富营养化对浮游生物群落多样性的影响. 水生生物学报, 20 (增刊): 30～37

谢平. 2003. 鲢、鳙与藻类水华控制. 北京: 科学出版社

谢贻发, 胡耀辉, 刘正文, 等. 2007. 沉积物再悬浮对沉水植物生长的影响研究. 环境科学学报, 27 (1): 18～22

谢志才, 马凯, 叶麟, 等. 2007. 保安湖大型底栖动物结构与分布格局研究. 水生生物学报, 31 (2): 174～183

辛晓云, 马秀东. 2003. 氧化塘水生植物净化污水的研究. 山西大学学报 (自然科学版), 26 (1): 85～87

邢鹏, 孔繁翔, 陈开宁, 等. 2008. 生态修复水生植物根际氨氧化细菌的研究. 环境科学, 29 (8): 2154～2159

胥维昌. 2000. 我国农药废水处理现状及展望. 技术进展, 19 (5): 19, 20

徐栋. 成水平. 吴振斌, 等. 2006. 受污染城市湖泊景观化人工湿地处理系统的设计. 中国给水排水, 22 (12): 40～44

徐加宽, 杨连新, 王余龙, 等. 2005. 水稻对重金属元素的吸收与分配机理的研究进展. 植物学通报, 22 (5): 614～622

徐勤松, 施国新, 杜开和, 等. 2001a. Zn诱导的菹草叶抗氧化酶活性的变化和超微结构损伤. 植物研究, 21 (4): 569～573

徐勤松, 施国新, 杜开和. 2002. 重金属镉、锌在菹草叶细胞中的超微定位观察. 云南植物研究, 24 (2): 241～244

徐勤松, 施国新, 郝怀庆. 2001b. Cd、Cr (VI) 单一及复合污染对菹草叶绿素含量和抗氧化酶系统的影响. 广西植物, 21 (1): 87～90

徐勤松, 施国新, 周红卫, 等. 2003. Cd、Zn复合污染对水车前叶绿素含量和活性氧清除系统的影响. 生态学杂志, 22 (1): 5～8

徐昕, 陶思源, 郝林. 2004. 用转基因植物修复重金属污染的土壤. 植物学通报, 21 (5): 595～607

徐新伟, 于丹, 刘春花, 等. 2002. 椭圆萝卜螺对两种沉水植物生长的影响. 水生生物学报, 26 (6): 719～721

徐瑶, 王国祥, 李强. 2007. 水体浊度对苦草光合荧光特性的影响. 武汉植物学研究, 25 (1): 70～74

徐轶群, 熊慧欣, 赵秀兰. 2003. 底泥磷的吸附与释放研究进展. 重庆环境科学, 25 (11): 147～149

许大全. 2003. 植物光胁迫研究中的几个问题. 植物生理学通讯, 39 (5): 493～495

许航. 1999. 水生植物塘脱氮除磷的效能及机理研究. 哈尔滨建筑大学学报, 32 (4): 69～73

许秋瑾, 金相灿, 王兴民, 等. 2006. 氨氮与镉单一和复合作用对沉水植物穗花狐尾藻和轮叶黑藻光合作用能力的影响. 环境科学, 27 (10): 1974～1978

许秋瑾, 王兴民, 金相灿, 等. 2005. 壳聚糖预处理对7种常见沉水植物初级生产力的影响. 环境科学研究, 18 (6): 41～71

宣亚红，王小江，白玉华，等. 2008. 垂直流人工湿地系统在城市生活小区污水处理和回用中的应用. 上海水务，24 (3)：34～36

薛传东，杨浩，刘星. 2003. 天然矿物材料修复富营养化水体的实验研究. 岩石矿物学杂志，22 (4)：381～385

闫研，李建平，赵志国，等. 2008. 超富集植物对重金属耐受和富集机制的研究进展. 广西植物，(4)：505～510

闫玉华，钟成华，邓春光. 2007. 非经典生物操纵修复富营养化的研究进展. 安徽农业科学，35 (12)：3459，3460

闫云君，李晓宇，梁彦龄. 2005. 草型湖泊和藻型湖泊中大型底栖动物群落结构的比较. 湖泊科学，17 (2)：176～182

闫云君，梁彦龄. 2004. 草型湖泊与藻型湖泊大型底栖动物生产力的比较. 湖泊科学，16 (1)：81～84

严国安，李益健. 1993. 水生植物系统对污水的处理及设计探讨. 环境工程，11 (2)：16～20

严国安，马剑敏，邱东茹，等. 1997. 武汉东湖水生植物群落演替的研究. 植物生态学报，21 (4)：319～327

颜昌宙，范成新，杨建华，等. 2004. 湖泊底泥环保疏浚技术研究展望. 环境污染与防治，26 (3)：189～192

颜京松. 1981. 应用水生生物群落评价水质的一些数学公式. 中国科学院水生生物研究所环境污染与生态学文集. 南京：江苏科技出版社

颜素珠，彭秀娟. 1990. 8 种水生植物对污水中重金属——铜的抗性及净化能力研究. 中国环境科学，10 (3)：166～170

颜素珠. 1983. 中国水生高等植物图说. 北京：科学出版社

杨长明，顾国泉，邓欢欢，等. 2008. 风车草和香蒲人工湿地对养殖水体磷的去除作用. 中国环境科学，28 (5)：471～475

杨丹敏，陈春华，王焰新. 2004. 武汉东湖沉积物中金属元素垂直分布研究. 安全与环境工程，11 (2)：17，18

杨富亿，胡国红，张悦. 1993. 松嫩平原菹草资源及其渔业利用. 自然资源，6：39～47

杨汉东，杜耘，蔡述明. 1995. 湖北省湖泊水环境化学特征及其与人类活动的关系. 长江流域资源与环境，4 (1)：58～63

杨汉东，农生文，蔡述明，等. 1994. 武汉东湖沉积物的环境地球化学. 水生生物学报，18 (3)：208～214

杨居荣，黄翌. 1994. 植物对重金属的耐性机理. 生态学杂志，13 (8)：20～26

杨清心. 1998. 东太湖水生植被的生态功能及调节机制. 湖泊科学，10 (1)：67～72

杨琼芳. 2002. FAMS 对水体的净化率研究. 云南环境科学，21 (4)：49～52

杨荣敏，李宽意，王传海，等. 2007. 大型水生植物对太湖底泥磷释放的影响研究. 农业环境科学学报，26 (zl)：274～278

杨文龙. 1999. 湖水藻类生长的控制技术. 云南环境科学，18 (2)：34～36

杨孝育，刘存德. 1988. 水稻幼苗的低温伤害及其与腺苷酸代谢的关系. 植物生理学报，(3)：344～349

杨宇峰，陈雪梅，黄祥飞. 1994. 武汉东湖桡足类的生态学演变. 水生生物学报，(4)：334～340

杨宇峰，陈雪梅，黄祥飞. 1995. 武汉东湖桡足类的生态学研究. 见：刘建康. 东湖生态学研究（二）. 北京：科学出版社. 235～245

杨泽华，童春富，陆健健. 2007. 盐沼植物对大型底栖动物群落的影响. 生态学报，27 (11)：4387～4393

姚作五，李益健，夏盛林. 1990. 武汉东湖水生维管束植物与富营养化. 重庆环境科学，12 (4)：26～30

叶春，刘杰，于海婵，等. 2008. 东太湖 3 种沉水植物群落区底泥种子库与幼苗库. 生态环境，17 (3)：1091～1095

易志刚，刘春常，张倩媚，等. 2006. 复合人工湿地对有机污染物的去除效果初步研究. 生态环境，15 (5)：945～948

尹炜，李培军，裘巧俊，等. 2006. 植物吸收在人工湿地去除氮、磷中的贡献. 生态学杂志，25 (2)：218～221

由文辉，宋永昌. 1995. 淀山湖 3 种沉水植物的种子萌发生态. 应用生态学报，6 (2)：196～200

于丹，涂芒辉，刘丽华，等. 1998. 武汉东湖水生植物区系四十年间的变化与分析. 水生生物学报，22 (3)：219～228

于丹. 1994a. 东北水生植物地理学的研究. 植物研究，14 (2)：169～178

于丹. 1994b. 水生植物群落动态与演替的研究. 植物生态学报，18 (4)：372～378

于丹. 1995. 东湖水生植物群落学研究. 见：刘建康. 东湖生态学研究（二）. 北京：科学出版社. 312～327

于曦，刘祥君，石福臣. 2006. 槐叶萍对富营养化水体净化效果的研究. 天津师范大学学报，26 (3)：19～22

俞子文，孙文浩，郭克勤，等. 1992. 几种高等水生植物的克藻效应. 水生生物学报，24 (4)：1～7

喻文华. 1992. 长江三峡工程对梁子湖调蓄功能和农田潜育化沼泽化影响分析. 人民长江，23 (4)：49～53

袁俊峰，章宗涉. 1993. 金鱼藻对藻类的生化干预作用. 生态学报，13 (1)：45～50

岳春雷，常杰，葛滢，等. 2004. 复合垂直流人工湿地对低浓度养殖废水循环净化功能研究. 科技通报，20 (1)：15～17

詹鹏. 2007. 梯田式人工湿地处理生活污水处理研究. 湖南大学硕士学位论文

张兵之. 2007. 伊乐藻对铜绿微囊藻的化感作用研究. 中国科学院博士学位论文

张国华，曹文宣，陈宜瑜. 1997. 湖泊放养渔业对我国湖泊生态系统的影响. 水生生物学报，21 (3)：271～280

张鸿，陈光荣，吴振斌，等. 1999. 两种人工湿地氮、磷净化率与细菌分布关系的初步研究. 华中师范大学学报，33 (4)：575～578

张金炳，汤鸣皋，陈鸿汉，等. 2001. 人工快渗系统处理洗浴污水的试验研究. 岩石矿物学杂志，20 (4)：539～543

张金炳，张永华，杨小毛，等. 2004. 用人工快速渗滤系统处理受污染河水的试验研究. 华北水利水电学院学报，25 (3)：65～67

张竞秋，李卓，李海婴. 2008. 除草剂氟乐灵对小麦根尖细胞有丝分裂的影响. 植物研究，28 (5)：552～555

张龙翔. 1997. 生化实验方法和技术. 第二版. 北京：高等教育出版社

张萌，曹特，过龙根，倪乐意，谢平. 2010. 武汉东湖水生植被重建及水质改善试验研究. 环境科学与技术，33 (6)：154～159

张茹春. 2007. 北京怀沙河、怀九河水生植物区系初步研究. 北方园艺，(12)：184，185

张胜花. 2007. 两种眼子菜科沉水植物与浮游藻类之间的化感作用研究. 中国科学院博士学位论文

张圣照，王国祥，濮培民. 1998. 太湖藻型富营养化对水生高等植物的影响及植被的恢复. 植物资源与环境学报，7 (4)：52～57

张圣照，王国祥，濮培民. 1999. 东太湖水生植被及其沼泽化趋势. 植物资源与环境，8 (2)：1～6

张水元，刘衢霞，华俐，等. 1989. 武汉东湖磷含量的变动及其分布. 水生生物学报，(4)：297～304

张水元，刘衢霞. 1990. 东湖氮、磷的收支及累积. 见：刘建康. 东湖生态学研究（一）. 北京：科学出版社. 379～382

张维昊，周连凤，吴小刚，等. 2006. 菖蒲对铜绿微囊藻的化感作用. 中国环境科学，26：355～358

张卫明，陈维培. 1989. 水生植物的奇妙生态适应. 植物杂志，（3）：37～39

张伟勤. 2008. 水中藻类污染物去除方法研究进展. 工程建设与设计，9：54～57

张小兰，施国新，徐楠，等. 2002. Hg^{2+}、Cd^{2+} 对轮藻部分生理生化指标的影响. 南京师大学报，25（1）：38～43

张秀敏，陈娟，杨树华. 1998. 滇池水生植被恢复规划研究. 云南环境科学，（3）：38～40

张意林，覃军，陈正洪. 2008. 近 56a 武汉市降水气候变化特征分析. 暴雨灾害，27：253～257

张毅敏，张永春，左玉辉. 2003. 前置库技术在太湖流域面源污染控制中的应用探讨. 环境污染与防治，25（6）：342～344

张永春，张毅敏，胡孟春，等. 2006. 平原河网地区面源污染控制的前置库技术研究. 中国水利，（17）：14～18

张永春. 1989. 前库-控制水库富营养化的生态学途径综述. 水资源保护，28（4）：52～58

张甬元，庄德辉，孙美娟，等. 1982. 有机磷农药生产废水氧化塘处理的静态和动态模拟试验. 水生生物学报，7（4）：489～498

张志勇，王建国，杨林章，等. 2008. 植物吸收对模拟污水净化系统去除氮、磷贡献的研究. 土壤，40（3）：412～419

张祖陆，孙废义，彭利民，等. 1999. 南四湖地区水环境问题探析. 湖泊科学，11（1）：86～90

章宗涉. 1998. 水生高等植物-浮游植物关系和湖泊营养状态. 湖泊科学，10（4）：83～86

赵果元，李文杰，李默然，等. 2008. 洱海湖滨带的生态现状与修复措施。安徽农学通报，14（17）：89～92

赵联芳，朱伟，莫妙兴. 2008. 沉水植物对水体 pH 值的影响及其脱氮作用. 水资源保护，24（6）：64～67

赵玲. 1995. 几种挺水植物叶表皮细胞结构的观察. 上海水产大学学报，4（1）：35～38

赵冕，吴学灿，夏峰，等. 1999. 滇池水生植物研究概述. 云南环境科学，18（3）：4～8

赵强，成水平，贺锋，吴振斌. 2006b. 十二烷基苯磺酸钠对黑藻生长的影响. 华中农业大学学报，25（6）：664～667

赵强，马剑敏，成水平，贺锋，吴振斌. 2006a. 黑藻对十二烷基苯磺酸钠和多聚磷酸钠胁迫的响应. 中国环境科学，26（5）：579～582

赵文，董双林，申屠青春，等. 2001. 盐碱池塘水生大型植物的研究. 植物研究，21（1）：140～146

赵文. 2005. 水生生物学. 北京：中国农业出版社

赵祥华，田军. 2005. 人工浮岛技术在云南湖泊治理中的意义及技术研究. 云南环境科学，A01：130～135

赵章元. 2000. 我国江河湖海除藻的治标与治本浅析. 环境保护，（8）：29，30

郑师章，乐毅全. 1994. 凤眼莲及其根际微生物共同代谢和协同降酚机理的研究. 应用生态学报，5（4）：403～408

郑艳侠，冯绍元，蔡金宝，黄炳彬. 2005. 用土壤含水层处理系统去除水库微污染有机物的试验研究. 水利学报，36（9）：1083～1087

中国科学院武汉植物研究所. 1983. 中国水生维管束植物图谱. 武汉：湖北人民出版社

钟萍，李丽，李静媚，等. 2007. 河流污染底泥的生态修复. 生态科学，26（2）：181～185

种云霄，胡洪营，钱易. 2003. 大型水生植物在水污染治理中的应用研究进展. 环境污染治理技术与设备，

4（2）：36～40

周怀东，彭文启. 2005. 水污染与水环境修复. 北京：化学工业出版社

周凌云，李清义，戴伦膺. 1963. 武昌东湖水生维管束植物区系的初步调查. 武汉大学学报，（2）：122～131

周启星，朱荫湄. 1999. 西湖底泥不同供氧条件下有机质降解及 CO_2 与 CH_4 释放速率的模拟研究. 环境科学学报，19（1）：11～15

周人纲，樊志和，李晓芝. 1993. 高温锻炼对小麦细胞膜热稳定性的影响. 华北农学报，8（3）：33～37

周小平，王建国，薛利红，等. 2005. 浮床植物系统对富营养化水体中氮、磷净化特征的初步研究. 应用生态学报，16（11）：2199～2203

周易勇，付永清. 1999. 水体磷酸酶，来源、特征及其生态学意义. 湖泊科学，11（3）：274～283

朱斌，陈飞星，陈增奇. 2002. 利用水生植物净化富营养化水体的研究进展. 上海环境科学，21（9）：564～567

朱广伟，秦伯强，高光，等. 2004. 长江中下游浅水湖泊中磷的形态及其与水相磷的关系. 环境科学学报，24（3）：281～288

朱广伟，秦伯强，高光. 2005. 风浪扰动引起大型浅水湖泊内源磷暴发性释放的直接证据. 科学通报，50（1）：66～71

朱红钧，赵振兴. 2007. 有漂移植物河道水流的紊动特性研究. 中国农村水利水电，（10）：18～22

朱惠，邓文瑾. 1983. 鱼类对藻类消化吸收的研究Ⅱ. 鲢、鳙对微囊藻和裸藻的消化吸收. 鱼类学论文集，3：77～91

朱蕙. 1982. 鱼类对藻类消化吸收的研究Ⅰ. 白鲢对斜生栅藻的消化与吸收. 水生生物学集刊，7（4）：547～550

朱清顺，周刚，张彤晴，等. 2005. 不同水生植物对水体生态环境的影响. 水产养殖，26（2）：7～9

朱夕珍，肖乡，刘怡等. 2003. 植物在城市生活污水人工土快滤处理床的作用. 农业环境科学学报，22（5）：71～73

朱秀芹，李灿波. 2008. 刍议现代除藻技术. 黑龙江水利科技，36（4）：42

祝凌燕，张子种，周启星. 2008. 受污染沉积物原位覆盖材料研究进展. 生态学杂志，27（4）：645～651

庄源益，赵凡，戴树桂，等. 1995. 高等水生植物对藻类生长的克制效应. 环境科学进展，（6）：44～49

邹尚辉. 1989. 江汉湖群湖泊沼泽化问题研究. 华中师范大学学报（自然科学版），23（1）：115～120

邹秀文. 2005. 国内外水生植物发展概况. 中国花卉园艺，（15）：10～12

左进城，贺锋，成水平，等. 2006. 富营养底质对沉水植物的胁迫研究Ⅰ. 乙酸对伊乐藻和菹草萌发与幼芽生长的影响. 武汉植物学研究，24（5）：424～428

左进城，苗凤萍，王爱云，王仲礼，赵爱芬，吴振斌. 2009. 收割对穗花狐尾藻生长的影响. 生态学杂志，28（4）：643～647

左进城. 2006. 沉水植物收割调控的几个生态学问题. 中国科学院博士学位论文

Admi V, Afek U, Carmeli S. 1996. Raocyclamides A and B, novel cyclic hexapeptides isolated from the cyanobacterium Oscillatoria raoi. J Nat Prod, 59：396～399

Agami M, Reddy K R. 1990. Competition for space between *Eichhornia crassipes* (Mart.) Solms and *Pistia stratiote* L. cultured in nutrient-enriched water. Aquatic Botany, 38：195～208

Agrawal A A. 1998. Algal defense, grazers, and their interactions in aquatic trophic cascades. Acta Oecologica, 19（4）：331～337

Ahlgren J, Tranvik L, Gogoll A, *et al*. 2005. Sediment depth attenuation of biogenic phosphorus compounds measured by ^{31}P NMR. Environmental Science and Technology, 39: 867~872

Ahrens W H. 1994. Herbicide Handbook. 7th ed. Champaign, IL Weed Science Society of America

Allinson G, Stagnitti F, Colville S, et al. 2000. Growth of floating aquatic macrophytes in alkaline industrial wastewaters. Journal of Environmental Engineering, 126 (12): 1103~1107

Amaya-Chávez A, Martínez-Tabche L, López-López E, et al. 2006. Methyl parathion toxicity to and removal efficiency by Typha latifolia in water and artificial sediments. Chemosphere, 63 (7): 1124~1129

Amemiya T, Enomoto T, Rossberg A G, Takamura N, Itoh K. 2005. Lake restoration in terms of ecological resilience: a numerical study of biomanipulations under bistable conditions. Ecology and Society, 10 (2): 3~15

Amirbahman A, Pearce A, Bouchard R, et al. 2003. Relationshipbetween hypolimnetic phosphorus and iron release from eleven lakes in Maine, USA. Biogeochemistry, 65 (3): 369~386

Andersen F Ø. 1978. Effects of nutrient level on the decomposition of phragmites communis Trin. Archiv für Hydrobiologie, 84: 42~54

Anderson F Ø, Olsen K R. 1994. Nutrient cycling in shallow oligotrophic lake Kvie, Denmark. 2. Effects of isoetids on the exchange of phosphorus between sediment and water. Hydrobiologia, 275, 276: 267~276

Aquatic Botany, 88: 27~31

Aravind P, Prasad M N V. 2003. Zinc alleviates cadmium-induced oxidative stress in Ceratophyllum demersum L. , a free floating freshwater macrophyte. Plant Physiology and Biochemistry, 41: 391~397

Aravind P, Prasad M N V. 2005. Modulation of cadmium-induced oxidative stress in Ceratophyllum demersum by zinc involves ascorbate-glutathione cycle and glutathione metabolism. Plant Physiology and Biochemistry, 43: 107~116

Arber A. 1920. Water Plants. London: Cambridge Univ. Press

Arvola L, Salonen K. 2001. Plankton community of a polyhumic lake with and without Daphnia longispina (Cladocera). Hydrobiologia, 445: 141~150

Asaeda T, Takeshi F, Jagath M. 2005. Morphological adaptations of emergent plants to water flow: a case study with Typha angustifolia, Zizania latifolia and Phragmites australis. Freshwater Biology, 50: 1991~2001

Augusto E, Edenilson R, Ralf D, et al. 2004. Algicide production by the filamentous cyanobacterium Fisherella sp. CENA 19. Journal of Applied Phycology, 16: 237~243

Babin Jay, Kau Paul, Chan Louis, et al. 2003. Full Scale in Situ Sediment Treatment to Control Sulfide Odors. Venice, Italy: Battelle Press

Bachand P A M, Horne A J. 2000. Denitrifcation in constructed free-water surface wetlands: II. Effect of vegetation and temperature. Ecological Engineering, 14 (1~2): 17~32

Bachmann R W, Horsburgh C A, Hoyer M V, et al. 2002. Relations between trophic state indicators and plant biomass in Florida lakes. Hydrobiologia, 470: 219~234

Bachmann R W, Hoyer M V, Canfield Jr D E. 1999. The restoration of Lake Apopka in relation to alternative stable states. Hydrobiologia, 394: 219~232

Baker A J M. 1981. Accumulationsand excluders strategies in response of plants to heavy metals. Journal of Plant Nutrient, 3: 643~654

Baker A J M. 1987. Metal tolerance. New Phytologist, 106: 93~111

Baldwin A H, Mendelssohn I A. 1998. Response of two oligohaline marsh communities to lethal and nonlethal disturbance. Oecologia, 116: 543~555

Balls H R, Moss B, Irvine K. 1989. The loss of submerged plants on eutrophication. I. Experimental design, water chemistry, aquatic plant and phytoplankton biomass in esperiments carried out in ponds in the Norfolk Broadland. Freshwater Biology, 22: 71~87

Barko J W, Smart R M. 1986. Sediment related mechanisms of growth limitation in submersed macrophytes. Ecology, 67: 1328~1340

Barko J W, Smart R M, McFarland D G, et al. 1988. Interrelationships between the growth of Hydrilla verticillata (L. f.) Royle and sediment nutrient availability. Aquatic Botany, 32: 205~216

Barko J W, Filbin G J. 1983. Influences of light and temperature on chlorophyll composition in submersed freshwater macrophytes. Aquatic Botany, 15: 249~255

Barko J W, Gunnison D, Carpenter S R. 1991. Sediment interactions with submersed macrophyte growth and community dynamics. Aquatic Botany, 41 (1/3): 41~65

Barko J W, Smart R M. 1978. The growth and biomass distribution of two emergent freshwater plants, Cyperus esculentus and Scirpus validus, on different sediments. Aquatic Botany, 5: 109~117

Barko J W, Smart R M. 1980. Mobilization of sediment phosphorus by submersed freshwater macrophytes. Freshwater Biology, 10: 229~238

Barko J W, Smart R M. 1981. Sediment-based nutrition of submersed macrophytes. Aquatic Botany, 10: 339~352

Barrat-Segretain M H, Henry C P, Bornette G. 1999. Regeneration and colonization of aquatic plant fragments in relation to the disturbance frequency of their habitats. Archiv für Hydrobiologie, 145: 111~127

Bashir F, Mahmooduzzafar, Siddiqi T, et al. 2007. The antioxidative response system in Glycine max (L.) Merr. exposed to Deltamethrin, a synthetic pyrethroid insecticide. Environmental Pollution, 147 (1): 94~100

Baskin C C, Baskin J M. 1998. Seeds, Ecology, biogeography, and evolution of dormancy and germination. San Diego: Academic Press: 666

Basu B K, Kalff J, Pinel-alloul B. 2000. The influence of macrophyte beds on plankton communities and their export from fluvial lakes in the St. Lawrence Rive. Freshwater Biology, 45: 373~382

Beklioglu M, Altinaya G, Tan C O. 2006. Water level control over submerged macrophyte development in five shallow lakes of Mediterranean Turkey. Archiv fur Hydrobiologie, 166: 535~556

Beklioglu M, Ince O, Tuzun I. 2003. Restoration of the eutrophic Lake Eymir, Turkey, by biomanipulation after a major external nutrient control I. Hydrobiologia, 490: 93~105

Benndorf J, Böing W, Koop J, et al. 2002. Top-down control of phytoplankton: the role of time scale, lake depth and trophic state. Freshwater Biology, 47 (12): 2282~2295

Benndorf J, Putz K, Krinitz H, et al. 1975. Die Funktion dervorsperren zum schutz der talsperren vor cutrophierung. Wasserwirtschaft Wassertechnik, 25 (1): 19~25

Benndorf J, Putz K. 1987a. Control of eutrophication of lakes and reservoirs by means of pre-dams-I, mode of operation and calculation of the nutrient elimination capacity. Water Research, 21 (7): 829~838

Benndorf J, Putz K. 1987b. Control of eutrophication of lakes and reservoirs by means of pre-dams-II, Validation of the phosphate removal model and size optimization. Water Research, 21 (7): 838~847

Benndorf J. 1987. Food web manipulation without nutrient control: a useful strategy in lake restoration.

Aquatic Sciences-Research Across Boundaries, 49: 237~248

Benndorf J. 1988. Objectives and unsolved problems in ecotechnology and biomanipulation: a preface. Limnologica, 19: 5~8

Benndorf J. 1990. Conditions for effective biomanipulation: conclusions derived from whole-lake experiments in Europe. Hydrobiologia, 200/201: 187~203

Bergman E, Hamrin S F, Romare P. 1999. The effects of cyprinid reduction on the fish community. Hydrobiologia, 404: 65~75

Berner R A. 1981. A new geochemmical classfication of sedimentary environments. Journal of Sedimentary Petrology, 51: 359~365

Best E P H. 1980. Effects of nitrogen on the growth and nitrogenous compounds of *Ceratophyllum demersum*. Aquatic Botany, 8: 197~206

Best E P H. 1988. The phytosociological approach to the Description and classification of aquatic macrophytic vegetation. Handbook of vegetation Science. Junk Publishers. The Hague. 165~182

Best E P H. 1994. The impact of mechanical harvesting regimes on the aquatic and shore vegetation in water courses of agricultural areas of the Netherlands. Plant Ecology, 112: 57~71

Betts K S. 1997. Native aquatic plants remove explosives. Environment Science & Technology, 31 (7): 304A

Biggs B J F. 1996. Hydraulic habitat of plants in streams. Regul Riv Res and Manage, 12: 131~144

Bilby R. 1977. Effects of a spate on the macrophyte vegetation of a stream pool. Hydrobiology, 56: 109~112

Blanch S J, Ganf G G, Walker K F. 1999. Growth and resource allocation in Response to flooding in the emergent sedge *Bolboschoenus medianus*. Aquatic Botany, 63: 145~160

Blindow I, Andersson G, Hargeby A, Johansson S. 1993. Long-term pattern of alternative stable states in two shallow eutrophic lakes. Freshwater Biology, 30: 159~167

Blindow I, Hargeby A, Andersson G. 1998. Alternative stable states in shallow lakes: What causes a shift? Structuring role of subbmerged macrophytes in lakes: Ecological studies: Analysis and synthesis, 131: 353~360

Blindow I. 1987. The composition and density of epiphyton on several species of submerged macrophytes-neutral substrate hypothesis tested. Aquatic Botany, 29: 157~168

Bodner M. 1994. Inorganic carbon source for photosynthesis in the aquatic macrophytes *Potamogeton natans* and *Ranunculus fluitans*. Aquatic Botany, 48: 109~120

Boers P, Bles F. 1991. Ion concentration of interstitial water as indicators for phosphorus release processes and reactions. Water Research, 25: 591~598

Bole J B, Allan J R. 1978. Uptake of phosphorus from sediment by aquatic plants, *Myriophyllum spicatum* and *Hydrilla verticillata*. Water Research, 12: 353~358

Bonar S A, Sehgal H S, Pauley G B, et al. 1990. Relationship between the chemical composition of aquatic macrophytes and their consumption by grass carp, *Ctenopharyngodon idella*. Journal of Fish Biology, 36: 149~157

Bonis A, Grillas P. 2002. Deposition, germination and spatio-temporal patterns of charophyte propagule banks: areview. Aquatic Botany, 72: 235~248

Booker F, Blum U, Fiscus E. 1992. Short-term effects of ferulic acid on ion uptake and water relations in cucumber seedlings. Journal of Experimental Botany, 43: 649~655

Boon P I, Sorrell B K. 1991. Biogeochemistry of billabong sediments: I. The effect of macrophytes. Freshwater Biology, 26 (2): 209~226

Bornette G C. Amoros N L, Lamouroux N. 1998. Aquatic plant diversity in riverine wetlands: The role of connectivity. Freshwater Biology, 39: 267~283

Borum J, Pedersen O, Greve T M. 2005. The potential role of plant oxygen and sulfide dynamics in die-off events of the tropical seagrass, *Thalassia testudinum*, in Florida Bay. J Ecol, 93: 148~158

Boström B, Anderson M, Fleischer S, et al, 1988, Exchange of phosphorus across the sediment-water interface. Hydrobiologia, 170: 229~244

Boström B, Pettersson K. 1982. Different patterns of phosphorus release from lake sediments in laboratory experiments. Hydrobiologia, 91~92: 415~429

Brenchley J L, Probert R J. 1998. Seed germination responses to some environmental factors in the seagrass *Zostera capricorni* from eastern Australia. Aquatic Botany, 62: 177~188

Brettum. 1989. Algae as indicators of water quality. Phytoplankton. Norsk institute for vannforskning. NIVA Rapport 086116: 1~111. (In Norwegian)

Bristow J W. 1975. The structure and function of roots in aquatic vascular plants. *In*: Torrey J G, Clarkson D T. The Development and Function of Roots. New York: Academic Press. 221~233

Britto D V, Sidddiqi M Y, Glass A D M, *et al*. 2001. Futile transmembrance NH$_4^+$ cycling: a cellular hypothesis to explain ammonium toxicity in plants. Proceedings of the National Academy of Sciences of the United States of America, 98: 4255~4258

Brix H. 1997. Do macrophytes play a role in constructed treatmerit wetlands. Water Science and Technology, 35: 11~17

Brock M A, Rogers K H. 1998. The regeneration potential of the seed bank of an ephemeral floodplain in South Africa. Aquatic Botany, 61: 123~135

Brock T C, Van den Bogaert M, Bos A R, *et al*. 1992. Fate and effects of the insecticide Dursban 4E in indoor Elodea-dominated and macrophyte-free freshwater model ecosystems. II. Secondary effects on community structure. Archives of Environmental Contamination and Toxicology, 23: 391~409

Brock T C, Van der Velde G, Van de Steeg H M. 1987. The effects of extreme water levelfluctuations on the wetland vegetation of a nymphaeid-dominated oxbow lake in The Netherlands. Archiv fur Hydrobiologie, 27: 57~73

Bronmark C, Weigher S E B. 1992. Indirect effects of fish community structure on submerged vegetation in shallow eutrophic lakes an alternative mechanism. Hydrobiologia, 243/244: 293~301

Bronmark C. 1985. Interactions between macrophytes, epiphytes and herbivores: an experimental approach. Oikos, 45: 26~30

Brooker M P, Edwards R W. 1975. Aquatic herbicides and the control of water weeds. Water Research, 9: 1~15

Brouwer E, Bobbink R, Meeuwsen F, *et al*. 1997. Recovery from acidification in aquatic mesocosms after reducing ammonium and sulphate deposition. Aquatic Botany 56: 119~130

Burke J S, Bayne D R, Rea H. 1986. Impact of silver and bighead carps on plankton communities of channel catfish ponds. Aquaculture, 55 (1): 59~68

Butcher R W. 1993. Studies on the ecology of rivers I. On the distribution of macrophyte vegetation in the rivers of Britain. J Ecol, 21: 58~91

Biró P. 1995. Management of pond ecosystems and trophic webs. Aquaculture, 129 (1~4): 373~386

Caffrey J M, Kemp W M. 1991. Seasonal and spatial patterns of oxygen production, respiration and root-rhizome release in *Potamogeton perfoliatus* L. and *Zostera marina* L. Aquatic Botany, 16: 137~148

Calmano W, Hong J, Forstner U. 1993. Binding and mobilization of heavy metal in contaminated sediment affected by pH and redox potential. Water Science & Technology, 28 (8~9): 223~235

Camino F A, Margarita F A, Eloy B. 1999. Influence of water level fluctuation on the structure and composition of the macrophyte vegetation in two small temporary lakes in the northwest of Spain. Hydrobiologia, 415: 155~162

Canfield D E, Shireman J V, Colle D E, et al. 1984. Prediction of chlorophyll a concentrations in Florida Lakes: Importance of aquatic macrophytes. Canadian Journal of Fisheries and Aquatic Science, 41: 497~501

Canfield D E, Thamdrup B, Hansen J W. 1993. The anaerobic degradation of organic matter in Danish coastal sediments: Iron reduction, manganese reduction, and sulfate reduction. Geochimica et Cosmochimica Acta, 57 (16): 3867~3883

Cao T, Ni L Y, Xie P. 2004. Acute biochemical responses of a submersed macrophyte, *Potamogeton crispus* L, to high ammonium in an aquarium experiment. Journal of Freshwater Ecology, 19 (2): 279~284

Cao T, Xie P, Ni L Y, et al. 2007. The role of NH4$^+$ toxicity in the decline of the submersed macrophyte Vallisneria natans in lakes of the Yangtze River basin, China. -Marine and Freshwater Research, 58: 581~587

Cao T, Xie P, Ni L Y, et al. 2009. Carbon, nitrogen metabolism of an eutrophication tolerative macrophyte, *Potamogeton crispus*, under NH$_4^+$ stress and low light availability. Environmental and Experimental Botany, 66 (1): 74~78

Carignan R, Kalff J. 1980. Phosphorus sources for aquatic weeds: water or sediments. Science, 207: 987, 989

Carignan R. 1982. An empirical model to estimate the relative importance of roots in phosphorus uptake by aquatic macrophytes. Canadian Journal of Fishery and Aquatic Science, 39: 243~247

Carignan R. 1985. Nutrient dynamics in a littoral sediment colonized by the submersed macrophyte *Myriophyllum picatum*. Canadian Journal Fishery and Aquatic Science, 42 (7): 1303~1311

Carpenter S R, Elser J J, Olsen K M. 1983. Effect of roots of *Myriophyllum verticillatum* L. on sediment redox conditions. Aquatic Botany, 17: 243~249

Carpenter S R, Gasith A. 1978. Mechanical cutting of submersed macrophytes: immediate effects on littoral water chemistry and metabolism. Water Research, 12: 55~57

Carpenter S R, Lodge D M. 1986. Effects of submersed macrophytes on ecosystem processes. Aquatic Botany, 26: 341~370

Carpenter S R. 1996. Microcosm experiments have limited relevance for community and ecosystem ecology. Ecology, 77 (3): 677~680

Carvalho L, Kirika A. 2003. Changes in lake functioning: response to climate change and nutrient reduction. Hydrobiologia, 506/509: 789~796

Cary P R, Weerts P G J. 1984. Growth and nutrient composition of *Typha orientalis* as affected by water temperature and nitrogen and phosphorus supply. Aquatic Botany, 19: 105~118

Casanova M T, Burch M D, Brock M A, *et al*. 1999. Does toxic Microcystis aeruginosa affect aquatic plant establishment. Environmental Toxicology, 14: 97~109

Casati P, Lara M V, Andreo C S. 2000. Induction of a C_4 likemechanism of CO_2 fixation in Egeria densa, a submersed aquatic species. Plant Physiology, 123: 1611~1621

Chambers P A, Kalff J. 1985. The influence of sediment composition and irradiance on the growth and morphology of Myriophyllum spicatum L. Aquatic Botany, 22: 253~263

Chambers P A, Prepas E E, Hamilton H R. 1991. Current velocity and its effect on aquatic macrophytes in flowing waters. Ecol Appl, 1: 249~257

Chambers P A, Prepas E E. 1988. Underwater spectral attenuation and its effect on the maximum depth of angiosperm colonisation. Can J Fish Aquat Sci, 45: 1010~1017

Chauhan V S, Marwah J B, Bagchi S N. 1992. Effect of an antibiotic from *Oscillatoria* sp. on phytoplankters, higher plants and micc. New Phytologist, 120 (2): 251~257

Chen D X, Coughenour M B, Eberts D, *et al*. 1994. Interactive effects of CO_2 enrichment and temperature on the growth of dioecious Hydrilla verticillata. Environmental and Experimental Botany, 34: 345~353

Cherry J A, Gough L. 2006. Temporary floating island formation maintains wetland plant species richness: The role of the seed bank. Aquatic Botany, 85: 29~36

Chilton E W, Muoneke M. 1992. Biology and management of grass carp (*Ctenopharyngodon idella*, *Cyprinidae*) for vegetation control: a North American perspective. Reviews in Fish Biology and Fisheries, 2: 283~320

Chowdhwy A K, Stolzenburg T R, Stanforth R R, *et al*. 1996. Underwater treatment of lead-contaminated sediment. Environmental Cleanup Costs, Technologies and Techniques, 6 (2): 15~21

Chris C T, Joachim D E, Graham B, *et al*. 1999. Effect of water level fluctuation on nitrogen removal from constructed wetland mesocosms. Keith Thompson Ecological Engineering, 12: 67~92

Cizkova K H, Kvet J, Thhopson K. 1992. Carbon starvation: a key to reed decline in eutrophic lakes. Aquatic Botany, 43: 105~113

Clarke E, Baldwin A H. 2002. Response of wetland plants to ammonia and water level. Ecology Engineering, 18: 257~264

Clarke S J, Wharton G. 2001. Sediment nutrient characteristics and aquatic macrophytes in lowland English rivers. Science of Total Environment, 266: 103~112

Clayton J S. 1982. Effects of fluctuations in water level and growth of Lagarosiphon major on the aquatic vascular plants in Lake Rotoma, 1973-80. New Zealand Journal of Marine and Freshwater Research, 16: 89~94

Cole J J. 1982. Interactions between bacteria and algae in aquatic ecosystems. Annual Review of Ecology and Systematics, 13: 291~314

Cook C D K, Gut B J, RIx F M, *et al*. 1974. Water Plants of the World. The Hague: W. Junk

Cook C D K. 1993. 世界水生植物. 王徽勤等译. 武汉: 武汉大学出版社. 303

Cook C D K. 1996. Aquatic Plant Book. 2nd ed. Amsterdam: SPB Academic

Cooling M P, Ganf G G, Walker K F. 2001. Leaf recruitment and elongation: an adaptive response to flooding in Villarsia reniformis. Aquatic Botany, 70: 281~294

Coops H G, van der Velde G. 1995. Seed dispersal, germination and seedling growth of six helophyte species in relation to water-level zonation. Freshwater Biology, 34: 13~20

Coops H J, Hanganu M T, Osterberg W O. 1999. Classification of Danube Delta lakes based on aquatic vegetation and turbidity. Hydrobiologia, 415: 187~191

Coops H, van den Brink F W B, van der Velde G. 1996. Growth and morphological responses of four helophytes species in an experimental Water-depth gradient. Aquatic Botany, 54: 11~24

Costil K, Clement B. 1996. Relationship between freshwater gastropods and plant communities reflecting various trophic levels. Hydrobiologia, 321: 7~16

Cotton J A, Wharton G, Bass J A B, et al. 2006. The effects of seasonal changes to in-stream vegetation cover on patterns of flow and accumulation of sediment. Geomorphology, 77 (3/4): 320~334

Coveney M F, Lowe E F, Battoe L E, et al. 2005. Response of a eutrophic, shallow subtropical lake to reduced nutrient loading. Freshwater Biology, 50: 1718~1730

Coveney M F, Stites D L, Lowe E F, et al. 2002. Nutrient removal from eutrophic lake water by wetland filtration. Ecology Engineering, 19: 141~159

Crisman T L, Beaver J R. 1990. Applicability of planktonic biomanipulation for managing eutrophication in the subtropics. Hydrobiologia, 200/201 (1): 177~185

Cronk J K, Fennessy M S. 2001. Wetland Plants: Biology and Ecology. Boca Raton, FL: CRC Press/Lewis Publishers: 440

Crowell W, Troelstrup N, Queen L, et al. 1994. Effects of harvesting on plant communities dominated by Eurasian watermilfoil in Lake Minnetonka, MN. Journal of Aquatic Plant Management, 32: 56~60

Daldorph P W G, Thomas J D. 1995. Factors influencing the stability of nutrient-enriched freshwater macrophyte communities: the role of sticklebacks Pungitius pungitius and freshwater snail. Freshwater Biology, 33: 271~289

David L S, William G H L. 1996. Analysis of interstitial water during culture of *Hydrilla verticillata* with controlled release fertilizers. Aquatic Botany, 4: 1~9

Dawson F H, Robinson W N. 1984. Submersed macrophytes and the hydraulic roughness of a lowland chalkstream. Verh int Vet Limnol, 22: 1944~1948

Dec J, Bollag J M. 2001. Use of enzymes in bioremediation. In: Hall J C, Hoagland R E, Zablotowicz R M. Pesticide Biotransformation in Plants and Microorganisms: Similarities and Divergences. ACS Symposium Series 777. Washington DC: American Chemical Society. 182~193

Declerck S, De Meester L, Podoor N, et al. 1997. The relevance of size efficiency to biomanipulation theory: a field test under hypertrophic conditions. Hydrobiologia, 360 (1~3): 265~275

Degans H, De Meester L. 2002. Top-down control of natural phyto-and bacterioplankton prey communities by *Daphnia magna* and by the natural zooplankton community of the hypertrophic Lake Blankaart. Hydrobiologia, 479: 39~49

DeLaunea R D, Smith C J, Tolley M D. 1984. The effect of sedimentredox potential on nitrogen uptake, anaerobicroot respiration and growth of Spartina alterniflora loisel. Aquatic Botany, 18 (3): 223~230

DellaGreca M, Fiorentino A, Isidori M, et al. 2001. Antialgal furaon-diterpenes from *Potamogeton natans*. Phytochemistry, 58: 299~304

Demarte J A, Hartman R T. 1974. Studies on absorption of 32P, 59FE and 45CA by water-mifoil. Ecology, 55: 188~194

Den Hartog C, Segal S. 1964. A new classification of the water-plant communities. Acta Botanica Neerlandica, 13: 367~393

Denny P J, Twigg M V. 1980. Factors determining the life of industrial heterogeneous catalysts. Study in Surface Science and Catalysis, (6): 589~591

Denny P. 1980. Solute movement in submerged angiosperms. Biological Review, 55: 65~92

Denny P. 1987. Mineral cycling by wetland plants a review. Archiv für Hydrobiologie Beith, 27: 1~25

Dick G O, Smart R M, Keiser E D. 1995. Populations of turtles and their potential impacts on aquatic plants in Guntersville Reservoir, Alabama. Joint Agency Guntersville Project Aquatic Plant Management, Tennessee Valley Authority Report. 49

Dijk G M, Vierssen W. 1991. Survival of a *Potamogeton pectinatus* L. population under various light conditions in a shallow eutrophic lake (Lake Veluwe) in The Netherlands. Aquatic Botany, 39 (1-2): 121~129

Doan N T, Richards R W, Rothschild J M, et al. 2000. Allelopathic actions of the alkaloid 12-epi-hapalindole Eisonitrile and calothrixin A from cyanobacteria of the genera Fischerella and Calothrix. J Appl Phycol, 12: 409~416

Domaizon I, Dévaux J. 1999. Impact of moderate silver carp biomass gradient on zooplankton communities in a eutrophic reservoir. Consequences for the use of silver carp in biomanipulation. Comptes Rendus de l Academie des Sciences, 322 (7): 621~628

Donk E, Gulati R D. 1995. Transition of a lake to turbid state six years after biomanipulation: mechanisms and pathways. Water Science & Technology, 32: 197~206

Doyle R D, Smart R M. 1993. Potential use of native aquatic plants for long-term control of problem aquatic plants in Guntersville Reservoir, Alabama. Report 1. Establishing native plants. Miscellaneous Paper A-95-3, U. S. Army Engineer Waterways Experiment Station, Vicksburg, MS: 66

Doyle R D, Smart R M, Guest C, et al. 1997. Establishment of native aquatic plants for fish habitat: test plantings in two north Texas Reservoirs. Lake and reservoir management, 13: 259~269

Doyle R D, Smart R M. 1995. Competitive interactions of native plants with nuisance species in Guntersville Reservoir, Alabama. Proceedings, 29th annual meeting, Aquatic Plant Control Research Program. Miscellaneous Paper A-95-3, U. S. Army Engineer Waterways Experiment Station, Vicksburg, MS. 237~242

Doyle R D, Smart R M. 2001. Effects of drawdowns and dessication on tubers of hydrilla, an exotic aquatic weed. Weed Science, 49: 135~140

Doyle R D. 2001. Effects of waves on the early growth of Vallisneria americana. Freshwater Biology, 46 (3): 389~397

Duarte C M, Kalff J. 1990. Biomass density and the relationship between submerged macrophyte biomass and plant-growth form. Hydrobiologia, 196: 17~23

Duarte C M. 1991. Seagrass depth limits. Aquatic Botany, 40: 363~377

Dunabin J S, Bowmer K H. 1992. Potential use of constructed wetlands for treatment of industrial wastewater containing metals. Science of the Total Environment, 111: 151~168

Dyhr-Jensen K, Brix H. 1996. Effects of pH on ammonium uptake by Typha latifolia L. Plant Cell Environ, 19: 1431~1436

El-Shabrawy G M, Dumont H J. 2003. Spatial and seasonal variation of the zooplankton in the coastal zone and main khors of Lake Nasser (Egypt). Hydrobiologia, 491 (1~3): 119~132

El-Sheekh M M, Kotkat H M, Hammouda O H E. 1994. Effect of atrazine herbicide on growth, photosynthesis, protein synthesis, and fatty acid composition in the unicellular green alga Chlorella kessleri. Ecotoxicology and Environmental Safety, 29 (3): 349~358

Engel S, Nichols S A. 1994. Aquatic macrophyte growth in a turbid windswept lake. Journal of freshwater Ecology, 9 (2): 97~109

Engel S. 1983. Evaluating stationary blankets and removable screens for macrophyte control in lakes. Journal of Aquatic Plant Management, 21: 73~77

Eppley R W. 1972. Temperature and phytoplankton growth in the sea. Fishery bulletin, 70 (4): 1063~1085

Epstein E. 1972. Mineral Nutrition of Plants: Principles and Perspectives. New York: John Wiley &-Sons

Erhard D, Gross E M. 2005. Do environmental factors influence composition of potential allelochemicals in the submersed freshwater macrophyte Elodea nuttallii (Hydrocharitaceae)? Verh International Verein Limnology, 29: 287~291

Eriksson P G, Weisner S E B. 1999. An experimental study on effects of submersed macrophytes on nitrification and denitrification in ammonium-rich aquatic systems. Limnology and Oceanography, 44 (8): 1993~1999

Erskine J M, Koch M S. 2000. Sulfide effects on *Thalassia testudinum* carbon balance and adenylate energe charge. Aquat Bot, 67: 275~285

Evans R D. 1994. Empiricalevidence of the importance of sediment resuspension in lakes. Hydrobiologia, 284: 5~12

Farjalla V F, Anesio A M, Bertilsson S, *et al*. 2001. Photochemical reacivity of aquatic macrophyte leachates: abiotic transformations and bacterial response. Aquatic Microbial Ecology, 24: 187~195

Farnsworth-Lee and Baker L A. 2000. Conceptual model of aquatic plant decay and ammonia toxicity for shallow lakes. Journal of Environment Engineering, 126: 199~207

Fennessy M S, Cronk J K, Mitsch W J. 1994. Macrophyte productivity and community development in created freshwater wetlands under experimental hydrological conditions. Ecological Engineering, 3 (3): 469~484

Fennessy M S, Gonk J K, Mitsch V J. 1994. Macrophyte productivity and community development in created freshwater wetlands under experimental hydrological condition. Ecological Engineering, 3: 469~484

Filizadeh Y, Murphy K. 2002. Response of sago pondweed to combinations of low doses of Diquat, cutting, and shade. Journal of Aquatic Plant Management, 40: 72~76

Fitzgerald G P. 1969. Some factors in the competition or antagonism among bacteria, algae and aquatic weeds. Journal of Phycology, 5: 351~359

Flessa H. 1994. Plant-induced changes in the redox potential of the rhizospheres of the submerged vascular macrophytes *Myriophyllum verticillatum* L. and *Ranunculus circinatus* L. Aquatic Botany, 47: 119~129

Flindt M R, Pardal M A, Lilleboe A I, *et al*. 1999. Nutrient cycling and plant dynamics in estuaries: A brief review. Acta Oecologica, 20: 237~248

Franklin P, Dunbar M, Whitehead P. 2008. Flow controls on lowland river macrophytes: a review Science of The Total Environment, 400: 369~378

Freohlich P N, Klink hammer G P, Bender M L, *et al*. 1979. Early oxidation of organic matter in pelagic sediments of the Eastern Equatorial Atlanic: suboxic diagenesis. Journal of both The Geochemical Society and The Meteoritical Society, 43: 1075~1090

Friberg-Jensen U, Wendt-Rasch L, Woin P, et al. 2003. Effects of the pyrethroid insecticide, cypermethrin on a freshwater community studied under field conditions. I. Direct and indirect effects on abundance measures of organisms at different trophic levels. Aquatic Toxicology, 63: 357~371

Froend R H, Mccomb A J. 1994. Distribution, productivity and reproductive phenology of emergent macrophytes in relation to water regimes at wetlands of south-western Australia. Australian Journal of Marine and Freshwater Research, 45 (8): 1491~1508

Frost-Christensen H, Sand-Jensen K. 1992. The quantum efficiency of photosynthesis in macroalgae and submerged angiosperms. Oecologia, 91 (3): 377~384

Gabriel M F, atherine S, Brian M. 2006. Alpine lake sediment records of the impact of glaciation and climate change on the biogeochemical cycling of soil nutrients. Quaternary Research, 66: 158~166

Gafny S, Gasith A. 1999. Spatially and temporally sporadic appearance of Macrophytes in the ittoral zone of Lake Kinneret, Israel: taking advantage of a window of opportunity. Aquat Bot, 62: 249~267

Gambrell R P, Patrick W H. 1978. Chemical and microbiological properties of anerobic soil sand sediments. In: Hook D D, Crawford R M M. Plant Lifein Anaerobic Environments. Ann Arbor Science Publishers, AnnArbor, MI

Gao Z M. 1986. Study on Pollution Ecology of the Soil-plant System. Beijing: Science and Technology Press. 50~204

Garrison A W, Nzengung V A, Avants J K, et al. 2000. Phytoremediation of p, p'-DDT and the Enantiomers of o, p'-DDT. Environment Science & Technology. , 34: 1663~1670

Geneviève M C, Duthie H C, Taylor W D. 1997. Models of aquatic plant productivity: a review of the factors that influence growth. Aquatic Botany, 59: 195~215

Gerard J, Dizengremel P. 1988. Properties of mitochondria isolated from greening soybean and lup in tissue. Plant Science, 56: 1~9

Gerendas J. 1997. Physiological and biochemical processes related to ammonium toxicity in higher plants. Zeit Pflanzenern hr Bodenk, 160: 239~251

Gerritsen J, Greening H S. 1989. Marsh seed banks of the Okefenokee Swamp: effects of hydrologic regime and nutrients. Ecology, 70: 750~763

Gersberg R M, Elkins B V, Lyon S R, et al. 1986. Role of aquatic plants in wastewater treatment by artificial wetlands. Water research, 20 (3): 363~368

Gessner F, Pannier F. 1958. Der Sauerst off verbrauch der Wasserp flanzen bei Sauerst off spannungen. Hydrobiologia, 10: 323~351

Gessner F. 1955. Hydrobotanik I. Energiehaushalt. VEB Deutscher ver lag der Wissensch after., Berlin. 517pp.

Getsinger K. D. 1998. Appropriate use of aquatic herbicides. Land and Water, 42: 44~48

Ghadouani A, Pinel-Alloul B, Prepas E E. 2003. Effects of experimentally induced cyanobacterial blooms on crustacean zooplankton communities. Freshwater Biology, 48 (2): 363~381

Gibbs R J. 1977. Transport phase of transition metals in the Amazon and Yukon river. Geology Society of American Bullion, 88 (6): 829~843

Gilfillan E S, Page D S, Bass AE, et al. 1989. Use of Na/K ratios in leaf tissues to determine effects of petroleum on salt exclusion in marine halophytes. Marine Pollution Bulletin, (20): 272~276

Gliwicz Z M. 1990. Why do cladocerans fail to control algal blooms? Hydrobiologia, 200/201: 83~97

Gomez E, Durillon C. 1999. Phosphate adsorption and release from sediments of brackish lagoons: pH, O_2 and loading influence. Water Research, 33 (10): 2437~2447

Goncalves J F, Santos A M, Esteves F A. 2004. The influence of the chemical composition of *Typha domingensis* and *Nymphaea ampladetritus* on invertebrate colonization during decomposition in a Brazilian coastal lagoon. Hydrobiologia, 527: 125~137

Gonza'lez, Sagrario, M. A., E. Jeppesen, J. Goma`, M. Søndergaard, T. Lauridsen & F. Landkildehus, 2005. Does high nitrogen loading prevents clear-water conditions in shallow lakes at intermediate high phosphorus concentrations. Freshwater Biology, 50: 27~41

González E J. 2000. Nutrient enrichment and zooplankton effects on the phytoplankton community in microcosms from El Andino reservoir (Venezuela). Hydrobiologia, 434 (1~3): 81~96

Goodman J L, Moore K A, Dennison WC. 1995. Photosynthetic responses of eelgrass (*Zostera marina* L.) to light and sediment sulfide in shallow barrier island lagoon. Aquat Bot, 50: 37~47

Gopal B, Sharma K P. 1984. Seasonal changes in concentration of major nutrient elements in the rhizomes and leaves of Typha elephantina Roxb. Aquatic Botany, 20: 65~73

Gophen M. 1990. Biomanipulation: retrospective and future development. Hydrobiologia, 200/201: 1~11

Gophen M. 2000. Nutrient and plant dynamics in Lake Agmon wetlands (Hula Valley, Israel): a review with emphasis on *Typha domingensis* (1994-1999). Hydrobiologia, 441 (1~3): 25~36

Goyal S S, Huffaker R C, Lorenz O A. 1982. Inhibitory effects of ammoniacal nitrogen on growth of radish plant: II Investigation on the possible causes of ammonium toxicity to radish plants and its reversal by nitrate. Journal of the American Society for Horticultural Science, 107: 130~135

Grace J B. 1989. The effects of water depth on nurient additions on *Typha domingensis*. Am J Bot, 76: 762~768

Graneli W, Solander D. 1988. Influence of aquatic macrophytes on phosphorus cycling in lakes. Hydrobiologia, 70: 245~266

Graneli W, Sytsma M D, Weisner S. E B. 1983. Changes in biomass, nonstructural carbohydrates, nitrogen and phosphorus content of the rhizomes and shoots of *Phragmites australis* during spring growth. Proceedings of International Symposium on Aquatic Macrophytes, Nijmegen, September, 18-23: 78~83

Graneli W. 1987. Shoot density regulation in stands of reed, *Phragmites australis* (Cav.) Trin. Ex Steudel. Archiv fur Hydrobiologie Beiheft Ergebnisse der Limnologie, 27: 211~222

Green J C. 2005. Comparison of blockage factors in modelling the resistance of channels containing submerged macrophytes. River Research and Applications, 21: 671~686

Green J C. 2006. Effect of macrophyte spatial variability on channel resistance. Advances in Water Resources, 29: 426~438

Greenway M. 2003. Suitability of macrophytes for nutrient removal from surface flow constructed wetlands receiving secondary treated sewage efluent in Queensland, Australia. Water Science & Technology, 48: 121~128

Greg C, William M L Jr, Michael A S. 2006. Influence of freshwater macrophytes on the littoral ecosystem structure and function of a young Colorado reservoir. Aquatic Botany, 85: 37~43

Gross E M, Meyer H, Schilling G. 1996. Release and ecological impact of algicidal hydrolyzable polyphenols in Myriophyllum spicatum. Phytochemistry, 41: 133~138

Gross E M, Sütfeld R. 1994. Polyphenols with algicidal activity in the submerged macrophyte *Myriophyllum spictum* L. Acta Horticulturae, 381: 710~716

Gross E M. 2003. Differential response of tellimagrandin II and total bioactive hydrolysable tannins in an aquatic angiosperm to changes in light and nitrogen. OIKOS, 103: 497~504

Gross E M. 1999. Allelopathy in benthic and littoral areas: case studies on phytochemicals from benthic cyanobacteria and submerged macrophytes. *In*: Principles and Practices in Plant Ecology: Phytochemicals Interactions. Inderjit K M. M. Dakshini, Foy C L. Boca Rator, Flonda, CRC Press: 179~199

Gross E M. 2000. Seasonal and spatial dynamics of allelochemicals in the submersed macrophyte *Myriophyllum spicatum* L. Verh Internat Verein Limnol, 27: 1~4

Gumbricht T. 1993. Nutrient removal processes in freshwater submersed macrophyte systems. Ecological Engineering, 2: 1~30

Gupta M, Tripathi R D, Rai UN, Chandra P. 1998b. Role of glutathione and phytochelatin in Hydrilla verticillata (l. f.) Royle and Vallisneria spiralis L. nuder mercury stress. Chemosphere, 37: 785~800

Gyllström M, Hansson L A, Jeppesen E, et al. 2005. Zooplankton community structure in shallow lakes: interaction between climate and productivity. Limnology and Oceanography 50: 2008~2021

Hammouda O, Gaber A, Abdel-Hameed M S. 1995. Assessment of the effectiveness of treatment of wasterwater-contaminated aquatic systems with Lemna gibba. Enzyme and Microbial Technology, 17: 317~323

Hanlon S G, Hoyer M V, Cichra C E, et al. 2000. Evaluation of macrophyte control in 38 Florida lakes using triploid grass carp. Journal of Aquatic Plant Management, 38: 48~54

Hansson L A, Annadotter H, Bergman E, et al. 1998. Biomanipulation as an application of food chain theory: constraints, synthesis and recommendations for temperate lakes. Ecosystems, 1: 558~574

Haramoto T, Ikusima I. 1988. Life cycle of Egeria densa Planch., an aquatic plant naturalized in Japan. Aquatic Botany, 30: 389~403

Hartleb C F, Madsen J D, Boylen C W. 1993. Environmental factors affecting seed germination in Myriophyllum spicatum L. Aquatic Botany, 45: 15~25

Harwell M C, Havens K E. 2003. Experimental studies on the recovery potential of submerged aquatic vegetation after flooding and desiccation in a large subtropical lake. Aquatic Botany, 77 (2): 135~151

Hasler A D, Jones E. 1949. Demonstration of the antagonistic action of large aquatic plants on algae and rotifers. Ecology, 30: 359~364

Havens K E, Jin K R, Rodusky A J, et al. 2001. Hurricane effects on a shallow lake ecosystem and its response to a controlled manipulation of water level. The Scientific World, 1: 44~70

Havens K E, Sharfstein B, Brady M A, et al.. 2004. Recovery of submerged plants from high water stress in a large subtropical lake in Florida, USA. Aquatic Botany, 78: 67~82

Havens K E. 2003. Submerged aquatic vegetation correlations with depth and light attenuating materials in a shallow subtropical lake. Hydrobiologia, 493: 173~186

Heinis L J, Knuth M L, Liber K, et al. 1999. Persistenceanddistributionof4-nonylphenol following repeated application to littoral enclosures. Environmental Toxicology and Chemistry, 18: 363~375

Hejl A, Einhellig F, Rasmussen J A. 1993. Effects of juglone on growth, photosynthesis, and respiration. Journal of Chemical Ecology, 19: 559~568

Herbert S H, Miao S L, Colbert M, et al. 1997. Seed germination of two cattail (Typha) species as A function of Everglandes nutrient levels wetlands, 17 (1): 116~122

Herdendorf C E. 1992. Lake Erie coastal wetlands: an over view. Journal of Great Lakes Research, 18:

533~551

Hestand R S, Carter C C. 1977. Succession of various aquatic plants after treatment with four herbicides. Journal of Aquatic Plant Management, 15: 60~64

Heywood V H. 1976. 柯植芬译. 植物分类学. 上海：科学出版社

Hidenobu K. 1989. Continuous growth and clump maintenance of *Potamogeton crispus* L. in Narutoh River, Japan. Aquatic Botany, 33 (1~2): 13~26

Hill N M, Keddy P A, Wisheu I C. 1998. A hydrological model for predicting the effects of dams on the shoreline vegetation of lakes and reservoirs. Environmental Management, 22: 723~736

Hilt S, Ghobrial M G N, Gross E M. 2006a. In situ allelopathic potential of Myriophyllum verticillatum (Haloragaceae) against selected phytoplankton species. Journal of Phycology, 42: 1189~1198

Hilt S, Gross E M, Hupfer M, et al. 2006b. Restoration of submerged vegetation in shallow eutrophic lakes-a guideline and state of the art in Germany. Limnologica, 36: 155~171

Hinman M I, Klaine S J. 1992. Uptake and translocation of selected organic pesticides by the rooted aquatic plant hydrilla verticillata royle. Environment Science & Technology, 26: 609~613

Ho Y B. 1981. Mineral composition of Phragmites australis in Scottish lochs as related to eutrophication. I. Seasonal changes in organs. Hydrobiologia, 85: 227~237

Ho Y B. 1988. Metal levels in three intertidal macroalgae in Hong Kong waters. Aquatic Botany, 29: 367~372

Hobbs R J, Norton D A. 1996. Towards a conceptual framework for restoration ecology. Restoration Ecology, 4 (2): 93~110

Hoeger S. 1988. Schwimmk ampen-Germany's artificial floating island. Soil and Water Conservation, 43: 304~306

Hofstra J J, Van Liere L. 1992. The state of the environment of the Loosdrecht lakes. Hydrobiologia, 233 (1~3): 11~20

Holdren G C, Armstrong D E. 1980. Factors affecting phosphorus release from intact lake sediment cores. Environmental Science and Technology, 14: 79~87

Holmer M, Bondgaard E J. 2001. Photosynthetic and growh response of eelgrass to low oxygen and high sulfide concentration during hypoxic events. Aquatic Botany, 70: 29~38

Holmer M, Frederiksen M S, Møllegaard H. 2005. Sulfur accumulation in eelgrass (*Zostera marina*) and effect of sulfur on eelgrass growth. Aquat Bot, 81: 367~379

Holmer M. 1999. The effect of oxygen depletion on anaerobic organic matter degradation in marine sediments. Estuar CoastShelf Sci, 48: 383~390

Hong Y W, Yuan D X, Lin QM, et al. 2008. Accumulation and biodegradation of phenanthrene and fluoranthene by the algae enriched from a mangrove aquatic ecosystem. Marine Pollution Bulletin, 56 (8): 1400~1405

Horppila J, Nurminen L. 2003. Effects of submerged macrophytes on sediment resuspension and internal phosphorus loading in Lake Hiidenvcsi (southern Finland). Water research, 37: 4468~4474

Horppila J, Nurminen L. 2001. The effect of an emergent macrophyte (*Typha angustifolia*) on sediment resuspension in a shallow north temperate lake. Freshwater Biology, 46 (11): 1447~1455

Hosper S H, Meijer M L. 1993. Biomanipulation, will it work for your lake? A simple test for the assessment of chances for clear water, following drastic fish-stock reduction in shallow eutrophic lakes. Ecological Engineering，2：63～72

Hosper S H. 1998. State, buffers and switches: an ecosystem approach to a restoration and management of shallow lakes in Netherlands. Water Science & Technology, 37 (3): 151～164

Hostra D E, Clayton J S. 2001. Evaluation of selected herbicides for the control of exotic submerged weeds in new zealand: I. the use of Endothall, Triclopyr and Dichlobenil. Journal of Aquatic Plant Management, 39: 20～24

Hroudová Z, Zákravsky P. 2003. Germination responses of diploid *Butomus umbellatus* to light, temperature and flooding. Flora-Morphology, Distribution, Functional Ecology of Plants, 198 (1): 37～44

Hseu Zeng-Yei, Chen Zueng-Sang. 2001. Quantifying Soil Hydromorphology of a Rice-Growing Ultisol Toposequence in Taiwan Soil Sci. Am J, 65: 270～278

Hu X. Ecological Engineering Techniques for Lake Restorat ion in Japan-a case study of artificial floating island, constructed wetland, artificial lagoon for non-point source, and restoration of lake littoral zone. http://www. pwri. go. jp/team/kasenseitai/eng/index. htm

Huebert D B, Gorham P R. 1983. Biphasic mineral nutrition of the submersed aquatic macrophyte Potamogeton pectinatus L. Aquatic Botony, 16: 269～284

Hupfer M, Rübe B, Schmieder P. 2004. Origin and diagenesis of polyphosphate in lake sediments: a 31P NMR study. Limnology Oceanogrology, 49: 1～10

Husak S, Sladecek V, Sladeckova A. 1989. Freshwater macrophytes as indicators of organic pollution. Acta. Hydrochimica et Hydrobiologica, 17: 731～735

Hynes H B N. 1970. The Ecology of Running Water. Toronto: Univ. of Toronto Press

Håkanson L. 2004. Break-through in predictive modelling opens new possibilities for aquatic ecology and management-a review. Hydrobiologia, 518 (1～3): 135～157

Höckelmann C, Moens T, Jüttner F. 2004. Odor compounds from cyanobacterial biofilms acting as attractants and repellents for free-living nematodes. Limnol Oceanogr, 49 (5): 1809～1819

Idestam-Almquist J, Kautsky L. 1995. Plastic responses in morphology of *Potamogetonpectinatus* L. to sediment and above-sediment conditions at two sites in the northern Baltic proper. Aquatic Botany, 52: 205～216

Ikawa M, Haney J F, Sasner J J. 1996. Inhibition of Chlorella growth by the lipids of cyanobacterium *Microcystis aeruginosa*. Hydrobiologia. 331: 167～170

Ikawa M, Sasner J J, Haney J F. 2001. Activity of cyanobacterial and algal odor compounds found in lake waters on green alga *Chlorella pyrenoidosa* growth. Hydrobiologia, 443: 19～22

Irfanullah H M, Moss B. 2004. Factors influencing the return of submerged plants to a clear-water, shallow temperate lake. Aquat Bot, 80 (3): 177～191

Iriti M, Castorina G, Picchi V, et al. 2009. Acute exposure of the aquatic macrophyte Callitriche obtusangula to the herbicide oxadiazon: the protective role of N-acetylcysteine. Chemosphere, (74): 1231～1237

Irvine K, Moss B, Balls H. 1989. The loss of submerged plants with eutrophication II. Relationships between fish and zooplankton in a set of experimental ponds, and conclusions. Freshwater Biology, 22: 89～107

Ishida K, Murakami M. 2000. Kasumigamide, an antialgal peptide from the cyanobacterium *Microcystis aeruginosa*. J Org Chem, 65: 5898～5900

Istvanovics V. 1988. Seasonal variation of phosphorous release from the sediments of shallow lake. Water

Research, 22 (12): 1473~1481

Jacobsen L, Perrow M R, Landkildehus F, Hjørne M, Lauridsen T L, Berg S. 1997. Interactions between piscivores, zooplanktivores and zooplankton in submerged macrophytes: preliminary observations from enclosure and pond experiments. Hydrobiologia, 342/343: 197~205

Jaffe M J. 1980. Morphogenetic responses of plants to mechanical stimuli or stress. BioScience, 30: 239~243

James C, Fisher J, Russell V, et al. 2005. Nitrate availability and plant species richness: implications for management of freshwater lakes. Freshwater Biology, 50: 49~63

James F R. 2000. Nitrate removal from a drinking water supply with large free-surface constructed wetlands prior to groundwater recharge. Ecological Engineering, 14: 33~47

James W F, Barko J W, Butler M G. 2004. Shear stress and sediment resuspension in relation to submersed macrophyte biomas. Hydrobiologia, 515: 181~191

James W F, Barko J W, Eakin H L, et al. 2002. Phosphorus budget and management strategies for an urban Wisconsin lake. Lake and Reservoir Management, 18 (2): 149~163

James W F, Barko J W. 1990. Macrophyte influences on the zonation of sediment accretion and composition in a north-temperature lake. Arch. Hydrobiology, 20: 129~142

James W F, Barko J W. 1994. Macrophyte influences on sediment resuspension and export in a shallow impoundment. Lake and Reservoir Management, 10 (2): 95~102

Jang M H, Ha K, Takamura N. 2007. Reciprocal allelopathic responses between toxic cyanobacteria (Microcystis aeruginosa) and duckweed (Lemna japonica). Toxicon, 49: 727~733

Jaynes M L, Carpenter S R. 1986. Effects of vascular and nonvascular macrophytes on sediment redox and solute dynamics. Ecology, 67: 875~882

Jean-Marc P, Loic M. 2006. Can small water level fluctuations affect the biomass of Nymphaea alba in large lakes. Aquatic Botany, 84: 259~266

Jensen H S, Andersen F Ø. 1992. Importance of temperature, nitrate and pH for phosphorus from aerobic sediments of four shallow, eutrophic lakes. Limnology and Oceanography, 37: 577~589

Jensen J P, Pedersen A R, Jeppesen E, et al. 2006. An empirical model describing the seasonal dynamics of phosphorus in 16 shallow eutrophic lakes after external loading reduction. Limnology and Oceanography, 51: 791~800

Jeppesen E, Kristensen P, Jensen J P, et al. 1991. Recovery resilience following a reduction in external phosphorus loading of shallow, eutrophic Danish lakes: duration, regulating factors and methods for overcoming resilience. Memorie dell'Istituto Italiano di Idrobiologia, 48: 127~148

Jeppesen E, Lauridsen T L, Kairesalo T, et al. 1997. Impact of submerged macrophytes on fish-zooplankton relationships in lakes. In Jeppesen E, Søndergaard Ma, Søndergaard Mo, Christoffersen K. The Structuring Role of Submerged Macrophytes in Lakes. Ecological Studies, Vol. 131. New York: Springer-Verlag. 91~115

Jeppesen E, Meerhoff M, Jakobsen B A, et al. 2007b. Restoration of shallow lakes by nutrient control and biomanipulation-the successful strategy varies with lake size and climate. Hydrobiologia, 581: 269~285

Jeppesen E, Søndergaard M, Jensen J P, et al. 2005. Lake responses to reduced nutrient loading-an analysis of contemporary long-term data from 35 case studies. Freshwater Biology, 50: 1747~1771

Jeppesen E, Søndergaard M, Meerhoff M, et al. 2007a. Shallow lake restoration by nutrient loading reduction-some recent findings and challenges ahead. Hydrobiologia, 584: 239~252

Ji G D, Sun T H, Ni J R. 2007. Surface flow constructed wetland for heavy oil-produced water treatment. Bioresource Technology, (98): 436~441

Jiang M H, Ha K, Takamura N. 2007. Reciprocal allelopathic responses between toxic cyanobacteria (Microcystis aeruginosa) and duckweed (Lemna japonica). Toxicon, 49: 727~733

Jin X C. 2003. Analysis of eutrophication state and trend for lakes in China. Journal of Limnology, 62: 60~66

Jones C G, Lalvton J H, Shachak M. 1994. Organisms as ecosystem engineers. Oikos, 69: 373~386

Jones J I, Eaton J W, Hardwick K. 2000. The effect of changing envrionmental varibles in the surrounding water on the physiology of Elodea muttallii. Aquatic Botany, 66: 115~129

Jones M B, Jongen M. 1996. Effects of elevated carbon dioxide concentrations on agricultural grassland production. Agricultural and Forest Meteorology, 79 (4): 243~252

Jonzén N, Nolet B A, Santamaría L, et al. 2002. Seasonal herbivory and mortality compensation in a swan-pondweed system. Ecological Modelling, 147: 209~219

Jorgensen B B. 1982. Mineralization of organic matter in the sea bed-the role of sulfate reduction. Nature, 296: 643~645

Jup B P, Spence D H N. 1977. Limitation on macrophytesin an eutrophic lake. Loch Leven J Ecol, 65: 175~186

Jüttner F, Todorova A K, Walch N, et al. 2001. Nostocyclamide M: a cyanobacterial cyclic peptide with allelopathic activity from Nostoc 31. Phytochemistry, 57: 613~619

Jørgensen S E. 2006. Application of ecological engineering principles in lake management. Lakes & Reservoirs: Research and Management, 11 (2): 103~109

Kadlec R H, Knight R L, Vymazal J et al. 2002. Constructed Wetlands for Pollution Control. USA: IWA Publishing. 93~102

Kaenel B R, Uehlinger R. 1999. Aquatic plant management: ecological effects in two streams of the Swiss Plateau. Hydrobiologia, 1415: 257~263

Kajak Z, Rybak J, Spodniewska I, et al. 1975. Influence of the planktivorous fish, Hypophthalmichthys molitrix, on the plankton and benthos of the eutrophic lake. Polish Archives of Hydrobiology, 22: 301~310

Kamjunke N, Benndorf A, Wilbert C, et al. 1999. Bacteria ingestion by Daphnia galeata in a biomanipulated reservoir: a mechanism stabilizing biomanipulation. Hydrobiologia, 403 (1): 109~121

Kaseva M E. 2004. Performance of a sub-surface flow constructed wetland in polishing pretreated wastewater-a tropical case study. Water Research, 38: 681~687

Kasprzak P, Krienitz L, Koschel R. 1993. Biomanipulation-a limnological in-lake ecotechnology of eutrophication management. Memorie dell'Istituto Italiano di Idrobiologia, 52: 151~169

Kaul R B. 1975. Anatomical observation on floating leaves. Aquatic Botany, 2: 215~234

Keddy P A, Constabel P. 1986. Germination of ten shoreline plants in relation to seed size, soil particle and water level: an experimental study. Journal of Ecology, 74: 133~141

Keddy P A, Rezniceck A A. 1986. Great Lakes vegetation dynamics: the role of water levels and buried seeds. Journal of Great Lakes Research, 12: 25~36

Keddy P A, Reznicek A A. 1982. The role of seed banks in the persistence of Ontario's coastal plain flora.

Am J Bot, 69: 13~22

Kemp W M, Murray L. 1986. Oxygen release from roots of the submersed macrophyte *Potamogeton perfo-liatus* L. : Regulating factors and ecological implications. Aquatic Botany, 26: 271~283

Kewei Y, Stephen P F, Michael J B. 2008. Effect of hydrological conditions on nitrous oxide, methane, and carbon dioxide dynamics in a bottomland hardwood forest and its implication for soil carbon sequestration. Global Change Biology, 14: 798~812

Kiekens L, Zine. 1995. *In*: Alloway B J. Heavy metals in soils. Chapman and Hall, London, 284~303

Kim S Y, Geary P M. 2001. The impact of biomass harvesting on phosphorus uptake by wetlan d plants. Water Science & Technology, 44: 61~67

King D L , Burton T M. 1980. Efficacy of weed harvesting for lake restoration. Int. Symp. Inland Waters and Lake Restoration, Portland, ME (USA) , 8~12

Kirsten Küesel, Tanja Trinkwalter, Harold L Drake, *et al*. 2006. Comparative evaluation of anaerobic bacterial communities associated with roots of submerged macrophytes growing in marine or brackish water sediments. Journal of Experimental Marine Biology and Ecology, 337 (1): 49~58

Kistritz R U. 1978. Recycling of nutrients in an enclosed aquatic community of decomposing macrophytes (*Myriophyllum spicatum*). Oikos, 30 (3): 561~569

Knuteson S L, Whitwell T, Klaine S J. 2002. Wetlands and Aquatic Processes: Influence of Plant Age and Size on Simazine Toxicity and Uptake. Journal of Environment Quality, 31: 2096~2103

Koch E W. 1994. Hydrodynamic, diffusion-boundary layers and photosynthesis of the seagrasses Thalassia testudinum and Cymodocea nodosa. Mar Biol, 118: 767~776

Koch M S, Mendelssohn I A, McKee K L. 1990. Mechanism for the hydrogen sulfide-indueed growth limitation in wetland macrophytes. Limn Oeeanor, 35: 99~408

Kogan S I, Chinnova G A. 1972. On the relations between *Ceratophyllum demersus* L. and some blue-green algae. Hydrobiol Zh, 8: 21~27

Koncalova C H, Kvet J, Thhopson K. 1992. Carbon starvation: a key to reed decline in eutrophic lakes. Aquat Bot, 43: 105~113

Kong X H, Lin W W , Wang B Q, *et al*. 2003. Study on vetiver's purification for wastewater from pig farm. *In*: Truong P, Xia H P. Proceedings of the Third International Conference on Vetiver and Exhibition. Beijing: China Agriculture Press. 181~185

Korschgen C E, Green W L, Kenow K P. 1997. Effects of irradiance on growth and winter bud production by *Vallisneria americana* and consequences to its abundance and distribution. Aquatic Botany, 58: 1~9

Korswagen H C, Park J H, Ohshima Y, *et al*. 1997. An activating mutation in a Caenorhabditis elegans G (s) protein induces neural degeneration. Genes and Development, 11 (12): 1493~1503

Kowalczewski A, Ozimek T. 1993. Further long-term changes in the submerged macrophyte vegetation of the eutrophic lake Mikolajskie (north Poland). Aquatic Botany, 46: 341~345

Kowalczewski A, Ozimek T. 1993. Further long-term changes in the submerged macrophyte vegetation of the eutrophic Lake Mikolajskie (North Poland). Aquatic Botany, 46: 341~345

Kristensen E, Bodenbender J, Jensen M H, et al. 2000. Sulfur cycling of intertidal Wadden Sea sediments (Konigshafen, Island of Sylt, Germany): sulfate reduction and sulfur gas emission. Journal of Sea Research, 43 (2): 93~104

Krumböck M, Conrad R. 1991. Metabolism of position-labelled glucose in anoxic methanogenic paddy soil and lake sediment. FEMS Microbiology Letters, 85 (3): 247~256

Kučerová P, Macková M, Poláchová L, et al. 1999. Correlation of PCB Transformation by Plant Tissue Cultures with Their Morphology and Peroxidase Activity Changes. Collection of Czechoslovak Chemical Communications, 64 (9): 1497~1509

Kunii H. 1988. Seasonal growth and biomass of Trapa japonica Flerov in Ojaga-ike Pond, Chiba, Japan. Ecology Research, 3: 305~318

Kuster A, Schaible R, Schubert H. 2004. Light acclimation of photosynthesis in three charophyte species. Aquatic Botany, 79: 111~124

Köhler J, Hilt S, Adrian R, et al. 2005. Long-term response of shallow, flushed Mu"ggelsee (Berlin, Germany) to reduced external P and N loading. Freshwater Biology, 50: 1639~1650

Körner S, Dugdale T. 2003. Is roach herbivory preventing recolonization of submerged macrophytes in a shallow lake. Hydrobiologia, 506~509: 497~501

Körner S, Nicklisch A. 2002. Allelopathic growth inhibition of selected phytoplankton species by submerged macrophytes. Journal of Phycology, 38: 862~871

Lake B A, Coolidge K M, Norton S A, et al. 2007. Factors contributing to the internal loading of phosphorus from anoxic sediments in six Maine, USA, lakes. Science of the Total Environment, 373: 534~541

Lal C, Gopal B. 1993. Production and germination of seeds in Hydrilla verticillata. Aquatic Botany, 45: 257~261

Lauridsen T L, Jeppesen E, Østergaard A F. 1993. Colonization of submerged macrophytes in shallow fish manipulated Lake Væng: impact of sediment composition and waterfowl grazing. Aqatic Botany, 46: 1~15

Lauridsen T L, Lodge D M. 1996. Avoidance by Daphnia magna of fish and macrophytes: chemical cues and predator-mediated use of macrophyte habitat. Limnol Oceanogr, 41: 794~798

Leblanc S, Pick F R, Aranda-Rodriguez R. 2005. Allelopathic effects of the toxic cyanobacterium Microcystis aeruginosa on duckweed, Lemna gibba L. Envrionmental Toxicology, 20: 67~73

Leck M, Simpson R D. 1995. Ten-year seed bank and vegetation dynamics of a tidal freshwater marsh. American Journal of Botany, 82: 1547~1557

Lerman A. 1997. Migrational processes and chemical reactions in interstitial water. In: Goldberg E D. The Sea. NewYork: Wiley Interscience, 695~738

Li F M, Hu H Y. 2005. Isolation and characterization of a novel antialgal allelochemical from Phragmites communis. Applied and Environmental Microbiology, 71: 6545~6553

Li H J, Cao T, Ni L Y. 2007. Effects of ammonium on growth, nitrogen and carbohydrate metabolism of Potamogeton maackianus A. Benn. -Fundamental and Applied Limnology / Archiv für Hydrobiologie, 170: 141~148

Li W, Friedrieh R. 2002. In situ removal of dissolve phosphorus in irrigation drainage water by planted floats: preliminary results from growth chamber experiment. Agriculture, Ecosystems and Environment, 90: 9~15

Li X B, Wu Z B, He G Y. 1995. Effects of low temperature and physiological age on superoxide dismutase in water hyacinth (Eichhornia crassipes). Aquatic Botany, 50: 193~200

Lick W. 1994. The flocculation, deposition, and resuspension of fine-grained sediments. In: Depinto, Depinto F V, Lick W, et al. Transport and transformation of contaminants near the sediment-water interface, Lewis Publishers, 35~57

Lieffers V J, Shay J M. 1981. The effects of water level on growth and Reproduction of Scirpus marizumus vax palludus. Canadian Journal of Botany, 59: 118~121

Lillie R A, Budd J. 1992. Habitat architecture of *Myriophyllum spicatum* L. As an index to habitat quality for fish and macroinvertebrates. Journal of Freshwater Ecology, 7 (2): 113~125

Lin W L, Wang S M, Liu J K. 1993. Plankton and seston structure in a shallow, eutrophic subtropic Chinese lake. Archiv für Hydrobiologie, 129: 199~220

Litav M, Lehrer Y. 1978. The effects of ammonium in water on *Potamogeton lucens*. Aquatic Botany, 5: 127~138

Liu B Y, Zhou P J, Tian J R, et al. 2007. Effect of pyrogallol on the growth and pigment content of cyanobacteria-blooming toxia and nontoxic Microcystis Aeruginosa. Bulletin of Environmental Contamination and Toxicology, 78: 499~502

Liu H, Weisman D, Ye Y B, et al. 2009. An oxidative stress response to polycyclic aromatic hydrocarbon exposure is rapid and complex in Arabidopsis thaliana. Plant Science, 176 (3): 375~382

Liu H, Weisman D, Ye Y B, et al. 2009. An oxidative stress response to polycyclic aromatic hydrocarbon exposure is rapid and complex in *Arabidopsis thaliana*. Plant Science, 176 (3): 375~382

Liukkonen M, Kairesalo T, Keto J. 1993. Eutrophication and recovery of Lake Vesijärvi (south Finland) : diatom frustules in varved sediments over a 30-year period. Hydrobiologia, 269, 270: 415~426

Lodge D M. 1991. Herbivory on freshwater macrophytes. Aquatic Botany, 41: 195~224

Lougheed V L, Chow-Fraser P. 2001. Spatial variability in the response of lower trophic levels after carp exclusion from a freshwater marsh. Journal of Aquatic Ecosystem Stress and Recovery, 9 (1): 21~34

Lucas W J, Berry J A. 1985. Inorganic carbon uptake by aquatic photosynthetic organisms. American Society of Plant Physiologists: Symposium series, Rockville, M D. 434~451

Lyon J G, Drobney R D. 1984. Lake level effects as measured from aerial photos. J Surveying Eng, 110: 103~111

López-Piñeiro A, Navarro G. 1997. Phosphatesorption in Vertisols of southwestern Spain. Soil Science, 162 (1): 69~77

Lürling M, van Geest G, Scheffer M. 2006. Importance of nutrient competition and allelopathic effects in suppression of the green alga Scenedesmus obliquus by the macrophytes *Chara*, *Elodea* and *Myriophyllum*. Hydrobiologia, 556: 209~220

Lürling M. 2003. Phenotypic plasticity in the green algae Desmodesmus and Scenedesmus with special reference to the induction of defensive morphology. Annales De Limnologie-International Journal of Limnology, 39: 85~101

Ma J M, Wu Z B, Xiao E R, Cheng S P, He F, Wu J. 2009. Adsorbability and sedimentation effect of submerged macrophytes on suspended solids. Fresenius Environmental Bulletin, 17: 2175~2179

Maberly S C, Madsen T V. 2002. Use of bicarbonate ions as a source of carbon in photosynthesis by *Callitriche hermaphroditica*. Aquatic Botany, 73: 1~7

Maberly S C, Spence D H. 1983. Photosynthetic inorganic carbon use by freshwater plants. Journal of Ecology, 705~724

Madsen J D, Adams M S. 1989. The light and temperature dependence of photosynthesis and respiration in *Potamogeton pectinatus* L.. Aquatic Botany, 36: 23~31

Madsen J D, et al. 1991. Photosynthic characteristies of MyriPhllum spieatum a six submerged aquatic mac-rophytes Peciesnativeto Lake George. Freshwater Biology, 26: 233~240

Madsen J D, Chambers P A, James W F, et al. 2001. The interaction between water movement, sedi-ment dynamics and submersed macrophyte. Hydrobiologia, 444: 71~84

Madsen T V , Sand-Jensen K. 1991. Photosynthetic carbon assimilation in aquatic macrophytes. Aquatic Botany, 41: 35~40

Madsen T V, Enevoldsen H O, Jcrgensen T B. 1993. Effects of water velocity on photosynthesis and dark respiration in submerged stream macrophytes. Cell Environ, 16: 317~322

Madsen T V. 1993. Growth and photosynthetic acclimation by Ranunculus aquatolis L. in response to inor-ganic carbon availability. New Phytologist, 125: 707~715

Marion L, Paillisson J M. 2003. A mass balance assessment of the contribution of floating-leaved macro-phytes in nutrient stocks in an eutrophic macrophyte-dominated lake. Aquatic Botany, 75: 249~260

Marklund O, Sandsten H, Hansson L A, et al. 2002. Effects of waterfowl and fish on submerged vegetation and macroinvertebrates. Freshwater Biology, 47: 2049~2059

Marque I A, Oberholzer M J, Erismann K H. 1983. Effects of different inorganic nitrogen sources on photo-synthetic carbon metabolism in primary leaves of non-nodulated Phaseolus vulgaris L.. Plant Physiology, 71: 555~561

Marschner H. 1986. Minerals of Higher Plants. London: Academic Press: 674

Marsden S. 1989. Lake restoration by reducing external phosphorus loading: the influence of sediment phos-phorus release. Freshwater Biology, 21: 139~162

Masanobu I, Hajime N. 1989. Mathematical model of phosphate release rate from sediments considering the effect of dissolved oxygen in overlying water. Water Research, 23 (3): 351~359

Mason C F, Bryant R J. 1975. Production, nutrient content and decomposition of Phragmites communis Trin. And Typha angustifolia L. Journal of Ecology, 63: 71~96

Matthes M. 2004. Low genotypic diversity in a Daphnia pulex population in a biomanipulated lake: the lack of vertical and seasonal variability. Hydrobiologia, 526: 33~42

Maucham A, Blanch S, Grillas P. 2001. Effects of submergence on the growth of Phragmites australis seed-lings. AquaticBotany, 69: 147~164

May R M. 1977. Thresholds and breakpoints in ecosystems with a multiplicity of stable states. Nature, 269: 471~477

Mazzeo N, Rodríguez-Gallego L, Kruk C, et al. 2003. Effect of Egeria densa Planch. beds on a shallow lake without piscivorous fish. Hydrobiologia, 506~509: 591~602

McCann J H, Solomon K R. 2000. The effect of creosote on membrane ion leakage in Myriophyllum spica-tum L. Aquatic Toxicology, 50 (3): 275~284

McQueen D J. 1990. Manipulating lake community structure: where do we go from here? Freshwater Biolo-gy, 23 (3): 613~620

Meerhoff M, Mazzeo N, Moss B & L. Rodríguez-Gallego. 2003. The structuring role of free-floating versus submerged plants in a shallow subtropical lake. Aquatic Ecology 37: 377~391

Meharg A A, Wright J, Osbom D. 1998. The frequency of environmental quality standard (EQS) ex-ceedance for chlorinated organic pollutants in rivers of the Humber Catchments. Science of Total Environ-ment, 210 (2): 219~234

Mehner T, Benndorf J, Kasprzak P, et al. 2002. Biomanipulation of lake ecosystems: successful applications and expanding complexity in the underlying science. Freshwater Biology, 47 (12): 2453~2465

Mehner T, Kasprzak P, Wysujack K, et al. 2001. Restoration of a stratified Lake (Feldberger Haussee, Germany) by a combination of nutrient load reduction and long-term biomanipulation. International Review of Hydrobiology, 86: 253~265

Meijer M L, Jeppesen E, van Donk E, et al. 1994. Long-term responses to fish-stock reduction in small shallow lakes: interpretation of five-year results of four biomanipulation cases in The Netherlands and Denmark. Hydrobiologia, 275~276 (1): 457~466

Melzer A. 1999. Aquatic macrophytes as tools for lake management. Hydrobiologia, 395/396: 181~190

Menone M L, Pesce S F, Díaz M P, et al. 2008. Endosulfan induces oxidative stress and changes on detoxication enzymes in the aquatic macrophyte Myriophyllum quitense. Phytochemistry, 69 (5): 1150~1157

Mhatre G N, Chaphekar S B. 1985. The effect of mercury on some aquatic plants. Environ. 1 Poll. Series A, Ecological and Biological, 39: 207~216

Mian L S, Mulla M S. 1992. Effects of pyrethroid insecticides on nontarget invertebrates in aquatic ecosystems. Jouenal of Agricultural Entomology, 9: 73~98

Minamikawa K, Sakai N. 2006. The practical use of water management based on soil redox potential for decreasing methane emission from a paddy fleld in Japan. Agriculture Ecosystems and Environment, 116: 181~188

Mitchell S F. 1989. Primary production in a shallow eutrophic lake dominated alternately by phytoplankton and by submerged macrophytes. Aquatic Botany 33: 101~110

Mitsch W J, Gosselink J G. 2000. The value of wetlands: importance of scale and landscape setting. Ecological Economics, 35 (1): 25~33

Mitsch W J, Jørgensen S E. 2004. Ecological Engineering and Ecosystem Restoration. John Wiley and Sons, Inc. Hoboken NY, USA: 411

Mitzner L. 1978. Evaluation of biological control of nuisance aquatic vegetation by grass carp. Transactions of the American Fisheries Society, 107: 135~145

Mjelde M, Faafeng B. 1997. Ceratophyllum demersum (L.) happers phytoplankton development in some snall Norwegian lakes over a wide range of phosphorus level and geographic latitude. Freshwater Biology, 37: 355~365

Mohr S, Berghahn R, Feibicke M, et al. 2007. Effects of the herbicide metazachlor on macrophytes and ecosystem function in freshwater pond and stream mesocosms. Aquatic Toxicology, 82 (2): 73~84

Mommer L, de Kroon H, Pierik R, et al. 2005. A functional comparison of acclimation to shade and submergence in two terrestrial plant species. New phytologist, 167: 197~206

Moore B C, Lafer J E, Funk W H. 1994. Influence of aquatic macrophytes on phosphorus and sediment pore water chemistry in a freshwater wetland. Aquatic Botany, 49: 137~148

Moore D R, Keddy P A. 1987. Effects of a water depth gradient on the germination of lakeshore plants. Canadian Journal of Botany, 66: 548~552

Moore K A, Orth R J, Nowak J F. 1993. Environmental regulation of seed germination in Zostera marina L. (eelgrass) in Chesapeake Bay: effects of light, oxygen and sediment burial. Aquatic Botany, 45: 79~91

Morris J T, Lajtha K. 1986. Decomposition and nutrient dynamics of litter from four species of freshwater emergent macrophytes. Hydrobiologia, 13 (1): 215~223

Morris K, Boon P I, Bailey P C, et al. 2003. Alternative stable states in the aquatic vegetation of shallow urban lakes. I. Effects of plant harvesting and low-level nutrient enrichment. Marine and Freshwater Research, 54: 185~200

Moss B, Balls H, Irvine K, et al. 1986. Restoration of two lowland lakes by isolation from nutrient-rich water sources with and without removal of sediment. Journal of Applied Ecology, 23: 391~414

Moss B. 1976. The effects of fertilization and fish on community structure and biomass of aquatic macrophytes and epiphytic algal population: an ecosystem experiment. Journal of Ecology, 64: 313~342

Moss B. 1990. Engineering and biological approaches to the restoration from eutrophication of shallow lakes in which aquatic plant communities are important components. Hydrobiologia, 200/201: 367~377

Mukhopadhyay G, Senguptas, Dewanji A. 2008. Changes in biomass and nutrient content of Nymphoides hydrophylla (Lour.) O. Kuntz. inatropical pond: a comparison with other tropicaland temperate species. Aquat Ecol, 42: 597~560

Mulderij G, Mooij W M, Smolders A J P, et al. 2005a. Allelopathic inhibition of phytoplankton by exudates from Stratiotes aloides. Aquatic Botany, 82: 284~296

Mulderij G, Mooij W M, Van Donk E. 2005b. Allelopathic growth inhibition and colony formation of the green alga Scenedesmus obliquus by the aquatic macrophyte Stratiotes aloides. Aquatic Ecology, 39: 11~21

Mulderij G, Smoldes A J P, Van Donk E. 2006. Allelopathic effect of the aquatic macrophyte, Stratiotes alismoides, on natural phytoplankton. Freshwater Biology, 51: 554~561

Murakami N, Morimoto T, Imamura H, et al. 1991. Studies on glycolipids Ⅲ. Glyceroglycolipids from an axenically cultured cyanobacterium Phormidium tenue. Chem Pharm Bull (Tokyo), 39: 2277~2281

Muramoto S, Oki Y. 1983. Removal of some heavy metals from polluted water by water hyacinth (Eichhornia crassipes). Bulletin of Environmental Contamination and Toxicology, 30: 170~177

Murphy T, Moller A, Brouwer H. 1995. In situ treatment of Hamilton Harbor sediment. Aquatic Ecosystem Health, 4: 195~203

Muylaert K, Van der Gucht K, Vloemans N, et al. 2002. Relationship between bacterial community composition and bottom-up versus top-down variables in four eutrophic shallow lakes. Applied and Environmental Microbiology, 68 (10): 4740~4750

Mátyás K, Oldal I, Korponai J, Tátrai I, Paulovits G. 2003. Indirect effect of different fish communities on nutrient chlorophyll relationship in shallow hypertrophic water quality reservoirs. Hydrobiologia, 504: 231~239

Nagasaki O. 2008. Impact of the flower stalk-boring moth Neoschoenobia testacealis (Lepidoptera: Crambidae) and water-level fluctuations on the flower and fruit production of the yellow water lily Nuphar subintergerrima (Nymphaeaceae) in irrigation ponds of western Japan

Nakai S, Inoue Y, Hosomi M, et al. 1999. Growth inhibition of blue-green algae by allelopathic effects of macrophytes. Water Science and Technology, 39: 47~53

Nakamura K, Shimatani Y, Suzuki O, et al. 1995. The ecosystem of an artificial vegetated island, ukishima, in Lake Kasumigaura. Proceedings of 6th International Conference of Lake Kasumigaura '95. 1: 406~409

Nakamura K, Shimatani Y. 1997. Water purification and environmental enhancement by the floating island. Proceedings of Asia Water quality '97 in Nakamura K, Tsukidate M, Shimatani Y. Characteristic of ecosystem of an artificial vegetated floating island. *In*: Brebbia C. Ecosystems and Sustainable Development. Southampton: Computational Mechanics Publications. 171~181

Nakamura N, Nakano K, Sugiura N, *et al*. 2002. Characterization of an algae-lytic substance secreted by Bacillus cereus, an indigenous bacterial isolate from Lake Kasumigaura. Water Science & Technology, 46 (11, 12): 257~262

Nash H, Stroupe S. 1999. Plants for Water Gardens. , New York, N , Y: Sterling Publishing Company, Inc

Nedwell D D, AbramJ W. 1978. Bacterial Sulfate reduction in relation to sulfur geochemistry in two contrasting areas of salt marsh sediment. Estuarine, Coastal and Marine Science, 6: 341~351

Nedwell D D. 1989. Benthic microbial activity in antarctic coastal sediment at Signey Island, South Orkney Islands. Estuarine, Coastal and Shelf Science, 28: 507~516

Nelson S G, Smith B D, Best B R. 1981. Kinetics of nitrate and ammonium uptake by the tropical freshwater macrophyte *Pistia stratiotes* L.. Aquaculture, 24: 11~19

Newman R M. 2004. Biological control of Eurasian watermilfoil by aquatic insects: basic insights from an applied problem. Archiv für Hydrobiologie, 159: 145~184

Ni L Y. 1999. Experimental studies on the growth of *Potamogeton maackianus* A. Been under low-light stress in highly eutrophic water. Acta Hydrobiologica Sinica, 23: 54~58

Ni L Y. 2001a. Effects of water column nutrient enrichment on the growth of *Potamogeton maackianus* A. Been. Journal of Aquatic Plant Management, 39: 83~87

Ni L Y. 2001b. Growth of Potamageton maackianus under low-light stress in eutrophic water. Journal of Freshwater Ecology, 16: 249~256

Ni L Y. 2001c. Stress of fertile sediment on the growth of submersed macrophytes in eutrophic waters. Acta Hydrobiologica Sinica, 25: 399~405

Nichols D S, Keeney D R. 1976. Nitrogen nutrition of Myriophyllum spicatum: uptake and translocation of N15 by shoots and roots. Freshwater Biology, 6: 145~154

Nichols S A. 1991. The interaction between biology and the management of aquatic macrophytes. Aquatic Botany, 41: 225~252

Nicol J M, Ganf G G, Pelton G A. 2003. Seed banks of a southernAustralian wetland: the influence of water regime on the final floristic composition. Plant Ecology, 168: 191~205

Niedermeier A, Robinson J S. 2007. Hydrological controls on soil redox dynamics in a peat-based, restored wetland. Geoderma, 137: 318~326

Nilsson C. 1987. Distribution of stream-edge vegetation along a gradient of current velocity. Journal of Ecology, 75: 513~522

Nishihiro J, Kawaguchi H, Iijima H, *et al*. 2001. Conservation ecological study of *Nymphoides peltata* in Lake Kasumigaura. Ecology and Civil Engineering, 4: 39~48 (In Japanese with English abstract)

Nishihiro J, Miyawaki S, Fujiwara N, *et al*. 2004. Regeneration failure of lakeshore plants under an artificially altered water regime. Ecology Research, 1: 603~623

Nogueira F, Framcisco De A E, Prast A E. 1996. Nitrogen and phosphorus concentration of different structures of the aquatic macrophytes *Eichhornia azurea* Kunth and *Scirpus cubensis* Poepp & Kunth in relation to water level variation in Lagoa Infernao (Sao Paulo, Brazil). Hydrobiologia, 328 (3): 199~205

Nohara S, Tsuchiya T. 1990. Effect of water level fluctuation on the growth of *Nelumbo nucifera* Gaertn. in

Lake Kasumigaura, Japan. Ecology Research, 5: 237~252

Nohara S. 1991. A study on annual shanges in surface cover of floating-leaved plants in s lake using aerial-photography. Vegetation, 97 (2): 125~136

Nor Y M. 1990. The absorption of metal ions by Eichhornia crassipes. Chemical Speciation and Bioavailability, 2: 5~91

Nowicki B L, Nixon S W. 1985. Benthic nutrient re-mineralization in a coastal lagoon ecosystem. Estuaries and Coasts, 8: 182~190

Nriagu J O, Soon Y K. 1985. Distribution and Isotopic Composition of Sulfur in Lake Sediments of Northern Ontario. Geochimica et Cosmochimica Acta, 49: 823~834

Nürnberg G. 1988. Prediction of phosphorus release rates from total and reductant-soluble phosphorus in anoxic lake sediments. Canadian Journal of Fish Aquatic Science, 45: 453~462

OECD, Eutrophication of Waters. Monitoring, Assessment and Control. Final Report. 1982. OECD Cooperative Program on Monitoring of Inland Waters (Eutrophication Control), Environment Directorate OECD. Paris

Olin M, Rask M, Ruuhijärvi J, et al. 2006. Effects of biomanipulation on fish and plankton communities in ten eutrophic lakes of southern Finland. Hydrobiologia, 553: 67~88

Ostendorp W. 1989. 'Die-back' in reeds in Europe-acritical review in literature. Aquatic Botany, 35: 5~26

Owens M, Maris P J. 1964. Some factors affecting the respiration of some aquatic plants. Hydrobiologia, 23: 533~543

Ozimek T, Kowalczewski A. 1984. Long-term changes of the submersed macrophytes in eutrophic lake Mikolajskie (North Poland). Aquatic Botany, 19: 1~11

Paillisson J M, Marion L. 2006. Can small water level fluctuations affect the biomass of Nymphaea alba in large lakes? Aquatic Botany, 84 (3): 259~266

Palma-Silva C, Albertoni E F, Esteves F A. 2002. Clear water associated with biomass and nutrient variation during the growth of a Charophyte stand after a drawdown, in a tropical coastal lagoon. Hydrobiologia, 482: 79~87

Palomo L, Clavero V, Izquierdo J J, et al. 2004. Influence of macrophytes on sediment phosphorus accumulation in a eutrophic estuary (Palmones River, Southern Spain). Aquatic Botany, 80 (2): 103~113

Panov D A, Sorokin Y I, Motenkova L G. 1969. Experimental research in the feeding of young highead and silvercarp. Vopr. Ikhtiol., 9: 138~152. (In Russian)

Parsons J K, Hamel K S, Madsen J D, et al. 2001. The use of 2, 4-D for selective control of an early infestation of Eurasian watermilfoil in Loon Lake, Washington. Journal of Aquatic Plant Management, 39: 117~125

Patrick W H, Gambrell R P, Faulkner S P. 1996. Redox measurements of soils. In: Sparks D L Methods of Soil Analysis. Part 3. Madison, W I: Soil Science Society of America and American Society of Agronomy

Pechurkin N S, Shirobokova I M. 2003. System analysis of links interactions and development of ecosystems of different types. Advances in Space Research, 31 (7): 1667~1674

Pedersen O, Borum J, Duarte C M. 1998. Oxygen dynamics in the rhizosphere of Cymodocea rotundata. Mar Ecol Prog Ser, 169: 283~288

Penuelas J, Ribas-Carbo M, Giles L. 1996. Effects of allelochemicals on plant respiration and oxygen isotope fractionation by the alternative oxidase. Journal of Chemical Ecology, 22: 801~805

Peralta G, Tjeerd J, Bouma T J, et al. 2003. On the use of sediment fertilization for seagrass restoration: a mesocosm study on *Zostera marina* L. Aquat Bot, 75: 95~110

Perrow M R, Moss B, Stansfield J. 1994. Trophic interactions in a shallow lake following a reduction in nutrient loading: a long-term study. Hydrobiologia, 275~276 (1): 43~52

Perrow M R, Schutten, Howes J R, *et al*. 1997. Interactions between coot (*Fulica atra*) and submerged macrophytes: the role of birds in the restoration process. Hydrobiologia,, (342~343): 241~255

Petticrew E L, Kalff J. 1992. Water flow and clay retention in submerged macrophyte beds. Canadian Journal of Fisheries and Aquatic Science, 49: 2483~2489

Pezeshki S R, Hester M W, Lin Q, *et al*. 2000. The effects of oil spill and clean-up on dominant US Gulf coast marsh macrophytes: a review. Environmental Pollution, 108 (2): 129~139

Pezeshki S R, DeLaune R D, Meeder J F. 1997. Carbon assimilation and biomass partitioning in Avicennia germinans and Rhizophora mangle seedlings in response to soil redox conditions. Environmental and Experimental Botany, 37: 161~171

Pflugmacher S. 2002. Possible allelopathic effects of cyanotoxins, with reference to Microcystin-LR, in aquatic ecosystems. Environmental Toxicology, 17: 407~413

Pieczy'nska E. Kołodziejczyk A, Rybak J I. 1999. The responses of littoral invertebrates to eutrophication-linked changes in plant communities. Hydrobiologia, 391: 9~21

Pinowska A. 2002. Effects of snail grazing and nutrient release on growth of the macrophytes *Ceratophyllum demersum* and *Elodea canadensis* and the filamentous green alga *Cladophora* sp. Hydrobiologia, 479: 83~94

Pip E, Stepaniuk J. 1992. Cadmium, copper and lead in sediments and aquatic macrophytes in the Lower Nelson River system, Manitoba, Canada. I: Interspecific differences and macrophyte-sediment relations. Archiv für Hydrobiologie, 124 (3): 337~355

Pip E, Stewart J M. 1976. The dynamics of two aquatic plantsnail associations. Canadian Journal of Zoology, 54: 1192~1205

Pirk J P, Morrow J V, Killgore K J, *et al*. 2000. Population response of triploid grass carp to declining levels of hydrilla in the Santee Cooper Reservoirs, South Carolina. Journal of Aquatic Plant Management, 38: 14~17

Ploskey G R. 1982. Fluctuating water levels in reservoirs: an annotated bibliography on environmental effects and management for fisheries. Washington, DC: U. S. Army Corps of Engineers Tech. Rep. E-82-5

Pogozhev P I, Gerasimova T N. 2001. The effect of zooplankton on microalgae blooming and water eutrophication. Water Resources, 28 (4): 420~427

Polprasert C, Khatiwada N R. 1998. An integrated kinetic model for water hyacinth ponds used for wastewater treatment. Water Research, 32 (1): 179~185

Prejs A. 1984. Herbivory by temperate freshwater fishes and its consequence. Environmental Biology of Fishes, 10: 281~296

Prins H B A, Snel J F H, Zanstra P E, *et al*. 1982. The mechanism of bicarbonate assimilation by the leaves of *Potamogenton* and *Elodea*: CO_2 concentrations at the leaf surface. Plant Cell Environment, 5: 207~

214

Qiu D R, Wu Z B, Liu B Y, et al. 2001. The restoration of aquatic macrophytes for improving water quality in a hypertrophic shallow lake in Hubei Province, China. Ecol Eng, 18: 147~156

Qiu H M, Wu J C, Yang G Q, et al. 2004. Changes in the uptake function of the rice root to nitrogen, phosphorus and potassium under brown planthopper, Nilaparvata lugens (stål) (Homoptera: Delphacidae) and pesticide stresses, and effect of pesticides on rice grain filling in field. Crop protection, 23 (11): 1041~1048

Quiro's R. 1998. Fish effects on trophic relationships in the pelagic zone of lakes. Hydrobiologia, 361: 101~111

Rabe E. 1990. Stress physiology: the function significance of the accumulation of nitrogen-containing compounds. Journal of Horticultural Science, 65: 231~243

Radke R J, Kahl U. 2002. Effects of a filter-feeding fish [silver carp, Hypophthalmichthys molitrix (Val.)] on phyto-and zooplankton in a mesotrophic reservoir: results from an enclosure experiment. Freshwater Biology, 47: 2337~2344

Rama D S, Prasad M N V. 1998. Copper toxicity in Ceratophyllum demersum L. (Coontail), a free floating macrophyte: response of antioxidant enzymes and antioxidants. Plant Science, 138: 157~165

Rattray M R, Howard-Williams C, Brown J M A. 1991. Sediment and water as sources of nitrogen and phosphorus for submerged rooted aquatic macrophytes. Aquatic Botany, 40: 225~237

Reddy K R, DeBusk T A. 1987. State-of-the-art utilization of aquatic plants in water pollution control. Water Science and Technology, 19 (10): 61~79

Reddy K R, Flaig E G, Graetz D A. 1996. Phosphorus storage capacity of uplands, wetlands and streams of the lake Okeechobee watershed, Florida. Agriculture Ecosystems and Environment, 59: 203~216

Reddy K R, Dangelo E M, Harris W G. 2000. Biogeochemistry of wetlands. In: Sumner ME (ed) Handboo of soil science. Boca Raton: CRC Press: G89 (R) CG11

Reilly J F, Horne A J, Miller C D. 2000. Nitrate removal from a drinking water supply with a large-scale free-surface on constructed wetlands prior to groundwater recharge. Ecological Engineering, 14: 33~47

Reynolds C S. 1994. The ecological basis for the successful biomanipulation of aquatic communities. Archiv für Hydrobiologie, 130: 1~33

Reynoso C L, Gallegos M M E, Cruz-Sosa F, et al. 2008. In vitro evaluation of germination and growth of five plant species on medium supplemented with hydrocarbons associated with contaminated soils. Bioresource Technology, 99 (14): 6379~6385

Riber H H. 1984. Phosphorus uptake from water by the macrophyte-eiphyte complex in a Danish lake: relationship to plankton. Verhandlungen der Internationale Vereinigung fur theoretische und angewandte. Limnologie, 22: 790~794

Rice E L. 1984. Allelopathy. 2nd ed. London: Academic Press

Richardson S M, Hanson J M, Locke A. 2002. Effects of impoundment and water-level fluctuations on macrophyte and macroinvertebrate communities of a dammed tidal river. Aquatic Ecology, 36: 493~510

Riddin T, Adams J B. 2008. Influence of mouth status and water level on the macrophytes in a small temporarily open/closed estuary. Estuarine, Coastal and Shelf Science, 79: 86~92

Ripl W. 1976. Biochemical oxidation of polluted lake sediment with nitrate: a new restoration method. ambio, 5: 132~135

Roane T M, Pepper I L, Miller R M. 1996. Microbial remediation of metals. *In*: Crawford R L, Crawford
   D L. Bioremediation: Principles and Applications. London: Cambridge University Press. 312~340

Roberts J, Ludwig J A. 1991. Riparian vegetation along current-exposure gradients in floodplain wetlands of
   the River Murray, Australia. Journal of Ecology, 79: 117~127

Robinson B, Duwig C, Bolan N, *et al*. 2003. Uptake of arsenic by New Zealand watercress (Lepidium sati-
   vum). Science of Total Environment, 301: 67~73

Robinson C T, Rushforth S R. 1991. Effectsof physical disturbance and canopy cover on attached diatom
   community structure in an Idaho stream!. Hydrobiologia, 154: 49~59

Rock S A. 1997. Potential for phytoremediation of contaminated sediments. *In*: Proceedings Cincinnati, O
   H May 13-14, 1997 National Conferences on Management and Treatment of Contaminated Sediments.
   EPA-625-R-98-001, 101~105

Rogers K H, Breen C M, *et al*. 1980. Growth and reproduction of *Potamogeton crispus* in a South Africa
   Lake. Jouranl of Ecology, 68: 561~576

Romero J A, Brix H, Contin F A. 1999. Interactive efects of N and P on growth, nutrient allocation and
   NH_4 uptake kinetics by Phragmites australis. Aquatic Botany, 64: 369~380

Runes H B, Jenkines J J, Moore J A. 2003. Treatment of atrazine in nursery irrigation runoff by a construc-
   ted wetland. Water Research, 37 (3): 539~550

Rydin E. 2000. Potentially mobile phophorus in lake Erken sediment. Water Research, 34 (7): 2037~2042

Rydin F, Brunberg A. 1998. Seasonal dynamics of phosphorous in Lake Erken surface sediments. Arch
   Hydorbial Specific Issues of Advanced Limnology, 51: 157~167

Sabbatini M R, Murphy K J. 1996. Response of *Callitriche* and *Potamogeton* to cutting, dredging and shade
   in English drainage channels. Journal of Aquatic Plant Management, 34: 8~13

Sabbatini M R, Murphy K J, Irigoyen J H. 1998. Vegetation-environment relationships in irrigation chan-
   nel systems of southern Argentina. Aquatic Botany, 60: 119~133

Salac L, Chaillou S. 1984. Nutrition azotee des vegetaux: importance physiologique et ecologique de la
   fourniture dazote sous la forme nitrique ou ammoniacale. Bullition of Society of Ecophysiology, 9: 111~
   120

Sale P M, Orr P T. 1987. Growth responses of *Typha orientalis* presl to controlled temperatures and photo-
   periods. Aquatic Botany, 29: 227~243

Sand J K, Søndergaard M. 1981. Phytoplankton and epiphyte development and their shading effect on sub-
   merged macrophytes in lakes of different nutrient status. Int. Rev. Gesamten Hydrobiologie, 66:
   529~552

Sand J K. 1983. Photosynthetic carbon sources of stream macrophytes. Jounal of Experienmntal Botany,
   139: 198~210

Sand-Jensen K, Jeppesen E, Nielsen K, *et al*. 1989. Growth of macrophytes and ecosystem consequences in
   a lowland Danish stream. Freshwater Biology, 22: 15~32

Sand-Jensen K, Mebus J R. 1996. Finc-scale patterns of water velocity within macrophyte clumps in
   streams. Oikos, 76: 169~180

Sand-Jensen K. 2003. Drag and reconfiguration of fresh-water macrophytes. Freshwater Biology, 48:
   271~283

Santos A M, Esteves F A. 2002. Primary production and mortality of *Eleocharis interstincta* in response to water level fluctuations. Aquatic Botany, 74 (3): 189~199

Sarvala J, Helminen H, Saarikari V, et al. 1998. Relations between planktivorous fish abundance, zooplankton and phytoplankton in three lakes of differing productivity. Hydrobiologia, 363: 81~95

Sas H. 1989. Lake Restoration by Reduction of Nutrient Loading: Expectations, Experiences, and Extrapolations. Acedemia Verlag Richarz St. Augustin, Germany

Sasadhar J, Monojit A C. 1981. Glycolate metabolism of three submersed aquatic angiosperms: effect of heavy metals. Aquatic Botany, 11: 67~77

Sastroutomo S S. 1980. Turion formation, dormancy and ge rmination of curly pondweed, *Potamogeton crispus* L. Aquatic Botany, 10: 161~173

Scheffer M, Carpenter S, Foley J A, et al. 2001. Catastrophic shifts in ecosystems. Nature, 413: 591~596

Scheffer M, Hosper S H, Meijer M L, et al. 1993. Alternative equilibria in shallow lakes. Trends in Ecology and Evolution, 8: 275~279

Scheffer M, Straile D, Van Nes E H. 2001. Climatic warming causes regime shifts in lake food webs. Limnology and Oceanography, 46: 1780~1783

Scheffer M, van den Berg M, Breukelaar A, et al. 1994. Vegetated areas with clear water in turbid shallow lakes. Aquatic Botany, 49: 193~196

Scheffer M. 1990. Multiplicity of stable states in freshwater systems. Hydrobiologia, 200/201: 475~486

Scheffer M. 1998. Ecology of Shallow Lakes. Dordrecht: Kluwer Academic Publisher

Scheffer M. 1998. Ecology of Shallow Lakes. London: Chapman and Hall: 357

Schirmer K, Dixon D G, Greenberg B M, et al. 1998. Ability of 16 priority PAHs to be directly cytotoxic to a cell line from the rainbow trout gill. Toxicology, 127: 129~141

Schnoor J L, Licht L A, McCutcheon S C, et al. 1995. Phytoremediation of organic and nutrient contaminants. Environmental Science & Technology. 29: 318~323

Schreiter T. 1928. Untersuchungen Über den Einfluss einer Helodea-wukerung auf das Netzplankton des Hirschberger Grossteikes in Böhmen in den Jahren 1921 bis 1925 incl, Sbornik vyzkumnych ústavu zemedelskych rcs. V. Praze

Schriver P, Bøgestrand J, Jeppesen E, et al. 1995. Impact of submerged macrophytes on fish zooplankton-phytoplankton Interactions: large enclosure experiments in a shallow eutrophic Lake. Freshwater Biology, 33 (2): 255~270

Schuurkes J A A R, Kok C J, Hartog C D. 1986. Ammonium and nitrate uptake by aquatic plants from poorly buffered and acidified waters. Aquatic Botany, 24: 131~146

Schwarz A M, Hawes I. 1997. Effects of changing water clarity on characean biomass and species composition in a large oligotrophic lake. Aquatic Botany, 56: 169~181

Scott M L, Needelman B A, Rabenhorst M C. 2007. Morphology and characterization of soils formed in Marlboro Clay regolith. Soil Science, 172 (3): 233~241

Sculthorpe C D. 1985. The Biology of Aquatic Vascular Plants. Repinted edition. Edward Arnold Publishers: Königstein, Germany. London: Edward Arnold. 610

Sculthorpe C D. 1967. The biology of aquatic vascular plants. Arnold, London, U. K

Seda J, Hejzlar J, Kubecka J. 2000. Trophic structure of nine Czech reservoirs regularly stocked with piscivorous fish. Hydrobiologia, 429 (1~3): 141~149

Sevrin-Reyssac J, Pletikosic M. 1990. Cyanobacteria in fish ponds. Aquaculture, 88 (1): 1~20

Shanti S, Sharma J, Gaur P. 1995. Potential of Lemna polyrrhiza for removal of heavy metals. Ecological Engineering, 4 (1): 37~43

Shapiro J, Lamarra V, Lynch M. 1975. Biomanipulation: an ecosystem approach to lake restoration. In: Brezonik P L, Fox J L. Proceedings of a Symposium on Water Quality Management Through Biological Control. Gainsville: University of Florida. 85~89

Shardendu, Ambasht R S. 1991. Relationship of nutrients in water with biomass and nutrient accumulation of submerged macrophytes of a tropical wet land. New Phytologist, 117 (3): 493~500

Sharma K P S. 1985. Allelopathic influence of algae on the growth of Eichhornia crassipes (Mart.) Solms. Aquatic Botany, 22: 71~78

Shaw D G, McIntosh D J. 1990. Acetate in recent anoxic sediments: Direct and indirect measurements of concentration and turnover rates. Estuarine, Coastal and Shelf Science, 31 (6): 775~788

Shearer J F. 1998. Biological control of hydrilla using an endemic fungal pathogen. Journal of Aquatic Plant Management, 36: 54~56

Shei P, Lin W, Wang S, et al. 1993. Plankton and seston structure in a shallow, eutrophic subtropic Chinese lakes. Archiv für Hydrobiologie, 129: 199~220

Sheldon S P, Creed R P. 1995. Use of a native insect as a biological control for an introduced weed. Ecological Applications, 5: 1122~1132

Sheldon S P. 1987. The effects of herbivorous snails on submerged macrophyte communities in Minnesota lakes. Ecology, 68: 1920~1931

Sheng Y P, Lick W. 1979. The transport and resuspension of sediments in a shallow lake. Journal of Geophysical Research, 84 (C4): 1809~1826

Shibayama Y, Kadono Y. 2007. The effect of water-level fluctuations on seedling recruitment in an aquatic macrophyte Nymphoides indica (L.) Kuntze (Menyanthaceae). Aquatic Botany, 87: 320~324

Siemering G. 2005. Aquatics herbicides: overview of usage, fate and transport, potential environmental risk, and future recommendations for the Sacramento-San Joaquin Delta and Central Valley. White Paper for the Interagency Ecological Program. SFEI Contribution 414. San Francisco Estuary Institute, Oakland, CA

Silvertown J, Charlesworth D. 2001. Introduction to Plant Population Biology. 4th ed. Oxford: Blackwell Science

Sinden-Hempstead M, Killingbeck K T. 1996. Influences of water depth and substrate nitrogen on leaf surface area and maximum bed extension in Nymphaea odorata. Aquatic Botany, 53: 151~162

Singh S, Melo J S, Eapen S, et al. 2006. Phenol removal using Brassica juncea hairy roots: Role of inherent peroxidase and H_2O_2. Journal of Biotechnology, 123 (1): 43~49

Singh S, Melo J S, Eapen S, et al. 2008. Potential of vetiver (Vetiveria zizanoides L. Nash) for phytoremediation of phenol. Ecotoxicology and Environmental Safety, 71 (3): 671~676

Skov C, Lousdal O, Johansen P H, et al. 2003. Piscivory of 0+ pike (Esox lucius L.) in a small eutrophic lake and its implication for biomanipulation. Hydrobiologia, 506~509: 481~487

Smart R M, Dick G O, Doyle R D. 1998. Techniques for establishing native aquatic plants. Journal of Aquatic Plant Management, 36: 44~49

Smeal C, Hackett M, Truong P. 2003. Vetiver system for industrial was terwater treatment in Queenland, Australia. In: Truong P, Xia H P. Proceedings of the Third International Conference on Vetiver and Exhibition. Beijing: China Agriculture Press. 79~90

Smith C S, Adams M S. 1986. Phosphorus transfer from sediments by *Myriophyllum spicatum*. Limnology and Oceanography, 31: 1312~1321

Smith C S. 1978. Phosphorus uptake by roots and shoots of *Myriophyllum spicatum* L. Ph. D. thesis, University of Wisconsin-Madison

Smith D H, Madsen J D, Dickson K L, *et al.*. 2002. Nutrient effects on autofragmentation of *Myriophyllum spicatum*. Aquatic Botany, 74: 1~17

Smith V H. 1983. Low nitrogen to phosphorus ratios favour dominance by blue-green algae in lake phytoplankton. Canadian Journal of Fisheries and Aquatic Sciences, 43: 1101~1112

Smits A J M, Van Avesaath P H, Van der Verde G. 1990. Germination requirements and seed banks of some nymphaeid macrophytes: *Nymphaea alba* L. , *Nuphar lutea* (L.) Sm. and *Nymphoides peltata* (Gmel.) O. Kuntze Freshw Biol, 24: 315~326

Smits A J M, Van Ruremonde R, Van der Velde G. 1989. Seed dispersal of three nymphaeid macrophytes. Aquatic Botany, 35: 167~180

Smolders A J P, Roelofs J G M, DenHartog C. 1996. Possible causes for the decline of the water soldier (Stratiotes aloides L) in the Netherlands. Archiv Fur Hydrobiologie 136: 327~342

Smolders A, Roelofsa J G M. 2003. Sulphate-mediated iron limitation and eutrophication in aquatic ecosystems. Aquatic Botany, 46 (3, 4): 247~253

Sochanowicx B, Kaniuga Z. 1979. Photosynthesis apparatus in chilling-sensitive plants. IV. Changes in ATP and protein levels in cold and dark stored and illuminated tomato in relation to Hill reaction. Planta, 144: 153~159

Song G L, Hou W H, Wang Q H, *et al.* 2006. Effect of low temperature on eutrophicated waterbody restoration by *Spirodela polyrhiza*. Bioresource Technology, 97: 1865~1869

Song X, Agata W, Zou G. 1995. Bio-production and water cleaning by plant grown with floating culture system. Proceedings of 6th Internat ional Conference on the Conservation and Management of Lake Kasumigaura'95: 426~429

Spence D H N. 1967. Factors controlling the distribution of freshwater macrophytes with particular reference to the Loehs of Seotland. J Ecol, 55: 147~169

Spence D H N. 1982. Thezonation of Plants in freshwater lakes. Ady Eeol Res, 12: 37~126

Spencer D F, Anderson L W J. 1987. Influence of photoperiod on growth, pigment composition and vegetative propagate formation for *Potamogeton nodosus* Poir. and *Potamogeton pectinatus* L. Aquatic Botany, 28: 103~112

Spencer D F. 1986. Early growth of *Potamogeton pectinatus* L. in response to temperature and irradiance: Morphology and pigment composition. Aquatic Botany, 26: 1~8

Squires L, Van der Valk A G. 1992. Water-depth tolerances of the domiant Emergent macrophytes of the Delta Marsh, Manitoba. Canadian Journal of Botany, 70: 1860~1867

Stanley R A, Naylor A W. 1972. Photosynthesis in eurasion watermilfoil (*Myriophyllum spicatum* L.). Plant Physiology, 50: 149~151

Stansfield J, Moss B, Irvine K. 1989. The loss of submerged plants with eutrophication III. Potential role of organochlrine pesticides: a palaeoecological study. Freshwater Biology, 22: 109~132

Stark H, Dienst M. 1989. Dynamics of lakeside reed belts at Lake Constance (Untersee) from 1984 to

1987. Aquatic Botany, 35: 63~70

Starling F L, Rocha J A. 1990. Experimental study of the impacts of planktivorous fishes on plankton community and eutrophication of a tropical Brazilian reservoir. Hydrobiologia, 200~201: 581~591

Stevenson S C, Lee P F. 1987. Ecological relationships of wild Zizania aquatica: The effects of inereases in water depth on vegetative and reproductive production. Canadian Journal of Botany, 65: 2128~2132

Stewarda K K. 1998. Growth response of dioecious hydrilla to phosphorus and bicarbonate utilization. Florida Scientist, 61 (1): 1~6

Stewart A J, Wetzel R G. 1986. Cryptophytes and other microflagellates as couplers in planktonic community dynamics. Archiv für Hydrobiologie, 106 (1): 1~19

Stone M, English M C. 1993. Geochemical composition, phosphorus speciation and mass transport of fine-grained sediment in two lake Erie tributaries. Hydrobiologia, 253: 17~29

Strand J A, Weisner S E B. 2001. Morphological plastic responses to water depth and wave exposure in an aquatic plant (Myriophyllum spicatum). Journal of Ecology, 89: 166~175

Stumm W, Morgan J J. 1996. Aquatic Chemistry: Chemical Equilibria and Rates in Natural Waters. 3rd ed. In: J. Wiley and Sons (Eds.). New York, 744pp

Stutzman P. 1995. Food quality of gelatinous colonial chlorophytes to the freshwater zooplankters Daphnia pulicaria and Diaptomus oregonensis. Freshwater Biology, 34: 149~153

Sugimoto A, Fujita N. 1997. Characteristic of mechane emission from different vegetations on awetland. Tellus, 49B: 382~392

Susanne R. 2004. Spatio-temporal dynamics and plasticity of clonal architecture in Potamogeton perfoliatus. Aquatic Botany, 78: 307~318

Syers J K, Harris R F, Amstrong D E. 1973. Phosphate chemistry in lake sediments. Journal of Environmental Quality, 2: 1~14

Szczepanski A. 1970. Methods of morphometrical and mechanical characteristics of Phragmites communis Trin. Polskie Archiwum Hydrobiologii, 17: 329~335

Sültemeyer D, Schmidt C, Fock H P. 1993. Carbonic anhydrase in higher plants and aquatic microorganisms. Physiology of Plant, 88: 179~190

Søndcrgaard M, Jeppesen E, Mortensen E, et al. 1990. Phytoplankton biomass reduction after planktivorous fish reduction in a shallow, eutrophic lake: a combined effect of reduced internal P-loading and increased zooplankton grazing. Hydrobiologia, 200~201: 229~240

Søndergaard M, Bruun L, Lauridsen T, et al. 1996. The impact of grazing waterfowl on submerged macrophytes: in situ experiments in a shallow eutrophic lake. Aquatic Botany, 53: 73~84

Søndergaard M, Jensen J P, Jeppesen E. 2003. Role of sediment and internal loading of phosphorus in shallow lakes. Hydrobiologia, 506~509: 135~145

Søndergaard M, Jensen J P, Jeppesen E. 2005. Seasonal response of nutrients to reduced phosphorus loading in 12 Danish lakes. Freshwater Biology, 50: 1605~1615

Tang H J, Xie P. 2000. Budgets and dynamics of nitrogen and phosphorus in a shallow, hypereutrophic lake in China. Journal of Freshwater Ecology, 15: 505~514

Teisseire H, Couderchet M, Vernet G. 1999. Phytotoxicity of diuron alone and in combination with copper or folpet on duckweed (Lemna minor). Environmental Pollution, 106 (1): 39~45

Tessier A, Cambell P G C, Bisson M, et al. 1979. Sequential extraction procedure for the speciation if particulate trace metals. Analytical Chemistry, 51 (7): 844~851

Thamdrup B, Dalsgaard T. 2000. The fate of ammonium in anoxic manganese oxide-rich marine sediment. Geochimica et Cosmochimica Acta, 64 (24): 4157~4164

Thompson Y, Sandefur B C, Karathanasis A D, et al. 2009. Redox Potential and Seasonal Porewater. Biogeochemistry of Three Mountain Wetland in Southeastern Kentucky, USA. Aquat Geochem, 15: 349~370

Tillmann U, John U. 2002. Toxic effects of Alexandrium spp. on heterotrophic dinoflagellates: an allelo-chemical defense mechanism independent of PSP-toxin content. Marine Ecology Progress Series, 230: 47~58

Timms R M, Moss B. 1984. Prevention of growth of potentially dense phytoplankton populations by zoo-plankton grazing, in the presence of zooplanktivorous fish, in a shallow wetland ecosystem. Limnology and Oceanography, 29 (3): 472~486

Titus J E, Hoover D T. 1991. Toward predicting reproductive success in submersed freshwater angiosperms. Aquat Bot, 41: 111~136

Titus J E, Adams M S. 1979. Comparative carbohydrate storage and utilization patterns in the submersed macrophytes Myriophyllum spicatum and Vallisneria americana. American Midland Naturalist, 102: 263~272

Tomsett A B, Thurman D A. 1988. Molecular biology of metal tolerances of plants. Plant Cell & Environment, 11: 383~394

Tracy M, Montante J M, Allenson T E, et al. 2003. Long-term responses of aquatic macrophyte diversity and community structure to variation in nitrogen loading. Plant Physiology and Biochemistry, 41 (4): 391~397

Turner M A, Huebert D B, Findlay D L, et al. 2005. Divergent impacts of experimental lake-level draw-down on planktonic and benthic plant communities in a boreal forest lake. Canadian Journal of Fisheries and Aquatic Sciences, 62: 991~1003

Twilley R R, Blanton L R, Brinson M M, et al. 1985. Biomass production and nutrient cycling in aquatic macrophyte communities of the Chowan River, North Carolina. Aquatic Botany AQBODS, 22 (3/4): 231~252

Twilley R R, Ejdung G, Romare P, et al. 1986. A comparative study of decomposition, oxygen consump-tion and nutrient release for selected aquatic plants occurring in an estuarine environment. Oikos, 47: 190~198

Tõnno I, Künnap H, Nõges T. 2003. The role of zooplankton grazing in the formation of 'clear water phase' in a shallow charophyte-dominated lake. Hydrobiologia, 506 (1): 353~358

Udy J W, Dennison W C. 1997. Growth and physiological responses of three seagrass species to elevated sediment nutrients in Moreton Bay, Australia. Journal of Experimental Marine Biology and Ecology, 217 (2): 253~277

Uhlmann D, Benndrof J. 1982. The use of primary reservoirs to control eutrophication caused by nutrient inflows from non-point sources. Land Use Impacts on Lake and Reservoir Ecosystems, 94: 152~188

Unmuth J M L, Hansen M J, Rasmussen P W, et al. 2001. Effects of mechanical harvesting of Eurasian wa-termilfoil on angling for bluegills in fish lake, Wisconsin. North American Journal of Fisheries Manage-ment, 21: 448~454

Untawale A G, Wafar S, Bhosle N B. 1980. Seasonal variation in heavy metal concentration in mangrove fo-
liage. Mahasagar, 13 (3): 215~223

Upp B P, Spence D H N. 1977. Limitation on macrophytes in an eutrophic lake, Loch Leven. J Ecol, 65:
175~186

Urbanc-Ber, Gaber A. 1989. The influence of temperature and light intensity on activity of water hyacinth
(*Eichhornia crassipes* (Mart.) Solms). Aquatic Botany, 35: 403~408

Ussery T A , Eakin H L, Payne B S, et al. 1997. Effects of benthic barriers on aquatic habitat conditions
and macroinvertebrate communities. Journal of Aquatic Plant Management, 35: 69~73

Vadstrup M, Madsen T M. 1995. Growth limitation of submerged aquatic macrophytes by inorganic carbon.
Freshwater Biology, 34: 411~419

Van Aller R T, Pessoney G F, Rogers V A, et al. 1985. Oxygenated fatty acids: a class of allelochemicals
from aquatic plants. In: Thompson A C. The Chemistry of Allelopathy Biochemical Interactions Among
Plants. Washington DC: American Chemical Soceity: 387~400

Van den Berg M S, Coops H, Simons J, et al. 2002. Acomparative study of the use of inorganic carbon re-
sources by *Chara aspera* and *Potamogeton pectinatus*. Aquatic Botany, 72: 219~233

Van den Berg M S, Coops H, Simons J. 1998. Competition between *Chara aspera* and *Potamogeton pectina-
tus* as a function of temperature and light. Aquatic Botany, 60: 241~250

Van Den Berg M S, Coops H, Meijer M L, et al. 1998. Clear water associated with a dense *Chara* vegeta-
tion in the shallow and turbid Lake Veluwemeer, the Neitherlands. Ecological Studies, 131: 339~352

van der Linden M J H A. 1980. Nitrogen economy of reed vegetation in the Zuidelijk, Flevoland polder. I. -
Distribution of nitrogen among shoots and rhizomes during the growing season and loss of nitrogen due to
fire management. Acta Oecologia-Oecologia Plantarum, 1: 219~230

van der Linden M J H A. 1986. Phosphorus economy of reed vegetation in the Zuidelijk Flevoland polder
(The Netherlands): seasonal distribution of phosphorus among shoots and rhizomes and availability of soil
phosphorus. Acta Oecologica/Oecologia Plantarum 7: 397~495

Van der Valk A G, Davis C B. 1978. The role of seed banks in the vegetation dynamics of prairie glacial
marshes. Ecology, 59: 322~335

Van Donk E, De Deckere E, Klein Breteler J, et al. 1994. Herbivory by waterfowl and fish on macrophytes
in a biomanipulated lake: effects on longterm recovery. Verhandlungen Internationale Vereinigung Limnol-
ogie, 25: 2139~3143

Van Donk E, Gulati R D, Grimm M P. 1990. Restoration by biomanipulation in a small hypertrophic lake:
first-year results. Hydrobiologia, 191: 285~295

Van Donke E, Otte A. 1996. Effects of grazing by fish and waterfowl on the biomass and species composition
of submerged macrophytes. Hydrobiologia, 340: 285~290

Van Dyke J M, Leslie A J, Nall L E. 1984. The effects of grass carp on the aquatic macrophytes of four
Florida lakes. Journal Aquatic Plant Management, 22: 87~95

Van Eerd L L, Hoagland R E, Zablotowicz R M, et al. 2003. Pesticide metabolism in plants and microor-
ganisms. Weed Science, 51: 472~495

Van Geest G J, Wolters H, Roozen F, et al. 2005. Water-level fluctuations affect macrophyte richness in
floodplain lakes. Hydrobiologia, 539: 239~248

Van T K, Wheeler G S, Center T D. 1998. Competitive interactions between hydrilla (*Hydrilla verticilla-*

ta) and vallisneria (*Vallisneria americana*) as influenced by insect herbivory. Biological Cntrol, 11: 185~192

Van T K, Haller W T, Bowes G. 1976. Comparison of the photosynthetic characteristics of three submersed aquatic plants. Plant Physiol, 58: 761~768

Van T K, Wheeler G S, Centen T D. 1999. Competition between *Hydrilla verticillata* and *Vallisneria americana* as influenced by soil fertility. Aquatic Botany, 62: 225~233

Van Viessen W, Prins T C. 1985. On the relationship between the growth of algae and aquatic macrophytes in brackish water. Aquatic Botany, 21: 165~179

Van Wijck C, Groot C J, Grillas P. 1992. The effect of anaerobic sedimenton the growth of *Potamogeton pectinatus* L. : the role of organic matter, sulphide and ferrous iron. Aquatic Botany, 44 (1): 31~49

Vardanyan L G, Ingole B S. 2006. Studies on heavy metal accumulation in aquatic macrophytes from Sevan (Armenia) and Carambolim (India) lake systems. Environment International, 32: 208~218

Vemaat J E, Santamaria L, Roos P J. 2000. Water flow across and sediment trapping in submerged macrophyte beds of contrasting growth form. Archiv fur Hydrobiologie, 148: 549~562

Vereecken H, Baetens J, Viaenel P, *et al*. 2006. Ecological management of aquatic plants: effects in lowland streams. Hydrobiologia, 570: 205~210

Viaroli P, Naldi M, Bondavalli C. 1996. Growth of the seaweed Ulva rigida C in relation to biomass densities, internal nutrient pool and externalnutrient supply in the Sacca di Goro (Northern Italy). Hydrobiologia, 329: 93~103

Vines H M, Wedding R T. 1960. Some effects of ammonia on the plant metabolism and a possible mechanism for ammonia toxicity. Plant Physiology, 35: 820~825

Vretare V, Wisner S E B, Stand J A, *et al*. 2001. Phenotypic Plasticity in Phragmites australis as a functional response to water depth. Aquatic Botany, 69: 127~145

VrhovSek D, Martinčič A, Kralj M. 1981. Evaluation of the polluted river Savinja with the help of Macrophytes. Hydrobiologia, 80 (2): 97~110

Wallsten M, Forsgren P O. 1989. The effects of increased water level on aquatic macrophytes. Plant Manage, 27: 32~37

Wang C, Lyon D Y, Hughes J B, *et al*. 2003. Role of hydroxylamine intermediates in the phytotransformation of 2, 4, 6-trinitrotoluene by Myriophyllum aquaticum. Environmental Science & Technology, 37 (16): 3595~3600

Wang C, Zhu P, Pei F, *et al*. 2006. Effects of aquatic vegetation on flow in the nansi lake and its flow velocity modeling. Journal of Hydrodynamics, 18: 640~648

Wang H Z, Wang H J, Liang X M, et al. 2005. Empirical modelling of submersed macrophytes in Yangtze lakes. Ecological Modelling, 188: 483~491

Wang J W, Yu D. 2007. Influence of sediment fertility on morphological variability of *Vallisneria spiralis* L. Aquatic Botany, 87: 127~133

Wass R T, Mitchell S F. 1998. What do herbivore exclusion experiments tell us? An investigation using black swans (*Cygnus artratus*) and filamentous algae in a shallow lake. *In*: Jeppesen E, Søndergaard M, Søndergaard M, Christofferson K. The Structuring Role of Submerged Macrophytes in Lakes. New York: Springer-Verlag. 282~289

Weisner S E B, Strand J A, Sandsten H. 1997. Mechanisms regulating abundance of submerged vegetation in shallow eutrophic lakes. Oecologia, 109 : 592~599

Weisner S E B, Strand J A. 1996. Rhizome arehitecture in Phragn Zites austl. alisin relation to water depth: implications for within-plant oxygen transport distance. Folia Geobot Phytotax, 31: 91~97

Weiss J, Liebert H P, Braune W. 2000. Influence of microcystin-RR on growth and photosynthetic capacity of the duckweed Lemna minor L. Journal of Applied Botany-Angewandte Botanik, 74: 100~105

Wendt-Rasch L, Van den Brink P J, Crum S J H, et al. 2004. The effects of a pesticide mixture on aquatic ecosystems differing in trophic status: responses of the macrophyte *Myriophyllum spicatum* and the periphytic algal community. Ecotoxicology and Environmental Safety, 57 (3): 383~398

Westlake D F. 1967. Some effects of low-velocity currents on the metabolism of aqua tic macrophytes. J Exp Bot, 13: 187~205

Wetzel R G. 1983. Limnology. 3rd ed. CBS College Publishing

Wetzel R G. 1983. Structure and Productivity of Aquatic Ecosystems. Limnology. 2nd ed. New York: Saunders College Publishing

Wetzel R G. 1987. Water as an environment for plant life. Symoens J J. Handbook of Vegetation Science 15. Vegetations of Inland Waters. Dordrecht, Netherlands: Dr. W Junk Publishers 1~30

Wetzel R G. 1992. Wetlands as metabolic gates. Journal of Great Lakes Research, 18: 529~532

Wetzel R G. 1975. Limnology. W. B. Saunders Company. 767

Wetzel, 1983. Stucture and Productivity of Aquatic Ecosystems. *In*: Limnology (2ed). New York: CBS College Publishing

Wharton G, Cotton J A, Wotton R S et al. 2006. Macrophytes and suspension-feeding invertebrates modify flows and fine sediments in the Frome and Piddle catchments, Dorset (UK). Journal of Hydrology, 330: 171~184

Wheeler G S, Center T D, 1996. The influence of hydrilla leaf quality on larval growth and development of the biological control agent *Hydrellia pakistanae*. Biological Control, 7: 1~9

Wigand C, Stevenson J C, Cornwell J C. 1997. Effects of different submersed macrophytes on sediment biogeochemistry. Aquatic Botany, 56: 233~244

Wilcock R, Nagels J W. 2001. Effects of aquatic macrophytes on physico-chemical conditions of three contrasting lowland streams: a consequence of diffuse pollution from agriculture? Water Science and Technology, 43 (5): 163~168

Wilcox D A, Meeker J E, Hudson P L, et al. 2002. Hydrologic variability and the application of index of biotic integrity metrics to wetlands: A Great Lakes evaluation. Wetlands, 22 : 88~615

Wile I. 1975. Lake restoration through mechanical harvesting of aquatic vegetation. Verhandlungen Internationale Vereinigung Limnologie, 19 (Part I): 660~671

William P C, Katherine C E. 1998. Soil redox potential in small pondcypress swamps after harvesting. Forest Ecology and Management, 112: 281~287

Wilson C A M E, Yagci O, Rauch H P. 2006. Application of the drag force approach to model the flow-interaction of natural vegetation. J River Basin Mang, 4 (2): 137~146

Wilson J R U, Yeates A, Schooler S, et al. 2006. Rapid response to removal by the invasive wetland plant, alligator weed (*Alternanthera philoxeroides*). Environmental and Experimental Botany, 60: 20~25

Wilson P C, Whitwell T, Klaine S J. 2000. Metalaxyl and simazine toxicity to uptake by typha latifolia. Environ Contamin Toxicol, 39: 282~288

Winder M, Schindler D E. 2004. Climate change uncouples trophic interactions in an aquatic ecosystem.

Ecology, 85: 2100~2106

Wisheu I C, Keddy P A. 1991. Seed banks of a rare wetland plant community: distribution patterns and effects of human-induced disturbance. Journal of Vegetable Sciece, 2: 181~188

Wium-Andersen S. 1987. Allelopathy among aquatic plants. Arch Hydrobiol Beih Erg Limnology, 27: 167~172

Wu Z B, Zuo J C, Ma J M, et al. 2007. Establishing submersed macrophytes via sinking and colonization of shoot fragments clipped off manually. Wuhan University Journal of Natural Sciences, 12 (3): 553~557

Xia H P, Wang Q L, Kong G H. 1999. Phyto-toxicity of garbage leachates and effectiveness of plant purification for them. Acta Phytoecologica Sinica, 23 (4): 289~301

Xie L, Xie P. 2002. Long-term (1956~1999) changes of phosphorus in a shallow, subtropical Chinese lake with emphasis on the role of inner ecological process. Water Research, 36: 343~349

Xie P, Liu J K. 2001. Practical success of biomanipulation using filter-feeding fish to control cyanobacteria blooms. The Scientific World, 1: 337~356

Xie P. 1996. Experimental studies on the role of planktivorous fishes in the elimination of Microcystis bloom from Donghu Lake using enclosure method. Chinese Journal of Oceanology and Limnology, 14 (3): 193~204

Xie Y, An S Q, Wu B. 2005. Resource allocation in the submerged plant Vallisneria natans related to sediment type, rather than water-column nutrients. Freshwater Biology, 50: 391~402

Yamasaki S. 1993. Probable effects of algal bloom on the growth of Phragmites australis (Cav.) Trin. ex Steud. Journal of Plant Research, 106: 113~120

Yasuno M, Takamura N, Hanazato T. 1993. Nutrient enrichment experiment using small microcosm. In: Gopal B, Hillbricht-Ilkowska A, Wetzel R G. Wetlands and Ecotones. Studies on Land-Water Interactions. New Delhi: National Institute of Ecology and National Scientific Publications: 181~193

Yin L Y, Huang J Q, Li D H, et al. 2005. Microcystin-RR uptake and its effecs on the growth of submerged macrophyte Vallisneria natans (lour.) hara. Environmental Toxicology, 20: 308~313

Yu J, Matsui Y. 1997. Effects of root exudates of cucumber (Cucumis sativus L.) and allelochemicals on ion uptake by cucumber seedlings. Journal of Chemical Ecology, 23: 817~827

Yu K W, Faulkner S P. 2006. Redox Potential characterization and soil greenhouse gas concen-Tration across a hydrological gradient in a Gulf Coast forest. Chemosphere, 62: 905~914

Zhang J, Jorgensen S E, Beklioglu M, et al. 2003. Hysteresis in vegetation shift-Lake Mogan prognoses. Ecological Modelling, 164 (2): 227~238

Zhang M, Cao T, Ni L Y, et al. 2010. Carbon, nitrogen metabolism and antioxidant enzyme adjustment of Potamogeton crispus to both low light and high nutrient stress. Environmental and Experimental Botany, 68 (1): 44-50

Zhang M, Cao T, Ni L Y, et al. 2009. Carbon, nitrogen metabolism and antioxidant enzyme adjustment of Potamogeton crispus to both low light and high nutrient stress. Environmental and Experimental Botany, doi: 10. 1016/j. envexpbot. 2009. 09. 003

Zhang Z, Wu Z B, He L. 2008. The Accumulation of Alkylphenols in Submersed Plants in Spring in urban lake, China. Chemosphere. , 73 (5): 859~863

Zhou A M, Wang D S, Tang H X. 2005. Phosphorus fractionation and bioavailability in taihu lake (china) sediments. Journal of Environmental Science, 17 (3): 384~388

附武汉东湖水生维管束植物名录

武汉东湖水生维管束植物名录

List of aquatic macrophytes in Lake Donghu, Wuhan

物种数 N. species	物种 Species	拉丁名 Scientific name	1954[1]	1964[1]	1988~ 1993[2]	1994[1]	2001[3]
1	水蕨属 水蕨	*Ceratopteris* *C. thalictroidel*	＋	＋	—	—	—
2	苹属 苹	*Marsilea* *Marsilea quadrifolia*	＋	＋	＋	＋	＋
3	槐叶苹属 槐叶苹	*Salvinia* *Salvinia natans*	＋	＋	＋	＋	—
4	满江红属 满江红	*Azolla* *Azolla imbricata*	＋	＋	＋	＋	—
5	香蒲属 狭叶香蒲	*Typha* *Typha angustifolia*	＋	＋	＋	＋	＋
6	眼子菜属 眼子菜	*Potamogeton* *P. distinctus*	—	＋	—	—	—
7	微齿眼子菜	*P. maackianus*	＋	＋			
8	菹草	*P. crispus*	＋	＋	＋	＋	＋
9	竹叶眼子菜	*P. malaianus*	＋	＋	＋		
10	蓼叶眼子菜	*P. polygonifolius*	＋	＋	—	—	—
11	篦齿眼子菜	*P. pectinatus*	—	＋	—	—	—
12	鸡冠眼子菜	*P. cristatus*	＋	＋	—	—	—
13	茨藻属 大茨藻	*Najas* *N. major*	＋	＋	＋	＋	＋
14	小茨藻	*N. minor*	＋	＋	＋	—	＋
15	草茨藻	*N. graminea*	＋	＋	—	—	＋
16	东方茨藻	*Najas orientalis*	—	—	—	＋	
17	澳古茨藻	*N. oguranesis*	—	—	＋※		
18	慈姑属 矮慈姑	*Sagittaria* *S. pygmaea*	＋	＋	—	—	—
19	慈姑	*S. trifolia*	＋	＋	＋	＋	＋
20	长瓣慈姑	*S. trifolia* var. *longlioba*	—	＋			
21	华夏慈姑	*S. trifolia* var. *sinensis*	—	—	—	—	＋
22	海菜花属 龙舌草	*Ottelia* *Ottelia alismoides*	＋	＋			

续表

物种数 N. species	物种 Species	拉丁名 Scientific name	1954[1]	1964[1]	1988~ 1993[2]	1994[1]	2001[3]
23	水鉴属	*Hydrocharis*					
	水鉴	*H. dubia*	+	+	+	+	−
24	黑藻属	*Hydrilla*					
	黑藻	*H. verticillata*	+	+	+	−	−
25	苦草属	*Vallisneria*					
	苦草	*V. natans*	+	+	+	+	+*
26	刺苦草	*V. spinulosa*	−	−	+	+	−
27	密刺苦草	*V. denseserrulata*	−	+	+	+	−
28	伊乐藻属	*Elodea*					
	纽氏伊乐藻	*E. nuttallii*	−	−	+	−	−
29	芦苇属	*Phragmites*					
	芦苇	*P. communis*	+	+	+		+
30	大芦	*P. karka*	−	−	+	+	−
31	菵草属	*Beckmannia*					
	菵草	*B. syzigachne*	−	+	+	+	−
32	看麦娘属	*Alopecurus*					
	看麦娘	*A. aequalis*	−	+	−	+	−
33	日本看麦娘	*A. japonicus*	−	−	+	−	−
34	稻属	*Oryza*					
	稻	*O. sativa*	+	+	+	−	−
35	假稻属	*Leersia*					
	李氏禾	*L. hexandra*	+	+	+	+	−
36	菰属	*Zizania*					
	菰	*Z. latifolia*	+	+	+	+	+
37	稗属	*Echinochloa*					
	稗	*E. crusgalli*	+	+	+	+	+
38	光头稗	*E. colonum*	+	−	−	+	−
39	藨草属	*Scirpus*					
	荆三棱	*S. yagara*	−	+	+	−	−
40	水葱	*S. tabernaemontani*	−	+	−	+	
41	水毛花	*S. triangulátus*	+	+	−	+	
42	藨草	*S. triqueter*	+	+	+		+
43	荸荠属	*Eleocharis*					
	牛毛毡	*E. yokoscensis*	+	+	+	+	−

续表

物种数 N. species	物种 Species	拉丁名 Scientific name	1954[1]	1964[1]	1988~ 1993[2]	1994[1]	2001[3]
44	荸荠	E. tuberosa	+	+	+*	+	−
45	龙师草	E. tetraquetra	+	+	−	+	−
46	飘拂草属	Fimbristylis					
	水虱草	F. miliacea	−	+	+	−	−
47	拟二叶飘拂草	F. diphylloides	−	+	−	+	−
48	莎草属	Cyperus					
	异型莎草	C. difformis	−	+	+	−	−
49	水莎草属	Juncellus					
	水莎草	J. serotinus	−	+	+	+	−
50	水蜈蚣属	Kyllinga					
	水蜈蚣	K. brevifolia	−	+	−	−	−
51	砖子苗属	Mariscus					
	砖子苗	M. umbellatus	−	+	−	−	−
52	薹草属	Carex					
	垂穗薹草	C. dimorpholepis	−	+	+	−	−
53	褐薹草	C. brunnea	−	+	+	−	−
54	菖蒲属	Acorus					
	菖蒲	A. calamus	+	+	+	+	+
55	大藻属	Pistia					
	大藻	P. stratiotes	+	+	+	−	−
56	芋属	Colocasia					
	芋	C. esculenta	−	−	+	−	−
57	无根萍属	Wolffia					
	无根萍	W. globosa	+	+	+	+	+
58	紫萍属	Spirodela					
	紫萍	S. polyrrhiza	+	+	+	+	−
59	浮萍属	Lemna					
	浮萍	Lemna minor	+	+	+	+	+
60	品萍	L. trisulca	+	−	−	−	−
61	谷精草属	Eriocaulon					
	谷精草	E. buergerianum	+	−	−	−	−
62	赛谷精草	E. sieboldianum	+	−	−	−	−
63	水竹叶属	Murdannia					
	水竹叶	M. triquetra	+	+	−	+	+

续表

物种数 N. species	物种 Species	拉丁名 Scientific name	1954[1]	1964[1]	1988~ 1993[2]	1994[1]	2001[3]
64	雨久花属	*Monochoria*					
	雨久花	*M. korsakowii*	+	+	−	−	+
65	鸭舌草	*M. vaginalis*	+	+	−	−	+
66	凤眼莲属	*Eichhornia*					
	凤眼莲	*E. crassipes*	+	+	+	+	+
67	灯心草属	*Juncus*					
	灯心草	*J. effusus*	−	+	+	+	+
68	蓼属	*Polygonum*					
	两栖蓼	*P. amphibium*	−	+	−	−	+
69	水蓼	*P. hydropiper*	+	+	+	+	−
70	酸模叶蓼	*Polygonulapathifolium*	+	+	+	+	−
71	红蓼	*P. orientale*	−	+	−	−	−
72	酸模属	*Rumex*					
	长刺酸模	*R. maritimus*	+	−	−	−	−
73	皱叶酸模	*R. crispus*	+	+	−	−	−
74	虾钳菜属	*Alternanthera*					
	喜旱莲子草	*A. philoxeroides*	+	+	+	+	+
75	芡属	*Euryale*					
	芡	*Euryale ferox*	+	+	+	+	+
76	莲属	*Nelumbo*					
	莲	*N. nucifera*	+	+	+	+	+
77	睡莲属	*Nymphaea*					
	睡莲	*N. tetragona*	+	+	−	−	−
78	白睡莲	*N. alba*	−	+	−	−	−
79	萍蓬草属	Nuphar					
	中华萍蓬草	*N. sinensis*	−	−	+	−	−
80	金鱼藻属	*Ceratophyllum*					
	金鱼藻	*C. demersum*	+	+	+	+	+
81	毛茛属	*Ranunculus*					
	石龙芮	*R. sceleratus*	+	+	+	+	−
82	合萌属	*Aeschynomene*					
	合萌	*A. indica*	+	+	+	+	−
83	水马齿属	*Callitriche*					
	沼生水马齿	*C. palustris*	+	+	+	+	−

续表

物种数 N. species	物种 Species	拉丁名 Scientific name	1954[1]	1964[1]	1988～ 1993[2]	1994[1]	2001[3]
84	菱属	*Trapa*					
	乌菱	*T. bicornis*	+	—	—	—	—
85	二角菱	*T. bispinosa*	—	—	—	+	+
86	菱	*T. natans*					
87	四角矮菱	*T. natans* var. *pumila.*	—	—	—	—	+
88	冠菱	*T. litwinowii*		—	+※		
89	细果野菱	*T. maximowiczii*	—	—	+※	—	—
90	野菱	*T. incisa* var. *quadricaudata*	—	—	—	—	+
91	格菱	*T. pseudoincisa*		—	—			—
92	丁香蓼属	*Ludwigia*					
	丁香蓼	*L. prostrata*	—	+			
93	草龙	*L. hyssopifalia*	—	+	—	—	—
94	狐尾藻属	*Myriophyllum*					
	穗花狐尾藻	*M. spicatum*	+	+	+	+	+
95	水芹属	*Oenanthe*					
	中华水芹	*O. sinensis*	+	—	—	—	—
96	水芹	*O. javanica*	+	—			
97	荇菜属	*Nymphoides*					
	荇菜	*N. peltatum*	+	+	+	+	+
98	金银莲花	*N. indica*	+	+	+	+	—
99	石龙尾属	*Limnophila*					
	石龙尾	*L. sessiliflora*	+	+	—	—	—
100	异叶石龙尾	*L. heterophylla*	—	+	—	—	—
101	婆婆纳属	*Veronica*					
	水苦荬	*V. undulata*	—	+			
102	茶菱属	*Trapella*					
	茶菱	*T. sinensis*	+	+	+	+	—
103	狸藻属	*Utricularia*					
	黄花狸藻	*U. aurea*	+	+	+	+	+
104	少花狸藻	*U. exoleta*	—	+	—	—	—
105	细叶狸藻	*U. minor*	—	+	—	—	—
106	鸭跖草属	*Commelina*					
	竹节草	*C. diffusa*	—	—	+	—	—

续表

物种数 N. species	物种 Species	拉丁名 Scientific name	1954[1]	1964[1]	1988~ 1993[2]	1994[1]	2001[3]
107	豆瓣菜属 豆瓣菜	*Nasturtium* *N. officinale*	— —	— —	 +	— —	— —
108	碎米荠属 碎米荠	*Cardamine* *C. hirsuta*	— —	— —	 +	— —	— —
109	天胡荽属 天胡荽	*Hydrocotyle* *H. sibthorpioides*	— —	— —	 +	— —	— —
110	鳢肠属 醴肠	*Eclipta* *E. prostrata*	— —	— —	 +	— —	— —
111	甘薯属 蕹菜	*Ipomoea* *I. aquatica*	— —	— —	 +	— —	— —

1 引自于丹(1998);2 引自倪乐意(1996);3 引自吴振斌等 (2003)。

※引自邱东茹等(1997)。

1 Cited from Yu,1998;2 Cited from Ni,1996;3 Wu et al.,2003.

※ Cited from Qiu et al., 1997.